E. Hölzler · H. Holzwarth

Pulstechnik

Band II
Anwendungen und Systeme

Bearbeitet von
K. Euler, P. Gerke, R. Kersten,
H. Leysieffer und H. Stegmeier

Zweite, völlig neubearbeitete Auflage

Mit 290 Bildern

Springer-Verlag
Berlin · Heidelberg · New York · Tokyo 1984

Dipl.-Ing., Dr.-Ing., Dr.-Ing. E. h. Erwin Hölzler
ehem. stellv. Vorstandsmitglied der Siemens AG und
Leiter der Zentralen Forschung und Entwicklung

Dipl.-Ing., Dr.-Ing., Dr.-Ing. E. h. Herbert Holzwarth
ehem. Generalbevollm. Direktor der Siemens AG und
Leiter des Zentrallaboratoriums für Nachrichtentechnik

Dipl.-Ing., Dr.-Ing. Karl Euler
Prokurist der Siemens AG

Prof. Dipl.-Ing. Peter Gerke
Direktor der Siemens AG

Dipl.-Ing., Dr.-Ing. Rudolf Kersten
Wissenschaftlicher Berater der Siemens AG

Dipl.-Phys., Dr.-Ing. Hans Leysieffer
ehem. Direktor der Siemens AG

Dipl.-Ing., Dr.-Ing. Herbert Stegmeier
Direktor der Siemens AG

Die erste Auflage dieses 1975 (Band I) bzw. 1976 (Band II) erschienenen Werkes stellt eine Erweiterung und Neubearbeitung des 1957 unter dem Titel „Theorie und Technik der Pulsmodulation" veröffentlichten Vorgängerwerkes dar.

CIP-Kurztitelaufnahme der Deutschen Bibliothek

Pulstechnik/E. Hölzler; H. Holzwarth. – Berlin; Heidelberg; New York; Tokyo: Springer. Früher mit d. Erscheinungsorten Berlin, Heidelberg, New York. 1. Aufl. u. d. T.: Hölzler, Erwin: Theorie und Technik der Pulsmodulation. NE: Holzwarth, Herbert: Bd. 2. Anwendungen und Systeme / bearb. von K. Euler ... – 2., völlig neubearb. Aufl. – 1984. NE: Euler, Karl [Bearb.]

ISBN 978-3-642-88010-0 ISBN 978-3-642-88009-4 (eBook)
DOI 10.1007/978-3-642-88009-4

2362/3020 543210

Vorwort zur zweiten Auflage

In dem Zeitraum von etwa 8 Jahren seit Erscheinen des Bandes II der „Pulstechnik“ hat die Digitaltechnik alle Gebiete der Telekommunikation stärker beeinflußt als in der ganzen vorhergegangenen Zeit. Die Hauptursache liegt in der rasanten Entwicklungsgeschwindigkeit auf dem Halbleitergebiet; hervorstechende Vertreter sind die heute bereits das tägliche Leben allenthalben beherrschenden Mikroprozessoren und die Halbleiterspeicher. Es war deshalb notwendig, die Abschnitte 4, 5 und 6 nicht nur zu überarbeiten, sondern in wesentlichen Teilen neu zu schreiben: so ist der Abschnitt 4 (Schalteinrichtungen) unter dem Gesichtspunkt der fast nur noch verwendeten Speicherprogrammierung umgeschrieben worden. Im Abschnitt 6 (jetzt Speichersysteme und Mikroprozessorsysteme) ist der Kernspeicherteil wegen seiner wesentlich geringeren Bedeutung stark gekürzt worden und dafür ein Überblick über den heutigen Stand der Mikroprozessoren neu aufgenommen worden.

Die digitalen Nachrichten-Vermittlungssysteme haben in den vergangenen Jahren ihren Siegeszug angetreten und sind bereits weltweit im praktischen Einsatz. Der konsequente Schritt nach der Einführung digitaler Vermittlungen ist die Bildung von integrierten digitalen Kommunikationsnetzen, für die internationale Gremien bereits weitgehende Empfehlungen vorgelegt haben. Unter dem Begriff ISDN (Integrated Services Digital Network) wird die Nachrichtentechnik in den kommenden Jahren zumindest im Geschäftsleben einen starken Wandel erfahren. Der Abschnitt 9 (Digitalvermittlungen und integrierte Nachrichtennetze) ist in diesem Sinne neu geschrieben worden.

Im Abschnitt 8 (Nachrichten-Übertragungstechnik), der allgemein auf einen modernen Stand gebracht wurde, ist der Unterabschnitt „Funkverbindungen“ neu abgefaßt worden, und zwar erhält er eine Beschreibung neuer digitaler Richtfunksysteme für terrestrische Verbindungen und des letzten Standes der digitalen Satellitentechnik. Die Hohlkabel, an deren Problemen lange Zeit intensiv geforscht wurde, sind vor ihrer Einführung in die Praxis durch die Glasfaser abgelöst worden; der Unterabschnitt „Hohlkabel-Übertragungstechnik“ ist deshalb weggefallen, dafür wird der Lichtwellenleitertechnik wegen ihrer zukünftigen großen Bedeutung eine ausführlichere Betrachtung gewidmet. Die Beschreibung der dazu notwendigen optischen Bausteine führte zu einer Erweiterung des Abschnitts 5 (Bausteine).

Die Berücksichtigung der seit dem Erscheinen der 1. Auflage neu festgelegten Begriffsbestimmungen und Symbole für logische Verknüpfungen erforderte Korrekturarbeiten größeren Umfangs.

Die vollständige Überarbeitung und in wesentlichen Teilen notwendige Neufassung des Buches haben in dankenswerter Weise wieder die Verfasser der 1. Auflage übernommen; den Unterabschnitt 6.6 über Mikroprozessoren hat freundlicherweise Herr Dipl.-Ing. Karlhorst Barwig, Siemens AG, verfaßt. Wir haben weiteren Experten der Siemens AG zu danken, die uns mit Ratschlägen und Anregungen unterstützt haben, und außerdem Herrn Dr. Kersten dafür, daß er sich neben seinem Buchbeitrag noch den mühevollen redaktionellen Arbeiten unterzogen hat.

Dem Springer-Verlag, der wegen der umfangreichen Veränderungen einen vollständigen Neusatz vornehmen mußte, danken wir für die Sorgfalt der Ausführung.

Möge der Band so gut aufgenommen werden wie sein Vorläufer.

München, im Frühjahr 1984 **E. Hölzler H. Holzwarth**

Vorwort zur ersten Auflage

Eine Reihe von Gedanken und Feststellungen, die Ziel und Inhalt des zweibändigen Werkes „Pulstechnik" erläutern, sind im Vorwort zum Band I enthalten. Im Interesse der Leser, die diesen Band nicht besitzen, scheint es zweckmäßig, wesentliche Teile hier erneut wiederzugeben und durch spezifische Hinweise auf den Inhalt von Band II zu ergänzen.

Der ursprüngliche Buchtitel lautete „Theorie und Technik der Pulsmodulation". Dieses Buch, 1957 erschienen, fand stetiges Interesse, so daß es seit einer Reihe von Jahren vergriffen ist und der Verlag sich eine zweite, auf den Stand der heutigen Theorie und Technik gebrachte Auflage wünschte. Warum dabei die Titeländerung in „Pulstechnik"?

Bei kritischer Überprüfung des Inhalts stellten wir fest, daß zwischen der Breite der gegebenen Grundlagen, die das Interesse der Leser sicher angezogen hat, und der Auswahl der technischen Anwendungen ungleiches Gewicht bestand. Die theoretischen Grundlagen waren gültig für weite Gebiete der gesamten *Pulstechnik*, die Anwendungen waren spezieller der *Pulsmodulation* gewidmet.

Da es bei der heutigen Fülle an Fachliteratur sicher richtig ist, Neubearbeitungen zu „entspezialisieren", schien es gut, in den Grundlagen die Darstellung zu ergänzen um das viele Neue, was sich in Theorie und wissenschaftlicher Methodik während gut anderthalb Jahrzehnten herausgebildet hat, in den Anwendungen über die Technik der Pulsmodulation hinaus weitere Beispiele zu bringen.

Nach diesem Konzept gaben wir dem Werk den neuen Titel „Pulstechnik" und teilten es in zwei Bände auf mit den Untertiteln

I. Grundlagen,
II. Anwendungen und Systeme.

Beide Teile sind in sich abgeschlossen; natürlich werden im vorliegenden zweiten Band viele Kenntnisse zitiert und vorausgesetzt, die im ersten Band erläutert sind.

In Stichworten sei angegeben, was dort gegenüber dem ursprünglichen Buch an Neuem hinzugekommen ist: Neben notwendigen Ergänzungen des allgemeinen mathematischen Rüstzeugs sind es die orthogonalen Mäanderfunktionen, die diskrete und die „schnelle" Fouriertransformation, die $\mathcal{Z}$-Transformation, die digitalen Filter, die Auto- und Kreuzkorrelation, die zeitliche Pulskompression beim Radar in klassischer und digitaler Lösung, Optimierungsprozesse, die Barkercodes und die Ambiguity-Funktion. Neben wichtigen nachrichtentheoretischen Ergänzungen sind es die Analog-Digital-Umsetzung, die Quellen- und die Kanalcodierung, ferner ein ganzer neuer Abschnitt zur digitalen Modulation, in dem Codier- und Decodierverfahren, die Pulscode- und die Deltamodulation sowie ihre gemeinsamen Abkömmlinge beschrieben und diskutiert werden. Des Bezuges und der Einteilung halber sind die kontinuierlichen Modulationsverfahren zwar beibehalten worden, aber sehr knapp dargestellt.

Das inhaltliche Formen des zweiten Bandes war besonders schwer. Bei aller Neigung, die Anwendungen dem erweiterten Titel anzupassen, waren wir uns der notwendigen Beschränkung bewußt. So haben wir den großen Komplex der Datenverarbeitungs-Systeme fortgelassen, weil er in der Literatur bereits vielfältig dargestellt ist. Auch auf die weitgestreuten Einzelanwendungen in der Meß- und Regelungstechnik haben wir verzichtet. Behandelt sind dagegen in einiger Ausführlichkeit die Anwendungsstufen, die bis zu Systemen führen und die in allen technischen Anordnungen für die verschiedensten Zwecke immer wieder vorkommen: die Impulsformung und -erzeugung, die Schaltungsalgebra und die darauf beruhenden digitalen Grundschaltungen, ihr Zusammenwirken in höherer und komplexer Form in den Schalteinrichtungen, die das Gerüst jeder Prozeßsteuerung bilden; Logik- und Speicherbausteine sowie Speichersysteme, die Verwirklichung all dieser Prinzipien durch die heutigen Bauelemente, insbesondere durch die Halbleiter.

Die Nachrichtenübermittlung mit Pulsen bildet nach wie vor einen wichtigen, daher auch umfangreichen Teil der Anwendungen — in Parallele zu ihrem Anteil an den Grundlagen im ersten Band. Neu aufgenommen sind ihrer Bedeutung entsprechend moderne Vermittlungssysteme, insbesondere ihre Koppeleinrichtungen. Eine weitere Betrachtung gilt den „integrierten Nachrichtennetzen", einem Konzept, bei dem die technischen Mittel der Übertragung und der Vermittlung aus einem Guß sind. Den Abschluß bildet die neuere Entwicklung der Ortungstechnik.

Diese Stichworte mögen zur Kennzeichnung genügen. Wie im Band I ist auch hier der erste Abschnitt einem zusammenhängenden Einblick in die einzelnen Abschnitte gewidmet. Dabei schien es uns nützlich, einige Entwicklungs- und Planungstendenzen, die für die heutigen Nachrichtennetze von besonderer Bedeutung sind, etwas ausführlicher zu besprechen.

Wir waren uns sehr rasch klar darüber, daß wir die Neubearbeitung der einzelnen Abschnitte Fachleuten überlassen sollten, die heute ähnlich mittendrin in der Materie stecken wie wir seinerzeit. Für den ersten Band hatten die Herren Dr. phil. Herbert Larsen und Dr.-Ing. Rudolf Kersten bereitwillig diese Aufgabe übernommen. Herr Kersten hat auch vom vorliegenden zweiten Band die Abschnitte 2, 3 und 8 bearbeitet. Die Abschnitte 4, 7 und 9 stammen von Herrn Dipl.-Ing. Peter Gerke, der Abschnitt 5 in seinen ersten beiden Teilen von Herrn Dr.-Ing. Karl Euler, in seinem dritten Teil von Herrn Dr.-Ing. Herbert Stegmeier; dieser hat auch den folgenden 6. Abschnitt verfaßt. Der 10. Abschnitt schließlich ist aus der Feder von Herrn Dr.-Ing. Hans Leysieffer. Allen Herren sei hier besonders gedankt.

Wie früher sind die angegebenen Formeln Größengleichungen, komplexe Größen sind im Druck nicht besonders hervorgehoben. Bei der Wahl der Formelzeichen haben wir uns um Konsistenz bemüht. Bei Definitionen und Benennungen haben wir uns an die derzeit gültigen DIN-Blätter und Empfehlungen der Nachrichtentechnischen Gesellschaft gehalten. Wie früher sind Bilder und Gleichungen abschnittweise durchnumeriert; zum besseren Finden von Verweisen sind jeweils die Abschnittsnummern vorangestellt. Verweise auf den ersten Band sind zusätzlich durch I gekennzeichnet. Das Literaturverzeichnis erhebt keinen Anspruch auf Vollständigkeit. Wir haben uns nach wie vor bemüht, neben den von uns benutzten Arbeiten diejenigen zu nennen, in denen das geschilderte Problem erstmals aufgegriffen wurde. Über Hinweise und Korrekturen würden wir uns freuen.

Der Springer-Verlag hat Druck und Bilder in der gewohnten vorbildlichen Art ausgeführt, für alle Anregungen sei an dieser Stelle herzlich gedankt. Besonderer Dank gebührt Herrn Dr.-Ing. Herbert Knapp, der die Neubearbeitung durch unverdrossene Impulse uns gegenüber, durch Diskussionen und Absprachen mit den Herren Verfassern und durch Korrekturlesen sehr gefördert hat.

Möge das neue Werk so gut aufgenommen werden wie das alte.

München, im Herbst 1975 **E. Hölzler H. Holzwarth**

Inhaltsverzeichnis

Inhalt des Bandes I

(als zweite, verbesserte Auflage 1982 erschienen)

Verzeichnis der häufig verwendeten Formelzeichen

a	Dämpfungsmaß
a	Ausgangsvariable der Schaltungsalgebra
a_{n}	Nebensprechdämpfung
a_{Q}	Signal-(Quantisierungs-)Geräusch-Abstand
A	Verkehrsangebot
A	Wirksame Aperturfläche der Radarantenne
$A(t)$	Ausgangsfunktion
$A(x)$	Übertragungsfaktor eines Kabels
b	Ganze Zahl, Basis eines Codes
B	Bandbreite
B	Verkehrsverlust
B	Induktion
B_{r}	Remanenzinduktion
c	Lichtgeschwindigkeit
c	Belegungszahl, Anzahl der Belegungen in der Hauptverkehrsstunde
c_{A}	Anzahl der im Mittel angebotenen Belegungen je Zeit
c_{R}	Anzahl der im Mittel abgewiesenen Belegungen je Zeit
C	Kapazität eines Kondensators
C	Speicherkapazität
e	Eingangsvariable der Schaltungsalgebra
$E(t)$	Eingangsfunktion
$E(x)$	Übertragungsfaktor eines Entzerrers
f	Frequenz
f_0	Abtastfrequenz, Pulsfrequenz
f_{b}	Bitfolgefrequenz
f_{D}	Dopplerverschiebung der Frequenz
f_{g}	Grenzfrequenz, gegeben durch 6 dB Dämpfungszuwachs
f_{h}	Hochfrequenz
f_{Netz}	Resultierende Taktfrequenz im Nachrichtennetz
f_{t}	Taktfrequenz
f_{z}	Zeilenfrequenz bei Fernsehsignalen
f_{z}	Zwischenfrequenz bei Radarsignalen
F_{N}	Rauschzahl
G	Antennengewinn
$G(\omega)$	Übertragungsfunktion
H	Magnetische Feldstärke
H_{c}	Koerzitivfeldstärke
$i(t)$	Augenblickswert des Stroms
I	Strom, Stromamplitude

j	$j = \sqrt{-1}$
k	Boltzmannkonstante
k	Erreichbarkeit
K	Anzahl der Koppelpunkte
l_A	Abschnittlänge
l_{GU}	Untere Grenzentfernung
L	Binärzeichen
L	Induktivität
L	Kabellänge
m	Anzahl der redundanten Bits zur Korrektur eines Fehlers
m	Anzahl der für eine Entdeckung verfügbaren Impulse
n	Pegel
n	Anzahl der Teilnehmer an einer Koppelmatrix
n	Anzahl der Binärelemente eines Codewortes
n	Anzahl von Befehlen
Δn	Pegeldifferenz
N	Rauschleistung
N	Anzahl der Abnehmerleitungen
O	Binärzeichen
p	Zeitmultiplexfaktor
p	Variable der Laplacetransformation, komplexe Frequenz
p	Häufigkeit, Wahrscheinlichkeit
p_E	Entdeckungswahrscheinlichkeit
p_{FA}	Falschalarmwahrscheinlichkeit
P	Leistung
P_1	An die Radarantenne abgelieferte Sendeleistung
P_2	An den Empfängereingang gelieferte Signalleistung
P_Q	Leistung der Quantisierungsverzerrung
$\hat{P}$	Spitzenleistung
q	Anzahl der Entfernungstore
q	Ganze Zahl, Stufenzahl der Quantisierung
r	Anzahl der Elemente (Stellenzahl) eines Codewortes
r_0	Anzahl der (nutzbaren) *Binär*elemente eines Codewortes
R	Wirkwiderstand
R	Überlebenswahrscheinlichkeit eines Gerätes
R	Entfernung Radar—Ziel
$s(t)$	Augenblickswert des Signales
$s_\sigma(t)$	Antwort eines Netzwerkes auf den Einheitssprung $\sigma(t)$
S, S_0	Amplitude, Amplitudenbereich
ΔS	Amplitudenstufe
t	Zeit
t_A	Arbeitszeit
t_B	Belegungsdauer
t_m	Mittlere Dauer einer Belegung
t_n	Definierter Zeitpunkt
t_{op}	mittlere Operationszeit
t_R	Reaktionszeit
t_s	Schaltzeit eines Speicherferritkerns
t_w	Mittlere Wartezeit
T	Absolute Temperatur
T	(Langer) Zeitabschnitt
T	Beobachtungszeitraum für Verkehrsabläufe

ΔT	Zeitverschiebung
T_0	Periode des Pulsvorganges
T_0	Abtastperiode
T_b	Bitperiode
T_R	Echolaufzeit eines Radarsignales
T_S	Schlupfperiode
$u(t)$	Augenblickswert der Spannung
U	Spannung, Spannungsamplitude
U_k	Spannungswert für die Entscheidungsschwelle eines Schwellwertdetektors
U_R	Regelspannung
v	Verstärkungsfaktor
v_r	Radialgeschwindigkeit
V	Verkehrsanteil
w_N	Wahrscheinlichkeitsdichte eines Rauschsignales
w_{P+N}	Wahrscheinlichkeitsdichte eines mit Rauschen überlagerten Impulssignales
x	Reelle Achse, unabhängige Veränderliche
x	Normierte Frequenz
y	Imaginäre Achse, abhängige Veränderliche
Y	Belastung
z	Anzahl der Kanäle
Z	Wellenwiderstand einer Leitung
α	Dämpfungsbelag einer Leitung
$\delta(t)$	Einheitsimpuls
Δ	Differenz, endliche Änderung
λ	Wellenlänge
λ_0	Ausfallrate eines Bauelements
σ	Radarquerschnitt des Ziels
$\sigma(t)$	Einheitssprung
τ	Impulsdauer
τ	Zeitkonstante
φ	Phasenwinkel
$\Delta\varphi$	Phasenabweichung
ω	Kreisfrequenz

Nachtrag

Die im Vorwort zur zweiten Auflage (siehe Seite VI, oben) vermerkte Korrektur der Symbole für logische Verknüpfungen bezieht sich auf DIN 40 700, Teil 14 vom Juli 1976 (siehe auch Seite 48, unten). Diese Norm wurde inzwischen ersetzt durch DIN 40 900, Teil 12 vom Juli 1984. Da die Druckunterlagen für dieses Buch beim Erscheinen der neuen Norm bereits erstellt waren, konnte sie nicht mehr berücksichtigt werden. An den Symbolen für die elementaren Verknüpfungen hat sich jedoch nichts geändert.

1. Einleitung

In der Geschichte der Anwendung technischer Verfahren stößt man vielfältig auf Lösungen mit impulsförmigen Vorgängen. Genannt seien aus früherer Zeit nur der Spindelgang der Uhren, die Anfänge der Dampfmaschine, der Webstuhl von Jacquard 1808, der erstmalig mit einer Lochkarte gesteuert wurde, aus neuerer Zeit der Kinematograph oder die Zähltechnik für atomare Vorgänge.

Die digitale Form der Impulsverfahren ist von ganz besonderer Bedeutung für die Übermittlung von Nachrichten.

Eine der ältesten Disziplinen dieser Technik, nämlich die *Telegraphie*, verwendet von Anfang an Impulse, heute in Form von international verabredeten Codesignalen für das Fernschreiben und die Datenübertragung. Die Probleme der Impulsverformung und die Suche nach Verfahren, verzerrte Signale trotzdem richtig zu erkennen, traten zuerst bei der Seekabel-Telegraphie auf (Lord Kelvin 1854).

Die *Telephonie*, deren Leitungsnetze seit rund hundert Jahren der Übermittlung von Sprachsignalen dienen, verwendete für die Gesprächsvermittlung schon seit etwa 1890 in *automatischen* Vermittlungseinrichtungen den impulsgesteuerten Strowger-Wähler mit den zugehörigen Relaiskombinationen.

Bereits vor dem zweiten Weltkrieg wurden die Grundlagen für die *Radar*technik geschaffen, die der Ortung von Objekten dient. Sie arbeitet weitgehend mit Puls-Methoden.

Die *Rechnertechnik*, wegen der Vorgänge des Abzählens von vornherein für die Impulsverfahren prädestiniert, hat ihren Siegeszug in einem nicht geahnten Ausmaß angetreten, nachdem die Halbleiterphysik die technologischen Voraussetzungen für digitale Schaltungen erfüllte.

Parallel dazu drangen diese Verfahren rapide in die Sphäre der *Energietechnik* ein. Teils befruchteten sie die *Steuerungs*- und *Regelungs*technik, z. B. in Form der sogenannten *Prozeßrechner*, teils führten sie zu einem ganz neuen Zweig, der modernen *Energieelektronik*.

Die in der Datenverarbeitung gewonnenen Erkenntnisse der Digitaltechnik beeinflußten wiederum die älteren Techniken der Vermittlung und Übertragung auf dem Nachrichtengebiet, die Radartechnik und die *Meßtechnik*. Erwähnt sei ferner noch der starke und befruchtende Einfluß der Pulstechnik auf die Geräte der *Elektromedizin*.

Gemäß den im Vorwort geäußerten Gedanken beschreiben die verschiedenen Abschnitte zum Teil technische Anwendungen, die zum allgemeinen Rüstzeug der Pulstechnik gehören, wie verschieden die Gebiete auch sein mögen; zum anderen beziehen sie sich vorwiegend auf nachrichtentechnische Geräte und Systeme, wobei die Ortungstechnik eingeschlossen ist. Im folgenden sei zur Einführung ein Überblick über den Inhalt der einzelnen Abschnitte gegeben:

Der zweite Abschnitt ist der Impulsformung und -erzeugung gewidmet. In allen Anwendungsgebieten dieser Technik arbeitet man mit denselben Grundschaltungen, um pulsförmige Vorgänge der verschiedensten Art zu erzeugen, zu verformen, zu filtern, ineinander umzuwandeln und zu verarbeiten. Wichtige Formen sind dabei Rechteckschwingungen, sägezahnförmige und treppenförmige Schwingungen.

Der dritte Abschnitt befaßt sich mit rein digitalen Schaltungen; der Einführung in die Schaltungsalgebra ist dabei mit Rücksicht auf deren große Bedeutung in der binären Digitaltechnik besonderer Raum gewidmet.

Die Grundelemente der Schaltungsalgebra werden schon seit langem für technische Steuer- und Regelprozesse verwendet — es sei nur auf die oben schon genannte Rolle verwiesen, die das Relais als digitales Element spielt. Mit der Einführung elektronischer Schaltkreise hat sich der Anwendungsbereich wesentlich erweitert, insbesondere durch die elektronische Datenverarbeitung. Aber auch Manipulationen, die bisher an Analogsignalen unmittelbar durchgeführt wurden, werden heute mit Hilfe der Digitaltechnik realisiert: Nach erfolgter Analog-Digital-Umsetzung, die oft zur Übertragung ohnehin erforderlich ist, wird das Signal durch einen mit Hilfe der Schaltungsalgebra bestimmten Rechenprozeß umgewandelt. Beispiele für derartige Umformungen sind Begrenzung, Kompandierung, Frequenzversetzung und nicht zuletzt die vielen Arten der Digitalfilterung. Nach einer darauffolgenden Digital-Analog-Umsetzung erhält man dann das in gewünschter Weise veränderte Signal wieder. Auch innerhalb rein digitaler Systeme bieten sich Anwendungsmöglichkeiten, so z. B. bei der Codeumsetzung, bei der Redundanzminderung oder -erhöhung, bei der Fehlererkennung und -korrektur.

Im vierten Abschnitt wird die Anwendung der digitalen Grundschaltungen in Schalteinrichtungen, das heißt in komplizierten Systemen von logischen Verknüpfungen und Speichern behandelt. Diese Schalteinrichtungen kommen in allen Systemen zur Steuerung von Prozessen vor. Die in der Vermittlungstechnik benutzten, für komplizierte Prozesse beispielhaften Abläufe sind besonders herausgestellt. Die Betrachtungen sind hauptsächlich auf das gespeicherte Programm abgestellt, da dieses durch den Siegeszug des Mikroprozessors heute nahezu überall verwendet wird.

Der fünfte Abschnitt gibt einen Überblick über die wichtigsten in der Pulstechnik verwendeten Bauelemente und ihre physikalischen Grundlagen. Wegen ihrer besonderen Bedeutung ist der Hauptinhalt den Halbleiterbauelementen gewidmet. Da in Zukunft die Lichtwellenleitertechnik von großer Wichtigkeit sein wird, sind auch die optischen Bauelemente, wie Laserdiode, Lumineszenzdiode und Photodiode, eingehend beschrieben. Die zunehmende Zusammenfassung von Bauelementen bis zu sehr großen Einheiten auf einer Halbleiterscheibe, dem sogenannten integrierten Schaltkreis, ist in einiger Ausführlichkeit behandelt. Soweit nur Elemente integriert sind, die zu Baueinheiten für die logischen Grundfunktionen führen, werden die Bausteine für längere Zeit Bestand haben. Je größer der Integrationsgrad jedoch ist, desto spezieller ist im allgemeinen die Anwendung; auf das damit zusammenhängende Problem der kundenspezifischen Schaltkreise und ihren wirtschaftlichen Einsatz ist besonders eingegangen.

Der sechste Abschnitt behandelt die Grundstruktur und die Probleme der heute notwendigen Speicher und Speichersysteme sowie des Mikroprozessors, wieder mit besonderem Augenmerk auf die moderne Vermittlungstechnik. Die Bedeutung der Kernspeichertechnik hat in letzter Zeit zugunsten der Halbleitertechnik stark abgenommen. Die wesentlichen Eigenschaften der Kernspeichertechnik sind daher nur noch kurz betrachtet, die Halbleiterspeicher dafür eingehender behandelt. Da der Mikroprozessor in den letzten Jahren viele Gebiete revolutioniert hat, ist sein Prinzip in einem eigenen Unterabschnitt beschrieben.

Die Abschnitte sieben mit neun sind nachrichtentechnischen Systemanwendungen der Pulstechnik gewidmet — den allgemeinen Einrichtungen der Vermittlung, der digitalen Übertragung, der digitalen Vermittlung und den Problemen, die in „integrierten Netzen" auftreten. Wegen der vielfältigen Beziehungen, die diese Techniken in den Nachrichtennetzen haben, sei eine zusammengefaßte Betrachtung für die genannten drei Abschnitte vorangestellt:

Unsere modernen Nachrichtensysteme bilden im wesentlichen Kommunikationsnetze, das heißt Netze, in denen jeder Teilnehmer mit jedem beliebigen anderen kommunizieren kann. Den größten Raum nehmen hierbei die Fernsprechnetze ein; als Repräsentanten sind die öffentlichen Netze der Postverwaltungen am bekanntesten. Sie stellen weltweit eine standardisierte Übertragungsbandbreite für analoge Signale von 3,1 kHz zur Verfügung. Im Jahre 1983 hat die Anzahl der an dieses weltweite Netz angeschlossenen Teilnehmer 550 Millionen überschritten. Daneben haben die Fernschreib- und Datennetze insbesondere für den

Geschäftsverkehr eine große Bedeutung erlangt. Zum Teil bedienen sich diese Datennetze der Weitverkehrseinrichtungen des Fernsprechens.

Die Kommunikationsnetze haben außer den Übertragungseinrichtungen, die alle gewünschten terrestrischen Entfernungen überbrücken können, immer Vermittlungseinrichtungen zur Voraussetzung, die für die Verbindung zweier beliebiger Teilnehmer sorgen. Für jede solche Verbindung werden nach statistischen Bemessungsregeln Teile des Netzes zeitweilig zur Verfügung gestellt, da es unmöglich und auch unbezahlbar wäre, jeden Teilnehmer mit jedem anderen durch eine spezielle Übertragungsleitung zu verbinden. Die Netze haben deshalb Stern- und Maschenstrukturen.

Neben diesen Kommunikationsnetzen gibt es reine Verteilnetze. Das bekannteste ist hier das Rundfunkverteilnetz für Hör- und Fernsehprogramme. Die Programme werden bis heute noch vorwiegend über Funkwege mit Hilfe von Rundstrahlsendern verteilt, von denen jeder Millionen von Teilnehmern erreichen kann. Das in den Vordergrund des Interesses gerückte Kabelfernsehen benötigt zur Versorgung mit vielen Programmen ein Netz, dessen Leitungen im Prinzip nur aus einem einzigen Aderpaar bestehen. In diesem sind im Frequenzmultiplex mehrere Programmkanäle untergebracht, an die die Teilnehmer in Form einer Baumstruktur angeschlossen sind, ähnlich wie bei der Starkstrom- oder Wasserversorgung. Mit einer einzigen sogenannten Großgemeinschaftsanlage werden heute einige Zehntausend Teilnehmer mit Fernseh- und Hörprogrammen über Kabel versorgt. Diese Verteilnetze sind bisher praktisch unabhängig von den Kommunikationsnetzen aufgebaut. Ferner sind beide Netzarten heute sowohl über Funk oder Kabel fast ausnahmslos für die Übertragung analoger Signale bemessen.

In den letzten Jahren ist eine Reihe von neuen Diensten entwickelt worden, die zwar vorwiegend für das Geschäftsleben gedacht sind, aber auch im privaten Bereich Anwendung finden können. Die meisten dieser neuen Dienste bedingen Endgeräte, die die *visuelle* Darstellung von Text- und Bildinformation ermöglichen. Man kann sich dabei der bereits weitgehend in der Datentechnik eingeführten Datensichtstationen bedienen, oder aber neuer Prinzipien für Datendrucker. Man kann mit Hilfe von Eingabetastaturen und solchen Geräten einen Dialog mit Zentralen führen, etwa den Verkehr mit Datenbanken, das heißt Auskunfteien jeglicher Art (Wetter, Fahrpläne, Geld- und Reisedienste usw.) oder gar mit Datenverarbeitungs-Zentralen. Besonders erwähnenswert ist hier der Dienst „Bildschirmtext“, den jeder Telephonteilnehmer in Anspruch nehmen kann, wenn er die notwendigen Zusatzgeräte erwirbt; als Sichtgerät kann dabei auch ein Fernsehgerät verwendet werden. In Diskussion ist ferner die Abwicklung von Lehrprogrammen. In den Vordergrund des Interesses gerückt sind Faksimilegeräte, mit denen Schwarz-Weiß-Originale naturgetreu übertragen und ausgedruckt werden können. Auf diese Weise wäre es möglich, z. B. Zeitungen oder Briefe nicht mehr körperlich sondern elektronisch zu übersenden — nicht nur zwischen Geschäftsunternehmen, sondern auch für den Privathaushalt.

Als wohl teuerstes Instrument von zukünftigen Diensten kann man den Bildfernsprecher betrachten, der wie das Telephon in einem vermittelten Kommunikationsnetz jeden Teilnehmer mit jedem nicht nur aural sondern auch visuell verbindet. Neben der 5-MHz-Videobandbreite des Unterhaltungsfernsehens steht aus Kostengründen für den Fernverkehr auch eine Bandbreite von etwa 1 MHz zur Diskussion und damit geringere Auflösung oder kleinere Bilder. Miterfaßt wäre natürlich auch die Darstellung der vorhin erwähnten Daten.

Die technischen und wirtschaftlichen Möglichkeiten der bestehenden Kommunikationsnetze erlauben alle diese Dienste mit einer Ausnahme, nämlich des Bildfernsprechens. Dieses würde nämlich eine Übertragungsbandbreite erfordern, die selbst bei der eingeschränkten Bandbreite von 1 MHz etwa 300mal so groß ist wie die Bandbreite des Sprechkanals von 3,1 kHz. Die heute bestehenden Fernsprechnetze, in denen ja immer noch überwiegend Analogsignale übertragen und vermittelt werden, müßten dann mit zusätzlichen breitbandigen Übertragungsstrecken und Vermittlungen ausgebaut werden. Die Kosten eines solchen Ausbaus würden ein Vielfaches des Wertes des heutigen weltweiten Fernsprechnetzes betragen, auch wenn nur ein Teil der Telephonteilnehmer gleichzeitig Bildfernsprechteilnehmer werden sollte. Benutzt man jedoch die Digitaltechnik, so zeichnen sich wesentlich günstigere Lösungen ab, und zwar durch die im Abschnitt 8.3 geschilderten Möglichkeiten der Bitreduktion bei Fernsehbildübertragungen. Das Ergebnis neuerer Entwicklungen ist eine Bitrate von 2 Mbit/s, mit der eine zwar eingeschränkte, für den Bildfernsprech-Fernverkehr jedoch ausreichende Qualität erreicht worden ist; man benötigt dann nur die Kapazität von 30 Sprechkanälen. Der Ausbau eines solchen Netzes wird in jedem Fall weniger eine Frage der technischen Durchführbarkeit als der Finanzierung sein.

Einen Überblick über den Wandel, der vor uns steht, möge an dieser Stelle ein Vergleich geben zwischen der Struktur des heutigen deutschen Fernsprechnetzes und der eines möglichen zukünftigen reinen digitalen Netzes. Heute fließen (Bild 1.1) in den Ortsnetzen die Sprachsignale über Niederfrequenzleitungen in ihrer natürlichen Lage vom Teilnehmer Tln zur Endvermittlungsstelle EVSt. Hier werden sie über metallische Kontakte — diese können Drehwähler oder Koppelmatrizen sein — zum nächsten Teilnehmer desselben Ortsnetzes vermittelt, oder sie fließen über die Knotenvermittlungsstellen KVSt zu benachbarten EVSten, oder aber sie überbrücken im Fernverkehr über trägerfrequent mehrfach

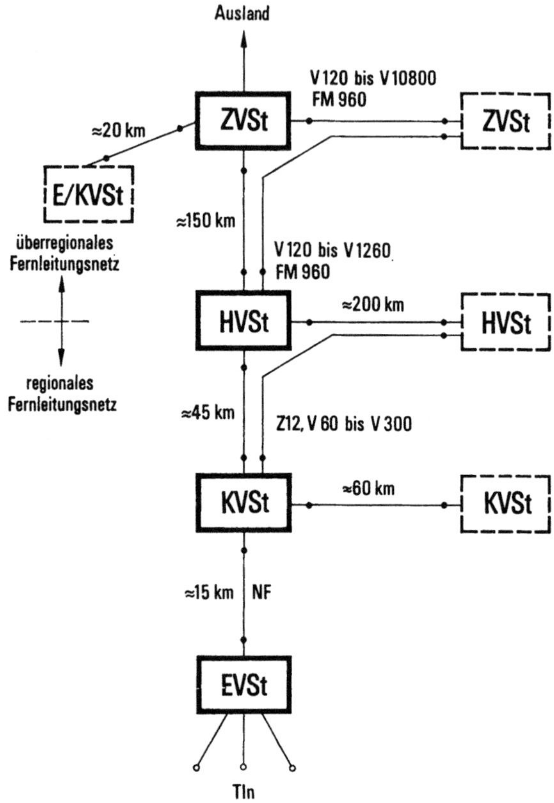

Bild 1.1. Struktur des heutigen deutschen Fernsprechnetzes.
ZVSt Zentralvermittlungsstelle; KVSt Knotenvermittlungsstelle;
HVSt Hauptvermittlungsstelle; EVSt Endvermittlungsstelle.

ausgenutzte Leitungen größere Entfernungen. Diese Strecken können zwischen KVSt und Hauptvermittlungsstelle HVSt, zwischen dieser und der Zentralvermittlungsstelle ZVSt liegen oder zwischen den ZVSten. Die Kilometerangaben sind Mittelwerte der Entfernungen in den verschiedenen Netzebenen. Die trägerfrequent gebündelten Signale laufen hier sowohl über symmetrische Kabel (hierfür dienen die Trägerfrequenzsysteme Z 12 und V 60/120[1]) und Koaxialkabel (mit den TF-Systemen V 300, V 1260, V 2700 und V 10800) als auch über Richtfunkstrecken mit Frequenzmodulation (z. B. FM 960). Wegen ihrer besonderen Bedeutung sind die sogenannten Querleitungen im Bild miteingezeichnet. Sie erlauben es, daß bei geographisch benachbarten KVSten oder HVSten

[1] Die Zahl hinter Z (Zweidraht), V (*V*ierdraht) oder FM (*F*requenz*m*odulation) gibt die Zahl der trägerfrequent gebündelten Sprachsignale an. V120 bedeutet z. B., daß 120 Sprechkreise mit vier Adern gebildet werden.

der Verbindungsaufbau nicht immer über die ZVSten ablaufen muß, sondern möglichst auf dem direkten Weg zwischen diesen Vermittlungsstellen.

Die Pulsmodulationstechnik hat sich im Laufe etwa der letzten zwanzig Jahre in bestimmten Netzebenen, heute noch vornehmlich in der Bezirksebene, das heißt in den Ebenen zwischen EVSt und HVSt, zu einem ebenbürtigen Partner der Trägerfrequenztechnik entwickelt. Als aussichtsreichstes Verfahren hat sich die Pulscode-Modulation (PCM) durchgesetzt. Der standardisierte Grundtakt je Kanal ist dabei zu 64 kbit/s festgelegt — 8 Codeelemente bei 8 kHz Abtastfrequenz. Mit dieser Technik sind in den USA in großem Umfang Geräte in Betrieb, die 24 Sprechkanäle zeitlich bündeln, in Europa beträgt diese Grundeinheit 30. Die Bitrate ist dabei 2,048 Mbit/s. Das CCITT[1] hat eine Hierarchie von Bündeleinheiten mit 120, 480 und 1920 Kanälen bereits genormt, mit Bitraten von etwa 8, 34 und 140 Mbit/s; die nächste Hierarchiestufe ist in Diskussion, sie wird eine Bitrate von etwa 560 Mbit/s haben. Diese Systeme, die im Abschnitt 8 betrachtet werden, stehen in Konkurrenz zu der existierenden Trägerfrequenztechnik.

Die auf digitale Technik angepaßte Vermittlungstechnik verwendet spezielle Koppelmatrizen, nämlich im Zeitmultiplex arbeitende digitale Koppeleinrichtungen. Sie haben elektronische Koppelpunkte und nutzen die Vorteile der digitalen Signalübertragung aus, die gegen Störungen von innen und außen unempfindlich ist.

Im Rahmen der Dualität analog — digital bieten sich folgende Kombinationsmöglichkeiten an:

Übertragungstechnik	Vermittlungstechnik
a) analog	analog
b) digital	analog
c) analog	digital
d) digital	digital

Wenn man passende Schnittstellen definiert, sind alle vier Kombinationen praktisch brauchbar. Alle kommen auch tatsächlich vor, teilweise als Übergangszustand. Man hat jeweils ein zusammenarbeitendes Ganzes (Integer), also in jeder Kombination ein integriertes Fernsprechnetz; für die erst in neuerer Zeit realisierbare Kombination d) ist der Begriff „integriertes digitales Netz" (IDN) allgemein bekannt geworden.

Der ganze Nutzen der digitalen Technik kommt erst dann voll zum Tragen, wenn sowohl die Übertragungsleitungen als auch die Vermittlungen auf reiner Zeitmultiplexbasis digital bis zum Teilnehmer betrieben

[1] *C*omité *C*onsultatif *I*nternational *T*élégraphique et *T*éléphonique

werden. Die Hierarchie eines rein digitalen integrierten Netzes kann dann eine Struktur haben, wie sie in Bild 1.2 skizziert ist. Die erwähnte Bitrate von 64 kbit/s, die jedem Sprechkanal zugeordnet ist, kann für die Datenübertragung bis zum Teilnehmer in der Zukunft neue Möglichkeiten eröffnen und bei der vorhin erwähnten Einführung neuer Dienste besondere Vorteile bieten. So geht z. B. die Zeit für die Übertragung einer Seite im Faksimile von derzeit einigen Minuten — oft störend lang — auf Bruchteile einer Minute herunter. Diese überzeugenden Möglichkeiten der sogenannten Dienstintegration werten das IDN zu einem ISDN (*I*ntegrated *S*ervices *D*igital *N*etwork) auf; beim CCITT liegen hierfür erste Empfehlungen vor, und bei der DBP existieren konkrete Einführungsstrategien. Erwähnenswert ist die Bereitstellung von 144 kbit/s pro Teilnehmer, d. h. von zwei 64-kbit/s-Kanälen und einem Signalisierungskanal von 16 kbit/s. Durch die Verwendung des bestehenden Teilnehmeranschluß-Kabelnetzes, das einen hohen Anteil der Investitionskosten des gesamten Netzes darstellt, kommt man zu einer sehr wirtschaftlichen Einführungsphase.

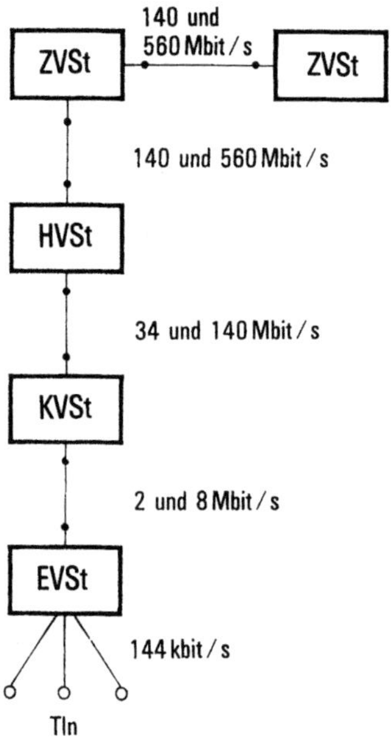

Bild 1.2. Struktur eines digitalen Nachrichtennetzes.

Die Endphase eines einzigen umfassenden Kommunikationsnetzes, in dem alle denkbaren Dienste, auch solche mit sehr hoher Bitrate, abgewickelt werden können, wird erst realisiert werden, wenn die Lichtwellenleiter in großem Umfang auch im Teilnehmernetz eingesetzt sind; eine Aufgabe, die einige Jahrzehnte in Anspruch nimmt.

Auf Probleme, die sich beim ISDN ergeben, wird im Abschnitt 9 besonders eingegangen. Die Übertragungsmedien dafür sind einschließlich der zukünftigen optischen Übertragungstechnik im Abschnitt 8 behandelt.

Stehen wir bei den Nachrichtennetzen erst am Anfang der Einführung all der modernen Verfahren und Technologien der Puls- und Digitaltechnik — in den nächsten Jahrzehnten werden sie zunehmend davon durchdrungen sein — so ist die Ortungstechnik ein Gebiet, in dem alle Verfahren der Pulstechnik bereits heute in den Geräten vorzufinden sind. Der zehnte Abschnitt ist diesen modernen Entwicklungen gewidmet.

Bereits in den Anfängen der Radartechnik vor dem letzten Weltkrieg lernte man viele Aufgaben der analogen Pulstechnik kennen und lösen. Die modernen Ortungsgeräte machen außerdem noch von einem großen Teil der Erkenntnisse der Digitaltechnik Gebrauch, wird doch bereits heute die Auswertung der Radarsignale nicht mehr nur dem Auge des Beobachters überlassen, sondern mit Hilfe des ausgeklügelten Einsatzes von Rechnern automatisiert und die menschliche Unzulänglichkeit dadurch ausgeschaltet. Als Beispiel möge nur erwähnt werden, daß die modernen Puls-Doppler-Radargeräte eine ideale Anwendung für die Leistungen digitaler Filter darstellen.

2. Impulsformung und -erzeugung

Im Band I wurde die Theorie der Impulsvorgänge und ihrer Verformung durch Netzwerke ausführlich behandelt. Im folgenden werden die wichtigsten Grundschaltungen dieser Technik durch leicht verständliche Beispiele beschrieben. In der Praxis werden heute durchweg integrierte Bausteine (s. Abschnitt 5.2) verwendet, wobei die Schaltungen im allgemeinen nicht mehr aus Einzelbauteilen zusammengesetzt sind. Hinsichtlich spezieller Ausführungsformen und Berechnungsgrundlagen sei auf die entsprechende Fachliteratur verwiesen.

2.1. Impulsformung

Netzwerke, die im Wege einer elektrischen Übertragung eingeschaltet sind, kann man bezüglich ihrer Merkmale in verschiedener Weise gliedern; so z. B. hinsichtlich der Anordnung ihrer Ein- und Ausgangsklemmen (Zweipole, Vierpole) oder der Art der beteiligten Bauelemente (lineare und nichtlineare, aktive und passive Netzwerke). Für die speziellen Betrachtungen der Pulstechnik eignet sich eine Gliederung nach Abhängigkeit von den drei Signalparametern Frequenz, Amplitude und Zeit. Diese Unterteilung paßt auch gut zu den Aufgaben der Modulations- und Bündelungstechnik [2.1]; die nachstehend beschriebenen Frequenz-, Amplituden- und Zeitfilter spielen naturgemäß bei den entsprechenden Bündelungsverfahren eine große Rolle.

2.1.1. Frequenzfilter

Frequenzfilter sind Netzwerke, deren Übertragungseigenschaften von der Frequenz des Signals, nicht jedoch von seiner Amplitude oder von der Zeit abhängen. Sie wandeln beliebige Schwingungsformen immer in *andere* um. Eine Ausnahme bildet die reine Sinusschwingung; diese bleibt immer in ihrer Form erhalten, nur ihre Amplitude und zeitliche Lage (Phase) kann sich je nach den Filtereigenschaften ändern. Das setzt

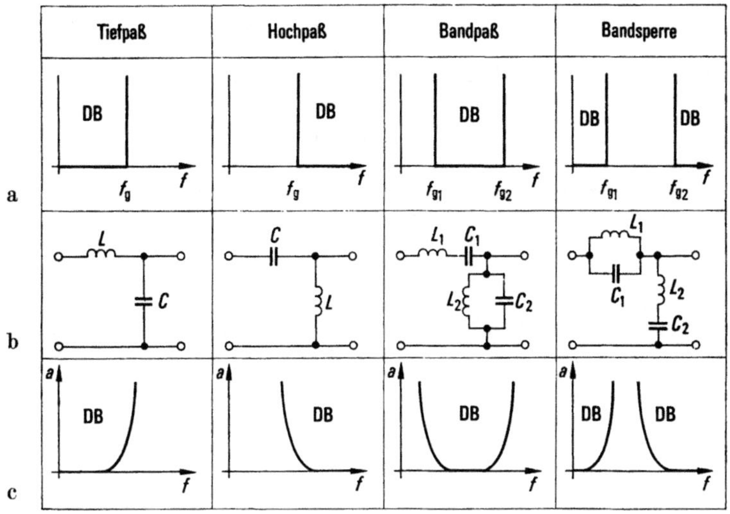

Bild 2.1a – c. Die vier Grundtypen von Frequenzfiltern und ihr Dämpfungsverhalten. DB Durchlaßbereich; f_g Grenzfrequenz.

voraus, daß Frequenzfilter nur aus linear arbeitenden Bauteilen — wie Widerständen, Spulen und Kondensatoren — bestehen. Hinsichtlich der Wirkung von Frequenzfiltern unterscheidet man gewöhnlich Tief- und Hochpässe, Bandpässe und -sperren. Bild 2.1 zeigt für diese vier Typen unter a) den idealisierten Dämpfungsgang, unter b) Schaltungsbeispiele mit LC-Gliedern und unter c) entsprechende reale Dämpfungsverläufe. Es ist ersichtlich, daß Bandpässe und -sperren aus jeweils einem Tief- und einem Hochpaß bei entsprechender Wahl der unteren und oberen Grenzfrequenzen f_{g_1} bzw. f_{g_2} gebildet werden können. Mit *Frequenzweiche* bezeichnet man eine Schaltung, die ein Signal frequenzmäßig in zwei Teile zerlegt, die unterhalb bzw. oberhalb einer bestimmten Grenzfrequenz liegen.

Im Abschnitt I.5.7. wurde gezeigt, daß man die Wirkung von Netzwerken auf Zeitfunktionen eindeutig aus deren *Dämpfungs-* und *Phasen*eigenschaften ableiten kann. Man kann die Wirkung von Frequenzfiltern auf nichtsinusförmige Schwingungen aber auch nach ihrem *Zeit*verhalten unterscheiden, wie die folgenden einfachen Beispiele zeigen. In Bild 2.2a ist links eine trapezförmige Schwingung $s(t)$ dargestellt. Ihre Ableitung $\mathrm{d}s(t)/\mathrm{d}t$ ergibt eine Folge von abwechselnd positiven und negativen Impulsen (b), die so lange wie die Flanken der Schwingung $s(t)$ andauern; ihre Amplitude ist proportional der Flankensteilheit von $s(t)$. Das Integral der Schwingung $s(t)$ dagegen ist eine Dreieckschwingung mit parabelförmigen „Ecken" (c). Wird die Flankensteilheit von $s(t)$ immer größer, so ergibt sich im Grenzfall die in Bild 2.2a rechts dar-

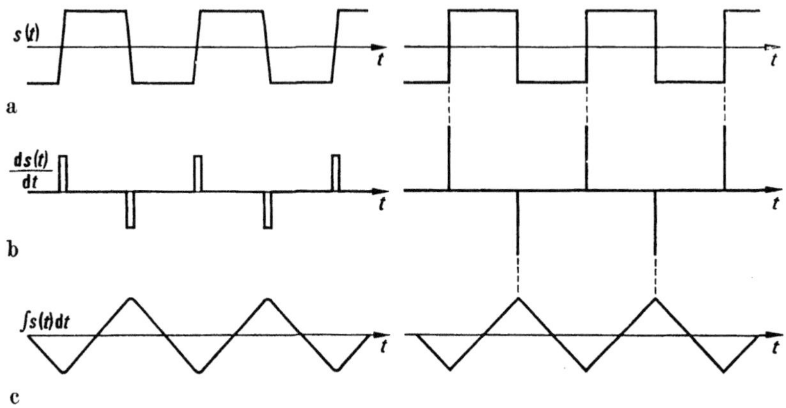

Bild 2.2 a—c. Trapezschwingung (a, links) und Rechteckschwingung (a, rechts), differenziert (b) und integriert (c).

gestellte Rechteckschwingung. Die Dauer der Impulse der abgeleiteten Schwingung ist vernachlässigbar klein geworden und ihre Amplitude unendlich groß. Man erhält eine Folge von abwechselnd positiven und negativen δ-Impulsen (b). Das Integral der Schwingung ist in eine reine Dreieckschwingung übergegangen (c).

Die Schwingungsformen verändern demnach durch solche linearen Operationen ihr Bild vollständig. Man benutzt diese Effekte in der Impulstechnik absichtlich, um bestimmte Aufgaben lösen zu können.

2.1.1.1. *Differenzierende Netzwerke*

Schaltungen, die ähnliche Veränderungen hervorrufen wie die von a) nach b) in Bild 2.2, mögen unter dem Sammelbegriff der „differenzierenden Netzwerke" zusammengefaßt werden. Allerdings ist mit realen Bauelementen die Differentiation nie streng möglich.

Zwei sich entsprechende Schaltungen, die im Grenzfall streng differenzieren, zeigt Bild 2.3a. Für die Spannung u_L an der Spule L gilt

$$u_L = L\,\frac{\mathrm{d}i}{\mathrm{d}t}, \tag{2.1}$$

für den Strom i_C durch den Kondensator C entsprechend

$$i_C = C\,\frac{\mathrm{d}u}{\mathrm{d}t}. \tag{2.2}$$

Ist i durch eine Stromquelle I_0 oder u durch eine Spannungsquelle U_0 mit jeweils rechteckförmiger Schwingungsform gegeben, so wären u_L

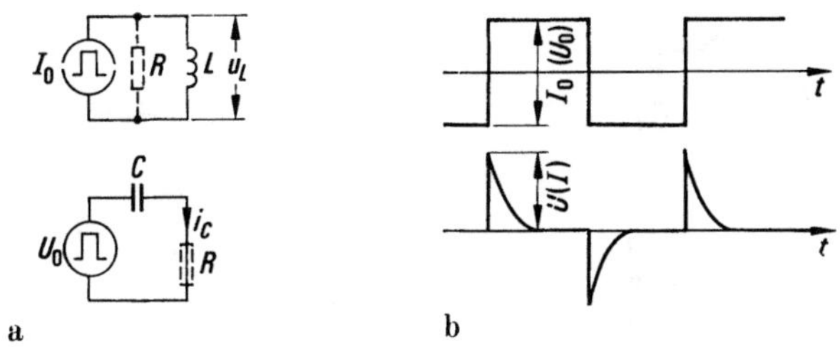

Bild 2.3 a u. b. Grundschaltungen zur Differentiation (a) und Wirkung auf eine Rechteckschwingung (b).

und i_C dem Bild 2.2b rechts entsprechende δ-Impulse. Praktisch ist das nur angenähert zu erreichen, weil eine Stromquelle stets einen Parallelwiderstand R und eine Spannungsquelle stets einen Reihenwiderstand R hat. Damit ist die Amplitude der Impulse begrenzt auf $I = U_0/R$ bzw. $U = I_0 R$; Strom bzw. Spannung verlaufen dann wie in Bild 2.3b unten gezeigt. Nach einem Sprung zur Zeit des Umschlags der Rechteckschwingung klingt die Spannung exponentiell mit der Zeitkonstante $\tau_C = RC$ bzw. der Strom mit der Zeitkonstante $\tau_L = L/R$ ab. Die Gleichung für den Abfall lautet

$$s(t) = S\,\mathrm{e}^{-\frac{t}{\tau}}, \tag{2.3}$$

wobei in einem Fall $S = U_0/R$, im anderen $S = I_0 R$ ist.

Differenzierende Netzwerke haben den Charakter eines Frequenz-Hochpasses; sie haben daher die Eigenschaft, Gleichanteile des anliegenden Signals nicht durchzulassen.

2.1.1.2. Integrierende Netzwerke

Schaltungen, die ähnliche Veränderungen hervorrufen wie die von a) nach c) in Bild 2.2, mögen unter dem Sammelbegriff der „integrierenden Netzwerke" zusammengefaßt werden. Zwei sich entsprechende Schaltungen, die im Grenzfall streng integrieren, zeigt Bild 2.4a. Für den Strom i_L gilt

$$i_L = \frac{1}{L}\int u\,\mathrm{d}t, \tag{2.4}$$

für die Spannung u_C gilt

$$u_C = \frac{1}{C}\int i\,\mathrm{d}t. \tag{2.5}$$

Liegt demnach eine Spannungsquelle oder eine Stromquelle mit rechteckförmiger Schwingung vor, so haben i_L und u_C die Schwingungsform

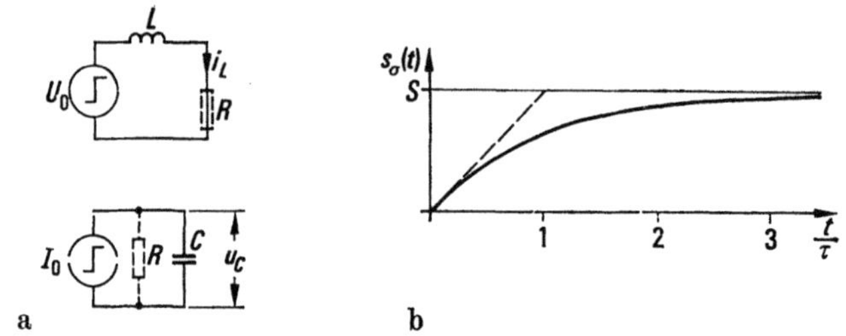

Bild 2.4 a u. b. Grundschaltungen zur Integration (a) und Wirkung auf einen Spannungs- bzw. Stromsprung (b).

des Bildes 2.2c, rechts. Nimmt man an, daß die Spannung und der Strom nur *einmal* springen, und zwar auf die Werte U_0 bzw. I_0, so müßten bei strenger Integration der Strom in L bzw. die Spannung an C linear mit der Zeit ansteigen und für $t \to \infty$ unendlich groß werden. Die Innenwiderstände der Quellen begrenzen aber beide Werte auf $I = U_0/R$ bzw. $U = I_0R$. Sowohl der Strom i_L als auch die Spannung u_C gehen dann von Null beginnend exponentiell mit der Zeitkonstanten $\tau_L = L/R$ bzw. $\tau_C = RC$ in die genannten Grenzwerte über. Die Gleichung für die Sprungantwort lautet (Bild 2.4b)

$$s_\sigma(t) = S\left(1 - \mathrm{e}^{-\frac{t}{\tau}}\right), \tag{2.6}$$

wobei in einem Fall $S = U_0/R$, im anderen $S = I_0R$ ist. Die Anfangssteilheit ist mit

$$\frac{\mathrm{d}s_\sigma(0)}{\mathrm{d}t} = \frac{S}{\tau} \tag{2.7}$$

umgekehrt proportional zu τ.

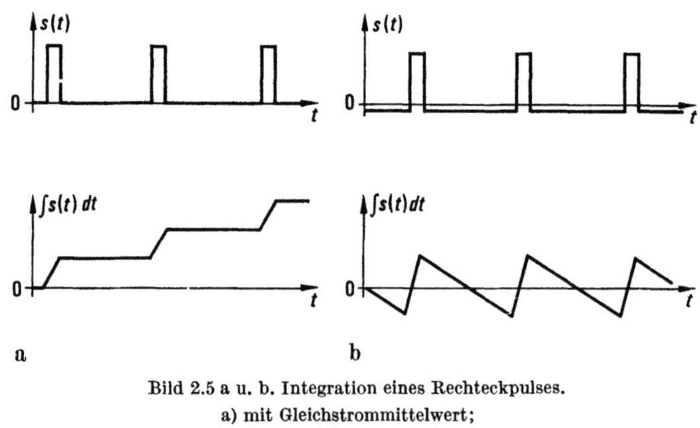

Bild 2.5 a u. b. Integration eines Rechteckpulses.
a) mit Gleichstrommittelwert;
b) ohne Gleichstrommittelwert.

Bild 2.5 zeigt weitere häufig vorkommende Schwingungsformen, die über eine Integration miteinander zusammenhängen. So ist die Integralschwingung eines Rechteckpulses eine treppenförmige Funktion mit gleich hohen Stufen, wenn zwischen den Impulsen die Zeitfunktion $s(t)$ Null ist (Bild 2.5a), dagegen eine sägezahnförmige Schwingung, wenn der zeitliche Mittelwert der Zeitfunktion $s(t)$ Null ist (Bild 2.5b).

Integrierende Netzwerke haben den Charakter eines Frequenz-Tiefpasses; sie haben daher die Eigenschaft, Gleichanteile des anliegenden Signals zu verarbeiten.

2.1.1.3. Lineare impulsformende Netzwerke

Bisher wurden nur die einfachsten Schaltungen zur Formung von Impulsen gezeigt. Den idealisierten Formen besser entsprechende Ergebnisse lassen sich durch kompliziertere Kombinationen von RLC-Kreisen erzielen. Benutzt man z. B. zur Erzeugung von Impulsen aus den Flanken von Rechteckschwingungen stark gedämpfte Schwingkreise, so erhält man günstigere Formen, als sie sich mit RC-Differentiation bei endlicher Flankensteilheit ergeben. Die idealen Formen sind jedoch mit diesen Methoden nicht zu erreichen. Es läßt sich jedoch nachweisen, daß es bestimmte Impedanzfunktionen gibt, die aus einem Stromsprung einen idealen Rechteck-Spannungsimpuls oder aus einem Spannungssprung einen idealen Rechteck-Stromimpuls erzeugen. Das sind die Eingangs-Impedanzfunktionen einer am Ende kurzgeschlossenen bzw. einer am Ende offenen idealen homogenen Leitung. Der Innenwiderstand der Quelle des Strom- oder Spannungssprunges muß dabei gleich dem Wellenwiderstand Z der Leitung sein. In Bild 2.6 sind die beiden Prinzipanordnungen mit einem Stück einer koaxialen Leitung dargestellt. Die Wirkungsweise soll am Beispiel der kurzgeschlossenen Leitung (a) erklärt werden.

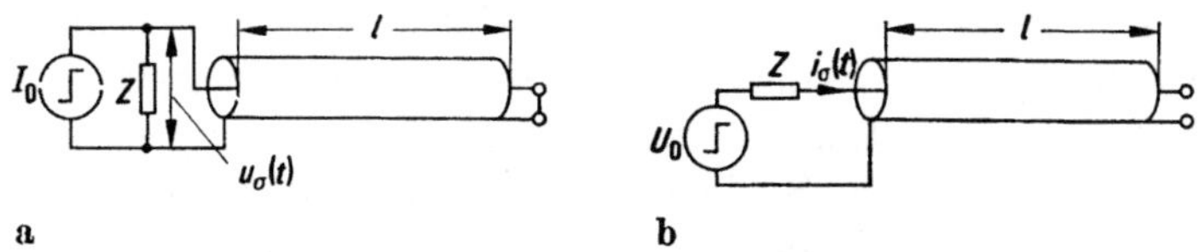

Bild 2.6 a u. b. Impulsformendes Netzwerk mit einer am Ende a) kurzgeschlossenen Leitung und b) offenen Leitung.

Im Augenblick des Stromsprunges entsteht am Eingang des Leitungsstückes eine Spannung $U = I_0 Z/2$, da der Eingangswiderstand zunächst gleich dem Wellenwiderstand ist. Die Spannungswelle pflanzt sich nun in der Leitung fort und findet bei ihrem Eintreffen am Ende einen Kurzschluß vor. Das führt zu einem Spannungssprung von U auf Null;

dieser kann durch einen Sprung von Null auf $-U$ im Augenblick des Eintreffens der Welle ersetzt werden. Die Welle wird also unter Wechsel der Polarität reflektiert und wandert wieder zum Eingang zurück, wo sie reflexionsfrei absorbiert wird und den vorher erreichten Wert U kompensiert. Damit ist der stationäre Zustand erreicht: Der Gesamtstrom der Quelle fließt als Kurzschlußstrom über die Leitung. Ist l deren Länge, so wird die Dauer τ des erzeugten Impulses gleich der doppelten Laufzeit auf der Leitung, also

$$\tau = 2\,\frac{l}{c}, \tag{2.8}$$

wenn c die Fortpflanzungsgeschwindigkeit in der Leitung ist.

Mit Hilfe der Leitungsgleichungen für eine verlustfreie Leitung läßt sich die Übertragungsfunktion des Netzwerkes berechnen. Sie lautet

$$G(p) = \frac{1 - \mathrm{e}^{-p\tau}}{2}. \tag{2.9}$$

Mit (I.2.82) ergibt sich als Antwortfunktion auf den Einheitssprung für den Verlauf der Spannung

$$u_\sigma(t) = \frac{1}{2\pi\mathrm{j}}\,\frac{I_0 Z}{2} \int\limits_{\sigma-\mathrm{j}\infty}^{\sigma+\mathrm{j}\infty} \left(\frac{\mathrm{e}^{pt}}{p} - \frac{\mathrm{e}^{p(t-\tau)}}{p}\right) \mathrm{d}p = \frac{I_0 Z}{2}\,[\sigma(t) - \sigma(t-\tau)]. \tag{2.10}$$

Der Ausdruck in der eckigen Klammer ist, wie erwartet, die Differenz des Einheitssprunges $\sigma(t)$ und eines um die Zeit τ verzögerten Einheitssprunges, die zusammen einen Rechteckimpuls ergeben. Die Amplitude des Spannungsimpulses ist $I_0 Z/2$.

Für eine verlustfreie Leitung nimmt (2.9) bei $f_0 = 1/(2\tau)$ und ungeradzahligen Vielfachen davon den Wert Eins, bei Null und geradzahligen Vielfachen den Wert Null an. Danach läßt sich für die kurzgeschlossene Leitung nach Bild 2.6a ein Ersatzschaltbild angeben, das aus einer unendlichen Summe in Reihe geschalteter verlustfreier Parallelschwingkreise besteht, die auf f_0 und ungeradzahlige Vielfache abgestimmt sind (Bild 2.7a). Eine weitere Bedingung ist die, daß die Kennwiderstände $2\pi n f_0 L_n$ und $1/(2\pi n f_0 C_n)$ mit $n = 1, 3, 5, \ldots$ heruntergehen wie bei den Teilschwingungen eines Rechteckpulses. Man erhält dann Werte für die Induktivitäten

$$L_n = \frac{4}{n^2\pi^2}\,\tau Z \tag{2.11a}$$

und für die Kapazitäten

$$C_n = \frac{\tau}{4Z}; \tag{2.11b}$$

die Schwingkreise erhalten also alle dieselbe Kapazität und werden mit den Induktivitäten auf die ungeradzahligen Vielfachen der Grundfrequenz abgestimmt.

Sollen Schaltungen aus einer Spannungsquelle gespeist werden, so muß entsprechend Bild 2.6b eine offene Leitung nachgebildet werden. Das Ersatzschaltbild hierfür ist in Bild 2.7b dargestellt.

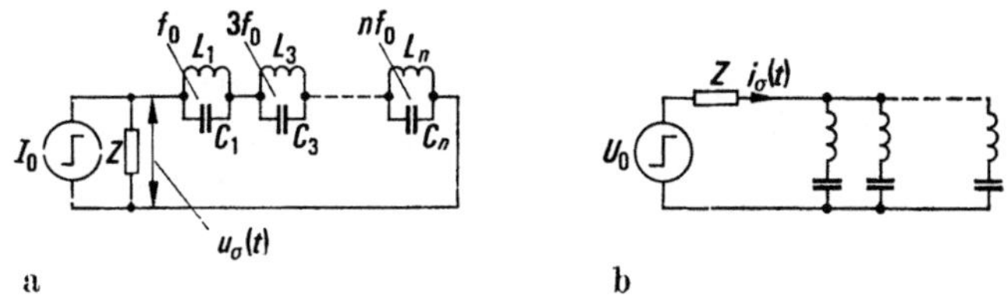

Bild 2.7a u. b. Ersatzschaltung zu Bild 2.6. a) kurzgeschlossene Leitung; b) offene Leitung.

Näherungsweise lassen sich die Leitungen nachbilden, wenn man nur eine bestimmte Anzahl von Schwingkreisen verwendet. Das ist besonders dann von Interesse, wenn relativ große Werte von τ erreicht werden sollen, denn hierfür geeignete Leitungen würden unzumutbar lang. Dabei muß man jedoch Antwortfunktionen in Kauf nehmen, die mehr oder weniger stark von (2.10) abweichen.

Im folgenden soll die Wirkung eines Netzwerkes entsprechend Bild 2.7a untersucht werden, das nur aus den beiden Gliedern L_1C_1 und L_3C_3 besteht (Bild 2.8a). Der Leitwert $Y(p)$ dieses Reaktanzzweipols beträgt

$$Y(p) = \frac{p^4 L_1 C_1 L_3 C_3 + p^2(L_1 C_1 + L_3 C_3) + 1}{p^3 L_1 L_3 (C_1 + C_3) + p(L_1 + L_3)}. \tag{2.12}$$

Zur Berechnung des Einschwingvorganges muß der Widerstand $W(p)$ bestimmt werden, der sich aus der Parallelschaltung des Reaktanzzweipols und des Wellenwiderstandes Z ergibt. Unter Berücksichtigung von (2.11) lassen sich die Induktivitäten L_1 und L_3 sowie die Kapazitäten C_1 und C_3 als Funktion von Z und τ darstellen. Es wird

$$W(p) = \frac{p\tau(8p^2\tau^2 + 40\pi^2)}{p^4\tau^4 + 8p^3\tau^3 + 10\pi^2 p^2\tau^2 + 40\pi^2 p\tau + 9\pi^4} Z. \tag{2.13}$$

Die Antwort $u_a(t)$ des Netzwerks auf den Stromsprung I_0 wird zweckmäßig mit dem im Abschnitt I.2.3.3.3 beschriebenen Entwicklungssatz berechnet. Dazu sind die Wurzeln der biquadratischen Gleichung des Nenners in (2.13) zu bestimmen. Nach einiger Zwischenrechnung ergibt sich die Lösung für den Einschwingvorgang $u_\sigma(t)$ zum Stromsprung I_0 für das zweigliedrige Netzwerk. Sie lautet — an Stelle von (2.10) —

$$u_\sigma(t) = I_0 Z[0{,}453\ \mathrm{e}^{-1{,}49t/\tau} \cos(8{,}31\ t/\tau - 0{,}35) + 2{,}62\ \mathrm{e}^{-2{,}51t/\tau} \sin(2{,}42\ t/\tau - 0{,}16)]. \qquad (2.14)$$

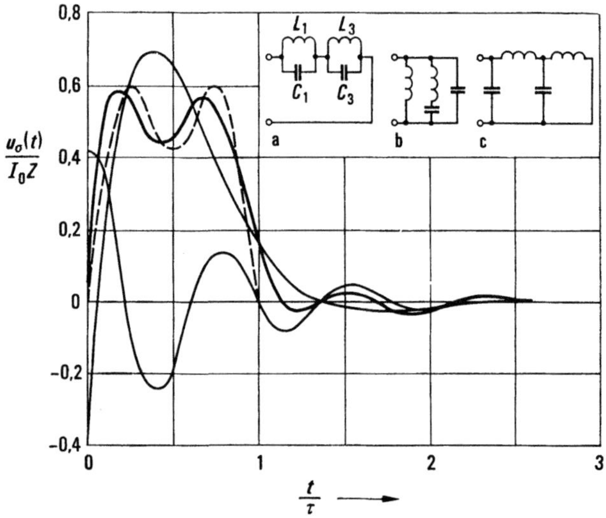

Bild 2.8. Einschwingvorgang $u_\sigma(t)$ zum Stromsprung I_0 bei impulsformenden Netzwerken mit zwei Gliedern.

a – c: äquivalente Netzwerke.

Diese Funktion ist in Bild 2.8 dick ausgezogen über der normierten Zeit t/τ aufgetragen; sie setzt sich aus zwei gedämpften Sinusschwingungen (dünne Linien) zusammen, deren Frequenzen sich etwa wie 1:3 verhalten. Die Summenkurve hat zwei ausgeprägte Höcker ähnlich der gestrichelt eingetragenen idealisierten Kurve. Diese stellt eine Schwingungshalbwelle dar, die aus zwei Sinusschwingungen mit dem Frequenzverhältnis 1:3 und dem Amplitudenverhältnis 3:1 erhalten wird. Das Nachschwingen der wirklichen Funktion wird rasch gedämpft und ist für Zeitwerte $t > 2{,}5\ \tau$ kleiner als ein Prozent. Es ist zu bemerken, daß die Vorderflanke steiler als die Hinterflanke ist; diese Eigenschaft ist für alle Netzwerke mit wenigen Gliedern kennzeichnend.

In Bild 2.8 sind unter b) und c) noch zwei weitere Netzwerke eingezeichnet, die äquivalent sind zu dem Netzwerk unter a).

2.1.2. Amplitudenfilter

Amplitudenfilter sind Netzwerke, deren Übertragungseigenschaften von der Amplitude des Signals[1], nicht jedoch von der Frequenz des Signals oder von der Zeit abhängen. Sie wandeln im Wirkungsbereich liegende Schwingungsformen immer in andere um. Eine Ausnahme bildet nur der Einheitssprung und der daraus abgeleitete Rechteckpuls; diese bleiben immer in ihrer Form und zeitlichen Lage erhalten, nur ihre Amplitude ändert sich. Ein solches Filter ändert daher bei solchen Funktionen den Frequenzgang der Dämpfung und der Phase *nicht*.

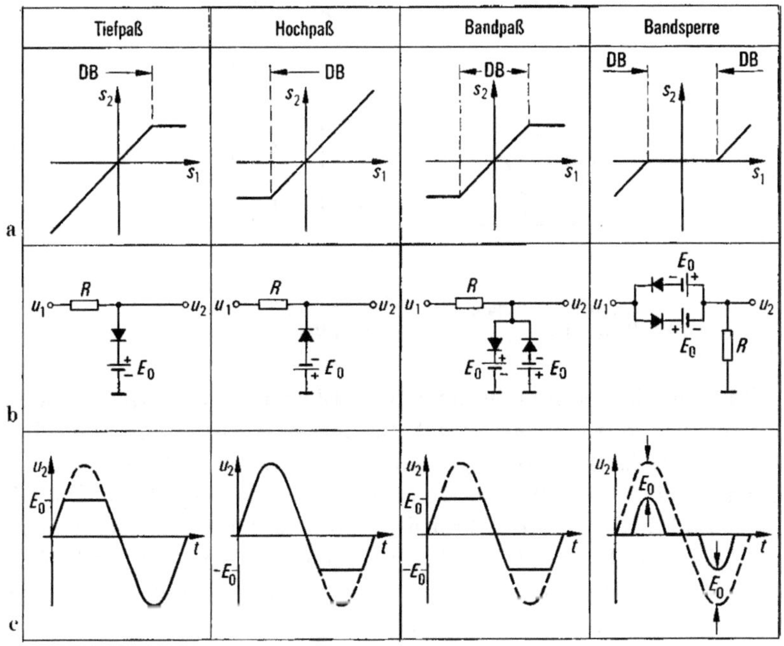

Bild 2.9a–c. Die Kennlinien der vier Grundtypen von Amplitudenfiltern (a), ihre Realisierung mit Diodenschaltungen (b) und deren Wirkung auf eine Sinusschwingung (c). DB Durchlaßbereich.

2.1.2.1. *Amplituden-Hochpässe, -Tiefpässe, -Bandpässe und -Bandsperren*

In Analogie zu den Frequenzfiltern kann man auch hier von Amplituden-Hochpässen, -Tiefpässen, -Bandpässen und -Bandsperren sprechen. In Bild 2.9a sind die Abhängigkeiten der Ausgangswerte s_2 von den Eingangswerten s_1 für die vier Formen in idealisierter Form dargestellt.

[1] Präziser müßte es heißen: von den Augenblickswerten des Signals.

Dabei sind die Lagen der Achsenkreuze zwar typisch, jedoch nicht bindend; charakteristisch sind allein die Kennlinienformen. Diese führen für die drei Paßarten zu der geläufigeren Bezeichnung „ein- bzw. zweiseitiger Begrenzer". Die Bandsperre kann z. B. eingesetzt werden, um kleine Störsignale bei Abwesenheit eines Nutzsignals zu unterdrücken. Man kann dann auch von einem „Lochkompander" sprechen.

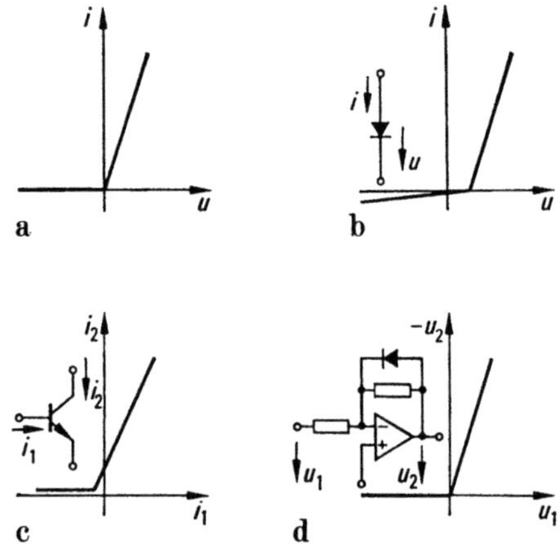

Bild 2.10.

a) Idealisierte Knickkennlinie; b) Halbleiterdiode; c) Transistor; d) Operationsverstärker.

Für Amplitudenfilter braucht man Elemente mit einer Knickkennlinie, wie sie idealisiert in Bild 2.10a dargestellt ist. Dieses nichtlineare Element hat für negative Spannungen den Leitwert Null, für positive Spannungen einen endlich großen Leitwert. Am Beispiel der Halbleiterdiode (Bild 2.10b) und des Transistors (c) werden Bauelemente gezeigt, mit denen die Kennlinie im Prinzip recht gut realisiert wird. Nahezu ideale Verhältnisse erhält man unter Verwendung eines Operationsverstärkers entsprechend Bild 2.10d.

Einfache Schaltungsbeispiele mit Dioden zeigt Bild 2.9b für die vier Filterarten. Die Grenzen zwischen Durchlaßbereich und Sperrbereich werden durch die Spannungen E_0 festgelegt. Es ist zweckmäßig, die Widerstände R groß gegenüber dem Durchlaßwiderstand und klein gegenüber dem Sperrwiderstand der Dioden zu wählen. Bild 2.9c zeigt die Wirkung der Schaltungen auf eine (gestrichelt gezeichnete) Sinusschwingung.

In Bild 2.11a und b sind Varianten zu dem in Bild 2.9b gezeigten Amplituden-Tiefpaß und -Hochpaß dargestellt. Durch Kombination eines Tiefpasses mit einem Hochpaß erhält man einen Bandpaß. Von den acht Möglichkeiten werden zwei Beispiele in Bild 2.11c und d vorgestellt.

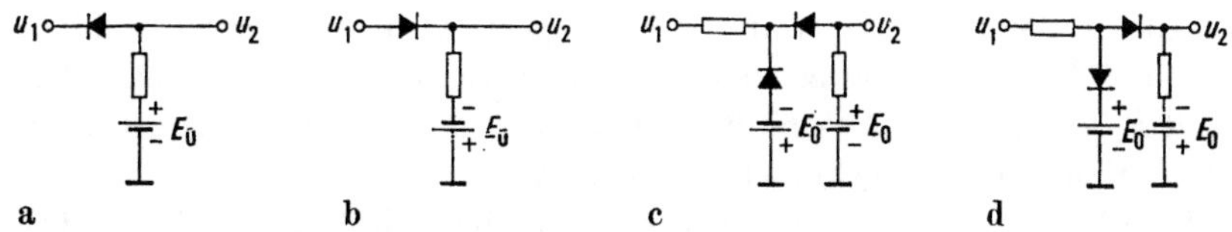

Bild 2.11a–d. Varianten für den Amplituden-Tiefpaß (a), den Amplituden-Hochpaß (b) und den Amplituden-Bandpaß (c und d).

Ausführlicher soll nun auf das Beispiel eines besonders wirksamen Amplituden-Tiefpasses eingegangen werden (Bild 2.12a): Von der Gleichspannungsquelle $+U$ fließt über den hohen Widerstand R ein Strom, der — abgesehen von einem Teilstrom durch R_a — in derjenigen von den beiden Dioden abfließt, die nicht gesperrt ist. Das ist immer diejenige, an deren Kathode die niedrigere Spannung liegt. Ist der von der Wechselspannungsquelle U_0 abgegebene Augenblickswert an der Kathode der Diode D_1 größer als E_0, so wird D_2 durchlässig; am Verbindungspunkt der beiden Dioden liegt dann — unter Vernachlässigung der Durchlaßspannung der Diode — ebenfalls E_0, wodurch D_1 gesperrt wird. Ist dagegen der von der Wechselspannungsquelle U_0 abgegebene Augenblickswert an der Kathode der Diode D_1 kleiner als E_0, so wird D_1 durchlässig; am Verbindungspunkt der beiden Dioden liegt dann eben-

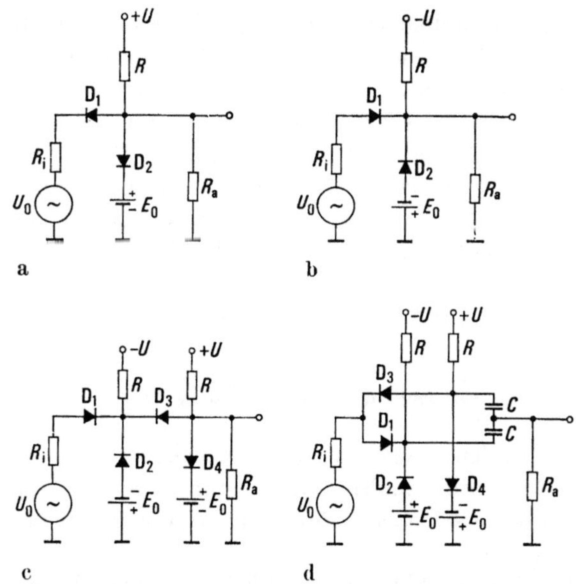

Bild 2.12 a–d. Amplitudenfilter mit höherer Wirksamkeit.

a) Tiefpaß; c) Bandpaß;
b) Hochpaß; d) Bandsperre.

falls dieser kleinere Wert, wodurch D_2 gesperrt wird. Ist R_d der Durchlaßwert und R_{sp} der Sperrwert der Dioden, so ist bei kleinem Innenwiderstand R_i und großem Abschlußwiderstand R_a das Verhältnis von Durchlaß- zu Sperrdämpfungsfaktor gleich R_d/R_{sp}.

In Bild 2.12b bis d sind die entsprechenden Schaltungen für die drei anderen Filterarten dargestellt. Die bei der Amplitudensperre (d) eingezeichneten Kondensatoren C sind notwendig, um über die im Sperrbereich des Filters durchlässigen Dioden D_2 und D_4 nicht die beiden Vorspannungsquellen miteinander kurzzuschließen.

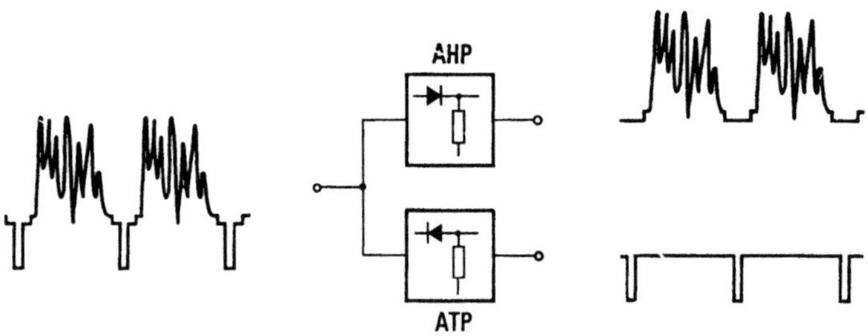

Bild 2.13. Amplitudenweiche für ein Fernsehsignal.

Für die Amplitudenfilter gibt es eine ganze Reihe von Anwendungsmöglichkeiten. Werden Teile eines Signals charakterisiert durch den Amplitudenbereich, in dem sie auftreten, so lassen sie sich durch Amplitudenfilter vom übrigen Signal abspalten. So kann man z. B. ein Fernsehsignal mit Hilfe eines Amplituden-Hochpasses AHP und eines Amplituden-Tiefpasses ATP in den Bildanteil und den Synchronisieranteil aufspalten (Bild 2.13). In Analogie zu einer Frequenzweiche kann man die gesamte Schaltung mit *Amplitudenweiche* bezeichnen. Weiterhin werden Amplitudenfilter zur Befreiung eines Signals von Störungen benutzt. Ein schon klassisches Beispiel hierfür ist die Wirkung von Begrenzern in Empfängern frequenzmodulierter Signale. Durch diese wird eine unerwünschte Amplitudenmodulation beseitigt.

2.1.2.2. Impulsformung mit nichtlinearen Elementen

Im folgenden werden einige Beispiele angegeben, wie man mit Hilfe nichtlinearer Elemente Impulse formen kann. Derartige Aufgaben treten z. B. auf, wenn verschiedene Pulsmodulationsarten ineinander übergeführt werden sollen.

Bild 2.14a zeigt eine Schaltung zur Erzeugung von kurzen Rechteckimpulsen aus den Vorderflanken langer negativer Spannungsimpulse. Der Transistor befindet sich zunächst durch den eingeprägten Strom i

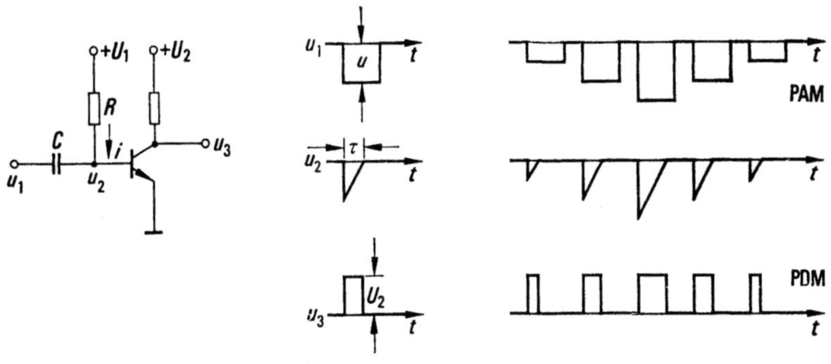

Bild 2.14. a) Schaltung zur Erzeugung kurzer Rechteckimpulse $u_3(t)$ aus den Vorderflanken langer Rechteckimpulse $u_1(t)$;
b) Zeitverläufe bei einem einmaligen Vorgang;
c) Umwandlung von PAM in PDM.

(U_1 und R haben große Werte) in Sättigung. Der negative Spannungssprung $-u$ des Eingangsimpulses $u_1(t)$ wird über den Kondensator C verzerrungsfrei auf die Basis übertragen. Da der Transistor gesperrt wird, fließt ein Strom von der Quelle $+U_1$ über den Widerstand R in den Kondensator C so lange, bis der Transistor wieder leitend wird und eine weitere Aufladung verhindert (u_2). Sorgt man dafür, daß die Rückflanke des Eingangsimpulses $u_1(t)$ auf einen Zeitpunkt fällt, in dem der Transistor schon wieder leitend ist, so hat sie an der Basis keine Wirkung. Die Anordnung ist nun wieder bereit, auf den nächsten Impuls anzusprechen. Für die Zeit, in der der Transistor gesperrt ist, entsteht am Kollektor ein Rechteckimpuls (u_3). Seine Dauer ist näherungsweise gegeben durch $\tau = uC/i$. Da τ proportional zu u ist, kann mit der angegebenen Schaltung ein pulsamplitudenmoduliertes Signal (PAM) in ein pulsdauermoduliertes Signal (PDM) umgesetzt werden (Bild 2.14c). Differenziert man dieses Signal (z. B. nach Bild 2.3) und gibt es dann auf einen Amplituden-Tiefpaß (z. B. nach Bild 2.12b; $E_0 = 0$), so erhält man ein pulsphasenmoduliertes Signal (PPM).

Die Schaltung von Bild 2.15 ist geeignet zur Umwandlung eines pulsdauermodulierten Signals in ein pulsamplitudenmoduliertes Signal. Die Zeitkonstante des Differenziergliedes CR_2 ist hier so groß bemessen, daß der Kondensator C sich nur beim längstmöglichen Impuls des Signals $u_1(t)$ auf dessen Amplitude aufladen kann; nur dann erreicht $u_2(t)$ zur Zeit der Rückflanke das Potential Null; bei kürzeren Impulsen ist der Wert von $u_2(t)$ zu diesem Zeitpunkt negativ. Beim Einsetzen der Rückflanken wird der Kondensator über die Diode D und den Widerstand R_3 entladen, und es ergeben sich für $u_2(t)$ positive Impulse mit steilen Vorderflanken und exponentiell verlaufenden Rückflanken. Macht

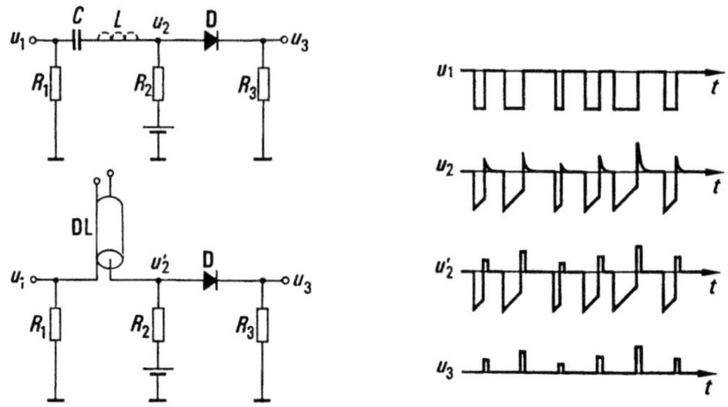

Bild 2.15. Umwandlung eines pulsdauermodulierten Signals $u_1(t)$ in ein pulsamplitudenmoduliertes Signal $u_3(t)$.

man R_2 so groß, daß der Kondensator C linear aufgeladen worden ist, dann sind die Amplituden dieser Impulse proportional zur Dauer der Eingangsimpulse. Zur Formung der jeweiligen amplitudenmodulierten Impulse kann man im einfachsten Fall eine Spule L (in Bild 2.15 oben gestrichelt eingezeichnet) oder eine offene Leitung DL (Bild 2.15 unten) verwenden. Die Impulsdauer ist bei dem so erzeugten amplitudenmodulierten Puls $u_2'(t)$ klein gegen die Dauer der Eingangsimpulse $u_1(t)$. Der durch den Amplituden-Hochpaß D-R_3 gewonnene positiv amplitudenmodulierte Puls $u_3(t)$ ergibt sich am Ausgang.

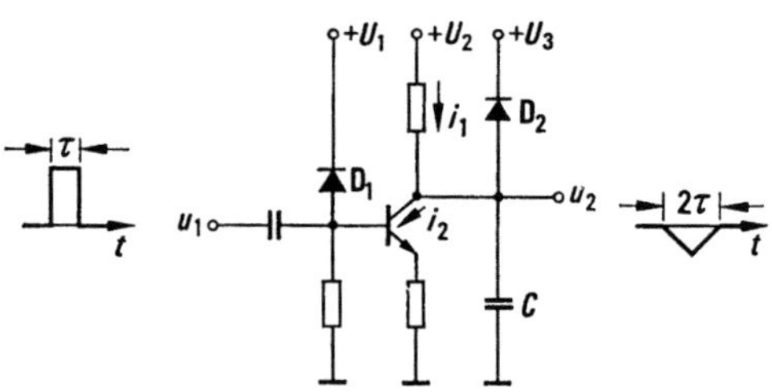

Bild 2.16. Schaltung zur Erzeugung symmetrischer Dreieckimpulse.

Oft sollen Impulse zu dem Zwecke geformt werden, daß ihre spektrale Verteilung einem Übertragungsmedium besser angepaßt wird. Im Prinzip ist das auch mit Frequenzfiltern möglich; man müßte jedoch oft recht komplizierte Netzwerke benutzen. Unter Verwendung von nichtlinearen Elementen ergeben sich meist sehr viel einfachere Schaltungen.

Bild 2.16 zeigt eine solche Schaltung zur Erzeugung von symmetrischen Dreieckimpulsen aus Rechteckimpulsen [2.2]. Diese Umwandlung ist deshalb interessant, weil das Spektrum eines Dreieckimpulses —

ähnlich wie das eines Cosinusimpulses — sehr viel weniger Anteile bei hohen Frequenzen hat als dasjenige des Rechteckimpulses [2.3]. In der Schaltung ist der Transistor während der Impulspausen gesperrt. Die Ausgangsspannung $u_2(t)$ liegt durch den eingeprägten Strom i_1 über die Diode D_2 auf dem Gleichspannungswert $+U_3$ ($|U_2| \gg |U_3|$). Ein positiver Eingangsimpuls $u_1(t)$ öffnet den Transistor. Die Diode D_1 begrenzt die Amplitude des Impulses auf die Spannung $-U_1$. Dadurch wird bei richtiger Dimensionierung des Emitterwiderstandes erreicht, daß für die Dauer τ ein Kollektorstrom $|i_2| = 2\,|i_1|$ fließt. Da die Diode D_2 jetzt gesperrt ist, wird der Kondensator C durch einen Strom der Größe $|i_1|$ entladen. Dieser Strom ist konstant, da sowohl i_1 als auch i_2 eingeprägt sind. Nach Beendigung des Impulses wird der Kondensator durch den Strom i_1 aufgeladen, bis die Diode D_2 wieder leitend wird. Durch diesen linearen Ent- und Aufladevorgang entsteht am Kondensator C ein symmetrischer Dreieckimpuls $u_2(t)$ der Dauer 2τ.

2.1.2.3. Potentialverschiebung und -fixierung

Das Verfahren der Potentialverschiebung besteht darin, daß man eine Gleichspannungskomponente gewünschter Größe zu einem Signal hinzufügt oder von ihm abzieht. Will man bestimmte Zeitwerte, z. B. Synchronisierspitzen, auf definierte Potentiale festlegen (fixieren), so kann man die zugesetzte Komponente selbsttätig so regeln, daß das gewünschte Potential jedesmal gerade erreicht wird.

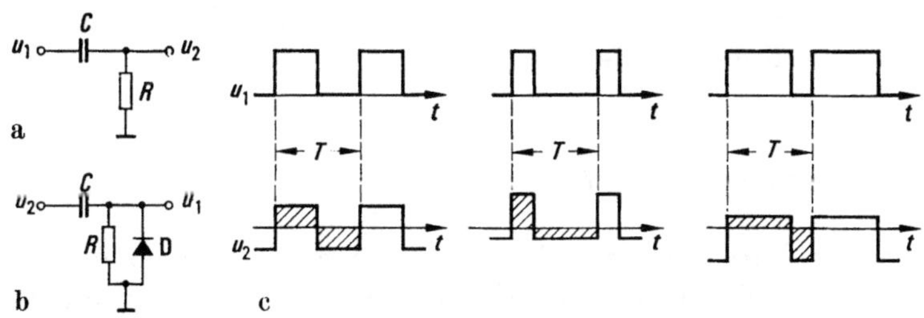

Bild 2.17 a—c. Schaltung zur Unterdrückung des Gleichanteils (a) und zur Rückgewinnung des Gleichanteils (b) mit Signalbeispielen (c).

Durchläuft ein Signal einen Kondensator oder einen Transformator, so verliert es seinen Gleichanteil. Das Netzwerk hat in beiden Fällen den Charakter eines Frequenz-Hochpasses. Um sicherzustellen, daß bei dem Durchgang die Wechselanteile des Signals nicht merklich beeinflußt werden, muß man die Grenzfrequenz hinreichend tief legen. Bild 2.17a zeigt dazu eine *RC*-Kopplung mit Beispielen unter c) für Eingangssignale $u_1(t)$ und Ausgangssignale $u_2(t)$. In allen Fällen bleibt die Signalform nahezu erhalten, wenn die Bedingung $RC \gg T$ erfüllt ist. Das Verschwinden des Gleichanteils im Ausgangssignal $u_2(t)$ erkennt man daran, daß innerhalb der Periode T die Fläche über der Nullinie gleich der Fläche unter der Nullinie ist (schraffiert).

Die umgekehrte Aufgabe, im Verlaufe der Übertragung verlorengegangene Gleichanteile dem Signal wieder hinzuzufügen, erfüllen Schaltungen, die in der englischen Literatur als „d. c. restorer" bekannt sind. Diese Schaltungen werden benutzt, um das Signal unabhängig von seinem Verlauf wieder in den gewünschten Amplitudenbereich zu legen. In den seltensten Fällen ist es notwendig, irgend einen Signalwert innerhalb des Amplitudenbereiches des Signals zu fixieren, sondern man will nur den positiven oder negativen *Spitzenwert* festlegen. Die einfachste Form einer derartigen *Klemmschaltung* (in der englischen Literatur „clamping") zeigt Bild 2.17b. Legt man an den Eingang Signale entsprechend Bild 2.17c unten an, so wird der ebene *untere* Teil des Vorgangs unabhängig von dessen Form und Amplitude der Schwingung am Ausgang immer Nullpotential annehmen; es ergeben sich Ausgangssignale entsprechend Bild 2.17c oben. Diese Schaltung ist also geeignet, die Verschiebung durch die Schaltung von Bild 2.17a rückgängig zu machen. Polt man in Bild 2.17b die Diode um, so nimmt der ebene *obere* Teil des am Eingang anliegenden Signals unabhängig von dessen Form und Amplitude Nullpotential an. Dieses Bezugspotential kann man verschieben, indem unterhalb der Diode D eine entsprechende Spannungsquelle eingefügt wird. In jedem Fall muß jedoch der Widerstand R sehr viel größer als der Durchlaßwiderstand der Diode D sein.

Ein sehr wichtiges Anwendungsgebiet derartiger Schaltungen ist die Schwarzwerthaltung bei Fernsehsignalen [2.4].

2.1.2.4. Schwellwert-Entscheider

Eine weitere Variante der in Bild 2.9a dargestellten Kennlinien zeigt Bild 2.18a; die Wirkung dieser Kennlinie auf eine Sinusschwingung ist rechts daneben dargestellt. Nach den Ausführungen des letzten Abschnittes kann man hierbei von einer Potentialverschiebung in Abhängigkeit vom Augenblickswert sprechen: Sämtliche positive Signalwerte werden um $+E_0$, sämtliche negativen Signalwerte um $-E_0$ verschoben. Eine derartige Kennlinie läßt sich näherungsweise mit Bauelementen realisieren, deren Kennlinie Bereiche mit negativem Widerstand aufweisen. Ein Beispiel hierfür ist die Tunneldiode (siehe Abschnitt 5.1.1.1).

In der Anwendung sehr viel mehr gefragt ist eine Kennlinie nach Bild 2.18b. Diese besagt, daß man für positive Eingangswerte den Ausgangswert $+1$ und für negative Eingangswerte den Wert -1 erhält. Damit

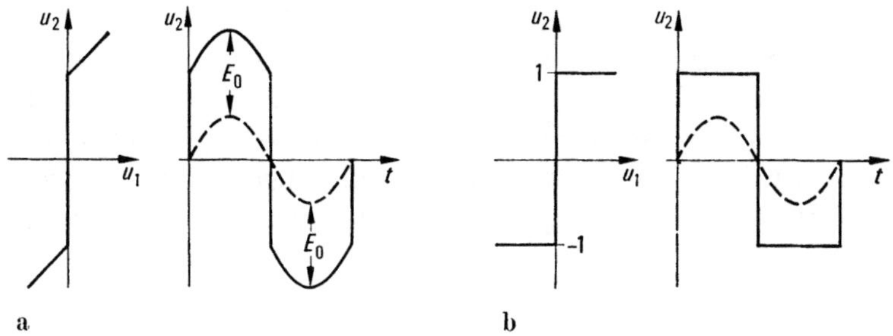

Bild 2.18a u. b. Kennlinie und Zeitfunktion.
a) für eine amplitudenabhängige Potentialverschiebung;
b) für einen idealen Schwellwert-Entscheider.

wird die mathematische Formulierung

$$u_2 = \operatorname{sgn} u_1 {}^1 \tag{2.15}$$

erfüllt. Eine Schaltung, die diese Kennlinie realisiert, wird mit *Schwellwert-Entscheider* oder *Amplitudendiskriminator* bezeichnet. Rechts im Bild ist die Wirkung der Schaltung auf eine (gestrichelt gezeichnete) Sinusschwingung dargestellt. Wiederum ist die Lage des Achsenkreuzes in Bild 2.18b zwar typisch, nicht jedoch Bedingung. Kennzeichen dieser Schaltungen ist, daß das Ausgangssignal nur zwei (diskrete) *stabile* Zustände einnehmen kann, deren Wert vom (kontinuierlichen) Eingangssignal abhängt. Diese Art der Signalumsetzung ist mit jedem Quantisierungsvorgang, z. B. bei der Analog-Digital-Umsetzung verbunden [2.5]. Weiterhin wird sie in Regeneratoren verwendet, um Digitalsignale von Störungen und Verzerrungen zu befreien [2.6]. Schon im Jahre 1937 wurde von Otto H. Schmitt eine hierfür geeignete Triggerschaltung angegeben, die aus einem zweistufigen kathodengekoppelten Röhrenbegrenzer besteht [2.7]. Bild 2.19a zeigt diese Schaltung in Transistortechnik. Der Transistor Tr_1 ist gesperrt, wenn die Eingangsspannung u_1 unterhalb eines Wertes U_{12} liegt. Das Widerstandsnetzwerk zwischen beiden Transistoren Tr_1 und Tr_2 ist so ausgelegt, daß Tr_2 dann leitend ist, so daß an dessen Kollektor die Ausgangsspannung $u_2 = U_{21}$ ansteht (Bild 2.19a rechts). Der gemeinsame Emitterwiderstand R_E unterstützt das Sperrverhalten von Tr_1. Übersteigt u_1 den Schwellwert U_{12}, dann wird Tr_1 leitend. Durch die dadurch hervorgerufene Sperrung von Tr_2 wird über R_E die Öffnung von Tr_1 noch unterstützt; in kürzester Umschlagzeit wird Tr_1 voll stromführend und sperrt dadurch Tr_2 voll-

---

[1] $\operatorname{sgn} x = \begin{cases} +1 \text{ für } x > 0 \\ 0 \text{ für } x = 0 \\ -1 \text{ für } x < 0 \end{cases}$

ständig. Die Ausgangsspannung nimmt den Wert U_{22} an. Wird die Eingangsspannung dann wieder kleiner, so kippt die Schaltung in den ersten Zustand zurück, wegen der Unsymmetrie jedoch erst bei einer kleineren Eingangsspannung U_{11}. Diese Hystereseerscheinung läßt sich unterdrücken, wenn man zusätzlich zur Eingangsspannung u_1 eine vom Schaltzustand des Triggers abhängige Rückkopplungsspannung einführt.

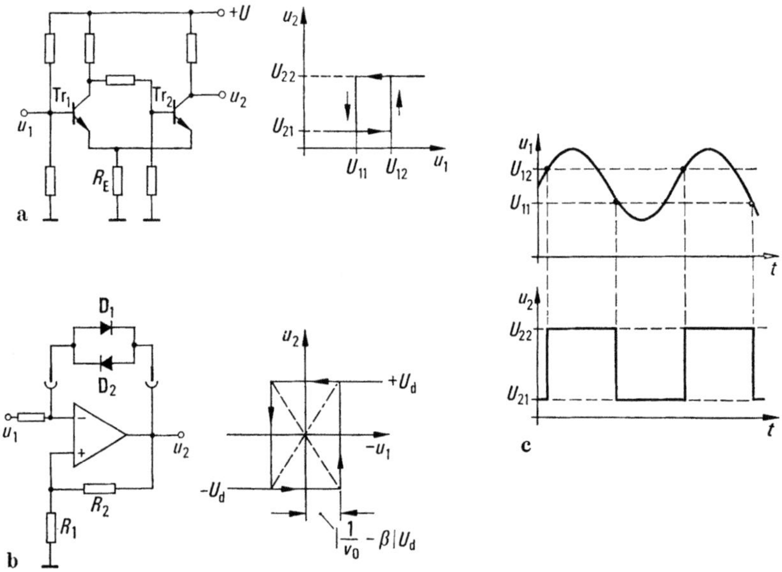

Bild 2.19a—c. Schmitt-Trigger in Transistortechnik (a) und mit Operationsverstärker (b); Zeitdiagramm (c).

Bild 2.19b zeigt den Schmitt-Trigger unter Verwendung eines Operationsverstärkers. Während das Eingangssignal u_1 am Minus-Eingang liegt, ist der Bruchteil $\beta = R_1/(R_1 + R_2)$ des Ausgangssignals u_2 auf den Plus-Eingang zurückgekoppelt[1]. Ist v_0 die Leerlaufverstärkung des Operationsverstärkers, so ergibt sich für die Spannungsverstärkung des rückgekoppelten Systems

$$v = \frac{u_2}{-u_1} = \frac{v_0}{1 - \beta v_0}. \qquad (2.16)$$

[1] Die Gegenkopplung mit den Dioden D_1 und D_2 soll lediglich verhindern, daß der Operationsverstärker bei großen Eingangsspannungen in die Sättigung getrieben wird. Es wird erreicht, daß der Betrag der Ausgangsspannungen auf die Durchlaßspannung U_d der Dioden begrenzt wird.

Hierbei sind drei Fälle zu unterscheiden:

1. $\beta v_0 > 1$; in diesem Fall entsteht eine Kennlinie mit negativer Steilheit (gestrichelt in Bild 2.19b rechts), die allerdings aus Stabilitätsgründen nicht zur Wirkung kommt. Infolgedessen tritt die eingezeichnete Hysteresewirkung ein, die um so größer ist, je größer β ist. Die Schaltung hat das typische Verhalten eines Schmitt-Triggers.

2. $\beta v_0 = 1$; in diesem Fall wird $v = \infty$, die Hysterese verschwindet und die Schaltung wird zum idealen Schwellwert-Entscheider. Dieser Fall ist jedoch nur von theoretischem Interesse, da sich diese Bedingung nie stabilisieren läßt.

3. $\beta v_0 < 1$; in diesem Fall entsteht ein echter Verstärker mit endlicher *positiver* Steilheit (strichpunktiert in Bild 2.19b rechts).

Ob man eine Hystereseerscheinung zulassen kann (Fall 1) oder nicht (Fall 3), hängt von der jeweiligen Anwendung ab. Sie stört nicht, wenn z. B. aus einer Sinusschwingung eine Rechteckschwingung erzeugt werden soll (Bild 2.19c). Soll dagegen der Schwellwert in beiden Richtungen gleich sein, dann muß die Hysterese zum Verschwinden gebracht werden. Das muß u. U. mit einem kleinen Unsicherheitsbereich bezahlt werden, in dem die Verstärkung nicht unendlich wird.

2.1.2.5. Komparatoren

Komparatoren sind Schaltungen, mit deren Hilfe man feststellt, ob und gegebenenfalls wann der Augenblickswert eines Signals u_1 ein einstellbares oder veränderliches Referenzsignal u_{ref} unter- oder überschreitet. Demnach ist ein Komparator ein Schwellwert-Entscheider mit einem zweiten Eingang für den (veränderbaren) Referenzwert. Übersichtliche Schaltungen mit Operationsverstärkern zeigt Bild 2.20. Hierfür gilt hinsichtlich Hysteresewirkung und Steilheit das im vorigen Abschnitt Gesagte.

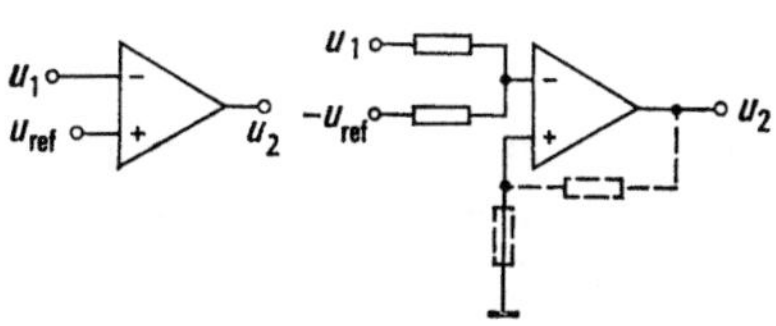

Bild 2.20. Operationsverstärker als Komparator.

Ein Anwendungsbeispiel des Komparators zeigt Bild 2.21. Legt man an den Signaleingang u_1 ein Sprachsignal und an den Referenzeingang u_{ref} eine Sägezahnschwingung der Periode von 125 μs, so wird die Zeitdauer vom Periodenbeginn bis zu dem Zeitpunkt, in dem beide Augenblickswerte gleich sind, immer proportional zum Augenblickswert des Signals sein. Differenziert man das Ausgangssignal $u_2(t)$ und unterdrückt die negativen Impulse durch Einweggleichrichtung (Amplituden-Hochpaß), so erhält man ein pulsphasenmoduliertes Signal (Bild 2.21 unten).

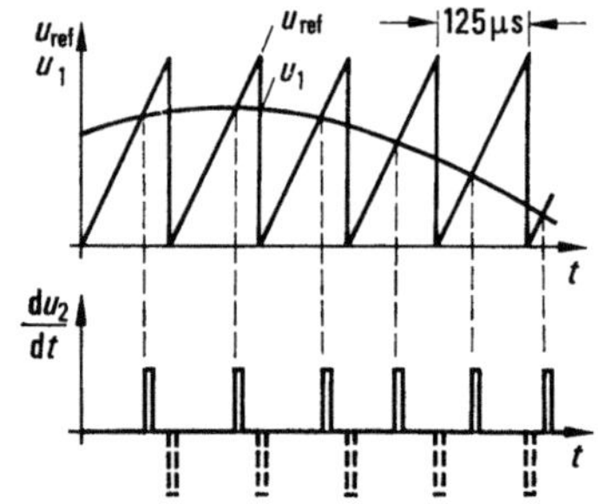

Bild 2.21. Erzeugung eines phasenmodulierten Pulses mit Hilfe einer Sägezahnschwingung.

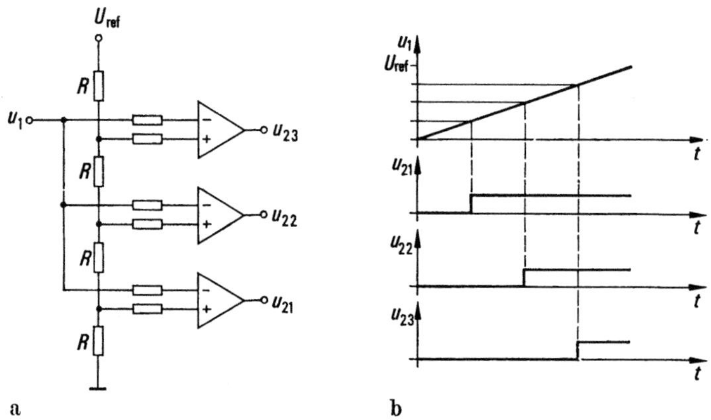

Bild 2.22 a u. b. Parallelschaltung von Komparatoren.
a) Prinzipschaltbild; b) Wirkungsweise.

Zur Analog-Digital-Umsetzung nach der direkten Methode [2.8] kann man eine der Stufenzahl entsprechende Anzahl von Komparatoren nach Bild 2.22a parallel schalten. Je nachdem, ob die Eingangsspannung u_1 größer oder kleiner als die Gleichspannungen $0{,}25U_{ref}$, $0{,}5U_{ref}$ und $0{,}75U_{ref}$ ist, werden die drei Ausgangsspannungen u_{21} bis u_{23} je einen von zwei möglichen diskreten Werten annehmen (Bild 2.22b). Diese lassen sich durch Verknüpfungsglieder (siehe Abschnitt 3.1) zu einem dem Eingangswert u_1 entsprechenden Codewort kombinieren.

2.1.3. Zeitfilter

Zeitfilter sind Netzwerke, deren Übertragungseigenschaften von der Zeit, nicht jedoch von der Frequenz oder Amplitude des Signals abhängen. Sie wandeln beliebige Schwingungsformen immer in andere um. Eine Ausnahme bildet nur der Einheitsimpuls und der daraus abgeleitete Einheitspuls. Diese Vorgänge bleiben in ihrer Form und zeitlichen Lage immer erhalten, nur ihre Amplitude kann sich ändern. Da das Zeitfilter — im Gegensatz zum Frequenz- und Amplitudenfilter — eine vom Signal *un*abhängige Wirkung ausübt, muß es außer dem Signaleingang noch einen Steuereingang haben.

Zeitfilter[1] dienen dazu, von einer Schwingung nur einen zeitlich begrenzten Teil durchzulassen. Man kann auch hier von Hoch-, Tief- und Bandpässen sowie von Bandsperren sprechen. Da die Zeit eine fortwährend fortschreitende Größe ist, muß man alle Vorgänge auf einen festen Zeitpunkt beziehen, den man z. B. als $t = 0$ bezeichnen kann; bei einmaligen Vorgängen erstreckt sich dann der Zeitbereich von $t = 0$ bis ∞. Bei periodischen Vorgängen in der Nachrichtentechnik dagegen, z. B. bei Pulsmodulation, beim Fernsehen und Radar, erstreckt sich der interessierende Zeitbereich vorwiegend nur vom Beginn einer Periode $t = 0$ (allgemein $t = nT_0$) bis zum Beginn der nächsten Periode $t = T_0$ (allgemein $t = (n + 1)\, T_0$); man nennt bei der Pulsmodulation die Abtastperiode T_0, in der also ein Impuls für jeden der z Kanäle liegt, den *Pulsrahmen*. Ein Zeit-Hochpaß würde dann vom Zeitpunkt $t = 0$ bis zu einem Zeitpunkt $t = t_c$ sperren und von da ab alle Schwingungen durchlassen, bei einmaligen Vorgängen bis $t = \infty$, bei periodischen Vorgängen bis zum Beginn des nächsten Rahmens. Bei einem Zeit-Tiefpaß ist der Durchlaßzeit-Bereich $0 < t < t_c$ und der Sperrzeit-Bereich $t > t_c$.

Die Funktion eines Zeitfilters kann in einfachster Weise durch einen mechanischen Schalter dargestellt werden, der während der gewünschten Zeit durch einen Relais-Steuerstrom i_{st} geschlossen wird und nur in dieser Zeit ein Eingangssignal u_1 als Ausgangssignal u_2 auftreten läßt. Bild 2.23 zeigt das Prinzipschaltbild (a) und die drei Zeitfunktionen (b) am Beispiel der *Impulsselektion*. Dabei ist angenommen, daß aus einem Puls, dessen Rahmen aus jeweils acht Impulsen besteht, immer der fünfte Impuls durchgelassen werden soll. Dazu wird der Schalter zu den Zeiten $t_1 + nT_0$ geschlossen und zu den Zeiten $t_2 + nT_0$ wieder geöffnet ($n = 0, 1, 2, 3 \ldots$). In diesem Fall kann man von einem Zeit-Bandpaß sprechen. Sollten alle Impulse bis auf den fünften durchgelassen werden, so kann man von einer Zeit-Bandsperre sprechen. Die Schaltungen für die Zeitfilter-Arten unterscheiden sich elektrisch nicht voneinander, da die

[1] In Anlehnung an das englische Wort *gate* oft auch mit *Gatter* bezeichnet.

zeitlichen Begrenzungen durch die von außen zugeführte Steuerfunktion gegeben sind. Einem Zeitfilter für periodische Vorgänge muß im allgemeinen auch eine periodische Steuerfunktion zugeführt werden.

Ein ideales Zeitfilter multipliziert die Signal-Zeitfunktion $u_1(t)$ mit der Steuer-Zeitfunktion $i_{st}(t)$ in Analogie zu einem Frequenzfilter, bei dem das Amplitudenspektrum mit der Übertragungsfunktion des Filters multipliziert wird. Der Vorgang beim Schalter des Bildes 2.23 ist, mathematisch ausgedrückt, die Multiplikation der Signal-Zeitfunktion $u_1(t)$ mit Null bei offenem Schalter und Eins bei geschlossenem Schalter. Im Sinne der im Abschnitt 3.1 behandelten Schaltungsalgebra sind u_1 und i_{st} durch eine UND-Schaltung miteinander verknüpft (Tab. 3.3).

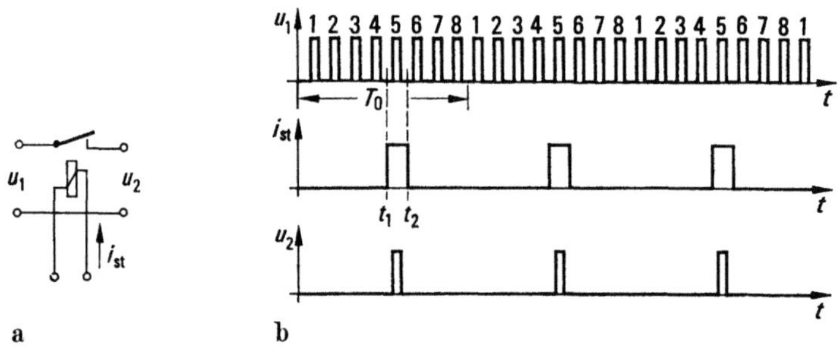

a b

Bild 2.23 a u. b. Zeitfilter.
a) Prinzipschaltbild; b) Impulsselektion.

Bei hohen Schaltgeschwindigkeiten, z. B. bei der Pulsmodulation für Sprache, müssen statt mechanischer Schalter elektronische Schalter verwendet werden, die genügend trägheitsfrei arbeiten. Bild 2.24a zeigt einen derartigen, durch einen Puls gesteuerten Analog-Schalter in Form eines integrierten Schaltkreises, der neun Feldeffekttransistoren, vier Schutzdioden und zwei Widerstände enthält. Durch Impulse am Eingang u_{st} wird der Stromweg zwischen dem Eingang u_1 und dem Ausgang u_2 geschlossen; der Schaltungsaufbau hat einen niedrigen Durchlaßwiderstand zur Folge. Im Sperrzustand dagegen ist ein sehr kleiner Reststrom gewährleistet. Mit U_0 sind die Spannungsquellen für die Stromversorgung bezeichnet. Bild 2.24b zeigt als Funktionsbeispiel die Erzeugung eines PAM-Signals 1. Art nach Abschnitt I.9.3.3.1.

Integrierte Bausteine enthalten z. B. acht Schalter dieser Art und dienen mit entsprechenden Steuereingängen als Multiplexer oder Demultiplexer für acht Kanäle. In diesem Fall kann man die zeitlich versetzten Steuerpulse derart erzeugen, daß man aus einem dreistelligen Binärzähler abgegriffene Codewörter in einen 1-aus-8-Code umsetzt. Bei der Beschreibung zu Bild 8.4 wird hierauf näher eingegangen.

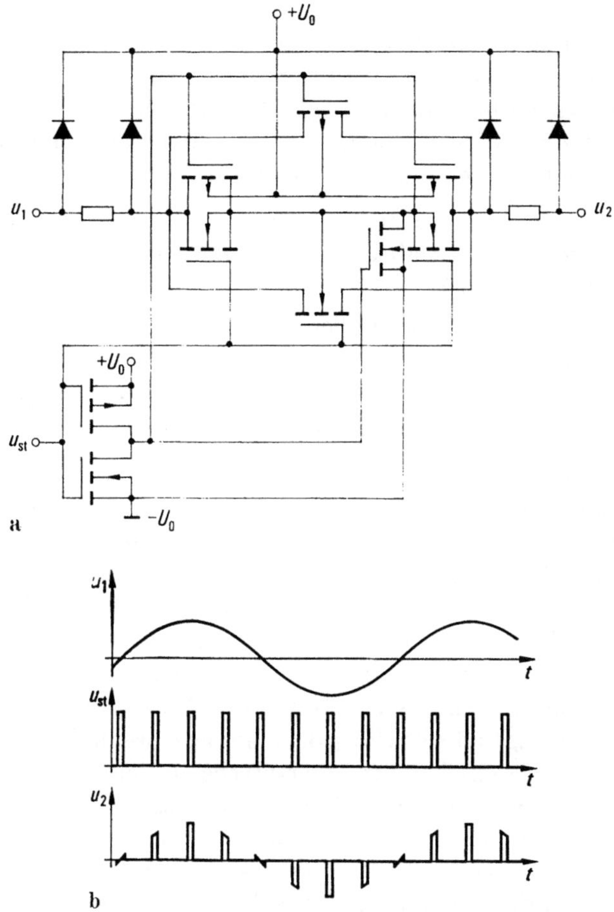

Bild 2.24 a u. b. Integrierter Schaltkreis als Analogschalter.
a) Prinzipschaltbild;
b) Erzeugung von Pulsamplituden-Modulation (PAM).

2.1.4. Abtastfilter

Unter Abtastfiltern im weiteren Sinne versteht man Netzwerke, in denen Zeitfilter mit einer der vorher beschriebenen anderen Filterarten kombiniert sind. So brauchen z. B. Integrier-, Entscheider-, Komparator-, Begrenzer- oder Klemmschaltungen nicht über die Zeit kontinuierlich zu arbeiten, sondern man kann durch gesteuerte Zeitfilter ihre Wirksamkeit auf diskrete Zeitpunkte oder -intervalle beschränken. Als Beispiel hierfür seien die N-Pfad-Filter genannt, die durch eine Kombination von Zeit- und Frequenzfiltern realisiert werden können [2.9]. Abtastfilter im engeren Sinne sind Netzwerke, die eine Folge von Abtastwerten (eines ursprünglich kontinuierlichen Signals) derart miteinander verknüpfen, daß daraus durch *lineare* Transformation mit Hilfe einer Filterfunktion eine neue Folge von Abtastwerten entsteht. Sie übernehmen für zeitdiskrete Signale im Prinzip die gleiche Funktion wie die Frequenzfilter für zeitkontinuierliche Signale, haben jedoch gegenüber den Frequenzfiltern einige wesentliche Vorteile [2.10]:

1. Spulen und Kondensatoren haben, soweit sie überhaupt notwendig sind, keine frequenzabhängige Wirkung; entsprechende Genauigkeitsforderungen entfallen.

2. Abtastfilter sind ohne größeren Aufwand auch bei sehr tiefen Frequenzen realisierbar.

3. Abtastfilter können unter Ausnutzung des Zeitmultiplexverfahrens für mehrere Signale gleichzeitig verwendet werden.

Die Theorie dieser Filter wurde mit Hilfe einiger beispielhafter Prinzipschaltbilder bereits im Abschnitt I.3.4 besprochen. Praktisch werden dabei mehrere aufeinanderfolgende Abtastwerte, die entweder in analoger oder digitaler Form vorliegen und verarbeitet werden können[1], durch die algebraischen Grundoperationen miteinander verknüpft. Da Abtastwerte ursprünglich zueinander zeitlich versetzt sind, müssen sie zwecks gleichzeitiger Verknüpfung gegeneinander verzögert werden. Im einfachsten Fall kann man das mit Hilfe einer Verzögerungsleitung tun. Größere Verzerrungsfreiheit wird jedoch erreicht, wenn die Abtastwerte in Speicher eingeschrieben und entsprechend der Verzögerungszeit später wieder ausgelesen werden. Zur Speicherung analoger Signalwerte ist im Prinzip ein gesteuerter Schalter und ein Kondensator hinreichend. Derartige Schaltungen sind als *Abtast- und Haltekreis* bekannt. Bild 2.25a zeigt die Prinzipschaltung, deren Wirkung auf ein Eingangssignal $u(t)$ bereits im Abschnitt I.9.3.3.1 als Spezialfall der Pulsamplituden-Modulation behandelt wurde. Legt man an den Eingang der Schaltung eine Sinusschwingung, so entsteht daraus eine entsprechende treppenförmige Schwingung (Bild 2.25b). Verwendet man zur Abtastung einen elektronischen Schalter nach Bild 2.24a, so ist darin der Ausgang u_2 durch einen Haltekondensator C zu belasten, in dem jeder Abtastwert für die Dauer einer Abtastperiode T_0 gespeichert wird. Dabei muß der Schalter jeweils so lange geschlossen sein, bis der Kondensator C über den Durchlaßwiderstand des Schalters und den Innenwiderstand der Spannungsquelle umgeladen ist. Bild 2.26 zeigt aus der Vielfalt von Ausführungsformen ein weiteres, einfaches Beispiel für einen Abtaster mit nachgeschaltetem Halteglied. Das Eingangssignal $u_1(t)$ liegt über einem Widerstand R an der S-Klemme eines Sperrschichtfeldeffekttransistors,

[1] Nur im zweiten Fall sollte man von „Digitalfiltern" sprechen.

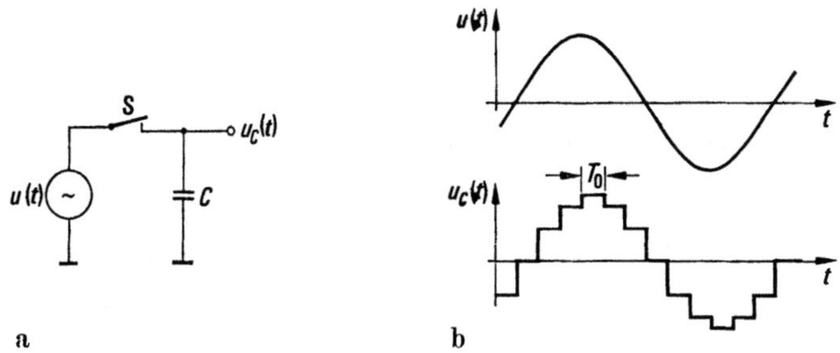

Bild 2.25 a u. b. Abtast- und Haltekreis.
a) Prinzipschaltbild;
b) sinusförmige Schwingung und dazugehörige treppenförmige Schwingung.

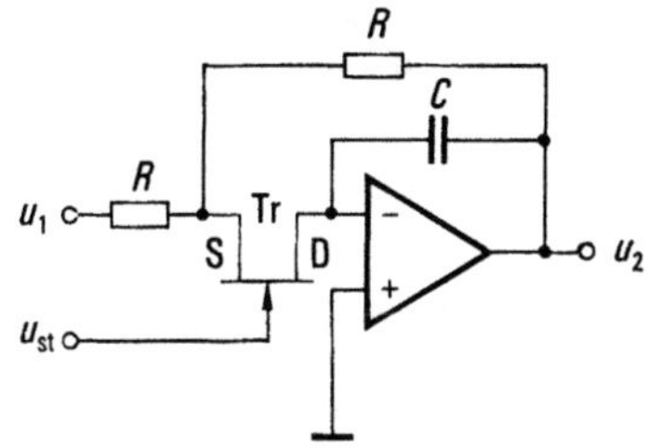

Bild 2.26. Schaltung für Abtaster mit Halteglied.

der, über u_{st} gesteuert, die Rolle des Abtastschalters übernimmt. Das Halteglied ist durch eine Kapazität C im Gegenkopplungszweig zum Operationsverstärker realisiert. Mit einer derartigen Schaltung besteht die Möglichkeit, den gespeicherten Wert zu jedem späteren Zeitpunkt innerhalb einer Abtastperiode wieder auszulesen und weiter zu verarbeiten, z. B. erneut zu speichern. Auf diese Weise kann man sogenannte *Schieberegister* bauen, in denen die Abtastwerte mit vorgegebenem Takt von Speicherzelle zu Speicherzelle weitergegeben werden. Für Analogsignale sind als Schieberegister Ladungsverschiebeschaltungen (CTD: *C*harge *T*ransfer *D*evices) geeignet [2.11]. Hierzu gehören die sogenannten Eimerkettenspeicher (BBD: *B*ucket *B*rigade *D*evices); Bild 2.27a zeigt einen Ausschnitt einer derartigen Schaltung [2.12]: Ein positiver Impuls an der Basis des Transistors Tr_1 macht diesen leitend und lädt den Kondensator C_1 auf die Eingangsspannung u_1 auf. Derselbe Impuls macht auch die Transistoren Tr_3, Tr_5 usw. leitend und überträgt die Ladung des jeweils davorliegenden Kondensators auf den jeweils dahinter liegenden Kondensator. In der zweiten Hälfte jeder Periode T_0 sind die Transistoren Tr_2, Tr_4, Tr_6 usw. leitend und übergeben den am Eingangskondensator liegenden Signalwert an den Ausgangskondensator weiter. Durch die innerhalb jeder Periode T_0 gegenphasig wirkenden

Steuerpulse u_{st_1} und u_{st_2} (Bild 2.27b) kann jeder Abtastwert um $nT_0/2$ verzögert werden, wenn die Kette aus n Transistoren besteht. An den Kondensatoren können dabei $n/2$ Abtastwerte gleichzeitig ausgekoppelt und miteinander verarbeitet werden.

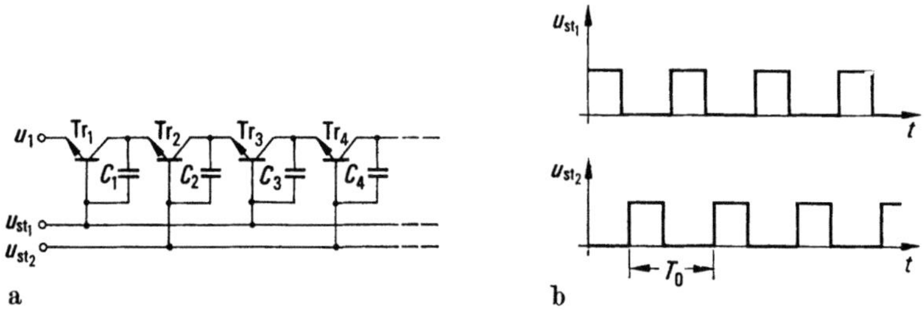

Bild 2.27a u. b. Eimerkettenschaltung.
a) Prinzipschaltbild;
b) Impulsdiagramm.

Neben dem Eimerkettenspeicher gibt es auch ladungsgekoppelte Schaltungen (CCD: *C*harge *C*oupled *D*evices), bei denen die Ladungen zwischen Inversionsschichten in Halbleiterstrukturen verschoben werden [2.13].

Ladungsverschiebeschaltungen können weiterhin dazu dienen, eine Serie von Abtastwerten zeitlich zu komprimieren oder zu dehnen. Dazu wird die Kette durch einen Steuerpuls relativ kleiner Frequenz mit Abtastwerten gefüllt und durch einen Steuerpuls relativ großer Frequenz wieder geleert, oder umgekehrt. Eine Anwendungsmöglichkeit besteht darin, Tonsignale in den Leerzeilen von Fernsehsignalen unterzubringen [2.14].

2.2. Impulserzeugung

2.2.1. Erzeugung von Rechteckschwingungen

In diesem Abschnitt sollen grundsätzlich wichtige Schaltungen beschrieben werden, die mit möglichst guter Annäherung Rechteckschwingungen, d. h. im Idealfall Schwingungen mit nur zwei Signalwerten, erzeugen. Dabei soll ein beliebiges Zeitverhältnis zwischen der Dauer des einen Signalwertes zur Dauer des anderen erreicht werden. Ist das Verhältnis gleich Eins, so erhält man gleichmäßige Rechteckschwingungen. Ihre Erzeugung aus Sinusschwingungen durch passive und aktive Begrenzung — diese mit dem Schmitt-Trigger — wurde schon im Abschnitt

2.1.2 behandelt. Ein anderes Verfahren beruht darauf, daß mit kurzen Auslöseimpulsen die Signalzustände geändert werden.

Solche Schaltungen mit nur zwei Zustandswerten werden besonders häufig in der Digitaltechnik verwendet.

2.2.1.1. Bistabile Kippschaltungen

Wie schon der Name sagt weist die bistabile Kippschaltung *zwei* stabile Zustände auf. Die bekannteste Schaltung dieser Art ist der sogenannte *Multivibrator* nach Eccles-Jordan [2.15]. Besonders in den USA hat sich hierfür die Bezeichnung „Flipflop" eingebürgert. Bild 2.28 zeigt eine einfache Ausführung in Transistortechnik. Von den beiden Transistoren kann immer nur einer stromführend sein; dieser sperrt jeweils den anderen. Die Schaltung kann zwischen diesen Zuständen hin und her „gekippt" werden, indem an die Basen der beiden Transistoren abwechselnd kurze negative Impulse gelegt werden. Es bleibt jeweils der Transistor gesperrt, an dem ein solcher Impuls wirksam war. Das gleiche Ergebnis erhält man, wenn an die Basis nur eines Transistors kurze Impulse wechselnder Polarität angelegt werden. Im ersten Fall spricht man von getrennter, im zweiten Fall von unsymmetrischer Triggerung. Fügt man die in Bild 2.28 unten gezeigte Eingangsschaltung hinzu — bestehend aus dem Kondensator C, dem Widerstand R und den Dioden D_1 und D_2 —, so kann man die bistabile Kippschaltung symmetrisch triggern. Die Eingangs-Rechteckspannung u_1 wird durch das RC-Glied differenziert; es entstehen wechselweise positive und negative Impulse (u_R). Infolge der Polung der Dioden werden nur die negativen Impulse wirksam. Da immer nur diejenige Diode leitend ist, die an der Basis des jeweils leitenden Transistors liegt, verändert *jeder* negative Impuls

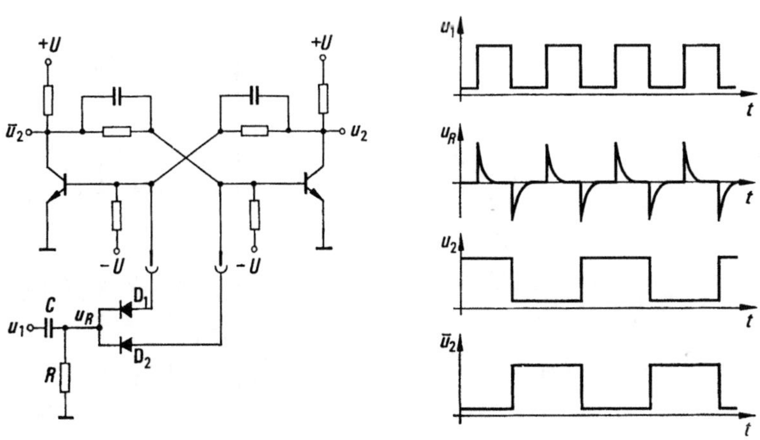

Bild 2.28. Bistabile Kippschaltung (mit symmetrischer Triggerung).

den Kippzustand; an den Kollektoren der beiden Transistoren entstehen Rechteckspannungen u_2 und $\bar{u}_2$, die zueinander gegenphasig sind und gegenüber der Eingangs-Rechteckspannung u_1 die doppelte Taktperiode und damit die halbe Taktfrequenz aufweisen. Verwendet man mehrere derartige Stufen hintereinander, so erhält man einen *Dualzähler*, der in der Digitaltechnik vielfach angewendet wird. Ein solcher Zähler kann auch als *Frequenzteiler* verwendet werden; für ein Teilungsverhältnis von 2^n werden n bistabile Kippschaltungen benötigt.

2.2.1.2. Monostabile Kippschaltungen

Wie hier der Name sagt, weist die monostabile Kippschaltung nur *einen* stabilen Zustand auf. Sie wird meistens dazu benutzt, um aus relativ kurzen Impulsen, deren Signalform überdies oft noch wenig beständig ist, Rechteckimpulse definierter Dauer zu erzeugen. Sie eignet sich deshalb besonders zum Steuern von Zeitfiltern. Unter Ausnutzung der Rückflanken der Rechteckimpulse erzielt man auch eine definierte Impulsverzögerung. Bild 2.29 zeigt die Grundschaltung mit zwei Transistoren. Im Gegensatz zur bistabilen Kippschaltung (Bild 2.28) ist sie unsymmetrisch aufgebaut: In der Rückkopplung vom Transistor Tr_1 zum Transistor Tr_2 liegt allein noch ein Kondensator C_k, und die Basis von Tr_2 ist positiv vorgespannt. Dadurch ist im stabilen Zustand grundsätzlich Tr_2 leitend und Tr_1 gesperrt. Dieser Zustand wird gestört durch einen negativen Eingangsimpuls u_1 an der Basis des Transistors Tr_2; dieser wird vorübergehend gesperrt. Am Kollektor entsteht ein positiver Spannungssprung u_2, der über das RC-Glied auf die Basis von Tr_1 übertragen wird und Tr_1 öffnet. Ein dadurch am Kollektor von Tr_1 auftretender negativer Spannungssprung $\bar{u}_2$ wird über C_k auf die Basis von Tr_2 gegeben und unterstützt den gesamten Ablauf. Dieser Zustand

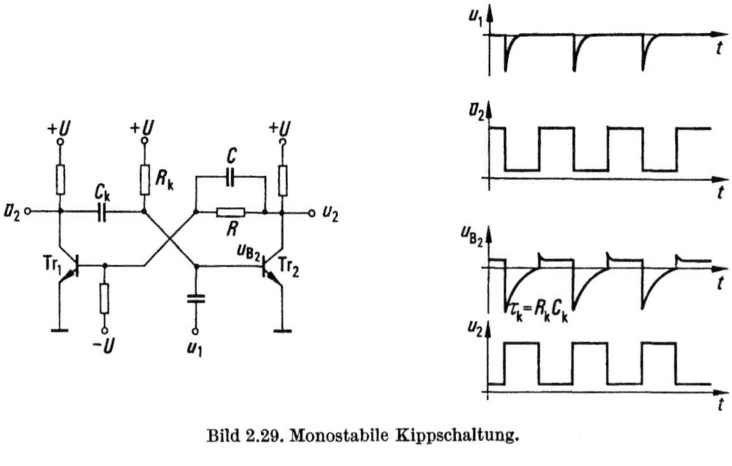

Bild 2.29. Monostabile Kippschaltung.

hält an, bis sich der Kondensator C_k über Tr_1 mit der Zeitkonstante $\tau_k = R_k C_k$ entladen hat (u_{B_2}). Dann wird Tr_2 schlagartig wieder leitend und Tr_1 gesperrt, bis der nächste Eingangsimpuls kommt.

2.2.1.3. Astabile Kippschaltungen

Astabile Kippschaltungen sind selbstschwingende Rechteckgeneratoren, die also in keinem Zustand stabil sind. Betrachtet man die Schaltungsänderung von der bistabilen Kippschaltung (Bild 2.28) zur monostabilen Kippschaltung (Bild 2.29), so ergibt sich als Konsequenz die astabile Kippschaltung nach Bild 2.30: In den Rückkopplungen zwischen dem Kollektor des einen und der Basis des anderen Transistors liegen jeweils nur Kondensatoren (C_1 bzw. C_2), und *beide* Basen sind positiv vorgespannt (über R_1 bzw. R_2). Auch bei dieser Schaltung ist jeweils ein Transistor leitend und der andere gesperrt, wobei die Dauer der beiden Zustände durch die Zeitkonstanten $\tau_1 = R_1 C_1$ und $\tau_2 = R_2 C_2$ gegeben ist, mit denen sich die Kondensatoren entladen (siehe u_{B_1} und u_{B_2}). Für $\tau_1 = \tau_2$ erhält man gleichmäßige Rechteckschwingungen.

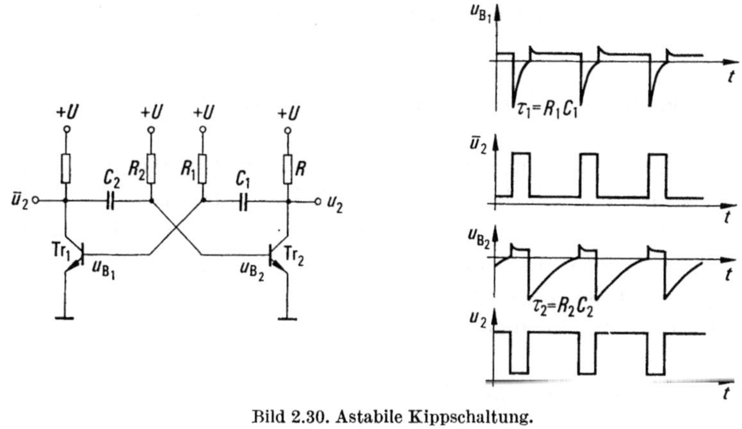

Bild 2.30. Astabile Kippschaltung.

Die astabile Kippschaltung ist durch einen angekoppelten Puls synchronisierbar[1], wenn dessen Frequenz etwas größer als ihre Eigenfrequenz ist. Durch die angelegten Impulse wird dann nämlich der Kippvorgang immer etwas eher eintreten als es ohne Synchronisierimpuls der Fall sein würde.

[1] Man muß bei Kippschaltungen zwischen „Synchronisieren" und „Fremdsteuern" unterscheiden. Nur selbstschwingende Kippschaltungen können synchronisiert werden. Fällt die Synchronisierspannung aus, so schwingt die Kippschaltung selbsttätig in einer im allgemeinen etwas tieferen Frequenz weiter; bei fremdgesteuerten Kippschaltungen setzt beim Ausfall der Steuerspannung („trigger") die Schwingung aus, oder die Schaltung erzeugt völlig andersartige Schwingungen.

Astabile Kippschaltungen mit nur einem Transistor sind unter der Bezeichnung *Sperrschwinger* (blocking oscillator) bekannt. Die notwendige Phasenumkehr wird mit einem Übertrager erreicht. Bild 2.31 zeigt die Grundschaltung. Die Puls-Eigenfrequenz des Sperrschwingers hängt hauptsächlich von der Dimensionierung von R_B und C_B ab. Auch der Sperrschwinger ist durch einen Eingangspuls u_1 synchronisierbar, wenn dessen Frequenz etwas höher liegt. Auch Vielfache dieser Frequenz können benutzt werden; dann wirkt der Sperrschwinger als Frequenzteiler.

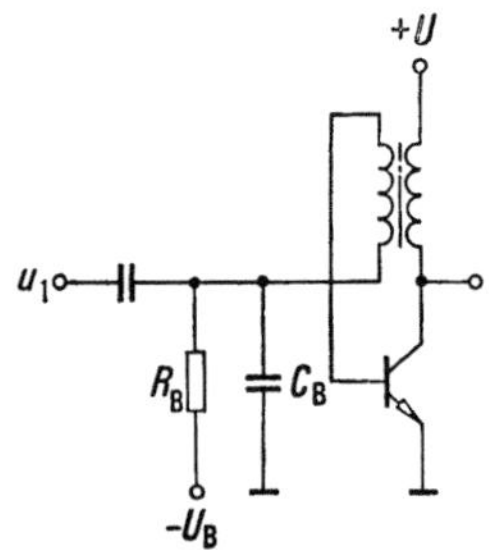

Bild 2.31. Grundschaltung eines Sperrschwingers.

2.2.2. Erzeugung von sägezahnförmigen Schwingungen

Ein wesentliches Merkmal der sägezahnförmigen Schwingungen ist, daß sie in bestimmten Zeitabschnitten möglichst linear mit der Zeit ansteigen oder abfallen. Es werden zwei Grundformen unterschieden, nämlich fremdgesteuerte und selbstschwingende Sägezahngeneratoren. Anwendung finden solche Generatoren z. B. in der Fernseh-, Oszillographen-, Radar- und Pulsmodulations-Technik.

2.2.2.1. Fremdgesteuerte Sägezahngeneratoren

Das Grundprinzip eines Sägezahnspannungsgenerators zeigt Bild 2.32a. Die beiden Konstantstromquellen I_1 und I_2 werden wahlweise über den Schalter S an den Kondensator C gelegt. Um einen Spannungsverlauf u_C nach Bild 2.32b zu erhalten, muß man mit (2.5) die Bedingung

$$|I_1|\, t_1 = |I_2|\, t_2 \tag{2.17}$$

erfüllen; die Beträge von I_1 und I_2 verhalten sich also umgekehrt wie ihre Schaltzeiten.

Meist ist es praktisch nur wichtig, daß man für den *längeren* Zeitabschnitt — hier t_1 — der Sägezahnschwingung einen linearen Verlauf erhält; an die Form des kurzzeitigen Rücklaufs werden gewöhnlich keine Anforderungen gestellt. Man kann dann auf die Stromquelle I_2 ver-

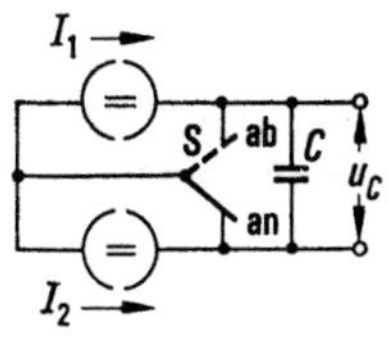

a

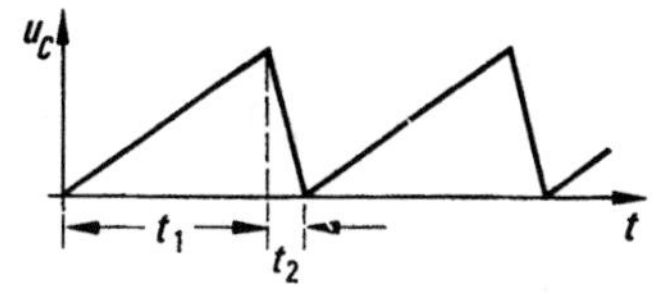

b

Bild 2.32 a u. b. Sägezahnspannungsgenerator mit zwei Konstantstromquellen.
a) Prinzipschaltbild;
b) Spannungsverlauf u_C am Kondensator.

zichten und erhält die Schaltung von Bild 2.33a. Während der Anstiegszeit t_1 ist der Schalter S geöffnet, u_c steigt gleichmäßig und wird um $U = I_1 t_1/C$ erhöht. Während der Zeit t_2 wird der Schalter geschlossen, I_1 wird damit kurzgeschlossen, und der Kondensator C lädt sich in dieser Zeit auf die Spannung E der anliegenden Quelle um. Wegen des Innenwiderstandes dieser Quelle und des endlichen Durchlaßwiderstandes des Schalters — zusammengefaßt in R_i — wird die steile Flanke etwas abgerundet. Für den Spezialfall $E = 0$ ergibt sich eine unipolare Sägezahnschwingung.

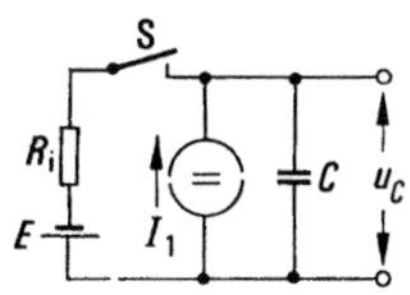

a

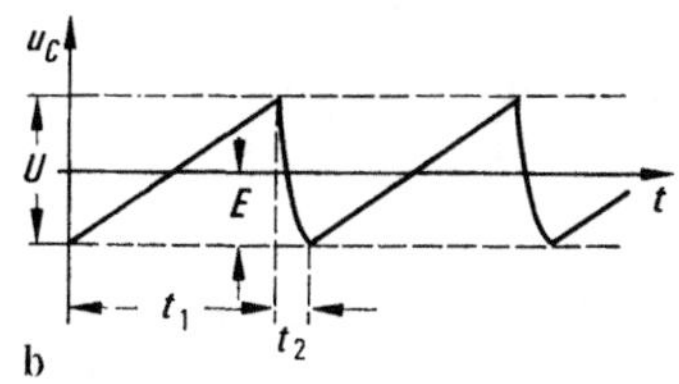

b

Bild 2.33 a u. b. Sägezahnspannungsgenerator mit einer Konstantstromquelle.
a) Prinzipschaltbild;
b) Spannungsverlauf u_C am Kondensator.

In der Praxis wächst der Aufwand mit der geforderten Genauigkeit an Linearität. Je nach Aufgabenstellung können ferner Spannungsamplituden, -steilheiten und Schaltperioden gefordert werden, deren Werte um mehrere Größenordnungen verschieden sind. Auf die Vielzahl darauf zugeschnittener Schaltungsmöglichkeiten mit geeigneten Bauelementen kann hier nicht eingegangen werden. Es sollen jedoch zwei Verfahren gezeigt werden, mit deren Hilfe man mit einfachen Mitteln eine gute Linearität erzielt.

Das Beispiel des Abschnitts 2.1.1.2 hat den Mangel, daß der zunächst nahezu konstante Ladestrom eines Kondensators immer kleiner wird, je mehr sich die Spannung am Kondensator der Quellenspannung I_0R nähert. Nun kann man einen konstanten Ladestrom I dadurch erreichen, daß man die konstante Quellenspannung E durch eine veränderliche Spannung $e(t)$ ergänzt. Da für einen konstanten Ladestrom I der Abfall am Ladewiderstand R ebenfalls konstant gleich U ist, muß gelten

$$E + e(t) = U + u_C(t); \tag{2.18}$$

darin ist $u_C(t)$ die Spannung am Kondensator.

Zur Erfüllung von (2.18) müssen

$$E = U = IR \tag{2.19}$$

und

$$e(t) = u_C(t) = \frac{I}{C}\,t \tag{2.20}$$

sein; aus (2.19) und (2.20) folgt

$$u_C(t) = \frac{E}{RC}\,t. \tag{2.21}$$

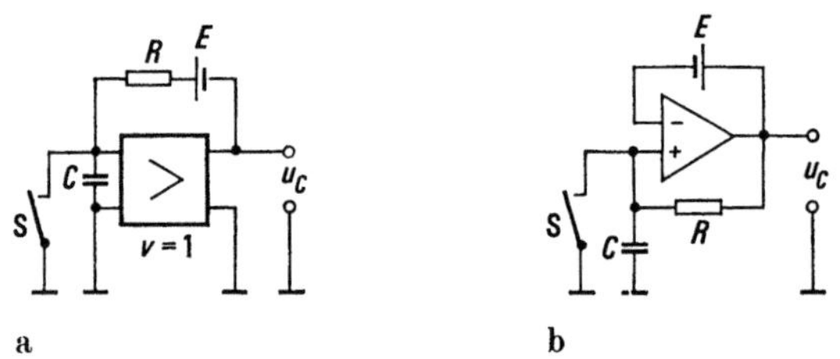

Bild 2.34a u. b. Positiv rückgekoppelter Verstärker (Bootstrap-Integrator).
a) Prinzipschaltbild;
b) Realisierung mit Operationsverstärker.

Die Ergänzungsspannung $e(t)$ muß also immer gleich der Spannung am Kondensator sein, um an diesem einen streng linearen Anstieg zu erzielen. Bild 2.34a zeigt das dazu erforderliche Prinzipschaltbild: Die Kondensatorspannung u_C wird über einen Trennverstärker mit dem Verstärkungsfaktor $v = 1$ im Sinne einer positiven Rückkopplung in den Ladekreis zurückgeführt. Bild 2.34b zeigt das Realisierungsbeispiel mit einem Operationsverstärker. Nachteilig ist in beiden Fällen, daß die Spannungsquelle E erdfrei sein muß. Dieses Schaltprinzip wird auch mit *Bootstrap-Integrator* bezeichnet.

Eine andere Möglichkeit besteht darin, einen Verstärker kapazitiv gegenzukoppeln, wie das am Beispiel eines Operationsverstärkers in Bild 2.35 gezeigt ist. Dafür ergibt sich mit (2.6)

$$u_2(t) = -vE\left(1 - e^{-\frac{t}{(1+v)RC}}\right); \tag{2.22}$$

dabei ist v der Verstärkungsfaktor des Verstärkers. Entwickelt man (2.22) in eine Reihe, so erhält man

$$u_2(t) = -E \frac{v}{1+v} \left(\frac{t}{RC} - \frac{1}{2} \frac{t^2}{(1+v)(RC)^2} + \cdots \right). \tag{2.23}$$

Für sehr großen Verstärkungsfaktor v wird

$$u_2(t) \approx -\frac{E}{RC} t. \tag{2.24}$$

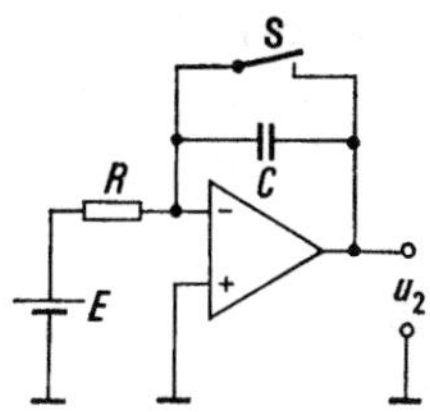

Bild 2.35. Kapazitiv gegengekoppelter Operationsverstärker (Miller-Integrator).

Das quadratische Glied in (2.23) gibt in erster Näherung die Abweichung von der Linearität an; sie ist nahezu umgekehrt proportional der Verstärkung. Da in (2.23) der vor der Klammer stehende Faktor $v/(1+v)$ praktisch gleich Eins ist, sind auch Nichtlinearitäten des Verstärkers und Schwankungen des Verstärkungsfaktors fast ohne Einfluß auf die Sägezahnschwingung. Dieses Schaltprinzip wird auch mit *Miller-Integrator* bezeichnet.

2.2.2.2. Selbstschwingende Sägezahngeneratoren

Zur Realisierung von andauernden Sägezahnschwingungen bieten sich folgende Methoden an:

1. Man leitet die Schwingungsform aus der von selbstschwingenden Rechteckgeneratoren ab. Das ist z. B. möglich, wenn man bei der in Bild 2.30 gezeigten astabilen Kippschaltung zwischen die Ausgangsklemme u_2 und Nullpotential einen Kondensator C zusätzlich einfügt. Dieser übernimmt dann mit dem Widerstand R die Erzeugung der Sägezahnspannung am Kollektor des Transistors Tr_2, wobei dieser als Schalter wirkt. Damit seine Sperrzeit wesentlich größer als seine Kurzschlußzeit ist, muß R_2C_2 wesentlich größer als R_1C_1 sein.

2. Man führt in die Schaltungen nach Bild 2.32 bis 2.35 Steuereinrichtungen derart ein, daß beim Erreichen einer bestimmten Sägezahnspannung die jeweils eingezeichneten Schalter S betätigt werden. Früher

wurden hierfür häufig Gasentladungsröhren benutzt; heute verwendet man Thyristorschaltungen.

Hinsichtlich der Trigger- und Synchronisierbarkeit gilt das in der Fußnote zum Abschnitt 2.2.1.3 Gesagte auch für Sägezahngeneratoren.

2.2.3. Erzeugung von treppenförmigen Schwingungen

Unter treppenförmigen Schwingungen werden im allgemeinen solche Schwingungen verstanden, die für eine bestimmte Zeit einen konstanten Amplitudenwert annehmen und dann zu einem nächsten Amplitudenwert übergehen, im Idealfall in verschwindend kurzer Zeit. Dieser Vorgang wiederholt sich in der Regel mit fester Periode. Die Rechteckschwingung stellt einen Sonderfall dar: Sie springt zwischen *zwei* festen

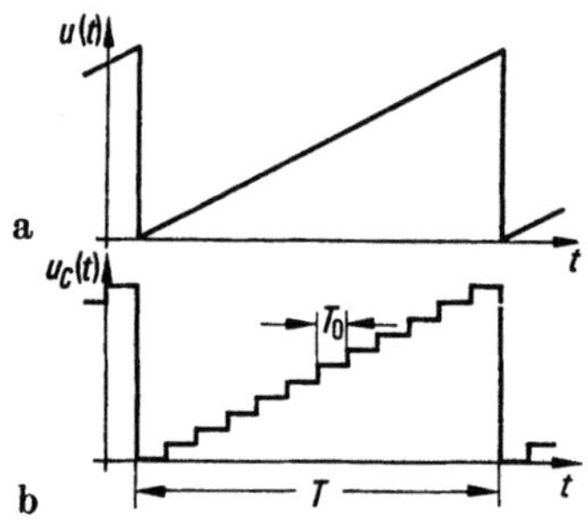

Bild 2.36 a u. b. Sägezahnverlauf (a) und dazugehörige Treppenkurve (b).

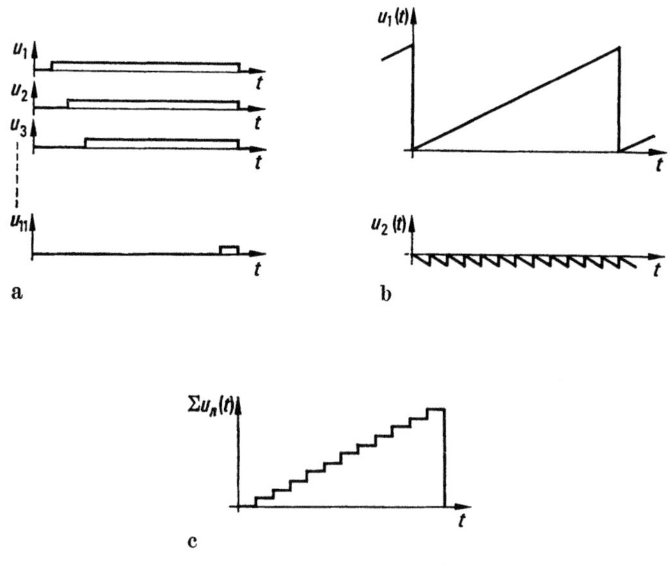

Bild 2.37 a–c. Erzeugung einer Treppenkurve (c) durch Addition von Rechteckschwingungen (a) oder zweier Sägezahnschwingungen (b).

Amplitudenwerten hin und her. Derartige treppenförmige Schwingungen wurden bereits im Abschnitt 2.1.4 behandelt.

Treppenförmige Schwingungen im engeren Sinne sind Schwingungen, die den Verlauf einer Treppenkurve nach Bild 2.36b haben. Sie können durch Wirkung eines Abtast- und Haltekreises auf eine Sägezahnschwingung (Bild 2.36a) erzeugt werden. Um eine periodisch wiederkehrende Treppenkurve zu erhalten, muß die Abtastperiode ein ganzzahliger Bruchteil der Sägezahnperiode sein (im Bild $T_0 = T/12$). Eine Treppenkurve kann auch durch Elementarschwingungen einfacheren Charakters zusammengesetzt werden; in Bild 2.37a wird sie durch Addition von Rechteckschwingungen verschiedenen Tastverhältnisses und in Bild 2.37b durch Addition zweier Sägezahnschwingungen mit verschiedener Grundfrequenz gewonnen (Bild 2.37c).

In Verbindung mit Digitalschaltungen ist die einfachste Lösung, den Ausgang eines durchlaufenden Dualzählers (siehe Abschnitt 3.2.7) zu decodieren. Bei einem vierstufigen Zähler entstehen an dessen Ausgängen nacheinander 16 Codewörter, die fortlaufend den Werten 0 bis 15 entsprechen und sich periodisch wiederholen.

3. Digitale Grundschaltungen

In der Digitaltechnik werden Schaltungen benutzt, die im einfachsten Fall zur Erzeugung und Verknüpfung von *Binär*signalen dienen, also Signalen, die nur zwei verschiedene diskrete Werte annehmen können (s. Abschnitt I.7). Im folgenden sollen zunächst Rechenvorschriften angegeben werden, die sich mit der Verknüpfung binärer Größen befassen. Mit den Anwendungsbeispielen werden einige Kombinationen von Grundschaltungen beschrieben, die in der Digitaltechnik weite Verbreitung gefunden haben. Von den Grundschaltungen selbst wurden mit den diversen Rechteckgeneratoren bereits einige im letzten Abschnitt vorgestellt.

3.1. Grundlagen der Schaltungsalgebra

Der englische Mathematiker Boole (1815 bis 1864) hat eine Algebra entwickelt, die einen mathematischen Formalismus zur Behandlung von Aussagen in einer *zweiwertigen Logik* liefert [3.1]. Diese Boolesche Algebra macht Shannon zur Grundlage einer symbolischen Berechnung von Schaltkreisen [3.2], die mit Schaltungsalgebra — oder kurz auch mit Schaltalgebra — bezeichnet wird. Sie ist ein mathematisches Hilfsmittel zur Beschreibung von Funktionen und Funktionsabläufen in Schaltungen der Digitaltechnik. Diese Schaltungsanordnungen verknüpfen einen oder mehrere Eingänge mit einem oder mehreren Ausgängen; die *Zustandswerte* an den Ausgängen sind dann bestimmte, durch *logische Verknüpfung* gebildete Funktionen der Zustandswerte an den Eingängen.

Bezeichnet man eine Folge von Zustandswerten mit *Zustandsfolge*, so können derartige Schaltungen dazu dienen, gleichzeitige Zustandswerte verschiedener Zustandsfolgen oder zeitunterschiedliche Zustandswerte *einer* Zustandsfolge miteinander zu verknüpfen. Das letztere ist allerdings nur unter der Verwendung von *Speichern* möglich, da die Realisierung logischer Verknüpfungen Gleichzeitigkeit der anliegenden Zustandswerte voraussetzt.

Im folgenden soll die Schaltungsalgebra so weit behandelt werden, wie ihre Kenntnis für dieses Werk notwendig erscheint.

3.1.1. Elemente der Schaltungsalgebra, elementare Verknüpfungen

Eine *zweiwertige* Logik repräsentiert jeweils zwei sich widersprechende Aussagen, die aber im übrigen beliebig sein können. Beispiele hierfür sind: *ja* oder *nein*, *richtig* oder *falsch*, *offen* oder *geschlossen*, *steigend* oder *fallend* usw. Diesen beiden Aussagen oder Zuständen wird stellvertretend je ein elementares Zeichen zugeordnet. Hierfür sind nach DIN 44300 die beiden Zeichen O und L festgelegt. Die Zahl der Zustände, die die *Eingangsvariablen* e_1 bis e_n und die *Ausgangsvariablen* a_1 bis a_m annehmen können, beschränkt sich also auf Zwei. Die Werte der Ausgangsvariablen a_μ werden durch Verknüpfung der Eingangsvariablen e_ν mittels *Operatoren* berechnet. Die Verknüpfungsgleichungen lassen sich in allgemeiner Form durch die Funktionen

$$a_\mu = F_\mu(e_1, e_2, \ldots, e_\nu, \ldots, e_n) \quad \mu = 1, 2, \ldots, m \tag{3.1}$$

darstellen. Da die Größen e_ν höchstens je zwei Werte annehmen können, gibt es maximal 2^n Kombinationsmöglichkeiten der Eingangsvariablen. Die Werte der Ausgangsvariablen lassen sich für jede Funktion F_μ durch eine *Funktionstabelle* angeben, die sämtliche Kombinationsmöglichkeiten der Eingangsvariablen enthält. Beschränkt sich die Zahl der Eingangs- und/oder Ausgangsvariablen auf Eins, so wird im folgenden der Einfachheit halber der Index weggelassen.

In der Schaltungsalgebra gibt es drei elementare Verknüpfungen, mit deren Hilfe sämtliche Aufgaben unter Einhaltung gewisser Rechenregeln zu lösen sind: die *Negation*, die *Disjunktion* und die *Konjunktion*.

1. Die Negation (NICHT-Verknüpfung)

Die Negation beschreibt die Verknüpfung von nur je einer Ein- und Ausgangsvariablen. Hat die Eingangsvariable den Wert L, dann hat die Ausgangsvariable den Wert O, und umgekehrt (Funktionstabelle 3.1).

Tabelle 3.1

e	O	L
a	L	O

Symbolisch wird die Negation durch einen Querstrich über der zu negierenden Variablen ausgedrückt:

$$a = \bar{e}\,. \tag{3.2}$$

Zweimal hintereinander durchgeführte Negation ergibt die *Identität*

$$a = \bar{\bar{e}} \equiv e. \tag{3.3}$$

2. Die Disjunktion (ODER-Verknüpfung)

Die Disjunktion beschreibt in ihrer elementaren Form die Verknüpfung von zwei Eingangsvariablen mit einer Ausgangsvariablen. Da es insgesamt vier Kombinationen von Eingangswerten gibt, ist die Funktionstabelle 3.2 gegenüber 3.1 entsprechend umfangreicher. Der Ausgangs-

Tabelle 3.2

e_1	O	O	L	L
e_2	O	L	O	L
a	O	L	L	L

wert a ist dann und nur dann gleich L, wenn von e_1 und e_2 mindestens einer gleich L ist. Symbolisch wird dieser Zusammenhang durch den Operator $\vee$ ausgedrückt:

$$a = e_1 \vee e_2. \tag{3.4}$$

Insbesondere gilt $e \vee \mathsf{L} = \mathsf{L}$, $e \vee \mathsf{O} = e$, $e \vee e = e$ und $e \vee \bar{e} = \mathsf{L}$. Hierbei zeigt sich erstmals, daß die beiden Zustandswerte O und L nicht ohne weiteres austauschbar sind.

3. Die Konjunktion (UND-Verknüpfung)

Auch die Konjunktion beschreibt in ihrer elementaren Form die Verknüpfung von zwei Eingangsvariablen mit einer Ausgangsvariablen. Wie in der Funktionstabelle 3.3 angegeben, ist hier der Ausgangswert

Tabelle 3.3

e_1	O	O	L	L
e_2	O	L	O	L
a	O	O	O	L

dann und nur dann gleich L, wenn e_1 *und* e_2 gleich L sind. Symbolisch wird dieser Zusammenhang durch den Operator $\wedge$ ausgedrückt:

$$a = e_1 \wedge e_2. \tag{3.5}$$

Insbesondere gilt $e \wedge \mathsf{O} = \mathsf{O}$, $e \wedge \mathsf{L} = e$, $e \wedge e = e$ und $e \wedge \bar{e} = \mathsf{O}$.

Zur anschaulichen Darstellung logischer Operationen sind mit DIN 40700, Teil 14, Juli 1976, Schaltzeichen genormt worden, die in Bild 3.1a ange-

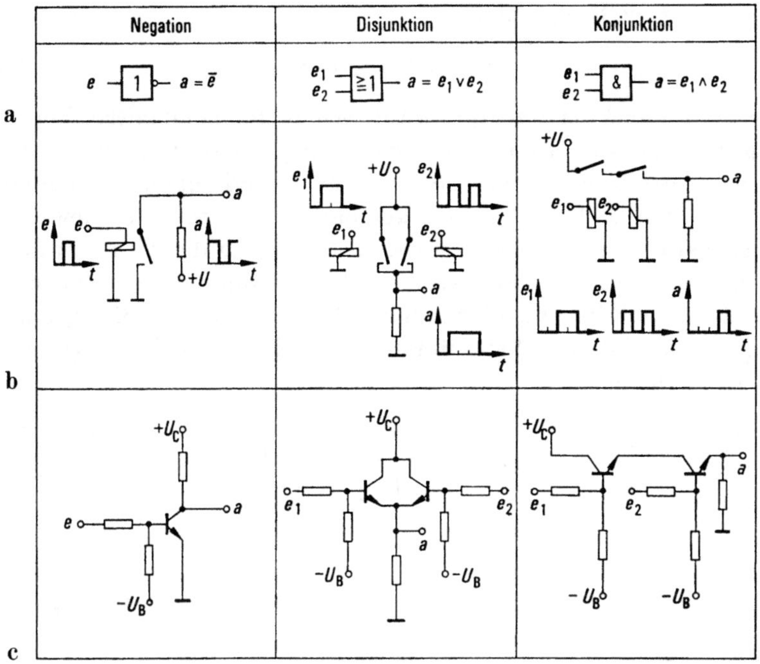

Bild 3.1a—c. Elementare Verknüpfungen.
a) Schaltzeichen;
b) Realisierung mit Relais;
c) Realisierung mit Transistoren.

geben sind und bei den weiteren Betrachtungen benutzt werden sollen. Sie sind das Prinzipschaltbild für die jeweilige Operation und sagen nichts über die Art der Realisierung (Relais, Schalter, Transistor usw.) aus. Unter b) sind Schaltungsbeispiele mit Schaltern angegeben, die durch Relais gesteuert werden. In allen Fällen werden für die Dauer des Relaisstromes die Schalter geschlossen. Bei der Negation liegt in dieser Zeit am Ausgang statt der Spannung $+U$ die Spannung Null. Diese Schaltung wird auch mit *Inverter* bezeichnet. Bei der Disjunktion genügt es, daß einer der beiden Schalter geschlossen ist, um am Ausgang die Spannung $+U$ zu erhalten; bei der Konjunktion müssen *beide* Schalter geschlossen sein. Unter c) sind Realisierungsbeispiele mit Transistoren dargestellt, die die Funktionen der Schalter übernehmen.

3.1.2. Kombinierte Verknüpfungen, Rechenregeln

Die Tab. 3.2 und 3.3 zeigen, daß für a das gleiche Ergebnis geliefert wird, wenn e_1 und e_2 vertauscht werden. Es gilt also das kommutative Gesetz sowohl für die Disjunktion

$$a = e_1 \vee e_2 = e_2 \vee e_1 \tag{3.4a}$$

als auch für die Konjunktion

$$a = e_1 \wedge e_2 = e_2 \wedge e_1 . \tag{3.5a}$$

Für das Beispiel der Negation wurde schon eine kombinierte Verknüpfung erwähnt: die Hintereinanderschaltung zweier Negatoren. Grundsätzlich lassen sich sämtliche elementare Verknüpfungen hintereinanderschalten und miteinander kombinieren, wobei dann jeweils die Ausgangsvariable einer elementaren Verknüpfung die Eingangsvariable der nächsten ist. Das „nächsten" ist hierbei wörtlich zu nehmen: Zunächst sei noch keine „Rückkopplung" erlaubt in dem Sinne, daß die Eingangsvariable einer Verknüpfung durch die eigene Ausgangsvariable mitbestimmt wird.

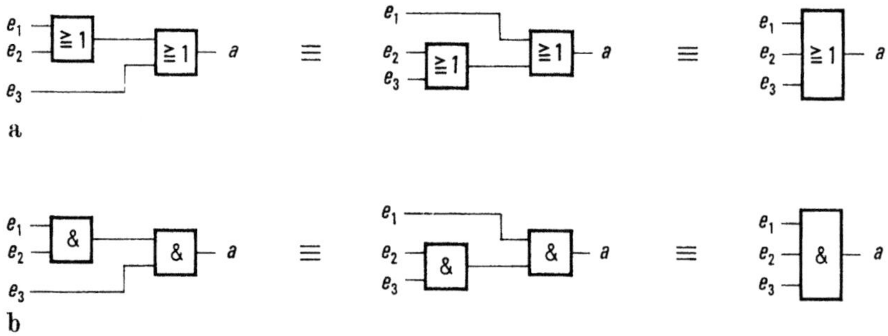

Bild 3.2a u. b. Hintereinanderschaltung gleichartiger Verknüpfungen. a) Disjunktionen; b) Konjunktionen.

Bild 3.2 zeigt die Hintereinanderschaltungen von zwei Disjunktionen (a) und zwei Konjunktionen (b), die zur Abhängigkeit der Ausgangsvariablen a von drei Eingangsvariablen e_1, e_2 und e_3 führen. Es gilt das assoziative Gesetz sowohl für die Disjunktion

$$a = (e_1 \vee e_2) \vee e_3 = e_1 \vee (e_2 \vee e_3) = e_1 \vee e_2 \vee e_3 \tag{3.4b}$$

als auch für die Konjunktion

$$a = (e_1 \wedge e_2) \wedge e_3 = e_1 \wedge (e_2 \wedge e_3) = e_1 \wedge e_2 \wedge e_3 .^{1} \tag{3.5b}$$

Mit den jeweils rechts stehenden Termen wird angedeutet, daß bei gleichartigen Verknüpfungen die Reihenfolge beliebig ist. Allgemein gilt für die Verknüpfung von n Eingangsvariablen für die Disjunktion

$$a = \begin{cases} \mathsf{O}, \text{ wenn alle } e_\nu = \mathsf{O}, \ (\nu = 1 \ldots n) \\ \mathsf{L} \text{ in allen anderen Fällen;} \end{cases} \tag{3.4c}$$

[1] In der Schaltungsalgebra haben die Klammern die gleiche Bedeutung wie in der gewöhnlichen Algebra: Die in den Klammern stehenden Verknüpfungen sind jeweils zuerst auszuführen.

für die Konjunktion

$$a = \begin{cases} \mathsf{L}, \text{ wenn alle } e_\nu = \mathsf{L}, \ (\nu = 1 \ldots n) \\ \mathsf{O} \text{ in allen anderen Fällen.} \end{cases} \tag{3.5c}$$

Bild 3.2 zeigt rechts die entsprechenden Schaltzeichen für $n = 3$.

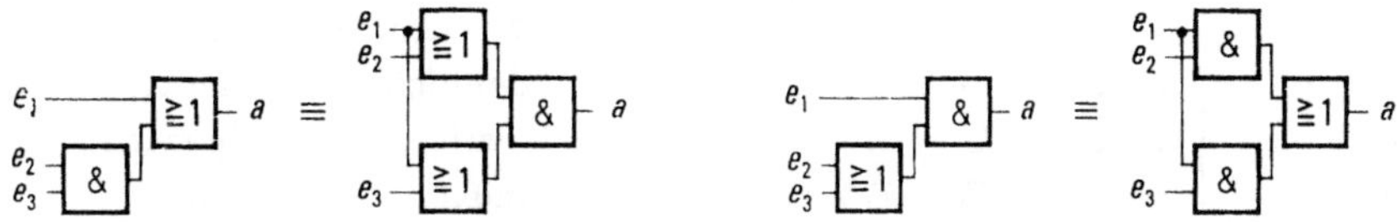

Bild 3.3. Hintereinanderschaltung verschiedenartiger Verknüpfungen.

In Bild 3.3 sind zwei Kombinationen verschiedenartiger Verknüpfungen mit den daraus sich ergebenden Identitäten dargestellt. Sie bilden die Grundlage für die Gültigkeit der distributiven Gesetze

$$a = e_1 \vee (e_2 \wedge e_3) = (e_1 \vee e_2) \wedge (e_1 \vee e_3) \tag{3.6}$$

und

$$a = e_1 \wedge (e_2 \vee e_3) = (e_1 \wedge e_2) \vee (e_1 \wedge e_3). \tag{3.7}$$

Ersetzt man $\wedge$ durch $\vee$ und $\vee$ durch $\wedge$, so geht (3.6) in (3.7) über. Das läßt eine formale Gleichwertigkeit der beiden Verknüpfungen Disjunktion und Konjunktion erkennen.

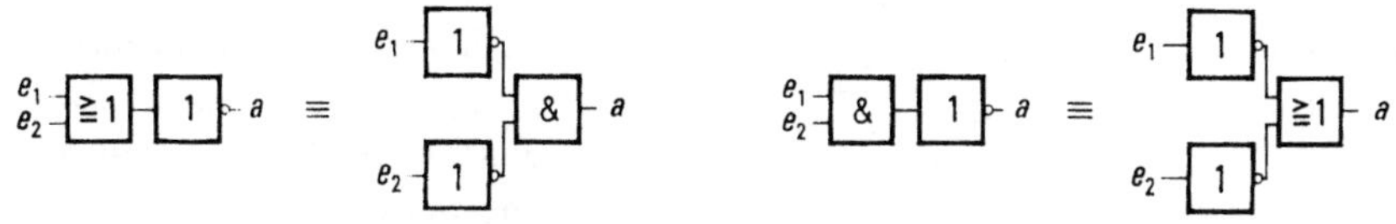

Bild 3.4. Verknüpfungen nach De Morgan.

Schließt man noch die Negation in die kombinierte Verknüpfung mit ein, so ergeben sich speziell die in Bild 3.4 dargestellten Identitäten. Sie veranschaulichen die Gesetze von De Morgan

$$a = \overline{e_1 \vee e_2} = \overline{e_1} \wedge \overline{e_2} \tag{3.8}$$

und

$$a = \overline{e_1 \wedge e_2} = \overline{e_1} \vee \overline{e_2}. \tag{3.9}$$

Auch hier geht wiederum die eine Gleichung durch Wechsel der Operatoren $\wedge$ und $\vee$ in die andere Gleichung über.

Die Funktionstabellen 3.2 und 3.3 sind nur zwei von insgesamt 16 Möglichkeiten, wenn man zwei Eingangsvariable miteinander ver-

Tabelle 3.4. Übersicht über sämtliche Verknüpfungen zweier Eingangsvariablen. F ≡ numerierte Funktion oder Verknüpfung

	e_1 / e_2	O O L L / O L O L	Verknüpfung $a =$	Bezeichnung	Aussage
F_0	a_0	O O O O	O	Konstante O	immer O
F_1	a_1	O O O L	$e_1 \wedge e_2$	Konjunktion, UND (AND)	sowohl e_1 als auch e_2
F_2	a_2	O O L O	$e_1 \wedge \overline{e_2}$	Inhibition	nur e_1
F_3	a_3	O O L L	e_1	Identität	immer e_1
F_4	a_4	O L O O	$\overline{e_1} \wedge e_2$	Inhibition	nur e_2
F_5	a_5	O L O L	e_2	Identität	immer e_2
F_6	a_6	O L L O	$\overline{(e_1 \wedge e_2)} \wedge (e_1 \vee e_2)$ $= (\overline{e_1} \wedge e_2) \vee (e_1 \wedge \overline{e_2})$	Antivalenz, EXCLUSIVES ODER (EXOR)	e_1 ungleich e_2
F_7	a_7	O L L L	$e_1 \vee e_2$	Disjunktion[1], ODER (OR)	e_1 oder e_2
F_8	a_8	L O O O	$\overline{e_1 \vee e_2}$	Negierte Disjunktion (NOR)	weder e_1 noch e_2
F_9	a_9	L O O L	$\overline{(e_1 \vee e_2)} \vee (e_1 \wedge e_2)$ $= (e_1 \wedge e_2) \vee (\overline{e_1} \wedge \overline{e_2})$	Äquivalenz[2] (NEXOR)	e_1 gleich e_2
F_{10}	a_{10}	L O L O	$\overline{e_2}$	Negation	nie e_2
F_{11}	a_{11}	L O L L	$e_1 \vee \overline{e_2}$	Implikation[3]	nicht nur e_2
F_{12}	a_{12}	L L O O	$\overline{e_1}$	Negation	nie e_1
F_{13}	a_{13}	L L O L	$\overline{e_1} \vee e_2$	Implikation[3]	nicht nur e_1
F_{14}	a_{14}	L L L O	$\overline{e_1 \wedge e_2}$	Negierte Konjunktion (NAND)	nicht sowohl e_1 als auch e_2
F_{15}	a_{15}	L L L L	L	Konstante L	nie O

[1] in DIN 66000, Juni 1975, auch mit Adjunktion bezeichnet;
[2] in DIN 66000, Juni 1975, auch mit Äquijunktion bezeichnet;
[3] in DIN 66000, Juni 1975, auch mit Subjunktion bezeichnet.

knüpft[1]. Da ein großer Teil dieser weiteren Verknüpfungen von Interesse ist, sind sie insgesamt in Tabelle 3.4 zusammengefaßt. Die Darstellungsweise in der zweiten und dritten Spalte entspricht derjenigen der vorhergehenden Tabellen. In der ersten Spalte sind zusätzlich die Funktionen durchnumeriert, in der vierten Spalte die entsprechenden Verknüpfungen und in der fünften Spalte die entsprechenden Schaltungsbezeichnungen angegeben. Die sechste Spalte enthält die in Worten gefaßte Aussage.

[1] Allgemein gibt es bei n Eingangsvariablen $2^{(2^n)}$ Verknüpfungsmöglichkeiten.

Die Verknüpfungen F_0 bis F_7 sind negiert zu F_8 bis F_{15}, wobei eine spiegelsymmetrische Zuordnung, bezogen auf die waagerechte Mittellinie, besteht. Das kommt auch dadurch zum Ausdruck, daß in der letzten Spalte für F_8 bis F_{15} Aussagen gemacht werden, die entsprechend umgekehrt zu denen für F_0 bis F_7 sind.

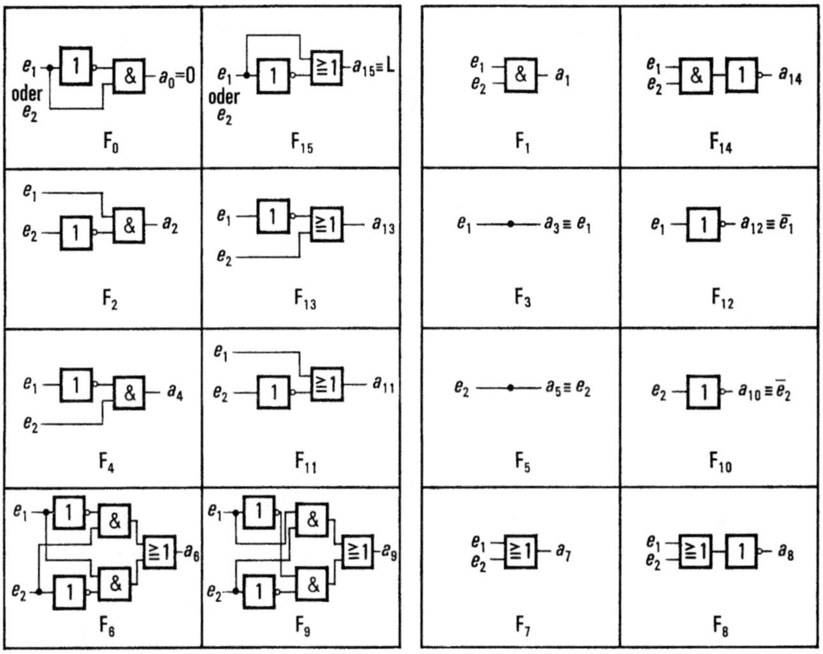

Bild 3.5. Beispiele für die Darstellung der Funktionen F_0 bis F_{15} nach Tab. 3.4.

Bild 3.5 zeigt Beispiele für die Darstellung der Funktion F_0 bis F_{15} durch Schaltzeichen. Diejenigen beiden Funktionen, bei denen die Summe der Indexzahlen gleich 15 ist — sie sind in Bild 3.5 paarweise nebeneinander gestellt —, enthalten die gleichen Analogien wie die Tab. 3.4: Die Ausgangsvariable der einen Funktion ist die negierte Ausgangsvariable der anderen. In diesem Zusammenhang sei noch auf den Shannonschen Satz hingewiesen. Dieser besagt, daß man die Negation einer Funktion dadurch erhalten kann, daß man sämtliche Eingangsvariablen e_ν durch ihre Negierten und die Disjunktion durch Konjunktion und umgekehrt ersetzt. Ein einfaches Beispiel hierfür sind die Verknüpfungen nach Bild 3.4.

3.1.3. Vereinfachte Darstellung der Schaltzeichen

Um kompliziert zusammengesetzte Verknüpfungen übersichtlicher darzustellen, zieht man häufig die Negation in die Disjunktion oder Konjunktion mit hinein. Das wird durch einen Kreis am Ein- oder Ausgang des entsprechenden Schaltzeichens angedeutet. Bild 3.6a und b zeigt die entsprechende Vereinfachung für die NOR-Verknüpfung F_8 bzw. für die NAND-Verknüpfung F_{14}; die jeweils letzte Identität ergibt sich durch Anwendung von (3.8) bzw. (3.9).

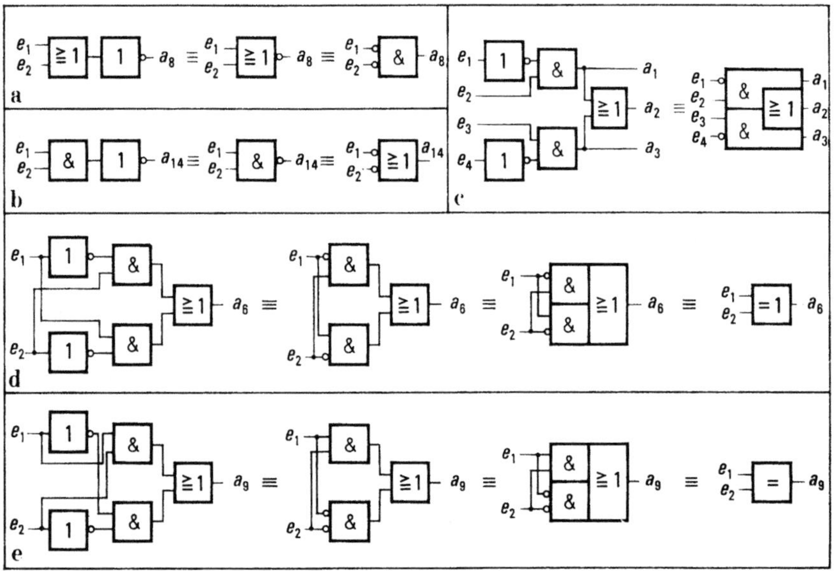

Bild 3.6a–e. Beispiele für Schaltzeichen-Vereinfachungen.

Im nächsten Abschnitt wird gezeigt, daß jeweils mit nur einer dieser beiden kombinierten Verknüpfungen die drei elementaren Verknüpfungen darstellbar sind, wenn auch zum Teil mit größerem Aufwand hinsichtlich der Zahl der Verknüpfungen. In der Praxis sind aus Wirtschaftlichkeitsgründen meistens mehrere *gleichartige* Verknüpfungsglieder in *einem* Bauelement zusammengefaßt. Aus diesem Grunde werden Schaltungssysteme meistens mit nur einer dieser beiden Verknüpfungsarten zusammengestellt. Bild 3.6c zeigt ein Beispiel für die Verknüpfung von vier Eingängen mit drei Ausgängen. Hierbei sind zwei UND-Verknüpfungen und eine ODER-Verknüpfung zu einem gemeinsamen Schaltzeichen zusammengezogen. In Bild 3.6d und e ist schrittweise die Vereinfachung der Antivalenzverknüpfung F_6 bzw. der Äquivalenzverknüpfung F_9 mit jeweils einem neuen zusammenfassenden Schaltzeichen dargestellt.

3.1.4. Ersetzbarkeit von Verknüpfungen

Mit Tab. 3.4 und Bild 3.5 wurde bereits dargelegt, daß die drei verschiedenen elementaren Verknüpfungen ausreichen, um sämtliche Aufgaben der Schaltungsalgebra zu lösen. Es ergibt sich die Frage, ob sie auch notwendig sind. Mit (3.8) und (3.9) wurde gezeigt, daß unter Verwendung der Negation (NICHT) die Disjunktion (ODER) durch die Konjunktion (UND) und umgekehrt ersetzbar sind. Bild 3.7 zeigt, in welcher Weise die drei elementaren Verknüpfungen darstellbar sind durch

1. UND- und NICHT-Verknüpfung,
2. ODER- und NICHT-Verknüpfung,
3. NAND-Verknüpfung,
4. NOR-Verknüpfung.

Bei der Darstellung der UND-Verknüpfung durch die NAND-Verknüpfung fällt auf, daß formelmäßig zwar drei, schaltungsmäßig jedoch nur zwei Verknüpfungen notwendig sind. Das kommt daher, daß die Verknüpfung $\overline{e_1 \wedge e_2}$ doppelt ausgenützt wird: Ihr Ausgang liegt an

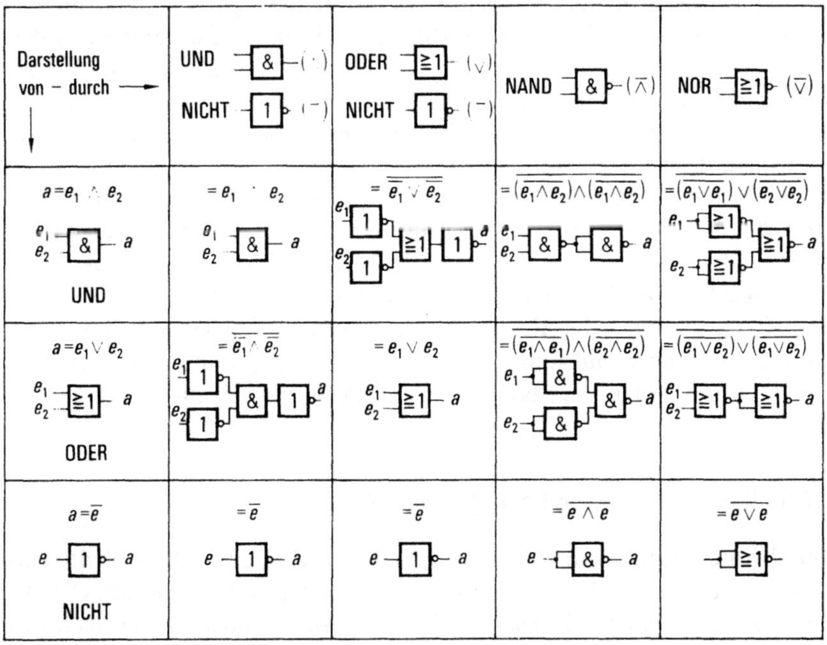

Bild 3.7. Ersetzbarkeit der elementaren Verknüpfungen durch andere.

beiden Eingängen der nächsten NAND-Verknüpfung. Entsprechendes gilt auch für die Darstellung der ODER-Verknüpfung durch die NOR-Verknüpfung.

Es gibt eine umfangreiche Theorie über die Analyse und Synthese von Schaltungssystemen unter Anwendung der Booleschen Algebra, deren wesentliches Ziel es ist, Schaltfunktionen möglichst einfach darzustellen. Hierzu sei auf die entsprechende Spezialliteratur hingewiesen. Es sei lediglich an einigen Beispielen gezeigt, in welcher zunächst nicht zu vermutenden Weise sich logische Verknüpfungen vereinfachen lassen. So gilt

$$(e_1 \wedge e_2) \vee (e_1 \wedge e_2) = e_1 \wedge e_2\,, \tag{3.10}$$

$$(e_1 \wedge e_2) \vee (e_1 \wedge e_1) = e_1\,, \tag{3.11}$$

$$(e_1 \wedge \overline{e_2}) \vee (e_1 \wedge e_2) \vee (\overline{e_1} \wedge e_2) = e_1 \vee e_2\,. \tag{3.12}$$

3.1.5. Verknüpfungen mehrerer Ausgangsvariabler mit mehreren Eingangsvariablen

Bisher wurde nur die Verknüpfung von mehreren Eingangsvariablen und einer Ausgangsvariablen betrachtet. Im Prinzip lassen sich alle Aufgaben auf diese einfache Verknüpfung zurückführen. Man muß dazu nur entsprechend viele Funktionen benutzen. Schaltet man z. B. in Bild 3.5 die Eingänge e_1 aller Verknüpfungen F_0 bis F_{15} zusammen, ebenso alle e_2, so erhält man eine Abhängigkeit der 16 Ausgangsvariablen a_0 bis a_{15} von den beiden Eingangsvariablen. Meistens kann man aber Aufwand sparen, indem man Teile des Verknüpfungsnetzwerkes zur Ableitung mehrerer Ausgangsvariabler gemeinsam benutzt. Sollen z. B. die beiden Funktionen F_6 und F_9 gleichzeitig erzeugt werden, so können die beiden ersten (parallelen) Verknüpfungen gemeinsam benutzt werden. Die hiermit gewonnenen beiden Ausgänge verzweigen sich dann zu den jeweils beiden Gliedern, die für F_6 und F_9 unterschiedlich sind. Der Aufwand wird dadurch von acht auf sechs Glieder reduziert. Weiterhin zeigt Tab. 3.4, daß die Beziehung $a_9 = \overline{a_6}$ besteht. Dementsprechend kann man, wenn a_6 mit den vier Gliedern nach F_6 gewonnen ist, a_9 durch einen Negator erhalten. Man kommt dann insgesamt mit fünf Gliedern aus.

3.1.6. Verknüpfungen mit speichernder Wirkung

Zur Verknüpfung von Eingangsvariablen, die zu unterschiedlichen Zeiten auftreten, sind Schaltungsteile notwendig, mit denen ihre Gleichzeitigkeit erreicht wird. Diese Schaltungsteile können im einfachsten Fall Verzögerungsleitungen sein. Sie können aber auch aus Speichern bestehen, bei denen die einzelnen Werte einer Zustandsfolge zur Zeit nT am Eingang eingeschrieben und zur Zeit $(n+1)T$ am Ausgang wieder ausgelesen werden. Auf diese Weise lassen sich Schieberegister zusammenstellen, die sich im Prinzip von den im Abschnitt 2.1.4 beschriebenen nur dadurch unterscheiden, daß die Signalgrößen lediglich zwei diskrete Werte annehmen können. *Schalteinrichtungen*, bei denen Speicherglieder mit logischen Verknüpfungen kombiniert sind, werden oft als *Schaltwerke* bezeichnet. Sie sind allgemein dadurch gekennzeichnet, daß im Verknüpfungsnetzwerk verschiedene „innere Zustände" gespeichert werden, die für die Zustände in den nächsten Schritten mitbestimmend sind. Stellt man Funktionstabellen für Schaltwerke auf, so müssen neben den Eingangsvariablen e auch die (gespeicherten) inneren Zustände i erfaßt werden. Von *beiden* hängen die Werte der Ausgangsvariablen a ab. Diese wiederum ergeben die Werte der neuen inneren Zustände. Geht man davon aus, daß sich die Zustandswerte der Eingangs-, der Ausgangsvariablen und der inneren Zustände nur mit einem gleichmäßigen Takt der Periode T ändern können (solche *periodischen* Zustandsfolgen sind allgemeine Praxis), so lassen sich die Verknüpfungen in die Form bringen

$$A(nT) = f[E(nT), Z(nT)], \tag{3.13a}$$

$$Z[(n+1)\,T] = g[E(nT), Z(nT)] = h[A(nT)]; \tag{3.13b}$$

darin sind durch E, A und Z sämtliche Eingangsvariablen e, Ausgangsvariablen a bzw. inneren Zustände i erfaßt. Die Funktionen f, g und h lassen sich durch Verknüpfungsgleichungen oder Funktionstabellen angeben. Ausführlich werden Schalteinrichtungen im Abschnitt 4 behandelt. Hier soll nur auf eine sehr einfache Form eingegangen werden: Bistabile Kippstufen, deren Schaltung bereits im Abschnitt 2.2.1.1 beschrieben wurde, sind durch (3.13) zu beschreiben. Sie sind zweier Zustände fähig, welche von selbst bis zur nächsten Aktion aufrechterhalten bleiben. Die bistabile Kippstufe kann also z. B. dazu benutzt werden, gerade ein Bit zu speichern.

Es gibt verschiedene Arten von bistabilen Kippstufen, die sich vom Prinzip her durch ihre Funktionstabelle unterscheiden. Bevor im folgenden die wichtigsten Kippstufenarten beschrieben werden, sollen noch einige ihrer allgemein gültigen Eigenschaften besprochen werden.

Zunächst kann man zwei Arten von Eingängen unterscheiden. An dem oder den *vorbereitenden* Eingängen liegen die Zustandsfolgen, die mit dem inneren Zustand der Kippstufe verknüpft werden sollen. Daneben kann es noch *auslösende* Eingänge geben, die nicht die Zustandsänderung selbst, sondern nur deren Zeitpunkte bestimmen; sie werden daher auch als *Takteingänge* bezeichnet. Mit Hilfe dieser Takteingänge ist es möglich, daß die an den vorbereitenden Eingängen liegenden Zustandsfolgen immer nur dann wirksam werden, wenn *Taktimpulse* anliegen. Diese Taktimpulse brauchen nicht notwendigerweise periodisch aufzutreten; sie können insbesondere durch andere logische Verknüpfungen gesteuert werden. Der Ausgangswert bistabiler Kippstufen wird dann durch den jeweiligen inneren Zustand mitbestimmt. Er wird gleichzeitig als innerer Zustandswert für die folgenden Schaltvorgänge gespeichert.

Viele Kippstufen haben noch einen zweiten Ausgang. Dieser ist jedoch üblicherweise durch Negation des ersten festgelegt und enthält daher keine zusätzliche Information. Takteingang und zweiter (negierter) Ausgang können daher bei den folgenden Funktionstabellen unberücksichtigt bleiben.

3.1.6.1. Die D-Kippstufe

Die D-Kippstufe — D kommt dabei von „Delay“ — hat nur einen Eingang; ihre Wirkung ist durch die einfache Funktionstabelle 3.5 gegeben. Darin kennzeichnet e den Eingangszustand, i den inneren Zustand *vor* Wirksamwerden des Eingangszustandes und a den Ausgangs-

Tabelle 3.5

e	O	O	L	L
i	O	L	O	L
a	O	O	L	L

zustand und damit den inneren Zustand *nach* Wirksamwerden des Eingangszustandes. Der jeweilige innere Zustand wird so lange festgehalten, bis er vom andersartigen Eingangszustand geändert wird. Faßt man den inneren Zustand i als zweiten Eingangszustand auf, so ist die D-Kippstufe nach Tab. 3.4 mit der Funktion F_3 zu vergleichen. Entsprechend Bild 3.5 gilt für F_3 die Beziehung $a \equiv e_1$. Es ergibt sich eine Verknüpfung gemäß Bild 3.8 links. Damit ist auch die Verknüpfung nach Bild 3.8 rechts gültig: Die D-Kippstufe ist ein reines Verzögerungsglied der Taktzeit T, wenn man den neuen inneren Zustand als Funktion des Eingangszustandes betrachtet.

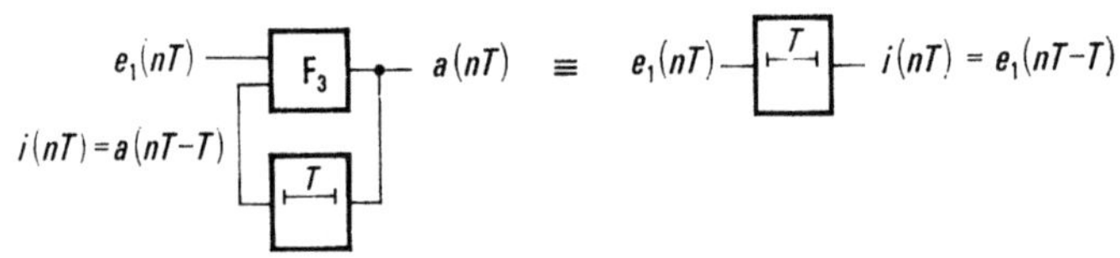

Bild 3.8. Ersatzschaltbilder der D-Kippstufe.

3.1.6.2. *Die T-Kippstufe*

Die T-Kippstufe hat ebenfalls nur einen Eingang. Ihr Name ist an das Wort „Trigger“ angelehnt. Der innere Zustand wird nur geändert, wenn am Eingang der Wert L liegt; im anderen Fall bleibt der innere Zustand erhalten. Daraus ergibt sich die Funktionstabelle 3.6. Faßt man wiederum den inneren Zustand i als zweiten Eingangszustand auf, so ist die T-Kippstufe nach Tab. 3.4 mit der Funktion F_6 zu vergleichen; ihre Wirkung ist mit der in Bild 3.9 gezeigten Verknüpfung identisch. Die T-Kippstufe ersetzt also eine Antivalenzschaltung (Bild 3.6d) mit einem Verzögerungsglied in der Rückkopplung. Auf den Begriff der „Integraltransformation“ wird in Abschnitt 3.2.1 hingewiesen.

Tabelle 3.6

e	O	O	L	L
i	O	L	O	L
a	O	L	L	O

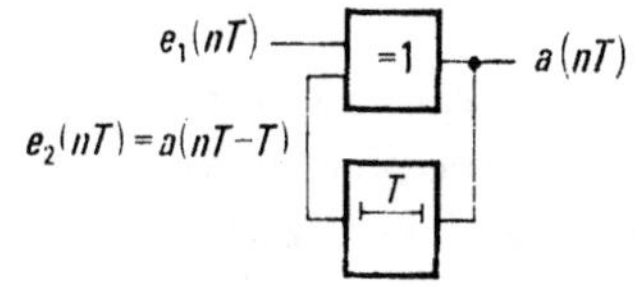

Bild 3.9. Ersatzschaltbild der T-Kippstufe, gleichzeitig Prinzipschaltbild für die binäre Integraltransformation.

3.1.6.3. *Die RS-Kippstufe*

Die RS-Kippstufe hat die beiden Eingänge e_s und e_r (*s*et und *r*eset). Unabhängig vom inneren Zustand setzt der e_s-Eingang mit L den Ausgang immer auf L, der e_r-Eingang mit L den Ausgang immer auf O (Löschen). Sind beide Eingänge auf O, so bleibt der innere Zustand erhalten. *Beide* Eingänge dürfen nicht gleichzeitig auf L liegen, weil sonst der Ausgangszustand undefiniert ist (in der Funktionstabelle 3.7 durch X gekennzeichnet).

Tabelle 3.7

e_s	O	O	L	L	O	O	L	L
e_r	O	L	O	L	O	L	O	L
i	O	O	O	O	L	L	L	L
a	O	O	L	X	L	O	L	X

3.1.6.4. Die JK-Kippstufe

Die JK-Kippstufe[1] ist eine Variante der bistabilen RS-Kippstufe. Sie läßt die in Tab. 3.7 „verbotenen" Zustände X zu: Tritt an beiden Eingängen e_j und e_k der Wert L auf, so wird der innere Zustand der Kippstufe negiert. Damit ergibt sich die in Tab. 3.8 aufgezeigte Zuordnung.

Tabelle 3.8

e_j	O	O	L	L	O	O	L	L
e_k	O	L	O	L	O	L	O	L
i	O	O	O	O	L	L	L	L
a	O	O	L	L	L	O	L	O

Die JK-Kippstufe ist universell verwendbar. Sie kann mit $e_j = e_s$ und $e_k = e_r$ die RS-Kippstufe ersetzen, wobei dann der Fall $e_j = e_k =$ L unbenutzt bleibt. Mit $e_j = e$ und $e_k = \bar{e}$ wird sie zur D-Kippstufe und mit $e_j = e_k = e$ zur T-Kippstufe.

3.1.6.5. Schaltzeichen

Kippstufen bestehen in der Regel aus zwei Schaltelementen, die zweier Werte fähig sind; durch interne Verdrahtung wird ausgeschlossen, daß beide Schaltelemente den gleichen Zustand annehmen. Das in Bild 3.10a gezeigte Rechteck mit der gestrichelten Mittellinie symbolisiert diese beiden Schaltelemente. Aus diesem Grunde ergeben sich zwangsweise zwei Ausgänge a und $\bar{a}$, die zueinander negiert sind (nach DIN 41859 auch mit Q und Q^* bezeichnet). Der auslösende (Takt-) Eingang e_t wird zur Unterscheidung von den vorbereitenden Eingängen e_1 und e_2 mit einem Pfeil versehen. Die Eingänge werden in der Höhe desjenigen Elementes angebracht, auf welches sie einwirken; bei Einwirkung auf beide Elemente in der Mitte. Dementsprechend zeigt Bild 3.10b eine T-Kippstufe (s. Abschnitt 3.1.6.2) und Bild 3.10c eine RS-Kippstufe (s. Abschnitt 3.1.6.3). In Bild 3.10d ist das Schaltzeichen einer JK-Kippstufe mit zwei vorbereitenden und einem gemeinsam auslösenden Eingang dargestellt. Unter e) ist dazu ein Beispiel für die zeitabhängige Verknüpfung der Zustandsfolgen an den drei Eingängen und den beiden Ausgängen angegeben. Hierbei haben mit der Periode T die positiven Flanken von e_t die auslösende Funktion.

[1] Recherchen über die Bedeutung der Buchstaben J und K waren erfolglos. Falls sie nicht willkürlich gewählt sind, kann nur vermutet werden, daß sie von den in der Rechnertechnik benutzten Begriffen *jump* und *keying* abgeleitet wurden.

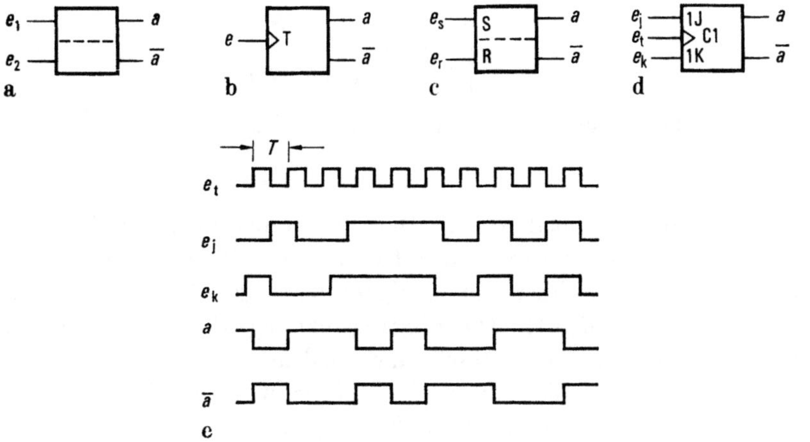

Bild 3.10a–e. Schaltzeichen für Kippstufen.
a) bistabile Kippstufe, allgemeines Schaltzeichen;
b) T-Kippstufe;
c) RS-Kippstufe;
d) JK-Kippstufe mit auslösendem Eingang e_t;
e) Zeitdiagramm für eine JK-Kippstufe.

3.2. Anwendungsbeispiele

3.2.1. Verknüpfungen von Zustandsfolgen mit sich selbst

Zustandsfolgen können Funktionen der Zeit oder des Ortes sein. Der zweite Fall liegt z. B. vor, wenn die Werte auf einem Magnetband gespeichert sind; sie lassen sich dann durch Abfragen (Abtasten, Lesen) in Zeitfunktionen umwandeln. Geht man davon aus, daß die Werte O und L jeweils eine feste Zeitdauer T einnehmen, so lassen sich mehrere Zeitfunktionen immer dann ideal miteinander verknüpfen, wenn T für alle Funktionen gleich ist und die Zeitpunkte der möglichen Zustandsänderungen zusammenfallen. Der Nachrichtentechniker würde sagen: Die Signale müssen hinsichtlich Taktfrequenz und -phase übereinstimmen.

Im Abschnitt 3.1 wurde einleitend schon gesagt, daß auch die Möglichkeit besteht, Zeitfunktionen mit sich selbst zu verknüpfen. Das soll an einigen einfachen Beispielen demonstriert werden.

Gegeben sei eine Folge binärer Zustandswerte O und L. Diese Folge soll in eine andere umgesetzt werden mit der Vorschrift, daß in der Ausgangsfolge der Wert O auftritt, wenn in der ursprünglichen Folge zwei aufeinanderfolgende Zustandswerte gleich sind, und daß der Wert L auftritt, wenn in der ursprünglichen Folge zwei aufeinanderfolgende

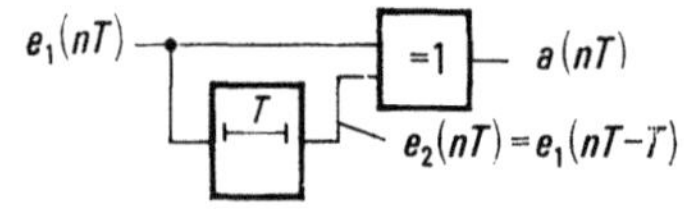

Bild 3.11. Prinzipschaltbild für die binäre Differentialtransformation.

Zustandswerte verschieden sind. Diese Umcodierungsvorschrift wurde im Abschnitt I.10.4.1 (hinter der Tab. I.10.5) mit *binäre Differentialtransformation* bezeichnet. Die Aufgabe wird gelöst durch die Verknüpfung nach Bild 3.11: Die Eingangsfolge $e_1(nT)$ liegt einerseits an dem einen Eingang einer Verknüpfungsschaltung, andererseits an einem Glied, in dem sie um die Laufzeit T verzögert wird. Am Ausgang dieses Verzögerungsgliedes liegt dann die Folge $e_2(nT) = e_1(nT - T)$; sie wird auf den zweiten Eingang der Schaltung gegeben; diese hat die Funktion einer Antivalenz-Verknüpfung entsprechend Bild 3.6d. An ihrem Ausgang entsteht dann die gewünschte Folge $a(nT)$, wie folgendes Beispiel zeigt:

$e_1(nT)$:	L ↓ O O ↓ L ↓ O ↓ L L L ↓ O O O ↓ L L ↓ O ↓ L ↓ O ↓ L ↓ O O ↓ L L L L ....
$e_2(nT) = e_1(nT - T)$:	X L O O L O L L L O O O L L O L O L O O L L L L...
$a(nT)$:	Y L O L L L O O L O O L O L L L L L O L O O O....

Bei der Folge $e_1(nT)$ sind die Zeitpunkte, in denen sich die Zustandswerte ändern, mit einem Pfeil gekennzeichnet. Nur dann enthält die Ausgangsfolge $a(nT)$ in der darauffolgenden Taktperiode entsprechend der Aufgabenstellung den Wert L. Eine Schwierigkeit besteht noch zu Beginn der Folge $e_1(nT)$. Hier kann $e_2(nT)$ noch keinen bestimmten Wert annehmen, weil $e_1(nT)$ für die vorhergehende Taktperiode nicht definiert ist. Wird dieser mit X bezeichnete Wert als L angenommen, so ergibt sich der Ausgangswert Y = O; für X = O wird Y = L. Für die darauffolgenden Verknüpfungen ist diese Unsicherheit jedoch bedeutungslos.

Unter Verwendung eines Verzögerungsgliedes ist auch die Rückkopplung eines Ausganges auf den Eingang einer Verknüpfungsschaltung möglich. Mit Bild 3.9 wurde bereits ein einfaches Beispiel, ebenfalls mit einer Antivalenz-Verknüpfung, gezeigt. Dafür gilt $e_2(nT) = a(nT - T)$; die Werte der Folge e_2 sind also von der um eine Taktperiode T verzögerten Ausgangsfolge abhängig. Hierbei besteht die gleiche Schwierigkeit wie im vorhergehenden Beispiel: Zu Beginn der Eingangsfolge $e_1(nT)$ kann $e_2(nT)$ wiederum keinen bestimmten Wert annehmen, weil für die vorhergehende Taktperiode keine Verknüpfung definiert ist. Es soll daher die Verknüpfung mit beiden Möglichkeiten, bezeichnet mit

Fall α) und Fall β), durchgerechnet werden:

α)	$e_1(nT)$:	L O L L L O O L O O L O L L L L L O L O O O...
	$c_2(nT) = a(nT-T)$: X =	L O O L O L L L O O O L L O L O L O O L L L...
	$a(nT)$: Y =	O O L O L L L O O O L L O L O L O O L L L L...
β)	$c_2(nT) = a(nT-T)$: X =	O L L O L O O O L L L O O L O L O L L O O O...
	$a(nT)$: Y =	L L O L O O O L L L O O L O L O L L O O O O...

Im Gegensatz zum ersten Beispiel wirkt sich hier die Unsicherheit von X auf die *gesamte* Ausgangsfolge aus. Beide Folgen unterscheiden sich jedoch nur darin, daß diejenige des Falles β) zu derjenigen des Falles α) negiert ist.

Weiterhin zeigt sich folgendes: Ein L in $e_1(nT)$ bewirkt, daß in $a(nT)$ ein Zustandswechsel eintritt; ein O in $e_1(nT)$ bewirkt, daß in $a(nT)$ kein Zustandswechsel eintritt. Das gilt sowohl für den Fall α) als auch für den Fall β). In diesem Zusammenhang ist es also uninteressant, welchen Wert das Anfangselement X einnimmt. Bei anderen derartigen Schaltungen ist es jedoch oft notwendig, ihn zu definieren. Die vorliegende Umcodierungsvorschrift wurde im Abschnitt I.10.4.1 mit *binäre Integraltransformation* bezeichnet. Die Schaltung, die diese Vorschrift erfüllt, nennt man auch *Akkumulator* (Bild 3.9).

Ein Vergleich zwischen den beiden Beispielen zeigt, daß die Vorgänge zueinander invers sind. Die Stufen von Bild 3.9 und Bild 3.11 hintereinandergeschaltet heben sich in ihrer Wirkung gegenseitig auf. Am zweiten Ausgang entsteht wieder das ursprüngliche Eingangssignal.

Ein komplizierteres Beispiel für eine Verarbeitung von Zustandsfolgen mit sich selbst ist im Abschnitt 3.2.3 ausgeführt.

3.2.2. Das Rechnen mit logischen Verknüpfungen

Im täglichen Leben ist das Rechnen mit Dezimalzahlen zur Gewohnheit geworden. Die vier Grundrechnungsarten Addieren, Subtrahieren, Multiplizieren und Dividieren werden bereits in den ersten Schuljahren gelehrt. Es erhebt sich nun die Frage, in welcher Weise das Rechnen mit Dualzahlen durchführbar ist. Da diese Dualzahlen mit Hilfe der Werte O und L darstellbar sind, ist der Versuch naheliegend, diese Rechnungen mit Hilfe logischer Verknüpfungen der Schaltungsalgebra vorzunehmen. Um Mißverständnisse zu vermeiden, sei zunächst darauf hingewiesen, daß es im Prinzip zwei Möglichkeiten gibt, Dezimalzahlen dual auszudrücken. So kann man jede der Dezimalziffern 0 bis 9 für sich durch ein vierstelliges Binärwort darstellen; hierfür geeignete Codes wurden mit Bild I.7.7 gezeigt. Eine n-stellige Dezimalzahl wird dann in $4n$ Binärelemente umgesetzt. Einfacher rechnen läßt es sich jedoch, wenn Dezimalzahlen in geschlossener Form in Dualzahlen umcodiert werden. Die

Gesetzmäßigkeit hierfür wurde mit (I.7.5) beschrieben. Die Stellenzahl r dieser Dualzahl ist so zu wählen, daß 2^r möglichst wenig größer als die Dezimalzahl ist.

Beispiel: Es soll mit maximal sechsstelligen Dezimalzahlen gerechnet werden. Im ersten Fall besteht jede Binärzahl aus sechs vierstelligen Binärwörtern. Im zweiten Fall besteht sie aus 20 Binärelementen, da $2^{20} = 1048576$ die nächste siebenstellige Dezimalzahl ist. So lautet die Dezimalzahl 654321 ziffernmäßig dargestellt im 4-2-2-1-Code

LOLO OLLL OLLO OOLL OOLO OOOL

und zahlenmäßig dargestellt im Dualcode

LOOLLLLLOLLLLLLOOOL.

Während die erste Darstellung bei der elektronischen Datenverarbeitung (EDV) verwendet wird, benutzt man z. B. bei Digitalfiltern die zweite Darstellung. Von dieser soll bei den weiteren Betrachtungen ausgegangen werden. Bei den gebräuchlichen Verarbeitungen kommt man meistens mit den vier Grundrechenarten aus.

3.2.2.1. Die Addition

Die (dezimale) Addition von 90 und 51 ergibt 141; dabei muß bei der Addition der Zehnerstellen ein Übertrag von 1 berücksichtigt werden. Die duale Addition verläuft nach ähnlichen Gesetzen:

$$\begin{aligned} \mathrm{O} + \mathrm{O} &= \mathrm{O} \\ \mathrm{O} + \mathrm{L} &= \mathrm{L} \\ \mathrm{L} + \mathrm{O} &= \mathrm{L} \\ \mathrm{L} + \mathrm{L} &= \mathrm{O} \text{ plus Übertrag von L in die nächsthöhere Stelle} \end{aligned} \tag{3.14}$$

Beispiel:

$$\begin{array}{rcl} 90 & \triangleq & \mathrm{L\ O\ L\ L\ O\ L\ O} \\ +51 & \triangleq & +\mathrm{O\ L\ L\ O\ O\ L\ L} \\ \hline 141 & \triangleq & \mathrm{L\ O\ O\ O\ L\ L\ O\ L} \end{array}$$

Zu (3.14) ist eine Verknüpfung entsprechend der Funktionstabelle 3.9 notwendig; darin bedeutet $a_ü$ der Ausgang für den Übertrag.

Tabelle 3.9

e_1	O	O	L	L
e_2	O	L	O	L
a	O	L	L	O
$a_ü$	O	O	O	L

Diese Tabelle erfüllen folgende Verknüpfungsgleichungen:

$$a = (\overline{e_1} \wedge e_2) \vee (e_1 \wedge \overline{e_2}) \tag{3.15}$$

$$a_ü = e_1 \wedge e_2 . \tag{3.16}$$

Mit der Antivalenz-Verknüpfung nach Bild 3.6d ist (3.15), mit der UND-Verknüpfung ist (3.16) erfüllbar.

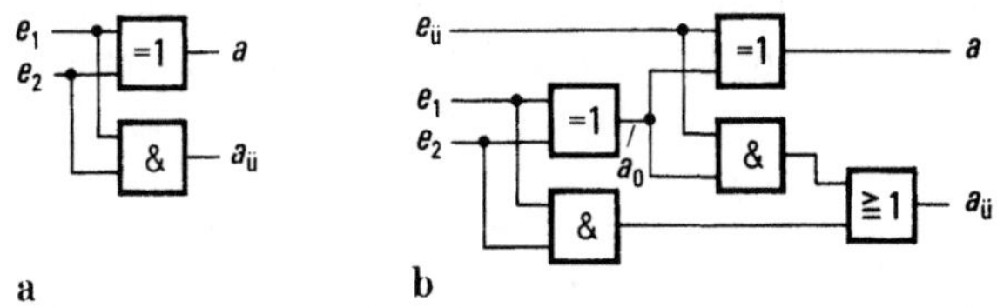

Bild 3.12a u. b. Schaltnetze zum Addieren.
a) Halbaddierer;
b)Volladdierer.

Bild 3.12a zeigt das entsprechende Schaltnetz das mit *Halbaddierer* bezeichnet wird; es ist bei der Addition zweier mehrstelliger Dualzahlen nur für die Addition der an der letzten Stelle stehenden Elemente geeignet. Alle davorliegenden Stellen benötigen einen weiteren Eingang, an dem der Übertrag vom rechts benachbarten Additionsvorgang übernommen wird. Bezeichnet man diesen mit $e_ü$, so ergibt sich die Funktionstabelle 3.10.

Tabelle 3.10

$e_ü$	O	O	O	O	L	L	L	L
e_1	O	O	L	L	O	O	L	L
e_2	O	L	O	L	O	L	O	L
a	O	L	L	O	L	O	O	L
$a_ü$	O	O	O	L	O	L	L	L

Diese Tabelle kann durch folgende Gleichungen realisiert werden:

$$a = (\overline{a_0} \wedge e_ü) \vee (a_0 \wedge \overline{e_ü}), \tag{3.17}$$

$$a_ü = (e_1 \wedge e_2) \vee (a_0 \wedge e_ü) \tag{3.18}$$

mit

$$a_0 = (\overline{e_1} \wedge e_2) \vee (e_1 \wedge \overline{e_2}). \tag{3.19}$$

Bild 3.12b zeigt das entsprechende Schaltnetz; es wird mit *Volladdierer* bezeichnet. Ein Vergleich der beiden Schaltnetze zeigt, daß ein Volladdierer aus zwei Halbaddierern und einer ODER-Schaltung zusammengesetzt werden kann. Zur Addition von zwei n-stelligen Dualzahlen sind

$n - 1$ Volladdierer und ein Halbaddierer notwendig. Bild 3.13 zeigt das Schaltnetz zur Addition der beiden 4-bit-Dualzahlen $(e_{11}, e_{12}, e_{13}, e_{14})$ und $(e_{21}, e_{22}, e_{23}, e_{24})$ zu einer Summenzahl (a_1, a_2, a_3, a_4) mit Übertragsausgang $a_ü$. Er besteht aus vier 1-bit-Volladdierern V_1 bis V_4, die je drei Eingänge $(e_ü, e_{1\nu}, e_{2\nu})$ und zwei Ausgänge $(a_\nu, a_ü)$ haben. Der Übertragsausgang $a_ü$ eines Volladdierers ist mit dem Übertragseingang $e_ü$ des nächsten Volladdierers verbunden, der letzte zählt direkt.

Auf einen Volladdierer für zwei zweistellige Dualzahlen wird im Abschnitt 4.1.3 mit Tab. 4.1 und Bild 4.3c noch näher eingegangen.

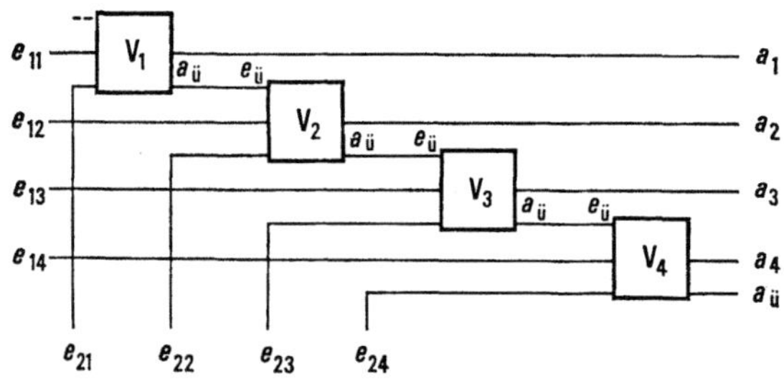

Bild 3.13. 4-bit-Addierer aus vier 1-bit-Addierern, V Volladdierer.

3.2.2.2. *Die Subtraktion*

Da die Subtraktion zweier positiver Zahlen E_1 und E_2 auch zu negativen Zahlen führen kann $(E_1 < E_2)$, müssen diese gegenüber den positiven Zahlen gekennzeichnet sein. Hierfür genügt eine zusätzliche Zustandsvariable, bei der L *positiv* und O *negativ* bedeuten soll. Will man den Absolutwert einer Zahl bestimmen, so ist diese Variable grundsätzlich auf L zu setzen.

Für eine Differenzbildung sind vier Fälle denkbar:

1. $(+E_1) - (-E_2) = +(E_1 + E_2)$,
2. $(-E_1) - (+E_2) = -(E_1 + E_2)$,
3. $(-E_1) - (-E_2) = -(E_1 - E_2) = +(E_2 - E_1)$,
4. $(+E_1) - (+E_2) = +(E_1 - E_2) = -(E_2 - E_1)$.

Die Fälle 1 und 2 lassen sich auf eine Addition zurückführen, wenn das Vorzeichen des Ergebnisses entsprechend gewählt wird. Unter der gleichen Voraussetzung lassen sich die Fälle 3 und 4 auf eine Differenz zurückführen, deren Ergebnis positiv ist: Ist $E_1 > E_2$, dann wird $E_1 - E_2$ gebildet, im anderen Falle $E_2 - E_1$. Es ist also in jedem Fall die kleinere Zahl von der größeren abzuziehen. Bei der Subtraktion mehrstelliger Dualzahlen kann ebenso wie bei Dezimalzahlen verfahren werden, indem ziffernweise subtrahiert wird und, wenn notwendig, bei der nächsthöheren Stelle eine 1 (dual ein L) „geborgt" wird. In Analogie zu (3.14) ergibt sich für die Subtraktion:

$$\begin{aligned} &\mathsf{O} - \mathsf{O} = \mathsf{O} \\ &\mathsf{O} - \mathsf{L} = \mathsf{L} \text{ plus Abzug von } \mathsf{L} \text{ in der nächsthöheren Stelle} \\ &\mathsf{L} - \mathsf{O} = \mathsf{L} \\ &\mathsf{L} - \mathsf{L} = \mathsf{O} \end{aligned} \qquad (3.20)$$

Beispiel:

$$\begin{array}{rl} 90 \mathrel{\hat{=}} & \mathsf{L\ O\ L\ L\ O\ L\ O} \\ -51 \mathrel{\hat{=}} & -\mathsf{O\ L\ L\ O\ O\ L\ L} \\ \hline 39 \mathrel{\hat{=}} & \mathsf{O\ L\ O\ O\ L\ L\ L} \end{array}$$

Zu (3.20) ist eine Verknüpfung notwendig, die durch die Funktionstabelle 3.11 gegeben ist; darin sind e_1 Bestandteil des Minuenden, e_2 Bestandteil des Subtrahenden und a_b der Ausgang für die nächst höhere

Tabelle 3.11

e_1	O	O	L	L
e_2	O	L	O	L
a	O	L	L	O
a_b	O	L	O	O

Stelle zum Borgen (Borgeziffer). Diese Tabelle unterscheidet sich von Tab. 3.9 lediglich in der Verknüpfung für den Zusatzausgang: Die Borgeziffer beim Subtrahieren wird anders bestimmt als die Übertragsziffer beim Addieren. Diese Tabelle entspricht folgenden Gleichungen:

$$a = (\overline{e_1} \wedge e_2) \vee (e_1 \wedge \overline{e_2}), \qquad (3.21)$$

$$a_b = \overline{e_1} \wedge e_2 . \qquad (3.22)$$

Mit (3.21) ist wiederum die Antivalenz entsprechend (3.15) gegeben. Da aber (3.22) — im Gegensatz zu (3.16) — bereits in (3.21) als Teilverknüpfung enthalten ist, kommt man für a_b mit einem entsprechenden Abgriff aus. Bild 3.14a zeigt das entsprechende Schaltnetz für diesen *Halbsubtrahierer.* Es bestätigt sich, daß im Gegensatz zum Halbaddierer e_1 nicht mit e_2 vertauscht werden darf; das würde für a_b ein falsches Ergebnis liefern. Stellt man eine Tabelle für den *Vollsubtrahierer* entsprechend Tab. 3.10 auf, so findet man, daß diese wiederum durch zwei Halbsubtrahierer und eine ODER-Schaltung entsprechend Bild 3.14b erfüllt werden kann. Daraus ergeben sich die Verknüpfungsgleichungen

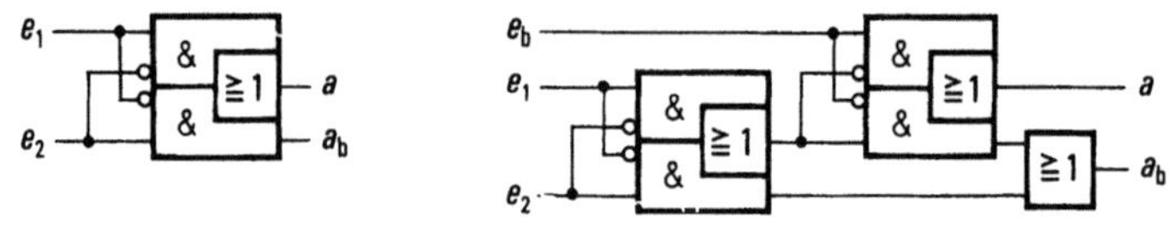

a b

Bild 3.14 a u. b. Schaltnetze zum Subtrahieren.
a) Halbsubtrahierer;
b) Vollsubtrahierer.

für den Vollsubtrahierer. Das Schaltnetz für einen 4-bit-Subtrahierer erhält man in Analogie zu Bild 3.13, wenn man e_b statt $e_ü$ und a_b statt $a_ü$ setzt.

3.2.2.3. Die Multiplikation und Division

Beim Rechnen mit Dezimalzahlen ist es geläufig, die Multiplikation bzw. Division durch Addieren bzw. Subtrahieren von Partialprodukten zu erhalten. Es genügt daher, die Funktionstabelle für die Multiplikation anzugeben. Sie ist identisch mit Tab. 3.3; die Verknüpfung ist besonders einfach: Sie besteht aus einer einzigen UND-Schaltung ohne Zusatzausgang. Für die schon mehrfach benutzten Zahlenbeispiele ergibt sich bei der Multiplikation

```
90 × 51  ≙    L O L L O L O × L L O O L L
4500          L O L L O L O O O O O O        ≙  2880 = 90 × 32
+ 90        +   L O L L O L O O O O O        ≙  1440 = 90 × 16
4590        +         L O L L O L O O        ≙   180 = 90 ×  2
            +           L O L L O L O        ≙    90 = 90 ×  1
            L O O O L L L L O L L L O        ≙  4590
```

und bei der Division

```
4590 : 90 = 51  ≙  L O O O L L L L O L L L O : L O L L O L O = L L O O L L    4590
-450               -  L O L L O L O              ≙   - 90 × 32   =        -2880
  90                  O L L O L O L O                                      1710
 -90               -    L O L L O L O            ≙   - 90 × 16   =        -1440
   0                    O O L O O O O L L L                                 270
                         -    L O L L O L O      ≙   - 90 ×  2   =         -180
                            O O L O L L O L O                                90
                         -      L O L L O L O    ≙   - 90 ×  1   =          -90
                                O O O O O O O    ≙                            0
```

Besonders einfach ist die Multiplikation mit (bzw. Division durch) 2^n. Man braucht den Multiplikanden (bzw. Dividenden) nur um n Stellen nach links (bzw. rechts) zu verschieben.

Das Entwickeln von Verknüpfungsgleichungen sowie das Aufzeichnen entsprechender Schaltbilder für die Multiplikation und Division würde den Rahmen dieses Buches sprengen. Es gibt dafür eine Vielfalt von Anordnungen, die den jeweiligen Anwendungszwecken angepaßt sind.

3.2.3. Kombination logischer und algebraischer Verknüpfungen

Während die beiden Zustandswerte O und L zunächst stellvertretend für irgendwelche Aussagen standen, wurden sie im Abschnitt 3.2.2 zum Rechnen im Dualzahlensystem benutzt. Sie können aber auch in kombinierten Rechensystemen benutzt werden, die sowohl aus logischen als auch aus algebraischen Verknüpfungen bestehen. In diesem Fall werden der Zustandswert O durch den Zahlenwert Null und der Zustandswert L durch den Zahlenwert Eins ersetzt. Dabei wird man sich bei logischen Verknüpfungen immer ihrer ursprünglichen Bedeutung bewußt bleiben müssen.

Tabelle 3.12

e	0	1
a	0	± 1 alternierend

Ein einfaches Beispiel soll die Möglichkeiten dieses kombinierten Rechnens veranschaulichen: Es bestehe die Aufgabe, eine beliebige binäre Folge von Nullen und Einsen in eine ternäre Folge umzuwandeln mit der Vorschrift, daß binäre Nullen in ternäre Nullen und binäre Einsen abwechselnd — ohne Rücksicht auf die Zahl der dazwischen liegenden Nullen — in positive und negative Einsen übergehen. Diese Verknüpfungsvorschrift entspricht einer bei der Digital-Übertragung verwendeten Codeumsetzung eines *binär* codierten Signals in ein *pseudoternär* codiertes Signal (siehe Abschnitt I.10.4.1). Obwohl die Funktionstabelle 3.12 sehr einfach aussieht, ist sie allein mit logischen Verknüpfungen nicht zu realisieren. Betrachtet man jedoch das im Abschnitt 3.2.1 unter α) gezeigte Verknüpfungsbeispiel, so ist die Aufgabe gelöst, wenn man dort die Differenz $e_2(nT) - a(nT)$ bildet. Die in Bild 3.9 gezeigte Verknüpfung ist also in der Weise zu ergänzen, daß die Differenz zwischen Eingang und Ausgang gebildet wird. Hierbei ist das Subtrahieren *nicht* im Booleschen Sinn zu verstehen. Bild 3.15 zeigt die erweiterte Schaltung mit neuen Bezeichnungen. Da die Antivalenz-Verknüpfung derjenigen des Halbaddierers — ohne Benutzung des Übertrags — entspricht, verwendet man hierfür auch den Operator $\oplus$.

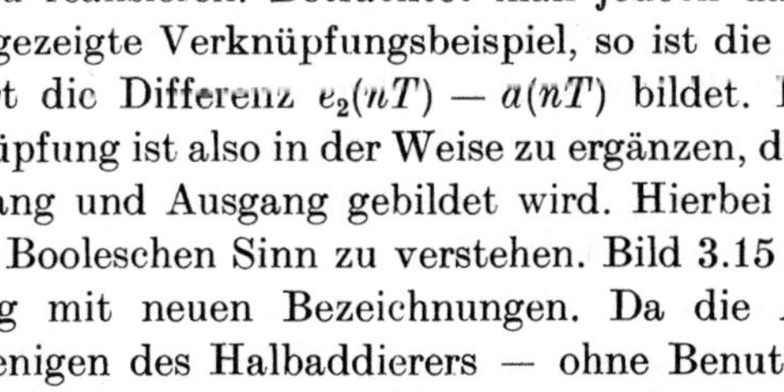

Bild 3.15. Beispiel für die Kombination von logischen und algebraischen Verknüpfungen.

Damit ergibt sich

$$a(nT) = a_0(nT) - a_0(nT - T) = [e_1(nT) \oplus e_2(nT)] - e_2(nT) \tag{3.23}$$

mit

$$e_2(nT) = e_1(nT - T) \oplus e_2(nT - T). \tag{3.24}$$

Wie im Beispiel des Abschnittes 3.2.1 muß für e_2 zunächst wieder ein frei zu wählender Anfangszustand angenommen werden. Das folgende Beispiel zeigt das Ergebnis:

$e_1(nT)$:	1	0	0	1	0	1	1	1	0	0	0	1	1	0	1	0	1	0	0	1	1	1	1	...
$a(nT)$: α)	-1	0	0	+1	0	-1	+1	-1	0	0	0	+1	-1	0	+1	0	-1	0	0	+1	-1	+1	-1	...
β)	+1	0	0	-1	0	+1	-1	+1	0	0	0	-1	+1	0	-1	0	+1	0	0	-1	+1	-1	+1	...

Durch die Änderung des Anfangszustandes wird, wie ein Vergleich zwischen α) und β) zeigt, lediglich die Ausgangsfolge umgepolt. Damit ist die Aufgabe eindeutig gelöst.

Die ursprüngliche Folge kann durch Betragsbildung der Ausgangsfolge zurückgewonnen werden. Da sich die Fälle α) und β) nur durch das Vorzeichen unterscheiden, ist unabhängig von der Wahl des Anfangszustandes auch die Rückgewinnung eindeutig.

3.2.4. Höherwertige Algebra

Im Abschnitt 3.2.2 wurde eine zwar spezielle, dafür aber sehr häufig gebrauchte Anwendung der logischen Verknüpfung gezeigt: die Rückführung des Rechnens mit Dezimalzahlen auf die „Ja-Nein-Sprache". Mitunter besteht jedoch der Wunsch, in einem anderswertigen Zahlensystem zu rechnen. Ein Beispiel soll das erläutern.

Die Antivalenz-Verknüpfung ist mit dem Halbaddierer identisch, wenn man vom Ausgang für den Übertrag absieht. Dieser wird daher mitunter auch mit „modulo-2-Addierer" bezeichnet. Wie sieht nun ein entsprechender *modulo-m-Addierer* aus? Er verbindet zwei Eingangsvariable mit einer Ausgangsvariablen, die alle m verschiedener Werte fähig sind. Analog zum modulo-2-Addierer wird die algebraische Summe unter Vernachlässigung des Übertrages gebildet. So verknüpft ein modulo-8-Addierer Eingangs- und Ausgangsvariable, die je die Werte 0 bis 7 annehmen können. Ist die Summe der Zahlenwerte beider Eingänge $\leqq 7$, so ist die modulo-8-Addition mit der algebraischen Addition identisch. Für größere Werte wird die Sache komplizierter, da die Ziffern 8 und 9 anders ausgedrückt werden. Diese Zusammenhänge sollen an der Vergleichstabelle 3.13 zwischen dem Dezimal-, Dual- und Octalzahlen-

Tabelle 3.13

Dezimal	Dual	Octal
0	0	0
1	1	1
2	10	2
⋮	⋮	⋮
6	110	6
7	111	7
8	1000	10
9	1001	11
⋮	⋮	⋮
14	1110	16
15	1111	17
16	10000	20
17	10001	21
⋮	⋮	⋮
30	11110	36
31	11111	37
32	100000	40
33	100001	41

system veranschaulicht werden. Danach gehen die dezimalen Summenzahlen 8 bis 15 in die octalen Summenzahlen 10 bis 17 über. Da jedoch der Übertrag unberücksichtigt bleibt, gilt für die modulo-8-Addition, versinnbildlicht durch den Operator $\overset{8}{\oplus}$,

$$e_1 \overset{8}{\oplus} e_2 = \begin{cases} e_1 + e_2 \text{ für } e_1 + e_2 \leqq 7 \\ e_1 + e_2 - 8 \text{ für } e_1 + e_2 > 7 . \end{cases} \tag{3.25}$$

Allgemein gilt für eine modulo-m-Addition

$$e_1 \overset{m}{\oplus} e_2 = \begin{cases} e_1 + e_2 \text{ für } e_1 + e_2 \leqq m - 1 \\ e_1 + e_2 - m \text{ für } e_1 + e_2 > m - 1 \end{cases} \tag{3.26}$$

und für eine modulo-m-Subtraktion entsprechend

$$e_1 \overset{m}{\ominus} e_2 = \begin{cases} e_1 - e_2 \text{ für } e_1 - e_2 \geqq 0 , \\ e_1 - e_2 + m \text{ für } e_1 - e_2 < 0 . \end{cases} \tag{3.27}$$

Die Ausgangsvariable a in Bild 3.15 kann sämtliche Werte von $-(m - 1)$ bis $+(m - 1)$, also insgesamt $2m - 1$ verschiedene Werte annehmen, wenn am Eingang die Werte von 0 bis $m - 1$ anliegen und die Antivalenz-Verknüpfung durch einen modulo-m-Addierer ersetzt wird. Dementsprechend kann man die Ausgangsfolge $a(nT)$ als pseudo-$(2m - 1)$-ären Code bezeichnen. Dieser Code hat ähnliche Eigenschaften wie der pseudoternäre Code.

3.2.5. Das Schieberegister und seine Anwendungen

Ein Schieberegister besteht aus mehreren in Kaskade geschalteten Speicherzellen, in die man mit Hilfe eines Taktpulses eine Folge von Binärelementen nacheinander „hineinschieben" kann. Die Zahl der Speicherzellen bestimmt die Kapazität des Schieberegisters.

Unter Berücksichtigung der Ausführungen in den Abschnitten 3.1.6.1 und 3.1.6.4 erhält man durch Hintereinanderschalten von n JK-Kippstufen ein n-stufiges Schieberegister (siehe Bild 3.16), wenn man zunächst nur den Eingang e und den Ausgang a für die binäre Zustandsfolge sowie den Takteingang e_t berücksichtigt. Ist T die Periode des Taktpulses, dann gilt

$$a(\nu T) = e(\nu T - nT); \tag{3.28}$$

die Ausgangsfolge ist um die Zeit nT gegenüber der Eingangsfolge verzögert. Verbindet man den Ausgang a mit dem Eingang e — in Bild 3.16 strichpunktiert eingezeichnet —, so erhält man ein einfach rückgekoppeltes Schieberegister, das auch mit *Umlaufspeicher* bezeichnet wird. Eine einmal in das Schieberegister eingeschriebene Folge von n Binärelementen steht dann am Ausgang mit der Periode nT in der gleichen Reihenfolge zur Verfügung.

Ein Schieberegister kann auch zur *Serien-Parallel-Umsetzung* und zur *Parallel-Serien-Umsetzung* von Binärfolgen erweitert werden. Im ersten Fall werden jeweils n am Eingang e durch den Schiebetakt e_t in Serie eingeschriebene Binärelemente gleichzeitig an den n Ausgängen a_1 bis a_n durch einen Lesetakt e_l mit der Periode nT ausgelesen. Im zweiten Fall werden an den Eingängen e_1 bis e_n n Binärelemente gleichzeitig mit einem Schreibtakt e_s der Periode nT eingeschrieben. Diese werden dann durch den Schiebetakt e_t zum Ausgang a geschoben und dort seriell ausgelesen. Mit Hilfe eines Löscheinganges e_{cl} (clear) ist es möglich, sämtliche Stufen des Schieberegisters gleichzeitig in einen einheitlichen, definierten Zustand zu schalten. Das ist insbesondere unmittelbar vor dem Paralleleinschreiben von Werten an den Eingängen e_1 bis e_n notwendig.

Bild 3.16 zeigt unten ein Zeitdiagramm für das Beispiel eines vierstufigen Schieberegisters mit dem Taktsignal e_t, einem Eingangssignal e,

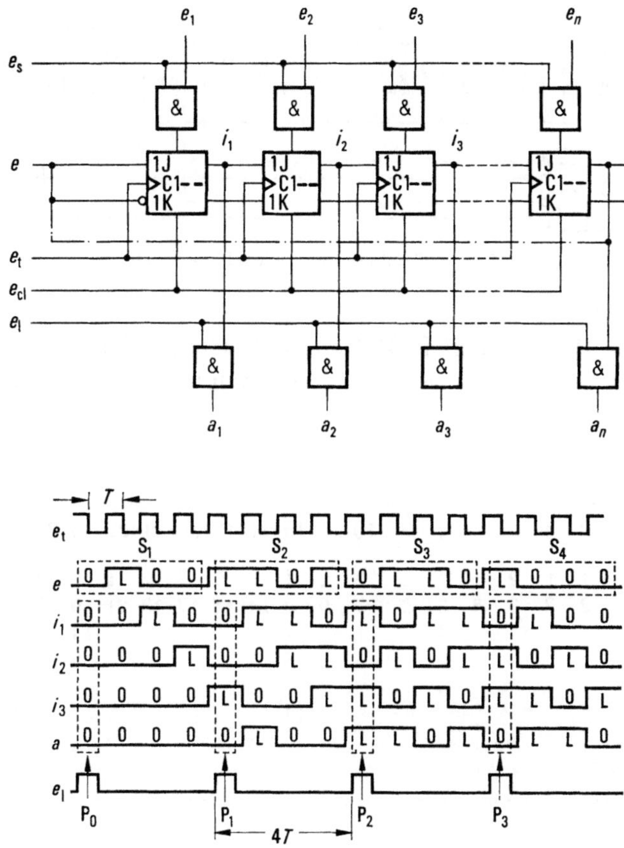

Bild 3.16. Schieberegister: Prinzipschaltbild und Zeitdiagramm.

den Signalabgriffen i_1 bis i_3 und dem Ausgangssignal a. Außerdem ist hier die Möglichkeit der Serien-Parallel-Umsetzung angedeutet: Durch den Lesetakt e_l werden die seriell eingeschriebenen Blöcke S_1, S_2, S_3... in parallel auszulesende Blöcke P_1, P_2, P_3... auf die Ausgänge a_1 bis a_4 gegeben.

Parallel-Serien-Umsetzer werden z. B. in Codierstufen verwendet, die nach der direkten Methode arbeiten (vgl. Abschnitt I.10.1.3.2); Serien-Parallel-Umsetzer werden z. B. in Bewertungsdecodern (siehe Bild I.10.11) eingesetzt.

Koppelt man Schieberegister nicht in der in Bild 3.16 beschriebenen einfachen Weise, sondern über eine logische Verknüpfung zweier Stufenausgänge n und m (Bild 3.17) zurück, so gelingt es bei geeigneter Wahl von n und m $(n > m)$, am Ausgang des aus n Stufen bestehenden Schieberegisters eine Zustandsfolge zu erhalten, deren Grundperiode nicht nT,

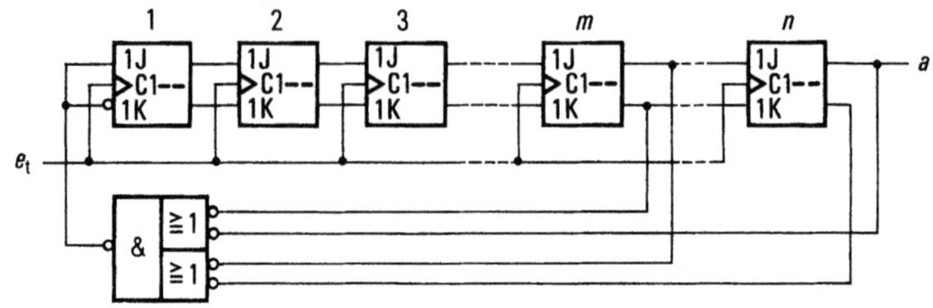

Bild 3.17. Quasi-Zufallsgenerator mit Schieberegister.

sondern $(2^n - 1)\,T$ beträgt [3.3]. Tabelle 3.14 zeigt diejenigen Kombinationen von n und m (für $n \leqq 33$), mit denen die maximale Periodenlänge $(2^n - 1)\,T$ erreicht wird.

Tabelle 3.14

n	2	3	4	5	6	7	9	10	11	15	17	18	20	21	22	23	25	28	31	33
m	1	1	1	2	1	1	4	3	2	1	3	7	3	2	1	5	3	3	3	13
(wahl-		2	3	3	5	3	5	7	9	4	14	11	17	19	21	9	7	9	6	20
weise)						4				7						14	18	13	7	
						6				8						18	22	15	13	
										11								19	18	
										14								25	24	
																			25	
																			28	

Derartige Schaltungen werden u. a. wegen der großen erreichbaren Periodenlänge — für $n = 15$ ist $2^n - 1 = 32767$ — auch als *Quasi-Zufallsgeneratoren* bezeichnet. Außerdem erfüllen die Zustandsfolgen noch eine ganze Reihe anderer Bedingungen, die denjenigen für eine echte Zufallsfolge sehr nahe kommen [3.4]. Die Wahrscheinlichkeit für das Auftreten von Folgen gleichbleibender Binärelemente nimmt mit der betrachteten Länge ab; mehr als n gleiche Elemente hintereinander kommen überhaupt nicht vor.

Generatoren für Quasi-Zufallsfolgen können sehr vielseitig angewendet werden: Wegen ihres nahezu statistischen Charakters werden sie z. B. als Signalgeber zur Prüfung von Digital-Übertragungssystemen benutzt. Aus dem gleichen Grund simuliert man mit ihrer Hilfe Bitfehler in einem Binärsignal zur Überprüfung der Übertragungsqualität digital modulierter Signale in gestörten Kanälen. Auf eine weitere Anwendung soll hier etwas näher eingegangen werden.

Binärsignale können die für die Übertragung unangenehme Eigenschaft haben, daß sie sehr lange Folgen von O- oder L-Werten enthalten; das gilt insbesondere für Datensignale. Durch serielle Umcodierung mit einem Quasi-Zufallsgenerator können die Wahrscheinlichkeiten derartiger Folgen sehr stark vermindert werden. Die Umcodierung kann im Empfänger mit einem in gleicher Weise aufgebauten Generator rückgängig gemacht werden. Derartige Einrichtungen werden auch mit *Scrambler* bezeichnet. Bild 3.18 zeigt eine mögliche Ausführungsform: Durch modulo-2-Addition des Eingangssignals e mit dem Ausgangssignal des Quasi-Zufallsgenerators QZFG entsteht das gewünschte Übertragungssignal, das in der gezeigten Weise wieder in das ursprüngliche Signal zurückverwandelt wird. Um den Gleichlauf zwischen sende- und empfangsseitigem Generator zu erzwingen, muß man in das Übertragungssignal zusätzlich ein geeignetes Synchronwort einblenden (in Bild 3.18 angedeutet durch die gestrichelten Linien). Diese Notwendigkeit besteht nicht bei sich selbst synchronisierenden Scramblern [3.5]. Das muß jedoch mit einem etwas größeren Aufwand bezahlt werden.

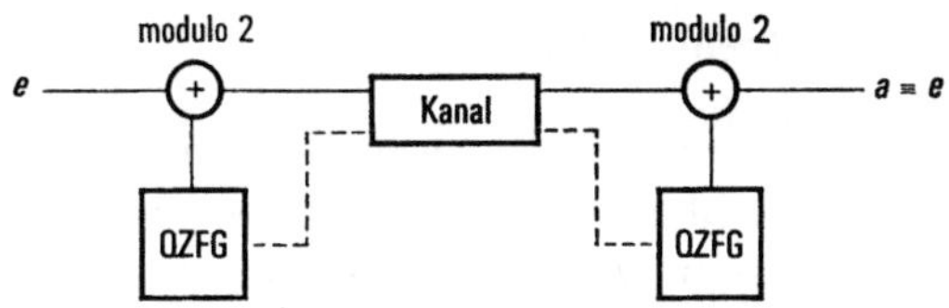

Bild 3.18. Umcodierung von Binärsignalen durch „Scrambeln"; QZFG Quasi-Zufallsgenerator.

3.2.6. Codeumsetzung

Bei der Codeumsetzung unterscheidet man im Prinzip zwei Möglichkeiten: die serielle und die parallele (siehe Abschnitt I.10.1.5). Für die serielle Umsetzung wurde mit dem Scrambler im letzten Abschnitt bereits ein Anwendungsbeispiel für digitale Grundschaltungen gebracht. Die parallele Umsetzung fällt von der Grundlage her in die Ausführungen des Abschnittes 3.1.5: Es besteht die Aufgabe, mehrere gleichzeitig anliegende Eingangsvariable in mehrere gleichzeitig abgehende Ausgangsvariable umzusetzen. Als Anwendungsbeispiel sei hierfür die Umsetzung eines im Graycode ankommenden Signals in ein im Dualcode abgehendes Signal behandelt. Nach dem gleichen Prinzip, das schon mit Bild I.10.13 vorgestellt wurde, ist in Bild 3.19 eine Ausführungsform mit logischen Verknüpfungen gezeigt. Sie bezieht sich als Beispiel auf die parallele Umcodierung eines vierstelligen Codes: An den Eingängen e_1 bis e_4 werden gleichzeitig die Elemente eines Graycode-Wortes angelegt. Sieht man einmal von den inneren Laufzeiten der Verknüpfungsschaltungen ab, so werden an den Ausgängen a_1 bis a_4 gleichzeitig die Elemente des entsprechenden Dualcode-Wortes abgegeben. Aufbau und Verknüpfungs-

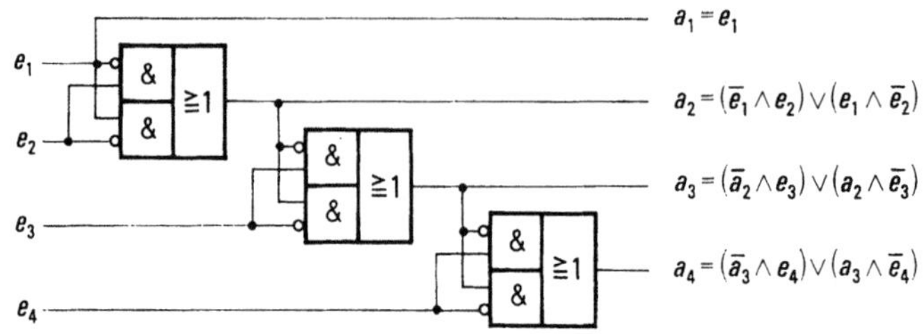

Bild 3.19. Codeumsetzung vom Graycode in den Dualcode mit parallelen Ein- und Ausgängen.

gleichungen geben wiederum ein Beispiel dafür, daß es weniger aufwendig ist, wenn man eine Ausgangsvariable nicht nur als Funktion der Eingangsvariablen darstellt, sondern auch eine bereits vorliegende Ausgangsvariable heranzieht. Dadurch ist in Bild 3.19 die Anzahl der notwendigen Glieder von ursprünglich 18 auf 9 reduziert worden.

3.2.7. Dualzähler und Frequenzteiler

Im Abschnitt I.10.1.3 wurde eine Codiermethode angegeben, bei der ein Signalwert durch Auszählung von Amplituden- oder Zeitintervallen codiert wird. Bei Verwendung eines Dualzählers erhält man das Codewort unmittelbar im Dualcode.

Bild 3.20 zeigt oben einen mit T-Kippstufen realisierten 3-bit-Dualzähler. Durch Anlegen eines Pulses, ausgedrückt durch die Folge OLOL..., an den Eingang e_t werden die inneren Zustände i_1 bis i_3 der drei Kippstufen so eingestellt, daß die an ihren Ausgängen a_1' bis a_3' abgegebenen Zustandskombinationen dual die Zahl der angelegten Impulse angeben. Die Verzögerungsglieder an den Ausgängen der Kippstufen haben die Laufzeit einer halben Zählperiode $T/2$; sie sind notwendig, damit durch den ersten Impuls am Eingang e_t nicht schon alle drei Kippstufen in den L-Zustand umschlagen. Die Schaltung ist daher nur für periodische Impulsfolgen verwendbar. Zähler für aperiodische Impulsfolgen werden vorzugsweise mit JK- oder D-Kippstufen aufgebaut. Einen ausführlichen Abschnitt über Arten und Formen von Impulszählern — z. B. auch Rückwärtszähler und Ringzähler — enthält [3.6].

Der oben geschilderte Zählvorgang entspricht der Funktionstabelle 3.15 und führt zu dem Zeitdiagramm in Bild 3.20 unten. Die Zustände an den Ausgängen a_1 bis a_3 sind an den mit dicken Punkten markierten Augenblicken abzulesen. So ergibt sich beispielsweise nach dem sechsten Impuls $a_1 = \mathsf{O}$, $a_2 = \mathsf{L}$ und $a_3 = \mathsf{L}$. Da a_1 das Bit mit der niedrigsten Stellenwertigkeit 2^0 ist, erhält man $0 \cdot 2^0 + 1 \cdot 2^1 + 1 \cdot 2^2 = 6$. Mit einem 3-bit-Zähler kann nur von 0 bis $2^3 - 1 = 7$ gezählt werden; dann geht der Zähler wieder in seinen Anfangszustand über.

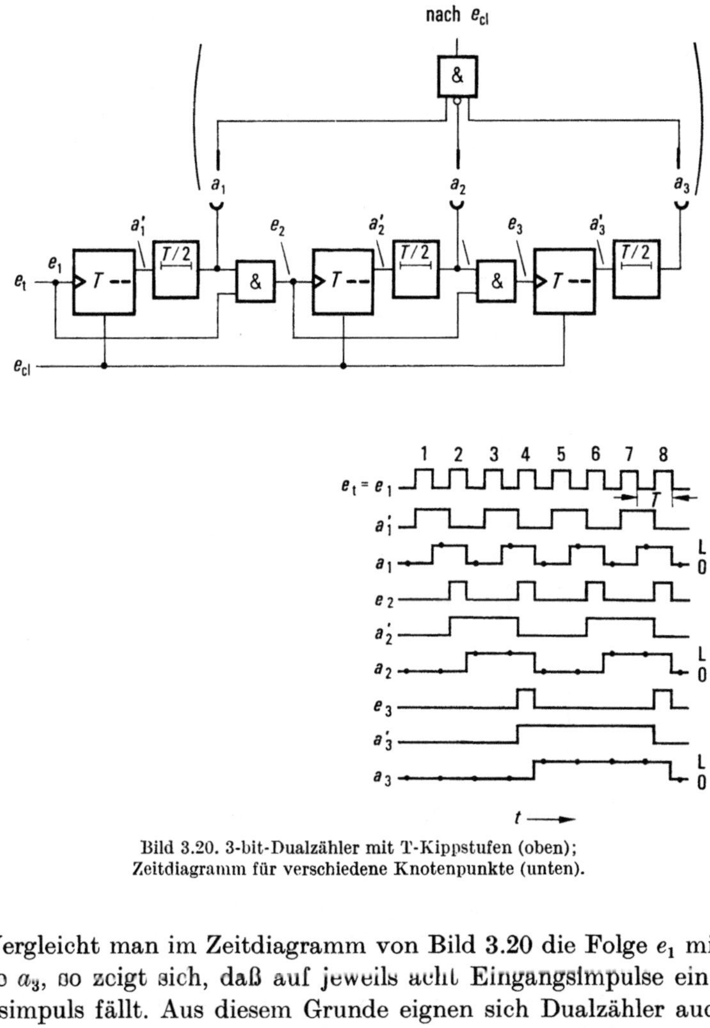

Bild 3.20. 3-bit-Dualzähler mit T-Kippstufen (oben); Zeitdiagramm für verschiedene Knotenpunkte (unten).

Vergleicht man im Zeitdiagramm von Bild 3.20 die Folge e_1 mit der Folge a_3, so zeigt sich, daß auf jeweils acht Eingangsimpulse ein Ausgangsimpuls fällt. Aus diesem Grunde eignen sich Dualzähler auch als *Frequenzteiler*; mit n Stufen erhält man ein Teilungsverhältnis von $1/2^n$. Es sind aber auch davon abweichende Teilungsverhältnisse erzielbar. Dabei muß die Stufenzahl so groß sein, daß 2^n die nächsthöhere Zweierpotenz gegenüber der Teilerzahl ist. Soll z. B. durch 5 geteilt werden, so sind drei Kippstufen hintereinander zu schalten. Nun muß lediglich dafür gesorgt werden, daß alle drei Stufen bereits nach dem fünften Impuls in den O-Zustand zurückkippen. Das wird erreicht durch den in Bild 3.20 oben in Klammern angedeuteten Schaltungszusatz: An dem Ausgang der Verknüpfung V entsteht dann und nur dann ein Impuls, wenn $a_1 = \mathsf{L}$, $a_2 = \mathsf{O}$ und $a_3 = \mathsf{L}$ sind. Das ist lediglich nach dem fünften Eingangsimpuls der Fall. Verbindet man den Ausgang der Verknüpfung V mit dem Löscheingang e_{cl} der Teilerschaltung, so wird diese bereits nach dem fünften Impuls in den Anfangszustand zurückversetzt. Neben dieser Rückkopplungsmethode kann man die unerwünschten Zustände auch durch Impulsblockierung und Impulsüberspringen vermeiden [3.6].

Mit entsprechenden Variationen lassen sich dekadische Frequenzteiler aufbauen, für die dann vier Teilerstufen notwendig sind.

Tabelle 3.15

e_1	i_1	i_2	i_3	a'_1	a'_2	a'_3
O	O	O	O	O	O	O
L	O	O	O	L	O	O
O	L	O	O	L	O	O
L	L	O	O	O	L	O
O	O	L	O	O	L	O
L	O	L	O	L	L	O
O	L	L	O	L	L	O
L	L	L	O	O	O	L
O	O	O	L	O	O	L
L	O	O	L	L	O	L
O	L	O	L	L	O	L
L	L	O	L	O	L	L
O	O	L	L	O	L	L
L	O	L	L	L	L	L
O	L	L	L	L	L	L
L	L	L	L	O	O	O

3.2.8. Anordnung zum Synchronisieren einer Empfangseinrichtung von digitalen Zeitmultiplexsignalen

Abschließend soll ein etwas komplexeres Anwendungsbeispiel gebracht werden, das die meisten der bisher behandelten Grundschaltungen enthält.

In Digital-Übertragungssystemen, die im Zeitmultiplex arbeiten, werden die Codewörter kanalweise zeitlich verschachtelt. Die Folge von je einem oder mehreren Codewörtern aus allen Kanälen bildet einen Pulsrahmen, der noch zusätzlich am Anfang ein bestimmtes Codewort zur Rahmenkennung enthält (siehe Bild 8.31). Mit Hilfe dieses mit der Rahmenperiode wiederholten Codewortes wird in der Synchronisiereinrichtung des Empfängers der Rahmenbeginn erkannt. Ein entsprechend ausgelöster Puls steuert phasenrichtig sämtliche Taktabläufe innerhalb des Empfängers. Dadurch wird erreicht, daß Sender und Empfänger rahmensynchron sind. Da jedoch Rahmenkennungswörter bei der Übertragung verfälscht oder an anderer Stelle des Rahmens vorgetäuscht werden können, müssen für den Synchronisiervorgang bestimmte Vorkehrungen getroffen werden. So muß z. B. vermieden werden, daß *einzelne* vorgetäuschte oder verfälschte Rahmenkennungswörter zu einer Synchronisierstörung führen. Andererseits muß die Einrichtung nach einer anhaltenden Übertragungsstörung den Synchronismus möglichst schnell wieder herstellen. Es werden daher folgende Forderungen an die Funktion der Anordnung gestellt:

1. Die Herstellung des Rahmensynchronismus gilt nach [3.7] als erfolgt, wenn in wenigstens drei aufeinanderfolgenden Rahmenperioden das Rahmenkennungswort phasenrichtig erkannt wird. Wird nach der Erkennung eines einzelnen Rahmenkennungswortes in einer der beiden folgenden Rahmenperioden kein Rahmenkennungswort phasenrichtig erkannt, so soll der Synchronisiervorgang neu eingeleitet werden.

2. Nach erfolgreich abgeschlossener Synchronisierung gilt entsprechend [3.7] der Rahmensynchronismus als ausgefallen, wenn in vier aufeinanderfolgenden Rahmenperioden kein Rahmenkennungswort phasenrichtig erkannt wird. Auch in diesem Fall soll der Synchronisiervorgang neu eingeleitet werden.

Die in Bild 3.21 dargestellte Prinzipschaltung erfüllt diese Forderungen für ein Binärsignal, dessen Rahmen aus 256 bit besteht (32 Kanälen zu je 8 bit) und dessen Rahmenkennungswort aus der Folge LOOLLOLL besteht. Mit Hilfe des Taktes e_t wird das Binärsignal in ein 8-bit-Schieberegister seriell eingeschrieben. Die mit den Stufenausgängen verbundene UND-Verknüpfung A gibt dann und nur dann den Wert L ab, wenn im Schieberegister eine Bitkombination steht, die gleich dem Rahmenkennungswort ist. Das Prinzipschaltbild enthält weiterhin unten einen 8-bit-Dualzähler mit dem gleichen Takteingang e_t, dem Rücksetzeingang e_{cl} und den Ausgängen a_1 bis a_8; ein derartiger Zähler wurde bereits ausführlich mit Bild 3.20 beschrieben und ist daher hier vereinfacht dargestellt. Die mit dem Eingang e_t und den Stufenausgängen a_1 bis a_8 verbundene UND-Verknüpfung E gibt dann und nur dann den Wert L ab, wenn O an e_t und L an a_1 bis a_8 liegt. Solange am Eingang e_{cl} kein Rückstellimpuls anliegt, wird auf jeweils 256 Eingangsimpulse bei e_t *ein* Ausgangsimpuls am Rahmentaktausgang a_R fallen. Ein 4-bit-Links-Rechts-Schieberegister sorgt im wesentlichen für einen „Schwungradbetrieb", d. h. dafür, daß nicht schon Einzelverfälschungen oder -vortäuschungen den Synchronismus gefährden (siehe Forderungen 1. und 2.). Dabei ist ein „Linksschieben" gleichbedeutend mit einer Energieaufnahme, ein „Rechtsschieben" gleichbedeutend mit einer Energieabnahme des Schwungrades. Im einzelnen arbeitet die Schaltung wie folgt: Der Dualzähler wird durch einen Rückstellimpuls am Eingang e_{cl} in den Anfangszustand OOOOOOOO gesetzt, wenn erstmalig im Schieberegister eine Bitkombination steht, die dem Rahmenkennungswort entspricht. Hat es sich bei der Bitkombination tatsächlich um das

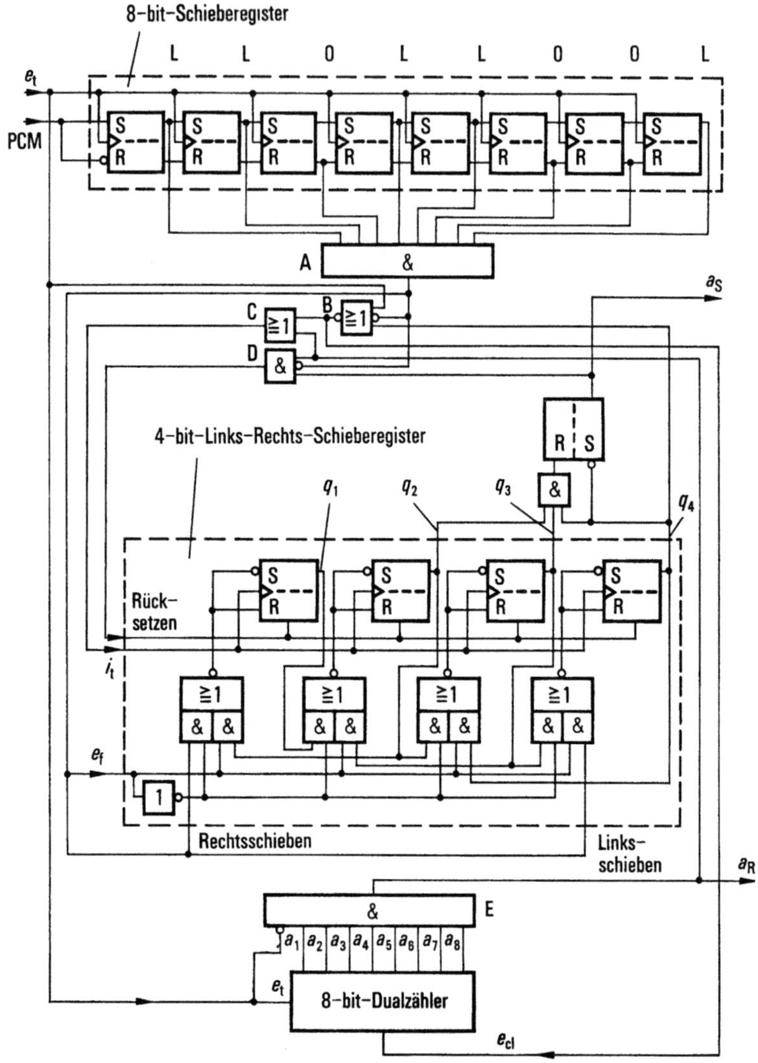

Bild 3.21. Prinzipschaltbild einer Synchronisiereinrichtung.

Rahmenkennungswort gehandelt, so tritt es nach 256 Taktimpulsen erneut auf, und der Rahmentaktpuls am Ausgang a_R der UND-Verknüpfung E ist frequenz- und phasensynchron mit dem Ausgangspuls der UND-Verknüpfung A. Gleichzeitig steuert der Rahmentaktpuls-Ausgang a_R das 4-bit-Links-Rechts-Schieberegister an. Wird zum Zeitpunkt eines Rahmentaktimpulses am Ausgang der UND-Verknüpfung A mit L ein richtiges Rahmenkennungswort erkannt, so wird das Links-Rechts-Schieberegister über den Eingang e_f zum „Linksschieben" veranlaßt. Der

Eingang „Linksschieben" liegt dann ebenfalls auf L, so daß der Ausgang q_4 auf L geht. Wird zum Zeitpunkt eines Rahmentaktimpulses am Ausgang der UND-Verknüpfung A mit O ein falsches Rahmenkennungswort erkannt, so wird das Links-Rechts-Schieberegister über den Eingang e_f zum „Rechtsschieben" veranlaßt. Der Eingang „Rechtsschieben" liegt dann ebenfalls auf O, so daß der Ausgang q_1 auf O geht.

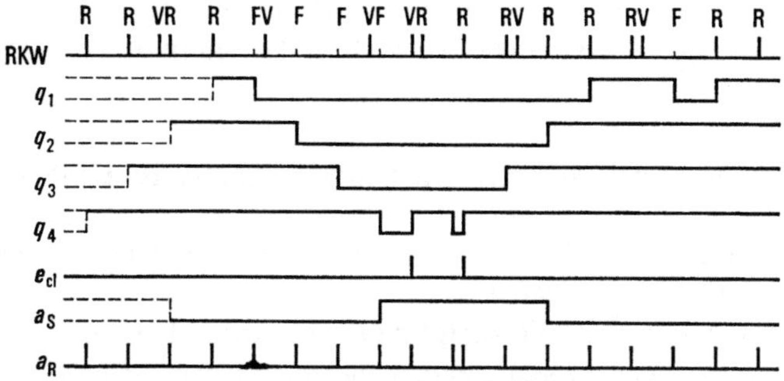

Bild 3.22. Beispiel für ein Impulsdiagramm zu Bild 3.21.
RKW Rahmenkennungswort im PCM-Signal;
R als richtig erkanntes Rahmenkennungswort;
F als falsch erkanntes Rahmenkennungswort;
V vorgetäuschtes Rahmenkennungswort;
q_n n-ter Ausgang des Links-Rechts-Schieberegisters;
e_{cl} Zählereingang mit Rückstellimpulsen;
a_S Synchronzustands-Ausgang;
a_R Rahmentakt-Ausgang.

Die Verknüpfungen B bis D erfüllen das spezielle Synchronisierverhalten. Es sei zunächst angenommen, daß der Synchronismus gestört ist und sämtliche Ausgänge q_1 bis q_4 auf O stehen. Ein erstes erkanntes Rahmenkennungswort veranlaßt über die NOR-Verknüpfung B mit einem Rückstellimpuls das Rücksetzen des Dualzählers am Eingang e_{cl}. Über die ODER-Verknüpfung C wird gleichzeitig ein innerer Takt an den Eingang i_t des Links-Rechts-Schieberegisters gelegt, der in Verbindung mit dem Eingang „Linksschieben" den Ausgang q_4 auf L setzt. Dadurch wird die NOR-Verknüpfung B gesperrt, und weitere erkannte Rahmenkennungswörter sind für den Dualzähler wirkungslos. Solange q_4 auf L liegt, läuft der Zähler frei. Sobald *drei* richtige Rahmenkennungswörter erkannt wurden ($q_4 = q_3 = q_2 =$ L), geht der Synchronzustands-Ausgang a_S auf O. Der Rahmensynchronismus gilt damit als erkannt; das PCM-Signal kann über den Ausgang a_S zur Verarbeitung freigegeben werden (im Bild nicht eingezeichnet). Nach vier richtig erkannten Rahmenkennungswörtern wird auch q_1 auf L gesetzt.

Bei vier falsch erkannten Rahmenkennungswörtern werden nacheinander sämtliche Ausgänge des Links-Rechts-Schieberegisters, bei q_1

beginnend, auf O gesetzt. Sobald auch q_4 auf O liegt, geht der Ausgang a_S auf L; das PCM-Signal wird für die Verarbeitung gesperrt. Gleichzeitig wird durch q_4 die NOR-Verknüpfung B geöffnet. Eine nächstfolgende Rahmenkennungskombination setzt den Dualzähler wieder in den Anfangszustand. Wird in einem der beiden folgenden Rahmen kein Rahmenkennungswort phasenrichtig erkannt, so werden über die UND-Verknüpfung D sämtliche Ausgänge des Links-Rechts-Schieberegisters auf O gesetzt und ein neuer Synchronisiervorgang eingeleitet.

Bild 3.22 zeigt ein Beispiel für ein Impulsdiagramm.

3.3. Schlußbemerkungen zur Theorie der Schaltungsalgebra

In Ergänzung zu Abschnitt 3.1.4 seien abschließend noch einige allgemeine Bemerkungen gemacht.

Der Realisierung von Verknüpfungsforderungen kann man eine ganze Reihe theoretischer Untersuchungen zugrunde legen. So ist es z. B. sinnvoll, bei der Synthese von Schaltungen nach dem geringsten Aufwand an Verknüpfungsgliedern zu fragen. Die Untersuchungen derartiger Minimisierungsverfahren sind mit den Namen Quine [3.8] und McCluskey [3.9] verbunden. Eine zusammenfassende Darstellung findet sich in [3.10].

Der Nachrichtentechniker wird oft danach fragen, welche Bedingungen erfüllt sein müssen, um zu einer gegebenen Verknüpfung F eine zweite Verknüpfung F′ finden zu können derart, daß durch die zweite Verknüpfung die erste wieder rückgängig gemacht wird. In den Abschnitten 3.2.1 und 3.2.3 wurden bereits Beispiele dafür gegeben, umgesetzte Zustandsfolgen in die ursprüngliche Folge zurückzuverwandeln.

Zur grundsätzlichen Beantwortung der Frage kann man die Erkenntnisse der Informationstheorie (s. Abschnitt I.8) zu Hilfe nehmen. Information, die im Laufe einer Umsetzung verlorengegangen ist, kann nicht zurückgewonnen werden, sofern sie nicht Redundanz enthält. Die Summe der an den Ausgängen einer Verknüpfung ausgelesenen Informationsflüsse, gemessen in bit/s, muß also mindestens gleich der Summe der an den Eingängen der Verknüpfung eingeschriebenen Informationsflüsse sein. Das ist jedoch noch nicht hinreichend. Es muß weiterhin die Zahl der möglichen Ausgangszustände mindestens gleich der Zahl der möglichen Eingangszustände sein. Wird nämlich zwei Eingangszuständen nur ein Ausgangszustand zugeordnet, so läßt dieser sich nicht mehr eindeutig zurückverwandeln. Ist also *jedem* Eingangszustand wenigstens *ein* Ausgangszustand eindeutig zugeordnet, so ist die Umkehrbarkeit einer Verknüpfung möglich. Im Abschnitt 3.2.1 wurde gezeigt, daß die Stufen von Bild 3.9 und Bild 3.11 hintereinandergeschaltet sich in ihrer

Wirkung aufheben. In dieser Zuordnung läßt sich die Antivalenzschaltung (F_6) nur durch die in der Tab. 3.4 gezeigten Funktionen F_3, F_9 oder F_{12} ersetzen, um die Inversionsbedingung zu erfüllen. Hiervon hat jedoch lediglich F_9 eine Bedeutung, weil F_3 und F_{12} nur zur Identität bzw. Negation führen.

Ausführliche Betrachtungen zur Theorie der Schaltwerke können [3.11] entnommen werden.

4. Schalteinrichtungen

4.1. Prinzipien

4.1.1. Grundbegriffe und Abgrenzung

Die im Abschnitt 3 behandelten Grundschaltungen bilden, zweckmäßig ausgesucht, planvoll miteinander verknüpft und gegebenenfalls durch Zeitglieder und Speicher ergänzt, wesentliche Bausteine für eine *Schalteinrichtung.* Solche Einrichtungen dienen vorzugsweise der Steuerung und Regelung einfacher wie auch sehr komplizierter Vorgänge und reichen daher von der einfachen Überwachungsschaltung bis zur spezialisierten Großrechenanlage.

Zur Eingrenzung der Vielfalt mögen unter den genannten Vorgängen, im folgenden als *Prozesse* bezeichnet, *technische* Abläufe aller Art verstanden werden, deren einzelne Funktionsschritte bereits auf Automatisierbarkeit hin entwickelt sind. Die Schalteinrichtungen, als Partner dem Prozeß hinzugefügt, bewirken dann einen mehr oder weniger vollautomatischen Ablauf: Dabei sollen in diesem Buch die *technischen* Gesichtspunkte von Schalteinrichtungen im Vordergrund stehen, auf automatentheoretische Definitionen und Ableitungen wird weitgehend verzichtet. Dieser Aspekt wird in zahlreichen Literaturstellen ausgiebig behandelt, wie z. B. in [4.1 bis 4.4] und in einer Reihe von Hinweisen des Abschnitts 3.

Im allgemeinen Fall ist die Schalteinrichtung ein „schwarzer Kasten", in den e_1 bis e_m Eingangsklemmen hineinführen und aus dem a_1 bis a_n Ausgangsklemmen herauskommen, wobei m und n meist unterschiedlich groß sind. In Bild 4.1 deutet die strichpunktierte Linie diesen schwarzen Kasten an. Das Innere des schwarzen Kastens enthält die eingangs erwähnten, miteinander verbundenen Grundschaltungen, es kann aber auch seinerseits wieder aus kleineren, für sich geschlossenen Schalteinrichtungen bestehen. Der letztgenannte Fall ist in Bild 4.1 gezeigt: Eine Anzahl kleinerer Schalteinrichtungen verschiedener Art (S_1 bis S_3) wird zu der komplexeren Schalteinrichtung S zusammengestellt. Hinsichtlich der Variablen, die an die Eingangsklemmen angelegt und von den Ausgangsklemmen abgenommen werden und die entweder zum Prozeß führen oder menschlicher Eingabe und Kontrolle dienen, wird hier eingeschränkt vorausgesetzt, daß es sich um binäre Signale handelt, die also nur die diskreten Werte Eins (L) und Null (O) annehmen können.

Die Eingangsfunktion $E(t)$ ist von der Zeit abhängig, die Ausgangsfunktion $A(t)$ hängt von $E(t)$ *und* den inneren Zuständen der Schalteinrichtung ab, wie im Abschnitt 3.1.6 bereits kurz geschildert.

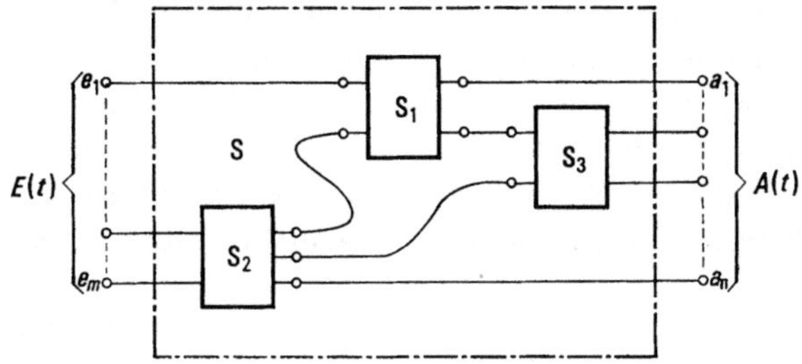

Bild 4.1. Schema einer Schalteinrichtung.

Einige Beispiele hierzu: Bei der *Waschmaschine*, die der Hausfrau den Waschprozeß zum großen Teil abnimmt, wird die Eingangsfunktion $E(t)$ der Schalteinrichtung zusammengesetzt aus Daten, die von der Stellung des Programmschalters abhängen, und solchen, die von erledigten Teilvorgängen herrühren, z. B. vom Erreichen der gewünschten Wassertemperatur. Entsprechendes gilt für die Ausgangsfunktion $A(t)$, die planmäßig neue Teilvorgänge einleitet. — In einer *Fernsprechvermittlung*, die dem automatischen Herstellen von Telephonverbindungen dient, müssen die von vielen Fernsprechteilnehmern gewählten Rufnummern von der Schalteinrichtung aufgenommen und für die Durchschaltung von Verbindungswegen zu den gewünschten Partnern ausgewertet werden. Dabei bringen *Wahlempfänger* die gewählten Ziffern in digitaler Form als Teil der Eingangsfunktion $E(t)$ an die Schalteinrichtung heran. Diese bestimmt aus den Eingangsinformationen $E(t)$ und aus ihren inneren Zuständen die einzuschlagenden Wege und gibt entsprechende Ergebnisse digital als Ausgangsfunktion $A(t)$ an Prozeßelemente ab, die in der Lage sind, die ausgewählten Verbindungswege zu schalten. — Schalteinrichtungen im weiteren Sinne lassen sich nicht nur technischen Prozessen fest zuordnen, sondern sie können auch die Abwicklung intellektueller Prozesse — sei es im Büro, sei es zu Haus — unterstützen. Schalteinrichtungen dieser Art umfassen den Bereich von der Datenverarbeitungsanlage über den „Personal Computer" bis zum Taschenrechner. Im Beispiel des elektronischen Taschenrechners besteht die Eingangsfunktion $E(t)$ der Schalteinrichtung aus Signalen, die z. B. durch das aufeinanderfolgende Drücken der Tasten „Drei", „Plus", „Vier", „Ist gleich" ausgelöst werden. Die Ausgangsfunktion $A(t)$ erregt eine digitale Anzeige, auf der im vorliegenden Beispiel eine dezimale Sieben aufleuchtet.

In der Waschmaschine wird das Programm fest voreingestellt. In die Schalteinrichtung des Taschenrechners ebenso wie in die Schalteinrichtung der Fernsprechvermittlung werden die Ziffern nacheinander eingegeben. Das bedeutet, daß in der Schalteinrichtung Gedächtniselemente oder *Speicherglieder* vorhanden sein müssen, um die Ziffern zusammensetzen und auswerten zu können. Solche Speicherglieder sind im allgemeinen notwendig, um während des Prozeßablaufs sich ändernde innere Zustände vorübergehend festzuhalten. In der Automatentheorie spricht man in diesem Fall von *Schaltwerken. Schaltnetze* dagegen haben *keine* Speicherglieder oder verwenden sie nicht in dieser Form.

Bezogen auf diese Unterscheidung ergeben sich zwei Grenzfälle in der Arbeitsweise von Schalteinrichtungen:

a) Die streng serielle Arbeitsweise

Die Eingangsvariablen $E(t)$ werden einzeln nacheinander verarbeitet, um das Ausgangssignal zu bestimmen. Ein Schaltauftrag wird also in vielen aufeinanderfolgenden Schritten abgewickelt (*ablaufintensive Schalteinrichtung*). Die Automatentheorie kennt hierfür als Modell die *Turing-Maschine* [4.5].

b) Die streng parallele Arbeitsweise

Jedem möglichen Satz von Eingangsvariablen $E(t)$ ist ein und nur ein Satz von Ausgangsvariablen $A(t)$ fest zugeordnet. Die Vorgeschichte spielt bei der Verknüpfung der Eingangsvariablen zu den Ausgangsvariablen keine Rolle, das heißt, in der Schalteinrichtung sind keine Speicherglieder zur Aufbewahrung vorangegangener Schaltzustände vorhanden.

Die Eingangsvariablen werden parallel verarbeitet und unmittelbar zur Ausgangsinformation zusammengestellt. Es gibt keinen zeitlichen Ablauf in Form von aufeinanderfolgenden Verarbeitungsschritten. Diese Art einer Schalteinrichtung, die in der Automatentheorie — wie erwähnt — Schaltnetz genannt wird, ist in ihrer technischen Ausführung weitgehend als *Zuordner* bekannt [4.6].

In der Praxis findet man häufig Übergangsformen zwischen diesen Grenzfällen. Die streng serielle Arbeitsweise führt zu umfangreichen Arbeitsabläufen und langen Verarbeitungszeiten, während der Verknüpfungsaufwand im Zuordner bei voll paralleler Verarbeitung oft zu hoch wird. Auch stehen am Beginn eines Arbeitsvorganges vielfach noch nicht alle Eingangsvariablen zur Verfügung; sie werden vielmehr erst während des Arbeitsablaufs erarbeitet, so daß hierfür das reine Zuordnerprinzip ausscheidet.

Eine andere, für die folgenden Strukturbetrachtungen zweckmäßige Unterscheidung folgt aus der Art des Einsatzes von Schalteinrichtungen. Bild 4.2 zeigt zwei typische Fälle:

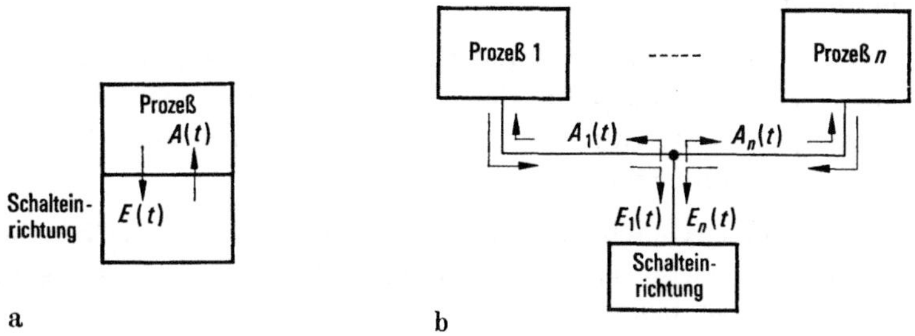

Bild 4.2a u. b. Einsatzarten von Schalteinrichtungen.
a) einem einzigen Prozeß zugeordnet;
b) simultan mehreren Prozessen dienend.

a) Die Schalteinrichtung hat nach Bild 4.2a nur *einen* „Auftraggeber", sie arbeitet nur für *einen* Prozeß. Die Waschmaschine ist so strukturiert, ebenso der Taschenrechner.

b) Die Schalteinrichtung bedient nach Bild 4.2b eine Vielzahl gleichartiger oder verschiedener Prozesse simultan, wie man sagt im *Zeitmultiplex* (*Time Sharing*). Die Schalteinrichtung widmet sich hier im strengen Sinne gleichzeitig jeweils nur einem Prozeß, wickelt dabei aber ihre Arbeit so schnell ab, daß etwaige Wartezeiten weiterer, die Schalteinrichtung beanspruchender Prozesse nicht bemerkt werden, zum mindesten nicht ins Gewicht fallen. Die Schalteinrichtungen zentral gesteuerter Fernsprechvermittlungen arbeiten nach diesem Prinzip, da viele Fernsprechteilnehmer praktisch gleichzeitig ihre Verbindungen aufzubauen wünschen. Auch in der Datenverarbeitung wird dieses Prinzip in sog. *Teilnehmersystemen* angewendet. Dort benutzen viele Teilnehmer eine Datenverarbeitungsanlage gleichzeitig und unabhängig voneinander.

4.1.2. Nutzdaten und Steuerdaten

Die der Schalteinrichtung zugeführten, in ihr verarbeiteten und von ihr ausgegebenen Schaltvariablen werden *Daten* genannt. Man kann von Fall zu Fall zwei Klassen von Daten unterscheiden:

a) Nutzdaten

Nutzdaten (auch Problemdaten genannt) werden in Schalteinrichtungen nach bestimmten Vorschriften behandelt, z. B. miteinander verknüpft.

Sie können numerische oder alphanumerische Information enthalten, wie etwa — um beim Beispiel der Fernsprechvermittlung zu bleiben — Ziffern einer gewählten Rufnummer.

b) Steuerdaten

Steuerdaten (auch Programmdaten genannt) geben an, wie die Nutzdaten zu behandeln sind. Zum Beispiel ist „addiere" ein Steuerdatum zum Verknüpfen von Nutzdaten, die als Ziffern vorliegen. Auch eine Adressenangabe kann Steuerdatum sein.

Im allgemeinen verarbeiten Schalteinrichtungen sowohl Nutzdaten als auch Steuerdaten; in einfachen Fällen sind sie auf die Verarbeitung *einer* Datenart spezialisiert.

4.1.3. Die Verknüpfung von Daten

Daten können durch *Zuordnung* oder durch *Algorithmen* miteinander verknüpft werden. Häufig besteht der Algorithmus aus einer *Booleschen Funktion*. Anknüpfend an Abschnitt 3.2.2 möge ein Beispiel dies verdeutlichen. Gegeben sei als Verknüpfung eines Halb- und eines Volladdierers ein Schaltnetz mit den Eingangsvariablen e_1, e_2, e_3, e_4 und den Ausgangsvariablen a_1, a_2 und a_3. Der Zusammenhang zwischen Eingangs- und Ausgangsvariablen möge durch die folgende *Funktionstabelle* 4.1 gegeben sein:

Tabelle 4.1

Nr.	e_1	e_2	e_3	e_4	a_1	a_2	a_3
1	O	O	O	O	O	O	O
2	L	O	O	O	L	O	O
3	O	L	O	O	L	O	O
4	L	L	O	O	O	L	O
5	O	O	L	O	O	L	O
6	L	O	L	O	L	L	O
7	O	L	L	O	L	L	O
8	L	L	L	O	O	O	L
9	O	O	O	L	O	L	O
10	L	O	O	L	L	L	O
11	O	L	O	L	L	L	O
12	L	L	O	L	O	O	L
13	O	O	L	L	O	O	L
14	L	O	L	L	L	O	L
15	O	L	L	L	L	O	L
16	L	L	L	L	O	L	L

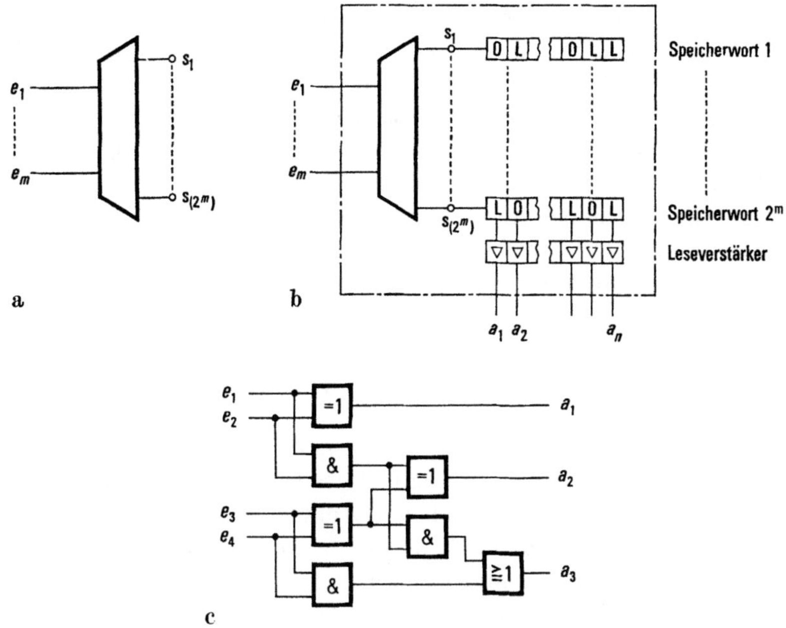

Bild 4.3a–c. Verknüpfung von Daten.
a) Kurzdarstellung eines Decoders;
b) Verknüpfung durch Zuordnung;
c) Verknüpfung durch Boolesche Funktion.

Bei Verknüpfung mittels *Zuordnung* werden die Ausgangsdaten unmittelbar in Form einer derartigen *Tabelle* festgehalten. Die Tabelle kann z. B. als elektronischer Speicher ausgeführt sein. Das Prinzip erläutern die Bilder 4.3a und 4.3b. Die Eingangsvariablen e_1 bis e_4 werden einem sog. *Decoder* zugeführt. Bild 4.3a zeigt die Kurzdarstellung eines solchen Decoders mit (allgemein) Eingängen e_1 bis e_m. Der Decoder setzt das angebotene Eingangssignal in ein Signal (allgemein) „eins von 2^m" um, d. h. nur einer der 2^m Ausgänge des Decoders liefert L. Dieses Ausgangssignal des Decoders wird als Adresse zur Ansteuerung des zugehörigen Speicherwortes gedeutet. In diesem Speicherwort ist das dem betreffenden Eingangssignal *zugeordnete* Ausgangssignal eingetragen, das durch die Ansteuerung über die Leseverstärker ausgelesen wird. Damit erscheint am Ausgang des Zuordners das gewünschte Muster der Ausgangsvariablen a_1 bis a_n, bei Ansteuerung des Speicherwortes 1 (Bild 4.3b) also OL---OLL. Ein Beispiel bezogen auf Tabelle 4.1: Wird dem Decoder das Eingangsmuster e_1 = O, e_2 = L, e_3 = O, e_4 = O angeboten, so wird am Ausgang des Decoders das Speicherwort „3" angesteuert und das zugehörige Muster der Ausgangsvariablen a_1 = L, a_2 = O, a_3 = O ausgegeben.

Die Wirkungsweise des Decoders wird in Abschnitt 6.1 (Bild 6.3) näher beschrieben. Den Speicher kann man sich als Festwertspeicher vorstellen, so daß hier auf die Darstellung weiterer Einzelheiten, wie Einrichtungen zum Einschreiben des Speichers, verzichtet wurde.

Bild 4.3c zeigt dagegen, wie sich die gewünschten Ausgangsdaten durch eine *Boolesche Funktion* aus den Eingangsdaten ergeben. Natürlich sind auch kompliziertere Strukturen möglich, die z. B. Zeitabläufe notwendig machen (Schieberegister). Im allgemeinen verursacht die funktionelle Verknüpfung einen geringeren Aufwand als die Verknüpfung durch Zuordnung.

4.1.4. Die Bedeutung des zeitlichen Ablaufs in Schalteinrichtungen

Eingangs war bereits der zeitliche Ablauf in der streng seriellen Arbeitsweise von Schalteinrichtungen angesprochen worden (Abschnitt 4.1.1). Ein zeitlicher Ablauf ist jedoch nicht nur in diesem Grenzfall notwendig, sondern wird meist auch durch praktische Gegebenheiten erzwungen. Die Gründe seien hier zusammengefaßt:

a) Der gesteuerte Prozeß selbst erfordert eine vorgeschriebene zeitliche Folge (Beispiel: Waschmaschine).

b) Die für die Verarbeitung notwendigen Eingangsdaten treffen in zeitlicher Aufeinanderfolge ein (Beispiel: Fernsprechvermittlung) oder müssen durch vorangehende Verarbeitungsvorgänge erst beschafft werden.

c) Durch Übergang auf serielle Arbeitsweise kann Aufwand in der Schalteinrichtung gespart werden (Beispiel: Anstelle eines Multiplikationsnetzwerkes kann ein einfacheres Additionsnetzwerk mehrfach durchlaufen werden).

Die unter a) bis c) genannten Gründe können nebeneinander bestehen.

Auf die Realisierung des zeitlichen Ablaufs in Schalteinrichtungen wird später eingegangen.

4.1.5. Die Grundfunktionen von technischen Schalteinrichtungen

Schalteinrichtungen müssen eine Reihe von Funktionen ausführen, die sich nach dem bisher Gesagten präzisieren lassen. Eine Schalteinrichtung enthält eine Anzahl von *Baugruppen* für spezielle Funktionen und ist folgendermaßen zu charakterisieren:

a) Sie muß Eingangsdaten aufnehmen können. Im allgemeinen können diese Daten von verschiedenen Prozessen stammen, es muß also der Modus der Zusammenarbeit mit mehreren Prozessen verabredet sein.

Auch hier sind viele Möglichkeiten denkbar. Extreme Beispiele sind:

- die Schalteinrichtung nimmt jeweils nur die Eingangsdaten *eines* Prozesses auf und verarbeitet sie vollständig bis zur Ausgabe für diesen einen Prozeß;
- die Schalteinrichtung sammelt zunächst einmal die Eingangsdaten *sämtlicher* Prozesse ein, um dann nach verabredeter Reihenfolge diese Daten für die verschiedenen Prozesse abzuarbeiten.

b) Die Schalteinrichtung muß Ausgangsdaten abgeben können. Auch diese können im allgemeinen Fall für verschiedene Prozesse bestimmt sein. Es sind Ausgabemoden verschiedenster Art möglich, sinngemäß wie unter a) etwa:

- die Schalteinrichtung gibt nach dem Verarbeitungsvorgang die Ausgangsdaten sofort an den betreffenden Prozeß ab;
- die Schalteinrichtung sammelt zunächst alle Ausgangsdaten für die verschiedenen Prozesse, um sie in einem speziellen Ausgabezyklus unmittelbar aufeinanderfolgend an alle Prozesse abzugeben.

c) Die Schalteinrichtung enthält interne Speicherglieder, die unter anderem

- Datenbestände zur fallweisen Verarbeitung aufbewahren;
- Teilergebnisse von Verarbeitungsvorgängen festhalten, bis die Verarbeitung etwa auf Grund neuer Eingangsdaten fortgesetzt werden kann (im Beispiel Fernsprechvermittlung: noch nicht vollständig gewählte Rufnummer);
- Parameter und Programme von Prozessen speichern, welche diese Prozesse in bestimmter Weise lenken (im Beispiel Waschmaschine: Waschprogramm nach Parameter „Synthetic 60 °C“);
- ggf. die Speicherung der Ein- und Ausgabedaten vornehmen.

d) In der Schalteinrichtung müssen Baugruppen zur *Verarbeitung* von Nutzdaten mit Hilfe von Funktionen oder Zuordnungen vorhanden sein.

e) In der Schalteinrichtung sind Übertragungswege für Nutzdaten (z. T. auch Steuerdaten) notwendig, die diese Daten zwischen Ein- und Ausgabe, Speicher und Verarbeitungsbaugruppen hin- und hertransportieren.

f) Dateneingabe und -ausgabe, Datenspeicherung, Datenverarbeitung und Datentransport werden nach festliegenden Regeln durch eine *Ablaufsteuerung* veranlaßt. Dabei greift die Ablaufsteuerung mittels Steuerdaten in die Funktionen der Schalteinrichtung ein.

Damit ergibt sich der grundsätzliche Aufbau einer Schalteinrichtung entsprechend Bild 4.4.

Speicherglieder, Verarbeitungsbaugruppen, Ablaufsteuerung sind hier als kompakte Schaltwerkteile dargestellt; in der Praxis können diese Baugruppen auch ineinander „verschmiert" und nicht konzentrierbar sein. Es sind auch Fälle denkbar, in denen einzelne Bestandteile der Schalteinrichtung degenerieren oder unnötig sind. Ein solches Beispiel wurde bereits mit dem *Zuordner* genannt, der in speziellen Anwendungen eingesetzt werden kann. Praktisch gibt es eine derartige Vielfalt von Ausführungsformen, die durch Aufgabenumfang und gewählte Technologie (z. B. elektronische Schaltkreise oder elektromechanische Relais) zu sehr unterschiedlichen Lösungen kommen, daß es sehr schwierig ist, für Schalteinrichtungen allgemeingültige ordnende Prinzipien zu erkennen und festzulegen. Allerdings zeichnet sich mit der ständig wachsenden Verbreitung der auf Halbleitertechnologie beruhenden Mikroprozessoren ein Trend zur Vereinheitlichung ab: Immer mehr verwenden Schalteinrichtungen zur Steuerung der verschiedensten Prozesse die Prinzipien der *elektronischen Datenverarbeitung* (EDV).

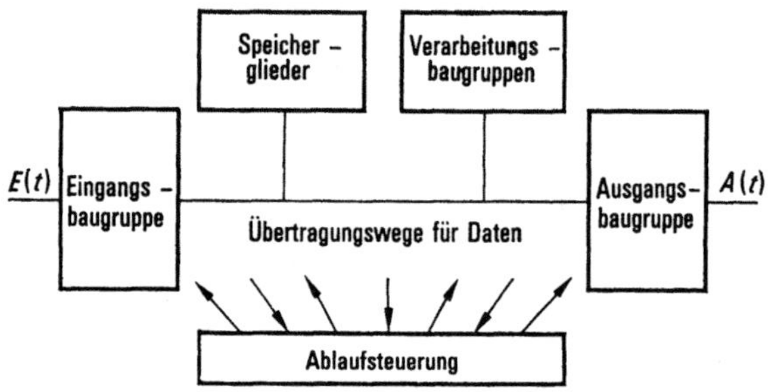

Bild 4.4. Grundsätzlicher Aufbau einer Schalteinrichtung.

4.2. Verfahren der Ablaufsteuerung

4.2.1. Aufgabenstellung

Die Ablaufsteuerung muß, wie bereits gesagt, nach vorgegebenen Regeln den Transport der Daten von und zu den verschiedenen Baugruppen der Schalteinrichtung vornehmen, muß die Baugruppen evtl. zu verschiedenen Arbeitsmoden anregen und empfängt Informationen von den Baugruppen oder aus dem Prozeß, die den Ablauf in bestimmter Weise beeinflussen. Die Ablaufsteuerung tauscht also Steuerdaten mit den übrigen Baugruppen der Schalteinrichtung oder mit dem gesteuerten Prozeß aus. Ein Beispiel möge dies klar machen, wobei als technischer Prozeß wiederum die automatische Fernsprechvermittlung dient (vgl. Abschnitt 7). Zur Vereinfachung wird nur ein Ausschnitt aus dem

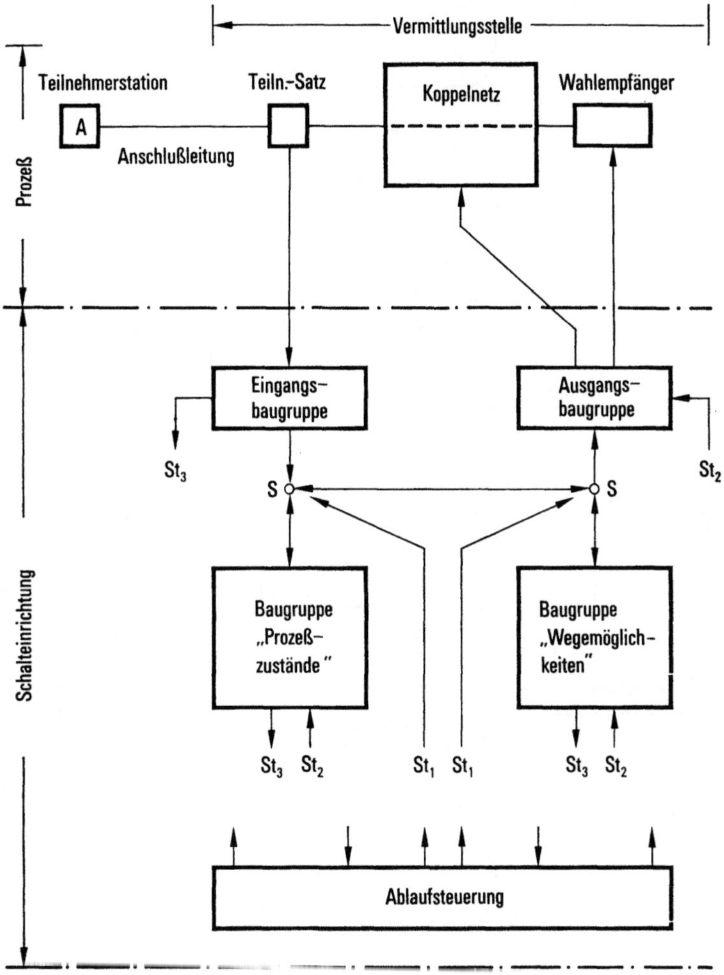

Bild 4.5. Ausschnitt aus dem Prozeß „Fernsprechvermittlung".

Gesamtprozeß nebst zugehöriger Schalteinrichtung gezeigt (Bild 4.5) (es sei dahingestellt, ob im Sinne einer strengen Definition die Schalteinrichtung Teil oder Ergänzung des Prozesses sein sollte. Hier wird sie im letztgenannten Sinne verstanden). Teile des Prozesses sind die Teilnehmerstation, die Anschlußleitung zur Verbindung der Teilnehmerstation mit der Vermittlungsstelle, ein jeder Teilnehmerstation zugeordneter Teilnehmersatz, ein Koppelnetz zur Durchschaltung von Verbindungswegen und ein Wahlempfänger zur Aufnahme von Ziffern der gewählten Rufnummer. Die Schalteinrichtung enthält im hier gezeigten Ausschnitt neben Eingangs- und Ausgangsbaugruppe sowie Ablaufsteuerung eine Baugruppe zur Registrierung von „Prozeßzuständen"

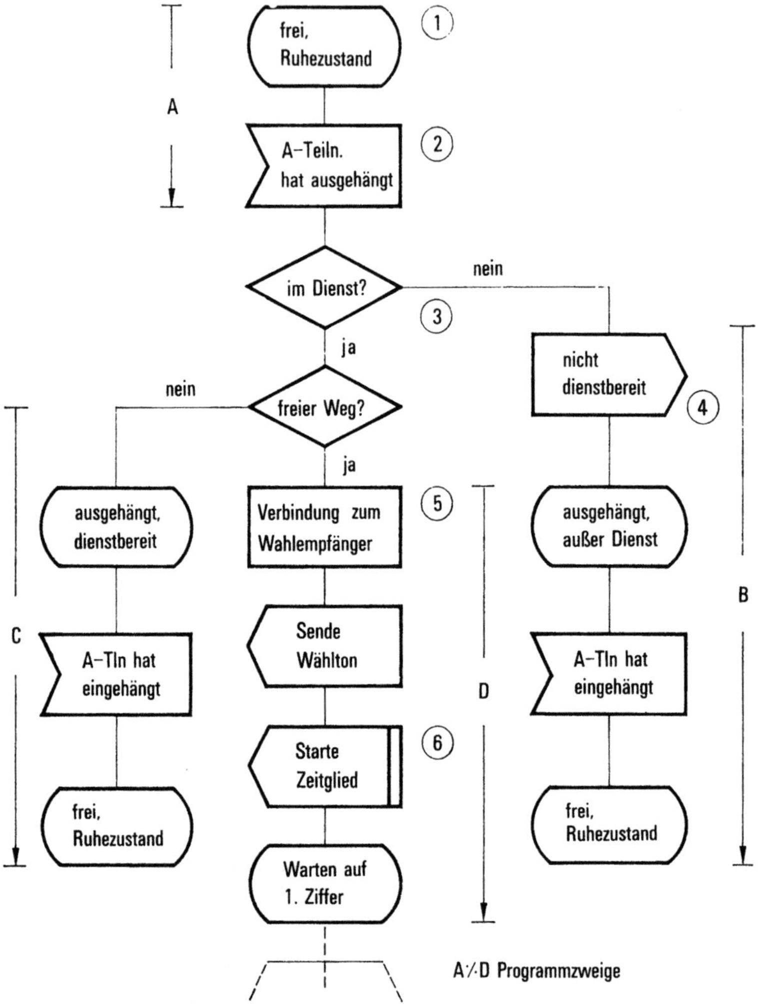

Bild 4.6. Beschreibung der Prozeßfunktionen mit „SDL".

und eine Baugruppe zur Untersuchung und Auswahl von „Wegemöglichkeiten" im Koppelnetz.

Will man die Funktionen der Ablaufsteuerung erkennen, so muß als erstes eine „Problembeschreibung" — also eine Beschreibung der Prozeßfunktionen — angefertigt werden. Hierfür gibt es bereits Beschreibungsmittel; eines von diesen ist die durch das CCITT empfohlene „functional specification and description language" (SDL) [4.7]. Bild 4.6 wendet die SDL auf den erwähnten Ausschnitt des Vermittlungsprozesses an. Die verwendeten Symbole haben folgende Bedeutung: ① kennzeichnet einen Zustand (State), ② eine von außen kommende Eingabe-Information (External input), ③ eine Entscheidung (Decision), ④ einen nach außen gerichteten Ausgabe-Befehl, ⑤ einen (an anderer Stelle ausführlicher beschriebenen) Funktionsablauf (Task), ⑥ einen im Teilsystem verbleibenden (internen) Ausgabe-Befehl. — Beschrieben werden die Prozeßfunktionen, die für den Übergang von einem Prozeßzustand in einen folgenden erforderlich sind.

Hier wird der Prozeßablauf für *einen* bestimmten Fernsprechteilnehmer „A" gezeigt. Im *Ruhezustand* ① des Prozesses hat der Teilnehmer A den „Hörer" aufgelegt, er ist also *frei* und kann angerufen werden. Wenn der Teilnehmer den Hörer aushängt, wird dies als Eingabe-Information ② vom Teilnehmersatz an die Schalteinrichtung gesendet. Die Schalteinrichtung muß nun prüfen, ob der betreffende Teilnehmer „im Dienst" ist, d. h., ob er am Fernsprechdienst teilnehmen kann oder ob er z. B. gesperrt ist ③. Dies geschieht durch Abfrage der gespeicherten Teilnehmereigenschaften in der Baugruppe „Prozeßzustände". Es sei angenommen, daß der Teilnehmer „im Dienst" ist; aufgrund der Entscheidung ③ wird also der mittlere Pfad im Diagramm Bild 4.6 weiter verfolgt. Als nächstes ist zu klären, ob eine Verbindungsmöglichkeit zu einem freien Wahlempfänger besteht. Diese Anfrage geht an die Baugruppe „Wegemöglichkeiten". Die Antwort sei „ja", so daß erneut der mittlere Pfad durch das Diagramm eingeschlagen wird. Nunmehr ist ein Weg durch das Koppelnetz zu einem Wahlempfänger zu schalten. Dieser Auftrag wird von der Baugruppe „Wegemöglichkeiten" im Zusammenspiel mit dem Prozeß ausgeführt; der Vorgang ist hier nicht im einzelnen beschrieben ⑤. Mit dem Durchschalten des Weges zum Wahlempfänger wird dieser „belegt" und zum Aussenden des Wähltons aufgefordert. Anschließend wird ein überwachendes Zeitglied gestartet, das weitere Aktionen veranlaßt, wenn der Teilnehmer nicht innerhalb einer bestimmten Frist zu wählen beginnt ⑥. Damit ist der Prozeß vom Zustand „frei, Ruhezustand" zum Zustand „Warten auf 1. Ziffer" übergegangen. — Auf die Bedeutung der Seitenpfade B und C wird hier nicht eingegangen. Die Aufgabenstellung für die Ablaufsteuerung läßt sich nun präzisieren (Bild 4.5):

a) Über Schaltstellen S müssen die Nutzdaten von der Eingangsbaugruppe zur einen oder anderen Verarbeitungsbaugruppe (hier: „Prozeßzustände" oder „Wegemöglichkeiten") und von dort zur Ausgangsbaugruppe transportiert werden. Die Ablaufsteuerung sorgt mit entsprechenden Steuerdaten St_1 für die Betätigung der zugehörigen Schaltstellen S.

b) Die Baugruppen müssen durch entsprechende Steuerdaten St_2 mit der Abwicklung spezifischer Be- und Verarbeitungsaufgaben beauftragt werden.

c) Die Steuerdaten St_1 und St_2 sind hierfür ziel- und zeitrichtig auszugeben. Steuerdaten St_3 aus dem Prozeß oder aus den Baugruppen der Schalteinrichtung nehmen hierauf Einfluß.

Steuerdaten der Kategorie St_3 sind z. B. „Teilnehmer hat ausgehängt“ oder „Teilnehmer im Dienst“. Im ersten Fall wird der Ablauf *unbedingt* weitergeschaltet (d. h., es gibt keine Alternative); im zweiten Fall handelt es sich um die *bedingte* Weiterverfolgung eines von mehreren möglichen Ablaufpfaden.

In der Art und Weise, wie die Ablaufsteuerung die ziel- und zeitrichtige Ausgabe von Steuerdaten bewirkt, können sich die Schalteinrichtungen signifikant unterscheiden.

4.2.2. Das Herstellen von zeitlichen Folgen

Wie Bild 4.6 deutlich macht, laufen die Prozeßfunktionen in aufeinanderfolgenden Schritten ab (Abschnitt 4.1.1). Die Schrittintervalle können unterschiedlich groß sein. Zu unterscheiden ist, wie das bis zum Anstoß des jeweils nächsten Schrittes notwendige Zeitintervall erzeugt wird und wie dieser Anstoß erfolgt (Bild 4.7):

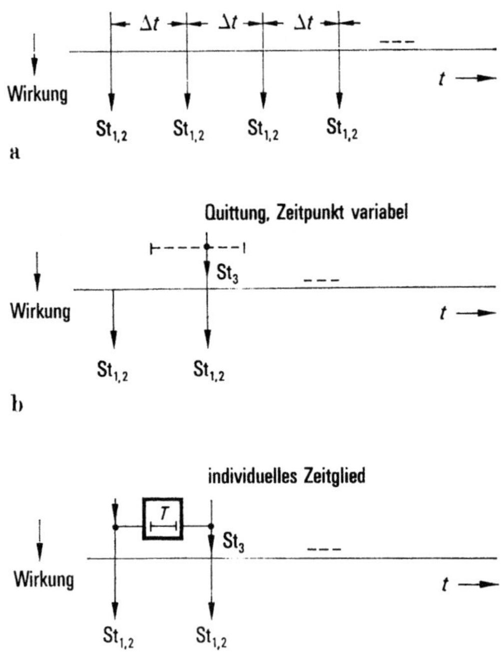

Bild 4.7a–c. Die Erzeugung zeitlicher Folgen.
a) Rastersteuerung;
b) Quittungssteuerung;
c) Zeitgliedsteuerung.

a) Rastersteuerung

Der gesamte Ablauf ist in gleichmäßige Intervalle Δt unterteilt. Jeweils nach Δt wird ein neuer Satz von Steuerdaten St_1 oder/und St_2 ausgegeben, der den Prozeß um einen Intervallschritt weiterschaltet. Das Intervall Δt wird durch ein festeingestelltes Zeitglied, durch einen Taktgenerator oder ähnliches erzeugt (Bild 4.7a).

b) Quittungssteuerung

Ein Steuerdatum der Kategorie St_3 aus dem Prozeß oder aus den Baugruppen der Schalteinrichtung dient als Quittung für den Abschluß des vorhergehenden Ablaufschrittes. Es ist damit zugleich Anstoß für den nächsten Ablaufschritt. Im Fall des Bildes 4.6 kann z. B. das Steuerdatum „im Dienst" als Quittung für die erfolgte Abfrage der Baugruppe „Prozeßzustände" und als Anstoß der Abfrage der Baugruppe „Wegemöglichkeiten" dienen (Bild 4.7b).

c) Zeitgliedsteuerung

Ein individuell für eine bestimmte Prozeßfunktion dimensioniertes Zeitglied wird vom vorhergehenden Prozeßschritt angestoßen und löst nach seinem Ablauf einen folgenden Prozeßschritt aus (Bild 4.7c). In Bild 4.6 ist dies der Fall mit Zeitglied ⑥.

Häufig werden alle drei Verfahren innerhalb einer Schalteinrichtung angewendet. Meist liefert die Rastersteuerung mit Hilfe eines *Taktsystems* eine Elementarzeit, auf der andere Schalt- und Zeitfunktionen aufsetzen können. — Ein Taktsystem gibt zu periodisch wiederkehrenden Zeitpunkten *kurze Impulse* ab, die insbesondere zur Steuerung von Kippstufen ausgenützt werden. Der Takt wird an die *Takteingänge* e_t der Kippstufen gelegt (siehe Bild 3.10) und sorgt dafür, daß die Kippstufen in den durch die Eingangssignale e_1 und e_2 *vorbereiteten* Schaltzustand versetzt werden.

Neben dieser Elementarzeit-Erzeugung durch Zeitraster übernimmt ein Taktsystem weitere Aufgaben:

a) Synchronismus

Eine unmittelbare Folge der Steuerung in Raster-Zeitpunkten ist, daß man sicher sein kann, in allen von demselben Takt versorgten Teilen der Schalteinrichtung zu den vom Takt gekennzeichneten Zeitpunkten determinierte Schaltzustände anzutreffen. Das hat große Bedeutung für die Durchsichtigkeit des Steuerungsablaufs, für die Simulation und für die Prüfung der Schalteinrichtung. Getaktete Schalteinrichtungen werden deshalb auch oft *synchrone Schalteinrichtungen* genannt.

b) Störsicherheit

Besonders in schnellen Schaltkreissystemen, deren Schaltungen auf Signale der Dauer von Nanosekunden reagieren, besteht die Gefahr der ungewollten Beeinflussung durch Störimpulse. Diese Beeinflussung wird verringert, wenn man die Gefahrenzeit, in der ein Störimpuls ein Nutzsignal verfälschen kann, sehr klein macht. Hierzu läßt man den Takt so wirken, daß er insbesondere an den wegen ihrer Speicherwirkung kritischen Kippstufen die Zeit begrenzt, in der ein Eingangssignal (z. B. e_1, e_2) wirksam werden kann.

4.2.3. Das Herstellen logischer Zusammenhänge mit verdrahtetem Programm

Die früher bestehenden und zeitweise intensiv diskutierten Alternativen des „verdrahteten“ oder „gespeicherten“ Programms sind heute praktisch nicht mehr relevant. Das „verdrahtete Programm“ wird meist nur noch für sehr einfache Schaltaufgaben eingesetzt; es wird zunehmend durch Mikroprozessoren verdrängt, die nach dem Prinzip des gespeicherten Programms arbeiten. Deshalb genügt hier eine kurze Erläuterung an einem stark vereinfachten Beispiel.

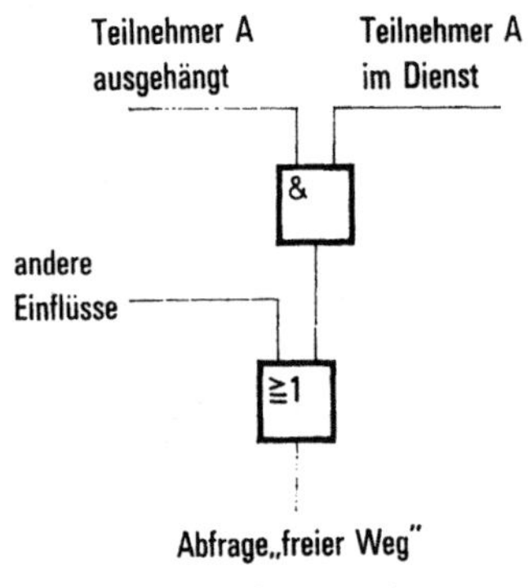

Bild 4.8. Vereinfachtes Beispiel für „verdrahtetes Programm“.

Im verdrahteten Programm werden Gatter, Kippstufen und Zeitglieder entsprechend den spezifischen Aufgaben der jeweiligen Ablaufsteuerung miteinander *verdrahtet*. Eine solche Gatter-Verdrahtung gibt z. B. Bild 4.3c an. Ein kleines Beispiel, das sich an den Steuerungsaufgaben aus den Bildern 4.5 und 4.6 orientiert, zeigt Bild 4.8. In Bild 4.6 wird nach der Abfrage, ob sich der Teilnehmer „im Dienst“ befindet, die Frage nach einem „freien Weg“ veranlaßt. Dies bewirkt in Bild 4.8 die untere ODER-Schaltung, die durch verschiedene Einflüsse aktiviert werden kann. Einer dieser Einflüsse ist im Bild 4.6 beschrieben: Die Abfrage der Baugruppe „Wegemöglichkeiten" (in Bild 4.5 gezeigt) erfolgt abhängig davon, daß Teilnehmer A ausgehängt hat *und* im Dienst ist (Realisierung durch die obere UND-Schaltung in Bild 4.8). Sie darf nicht erfolgen, wenn Teilnehmer A nicht im Dienst ist oder nicht ausgehängt hat. Es werden bei diesem „pragmatischen Vorgehen" also die Bedingungen für die Aktivierung von Steuerdaten ($St_{1,2}$) einzeln untersucht und bestimmt. Im allgemeinen ergeben sich aus diesen Bedingungen Schaltungsanordnungen, die außer Gattern auch noch Kippstufen und Zeitglieder enthalten.

4.2.4. Das Herstellen logischer Zusammenhänge mit gespeichertem Programm

Im gespeicherten Programm werden die Schaltaufträge für den Transport der Daten und für die Ausführung bestimmter Funktionen in den Baugruppen der Schalteinrichtung nicht im obigen Sinn „verdrahtet", sondern einer Tabelle entnommen. Diese Tabelle wird sehr häufig im Speicher der Schalteinrichtung aufbewahrt, woraus sich die Bezeichnung dieses Steuerungsverfahrens ergibt. Es ist also notwendig, den gesamten Steuerungsablauf in geeignete Einzelschritte zu zerlegen und die bei jedem einzelnen Schritt auszuführenden Schaltaufträge anzugeben. Diesen Vorgang nennt man *Programmierung.* Zur Erläuterung: In der Beschreibung der als Beispiel gewählten Prozeßfunktionen (Bild 4.6) werden *Programmzweige* A bis D definiert. In jedem Programmzweig müssen die durch die Ablaufsteuerung (Bild 4.5) auszuführenden Schaltvorgänge Schritt für Schritt festgelegt werden: zu betätigende Schaltstellen S, um die Nutzdaten zur richtigen Stelle zu leiten, und Arbeitsmoden der Verarbeitungsbaugruppen, um die richtige Nutzdatenverknüpfung zu erreichen. Zum Beispiel muß das Datum „A-Teilnehmer hat ausgehängt" über eine Schaltstelle S zunächst zur Baugruppe „Prozeßzustände" geschaltet werden. Diese Baugruppe wird durch ein Steuerdatum St_2 sodann beauftragt, die „Diensteigenschaft" des A-Teilnehmers auszugeben.

Im Zuge der Programmierung wird man also für jeden Programmzweig eine Tabelle von nacheinander ablaufenden Schaltfunktionen erhalten. Nun ergibt sich das Problem, die Einzeltabellen zu einer Gesamttabelle zusammenzusetzen. Bild 4.9 zeigt ein Prinzipbeispiel. Die Einzeltabellen A bis D werden untereinandergeschrieben, müssen aber nun durch „Adressenhinweise" richtig miteinander verknüpft werden. Die Verknüpfung ist abhängig von den Aussagen der abgefragten Steuerdaten St_3, im Beispiel also „im Dienst" und „freier Weg" mit den Antworten

„ja" oder „nein". Im Bild ist die Verknüpfung so gewählt, daß mit der Antwort „ja" eine Adresse oder Tabellenzeile angegeben wird, von der aus die Folge der Schaltfunktionen fortzusetzen ist (im Beispiel n_5 bzw. n_8). Dagegen kann mit der Antwort „nein" der Ablauf unmittelbar anschließend weitergeführt werden. Die Antwort „ja" führt also zu einem „bedingten Sprung", bedingt nämlich durch die Aussage des Steuerdatums. — Es gibt auch „unbedingte Sprünge", die auf jeden Fall auszuführen sind. Angenommen, die Programmzweige B, C und D würden alle in einen gemeinsamen Zweig E einmünden, so müßte am Ende der Teiltabellen B und C ein Adressenhinweis auf den Beginn des Tabellenteils E stehen (hier n_9).

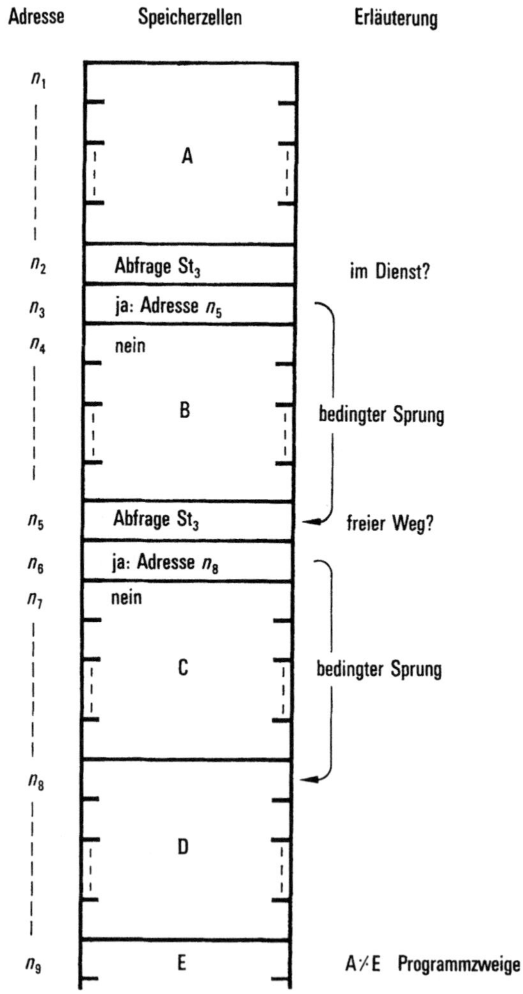

Bild 4.9. Prinzip des Programmspeichers.

Bild 4.10 deutet an, wie in der Ablaufsteuerung die Zusammenarbeit mit dem oben beschriebenen Programm erfolgt. Die Programmtabelle sei bereits im Programmspeicher eingeschrieben. Der *Befehlszähler* liest im allgemeinen den Programmspeicher Zeile nach Zeile aus; er befindet sich dabei im Weiterschaltmodus „+1“: Nach Ausführung des in einer Tabellenzeile angegebenen *Befehls* wird mit der nächsten Tabellenzeile der nächste Befehl ausgegeben. Ist im Fall einer Entscheidung (Bild 4.6) die Aussage des Steuerdatums St_3 „nein“, so muß nach Bild 4.9 der Befehlszähler um 2 Schritte weitergeschaltet werden („+2“). Sagt das Steuerdatum „ja“ aus, so wird der Inhalt der nächsten Tabellenzeile als „Adresse“ einer weiteren Tabellenzeile gedeutet, von der aus das Programm fortzusetzen ist; der Befehlszähler wird auf diese Adresse eingestellt. Der Inhalt der Tabellenzeilen — soweit er nicht Adressen angibt — bezeichnet als „Befehl“ (über einen oder mehrere Decoder) die zu aktivierenden Schaltstellen und Schaltmoden (Steuerdaten St_1 und St_2).

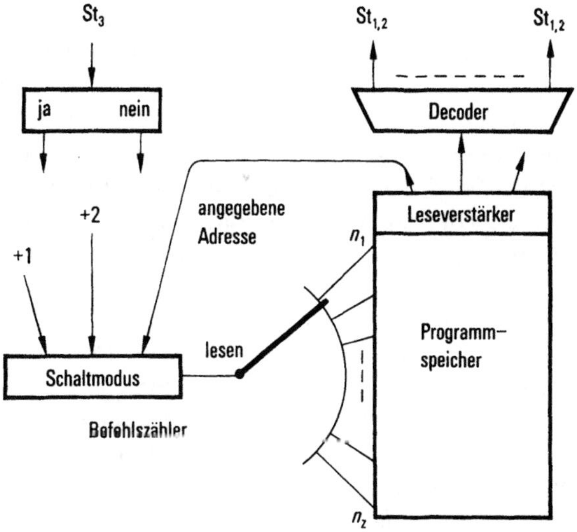

Bild 4.10. Prinzip der Ablaufsteuerung mit gespeichertem Programm.

Dies ist ein einfaches Beispiel für die Wirkungsweise des „gespeicherten Programms“, demonstriert an dem Ausschnitt einer speziellen Schalteinrichtung, wie sie zur Abwicklung der Prozeßfunktionen nach Bild 4.6 geeignet ist. Seinen Siegeszug hat das gespeicherte Programm aber im Zusammenhang mit *universellen* Schalteinrichtungen angetreten, die als *Datenverarbeitungsanlagen* beliebige Funktionen realisieren können. Das liegt daran, daß einerseits in Tabellenform niedergeschriebene Logikfunktionen leichter zu überblicken sind als solche verdrahteter

Art. Andererseits ermöglicht die Ablage der Funktionen in einem änderbaren Speicher damit auch die Änderung von Funktionen und Funktionsfolgen, ohne daß man in die Verdrahtung (in die sog. „Hardware") der Schalteinrichtung eingreifen muß (siehe Abschnitt 4.2.5). Einen tieferen Einblick in die Wirkungsweise einer solchen Schalteinrichtung vermittelt die Beschreibung eines Mikroprozessors im Abschnitt 6.6.

4.2.5. Programmstrukturen

Der Übergang von dem im vorhergehenden Abschnitt diskutierten Beispiel einer speziellen Schalteinrichtung zum „Universalrechner" ist gekennzeichnet durch Verallgemeinerung der Baugruppenfunktionen: Anstelle der speziellen Baugruppen „Prozeßzustände" und „Wegemöglichkeiten" gibt es einen universell und allgemein verwendbaren Speicher (in dem u. a. also auch das Programm abgelegt werden kann) sowie Verarbeitungsbaugruppen, welche die Nutzdaten in elementarer Weise verknüpfen. Solche elementaren Funktionen sind „UNDieren", „ODERieren", „Verschieben" usw. Die somit entstandene „Hardware" universeller Schalteinrichtungen hat sich im Laufe der Jahre — in mehreren technischen Generationen — zu den hochgezüchteten und ausgefeilten „System-Architekturen" der heutigen Datenverarbeitungsanlagen entwickelt. Hier ist nicht der Platz, darauf näher einzugehen. Stellvertretend für umfangreiche Literatur sei [4.8] genannt.

Unter dem Oberbegriff „Verfahren der Ablaufsteuerung" darf ein Hinweis auf die sich ständig ausweitenden „Software-Systeme" nicht fehlen. Die im vorigen Abschnitt geschilderte Programmierung ist „maschinenbezogen": Der Programmierer überlegt sich, welche Bitmuster er in den einzelnen Speicherzellen eintragen muß, um die je Zeile (Ablaufschritt) erforderlichen Schaltbefehle (also Steuerdaten St_1 und St_2) abgeben zu können. Die Programmierung erfolgt also unmittelbar in der *Maschinensprache*. Dieses Verfahren aus der Frühzeit der Speicherprogrammierung hat man sehr bald verlassen und durch die *Assembler*-Programmierung ersetzt. Dabei geschieht das Programmieren weiterhin „maschinennah", jedoch verwendet der Programmierer mnemotechnische Begriffe zum Aufruf der Steuerdaten. Diese Begriffe sind in der *Befehlsliste* der Schalteinrichtung zusammengestellt; sie beschreibt damit deren Funktionsvorrat. Mit Hilfe des Assemblers — eines Programms, das auf einer beliebigen Datenverarbeitungsanlage ablauffähig sein kann — werden die mnemotechnischen Begriffe automatisch in die Maschinensprache übersetzt. — Übrigens ist man dazu übergegangen, auch den Funktionsvorrat der Schalteinrichtung in gewissen Grenzen flexibel zu gestalten, indem man die Prinzipien des gespeicherten Programms ebenfalls auf die zur Abwicklung der Befehle notwendigen Folgen elementarer Funktionsschritte anwendet (sog. *Firmware*).

Aus verschiedenen Gründen verliert jedoch auch die Programmierung in Assemblersprache immer mehr an Bedeutung gegenüber der Programmierung in *höheren Programmiersprachen.* Solche Sprachen werden für verschiedene Benutzerkreise definiert; sie haben den Vorteil, daß sie eine *maschinenunabhängige* Programmierung erlauben. Die Programme werden damit *portabel*, d. h., sie können auf verschiedenen Maschinen ablaufen; das ist ein unschätzbarer Vorteil für große, allgemein verwendbare Programmsysteme. Freilich bedarf es nun eines eigenen Programmsystems, eines *Compilers*, der in mehreren Schritten die Umsetzung der betreffenden höheren Programmiersprache in die jeweilige Maschinensprache vornimmt. Damit verbunden sind meist Programmierhilfen, die die Arbeit des Programmierers unterstützen. Nachteilig ist die im allgemeinen größere Laufzeit von Programmen, die in einer höheren Programmiersprache geschrieben sind, gegenüber in Assemblersprache geschriebenen Programmen. Stellvertretend für viele, teilweise weit verbreitete höhere Programmiersprachen sei hier CHILL (*C*CITT-*H*igh *L*evel *L*anguage) genannt, — eine Sprache, die vom CCITT für die Anwendung in Nachrichtenvermittlungen empfohlen wird [4.9].

Programmiersprachen dieser Art beschreiben das Repertoire von Verarbeitungsfunktionen in einer Weise, welche die in der ursprünglichen Hardware-Architektur eingebauten Schaltfunktionen für den Programmierer nicht mehr durchscheinen läßt. Auf den relativ einfachen Grundfunktionen der Hardware bzw. Firmware bauen sich die Assemblerfunktionen auf, die ihrerseits wieder Basis für stufenweise komplexere Funktionen der höheren Programmiersprachen sind. Die jeweils „höhere Funktionsschicht" nutzt also die Funktionen der darunter liegenden Schicht, um aus diesen eine „höhere Grundfunktion" zusammenzusetzen, die ihrerseits wieder in noch höheren Schichten *Teil* noch höherer Grundfunktionen werden kann. Bild 4.11a deutet dies in einem konzentrischen *Schichtenmodell* an. Was für die Programmiersprachen gilt, ist in noch höherem Maße bei der Anwendung der Programmiersprachen in den Programmsystemen der Fall. Bild 4.11b gibt eine stark vereinfachende Darstellung: Auf dem Hardware-Kern setzt das *Betriebssystem* auf, welches eine Reihe von Routineaufgaben übernimmt, die dem Anwender das Arbeiten mit der Datenverarbeitungsanlage erleichtert: Eine Auftragssteuerung teilt der Datenverarbeitungsanlage die jeweils nächste Arbeit zu. Datenbankroutinen entlasten den Anwender von der Notwendigkeit, Darstellung und Organisation der Datenbestände für die verschiedenen Anwendungen zu kennen. Ferner wird die Zusammenarbeit mit mehreren Benutzern (Teilnehmerbetrieb) geregelt; die Ein- und Ausgabebaugruppen werden gesteuert und Aufgaben zur Funktionssicherung übernommen. Dies sind einige der wichtigen Betriebssystem-Aufgaben, die es dem Anwender ermöglichen, seine *Anwenderprogramme* ohne Rücksichtnahme auf diese notwendigen Grundfunktionen zu erstellen. Betriebssysteme können außerordentlich komplex und umfangreich werden — je nach gebotenen Funktionen und Komfort. Sie enthalten oft viele hunderttausend oder gar Millionen „lines of code", was in allererster Näherung entsprechend viele Tabellenzeilen (Bild 4.9) bedeutet.

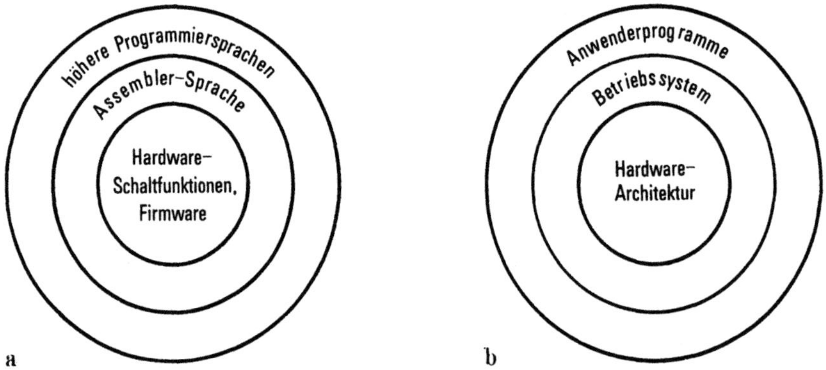

Bild 4.11a u. b. Schichtenmodelle der Komplexität.
a) Funktionsvorrat und Sprachen;
b) Hardware- und Programm-Systeme.

Mit den Anwenderprogrammen wird der Bereich der eigentlichen Nutzung universeller Datenverarbeitungsanlagen angesprochen. Es handelt sich um einen Bereich großer Vielfalt mit einfachen oder auch sehr komplexen Programmen für die verschiedensten Nutzungsaufgaben. Dabei hat es sich herausgestellt, daß der Mensch noch nicht gelernt hat, mit der Komplexität großer Programme fertig zu werden, oder vielleicht auch, daß er lernen muß, mit (von ihm verursachten) Fehlern in Programmsystemen zu leben (das gilt auch für Betriebssysteme). Im Hinblick darauf bleibt das Bemühen, durch Entwicklung geeigneter methodischer und technischer Hilfsmittel zu *möglichst* fehlerfreier Software zu gelangen. Eines steht fest: Ohne den „Trick", die Folge der Schalteinrichtungsfunktionen in Tabellenzeilen aufzuschreiben, zu programmieren, — oder anders gesagt: Ohne das „gespeicherte Programm", allein mit den alten, wenig systematisierten Prinzipien des „verdrahteten Programms", — hätte man nicht im entferntesten den

Funktionsumfang heutiger Schalteinrichtungen bzw. Datenverarbeitungsanlagen erreichen können.

Mit diesen Ausführungen konnte das gewaltige Thema „Software" nur oberflächlich gestreift werden. Die Methoden der Software-Herstellung (Software Engineering) und des Software-Managements sind — wie erwähnt — noch durchaus im Fluß. Man ist bestrebt, die Programmierung mehr in die Nähe natürlicher menschlicher Sprachartikulation zu rücken. Mit Sicherheit wird sich der Trend zu immer komplexeren Aufgaben in der Datenverarbeitung fortsetzen. Dementsprechend muß es gelingen, die Herstellung der Software in Effektivität und Qualität gegenüber dem heutigen Stand noch merklich zu verbessern.

Einige Hinweise zu weiterführender Literatur gibt [4.10]. Sie müssen eine mehr oder weniger willkürliche Auswahl aus der Überfülle der Veröffentlichungen bleiben.

4.3. Einsatzfälle und Anforderungen

Wie bereits erwähnt, decken Schalteinrichtungen einen beliebig breiten Bereich von Anwendungen ab bis hin zur universellen, eigenständigen Datenverarbeitungsanlage. Schalteinrichtungen können dem jeweiligen Anwendungsfall in Schaltkreistechnik und Steuerungsprinzip optimal angepaßt werden, so wie es die Beispiele in Bild 4.5 und 4.8 zeigen. Im Bestreben, vorhandene Hardware- und Software-Technologien und -Systeme weitestgehend zu nutzen, versucht man jedoch, Spezialisierungen tunlichst zu vermeiden. Das gilt in besonderem Maße für die prozeß*steuernden* Schalteinrichtungen, während für die eigentliche Prozeß*peripherie* spezielle, dem Prozeß angepaßte Einrichtungen im allgemeinen nicht zu umgehen sind.

Im Spektrum der Anwendungen können, wie bereits in Abschnitt 4.1.1 kurz erwähnt, zwei große Kategorien unterschieden werden:

a) Die Schalteinrichtung arbeitet nur mit *einem* Prozeß oder *einem* Benutzer zusammen.

b) Die Schalteinrichtung bedient *viele* Prozesse oder *viele* Benutzer (u. a. im sog. *Teilnehmerbetrieb*).

Es ist manchmal schwierig, diese Kategorien gegeneinander abzugrenzen. Im allgemeinen stellt Kategorie b) die höheren Anforderungen an Schalteinrichtungen und Gesamtsystem. Deshalb sollen die folgenden Gesichtspunkte insbesondere in Hinblick auf Fall b) abgehandelt werden, ohne damit auszuschließen, daß diese Aspekte auch in der Kategorie a) bedeutungsvoll sein können.

4.3.1. Die Leistungsfähigkeit von Schalteinrichtungen

Die Abarbeitung eines bestimmten Auftrages beansprucht gewisse Zeitabschnitte, während derer die Schalteinrichtung keine anderen Aufträge bearbeiten kann. Es ist einleuchtend, daß die Anzahl der in der Zeitspanne T abgewickelten Aufträge c multipliziert mit der mittleren Bearbeitungszeit t_m *eines* Auftrags keine höhere *Belastung*

$$Y = c \cdot t_m \tag{4.1}$$

der Schalteinrichtung als Eins oder 100% ergeben darf. Die Zahl der *angebotenen* Aufträge muß sich in diesem Rahmen halten (Abschnitt 7.2).

Wenn eine Schalteinrichtung mit mehreren Prozessen oder Benutzern zusammenarbeitet, die voneinander unabhängig sind, so können sich Überlappungen ergeben: Zufällig fordert Prozeß B die Schalteinrichtung an, während sie noch für Prozeß A arbeitet. Die Folge sind Wartezeiten. Die daraus sich ergebenden Konsequenzen werden in Abschnitt 7.2 näher erläutert. Es zeigt sich, daß dann die Gesamtbelegungszeit der Schalteinrichtung in jedem Fall *kleiner* als T sein muß. T möge z. B. eine Stunde betragen; je näher dann die Belegungszeit an den Zeitwert 1 Stunde heranrückt, desto länger werden *im Mittel* die Wartezeiten der Prozesse, die nicht sofort bedient werden können. Im allgemeinen wird aber eine *Reaktionszeit* t_R vorgegeben sein, nach der ein Prozeß das Ergebnis aus dem an die Schalteinrichtung erteilten Auftrag erwartet. Damit wird auch ein Grenzwert für die Belastung der Schalteinrichtung vorgegeben.

Die mittlere Zeit zur Ausführung eines in einer Tabellenzeile (Bild 4.9) stehenden *Befehls*, die sog. *mittlere Operationszeit*, sei t_{op}. Die Zahl der je Auftrag im Mittel abzuwickelnden Befehle sei n. Dann wird die mittlere Bearbeitungszeit eines Auftrags $t_m = n \cdot t_{op}$ und die Belastung Y der Schalteinrichtung

$$Y = c \cdot n \cdot t_{op}. \tag{4.2}$$

Der Wert von Y muß in der Praxis — entsprechend der zugelassenen Reaktionszeit — mehr oder weniger unter Eins liegen. Zum Beispiel können für $Y = 0{,}8$, $t_{op} = 1\ \mu s$ und $n = 10^4$ etwa $c = 290000$ Aufträge je Stunde abgewickelt werden.

Man wird Schalteinrichtungen nun so dimensionieren, daß die mittlere Operationszeit für den gewünschten Einsatzfall ausreicht. Schalteinrichtungen sollen nicht zu schnell sein, denn nicht ausgenutzte Geschwindigkeit bedeutet überflüssigen Aufwand. Häufiger steht man aber vor der umgekehrten Problematik: Man muß die Geschwindigkeit hochziehen, um gegebene Anforderungen abdecken zu können. Dafür gibt es u. a. folgende Möglichkeiten:

a) Parallelisierung von Verarbeitungsprozessen

Im allgemeinen werden die Nutzdaten „stückweise" in den Verarbeitungsbaugruppen verknüpft und auf den Übertragungswegen transportiert. Handelt es sich z. B. um 32stellige Nutzdaten und bietet die Schalteinrichtung nur 8 bit „breite" Verarbeitungs- und Transportmöglichkeiten an, so muß ein Verknüpfungsprozeß über die ganze Datenbreite viermal ablaufen. Macht man aber — mit entsprechend höherem „Hardware"-Aufwand — Verarbeitungsbaugruppen und Transportwege viermal so breit (also 32 bit breit), so erhält man eine entsprechende Beschleunigung der Verknüpfungs- und Transportvorgänge.

b) Verwendung schnellerer Schaltkreis-Systeme

Es gibt verschieden schnelle Schaltkreis-Familien. Man hat also häufig die Möglichkeit, durch Auswahl entsprechender Schaltkreise die gewünschte Leistungsfähigkeit zu erreichen. Allerdings wird dies meist mit höherem Aufwand für Schaltkreise und Aufbautechnik erkauft (Näheres in Abschnitt 5.2).

c) Verlagerung von Aufgaben

Die Belastung wird natürlich reduziert, wenn man Funktionen aus der Schalteinrichtung herausnimmt und auf weitere Schalteinrichtungen verlagert. Der Prozeß wird dann also durch ein System aus mehreren, im Verbund arbeitenden Schalteinrichtungen bedient (in der Datenverarbeitung spricht man von Multi-Computer- oder Multi-Prozessor-Systemen). Solche Verbundsysteme lassen sich in verschiedener Weise organisieren, wobei man darauf achten muß, daß durch den Organisationsaufwand möglichst wenig Verarbeitungszeit der Schalteinrichtungen verbraucht wird. Organisatorisch stellt eine hierarchische Struktur relativ einfache Anforderungen (Bild 4.12): Aus der Hauptschalteinrichtung werden möglichst zeitaufwendige, dabei aber einfache Funktionen herausgenommen und auf „Unter"-Schalteinrichtungen 1 bis n verteilt. Die Koordinierung der Arbeiten der Unter-Schalteinrichtungen geschieht durch die Haupt-Schalteinrichtung. Schwierigere organisatorische Probleme ergeben sich, wenn mehrere Schalteinrichtungen „gleichrangig" einen Prozeß (oder mehrere Prozesse) bedienen. Dann müssen geeignete Regeln für die Aufgaben- oder Lastverteilung gefunden werden. Wählt man diese Regeln so, daß bei Ausfall einer Schalteinrichtung eine der verbliebenen die Aufgaben der ausgefallenen Schalteinrichtung übernehmen kann, hat man zusätzlich einen Gewinn an Verfügbarkeit [4.11].

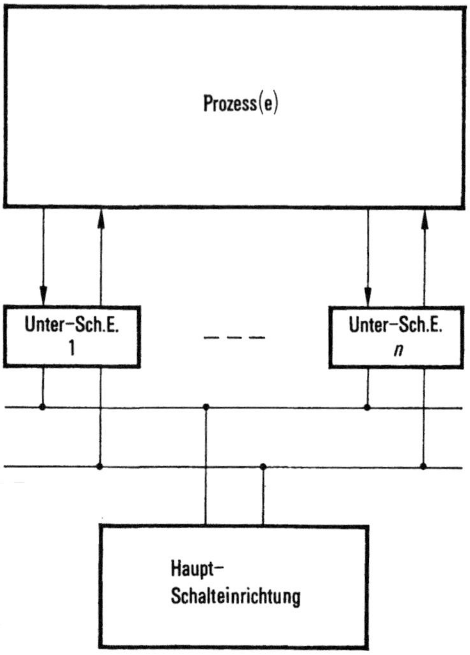

Bild 4.12. Verbund von Schalteinrichtungen: Hierarchische Struktur.

4.3.2. System-Verfügbarkeit

Abhängig von der Aufgabe des Prozesses kann die Forderung nach hoher und höchster System-Verfügbarkeit vorrangige Bedeutung bekommen. Für die prozeßsteuernden Schalteinrichtungen bedeutet dies hohe Sicherheit gegen Ausfall und eine Reihe von Vorkehrungen, die bei dem dann seltenen Ereignis des Ausfalls einer Schalteinrichtung die System-Verfügbarkeit wiederherstellen.

Grundsätzlich handelt es sich bei Störungen um Ereignisse, die man nur mit hoher Wahrscheinlichkeit, nicht aber mit vollkommener Sicherheit ausschließen kann. Alle Komponenten, aus denen Schalteinrichtungen bestehen, haben — wenn auch mehr oder weniger kleine — Ausfallraten. Die Geräte, die diese Komponenten enthalten, können deshalb auch nicht beliebig zuverlässig werden! Ein Beispiel: Ein gutes Bauteil habe die Ausfallrate $\lambda = 10^{-8}\ \mathrm{h}^{-1}$. Das bedeutet: Ein solches Bauteil ist im Mittel nach 100 Millionen Stunden (etwa 10000 Jahren) ausgefallen. Aber es gilt auch die umgekehrte Formulierung: Von 100 Millionen Bauteilen dieser Art fällt im Mittel stündlich eines aus; oder in etwas realistischeren Größenordnungen gesehen: Von 10000 Bauelementen der genannten Ausfallrate fällt im Mittel in jedem Jahr eines aus. Eine Schalteinrichtung, die 10000 derartige Bauelemente enthält, wird also im Mittel jährlich einmal ganz oder teilweise gestört.

Dieses Zahlenspiel macht eine wichtige Folge der Großintegration (LSI und VLSI, Abschnitt 5) deutlich: Die Zahl der Komponenten in einer Schalteinrichtung wird durch Großintegration drastisch reduziert. Wohl werden die integrierten Bauelemente mit steigendem Integrationsgrad unzuverlässiger, jedoch nicht in dem Maße, wie die Funktionsmächtigkeit wächst. Großintegration führt also neben dem Gewinn an Wirtschaftlichkeit zu zuverlässigeren Schalteinrichtungen!

Dennoch bleibt in vielen Fällen die Notwendigkeit, den Ausfall einer Schalteinrichtung durch geeignete Maßnahmen zu kompensieren, so daß der Prozeßablauf mit großer Wahrscheinlichkeit nicht beeinträchtigt wird. Wichtigste Maßnahme ist, für „Redundanz" zu sorgen, d. h., es muß eine „Ersatz-Schalteinrichtung" an die Stelle einer gestörten Schalteinrichtung treten können. Das allein genügt aber nicht, denn eine Ersatzeinrichtung muß automatisch in Betrieb genommen werden, unabhängig vom (mehr oder weniger) zufälligen Vorhandensein von Wartungspersonal. Dazu sind folgende automatische Funktionen notwendig [4.12]:

a) Eine Störung muß erkannt werden.

Das automatische Erkennen von Fehlfunktionen in einem Prozeß oder in einer Schalteinrichtung gehört zu den schwierigsten technischen Aufgabenstellungen. Am einfachsten noch lassen sich *Datentransport* und *Datenspeicherung* mit Hilfe *redundanter Codes* überwachen. Ein Beispiel hierfür ist die Sicherung mittels *Paritätsbit*: Dem Nutzdatenformat wird eine weitere Binärstelle hinzugefügt. Über diese Binärstelle wird das Nutzdatum auf der Sendeseite fallweise mit L oder O ergänzt, so daß sich — je nach Verabredung — stets eine gerade oder auch ungerade Anzahl von „Einsen" ergibt (siehe Abschnitt I.8.3.1). Entspricht der empfangene Paritätswert nicht dem verabredeten Wert, so ist während Transport oder Speicherung wenigstens ein Fehler aufgetreten, der *ein* L in O oder *ein* O in L verwandelt hat. Freilich bietet das Verfahren keinen Schutz gegen mehrfache Fehler. Bei höheren Sicherheitsanforderungen werden meist *zyklische Codes* verwendet, bei denen weitere redundante Bitstellen im Datenformat erforderlich sind [4.13].

Schwieriger zu überwachen sind *Verarbeitungsfunktionen* und *Ablaufsteuerung*. Bisweilen läßt man zwei (oder mehr) Schalteinrichtungen mit denselben Aufträgen parallel arbeiten und vergleicht deren Ergebnisse. Das ist eine sehr wirksame, wenn auch aufwendige Überwachungsmethode. Weniger aufwendig, dabei aber leider auch von geringerer Wirksamkeit ist der Einbau von sog. *Meilensteinen* (mile stones) in den Ablauf, die nach bestimmter Zeit erreicht werden müssen. Ein „Generalzeitglied", das den Gesamtfunktionsablauf überdeckt und im störungsfreien Betrieb vor Ablauf zurückgestellt werden muß, wird häufig als „Wachhund" (watch dog) bezeichnet.

b) Der Fehlerort muß lokalisiert werden.

Im allgemeinen gelingt es nicht, aus der Störungsmeldung unmittelbar auf den Fehlerort zu schließen. Die Störungsursache kann irgendwo im Prozeß oder aber auch in der Schalteinrichtung liegen. Beispielsweise läuft ein Überwachungszeitglied in der Schalteinrichtung ab, wenn sich das Programm der Ablaufsteuerung „verirrt", jedoch auch dann, wenn eine notwendige Quittung aus dem Prozeß ausbleibt. Die Fehlerlokalisierung erfordert „Strategien" des Vorgehens, die sich nach den speziellen Eigenschaften des Prozesses und der Schalteinrichtung richten. Beispiele hierfür: Aus der Störungshäufigkeit kann man ableiten, ob ein zentraler Fehler in der Schalteinrichtung oder ein dezentraler Fehler im Prozeß vorliegt. Oder aber man tauscht bei einer Störung auf Verdacht die zentrale Schalteinrichtung aus und wartet ab, ob die Störung wieder auftritt.

c) Der Fehler muß unwirksam gemacht werden.

Bei Fehlern in einer zentralen *Schalteinrichtung* ist — falls es sich um entsprechend wichtige Prozesse handelt, die nicht ausfallen dürfen — für die Übernahme der Prozeßsteuerung durch eine Ersatz-Schalteinrichtung zu sorgen. Aber auch Fehler im *Prozeß*, die sich breiter auswirken, müssen isoliert werden können, z. B. ein Potentialschluß auf einem Leitungssystem. Dafür sind prozeßspezifische Maßnahmen zu überlegen; eine Verallgemeinerung ist nicht möglich.

d) Die Reparatur muß unterstützt werden.

Ein Prozeßsteuerungssystem aus einer aktiven und einer Reserve-Schalteinrichtung könnte nahezu beliebig zuverlässig arbeiten, wenn es gelänge, eine ausgefallene Schalteinrichtung in der Reparaturzeit Null wieder funktionsfähig zu machen. Je länger jedoch die Reparatur dauert, desto größer wird die Wahrscheinlichkeit, daß während der Reparatur auch die gerade aktive Schalteinrichtung zusätzlich ausfällt. Es muß also dafür gesorgt werden, daß der reparierende Wartungstechniker Hinweise auf den Fehlerort bekommt, um die gestörte Einrichtung schnell wieder verfügbar machen zu können. Das kann z. B. durch zusätzliche, automatisch ablaufende Diagnoseprogramme geschehen. Prozeß und Prozeßsteuerung müssen allerdings für den Ablauf effektiver Diagnoseprogramme eingerichtet werden.

Maßnahmen zur Prozeßsicherung und Betriebsführung können — je nach Anforderungen — sehr aufwendig werden. Um ein Beispiel zu nennen: In Nachrichtenvermittlungsprozesssen dienen mehr als 50%

der Steuerungsprogramme der Aufrechterhaltung und Unterstützung des Betriebes. Dennoch gelingt es nicht, wie schon erwähnt, ein absolut störungssicheres System zu entwickeln. Einer der Gründe hierfür ist die Tatsache, daß man auch das gleichzeitige Auftreten von zwei und mehr unabhängigen Fehlern nicht ausschließen kann, wodurch sich sehr unübersichtliche und in ihrer Menge unvorhersehbare Störungsmöglichkeiten ergeben. Es zeigt sich aber, daß in der Praxis im allgemeinen eine im Sinne der Aufgabenstellung ausreichende Prozeßsicherheit erreicht werden kann.

Eingehendere Betrachtungen zur Systemverfügbarkeit sind im Abschnitt 6.5 zu finden.

4.4. Trends

In der Entwicklungsgeschichte der Schalteinrichtungen haben sich technische Prinzipien, technologische Verfahren und Wünsche der Anwendung wechselseitig befruchtet. Dies sei am Beispiel der schon oft herangezogenen Fernsprechvermittlungstechnik verdeutlicht.

Gegen Ende des 19. Jahrhunderts begann eine sehr wirksame Automatisierung dieser Technik mit elektromechanischen Mitteln, den Wählern und Relais (vgl. Abschnitt 5.1.2). Die aus Relais aufgebauten Schalteinrichtungen waren meist einfach, wenig oder gar nicht zentralisiert und hoch spezialisiert. Die Mehrzahl der Schalteinrichtungen umfaßte weniger als 10 Relais; allerdings gab es auch schon komplizierte Einrichtungen mit einigen 10 oder auch 100 Relais.

Mit der Erfindung des Transistors begann der Einzug der Elektronik in die Vermittlungstechnik. Elektronische Schalteinrichtungen erlauben mit ihrer Verschleißfreiheit und hohen Arbeitsgeschwindigkeit — Vorteile, die sich erst langsam gegenüber den Bedenken der Sicherheit durchsetzten — eine starke Zentralisierung von Steuerungsfunktionen. Diese hatte zur Folge eine Erweiterung der Betriebsmöglichkeiten der Vermittlungsstellen (vgl. Abschnitt 7.3.3), war dafür verbunden mit höherer Komplexität, aber auch mit den erwähnten Problemen der Verfügbarkeit. Eine gewisse Kulmination dieser Entwicklung wurde mit der Einführung speicherprogrammierter Vermittlungssysteme, beginnend in den sechziger Jahren, erreicht. Hierbei steuert eine zentrale Universalschalteinrichtung alle gewohnten und neuen Schaltfunktionen.

Die Konzentration des logischen Ablaufs aller Schaltfunktionen auf eine zentrale Schalteinrichtung bringt zwangsläufig ein relativ hohes Maß von Komplexität für diese Schalteinrichtung mit sich. Die Fortschritte der Technologie in Richtung hochintegrierter Schaltkreise (vgl. Abschnitt 5.2.2) können die Vorteile der Elektronik, die stark mit einer automatisierbaren Fertigung verknüpft sind, auch für dezentrale Schalteinrichtungen wirtschaftlich erschließen. Damit kann wieder ein Trend zur Dezentralisierung der logischen Funktionsabläufe und zur Entlastung der komplexen zentralen Schalteinrichtung einsetzen.

Diese an einem Beispiel erläuterte Entwicklung ist zu verallgemeinern. Folgende Thesen lassen sich aufstellen:

1. Das Verfahren des „gespeicherten Programms“ findet rasch wachsende Verbreitung. Auch relativ einfache Steuerungsaufgaben werden zunehmend durch standardisierte Mikrocomputer mit den Eigenschaften *universeller* Schalteinrichtungen mit gespeichertem Programm übernommen.

2. Mit diesem Trend verbunden ist eine Dezentralisierung der Intelligenz. Maschinelle Intelligenz wird „vor Ort“ eingesetzt, wo sie benötigt wird. Eine Zentralisierung der Intelligenz bringt keine wirtschaftlichen Vorteile mehr, ähnlich wie auch in Werkstätten und Fabrikhallen die Transmissionsriemen der Jahrhundertwende zugunsten der Elektromotoren an den Werkzeugmaschinen selbst verschwanden.

3. Damit ergeben sich Verbundsysteme aus Schalteinrichtungen oder Rechnern, die nach bestimmten Regeln zusammenarbeiten müssen. Eine wichtige Zukunftsaufgabe besteht darin, dafür geeignete Regeln aufzustellen. Mit ihr verknüpft ist die Forderung nach Kompatibilität der Schalteinrichtungen, damit auch Produkte verschiedener Hersteller zusammenarbeiten können.

4. Auch mit Dezentralisierung der Intelligenz wird die Implementierung der Software als Hauptaufgabe bleiben. Zwar werden die Software-„Pakete“ in den dezentralisierten Schalteinrichtungen kleiner, aber ein Prozeß-System muß als Ganzes geplant werden. Die Freiheitsgrade der Funktionsverteilung machen diesen ersten Entwicklungsschritt nicht einfacher.

5. Bausteine

In den vorhergehenden Abschnitten wurde eine prinzipielle Beschreibung der Impulserzeugung, der wichtigsten Logikschaltungen und der daraus zusammengesetzten Komplexe, der Schalteinrichtungen, gegeben. Im folgenden soll auf die technischen Realisierungsmöglichkeiten eingegangen werden. Die physikalische Wirkungsweise der verwendeten Bauelemente wird kurz erläutert, die aus ihnen zusammengesetzten Schaltungen werden beschrieben.

Dabei wird auch auf Zahlenwerte eingegangen, beispielsweise auf den Leistungsbedarf zur Durchführung einer logischen Verknüpfung, auf die Operationsgeschwindigkeit oder auf den erreichbaren Komplexitätsgrad von Schaltungen. Aus diesen Zahlen lassen sich einerseits Rückschlüsse auf die Grenzen von Digitalschaltungen — etwa im Hinblick auf Rechengeschwindigkeit — ziehen, auf der anderen Seite lassen sich die enormen Möglichkeiten für die Realisierung von Schalteinrichtungen erkennen, die insbesondere durch die Halbleitertechnik gegeben sind und die vorher undenkbar schienen.

5.1. Bauelemente

5.1.1. Halbleiterbauelemente

Halbleitende Stoffe, in ihrem Leitungsmechanismus näher den Isolatoren als den metallischen Leitern, sind das Baumaterial aller im folgenden beschriebenen Elemente. Dabei ist ihre charakteristische Eigenschaft, nämlich daß durch geringsten Zusatz von Fremdstoffen ihre relativ niedrige Leitfähigkeit nennenswert und gezielt erhöht werden kann, von besonderer Bedeutung. Die Beherrschung dieser Eigenschaft hat die Entwicklung von Halbleiterbauelementen erst möglich gemacht.

Die gebräuchlichsten Halbleitermaterialien sind Germanium (Ge) und Silizium (Si) aus der Gruppe IV des periodischen Systems der Elemente, fernerhin III-V-Verbindungen, wie beispielsweise Galliumarsenid (GaAs).

Die Erhöhung der Leitfähigkeit von halbleitenden Materialien ist auf zweierlei Art möglich: Durch Zusatz fünfwertiger Fremdatome erhöht sich bei Ge oder Si die Dichte der freien negativen Ladungsträger, der Elektronen, und es entsteht ein N-Halbleiter. Durch *Dotierung* mit dreiwertigen Fremdatomen wird die Dichte der positiven Ladungsträger — Löcher genannt— erhöht und dadurch ein P-leitendes Material erzeugt. Bei den III-V-Halbleitern werden zwei-, vier- oder sechswertige Fremdatome eingebaut.

Bauelemente, bei denen Materialien beider Arten von Leitfähigkeit im Spiele sind, heißen bipolar. Sämtliche dabei auftretenden Effekte basieren auf Wechselwirkungen der Ladungsträger an den Stellen, an denen P- und N-leitende Gebiete zusammenstoßen, an den sogenannten PN-Übergängen. Bauelemente, die nur eine Ladungsträgerart verwenden, heißen dementsprechend unipolar. Ein durch ein elektrisches Feld gesteuerter Ladungsträgerkanal — nicht unähnlich dem der Verstärkerröhre — ist hier der Mechanismus, auf dem die Wirkungsweise dieser Bauteile beruht. Demzufolge werden sie auch Feldeffektelemente genannt.

5.1.1.1. Bipolare Elemente

Bild 5.1 zeigt einen PN-Übergang und die an ihm herrschenden Verhältnisse in elektrisch neutralem Zustand. Ein derartiger PN-Übergang stellt bereits eine *Halbleiterdiode* dar.

Der rechte Teil des Übergangs, Bild 5.1a, besteht aus *N-leitendem* Material. In diesem Gebiet befinden sich stationäre nicht bewegliche positiv geladene Ionen und frei bewegliche *negative* Elektronen. Letztere haben dem Gebiet den Namen N-leitend gegeben. Ionen und Elektronen zusammen ergeben Ladungsneutralität. Entsprechend befinden sich im linken Teil, dem *P-Gebiet*, nichtbewegliche negativ geladene Ionen und freibewegliche *positiv* geladene Löcher. Beide zusammen kompensieren sich ebenfalls in ihren Ladungen. In Bild 5.1a sind nur die freibeweglichen Ladungsträger eingezeichnet, das Dotierungsprofil zeigt Bild 5.1b.

Unmittelbar an der Grenzschicht diffundieren nun Elektronen nach links in das P-Gebiet und Löcher in der umgekehrten Richtung. Dadurch stellt sich ein schmales Übergangsgebiet ein, bei welchem sich im linken Teil an frei beweglichen Ladungsträgern außer den sowieso vorhandenen Löchern noch einige Elektronen befinden. Nachdem die Löcher durch die gleichzeitig vorhandenen festen negativen Ionen in ihren Ladungen kompensiert werden, verbleibt durch die herüberdiffundierten Elektronen ein negativer Ladungsüberschuß. Im rechten Teil des Übergangsgebietes ergibt sich in Dualismus hierzu eine durch Löcherüberschuß gebildete positive Ladung. Die soeben geschilderte Raumladungsverteilung ist in Bild 5.1c dargestellt; die von der Raumladung herrührende Feldstärke E sowie ihr Integral, das Potential U, zeigt Bild 5.1d.

Der Endwert des Potentials U_D heißt Diffusionsspannung. Für normale Dotierungen und bei Zimmertemperatur beträgt U_D bei Germanium ca. 0,3 V, bei Silizium ca. 0,8 V und bei Galliumarsenid ca. 1,2 V. Eine Messung der Diffusionsspannung an den elektrischen Klemmen des PN-Übergangs ist nicht möglich, da an den Berührungsstellen des Halbleiters mit den metallischen Kontakten — links und rechts in Bild 5.1a — Kontaktpotentiale entstehen, die gerade so groß sind, daß sie die Diffusionsspannung kompensieren.

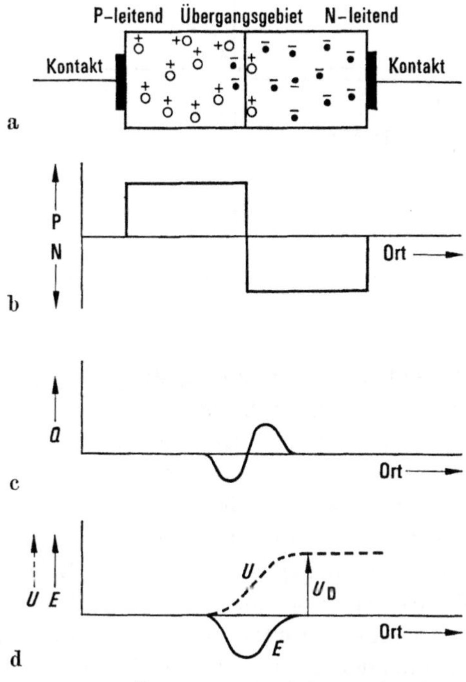

Bild 5.1a–d. PN-Übergang in elektrisch neutralem Zustand.
a) Querschnitt durch den Übergang; b) Dotierungsprofil; c) Raumladungsverteilung Q; d) Feldstärke E und Potential U.

Nunmehr werde an den PN-Übergang eine äußere elektrische Spannung angelegt, und zwar möge rechts das positive und links das negative Potential liegen. Die im linken Teil des Übergangsgebietes befindlichen Elektronen werden sich dann nach rechts bewegen, die auf die rechte Seite herüberdiffundierten Löcher nach links. Durch diesen Vorgang des Absaugens verarmt die Übergangszone an Ladungsträgern, und es entsteht eine schlecht leitende Sperrschicht. Der Sperrstrom erreicht jedoch nicht ganz den Wert Null, es wird sich auch in Sperrichtung ein wenn auch sehr geringer Strom einstellen; er wird durch die beiden Komponenten „thermische Generation von Ladungsträgern im Übergangsgebiet" und „Diffusionsstrom" getragen. In der Kennlinie Bild 5.2 ist links der Sperrbereich dargestellt.

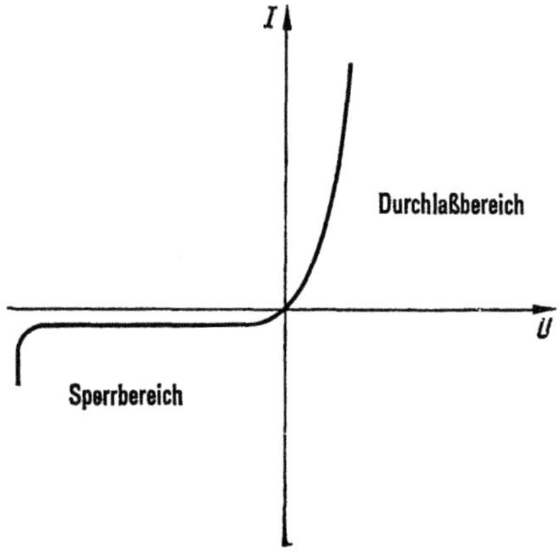

Bild 5.2. Kennlinie eines PN-Übergangs bzw. einer Diode.

Bei hinreichend hoher Sperrspannung steigt der Sperrstrom plötzlich sehr stark an. Dieser Durchbruch basiert in den meisten Fällen auf dem Lawinen- oder Avalancheeffekt: In dem jetzt herrschenden hohen elektrischen Feld werden die Ladungsträger so stark beschleunigt, daß sie aus dem Kristallgitter weitere Elektronen-Lochpaare herausstoßen; dies hat einen hohen Stromfluß zur Folge. Bei höher dotierten Halbleitern beruht der Stromanstieg auf dem Zener-Effekt — so genannt nach dem amerikanischen Physiker Zener —, bei dem Elektronen aus dem P-Gebiet durch eine Potentialschwelle hindurch in das N-Gebiet tunneln. Mit zunehmender Dotierung verschiebt sich der Durchbruch zu niederen Sperrspannungen hin. Durchbrüche, die bei Spannungen von mehr als 7 V geschehen, basieren auf dem Lawineneffekt, solche bei Spannungen unter 4,5 V auf dem Zener-Effekt. Im Zwischenbereich treten Mischeffekte auf.

Eine umgekehrt angelegte äußere Spannung — positives Potential links in Bild 5.1a — bewirkt einen starken Stromfluß. Die freien Ladungsträger, links die Löcher, rechts die Elektronen, strömen in die Raumladungszone und rekombinieren miteinander. Dieser Durchlaßstrom steigt exponentiell mit der Spannung an, Bild 5.2.

Nach Diskussion des „Gleichstromverhaltens" des PN-Übergangs bzw. der Diode soll hier nur erwähnt werden, daß bei Wechselstrombetrachtungen noch die Transportzeiten für die Ladungsträger mit berücksichtigt werden müssen. Als Folge davon entstehen Blindströme. Diese können im allgemeinen relativ einfach durch Ersatzkapazitäten — Sperrschicht- und Diffusionskapazität — mit in die Betrachtungen einbezogen werden. Ausführliche Darstellungen hierüber sowie auch über den Mechanismus des PN-Übergangs überhaupt finden sich in [5.1—5.3]. Lediglich der für die Pulstechnik und im Großsignalverhalten besonders wichtige Effekt der Sättigung möge hier kurz dargestellt werden.

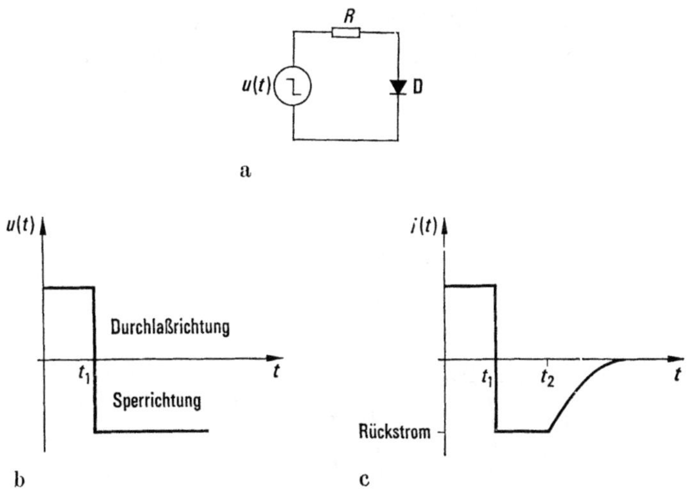

Bild 5.3a—c. Übergangsverhalten einer Diode.
a) Versuchsschaltung; b) Generatorspannung $u(t)$; c) Diodenstrom $i(t)$.

In der Versuchsschaltung nach Bild 5.3 wird eine Diode D von einem Impulsgenerator über einen Arbeitswiderstand R betrieben. Zur Zeit t_1 schaltet die Generatorpolarität von Durchlaß- auf Sperrspannung um. Da die Ladungsträger, die während der Durchlaßphase in großer Zahl in die Übergangszone getrieben wurden, jetzt nicht plötzlich verschwinden können, bleibt der Stromfluß — nun in umgekehrter Richtung — zunächst in ursprünglicher Größe erhalten. Dieser hohe Rückstrom dauert so lange an, bis die Ladungsträger abgesaugt wurden, beziehungsweise infolge Rekombination am Ende ihrer Lebensdauer angelangt sind. Die Zeit $t_2 - t_1$ heißt Speicherzeit; sie ist um so größer, je kleiner der Rückstrom ist. Die Größenordnung der Speicherzeit — sie ist stark vom Grad der Sättigung und der äußeren Beschaltung abhängig — liegt bei 10^{-10} bis 10^{-8} s.

Mit zunehmender Dotierung nehmen die PN-Übergänge Verhaltensweisen an, die von den bisher beschriebenen abweichen. Betrachtungen darüber leiten über zur Beschreibung einiger Sonderformen von Dioden.

Wie schon erwähnt, verschiebt sich der infolge des Lawinen- und des Zener-Effektes im Sperrbereich der Diodenkennlinie auftretende Durchbruch mit Erhöhung der Dotierung in Bereiche niedrigerer Spannung. In Bild 5.4 sind die Verhältnisse graphisch dargestellt, Kennlinien 1 und 2. Sowohl der Lawinen- als auch der Zener-Durchbruch wird in *Zener-Dioden*, die auch im Bereich des Lawinendurchbruchs fälschlicherweise so genannt werden, zur Spannungskonstanthaltung ausgenutzt. Mit zunehmender Temperatur wird die Durchbruchspannung, die auf dem Zener-Effekt basiert, kleiner, die des Lawineneffektes hat den umgekehrten Temperaturgang. Im Zwischenbereich kompensieren sich die Temperaturgänge. Daher sind Zener-Dioden, die bei der Spannung von 5 bis 6 V ihren Durchbruch haben, besonders genaue und temperaturstabile Spannungsnormale.

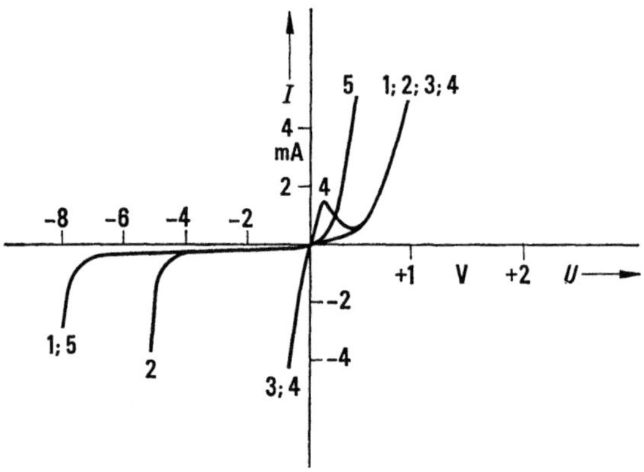

Bild 5.4. Sonderformen von Dioden.
Kennlinie 1: „klassische" Diode mit Lawinendurchbruch (normale Dotierung);
Kennlinie 2: Zener-Diode mit Zener-Durchbruch (erhöhte Dotierung);
Kennlinie 3: Rückwärtsdiode (stark erhöhte Dotierung);
Kennlinie 4: Tunneldiode (extrem hohe Dotierung);
Kennlinie 5: Schottkydiode (Metall-Halbleiter-Kontakt).

Eine weitere Erhöhung der Dotierung führt dazu, daß der Durchbruch bereits bei der äußeren Spannung Null geschieht, Kennlinie 3 in Bild 5.4. In diesem Falle reicht die Diffusionsspannung aus, um den Durchtunnelungsmechanismus des Zener-Effektes auszulösen. Wird die Dotierung abermals gesteigert, fließt auch noch ein Tunnelstrom, wenn die außen angelegte Spannung kleine positive Werte annimmt, Kennlinie 4. Wenn der Tunnelstrom abreißt, geht die Kennlinie über einen negativen Teil in die normale Diodenkennlinie über.

Bauelemente mit der Kennlinie 3 heißen *Rückwärtsdioden*, mit der Kennlinie 4 *Tunneldioden*. Für beide ist charakteristisch, daß sie sich gut für die Verarbeitung kleiner Signale eignen, weil sie starke Kennlinienkrümmung bei kleinen Strömen und Spannungen aufweisen, und daß sie extrem schnell sind, weil der Tunneleffekt wesentlich schneller vonstatten geht als der sonst übliche Bewegungsmechanismus von Ladungsträgern. Pulsanstiegsflanken von der Größenordnung einiger Picosekunden sind möglich. Bei aus Germanium hergestellten Tunneldioden ist die Spannung, bei der der Höckerstrom sein Maximum hat, $U_H \approx 70$ mV, bei Galliumarsenid-Tunneldioden ist $U_H \approx 120$ mV.

Ein Anwendungsbeispiel, welches die beiden Merkmale der Tunneldiode, hohe Geschwindigkeit und gute Kleinsignalverarbeitung, ausnutzt, findet sich in [5.4]. Infolge ihres fallenden Kennlinienastes ist die Tunneldiode zusätzlich noch zur Verstärkung, Schwingungserzeugung und für Kippschaltungen geeignet.

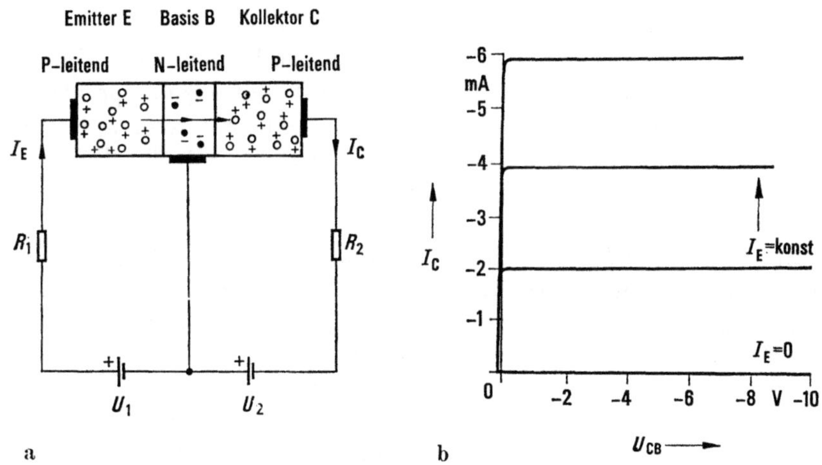

Bild 5.5a u. b. Transistor (PNP-Typ).
a) Querschnitt; b) Kennlinienfeld.

Wird schließlich der eine Partner des PN-Übergangs, beispielsweise das P-leitende Material durch ein Metall ersetzt, so erhält man die *Schottkydiode*. Die Eigenschaft dieses Metall-Halbleiterübergangs ist in Bild 5.4 als Kennlinie 5 dargestellt. Die Schottkydiode arbeitet ebenfalls sehr schnell. Die in Durchlaßrichtung bei sehr kleinen Strömen an ihr abfallende Spannung — auch Schleusenspannung genannt — ist kleiner als die Schleusenspannung bei Halbleiter-PN-Übergängen. Diese letztgenannte Eigenschaft verhilft der Schottkydiode zu einer sehr wichtigen, weiter unten noch zu besprechenden Anwendung als „Clamping"-Diode bei Schalttransistoren.

Das Bauelement *Transistor* wird aus zwei eng aneinanderliegenden, sich gegenseitig beeinflussenden PN-Übergängen gebildet. Von den beiden prinzipiellen Möglichkeiten, der PNP- und der NPN-Schichtfolge, ist in Bild 5.5a der PNP-Transistor dargestellt. Zwei Voraussetzungen seien erfüllt: Die mittlere Schicht — Basis B genannt — ist sehr dünn im Vergleich zur Weglänge der Diffusion, und die Dotierung der Basis ist geringer als die der beiden angrenzenden Bereiche — Emitter und Kollektor. Es genügt also fürs erste, nur die Ladungsträger von Emitter und Kollektor, die Löcher, zu betrachten. Wie die miteingezeichneten Spannungsquellen zeigen, arbeitet die Emitter-Basis-Diode im Durchlaßbereich und die Basis-Kollektor-Diode im Sperrbereich.

Für eine zunächst isoliert durchgeführte Betrachtung des Ausgangskreises, bestehend aus der Quelle U_2, der Basis, dem Kollektor und dem Ausgangswiderstand R_2, ergibt sich, wie schon geschildert, die Sperrkennlinie einer Diode. Es ist die Kurve für $I_E = 0$ in Bild 5.5b. Nun wird über den Eingangskreis U_1, R_1, Emitter, Basis dem Emitter ein Strom zugeführt. Die Löcher im Emitter beginnen eine gerichtete Bewegung. Sie werden durch den ersten PN-Übergang in die Basis injiziert, durchlaufen die Basis wegen der obengenannten Voraussetzung praktisch ohne Wechselwirkung, kommen über den zweiten PN-Übergang in den Kollektorraum und werden dort von U_2 abgesaugt. Es fließt also jetzt im Ausgangskreis ein (Kollektor-) Strom I_C, der etwa gleich dem dem Emitter zugeführten Strom I_E ist, Kurvenschar in Bild 5.5b.

Mit diesem Vorgang ist sowohl eine Spannungs- als auch Leistungsverstärkung verbunden. Am Eingang ist zur Erzielung eines gewissen Stromhubes an der Emitterseite nur ein sehr kleiner Hub der Emitter-Basis-Spannung erforderlich, weil die Emitter-Basis-Diode in Durchlaßrichtung arbeitet. Wie geschildert, greift der Stromhub fast vollständig auf den Ausgangskreis über und verursacht am Arbeitswiderstand R_2 einen Spannungsabfall. Da ohne Störung der Verhältnisse R_2 groß gemacht werden kann, ist der ausgangsseitige Spannungshub sehr viel größer als der am Eingang. Da Ein- und Ausgangsströme fast gleich sind, ergibt sich auch eine Leistungsverstärkung; sie hat etwa die Größe der Spannungsverstärkung. Die bisher betrachtete Schaltung heißt Basisschaltung, weil die Basis als gemeinsame Elektrode sowohl für den Eingangs- als auch für den Ausgangskreis verwendet wird.

Eine genauere Betrachtung, die auch die negativen Ladungsträger mit einbezieht, ergibt, daß der Kollektorstrom geringfügig kleiner ist als der Emitterstrom. Die Differenz aus beiden ist der Basisstrom. Wie in Bild 5.6 dargestellt, kommt zu dem bisher beschriebenen reinen Löcherstrom dadurch ein Beitrag hinzu, daß der Durchlaßstrom der Emitter-Basis-Diode auch aus einer geringen Komponente Elektronenstrom I_B besteht, der dann, idealisiert, am Orte R rekombiniert, und fernerhin, daß im Sperrstrom der Kollektor-Basis-Diode eine elektronenleitende Komponente enthalten ist, deren Ladungsträger aus thermischer Generation „G“ hervorgegangen sind. Die Größenverhältnisse in Bild 5.6

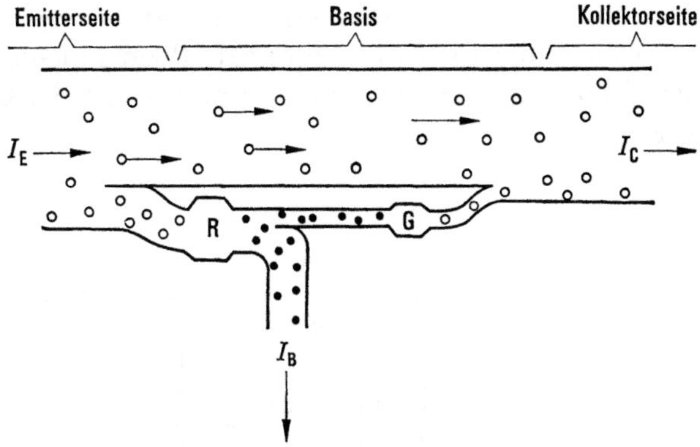

Bild 5.6. Stromverteilung im Transistor.

sind übertrieben dargestellt; tatsächlich beträgt der Basisstrom nur etwa 1% des Emitterstromes.

Aus dieser Tatsache kann man mit Hilfe der Emitterschaltung, Bild 5.7, Nutzen ziehen. Der Ausgangskreis dieser Schaltung ist fast identisch mit dem der Basisschaltung, wenn man darüber hinwegsieht, daß noch der geringe Einfluß des Spannungsabfalls an der Emitter-Basis-Diode hinzukommt. Im Eingangskreis hingegen kann man mit dem etwa 100fach kleineren Basisstrom die gleiche Steuerwirkung erzielen wie bisher. Mit der Emitterschaltung erzielt man also sowohl Strom- als auch Spannungsverstärkung — beides größenordnungsmäßig 100fach — und damit eine Leistungsverstärkung von ca. 10000.

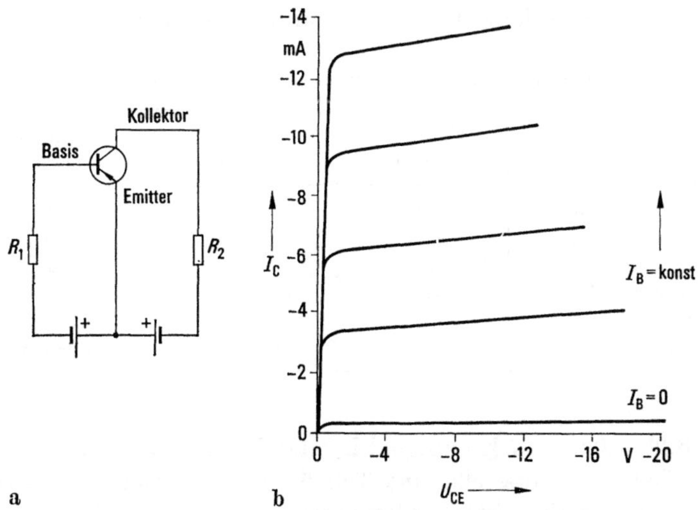

Bild 5.7 a u. b. Emitterschaltung eines PNP-Transistors.
a) Schaltbild; b) Kennlinienfeld.

Die Emitterschaltung ist die am meisten gebrauchte Schaltung; für das Gros der Anwendungen liefert sie optimale Bedingungen. Lediglich bei sehr hohen Frequenzen und bei kurzen Impulsen ist die Basisschaltung günstiger.

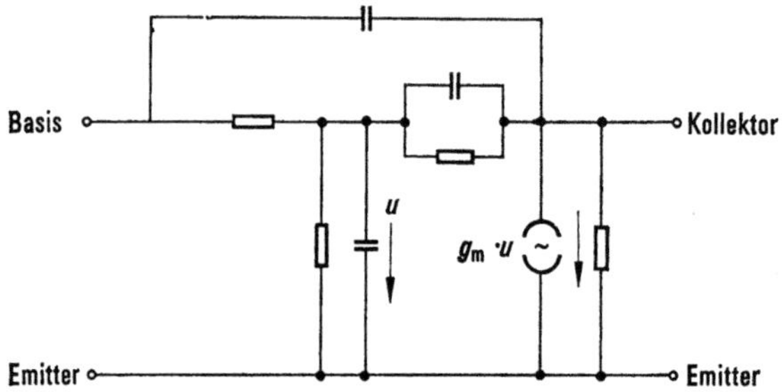

Bild 5.8. Kleinsignal-Ersatzschaltbild des Transistors (nach Giacoletto [5.5]) für die Emitterschaltung. g_m = „Steilheit" des Transistors.

Durch weitere Effekte, wie beispielsweise ohmsche Widerstände der Halbleiterstrecken, Durchbrüche und „Basisweiten-Modulation" treten zusätzliche Krümmungen in den Kennlinien und Rückwirkungen zwischen Ein- und Ausgangsklemmen auf. Auch ergeben sich beim Transistor, ähnlich wie beim einfachen PN-Übergang, zahlreiche dynamische Vorgänge, die meistens recht komplex sind. Sie bestimmen die obere Grenzfrequenz der Verstärkung und die Laufzeitverzerrungen [5.3]. Wieder ist die Sättigung besonders störend für Pulsanwendungen. Bei einem sehr stark durchgesteuerten Transistor fällt der Ausgangsimpuls um die „Speicherzeit" später ab als der Eingangsimpuls.

Tabelle 5.1. Vergleich der Transistor-Grundschaltungen nach [5.3]

	Emitter-schaltung	Basis-schaltung	Kollektor-schaltung
Eingangswiderstand	mittel	klein	groß
Ausgangswiderstand	groß	sehr groß	klein
Stromverstärkung	groß	etwa Eins	groß
Spannungsverstärkung	groß	groß	etwa Eins
Leistungsverstärkung	sehr groß	groß	mittel
Grenzfrequenz	niedrig	hoch	niedrig

Im Bild 5.8 ist ein Kleinsignal-Ersatzschaltbild des Transistors in Emitterschaltung dargestellt, und Tab. 5.1 zeigt zusammenfassend die Eigenschaften des Transistors in Verstärkerschaltungen, wobei die bisher noch nicht erwähnte Kollektorschaltung miteinbezogen wird.

Die Aneinanderfolge von drei PN-Übergängen ergibt das Element *Thyristor*, Bild 5.9. Die Dotierung der beiden inneren Zonen N_2 und P_2 ist schwächer als die der äußeren. Wie leicht zu erkennen, ist der Thyristor zunächst für angelegte Spannungen beider Polarität sperrend: Bei angelegter Spannung gemäß Bild 5.9a wirken die beiden Übergänge P_1N_2 und P_2N_1 sperrend, bei umgekehrter Polung, Bild 5.9b, sperrt N_2P_2. Entsprechend sind in Bild 5.9c im Kennlinienfeld zwei Sperrkennlinien eingezeichnet, die eine im Sperrbereich, die andere im Schaltbereich für den Fall „gesperrt".

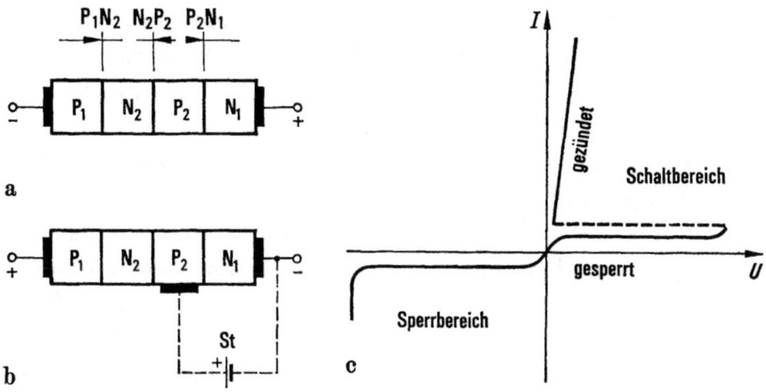

Bild 5.9a–c. Thyristor.
a) Sperrbereich; b) Schaltbereich; c) Kennlinie.

Bei der Polung nach Bild 5.9b ist noch ein zweiter Betriebszustand möglich. Wird eine Steuerspannung angelegt, wie als St gestrichelt eingezeichnet, so fließen unter anderem Elektronen von N_1 in die schwach dotierte Zone P_2. Da sie nur zum kleinen Teil rekombinieren, rufen sie eine Überschwemmung der mittleren Zonen P_2N_2 mit Ladungsträgern hervor. Der Thyristor „zündet" und nimmt einen Zustand sehr geringen Durchlaßwiderstandes an. Der umgekehrte Vorgang, das Löschen oder Abschalten, ist nur möglich, wenn die Spannung am Thyristor den Wert von praktisch Null annimmt.

Die Hauptanwendung des Thyristors liegt auf dem Gebiet der Energietechnik, wo er in weiten Bereichen zur Leistungsgleichrichtung und zur Steuerung und Regelung von Energie eingesetzt wird. In der Nachrichtentechnik liegt seine Bedeutung in der Anwendung in Stromversorgungsgeräten und als Schalter für die vollelektronischen Raumvielfach-Koppler der Vermittlungstechnik, wie sie im Abschnitt 7 behandelt werden; in den digitalen Koppeleinrichtungen erübrigen sich jedoch solche Leistungsschalter.

Alle soeben beschriebenen bipolaren Bauelemente werden sowohl einzeln als sogenannte diskrete Bauelemente verwendet wie auch in

Form von monolithisch integrierten Schaltungen. Bei integrierten Schaltungen befinden sich mehrere Transistoren oder Dioden, meist auch noch passive Bauelemente und Verbindungsleitungen, wie sie in Abschnitt 5.1.1.3 beschrieben werden, auf einem einzigen Halbleiterplättchen.

Die beiden wichtigsten Halbleitermaterialien sind, wie schon erwähnt, Silizium und Germanium. Sie unterscheiden sich deutlich in verschiedenen für die Bauelementefunktion wichtigen Eigenschaften. Die Beweglichkeit der Ladungsträger, definiert durch den Quotienten Geschwindigkeit durch Feldstärke, ist für die Löcher im Germanium (1800 cm^2/Vs) um gut den Faktor Drei größer als im Silizium (500 cm^2/Vs). Das gleiche Verhältnis gilt für die Elektronenbeweglichkeit (Germanium: 3800 cm^2/Vs; Silizium: 1300 cm^2/Vs). Die Elektronenbeweglichkeit selbst ist, wie man sieht, bei beiden Materialien um den Faktor Zwei bis Drei größer als die Löcherbeweglichkeit.

Nun ist die Grenzfrequenz des bipolaren Transistors direkt abhängig von der Ladungsträgerbeweglichkeit. Im einzelnen ist für sonst gleiche Transistoren diese Grenzfrequenz proportional der Beweglichkeit der in die Basis injizierten Ladungsträger. Bei NPN-Transistoren sind diese Elektronen, bei PNP-Transistoren Löcher. Das bedeutet, daß die Grenzfrequenz des NPN-Transistors prinzipiell höher ist als die des PNP-Transistors. Es bedeutet fernerhin, daß die Grenzfrequenz des Germaniumtransistors größer ist als die des Siliziumtransistors. Der letztgenannte Unterschied zwischen Germanium und Silizium tritt allerdings bei praktisch ausgeführten Transistoren nicht in dem Maße auf, wie es dem Verhältnis der Beweglichkeiten entspricht, weil die technologischen Herstellungsverfahren beim Silizium wesentlich weiter entwickelt sind. Dadurch wird der prinzipielle Nachteil des Siliziums etwas kompensiert, sofern die technische Anwendung nicht gerade diese grundsätzliche Grenze ausnützt.

Der wesentliche Unterschied zwischen beiden Materialien liegt für die Praxis in der zulässigen Kristalltemperatur. Für Germanium liegt diese bei 90 °C, bei Silizium beträgt sie 200 °C. Dies ist unter anderem bedingt durch den höheren Schmelzpunkt des Siliziums. Die daraus folgende Erscheinung, nämlich daß Silizium-Bauelemente die höhere Verlustleistung verarbeiten können, ist letztlich der Grund für die absolute Vorrangstellung, die Silizium als Material für Halbleiterbauelemente einnimmt.

Zwei weitere Parameter müssen noch erwähnt werden. Die Durchbruchspannung ist bei Silizium größer, der Sperrstrom kleiner als bei Germanium.

Zur Beurteilung von Halbleiterbauelementen ist es zweckmäßig, die Werte Grenzfrequenz, Rauschzahl und Verlustleistung anzugeben, deren Bestwerte jedoch nicht alle gleichzeitig zu erreichen sind. Nach heutigem Stand haben bipolare Transistoren eine maximale Grenzfrequenz von etwa 10^{10} Hz. Ihr niedrigstes Rauschmaß liegt bei 1,5 bis 4 dB, wobei der niedrigere Wert nur für Frequenzen unterhalb 2 GHz erreichbar ist. Die obere Grenze für die Verlustleistung liegt etwa bei 100 W; dieser Wert sinkt aber bei Frequenzen im Gigahertzbereich merklich ab.

Spezielle Mikrowellendioden erreichen Grenzfrequenzen, die um den Faktor Zehn höher sind als die von Transistoren. Für die in der Pulstechnik besonders interessierenden Digitalschaltungen hat die Höhe der Grenzfrequenz dominierende Bedeutung, weil sie direkt in die Schaltgeschwindigkeit und damit in die Verarbeitungszeit eingeht. Rauschzahl und Verlustleistung sind weniger wichtig.

Die Eigenschaften bipolarer Digitalschaltungen werden ausführlicher im Abschnitt 5.2.1 beschrieben.

5.1.1.2. Feldeffektelemente

Im Feldeffekt-Transistor fließt der Arbeitsstrom durch einen aus Halbleitermaterial gebildeten Kanal. Der Steuermechanismus beruht darauf, daß die Ladungsträgerdichte und damit die Leitfähigkeit in diesem Kanal durch ein von außen angelegtes elektrisches Feld gesteuert wird. Zwei Arten der Steuerung sind grundsätzlich möglich, der Anreicherungsbetrieb und der Verarmungsbetrieb.

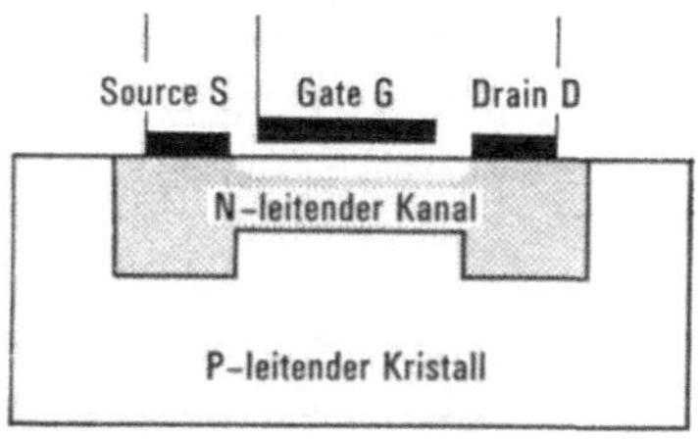

Bild 5.10. Prinzip des Feldeffekt-Transistors im Verarmungsbetrieb.

Bild 5.10 zeigt einen Feldeffekt-Transistor im *Verarmungsbetrieb* (*depletion mode*). In einem P-leitenden Siliziumkristall werden durch N-Diffusion ein N-leitender Kanal sowie seine beiden Anschlußelektroden Source S und Drain D hergestellt. Längs des Kanals, aber von diesem isoliert, ist die Steuerelektrode Gate G angebracht. Die Spannung, die zwischen diesem Gate und dem Kanal liegt, steuert die Ladungsträgerdichte im Kanal.

Liegt am Gate die Steuerspannung Null, so ist kein Steuermechanismus in Kraft. Dann ist der Kanal über seinen ganzen Querschnitt hin gleichmäßig mit Ladungsträgern angefüllt, und es kann ein relativ hoher Strom zwischen Source und Drain fließen. Wird die Gatespannung negativ, so werden im oberen Teil des N-leitenden Kanals die Träger nach unten gedrängt. Der jetzt effektiv schmälere Kanal hat einen höheren Widerstand, und damit reduziert sich der Strom, der zwischen Source und Drain fließt. Dieser Zustand ist in Bild 5.10 dargestellt.

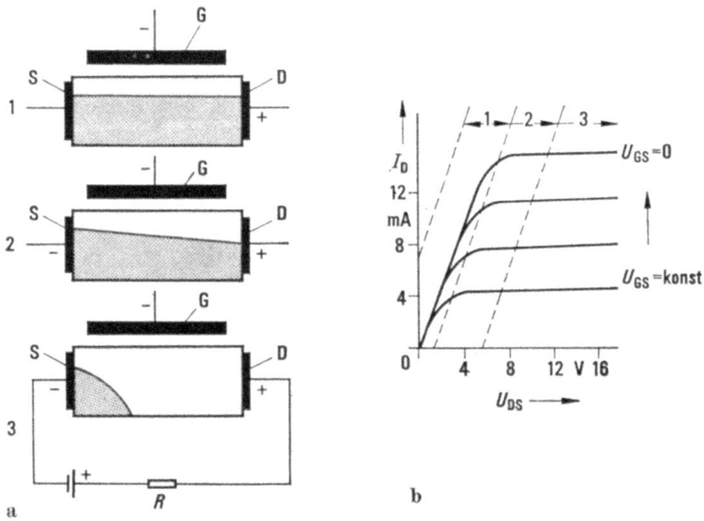

Bild 5.11 a u. b. Verarmungstransistor.
Von 1 nach 3 zunehmende Spannung U_{DS}; bei 3 Abschnürung bzw. Sättigung.
a) Verhältnisse im Kanal.
S Source; G Gate; D Drain;
b) Kennlinienfeld.

Zusätzlich muß noch der Einfluß des Spannungsabfalls längs des Kanals, der bisher vernachlässigt wurde, betrachtet werden. Bei größerer Spannung U_{DS} tritt zu Tage, daß am rechten Ende des Kanals eine größere Steuerspannung wirksam ist als am linken; die Drain-Elektrode liegt auf positiverem Potential als die Source-Elektrode. Am rechten Ende wirkt sich demnach die negative Gate-Spannung stärker aus als am linken. Dies hat zur Folge, daß mit zunehmender Entfernung vom Source-Anschluß der Kanal immer schmaler bzw. die Verarmungszone immer größer wird. Bild 5.11a zeigt die Verhältnisse. Schließlich kann bei großer Spannung U_{DS} der Kanal ganz abgeschnürt werden. Zwar fließt in diesem Fall noch der Drainstrom, aber bei weiterer Erhöhung der Spannung U_{DS} erhöht er sich nicht mehr; es tritt eine Sättigung des Drainstroms ein. In Bild 5.11a sind die Verhältnisse im Kanal, in Bild 5.11b die zugehörigen Transistorkennlinien dargestellt. Im Sättigungsbereich kommt der Stromfluß dadurch zustande, daß die Ladungsträger am Kanalende, dort wo die Abschnürung stattfindet, in die Verarmungszone injiziert werden und so den Stromtransport aufrechterhalten, ohne daß ein ausgesprochener Kanal vorhanden ist.

Die andere Art, der im *Anreicherungsbetrieb* (*Enhancement mode*) arbeitende Transistor, unterscheidet sich vom bisher beschriebenen dadurch, daß von Hause aus kein leitender Kanal vorhanden ist, Bild 5.12a. Bei der Gatespannung Null fließt dementsprechend auch kein Drainstrom. Zur Aussteuerung wird das Gate auf positive Spannung gelegt. Diese bewirkt, daß die — auch im P-Gebiet — immer vorhandenen negativen Ladungsträger sich unmittelbar unter der Gate-Elektrode ansammeln und so einen N-leitenden Kanal an der oberen Grenze des P-Bereichs bilden. Diesen Vorgang nennt man Inversion. Es ist leicht einzusehen, daß die Elektronendichte in der Inversionsschicht durch die Gatespannung modulierbar ist. Ebenso entsteht auch ein Abschnürungseffekt; er kommt dadurch zustande, daß an Drain-nahen Stellen die Spannung zwischen Kanal und Gate zu klein wird, um die Inversion aufrechtzuhalten. Entsprechend besitzt, wie in Bild 5.12b dargestellt, der Enhancement-Transistor ebenfalls einen Sättigungsbereich.

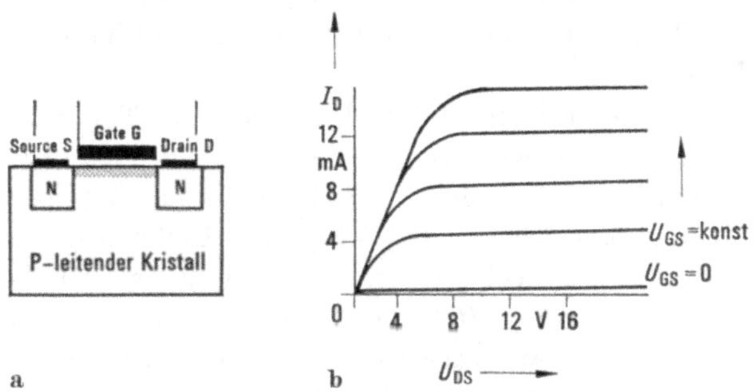

Bild 5.12a u. b. Anreicherungstransistor.
a) Querschnitt; b) Kennlinienfeld.

Um den prägnantesten Unterschied zwischen Verarmungs- und Anreicherungstyp nochmals darzustellen, sind in Bild 5.13 die Steuerkennlinien $I_D = f(U_{GS})$ aufgezeichnet. Beim Verarmungstransistor fließt bereits bei Gatespannung Null ein großer Drainstrom; der Anreicherungstransistor ist bei der Gatespannung Null stromlos („normally on" und „normally off").

Es gibt mehrere Ausführungsformen für den Feldeffekt-Transistor. Sie unterscheiden sich im wesentlichen durch den Mechanismus, der für die Isolation des Gates angewendet wird, durch das Material, das für das Gate selbst Verwendung findet, durch die Herstellungsweise des Kanals und schließlich durch das Kriterium, ob der Transistor insgesamt aus einem massiven Siliziumblock besteht („bulk-transistor") oder ob Halbleitermaterial nur da vorhanden ist, wo es für die Funktion unumgänglich notwendig ist.

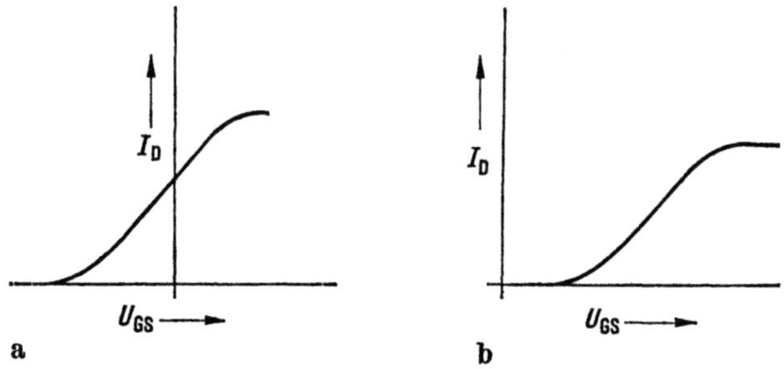

Bild 5.13a u. b. Steuerkennlinie $I_D = f(U_{GS})$.
a) Verarmungsmode; b) Anreicherungsmode.

Allen diesen Ausführungsformen ist gemeinsam, daß für jede von ihnen wiederum zwei Alternativen möglich sind: Der Transistor mit N-leitendem Kanal, so wie er für die allgemeine Beschreibung anhand der Bilder 5.10 bis 5.13 verwendet wurde, und der Transistor mit P-leitendem Kanal.

Für diejenige Ausführungsform des Feldeffekt-Transistors (FET), die wohl die breiteste Anwendung besitzt, verwendet man für die Gate-Elektrode Metall und als Isolator für das Gate einen echten Isolator, nämlich Siliziumdioxid (SiO_2), Bild 5.14a. Die Reihenfolge der verwendeten Materialien — *M*etal, *O*xide, *S*emiconductor — haben diesem Typ den Namen gegeben: *MOS FET*. Ersetzt man bei sonst gleicher Struktur das für das Gate verwendete Metall durch (polykristallines) Silizium, so entsteht der *Silicon-Gate-Transistor*, Bild 5.14b. Der besondere Vorteil des Silicon-Gate-FET kommt bei integrierten Schaltungen zum Tragen, wie sie in den Abschnitten 5.2.1 bis 5.2.2 beschrieben werden. Hier will man ja nicht nur mehrere Transistoren auf einem einzigen Siliziumchip herstellen, sondern auch die zugehörige Verdrahtung. Während bei praktisch allen anderen technologischen Aufbauverfahren zwei Verdrahtungsebenen zur Verfügung stehen — eindiffundierte Gräben im Silizium und Metallschicht —, kommt hier als dritte Verdrahtungsebene die polykristalline Siliziumschicht hinzu, mit der man ja nicht nur Gates, sondern auch Leiterbahnen herstellen kann.

Die Dotierung der Elektroden Source und Drain wird üblicherweise durch klassische Diffusion aus der Gasphase bewerkstelligt. Wird zur Erzeugung des Kanals, der ja bei den Verarmungstypen „körperlich" vorhanden sein muß, das Dotierungsverfahren Ionenimplantation angewendet, so spricht man von *Feldeffekt-Transistoren mit Ionenimplantation.* In Bild 5.14b ist ein solcher Kanal durch senkrechte Schraffur eingezeichnet. Die Ionenimplantation erlaubt, gut definierte Dotierungen vorzunehmen, insbesondere auch solche geringer Tiefe und geringen Dotierungsgrades. Extrem geringe Dotierung durch Ionenimplantation kann beispielsweise auch beim Anreicherungstransistor verwendet werden, um die Einsatzspannung zu verändern.

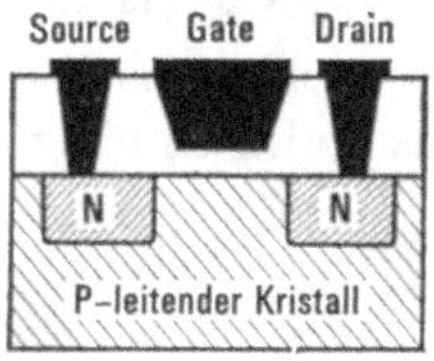

a

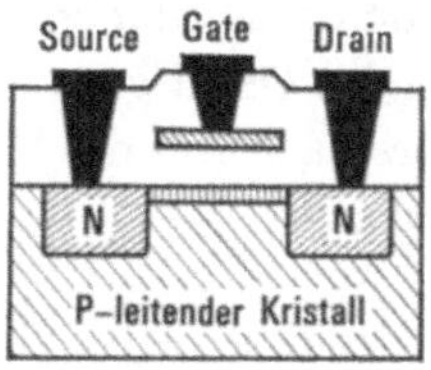

b

Bild 5.14 a u. b. Ausführungsformen von Feldeffekt-Transistoren. schwarz: Metall; schraffiert: Silizium; weiß: SiO_2.
a) MOS-Transistor; b) Silicon-Gate-Transistor.

Eine weitere Ausführungsform ist der *Sperrschicht-Feldeffekt-Transistor,* auch *J*unction *FET* oder *JFET* genannt. Wie in Bild 5.15 dargestellt, besteht bei ihm das Gate aus Halbleitermaterial mit einer der Kanalleitfähigkeit entgegengesetzten Leitfähigkeit. Die Isolation des Gates wird in einfacher Weise durch einen PN-Übergang, der sich zwischen Gate und Kanal bildet, erzeugt.

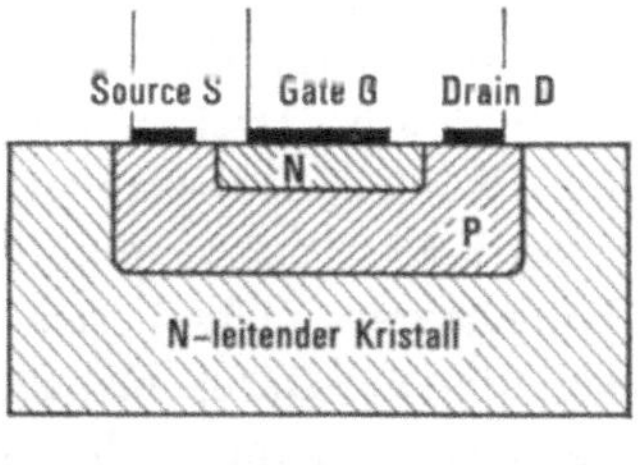

Bild 5.15. P-Kanal Sperrschicht-FET.

Die Weiterentwicklung des JFET führt zum *M*etal-*S*emiconductor *F*ield *E*ffect *T*ransistor, dem *MESFET*. Bei ihm besteht das Gate statt aus Halbleitermaterial aus Metall. Entsprechend ist die Gate-Isolation kein PN-Übergang mehr, sondern eine Metall-Halbleitergrenzschicht. Im Vergleich zum JFET hat der MESFET Vorteile sowohl bei der Herstellung als auch in seinen Daten; beispielsweise benötigt er keine Hochtemperatur-Technologieschritte, und das metallische Gate wirkt als ausgezeichneter Wärmeableiter. Bei beiden Typen, dem JFET und dem MESFET, sind Verarmungstransistoren ohne weiteres möglich; bei Anreicherungstransistoren kann nur mit sehr kleinem Hub gearbeitet werden — Gatespannung unter 0,7 Volt — weil sonst, da in diesem Falle die Gate-Kanal-Diode in Durchlaßrichtung gepolt ist, störend hohe Gate-Ströme fließen würden.

Der MESFET ist die bevorzugte Ausführungsform für den Galliumarsenid-Transistor. So sind beispielsweise die meisten Transistoren für sehr schnelle Logikschaltungen GaAs-MESFET's. Da es bei GaAs kein stabiles isolierendes Oxyd gibt, ist die Herstellung eines oxyd-isolierten GaAs-Transistors nach Art des MOS-Typs praktisch nicht oder nur über Umwege möglich.

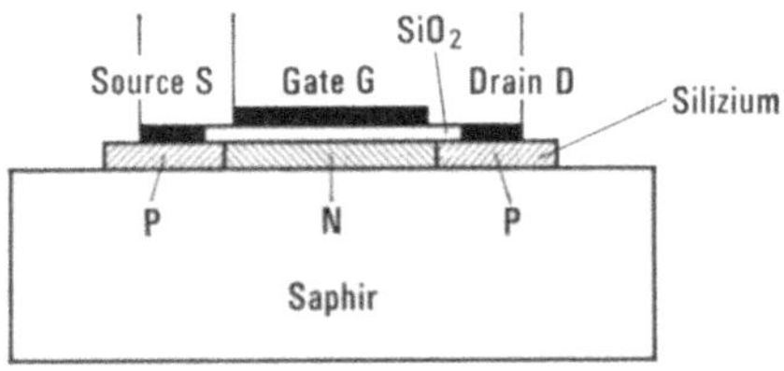

Bild 5.16. Silicon on Sapphire Feldeffekt-Transistor (SOS FET).

Die Weiterentwicklung der bisher beschriebenen Arten führt zu einer Struktur, die nicht mehr von einem massiven Siliziumblock ausgeht. Vielmehr ist hier ein Isolator, bestehend aus einer einkristallinen Saphirscheibe, die Grundlage für den Systemaufbau. Auf dieser wird epitaktisch, d. h. in Fortsetzung der Gitterstruktur der Unterlage, eine dünne Siliziumschicht aufgebracht, und daran erst schließen sich die weiteren Prozesse zur Herstellung von Source, Drain und Gate an. Auch hier hat wieder das verwendete Material dem Transistor den Namen gegeben; in Bild 5.16 ist ein derartiger *S*ilicon *o*n *S*apphire Transistor, der *SOS-Transistor* dargestellt. Transistoren nach diesem Konzept haben eine höhere Grenzfrequenz, weil die parasitären Kapazitäten sehr klein sind. Insbesondere sind die Kapazitäten zum Saphir hin wesentlich kleiner als diejenigen, die bei Transistoren aus massivem Silizium, bei „Bulk-Transistoren“, zwischen den in das Siliziumsubstrat eingebetteten Elektroden und dem Substrat selbst auftreten.

Ähnlich wie bei bipolaren Elementen werden Feldeffekt-Transistoren sowohl in Form von diskreten Bauelementen als auch im Verband in Form von monolithisch integrierten Schaltungen hergestellt. Von allen Transistoren ist der Feldeffekt-Transistor, und innerhalb dieser Gruppe wiederum der MOS-Transistor einschließlich seiner Weiterentwicklung mit Silicon Gate, am besten für höchste Integrationsgrade geeignet. Seine einfache Struktur und seine relativ einfache Herstellungstechnologie haben ihn dazu prädestiniert. Halbleiterspeicher-Bausteine höchsten heute bekannten Integrationsgrades bestehen aus MOS-Strukturen. Das gleiche gilt für Prozessor-Bausteine; auf beides wird ausführlich im Abschnitt 6 eingegangen. Durch starke, weltweit ausgeübte Entwicklungsanstrengungen wird die Integrationsgrad-Obergrenze von MOS-Schaltungen, die heute bei einigen hunderttausend Komponenten pro Chip liegt, ständig weiter vorangetrieben.

Die Grenzfrequenz ist bei Feldeffekt-Transistoren infolge der anderen Wirkungsweise jeweils nur von der Beweglichkeit *eines* Ladungsträgertyps abhängig: N-Kanal-Transistoren sind schneller, weil dort der Kanal aus den höher beweglichen Elektronen gebildet wird, zum Unterschied von P-Kanal-Transistoren, bei denen die langsameren Löcher den Stromtransport übernehmen.

Das praktisch einzig verwendete Grundmaterial ist Silizium; nur für den Bereich höchster Schaltfrequenzen wird öfters Galliumarsenid verwendet. Ausschlaggebend dafür ist seine um einen Faktor mehr als fünf höhere Elektronengeschwindigkeit im Vergleich zu Silizium. Diese an und für sich schon für Hochgeschwindigkeits-Transistoren günstige Eigenschaft wird nochmals durch ballistische Stromtransporteffekte deutlich verstärkt [5.6]. Auf der anderen Seite läßt sich zeigen, daß die extrem kurze „Intrinsic"-Schaltzeit des GaAs-Feldeffekt-Transistors durch die immer notwendige Außenbeschaltung und durch das Erfordernis nach Eingangs- und Ausgangsfächern stark verlängert wird. So sind Höchstgeschwindigkeitsschaltungen mit GaAs-Transistoren stark von der Schaltungsumgebung abhängig, und es gibt Fälle, wo letztlich im Vergleich zu Silizium nur die doppelte Gesamtgeschwindigkeit zu erzielen ist.

Die nach heutigem Stand erreichbaren Daten für Grenzfrequenz und Verlustleistung haben bei Feldeffekt-Transistoren die gleiche Größenordnung wie bei bipolaren Transistoren. Lediglich der Wert für die Rauschzahl ist niedriger, weil beim Feldeffekt-Transistor einige Rauschquellen — beispielsweise das Rekombinationsrauschen — nicht vorhanden sind. Vergleichbare Werte liegen heute um etwa 0,7 dB tiefer als bei den bipolaren Typen. Die Eigenschaften *integrierter* Digitalschaltungen mit Feldeffekt-Transistoren werden gesondert in Abschnitt 5.2.2 beschrieben [5.7—5.9].

5.1.1.3. Passive Halbleiterelemente

Die bisher beschriebenen bipolaren und unipolaren aktiven Bauelemente bestehen alle aus dem Baumaterial Halbleiter. Es liegt nun nahe, die für eine elektrische Schaltung außerdem noch benötigten passiven

Bauteile so zu konzipieren, daß auch sie aus halbleitenden Stoffen bestehen oder zumindest mit Prozessen erzeugt werden können, die auch bei der Herstellung aktiver Elemente vorkommen. Die sich daraus ergebende Möglichkeit, auf einem Halbleiterchip nicht nur diskrete Transistoren, sondern ganze Schaltungen in einem einzigen Herstellungsgang aufzubauen, wird als monolithische Integration bezeichnet.

Isolatoren werden in dieser Technik durch PN-Übergänge verwirklicht, die in Sperrichtung vorgespannt sind. Üblicherweise werden auf dem Grundsubstrat Inseln entgegengesetzter Leitfähigkeit hergestellt, sog. Wannen, die bei richtiger Vorspannung von den Nachbarwannen isoliert sind. Auf diesen Inseln werden nun ihrerseits die Halbleiterelemente aufgebaut. Trivial ist die Isolationsmöglichkeit, die die SOS-Technologie bietet: An zu isolierenden Stellen ist das Silizium weggeätzt, und die Anordnung wird von dem nichtleitenden Saphir zusammengehalten.

Als *Widerstände* verwendet man Gräben in einer dem Substrat entgegengesetzten Dotierung. Sie werden gegen das Substrat entsprechend vorgespannt; dadurch sind sie von einem isolierenden PN-Übergang umgeben. Eine derartige Realisierung wird jedoch, insbesondere bei höheren Widerstandswerten, problematisch und erfordert hohen Flächenaufwand. Daher wird oft als Widerstand ein Transistor eingesetzt, dessen Steuerelektrode an einer festen Vorspannung liegt. In unipolaren Schaltungen ist es besonders elegant, hierfür einen Feldeffekt-Transistor mit Ionenimplantation zu verwenden, seinem Gate überhaupt keine Vorspannung zu geben ($U_{GS} = 0$) und den Widerstandswert durch den Intensitätsgrad der Ionenimplantation einzustellen. In der Technik der eindiffundierten Gräben werden derzeit Widerstandswerte bis zu 200 kΩ hergestellt.

Kapazitäten werden entweder durch einen gesperrten PN-Übergang oder durch eine Schichtfolge: isolierte Insel-SiO_2-Metallgegenelektrode realisiert. In beiden Fällen sind Werte bis zu einigen Pikofarad herstellbar. *Induktivitäten* können nicht als Halbleiterelemente hergestellt werden. Sie müssen entweder indirekt, beispielsweise durch eine Kapazität mit anschließender aktiver Gyratorschaltung, realisiert werden, oder man beschränkt sich auf die Verwendung von Schaltungen, die keine Induktivitäten enthalten.

Leiterbahnen sind in zwei Ebenen möglich: in Gräben auf der Substratoberfläche, ähnlich wie bei Widerständen, und — von diesen durch eine SiO_2-Schicht isoliert — in der darüberliegenden Ebene durch Metallbahnen. Da durch gezieltes Wegätzen der SiO_2-Isolation die Verbindung der Leiterbahnen im Silizium mit den darüberliegenden in der Metallisierungsebene möglich ist, können Leiterbahnbrücken und Überkreuzungen aller Art hergestellt werden.

Bei allen aktiven und passiven Halbleiterbauelementen ist die Tatsache meist sehr störend, daß stets außer den gewollten Effekten noch parasitäre nennenswerter Größe entstehen. Ein ohmscher Widerstand hat stets durch den umgebenden PN-Graben beträchtliche Kapazität; ein durch einen PN-Übergang gebildeter Kondensator wird in seinem Kapazitätswert durch die angelegte Spannung moduliert, um nur zwei Beispiele zu nennen. Oft können durch das Zusammenwirken mehrerer PN-Übergänge aktive parasitäre Elemente entstehen, die das Funktionieren des Bauteils unmöglich machen. All diese Probleme verlangen zu ihrer Lösung eine sehr aufwendige Entwicklung.

5.1.2. Magnetbauelemente

Magnetische Felder, insbesondere ferromagnetische, sind sehr geeignet, durch ihre Kraftwirkungen mechanische Bewegungen zu erzeugen, Dies wird bei elektromechanischen Bauelementen, beispielsweise Relais· ausgenutzt. Ebenso benutzt man die in ferromagnetischen Materialien vorhandenen Eigenschaften „Nichtlinearität" und „Hysterese" und verwirklicht damit logische Operationen und Speicherfunktionen. Derartige Anwendungen gehören zum Aufgabengebiet der Magnetkerntechnik. Es kann allerdings nicht übersehen werden, daß Bedeutung und Anwendungsbreite von Magnetbauteilen stark zurückgegangen sind und weiter abnehmen werden. Durch Fortschritte in der Halbleitertechnik gelingt es zunehmend mehr, gegebene Funktionen mit Halbleiterbauteilen kostengünstiger zu realisieren als mit magnetischen.

So hat der Magnetkern, einst das wichtigste Speicherbauelement, seine Bedeutung verloren. Magnetkernspeicher sind praktisch ganz von Halbleiterspeichern verdrängt worden. Ebenso gilt dies für die komplizierten elektromagnetischen Bauteile wie Transfluxor, magnetisches Leiterelement und Zähldrossel; wegen ihrer an sich interessanten Wirkungsweise sei jedoch auf die Literatur verwiesen [5.10—5.12].

Im Gegensatz dazu wird das elektromechanische Bauteil Relais noch weltweit eingesetzt. Insbesondere in der Vermittlungstechnik hat es trotz der Konkurrenz durch Halbleiterbauteile einen festen Platz. Während die Steuerung von Vermittlungssystemen praktisch nur noch elektronisch durchgeführt wird, wird das Relais nach wie vor als Schalter in analogen Koppeleinrichtungen, wenn auch mit abnehmender Tendenz, benutzt; siehe Abschnitt 7. Ein häufiger Einsatzfall für das Relais ist die Teilnehmerschaltung bei „vollelektronischen" digitalen Vermittlungssystemen. Hier hat es die Aufgabe, den Speisestrom für den Fernsprechapparat ein- und auszuschalten, den Rufstrom zu schalten und eine galvanische Durchschaltung zwischen Netz und Prüfeinrichtungen zu bewerkstelligen. Bei allen diesen Aufgaben, die dadurch charakterisiert sind, daß relativ hohe Spannungen in einer elektrisch rauhen, oft auch blitzgefährdeten Umgebung zu schalten sind, ist der mechanische Kontakt auch heute noch einfachen und billigen Halbleiterbauteilen und Integrationstechniken überlegen.

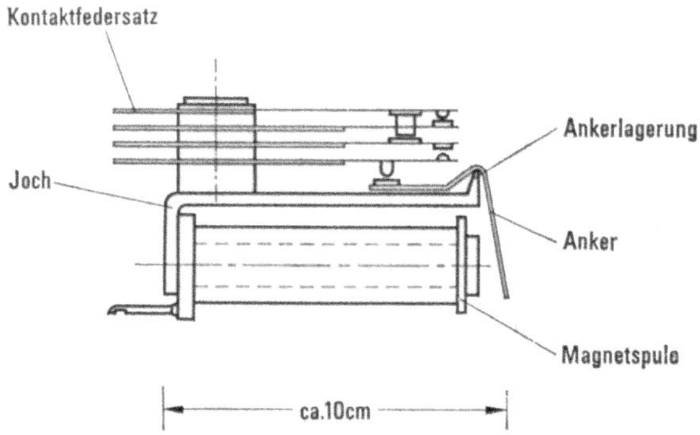

Bild 5.17. Prinzipieller Aufbau eines Relais.

Bild 5.17 zeigt den prinzipiellen Aufbau eines klassischen Relais; es besteht aus Magnetspule, Joch, Anker und Kontaktfedersatz. Bei Erregung wird im Luftspalt magnetische Energie in mechanische Arbeit umgesetzt, der Anker wird angezogen, die Kontakte werden betätigt.

Von den zahlreichen möglichen Ausführungsformen ist das bistabile Relais besonders gut für die Zusammenarbeit mit elektronischen Steue-

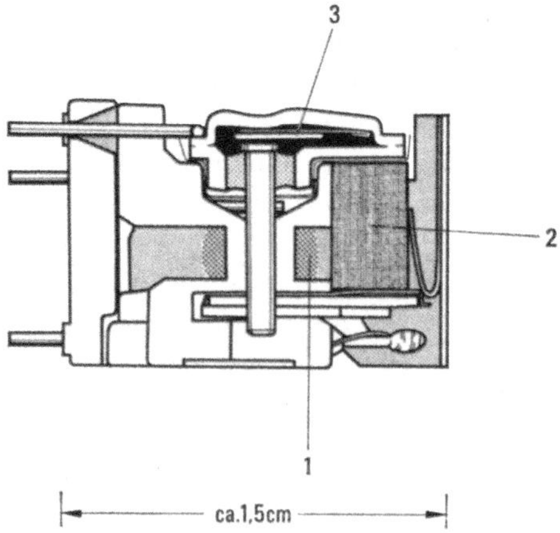

Bild 5.18. Bistabiles Koppelrelais; Kontakt in Schutzgasatmosphäre und in Metallgehäuse.
1 Magnetspule; 2 Dauermagnet; 3 Anker und Kontakt in Schutzgasatmosphäre.

rungen geeignet. Hierbei ist zusätzlich noch ein Dauermagnetkreis vorhanden, der von der Magnetspule entweder direkt ummagnetisiert wird oder dessen Kraftlinien umgesteuert werden. Es benötigt nur einen kurz dauernden Erregerstrom und bleibt dann, je nach Polarität der Erregung, in Arbeits- oder Ruhestellung liegen.

Es ist zweckmäßig, das Relais auch in den beiden anderen Parametern Baugröße und Zuverlässigkeit der elektronischen Umgebung anzupassen. Letzteres wird durch Einbringen der Kontakte in eine Schutzgasatmosphäre erreicht. Als Beispiel ist in Bild 5.18 ein modernes Relais dargestellt, welches alle angeführten Gesichtspunkte berücksichtigt. Dadurch ist es für die Ansteuerung durch Transistorschaltungen sehr geeignet. Es hat eine Schaltzeit von weniger als 2 ms. In der Anwendung als Raummultiplex-Koppler für Fernsprechvermittlungen wird es wartungsfrei eine Lebensdauer von 30 Jahren erreichen [5.13, 5.14].

5.1.3. Optische Bauelemente

Auch im Optischen gibt es Lösungen für eine Nachrichten-Übertragungstechnik, eine Datenverarbeitungstechnik und eine Speichertechnik. Sehr verlockend ist dabei die wegen der hohen Frequenz des Trägers „Licht“ erreichbare große Übertragungsbandbreite. In der Übertragungstechnik sind im Vergleich zu Koaxialkabelsystemen deutlich größere Verstärkerabstände erzielbar; s. Abschnitt 8.4.5. Als weitere Vorteile optischer Systeme sind zu nennen: Die Informationsübertragung geschieht potentialfrei, optische Systeme sind unempfindlich gegen elektromagnetische und optische Störfelder, sie sind oft kleiner und leichter und in starkem Maße abhörsicher.

Diese Vorteile führen dazu, daß optische Systeme zunehmend mehr in Domänen eindringen, die bisher rein elektrischen Systemen vorbehalten waren. Einige Beispiele hierfür sind optische Linkleitungen zur potentialfreien Verdrahtung zwischen Gestellen großer elektronischer Systeme, Bordnetze von Flugzeugen, Nachrichtenübermittlung aus elektromagnetisch verseuchtem Umfeld und höchstratige Datenübertragung. Damit gewinnen auch optische Bauelemente mehr und mehr an Bedeutung.

Im folgenden werden die für optische Systeme erforderlichen Komponenten *Lichtsender*, *Lichtempfänger* und *passive optische Bauelemente* beschrieben. Auf die optische Nachrichten-Übertragungstechnik wird in Abschnitt 8.4.5 eingegangen. Zumindest aufgelistet sollen noch einige „Einfach“-Optik-Anwendungen werden, weil für diese der weitaus größte Anteil aller produzierten optischen Bauelemente verwendet wird: Indikationslampen, LED-Displays, Infrarot-Tonübertragung, Fernsteuerungen, besonders in der Unterhaltungselektronik, einfache Lichtschranken, beispielsweise zur Lochkartenabtastung oder für Aufzugtüren sowie Abtasteinrichtungen für Videoplatten und digitale Schallplatten.

5.1.3.1. Lichtsender

Lumineszenzdiode und Laserdiode sind Bauelemente, die sich besonders gut für Pulssysteme eignen.

Die *Lumineszenzdiode* besteht aus einem Halbleiter-PN-Übergang, ähnlich wie in Bild 5.1 dargestellt. Der Übergang wird in Durchlaßrichtung betrieben. Dabei strömen, wie bei einer Gleichrichterdiode, Elektronen und Löcher in großer Zahl in die Übergangszone und rekombinieren dort. Die bei der Rekombination frei werdende Energie wird in der Lumineszenzdiode zum Teil in Strahlung umgesetzt.

Für das Auftreten von Strahlung sind Halbleitermaterialien mit bestimmten Eigenschaften Voraussetzung, nämlich solche, bei denen für die Rekombination der Elektronenimpuls gleich dem Impulswert des Loches ist. Die Frequenz des ausgesendeten Lichtes ist vom Halbleitermaterial und vom Rekombinationsmechanismus abhängig [5.3]. Gallium-Arsenid (GaAs), das am häufigsten gebrauchte Material, emittiert im nahen Infrarot. Durch Hinzufügen von Al erhält man das für den Wellenlängenbereich um 850 nm wichtige GaAlAs; für die wichtigen Emissionswellenlängen 1300 nm und 1500 nm eignen sich unter Verwendung von Indium und Phosphor quaternäre Mischkristalle des Systems InGaAsP.

Weitere praktische Bedeutung haben für die Erzeugung sichtbaren Lichts Gallium-Phosphid (GaP) und die ternären Mischungen GaAsP und GaAlAs; damit läßt sich dann je nach Dotierung rotes, oranges, gelbes und grünes Licht erzeugen. Die Generierung blauen Lichtes ist noch im frühen Laborstadium, weil die Herstellung hierfür geeigneter Materialien technologisch noch nicht beherrscht wird. Bei der Lumineszenz sind die einzelnen Rekombinations- und damit Emissionsvorgänge voneinander unabhängig. Diese sogenannte spontane Emission erzeugt daher inkohärente Strahlung.

Ganz im Gegensatz hierzu emittiert die *Laserdiode* zeitlich und räumlich kohärentes Licht. In Bild 5.19 ist eine Laserdiode im Schnitt dargestellt. Die aktive Zone, der PN-Übergang, liegt in einem optischen Resonator, der in einfacher Weise links und rechts durch die beiden planparallelen begrenzenden Flächen 1 und 2 gebildet wird. Die Diodenschichten sind extrem stark dotiert. Fließt in dieser Anordnung ein sehr großer Strom in Flußrichtung, das heißt von oben nach unten im Bild, so wird durch Trägerinjektion in der Übergangszone der Zustand der Inversion hergestellt. Man spricht in quantenmechanischer Betrachtungsweise von Inversion, wenn ein höheres Energieniveau vorhanden ist, das stärker besetzt ist als ein niederes. Materialien, die sich in diesem invertierten, angeregten Zustand befinden, verstärken durch sie hindurchtretende Strahlung anstatt sie zu absorbieren. Und zwar ist dieser Mechanismus für diejenige Frequenz gültig, die der Energiedifferenz der beiden invers besetzten Energieniveaus entspricht. Dies ist übrigens die gleiche Art der Besetzungsinversion, die auch beim Festkörperlaser vorhanden ist, und die dort durch das „Pumplicht" erzeugt wird.

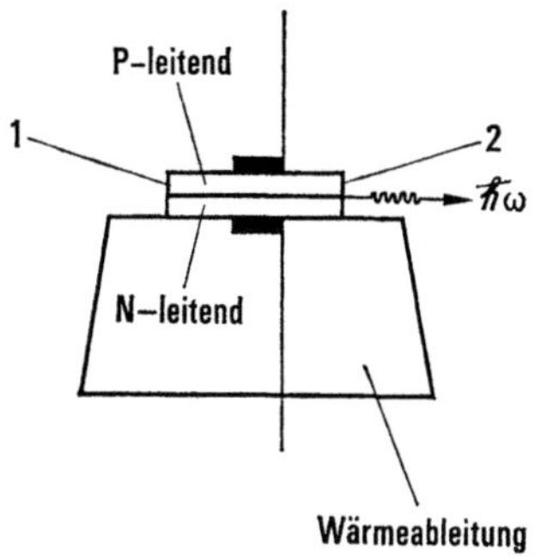

Bild 5.19. Halbleiterlaser.
1, 2 linke und rechte Begrenzungsfläche; $\hbar\omega$ Lichtwelle.

Das PN-Übergangsgebiet einer Laserdiode ist also eine Zone mit der Eigenschaft, Licht zu verstärken. Gleichzeitig ist diese Zone zu einem optischen Hohlraumresonator ausgebildet, der durch die zwei begrenzenden und Licht reflektierenden Flächen gebildet wird. Da im Rauschen auch innerhalb des Resonators immer Lichtquanten geeigneter Frequenz und mit einer Richtung senkrecht zu den reflektierenden Flächen vorhanden sind, baut sich eine kohärente Schwingung auf. Eine der reflektierenden Flächen, beispielsweise Fläche 2, macht man teildurchlässig. Durch sie wird die Strahlung ausgekoppelt, in Bild 5.19 durch $\hbar\omega$ angedeutet.

Bei der praktischen Herstellung von Lumineszenz- und Laserdioden müssen noch einige Punkte beachtet werden, auf die im folgenden eingegangen wird. Von größter Wichtigkeit ist eine möglichst hohe Kristallperfektion, denn Kristalldefekte wirken als Zentren für nichtstrahlende Rekombination und verschlechtern so den Wirkungsgrad des Wandlers. Aus diesem Grunde werden die kritischen PN-Übergänge mittels spezieller Epitaxieverfahren hergestellt, bei denen das Aufwachsen bei Temperaturen erheblich unter dem Schmelzpunkt des Verbindungshalbleiters geschieht. Eine besonders behutsame Methode hierfür ist die sogenannte Flüssigphasen-Epitaxie. Ein weiteres Bestreben ist, die Lichtgenerierung auf engsten Raum zu begrenzen; bei gegebener Stromdichte erzielt man dann nämlich in dieser engen aktiven Zone höhere

Trägerdichten, was zu einer Erhöhung des Quantenwirkungsgrades für die strahlende Rekombination und — speziell beim Laser — zum Einsetzen der kohärenten stimulierten Emission bei schon kleinen Erregerströmen führt. Eine Maßnahme hierfür ist, die aktive GaAs-Schicht sehr dünn auszubilden und auf beiden Seiten durch zusätzlich eingebrachte GaAlAs-Schichten zu begrenzen. Mit Hilfe dieser *Doppelheterostruktur* gelingt es zum einen — infolge des höheren Brechungsindex von GaAlAs —, das Licht nur innerhalb der dünnen GaAs-Schicht zu führen, und zum anderen — durch Bildung von Potentialwällen —, die Diffusion der Ladungsträger aus der dünnen GaAs-Schicht heraus zu unterbinden.

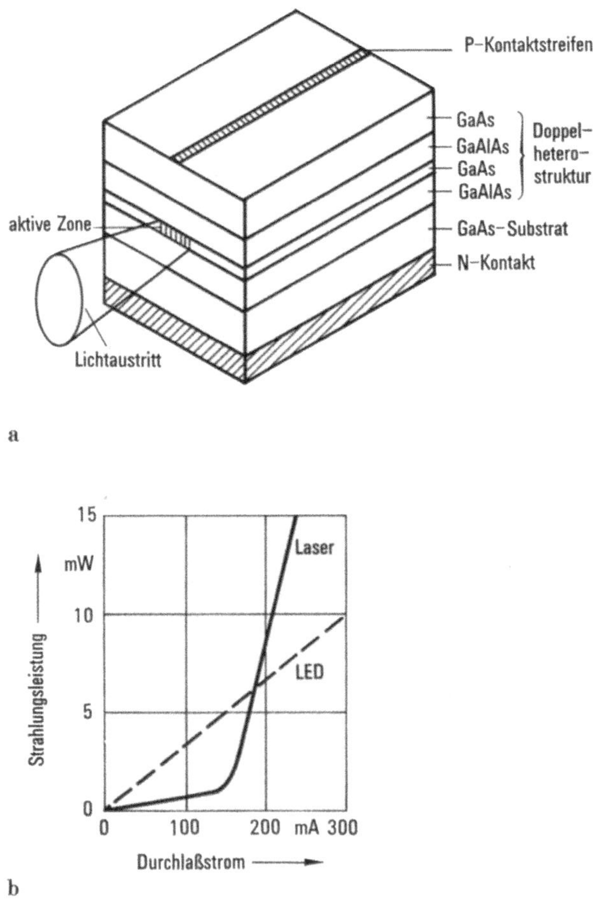

Bild 5.20a u. b. Doppelheterostruktur-Laser mit Streifengeometrie.
a) Aufbau;
b) Strahlungs-Diodenstrom-Kennlinie des Lasers
(zum Vergleich gestrichelte Gerade: LED-Kennlinie).

Ein weiteres Mittel zur Begrenzung der aktiven Zone liegt darin, den Kontakt auf der P-Seite in Form eines nur wenige μm breiten Streifens auszubilden.

Bild 5.20a zeigt einen Halbleiterlaser für den 850-nm-Bereich, bei dem sämtliche der beschriebenen Maßnahmen realisiert sind. In Bild 5.20b ist außerdem noch eine typische Strahlungs-Diodenstrom-Kennlinie für den Streifenlaser dargestellt. Auf zwei weitere für nachrichtentechnische Anwendungen wichtige Effekte des Lasers sei hingewiesen. Wegen der kleinen Austrittsöffnung des Lichts — bei üblichen Lasern beträgt diese etwa 10 μm × 0,3 μm — tritt das Licht gebeugt aus, und im Gegensatz zu allen bisher beschriebenen Halbleiterelementen zeigen Laser deutlich beobachtbare Abnutzungserscheinungen infolge Stromdurchflusses. Zunehmend mehr gelingt es, die drei Hauptalterungsmechanismen Kontaktalterung, Spiegelerosion und Weiterwachsen von Kristallversetzungen zu beherrschen, so daß man heute mit Betriebsdauern von bis zu $5 \cdot 10^5$ Stunden rechnen kann.

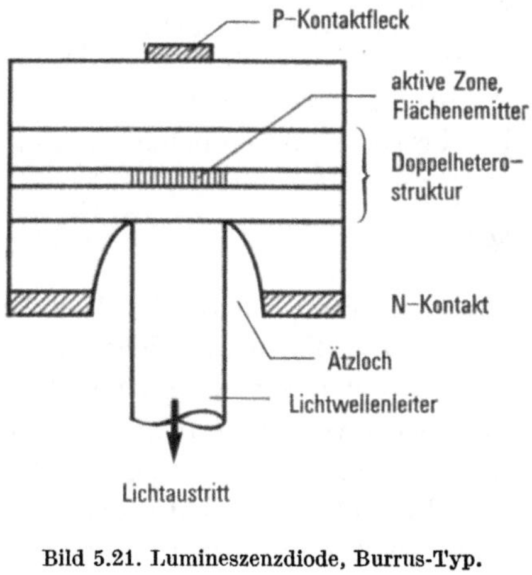

Bild 5.21. Lumineszenzdiode, Burrus-Typ.

Als Beispiel für eine praktisch ausgeführte *Lumineszenzdiode* ist in Bild 5.21 eine sogenannte Burrus-Diode dargestellt. Dieser Diodentyp wird viel in der optischen Glasfaser-Übertragungstechnik verwendet. Die schon vom Laser her bekannte Doppelheterostruktur ist auch hier vorhanden. Zur Verbesserung der Lichtauskopplung wird ein Fenster in den GaAs-Block geätzt, das bis zur aktiven Schicht reicht. In dieses wird der Lichtwellenleiter hineingesteckt. Im Gegensatz zum Laser geschieht die Lichtauskopplung bei der Burrus-Diode quer zur PN-Übergangsschicht. Die Lichtaustrittsöffnung ist 1000 bis 2000 μm² groß. Eine typische Strahlungs-Diodenstrom-Kennlinie ist in Bild 5.20b miteingetragen.

Für die Lumineszenzdiode und Laserdiode gilt gemeinsam, daß die Strahlungsleistung in weiten Grenzen dem Durchlaßstrom proportional ist; die Emission ist also bei beiden leicht modulierbar. Bei pulsförmiger Modulation erreicht man bei Lumineszenzdioden mit Doppelheterostruktur Bitraten von bis zu 300 Mbit/s; bei Lasern kann man in den Bereich bis zu einigen Gbit/s vorstoßen. Maßnahmen zur Erzielung höchster Bitraten sind: die Treiberendstufe und die lichtemittierende Diode mittels hybrider Integration extrem eng zu einem Modul zusammenzubauen, den Treiberstrom in Abhängigkeit von der Diodentemperatur zu regeln und in den Pulspausen einen genau dimensionierten Vorstrom fließen zu lassen. Durch die letztgenannte Maßnahme wird bewirkt, daß sich der Lichtimpuls nicht immer erst aus der spontanen Emission aufbauen muß.

Heute gebräuchliche Lumineszenz- und Laserdioden arbeiten mit Betriebsströmen in dem weiten Bereich zwischen 10 und 500 mA. Der Spannungsabfall liegt dabei bei 1 bis 2 Volt. Bei beiden Diodentypen ist die in den Halbraum abgestrahlte Lichtausbeute in der Größenordnung zwischen 0,5 und 20 mW; ein für die Übertragungstechnik typischer Wert ist 5 mW. Laserdioden gehören zu den Halbleiterbauelementen mit der höchsten spezifischen Strombelastung. Ein typischer Wert für einen nach Datenblatt betriebenen Doppelheterolaser ist 0,5 kA/cm^2.

5.1.3.2. Lichtempfänger

Als Empfänger für Licht finden *Photodioden* Verwendung. Die Photodiode ist eine bipolare Diode, die in Sperrichtung betrieben wird. Wie bereits beschrieben, besteht der Sperrstrom von Dioden aus Ladungsträgern, die durch thermische Generation entstehen. Fällt nun Licht auf den PN-Übergang, so findet eine zusätzliche Generation von Elektronen-Loch-Paaren statt. Die dadurch verursachte Erhöhung des Sperrstromes heißt Photostrom. Der Photostrom ist proportional der einfallenden Lichtleistung.

Die Geschwindigkeit der Photodiode mit sogenanntem abruptem PN-Übergang läßt sich noch erhöhen, wenn man zwischen dem P-leitenden und dem N-leitenden Gebiet eine Schicht I aus eigenleitendem Material einfügt. Bild 5.22 zeigt die praktische Ausführung einer derartigen PIN-Diode. Die Erhöhung der Geschwindigkeit basiert unter anderem auf der Reduzierung der Sperrschichtkapazität des PN-Übergangs auf Werte bis zu einigen Zehntel Picofarad. PIN-Dioden, die für schnelle Pulssysteme sehr geeignet sind, erreichen Datenraten bis zu einigen Gbit/s.

Photodioden haben eine Grenzwellenlänge, oberhalb der ihre Empfindlichkeit abnimmt. Für Siliziumdioden liegt sie bei einer Lichtwellenlänge von 1100 nm. Für die Bereiche mit größeren Wellenlängen eignet sich Germanium mit einer Grenzwellenlänge von etwa 1700 nm sowie der quaternäre Mischkristall InGaAsP. Die Photoempfindlichkeit bei handelsüblichen Silizium- und Germaniumdioden liegt um 50 nA/lx.

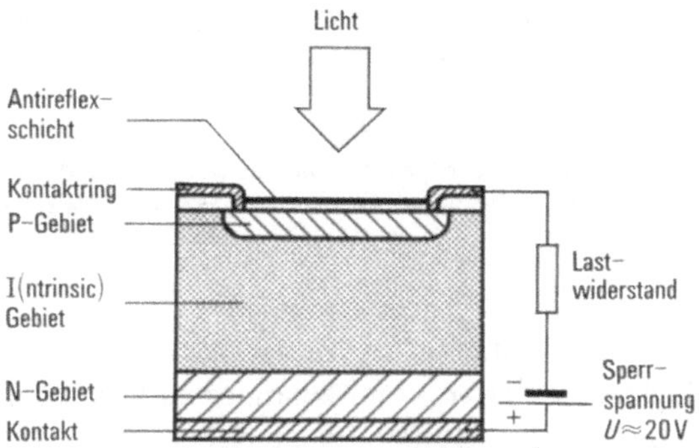

Bild 5.22. PIN-Photodiode.

Betreibt man Photodioden mit Spannungen, die in der Nähe ihrer Durchbruchspannung liegen, so findet infolge des einsetzenden Lawineneffektes Trägermultiplikation statt. Diese führt zu einer Erhöhung des Photostromes und damit zur Empfindlichkeitssteigerung der Diode. Auf diesen Effekt hin gezüchtete Bauelemente heißen *Avalanche-Photodioden.*

Um in das Gebiet höchster Bitraten vorzustoßen, baut man, ähnlich wie beim Lichtsender auch, die Empfangsdiode mit der Vorstufe des nachfolgenden elektrischen Verstärkers durch hybride Integration zu einem Modul zusammen.

Oft werden Photodioden zusammen mit einer Lumineszenzdiode in einem gemeinsamen Gehäuse montiert. Der Lichtausgang der Sendediode ist dabei optisch mit dem Lichteingang der Photodiode gekoppelt. Das Element hat den Namen *optoelektronischer Koppler*. Es ermöglicht die Übertragung von Signalen zwischen zwei galvanisch getrennten Stromkreisen [5.15—5.23].

5.1.3.3. Passive optische Bauelemente

Zum Aufbau optischer Netze und Systeme sind außer Lichtwellenleitern, Lichtsendern und -empfängern noch andere Komponenten erforderlich; sie ermöglichen die Verzweigung, die Zusammenfassung und die Umschaltung von Lichtpfaden sowie die Mehrfachausnutzung von Lichtwegen. Ebenso sind Einrichtungen zur Verbindung von Lichtwegen — Stecker oder Spleiße — notwendig. Diese Systemteile werden als passive optische Bauelemente bezeichnet. Heute eingesetzte passive Komponenten lassen sich in die vier Gruppen *Stecker*, *Verzweiger*, *Schalter* und *Multiplexer* einteilen.

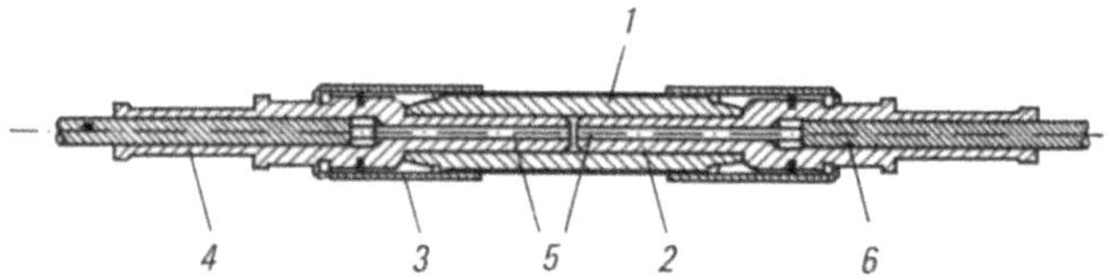

Bild 5.23. Querschnitt durch einen Lichtwellenleiter-Steckverbinder.
1 Koppelelement, *2* Zentrierstift, *3* Überwurfmutter, *4* Crimphülse, *5* Glasfaser, *6* ummantelte Glasfaser.

Der *Steckverbinder* gestattet es, optische Systemkomponenten — meist sind es Lichtwellenleiter — miteinander zu verbinden und wieder zu lösen. Die konstruktive Aufgabe liegt dabei darin, die Faserenden möglichst gut zentriert stumpf einander gegenüberzubringen und dieses gut reproduzierbar zu erreichen, damit das Bauteil genügend viele Steckzyklen aushält. Die zulässigen geometrischen Toleranzen sind dabei klein gegen den Durchmesser der Faser, der sich je nach Typ in den weiten Grenzen von 5 bis 500 μm bewegt. Bild 5.23 zeigt als Beispiel den Querschnitt durch ein Steckerpaar. In Bild 5.24 ist dargestellt, welchen Anteil die einzelnen Geometriefehler — Zentrierfehler, Verkantung und

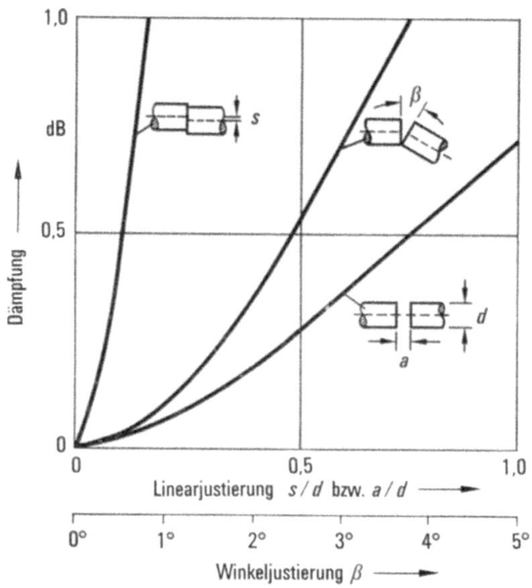

Bild 5.24. Dämpfung als Funktion der Lichtwellenleiterjustierung.

Lücke — auf den Steckerverlust haben. Die einzelnen Dämpfungen sind zu addieren; hinzu kommt noch ein Verlust durch Reflexion und Streuung an der Verbindungsstelle. Verschiedene Hersteller verwenden zur Halterung der Glasfaser innerhalb des Steckers Lagersteine aus der Uhrenindustrie, die dort extrem eng toleriert und sehr billig hergestellt werden; ebenso sind auch selbstjustierende Anordnungen in Gebrauch. Eine weitere Möglichkeit zur Erleichterung des Toleranzproblems liegt darin, den Faserquerschnitt mittels Linsen aufzuweiten und die Kopplung über den vergrößerten Querschnitt durchzuführen. Handelsübliche Steckverbinder haben Dämpfungsverluste zwischen 1 und 2 dB. Wegen dieser, im Vergleich zu elektrischen Steckern unverhältnismäßig hohen Steckerverluste kann man in optischen Systemen Steckverbinder nur dort zulassen, wo man auf die ständige Lösbarkeit und Änderbarkeit der Verbindung angewiesen ist, beispielsweise in Rangierverteilern. In allen anderen Fällen wird das Verfahren des Spleißens, nämlich des stumpfen Aneinanderschweißens der Faserenden angewandt. Spleißverbindungen haben Dämpfungen von 0,1 bis 0,2 dB [5.24].

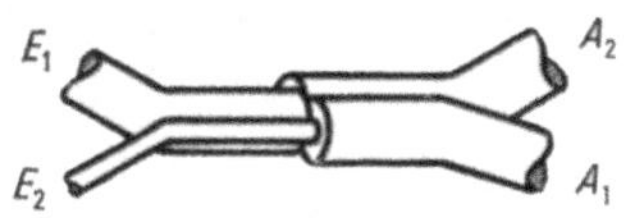

Bild 5.25. Asymmetrischer Viertor-Stirnflächenkoppler. E Eingänge, A Ausgänge.

Um Lichtwege zu *verzweigen* oder zusammenzuführen, benützt man zwei Prinzipien: die Verzweigung über die Stirnfläche des lichtführenden Elementes — dies führt zu Stoßkopplern, Linsenkopplern oder Spiegelkopplern — und die Verzweigung quer zur Ausbreitungsrichtung über Leckwellen. Bild 5.25 zeigt als Beispiel für einen Stirnflächenkoppler ein asymmetrisches Viertor. Die polierten Endflächen der lichtführenden Fasern stoßen stumpf aufeinander. Licht von Eingang E_1 wird auf Ausgang A_1 und A_2 aufgeteilt; der Versatz von der Eingangsfaser zum Ausgangsfaserpaar bestimmt das Aufteilungsverhältnis. Das über den zweiten Eingang E_2 zugeführte Licht wird ausschließlich an den Ausgang A_1 weitergeleitet.

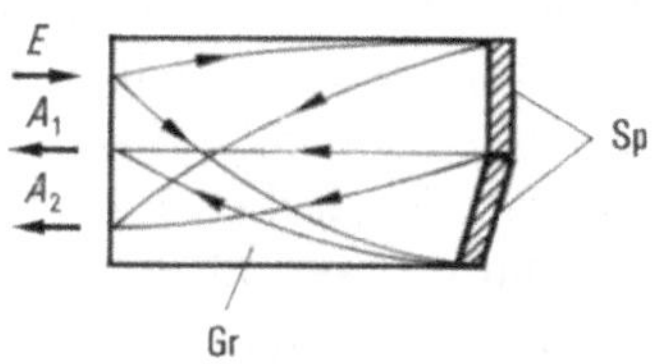

Bild 5.26. Dreitor mit Spiegeln und Gradientenindex-Linse. E Eingang, A Ausgänge, Gr Gradientenindex-Linse, Sp Spiegel.

Ein mit Spiegeln arbeitender Stirnflächenkoppler ist in Bild 5.26 in einer Ausführung als Dreitor dargestellt. Die Gradientenindex-Linse ist ein rotationssymmetrischer Körper mit einem im Inneren hohen Brechungsindex, der nach außen hin kontinuierlich abnimmt ähnlich einem kurzen Stück einer „dicken" Gradientenfaser. Das über den Eingang zugeführte Licht wird entsprechend der Linsenwirkung auf die Spiegelrückwand aufgefächert, dort jeweils hälftig unter zwei verschiedenen Winkeln reflektiert und nach Rückbündelung durch die Gradientenindex-Linse an den beiden Ausgängen A_1 und A_2 abgegeben.

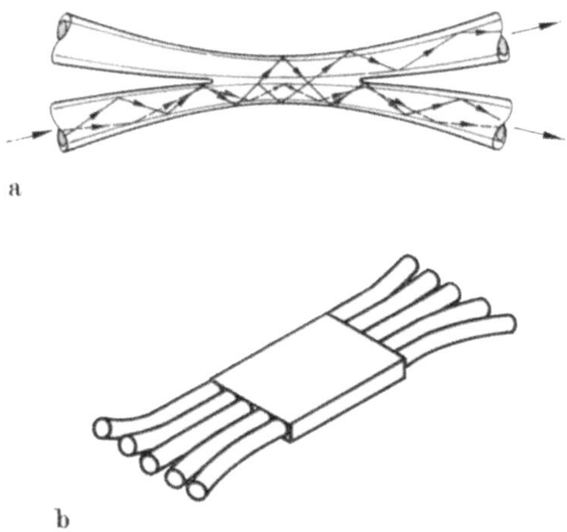

Bild 5.27a u. b. Sternkoppler und seine Anwendung in einem optischen Sternnetz.
a) Prinzip des Taperkopplers;
b) Sternkoppler mit Mischerplättchen.

Das zweite Prinzip für Verzweigungen, dasjenige über Leckwellen, wird anhand von Bild 5.27 erläutert. Zwei Glasfasern werden lokal erhitzt, etwas ausgezogen und an der entstandenen Einschnürung — auch Taper genannt — verschmolzen, Bild 5.27a. An der Vereinigungsstelle koppelt Lichtenergie über Mantelmoden von der einen Faser auf die andere über. Es lassen sich weit mehr als nur zwei Fasern miteinander verschmelzen, beispielsweise 20. An der Vereinigungsstelle wird das jeweils von einer Eingangsfaser herangeführte Licht auf sämtliche Ausgangsfasern verteilt. Diese Koppler heißen Sternkoppler. Anstatt über zusammengeschmolzene Taper kann die Überkopplung auch über ein Mischerplättchen erfolgen. Es hat die Dicke eines Faserdurchmessers und eine der Summe der Durchmesser aller angekoppelten Fasern entsprechende Breite, Bild 5.27b [5.25—5.28].

Das Bauelement *Schalter* wird heute praktisch ausschließlich durch mechanische Bewegung von Spiegeln bzw. Prismen oder durch Verbiegung von Glasfasern realisiert. Es genügen daher sehr kleine Hübe; als Antriebe dienen piezoelektrische oder elektromagnetische Kräfte. Bild 5.28 zeigt als Beispiel einen nach Art eines elektromagnetischen Relais angetriebenen optischen Umschalter. Ansätze für Schalter, die ohne mechanische Bewegung auskommen, sind vorhanden. Der Mechanismus hierfür ist, daß der Brechungsindex verschiedener Materialien durch ein elektrisches Feld geändert werden kann; speziell geeignet sind III-V-Halbleiter wie GaAs, InGaAs oder InGaAsP, sowie Lithiumniobat, $LiNbO_3$. Für praktische Anwendungen sind derartige Schalter jedoch noch nicht reif [5.29, 5.30].

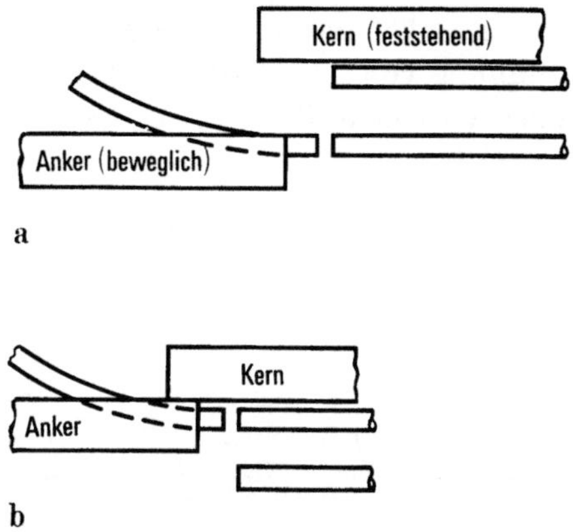

Bild 5.28a u. b. Optischer Umschalter mit elektromagnetischem Reed-Antrieb.
a) Ruhestellung;
b) Arbeitsstellung.

Die Elemente *Multiplexer* und Demultiplexer ermöglichen es, Lichtströme verschiedener Wellenlänge auf einem einzigen Lichtpfad, beispielsweise einem Lichtwellenleiter, zu vereinigen bzw. wieder zu trennen. Für das optische Multiplexen/Demultiplexen stehen vier Elemente zur Verfügung, die in der Lage sind, Licht nach Wellenlängen zu trennen bzw. zusammenzufügen: Prisma, Beugungsgitter, Interferenzfilter und die Hintereinanderschaltung von Materialien verschiedener Absorptionskanten, auch Absorberkaskade genannt. Je nach Einsatzfall — Multiplex-Demultiplexrichtung, wenig Kanäle, viele Kanäle — weisen diese Elemente unterschiedliche Vor- und Nachteile auf. Als Beispiel wird im folgenden ein Multiplexer mit Interferenzfilter beschrieben; ein Prinzip, das besonders für universellen Einsatz geeignet ist.

Bild 5.29 zeigt den Multiplexer für drei Kanäle. F_1 und F_2 sind Interferenzfilter in einer Ausführungsform als Kantenfilter. Sie haben die Eigenschaft, für Licht unter einer Grenzwellenlänge durchlässig zu sein; Licht über der Grenzwellenlänge wird reflektiert. F_1 ist so ausgelegt, daß es Licht der Wellenlängen λ_1 und λ_2 durchläßt und solches der Wellenlänge λ_3 reflektiert. F_2 hat eine etwas niedrigere Grenzwellenlänge und reflektiert auch schon den Lichtstrom mit der Wellenlänge λ_2; derjenige mit λ_1 wird durchgelassen. Die bisher dargestellten Funktionen beschreiben das Bauelement in seiner Eigenschaft als Demultiplexer: Der Summenlichtstrom (λ_1, λ_2 und λ_3) wird an den jeweiligen Ausgängen in Form seiner Komponenten zur Verfügung gestellt. In umgekehrter Richtung durchlaufen — in Bild 5.29 mit gestrichelten Pfeilen dargestellt — ist das Bauelement ein Multiplexer. In einer bestimmten Ausführungsform sind die Lichtpfade direkt die Glasfasern, die aufgeschnitten und mit den Interferenzspiegeln bedampft sind. Ein Zweikanalmultiplexer mit $\lambda_1 = 755$ nm und $\lambda_2 = 825$ nm hat beispielsweise eine Durchgangsdämpfung von 1 bis 3 dB — oberer, unterer Kanal —, ein Nahnebensprechen von mehr als 40 dB und ein Fernnebensprechen von ca. 20 dB [5.31, 5.32].

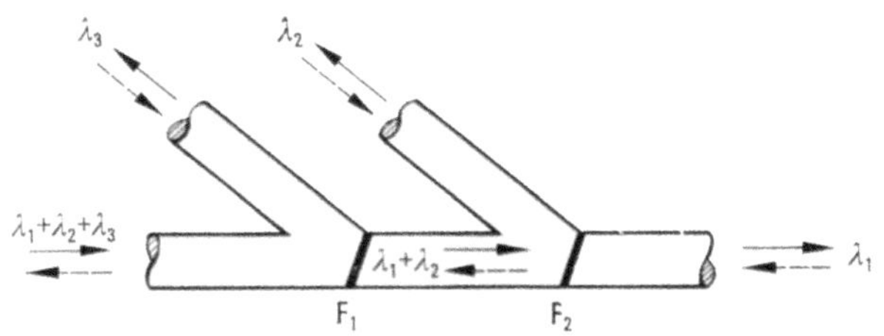

Bild 5.29. Multiplexer mit Interferenzfiltern (Zeichenerklärung im Text).

In Analogie zu den integrierten Schaltungen der elektrischen Halbleitertechnik arbeiten viele Labors daran, sämtliche oben beschriebenen optischen Bauelemente in miteinander verträglicher Technologie herzustellen und auf einem gemeinsamen Substrat aufzubauen mit dem Ziel, sie in einem gemeinsamen Fabrikationsprozeß und zusammengebaut zu fertigen. Diese Stoßrichtung heißt *integrierte Optik.* Sie befindet sich derzeit noch im frühen Laborstadium.

5.2. Logik-Bausteine

Physikalisch gesehen benötigt man zur Durchführung logischer Verknüpfungen die Grundfunktion Nichtlinearität. Da Pulse beim Durchlaufen von Netzwerken im allgemeinen eine Dämpfung erfahren, ist außerdem noch die Funktion Verstärkung notwendig. Von den Grundelementen, die im vorangegangenen Abschnitt 5.1 beschrieben wurden, eignen sich die Halbleiterbauelemente am besten für diese Zwecke; ihre

Kennlinien sind infolge von Gleichrichterwirkungen und Sättigungserscheinungen extrem nichtlinear, und es ist leicht, mit ihnen große Leistungsverstärkung zu erzielen. In der Magnetkerntechnik fehlt praktisch die Möglichkeit verstärken zu können. Dies ist ein wichtiger Grund für die geringe Bedeutung der Magnetkernlogik. Nach jeweils wenigen Stufen muß man doch wieder Halbleiterverstärker einsetzen, um den abgesunkenen Pegel neu anzuheben.

An und für sich lassen sich bereits alle denkbaren logischen Verknüpfungen durch Zusammenschalten der im Abschnitt 5.1.1 beschriebenen aktiven und passiven diskreten Einzelhalbleiter realisieren. Die Vorteile der Halbleitertechnik kommen jedoch erst richtig zum Tragen, wenn man möglichst viele Einzelbauelemente in Form von monolithischer Integration zusammenfaßt, wenn man also auf einem einzigen Halbleiterkristall viele Bauteile einschließlich deren Verdrahtung aufbaut und die ganze Schaltung in einem einzigen Gehäuse unterbringt. Diese monolithisch integrierte Schaltkreistechnik ist nach heutiger Erkenntnis mit Abstand die kostengünstigste Realisierungsmöglichkeit für logische Verknüpfungen.

Da sich für eine bestimmte logische Verknüpfung mehrere elektrische Schaltungen eignen und da diese wiederum in verschiedenen Technologien hergestellt werden können, ist die Vielfalt der Realisierungsmöglichkeiten für ein und dieselbe Gatterfunktion sehr groß. In der Praxis haben sich jedoch einige Einheits-Schaltkreistechniken durchgesetzt, die jeweils nach bestimmten Anwendungsparametern optimiert sind. Typische Optimierungsparameter sind: geringste Kosten pro Gatterfunktion, höchste Operationsgeschwindigkeit, größtmögliche Störsicherheit, geringster Leistungsverbrauch. Bausteine in diesen quasi genormten Einheits-Schaltkreistechniken werden in großen Stückzahlen billig hergestellt.

In den meisten dieser Techniken werden standardisierte Bausteinfamilien angeboten. So ist beispielweise der Baustein SN 7420 ein Mitglied der TTL-Familie; es ist ein kleinintegrierter Baustein, der 2 NAND-Gatter mit je 4 Eingängen in einem Gehäuse enthält. Der Baustein iAPX 8086 ist, um ein anderes Beispiel zu nennen, ein N-Kanal-MOS-Bauelement in extremer Großintegration. Auf einem einzigen Siliziumplättchen von etwa 50 mm^2 Fläche befindet sich ein kompletter 16-bit-Mikroprozessor. Der Baustein besteht aus 128.000 Transistoren; er arbeitet mit einer Taktfrequenz von 8 MHz (siehe auch Tabelle 6.1).

Standardbausteine sind so konzipiert, daß sie von einer möglichst großen Anzahl von Anwendern benutzt werden können. Daneben gibt es aber auch das Angebot, kundenspezifische Bausteine herzustellen. Kommt eine Anwendung in sehr großer Stückzahl vor oder ist vom gerätetechnischen Standpunkt aus eine extrem raumsparende Aufbauweise von Vorteil, so lohnt es sich, eine für diese einzige Anwendung optimierte Schaltung zu „integrieren“. Wegen des schon erwähnten relativ hohen Entwicklungsaufwandes ist aber für jeden einzelnen Fall genau zu prüfen, ob diese Erwartung wirklich zutrifft.

Im folgenden nun werden die wichtigsten Schaltkreistechniken, geordnet nach bipolaren und unipolaren Schaltungen, beschrieben. Sämtliche Schaltungen — oder Elemente daraus — können als Komponenten zur Entwicklung kundenspezifischer integrierter Bauelemente verwendet werden; in einem großen Teil der beschriebenen Schaltkreistechniken existieren Standard-Bausteinfamilien. Für welche Schaltkreistechniken Standardserien vorhanden sind, ist jeweils angegeben. Wegen der großen, ständig zunehmenden Bedeutung — und auch Problematik — kundenspezifischer Bauelemente schließt sich noch ein eigener Abschnitt zu diesem Thema an.

5.2.1. Bipolare integrierte Schaltungen

Die ersten integrierten Logikschaltungen waren bipolare Schaltungen. Es waren direkte Übersetzungen der damals bei diskreten Bauelementen üblichen Widerstands-Transistor-Logik. Diese sogenannte RTL-Schaltkreistechnik hat heute keine Bedeutung mehr. Ein ähnliches Schicksal hat die nächste Generation, die DTL-Schaltkreistechnik, erlitten. Erst der nach dieser *D*ioden-*T*ransistor-*L*ogik entwickelten Schaltkreistechnik, der *T*ransistor-*T*ransistor-*L*ogik, kurz TTL genannt, war ein durchschlagender Erfolg beschieden, der bis heute noch anhält.

5.2.1.1. T*ransistor*-T*ransistor*-L*ogik*, TTL

Die Grundidee dieser Schaltkreistechnik ist die Verwendung eines Multiemitter-Transistors im Eingangskreis. In Bild 5.30 ist das Grundglied der *TTL-Standardserie,* eine NAND-Verknüpfung, dargestellt. Neben dieser Serie sind heute mindestens vier weitere TTL-Varianten bekannt, die jeweils spezifische Vorteile haben.

In Bild 5.30b ist T_1 der Multiemitter-Transistor. Seine Emitter-Basis-Dioden ersetzen die bei der hier nicht näher beschriebenen Vorläufer-Schaltkreistechnik DTL notwendig gewesenen Eingangs-Verknüpfungsdioden; seine Basis-Kollektor-Diode ersetzt damals erforderlich gewesene Seriendioden. Die Ablösung mehrerer Dioden durch diesen einen Transistor bringt den doppelten Vorteil einer Geschwindigkeitserhöhung und einer Platzersparnis. Ein einziges Kollektorgebiet muß vorgesehen werden; in dieses hinein wird ein einziges Basisgebiet eindiffundiert und dahinein wiederum — jetzt als einzelne Flecken — so viele Emittergebiete, wie vom Eingangsfächer her erforderlich.

Liegt mindestens einer der Eingänge e an einer sehr kleinen Spannung — liegt also das Eingangssignal O an —, so wird mindestens eine der Basis-Emitter-Dioden des Eingangstransistors T_1 in Durchlaßrichtung betrieben. Dadurch ist T_1 durchgeschaltet; über seine leitende Kollektor-Emitterstrecke wird nun auch die Basis des folgenden Transistors T_2 praktisch an Masse gelegt. Dies hat zur Folge, daß T_2 abgeschaltet bleibt. Ebenso ist T_3 abgeschaltet. Infolge des nichtleitenden Zustandes von T_2 kann die positive Versorgungsspannung U_v über R_2 auf die Basis des Transistors T_4 durchgreifen, wodurch T_4 eingeschaltet wird. Damit liegt an der Ausgangsklemme a die große positive Spannung U_v an, vermindert um die geringen Spannungsabfälle an R_4, an der Emitter-Kollektorstrecke von T_4 und an der Diode D. Die Schaltung gibt also die Information L ab.

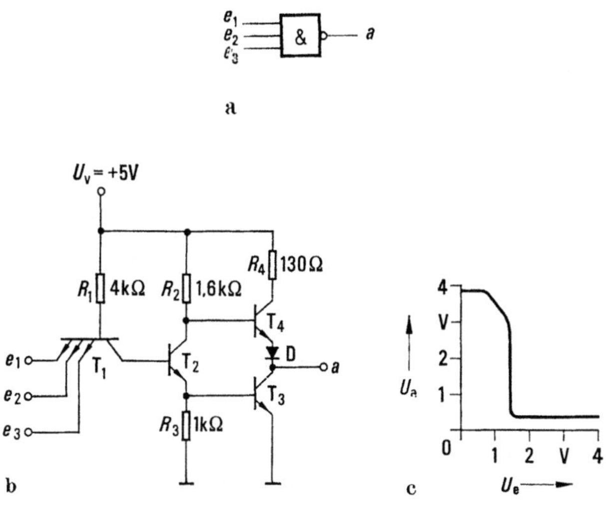

Bild 5.30a–c. TTL-Standard-Grundschaltung (NAND-Verknüpfung).
a) Symbol; b) Schaltbild; c) Übertragungskennlinie.

Liegt an allen Eingängen eine Spannung U_e von mehr als 1,4 V, also ein L an, so wird der Eingangstransistor T_1 „invers" betrieben. Das bedeutet, daß die Elektroden Kollektor und Emitter ihre Rollen vertauschen. T_1 ist jetzt ein Transistor, der mit seinem Emitter an die Basis von T_2 und mit seinem Kollektor an e angeschlossen ist. Die Eingangsspannung dient als Kollektorspannung des infolge seiner hohen Basisspannung durchgeschalteten Transistors T_1. Sein Emitterstrom fließt in die Basis des Transistors T_2 und schaltet diesen durch. Die Potentialverhältnisse in der Endstufe T_3T_4 sind nun gerade dual zum vorhergehenden Fall: T_3 ist leitend, T_4 ist abgeschaltet, und die Ausgangsspannung ist auf die geringe Kollektor-Emitter-Restspannung von T_3 abgefallen. Am Ausgang liegt die Information O.

Neben dem Multiemitter-Transistor ist die Endstufe ein besonderes Charakteristikum der TTL-Schaltkreistechnik. Sowohl das Umschalten von O nach L als auch umgekehrt wird jeweils von einem der Transistoren T_3 bzw. T_4 aktiv durchgeführt. Man erreicht dadurch einen niedrigen Generator-Innenwiderstand, und das Gatter ist in der Lage, auch solche Ausgangslasten zu treiben, die mit relativ hoher Kapazität behaftet sind.

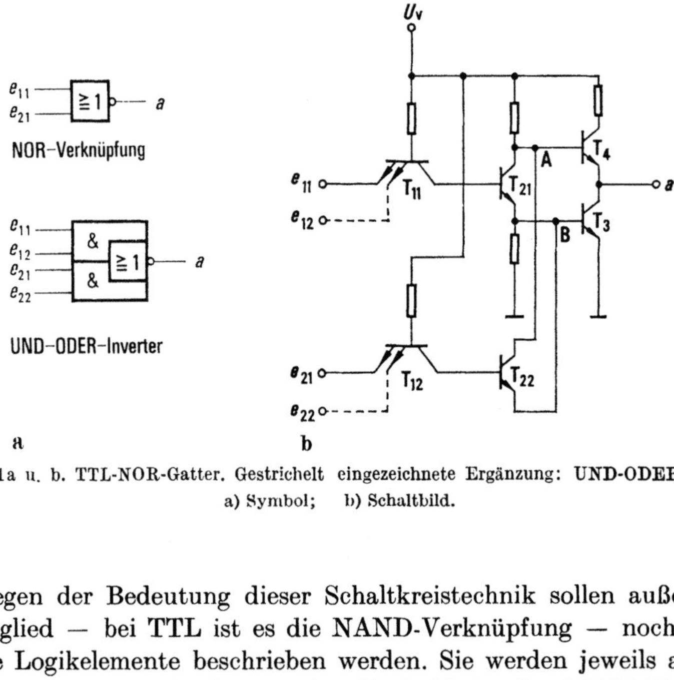

Bild 5.31a u. b. TTL-NOR-Gatter. Gestrichelt eingezeichnete Ergänzung: UND-ODER-Inverter a) Symbol; b) Schaltbild.

Wegen der Bedeutung dieser Schaltkreistechnik sollen außer dem Grundglied — bei TTL ist es die NAND-Verknüpfung — noch einige andere Logikelemente beschrieben werden. Sie werden jeweils aus der Grundverknüpfung abgeleitet. Eine Möglichkeit, die ODER-Verknüpfung darzustellen, besteht darin, zwei Eingangsstufen eines Grundgliedes parallelzuschalten. An den Punkten A und B, Bild 5.31b, sind zwei Eingangsstufen zusammengeführt. Die Schaltung führt die NOR-Verknüpfung aus. Rüstet man die Anordnung wieder mit Multiemitter-Transistoren aus, so wie dies in Bild 5.31b gestrichelt eingezeichnet ist, erhält man einen UND-ODER-Inverter.

Auch Schaltungen mit speichernden Funktionen werden vom Grundglied abgeleitet. Bild 5.32 zeigt als Beispiel das logische Schaltbild einer taktflankengesteuerten RS-Kippstufe (Abschnitt 3.1.6.3). Sie ist aus NAND-Gattern zusammengesetzt, die in den speichernden Stufen rückgekoppelt sind. Dabei sind Schaltungsteile, die sich im Innern der Kippstufe befinden, nicht voll ausgebildet, um Platz und auch Verzögerungszeit zu sparen. Sie müssen beispielsweise nicht für den maximalen Ausgangsfächer oder für eine längere Ausgangsleitung mit nennenswerter Kapazität ausgelegt sein. Mit Ausgangsfächer bezeichnet man die Anzahl der anschließbaren Folgegatter. Diese Zahl hat man bei Standardserien auf einen bestimmten Maximalwert begrenzt, um die Potentialverhältnisse nicht allzusehr zu stören, um keine allzu engen Herstellungstoleranzen zu erhalten und um die Vorleistung in der Ausgangsstufe nicht zu groß zu machen. Schaltungsteile jedoch, die an die Außenklemmen geführt sind, sind vollständig ausgeführt, so wie es der Ein- bzw. Ausgangsstufe der Grundschaltung nach Bild 5.30 entspricht.

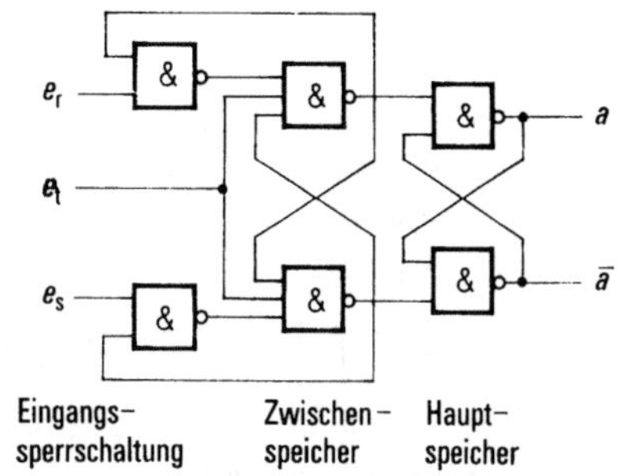

Bild 5.32. Taktflankengesteuerte RS-Kippstufe.
e_t Takteingang.

TTL-Standard-Bausteine haben im Mittel eine Verlustleistung von 10 mW pro Gatterfunktion. Ihre durchschnittliche Verzögerungszeit beträgt 10 ns. Die statische Störsicherheit ist etwa 1 V. Die meisten Gatter haben den Ausgangsfächer 10; es gibt aber Gatter mit speziellen Endstufen, sogenannte Buffer, bei denen der maximale Ausgangsfächer 30 beträgt. Die Versorgungsspannung beträgt einheitlich $U_v = +5$ V. Die TTL-Standardserie ist eine umfangreich ausgebaute Familie. Sie umfaßt ca. 150 Typen, die von einfachen Verknüpfungsgliedern über schwierige bis hin zu arithmetischen Recheneinheiten reichen. Die komplexeren Bausteine — ein 4 bit breiter Volladdierer möge als Beispiel hierfür genannt werden — gehören bereits in das Gebiet der „*M*edium *S*cale *I*ntegration“, der MSI.

Die TTL-Standardserie — einst die am breitesten eingesetzte Logikfamilie — hat seit Jahren schon an Bedeutung verloren, weil sie von Weiterentwicklungen mit deutlich besseren Eigenschaften verdrängt wurde. Diese Weiterentwicklungen, die nach wie vor auf der TTL-Grundschaltung, Bild 5.30, basieren, verlaufen in zwei Richtungen: zu höherer Geschwindigkeit und zu niedrigerem Leistungsverbrauch. Beide Richtungen seien nacheinander beschrieben.

Zur Erhöhung der Geschwindigkeit wurde zunächst der Weg beschritten, die Arbeitswiderstände zu reduzieren und die Endstufe geringfügig zu modifizieren. Anstelle des bisherigen Ausgangstransistors T_4 wurde die Doppeltransistor-Anordnung T_4T_5, eine sogenannte *Darlingtonstufe*, eingesetzt. Bild 5.33 zeigt die Anordnung. Die auf dieser Grundschaltung aufgebaute Familie hat den Seriennamen *TTL-High Speed.*

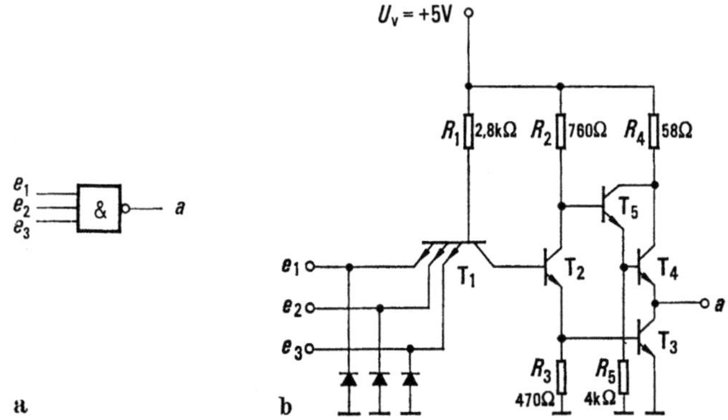

Bild 5.33 a u. b. TTL-High-Speed-Grundschaltung (NAND-Verknüpfung). a) Symbol; b) Schaltbild.

Wie das Bild ferner zeigt, werden die Multiemitter-Eingänge noch mit „Clamping"-Dioden beschaltet. Durch diese Maßnahme werden Störeffekte auf Leitungen, die sich durch Fehlabschlüsse ergeben und die ja mit abnehmender Anstiegszeit der Flanken immer mehr ins Gewicht fallen, reduziert.

Gegenüber der Standardserie ergibt sich eine um 4 ns reduzierte mittlere Laufzeit. Das wird bezahlt mit einer Erhöhung der Verlustleistung. Der Übergang zu niedrigerem Impedanzniveau bedeutet ja nichts anderes.

Innerhalb der Entwicklungsrichtung zu höherer Geschwindigkeit war die TTL-High Speed eine heute nicht mehr angewendete Zwischenstufe. Um jedoch den Gang der Entwicklung besser verfolgen zu können, wurde sie beschrieben. Eine Serie mit noch höherer Geschwindigkeit ist die *TTL-Schottky*-Serie. Während alle anderen bisher beschriebenen Logikschaltungen mit gesättigten Transistoren arbeiten, wird hier verhindert, daß die Halbleiterelemente zu weit ausgesteuert werden.

Gesättigte Halbleiterelemente weisen eine zusätzliche Verzögerungszeit auf, die sogenannte Speicherzeit. Bei Gatterschaltungen, deren Bauelemente in Sättigung betrieben werden, wird die Gatterlaufzeit zu einem nennenswerten Anteil durch diese Speicherzeit bestimmt. Der

Effekt der Sättigung ist in Abschnitt 5.1.1.1 beschrieben worden und wird dort anhand von Bild 5.3 dargestellt.

Bei der Schottky-Serie wird nun die Sättigung der Transistoren in sehr wirkungsvoller Weise durch Schottkydioden verhindert, die zur Basis-Kollektorstrecke parallelgeschaltet sind. Diese schnell arbeitenden Dioden haben eine etwa halb so große Schwellenspannung wie Silizium-PN-Übergänge und sind dadurch in der Lage, den überschüssigen Basisstrom abzuleiten und so als Sättigungsbegrenzung zu wirken. In Bild 5.34a ist die Parallelschaltung dargestellt.

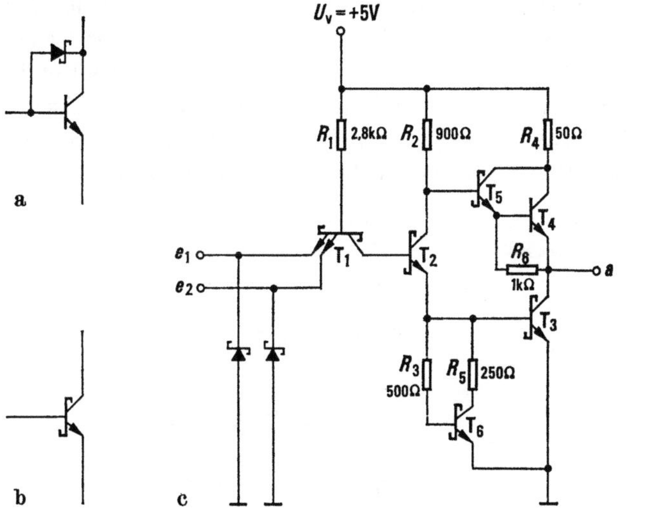

Bild 5.34a–c. TTL-Schottky-Grundschaltung.
a) Transistor mit Sättigungsbegrenzung durch parallelgeschaltete Schottkydiode; b) Symbol für die Schaltung nach a); c) Grundschaltung (NAND-Verknüpfung).

In der Endstufe, Bild 5.34c, besitzt die TTL-Schottky-Grundschaltung wieder eine Darlingtonstufe und zusätzlich hierzu noch eine Vorstufe T_6 zu dem ursprünglichen Ausgangstransistor T_3. Beide Maßnahmen sind erforderlich, um die Flanken der Ausgangsimpulse zu versteilern. Damit erzielt die Schottky-Familie eine mittlere Laufzeit von 3 ns. Eine erneute Weiterentwicklung, die aber ganz auf den Grundschaltungen der TTL-Schottky-Technik aufbaut, ist die TTL-Advanced-Schottky-Serie. Mit der durchschnittlichen Gatterlaufzeit von 1,5 ns arbeitet sie am schnellsten von allen heute bekannten TTL-Serien.

Für Systeme, bei denen es auf besonders geringen Leistungsverbrauch ankommt, wurde die *TTL-Low-Power-Serie* konzipiert. Elektrisch ist sie identisch mit der TTL-Standard-Serie nach Bild 5.30; lediglich die Widerstände R_1 bis R_4 haben wesentlich höhere Werte. Der Leistungsverbrauch wird durch diese Maßnahme gegenüber der Standard-Serie auf etwa ein Zehntel reduziert, selbstverständlich auf Kosten der Geschwindigkeit.

In Analogie zur TTL-High-Speed stellt die TTL-Low-Power-Serie ebenfalls eine Zwischenstufe dar, an der man den Entwicklungsweg zwar gut erkennen kann, die aber durch Weiterentwicklungen überrollt wurde. Die anschließende Nachfolgeentwicklung heißt TTL-Low-Power-Schottky-Serie. Bei ihr sind die beiden Grundideen — Sättigungsbegrenzung durch Schottkydioden und Leistungsreduktion durch höhere Impedanzen — gleichzeitig angewendet. Aus dieser recht geschickten Kombination resultieren Daten, die sowohl hinsichtlich Geschwindigkeit als auch hinsichtlich Leistungsverbrauch sehr günstig sind. Anhand von Bild 5.35, einer Darstellung der Low-Power-Schottky-Grundschaltung, ist zu erkennen, daß für den Eingangskreis anstelle des Multiemitter-Transistors wieder eine Diodenkombination verwendet wird. Ansonsten entspricht die Schaltung ganz einer Ausführung der Schottky-Schaltungstechnik nach Bild 5.34, nur mit höheren Impedanzen.

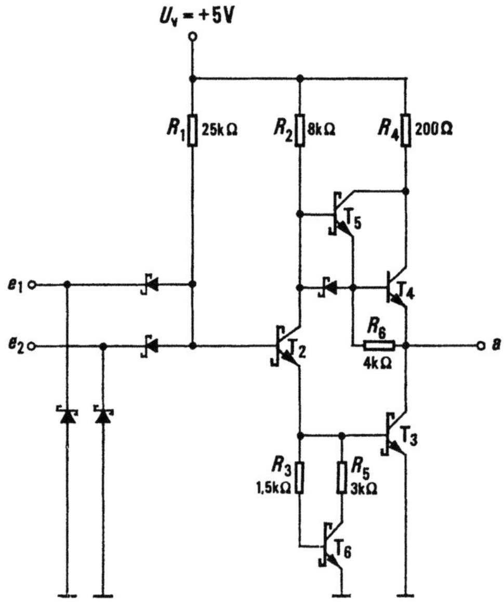

Bild 5.35. TTL-Low Power Schottky-Grundschaltung (NAND-Verknüpfung).

Schließlich zeigt Bild 5.36 die abermalige Weiterentwicklung zur *TTL-Advanced-Low-Power*-Serie. Im Vergleich zu Bild 5.35 erkennt man, daß im wesentlichen die Arbeitswiderstände nochmals um den Faktor 2 erhöht wurden, außer in der Treiberstufe, die sogar etwas niederohmiger ausgelegt wurde, um Geschwindigkeitsverlusten entgegenzuwirken. Die TTL-Advanced-Low-Power ist die derzeit leistungsärmste TTL-Serie; sie verbraucht nur noch 1 mW pro Gatter.

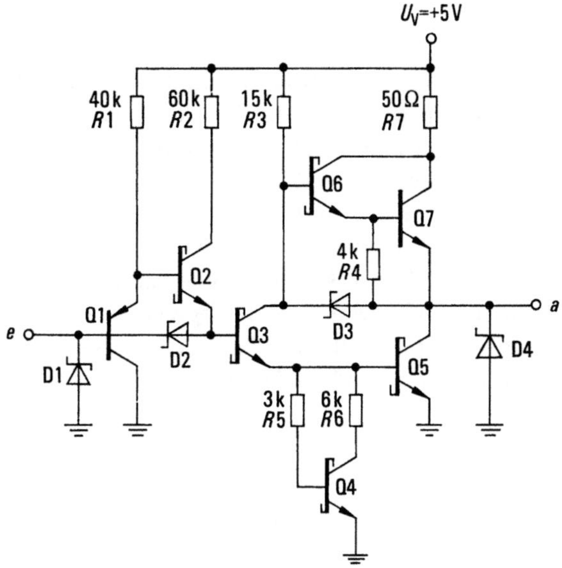

Bild 5.36. TTL-Advanced Low Power Schottky-Grundschaltung (Inverter).

In allen TTL-Schaltkreistechniken existieren Standard-Bausteinfamilien. TTL-Familien haben extrem große Verbreitung gefunden, weil sie für ein breites Spektrum von Anwendungen ein Optimum darstellen. Sie werden in großen Stückzahlen und daher kostengünstig hergestellt. In der Tab. 5.2 sind die wichtigsten Daten der TTL-Logikfamilien zusammengestellt, wobei die „überrollten“ Serien *High Speed* und *Low Power* in Klammern gesetzt sind.

Tabelle 5.2. Vergleich einiger Daten von TTL Serien

TTL-Serie	Mittlere Verlustleistung pro Gatter	Durchschnittliche Gatterlaufzeit	Ausgangsfächer	Optimierungsparameter
Standard	10 mW	10 ns	10	
(High Speed	25 mW	6 ns	10)	hohe Geschwindigkeit
Schottky	20 mW	3 ns	10	
Advanced Schottky	6 mW	1,5 ns	15	
(Low Power	1 mW	30 ns	10)	niedrige Verlustleistung
Low Power Schottky	2 mW	10 ns	20	
Advanced Low Power Schottky	1 mW	5 ns	20	

5.2.1.2. Emitter Coupled Logic, ECL

Am schnellsten ist unter den heute bekannten Standardschaltungen die ECL-Technik. Bei ihr arbeiten sämtliche Transistoren nur innerhalb des Verstärkungsbereiches der Transistor-Kennlinie; sie werden also niemals bis zur Sättigung ausgesteuert, und damit entfällt jegliche Speicherzeit. Die Schaltungen sind so ausgelegt, daß sie am Ausgang einen Generator mit sehr niedrigem Innenwiderstand — etwa fünf bis zehn Ohm — darstellen. Daran können Wellenleiter angeschlossen werden, die mit ihrem Wellenwiderstand abgeschlossen sind. Störende Reflexionsspannungen innerhalb des Netzwerkes werden dadurch so gering wie möglich gehalten, und die hohe Verarbeitungsgeschwindigkeit kommt voll zum Tragen.

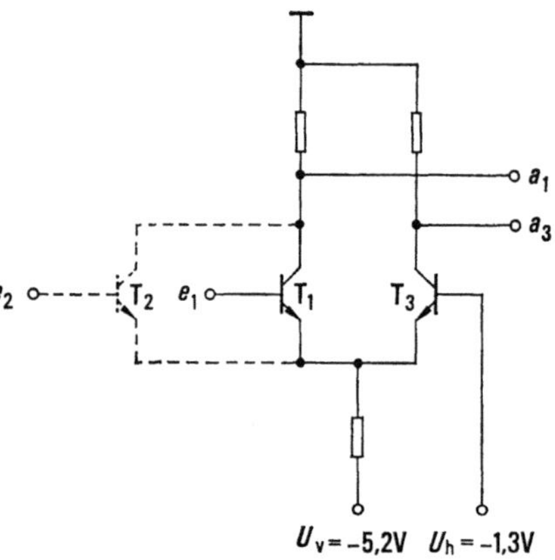

Bild 5.37. ECL-Prinzip.

Bild 5.37 zeigt in prinzipieller Darstellung denjenigen Schaltungsteil, in dem die logische Verknüpfung durchgeführt wird. Im Gegensatz zur TTL und den daraus abgeleiteten Techniken ist das Grundglied der ECL-Technik eine NOR- bzw. ODER-Verknüpfung. Der Logikteil der Schaltung ist ein Differenzverstärker. Die Emitter der Transistoren, die die beiden Zweige bilden, sind miteinander verbunden und werden über einen gemeinsamen Widerstand an die Versorgungsspannung angelegt. Diese Anordnung hat der Schaltkreistechnik den Namen gegeben. Je nach Logikzustand fließt im rechten oder im linken Zweig Strom.

Die Versorgungsspannung der ECL-Technik liegt je nach Ausprägungsart zwischen —4,5 V und —5,2 V. Das Niveau der Information O liegt bei —1,75 V, das der Information L bei —0,85 V. Aus diesen Werten läßt sich erkennen, daß die Transistoren nur mit geringem Hub ausgesteuert werden, damit ihre Sättigung vermieden wird. Der

Transistor T_3 im rechten Zweig des Differenzverstärkers, Bild 5.37, erhält eine Basisvorspannung, die genau in der Mitte zwischen den beiden Logikniveaus liegt: $U_h = -1{,}3$ V. Nun hängt die Stromverteilung davon ab, welche Basisspannung am linken Transistor anliegt. Liegt die niedrigere Spannung $-1{,}75$ V der Information O an, übernimmt im wesentlichen der rechte Zweig über T_3 den Stromtransport: T_1 ist geöffnet. Entsprechend ist am Punkt a_1 eine höhere, an a_3 eine niedere Spannung. Liegt die höhere Spannung $-0{,}85$ V der Information L an e_1, sind die Verhältnisse umgekehrt: Der Strom fließt im linken Zweig, die Potentialverhältnisse an a_1 und a_3 sind vertauscht. Immer aber liegt an a_1 eine Spannung, die dem Invertierten von e_1 entspricht, und an a_3 eine zu e_1 gleichphasige Spannung.

Nun werde die Schaltung durch einen zweiten Transistor T_2 im linken Zweig ergänzt, so wie dies in Bild 5.37 gestrichelt eingezeichnet ist. In bezug auf die Potentialklemmen a_1 und a_3 ergeben sich die gleichen Verhältnisse wie oben, wenn die Informationsspannung statt an der Basis von Transistor T_1 an der von T_2 anliegt. Es wird also die gleiche Wirkung erzielt, unabhängig davon, ob die Information an e_1 *oder* an e_2 angeboten wird. Entsprechend entsteht an der gleichphasigen Klemme a_3 die ODER-Verknüpfung von e_1 und e_2 und an der gegenphasigen Klemme a_1 die NOR-Verknüpfung.

Die im Detail ausgeführte ECL-Schaltung ist in Bild 5.38 dargestellt. Gegenüber dem Prinzipbild enthält sie noch zwei Ausgangsverstärker und eine Hilfsspannungsquelle. Um zu vermeiden, daß die Bausteine von außen mit der Vorspannung U_h versorgt werden müssen, befindet sich auf jedem Logik-Baustein ein integrierter Spannungsgenerator, der die Hilfsspannung aus der Versorgungsspannung U_v ableitet.

Als Ausgangsverstärker werden Transistoren in Kollektorschaltung verwendet, je einer für den NOR- und den ODER-Ausgang. Sie dienen zur Niveauverschiebung und zur Leistungsverstärkung. Da keine Spannungs- aber eine große Stromverstärkung entsteht, haben die Ausgänge einen sehr kleinen Innenwiderstand.

Die Emitterwiderstände für die Ausgangsverstärker sind nicht auf dem Baustein „mitintegriert“. Es ist vielmehr vorgesehen, diese als externe Widerstände R_e erst am Ende der getriebenen Leitung anzubringen. Sie erhalten die Größe des Wellenwiderstandes und dienen so zum Impedanzabschluß der abgehenden Leitung. Die Versorgungsspannung der Ausgangsverstärker kann anders sein als die Versorgungsspannung der übrigen Schaltung; in gewissen Konfigurationen kann man beispielsweise $U_{va} = -2$ V wählen und dadurch Verlustleistung sparen. Neben der exakten Wellenwiderstands-Anpassung sind andere Varianten möglich. Damit kann man entweder bei komplexeren Leitungsverhältnissen, etwa bei Stichleitungen, ein relativ günstiges Reflexionsver-

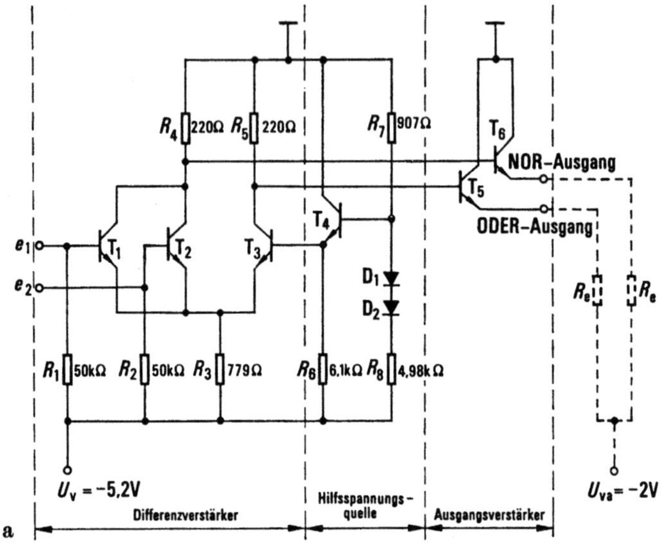

a

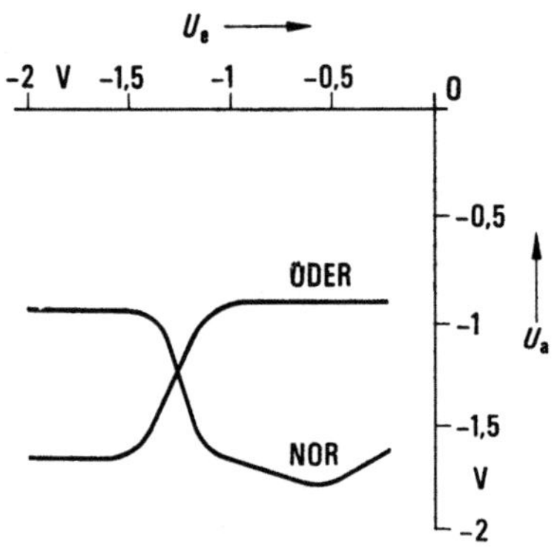

b

Bild 5.38a u. b ECL-Grundschaltung (NOR/ODER-Verknüpfung; MECL 10000).
a) Schaltbild; b) Übertragungskennlinie.

halten erzielen, oder man kann, unter Verzicht auf minimale Reflexion, Verlustleistung einsparen.

Die beiden Widerstände R_1 und R_2 am Eingang halten offene Eingänge auf dem O-Niveau. Nicht benutzte Eingänge bedürfen daher keiner Beschaltung.

In ECL-Gattern, die komplexere Verknüpfungen als die eben beschriebene NOR/ODER-Verknüpfung durchführen, sind oft mehrere der elementaren Differenzverstärker enthalten. Sie können parallel, in Serie oder gemischt geschaltet sein, je nachdem wie es die Logik erfordert.

In der ECL-Technik existieren Standard-Bausteinfamilien. Im Hinblick auf kundenspezifische Schaltungen ist die ECL-Technik besonders gut für Gate-Arrays geeignet; in Abschnitt 5.2.3 wird näher darauf eingegangen. Völlig vergleichbar mit den TTL-Familien finden bei den ECL-Familien ebenfalls ständig Weiterentwicklungen statt. Dabei haben sich zwei Familienstämme herauskristallisiert, die „langsameren" 10.000er-Familien und die schnelleren 100.000er-Familien. Für beide Stämme sind in Tabelle 5.3 einige Daten angegeben, innerhalb der Stämme in chronologischer Reihenfolge geordnet. Die in der Tabelle angegebenen sehr hohen Werte für den Ausgangsfächer sind rein rechnerisch zu verstehen. Sie werden niemals ausgeschöpft, denn die Ausgangsverstärker haben ja nicht nur Folgegatter, sondern auch noch die Leitungs-Anpassungswiderstände zu treiben. Praktisch vorkommende Werte sind Ausgangsfächer von maximal 12.

Tabelle 5.3. Vergleich einiger Daten von ECL-Serien

ECL-Serie	Mittlere Verlustleistung pro Gatter (ohne externen Widerstand)	Durchschnittliche Gatterlaufzeit	Ausgangsfächer
10.000er-Familie:			
MECL 10.000	25 mW	2 ns	83
MECL 10.800	2,3 mW	2,5—1 ns	63
100.000er-Familie:			
MECL III	60 mW	1 ns	68
F 100k ECL	50—60 mW	0,75 ns	200

ECL-Schaltkreise, insbesondere diejenigen der 100.000er-Familie, sind so schnell, daß ihre Gatterlaufzeiten vergleichbar werden mit den Laufzeiten auf den kupfernen Verbindungsleitungen, mit denen die ECL-Bausteine untereinander verdrahtet werden. Damit nun diese auf einmal ins Gewicht fallenden Laufzeitverluste der externen Verbindungsleitungen nicht allzu oft vorkommen, werden Weiterentwicklungen der 100.000er-ECL-Serien auch in Richtung auf höhere Integrationsgrade vorangetrieben. Während die 10.000er-Familien im wesentlichen aus Small Scale Integrated Circuits bestehen, sind die 100.000er-Standard-Bausteine im Schwerpunkt der Medium Scale Integration zuzurechnen.

Beim Aufbau von Systemen mit ECL-Schaltungen ist besonders sorgfältig zu verfahren. Bei Baugruppensteckern muß man besonders angeordnete Potentialstifte vorsehen, um Stoßstellen zu vermeiden und um das Wellenleiterverhalten der Leitungen nicht allzusehr zu stören; wegen der hohen Verlustleistung ist fast immer eine Zwangsbelüftung vorzunehmen. Erd- und Versorgungsleitungen müssen sehr induktivitätsarm sein.

5.2.1.3. Integrierte Injektions-Logik, I²L

Dieses Prinzip gehört zu einer Gruppe von Logikschaltungen, die mit „ineinandergeschachtelten („merged") Transistoren" arbeiten. Es wird eine besonders enge und extrem verzahnte Integration erreicht.

In Bild 5.39 ist zur Beschreibung des I²L-Prinzips ein Inverter im Verbund einer ganzen Inverterkette dargestellt. Der einzelne Inverter besteht lediglich aus dem Transistor T und der Stromquelle I_0. Ist der dem Invertereingang *e* vorgeschaltete Transistor offen, fließt der Strom der Stromquelle in die Basis von T und macht T dadurch leitend. Ist hingegen der Transistor am Eingang *e* leitend, schließt dieser die Basis von T gegen Erde kurz und verhindert so, daß T ausgesteuert und leitend wird. In diesem Falle liefert I_0 den Arbeitsstrom für den vor ihm liegenden Transistor.

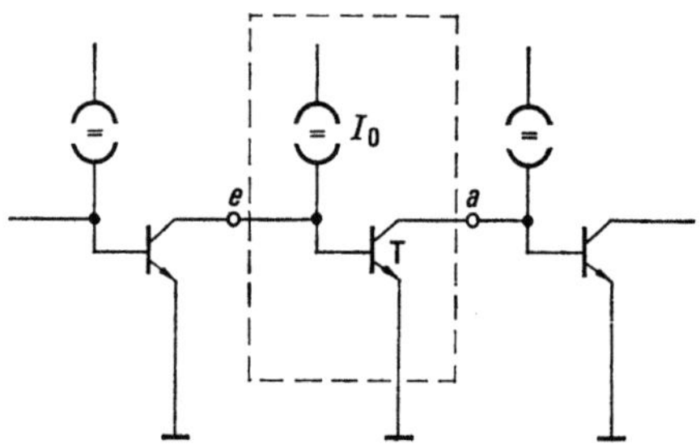

Bild 5.39. I²L-Inverter im Verbund einer Inverterkette.

An der Ausgangsklemme *a* ist der nachfolgende Inverter angeschlossen. Ist T leitend, schließt er die Klemme *a* gegen Erde kurz. Praktisch der gesamte Strom, den die Stromquelle des nachfolgenden Inverters liefert, fließt über T. Der an *a* angeschlossene Transistor erhält keinen Basisstrom und bleibt so offen. Ist T hingegen offen, fließt der Gesamtstrom in die Basis dieses Transistors, wodurch er leitend wird. Jeweils der getriebene Inverter nimmt also einen Zustand ein, der gegenphasig zu dem des treibenden ist, es liegt also eine echte Inverterfunktion vor.

Am Eingang *e* eines Inverters können mehrere treibende Inverter aufgeschaltet werden. Die Transistoren der treibenden Inverter sind dann parallel geschaltet. Wird nun mindestens einer der treibenden Transistoren durchgeschaltet, so entzieht er dem Transistor des betrachteten Inverters den Basisstrom. Am Ausgang *a* des Inverters entsteht dadurch die NOR-Verknüpfung der Eingangsinformationen. Diese Schaltung ist im linken Teil von Bild 5.40 dargestellt.

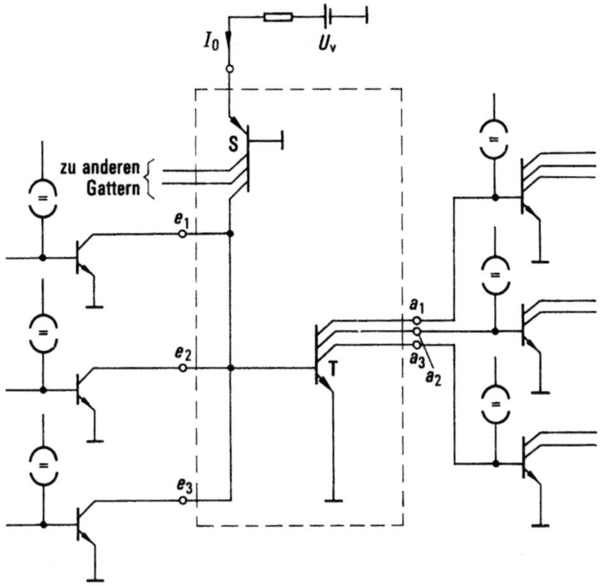

Bild 5.40. I²L-Grundschaltung (NOR-Verknüpfung).

Will man mit einem Inverter beziehungsweise mit einem Gatter mehrere nachfolgende Gatter speisen — das heißt gegebenenfalls mehrere Transistoreingänge kurzschließen —, so stattet man den Transistor T in einfacher Weise mit einem Multikollektor aus. Bild 5.40, rechter Teil, zeigt den Mehrfachausgang. Durch diese Anordnung sind die Ausgänge völlig voneinander entkoppelt. Verglichen mit üblicher Standardlogik entspricht also die Anzahl der an einem I²L-Gattereingang parallel angeschalteten treibenden Gatter dem Eingangsfächer. Die Anzahl der Kollektoren des Multikollektor-Transistors entspricht dem Ausgangsfächer.

Schließlich und letztlich muß noch gezeigt werden, wie in der I²L-Technik die Stromeinprägung realisiert wird. Dies ist in der Mitte von Bild 5.40 dargestellt. Hierzu wird ein Transistor S in Basisschaltung verwendet. Dem Emitter dieses Transistors wird über die Spannungsquelle U_v und einen Vorwiderstand selbst ein Strom I_0 eingeprägt. Dieser Transistor braucht nicht individuell für jedes Gatter vorgesehen zu werden. Wie später noch beschrieben wird, wird er so ausgelegt, daß er sämtliche auf einem Baustein befindlichen Gatter mit Strom versorgt.

Er erhält dazu so viele Kollektoren, wie Stromeinprägungen erforderlich sind. Da sein Emitter das ganze Siliziumchip bandförmig durchzieht, hat er den Namen „Injektionsschiene“.

Einen der Hauptvorteile der integrierten Injektionslogik, den extrem kleinen Flächenbedarf, erkennt man bei Betrachtung der Topographie, Bild 5.41. Links ist nochmals die Grundstruktur dargestellt. Der Logiktransistor T ist vom NPN-Typ, der Stromeinpräge-Transistor S vom PNP-Typ. Die Basis von T, P_1, und der Kollektor von S, P_2, sind ein und dieselbe Elektrode. Außerdem sind beide P-leitend. Entsprechend ist bei der Realisierung für beides auch nur ein einziger Siliziumflecken vorgesehen. Ebenso erkennt man, daß der Emitter von T, N_3, und die Basis von S, N_4, auf gleichem Potential liegen und jeweils N-leitend sind. In der Regel sind N_3 und N_4 geerdet.

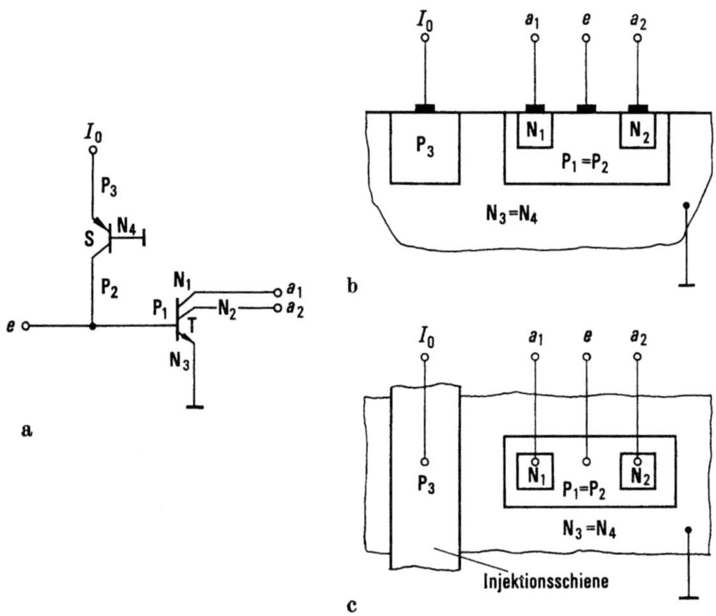

Bild 5.41 a–c. I²L-Struktur.
a) Schaltbild; b) Querschnitt; c) Aufsicht.

I²L-Grundgatter kommen mit winzigen Leistungen aus. In einer bestimmten Ausführungsform arbeiten sie beispielsweise mit einem Strom von 1 nA bis 1 µA pro Gatter und haben 0,6 V Logikhub. Neben diesen extrem leistungsarmen Gattern sind auch zahlreiche Varianten möglich, die, im Gegensatz zu diesen, gerade für höhere Ströme und für andere Spannungsverhältnisse ausgelegt sind. Diese Schaltungen sind insbesondere zum Anschluß an andere Techniken wie TTL gedacht. Interfaceschaltungen zu allen bekannten Logikfamilien sind realisierbar. Eine eigene I^2L-Standard-Bausteinfamilie ist hingegen bis heute nicht bekannt [5.33—5.38].

5.2.2. Unipolare integrierte Schaltungen

Bei Schaltungen mit Feldeffekt-Transistoren wird deutlich unterschieden, ob diese aus Transistoren nur eines Leitfähigkeitstyps bestehen, oder ob Transistoren beider Arten Leitfähigkeit gemischt verwendet werden. Die erste Art wird mit Einkanal-Technologie — P-Kanal- oder N-Kanal-Technologie — bezeichnet, die zweite Art mit Komplementär-Technologie.

5.2.2.1. Einkanal-Technologie

Anhand von Bild 5.42 wird zunächst das allgemeine Gatter in Einkanal-Technologie beschrieben. Alle dort gezeichneten Transistoren sind vom Anreicherungstyp (Enhancementtyp). Bild 5.42d zeigt lediglich in Wiederholung von Bild 5.13b die Steuerkennlinie des Anreicherungstransistors. U_T ist die Schwellen- oder Einsatzspannung; bei ihr beginnt der Transistor gerade leitfähig zu werden. Praktische Werte von U_T liegen in den relativ weiten Grenzen zwischen 0,2 V und 4 V. Sie sind vom Leitfähigkeitstyp und von der Herstellungstechnologie des Transistors abhängig. P-Kanal-Transistoren mit Metalgate liegen am oberen Ende, N-Kanal-Transistoren mit Silicongate am unteren Ende der Spannungsskala.

Die Inverterschaltung nach Bild 5.42a wird mit einer Versorgungsspannung U_v betrieben, die nennenswert größer ist als die Schwellenspannung U_T, beispielsweise um den Faktor sieben größer. Der mit Lastelement R bezeichnete Schaltungsteil stellt den Arbeitswiderstand der Anordnung dar. Man kann sich als Lastelement zunächst einen ohmschen Widerstand vorstellen; die tatsächliche Realisierung von R wird später noch beschrieben. Liegt am Eingang e die Spannung Null oder eine sehr kleine Spannung an, was der Information O entspricht, bleibt der Feldeffekt-Transistor offen, es fließt kein Strom. An der Ausgangsklemme a liegt die hohe Spannung U_v bzw. die Information L an. Bei der Eingangsinformation L liegen die hierzu dualen Verhältnisse vor.

Durch Vervielfachung des Arbeitstransistors läßt sich der Inverter zu einem logischen Mehrfachgatter erweitern. Bei einer Serienschaltung, Bild 5.42b, wird die Anordnung erst dann aktiviert, wenn alle drei Transistoren durch Anlegen von L eingeschaltet sind. Es entsteht die NAND-Verknüpfung. Bei der Parallelschaltung, Bild 5.42c, kann das

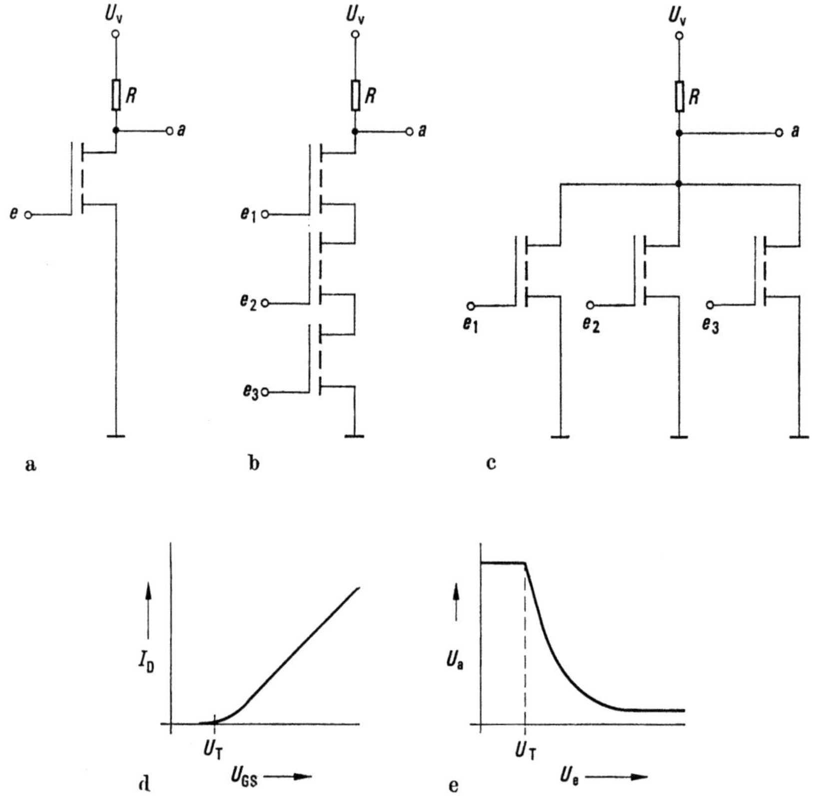

Bild 5.42 a–c. Allgemeines Gatter in Einkanal-Technologie.

R Lastelement; U_T Schwellenspannung.

a) Inverter; b) NAND-Verknüpfung; c) NOR-Verknüpfung;
d) Steuerkennlinie $I_D = f(U_{GS})$; e) Übertragungskennlinie $U_a = f(U_e)$

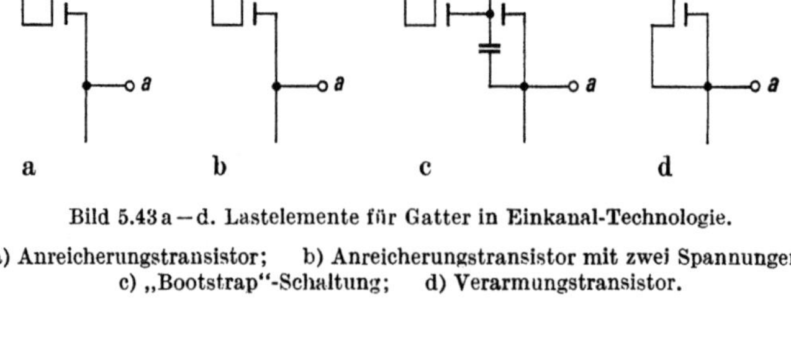

Bild 5.43 a–d. Lastelemente für Gatter in Einkanal-Technologie.

a) Anreicherungstransistor; b) Anreicherungstransistor mit zwei Spannungen;
c) „Bootstrap"-Schaltung; d) Verarmungstransistor.

Gatter bereits durch einen einzigen in den leitenden Zustand versetzten Transistor eingeschaltet werden; dies ergibt die NOR-Verknüpfung.

Zur Realisierung des Lastelementes R sind verschiedene Alternativen möglich. Die heutzutage gebräuchlichsten sind in Bild 5.43 dargestellt. Außer in Sonderfällen scheidet ein ohmscher Widerstand aus Gründen der Flächenverschwendung wieder aus. Die einfachste Realisierungsmöglichkeit, nämlich hierzu auch einen Anreicherungstransistor zu verwenden, zeigt Bild 5.43a. Sein Gateanschluß ist mit der Versorgungsspannung U_v verbunden. Damit ist er genügend weit vorgespannt, um leitend zu werden. Er nimmt eine widerstandsähnliche Charakteristik an.

Bei einer Weiterentwicklung dieser Schaltung wird nur das Gate des Lasttransistors an die relativ hohe Vorspannung U_{v2} angeschlossen, die erforderlich ist, ihn in den leitenden Zustand zu steuern, Bild 5.43b. Der Drainanschluß selbst wird mit der niedrigeren Versorgungsspannung U_{v1} betrieben. Dadurch wird zwar der Nutzspannungshub geringer; er reicht aber noch gut aus, den nachfolgenden Transistor auszusteuern. Durch diese Maßnahme wird Verlustleistung eingespart.

Etwa einen Faktor zwei an Geschwindigkeit gewinnt man, wenn als Lastelement die in Bild 5.43c gezeigte „Bootstrap"-Schaltung eingesetzt wird. Ohne auf die Wirkungsweise näher einzugehen, sei gesagt, daß diese Schaltung im ersten Augenblick nach einem Zustandswechsel einen sehr niedrigen Widerstand darstellt. In eingeschwungenem Zustand steigt der Widerstandswert an.

Die wohl vorteilhafteste Lösung zeigt Bild 5.43d. Es ist ein Verarmungstransistor mit der Gatespannung Null. Auch dynamisch ist diese Anordnung besonders günstig. Allerdings ist hierbei erforderlich, daß Anreicherungs- und Verarmungstransistoren auf einem Chip gemeinsam hergestellt werden; für letztere ist die Technik der Ionenimplantation erforderlich.

Neben den bisher geschilderten statischen Lastelementen sind noch mehrere Ausführungen bekannt, bei denen das Lastelement durch ein von außen angelegtes Taktschema ein- und ausgeschaltet wird. Diese zur weiteren Leistungseinsparung eingeführten Techniken haben den Namen dynamische bzw. quasidynamische Schaltungstechnik.

Je nachdem, welche Arten von Lastelementen verwendet werden, welchen Leitfähigkeitstyp die Feldeffekt-Transistoren haben und vor allem, welche Herstellungsverfahren angewendet werden, ergeben sich verschiedene Lösungen für Einkanalschaltungen. Diese haben jeweils für sie charakteristische Eigenschaften. Die Schaltungstechnik mit P-Kanal-Transistoren und einfachen Lastelementen gemäß den Bildern 5.43a und b, für welche die Technik der Ionenimplantation noch nicht erforderlich ist, ist die älteste aller MOS-Technologien. Im einfacheren Fall der einheitlichen Betriebsspannung werden die Bausteine mit −27 V versorgt, bei zwei Spannungen und einer dafür um ein Drittel reduzierten Verlustleistung sind —13 V und —27 V üblich. Die Verlustleistung pro Gatter ist im Fall der einheitlichen Betriebsspannung 2,4 mW, und die mittlere Gatterlaufzeit beträgt 100 ns.

Die beiden letztgenannten Daten müssen noch kommentiert werden. Die für Verlustleistung und Laufzeit angegebenen Werte hat man für eine bestimmte schaltkreistechnische Umgebung „genormt", um sie mit den Daten der anderen Einkanal-Technologien vergleichen zu können. Wie weiter unten noch ausgeführt wird, ist es im Gegensatz zu bipolaren Standard-Schaltkreisen üblich, jedes Gatter individuell für seinen Ausgangsfächer und die ihm abverlangte Geschwindigkeit auszulegen. Nicht alle Gatter auf einem Baustein werden daher wegen dieser knappen, jeweils auf ihren Einsatz zugeschnittenen Dimensionierung diese Daten haben; meistens ist beispielsweise die Verlustleistung niedriger. Diese Bemerkung gilt für alle im folgenden beschriebenen Einkanal-Technologien.

Durch Einführung der Ionenimplantation wurde es möglich, Anreicherungs- und Verarmungstransistoren gleichzeitig auf einem Baustein herzustellen und die viel günstigere Schaltung für den Arbeitswiderstand nach Bild 5.43d einzusetzen. Diese P-Kanal-Technologie mit Ionenimplantation wird mit der Versorgungsspannung $U_v = -12$ V betrieben. Die — wieder auf die gleiche Normumgebung bezogenen — Daten für Verlustleistung und Laufzeit pro Gatter sind 1,2 mW und 60 ns.

Der nächste Entwicklungsschritt führte von den P-Kanal-Technologien zu den N-Kanal-Technologien. Mit diesen läßt sich wegen der höheren Beweglichkeit der Elektronen gegenüber den Löchern etwa die doppelte Geschwindigkeit im Vergleich zu entsprechenden P-Kanal-Technologien erzielen. Die ersten N-Kanal-Schaltungen hatten bei einer Versorgungsspannung von +12 V Gatterlaufzeiten von 40 ns und eine Verlustleistung von 1,2 mW pro Gatter; Schaltungen in N-Kanal-Technologie mit Ionenimplantation hatten bei +5 V Versorgungsspannung Gatterlaufzeiten von 35 ns und nur noch 0,5 mW Verlustleistung pro Gatter.

Die bis jetzt beschriebene Generationenfolge — von einfachen P-Kanal-Schaltungen bis hin zur N-MOS-Technologie mit Ionenimplantation — stellt einen ersten großen Entwicklungsschub auf dem sich extrem schnell weiterentwickelnden Gebiet unipolarer Transistor-Technologie dar. Dieser erste Entwicklungsschub ist heute beendet mit dem Erreichen der wohl günstigsten Kombination N-Kanal-Technologie mit Ionenimplantation und einer Schaltungstechnik, welche nur noch Lastelemente nach Bild 5.43d verwendet.

Ein zweiter mächtiger Entwicklungsschub ist dadurch gekennzeichnet, daß innerhalb der erreichten oben genannten optimalen Technologie nennenswerte Verfeinerungen eingebracht werden. Ein Beispiel für diese Verfeinerungen, die letztlich zu immer mehr Prozeßschritten führen, ist die Durchführung mehrerer Implantationen an Stelle einer bisher einzigen. Spektakulärstes Ergebnis dieser zweiten Entwicklungswelle ist die ständige Strukturverkleinerung. Während frühe P-MOS-Schaltungen (1970) noch kleinste Abmessungen — Leiterbahnbreiten, Transistor-Kanallängen — von 10 bis 15 μm hatten, werden heute Strukturgrößen von 2 bis 3 μm großindustriell sicher beherrscht. Diese Strukturverkleinerung wird sich stetig fortsetzen, ohne daß für die nächste Zeit ein Ende abzusehen wäre. Für den Zeitpunkt, an dem die Strukturen so klein werden, daß sie mit optischen Verfahren nicht mehr erzeugt werden können, weil sie in die Größenordnung der Lichtwellenlänge kommen, stehen bereits höher auflösende Verfahren wie Elektronenstrahl-Schreiben zur Verfügung.

Dieser zweite Entwicklungsschub bewirkt nicht nur, daß die pro Transistor benötigte Siliziumfläche immer kleiner wird, sondern als direkte Folge dieser geometrischen Verkleinerung auch, daß die Gatterlaufzeit geringer und die Verlustleistung pro Gatter immer niedriger werden. Alle diese Parameter führen zu ständig steigenden Integrationsgraden; die Obergrenze des Integrationsgrades liegt heute, wie schon einmal in Abschnitt 5.1.1.2 ausgeführt, bei einigen hunderttausend Komponenten pro Baustein.

Die Entwicklungsgeschwindigkeit ist so groß, daß wir etwa alle drei Jahre mit der Zunahme des Integrationsgrades um den Faktor 4 rechnen können. Gleichzeitig wird damit die Transistorgeschwindigkeit erhöht und die Verlustleistung pro Gatter reduziert. Hand in Hand mit diesen Daten gehen die Kosten pro Transistor im integrierten Verbund innerhalb dieser Dreijahresperiode jeweils auf etwa die Hälfte zurück.

Die Integrationsgrade, die die Halbleitertechnologie in naher Zukunft zur Verfügung stellen wird, sind so mächtig, daß es — außer bei Speichern — für den Anwender problematisch werden wird, sie voll zu nutzen. Auf diese Fragestellung wird im Abschnitt 5.2.3, welcher Entwicklungsstrategien bei kundenspezifischen Schaltungen behandelt, besonders eingegangen.

Ähnlich wie bei der I^2L-Schaltkreistechnik existieren bei Einkanaltechnologien keine Logik-Standard-Bausteinfamilien.

5.2.2.2. Komplementärtechnologie

Die Schaltungen in dieser Technik, auch *CMOS* genannt, haben die Besonderheit, im Ruhezustand praktisch keine Verlustleistung zu verbrauchen. Erst beim Schalten entsteht ein wenn auch sehr geringer Leistungsverbrauch. Bild 5.44 zeigt die Invertergrundschaltung. T_N ist der N-Kanal-, T_P der P-Kanal-Feldeffekt-Transistor. Beides sind Anreicherungstypen, also ohne Gatespannung nichtleitende Transistoren. Bei der logischen Eingangsinformation O, also einer sehr kleinen Spannung an *e*, ist der Transistor T_N offen — er hat ja die Vorspannung Null — und der Transistor T_P ist leitend. Über den leitenden Transistor T_P greift die Versorgungsspannung auf die Ausgangsklemme *a* durch. An ihr liegt so gut wie ungeschwächt die gesamte Versorgungsspannung U_v an, was der Ausgangsinformation L entspricht. Liegt an der Eingangsklemme die Spannung U_v, also logisch L, ist T_N leitend, T_P offen, und die Ausgangsspannung hat praktisch den Wert Null.

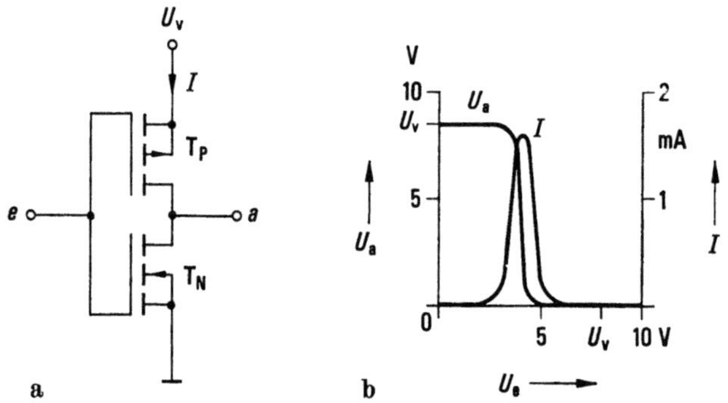

Bild 5.44a u. b. CMOS-Inverter
a) Schaltbild; b) Strom- und Spannungsübertragungs-Kennlinie.

Im Ruhezustand fließt kein Strom, weil immer einer der beiden Transistoren nichtleitend ist. Lediglich während einer Zustandsänderung fließt ein Strom *I*. Er dient in der Hauptsache zum Umladen der Schaltkapazitäten und der Kapazität des angeschlossenen Leitungsnetzes; er ist abhängig von der Umschlaggeschwindigkeit. Dies ist der einzige Stromverbrauch der CMOS-Technik. Der Leistungsverbrauch ist daher proportional der Schalthäufigkeit.

In schon besprochener Weise läßt sich der Inverter durch Vervielfachung der Transistoren zu Gattern erweitern. Im Falle der NOR-Verknüpfung ergibt sich bei der CMOS-Technik die Schaltung nach Bild 5.45a, bei der NAND-Verknüpfung die nach Bild 5.45b.

CMOS-Schaltungen lassen sich mit verschiedenen Spannungen im Bereich von 2 bis 18 V betreiben. Je höher die Versorgungsspannung ist, um so kürzer wird die Gatterlaufzeit. Infolge der Symmetrie der Schaltung liegt der Umschaltpunkt gerade bei der halben Versorgungsspannung. Dies zeigt auch Bild 5.44b. CMOS-Schaltungen haben daher noch den besonderen Vorteil, daß sie einen im Vergleich zu ihrer Versorgungsspannung hohen Wert der statischen Störsicherheit besitzen; bei $U_V = 10$ V beträgt sie beispielsweise 3 V.

Die im vorhergehenden Abschnitt gemachten Anmerkungen zum „zweiten Entwicklungsschub", der insbesondere zu immer kleiner werdenden Strukturen führt, gelten in gleicher Weise auch für Komplementärschaltungen. Auch hier rechnet man mit noch nennenswert ansteigenden Integrationsgraden und mit starker Reduzierung der Gatterlaufzeit.

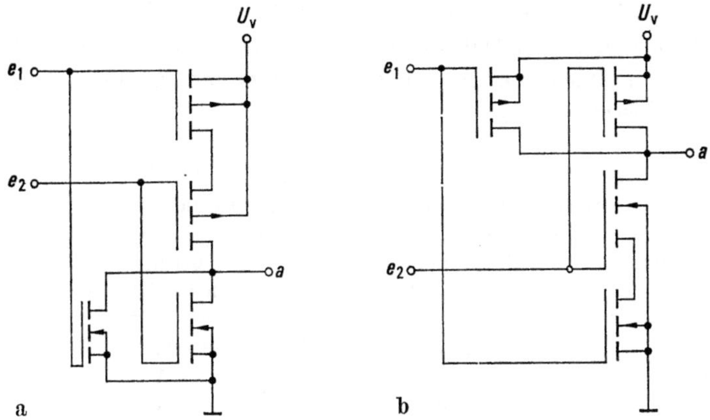

a b

Bild 5.45 a u. b. CMOS-Gatter.
a) NOR-Verknüpfung; b) NAND-Verknüpfung.

In CMOS-Technologie existieren Standard-Bausteinfamilien. Die wichtigsten drei sind — wieder in chronologischer Reihenfolge — in Tabelle 5.4 aufgelistet. In der Tabelle fehlt die Spalte für die Verlustleistung pro Gatter, und zwar aus folgendem Grund. Bekanntlich ist die Ruheverlustleistung eines CMOS-Gatters praktisch Null; erst beim Schalten nimmt es Leistung auf, und diese wird um so größer, je schneller das Gatter schaltet. Es würde nun aber ein völlig falsches Bild geben, den Leistungsverbrauch eines schnell schaltenden Gatters oder den Leistungsverbrauch in Abhängigkeit von der Schaltfrequenz anzugeben. In tat-

Tabelle 5.4. Vergleich einiger Daten von CMOS-Serien

CMOS-Serie	Betriebsspannung U_V	Gatterlaufzeit	Ausgangsfächer/ Treiberfähigkeit
CMOS A	5 V	180 ns	> 50/0,25 mA
	10 V	100 ns	> 50/0,6 mA
CMOS B	5 V	125 ns	> 50/1 mA
	10 V	60 ns	> 50/2 mA
	15 V	45 ns	> 50/2 mA
H CMOS	5 V ± 10%	10 ns	> 50/4 mA

sächlich ausgeführten Logikschaltungen schalten nämlich in der Regel immer nur sehr wenige Gatter. Die überwiegende Mehrzahl verharrt in Ruhe. Um diese Tatsache zu berücksichtigen und um damit eine praxisgerechte Angabe über den Leistungsverbrauch von CMOS-Schaltungen zu machen, sei ein Vergleich durchgeführt. Ein bestimmter Mikroprozessor – Typ 8049 – existiert in NMOS- und in CMOS-Ausführung. Für beide Versionen wird in Tabelle 5.5 der Leistungsverbrauch angegeben; es ist leicht zu erkennen, daß die CMOS-Schaltung nennenswert weniger Leistung benötigt als die ebenfalls schon sparsame NMOS-Schaltung, bei langsamer Arbeitsgeschwindigkeit sogar nur wenige Prozente von dieser.

Tabelle 5.5. Leistungsverbrauch des Mikroprozessors 8049 in Abhängigkeit von Schaltkreistechnik und Arbeitsgeschwindigkeit

Taktfrequenz	Leistungsverbrauch der NMOS-Version	Leistungsverbrauch der CMOS-Version
1 MHz	400 mW	8 mW
6 MHz	400 mW	47 mW
11 MHz	400 mW	82 mW

Die jüngste CMOS-Schaltkreisfamilie H CMOS tritt in Konkurrenz zur Low Power Schottky TTL-Serie; bei gleicher Laufzeit bietet sie bei tatsächlich ausgeführten Schaltungen wesentlich niedrigere Verlustleistung [5.39–5.42].

5.2.3. Kundenspezifische Schaltungen

In den beiden letzten Abschnitten ist darauf hingewiesen worden, daß bei unipolaren Schaltungen extreme Verbesserungen hinsichtlich des Leistungsverbrauchs, der Arbeitsgeschwindigkeit und vor allem im Hinblick auf die Erhöhung des Integrationsgrades erzielt wurden und daß noch längere Zeit mit weiteren Fortschritten zu rechnen ist. Nahezu ähnlich rasche Entwicklungsfortschritte werden bei bipolaren Schaltungen erzielt; dort wurde beispielsweise gezeigt, daß ständig neue Standard-Bausteinfamilien mit stets verbesserten Eigenschaften entstehen.

Für Logik-Bausteine hat dies folgende tiefgreifende Bedeutung. Während zu Beginn der Entwicklung die Integration von nur einem oder wenigen Gattern auf einem Baustein möglich war, ist die Zahl der heute und in Zukunft auf einem Baustein zu integrierenden Gatter so groß, daß man ganze Geräte und Systemteile damit realisieren kann. Diese höchstintegrierten Schaltungen verlieren damit ihren Charakter, Bausteine zum Aufbau von Geräten zu sein, sondern sie stellen die Geräte und Systemteile selbst dar. Notwendigerweise ist die höchstintegrierte Schaltung kein allgemeines Bauteil für eine Vielzahl von Kunden mehr, sondern sie läßt sich im allgemeinen nur in dem einen Gerät oder System verwenden, für das sie entwickelt wurde; sie wurde zur kundenspezifischen Schaltung.

Die Stückzahl kundenspezifischer Bauteile ist im allgemeinen viel kleiner als die von Standard-Bauteilen; sie kann oftmals nur einige Tausend pro Jahr betragen. Die gleichzeitig meist vorhandene sehr hohe Komplexität dieser Bausteine läßt Anstrengungen zur Reduzierung von Entwicklungsaufwand und Entwicklungszeit besonders wichtig werden. Zu hoher Entwicklungsaufwand ergibt Probleme für die Bauteilekosten bei kleinen Stückzahlen, zu lange Entwicklungszeit, und verhindert bei komplexen Bausteinen die Fertigstellung innerhalb eines Technologiezyklus von etwa drei Jahren.

Die Reduzierung des Entwicklungsvolumens wird möglich durch starke Rechnerunterstützung — *C*omputer *A*ided *D*esign, CAD —, durch Standardisierung der Entwicklung und durch Standardisierung der Fertigung. In der Regel gestatten die „verkürzten" Entwicklungsverfahren nicht, bis an die Grenzen des technologisch Möglichen zu gehen; sie bilden aber einen guten Kompromiß für die Gesamtkosten. Im folgenden wird auf die beiden wichtigsten verkürzten Entwicklungsverfahren für kundenspezifische Schaltungen, die Gate-Array-Technik und das Zellen-Design eingegangen, vorab aber noch ein Beispiel individueller Bausteinentwicklung gegeben. Diese hat trotz allem was bisher gesagt wurde, keinesfalls an Bedeutung verloren. Sie lohnt sich bei großen Stückzahlen und bei Bausteinen, die an der Grenze des technologisch Möglichen liegen.

5.2.3.1. Individuelle Bausteinentwicklung

Bei dieser auch Handentwurf oder Spezialdesign genannten Entwicklungstechnik wird jeder in der Schaltung vorhandene Transistor individuell nach Geschwindigkeit, nach Ausgangsfächer, sowie nach Art und Länge der zu treibenden Leitung dimensioniert. Die Plazierung des Transistors an den richtigen Ort auf dem Silizium-Chip geschieht individuell, ebenso die Streckenführung der erforderlichen Zwischenverdrahtung.

In Bild 5.46 ist ein Beispiel aus der Anfangszeit kundenspezifischer Schaltungen dargestellt. Es zeigt einen Analog-Digital/Digital-Analog-Umsetzer für einen Fernsprechkanal, einen sogenannten Einzelkanalcodec. Die Prinzipien der Analog-Digital-Umsetzung sind in Abschnitt I.7.2, der hier vorgestellte Baustein Einzelkanal-Codec in [5.43] ausführlich beschrieben. Später wird in anderem Zusammenhang im Abschnitt 8.3.1.1 noch auf die elektrische Schaltung der Anordnung eingegangen. Der Baustein beinhaltet alle Logikfunktionen, die zur Durchführung des Umwandlungsprozesses erforderlich sind. Er enthält ca. 850 Transistoren; seine Chipfläche ist 8 mm², und sein Leistungsverbrauch beträgt 30 mW.

Es wäre ein Leichtes, weitere Beispiele kundenspezifischer Bausteine, die im Handentwurf entwickelt wurden, hinzuzufügen. Dies scheitert — besonders bei Beispielen aus jüngster Zeit, die das zehn- bis hundertfache an Transistoren des Einzelkanalcodecs enthalten — einfach daran, daß das Auflösungsvermögen einer Buchseite nicht ausreicht, das Schaltbild, das Layout oder eine Photographie des Bausteins wiederzugeben.

Die individuelle Bausteinentwicklung ist das älteste Entwicklungsverfahren für integrierte Bauelemente. Es verursacht die höchsten Entwicklungskosten, gestattet dafür aber auch, bis ins einzelne ausgefeilte Produkte — kleinster Leistungsbedarf, optimale Geschwindigkeit, niedrigster Flächenbedarf — herzustellen. Es ist das richtige Verfahren für kundenspezifische Bauteile, die in sehr großen Stückzahlen vorkommen; natürlich ist es auch das adäquate Verfahren für Standard-Bausteine, wie beispielsweise Logik-Familien. Zur Durchführung sind Design-

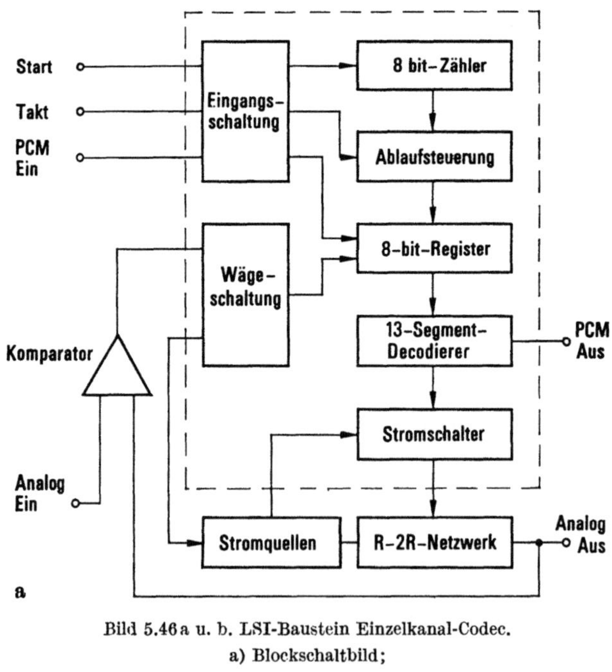

Bild 5.46 a u. b. LSI-Baustein Einzelkanal-Codec.
a) Blockschaltbild;

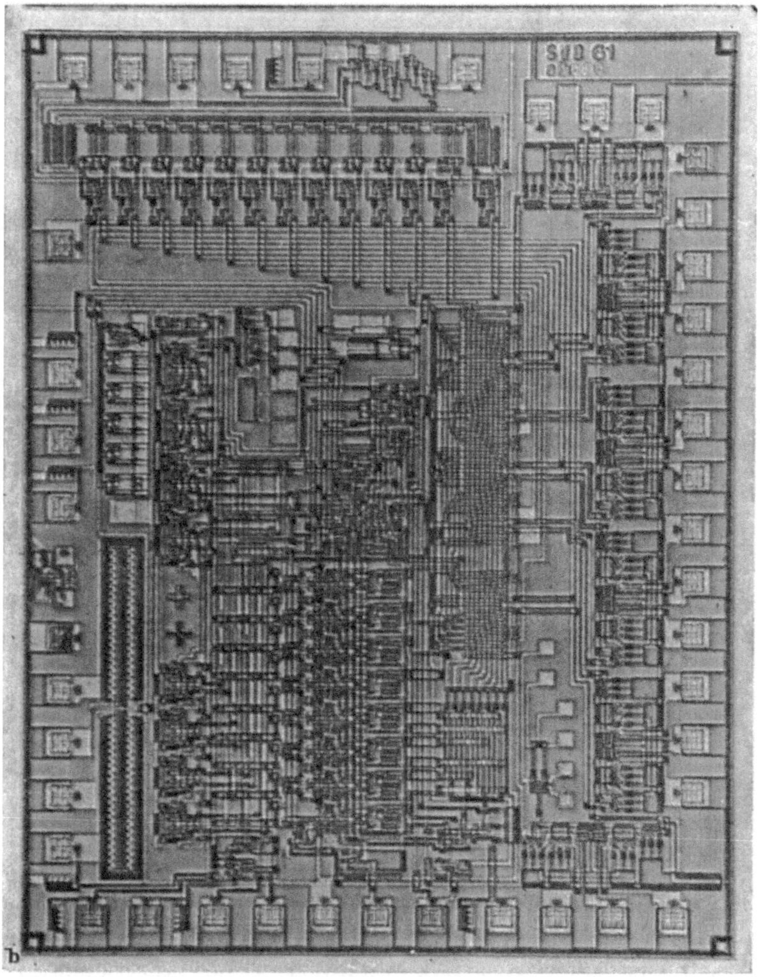

b) Topographie des Chips.

Ingenieure erforderlich, Spezialisten, die sich in der System- und Schaltungstechnik gleichermaßen gut auskennen wie in der Halbleitertechnologie. Als Faustregel gilt, daß ein Designer pro Jahr das Layout für etwa 1000 Transistoren innerhalb eines Bausteins entwickeln kann.

Bausteine, die in großen Stückzahlen vorkommen *und* gleichzeitig höchste Komplexität aufweisen, werden zunehmend nicht mehr mittels reinem Handlayout entwickelt, einfach deshalb, um bei den Integrationsgraden von mehr als 10^5 Transistoren, welche die Technologie anbietet, die Entwicklungskosten nicht ins Uferlose steigen zu lassen. So sind beispielsweise moderne Mikroprozessoren Mischentwicklungen, bei denen die besonders kritischen Teile im Handlayout und die anderen mittels automatisierter Entwicklungsverfahren, wie sie im folgenden beschrieben werden, generiert werden. Auf die Wirkungsweise von Mikroprozessoren wird im Abschnitt 6.6 näher eingegangen.

5.2.3.2. Gate-Arrays

Auf einem Silizium-Plättchen sind schachbrettähnlich Felder — Arrays — vorgesehen, welche Komponenten für Gatter, Transistoren und Widerstände enthalten. Diese Felder sind in Bild 5.47 schraffiert eingezeichnet. Zwischen den Feldern befinden sich Gassen, die ausschließlich dazu dienen, die Zwischenverdrahtung aufzunehmen. Die bis jetzt beschriebene Struktur enthält noch keinerlei Verdrahtung, weder innerhalb der Felder noch in den Gassen. Sie ist das vorfertigbare Produkt Gate Array, welches für jedes Array eines Typs gleich ist und welches in großen Stückzahlen als Halbfabrikat hergestellt wird.

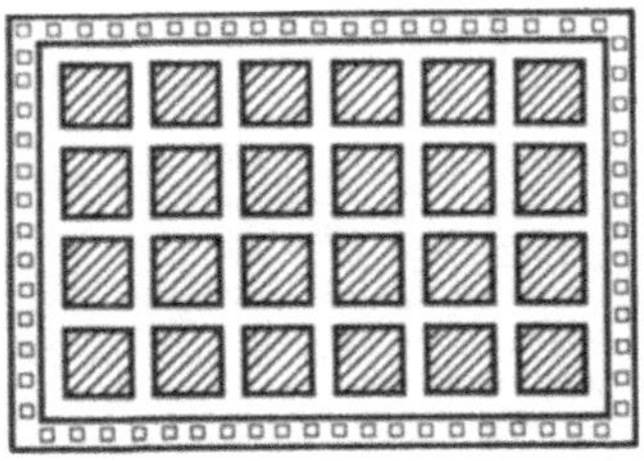

Bild 5.47. Gate-Array.

Der kundenindividuelle Prozeß beschäftigt sich jetzt nur noch mit der metallischen Verdrahtung. In der Regel ist die Verdrahtung innerhalb der Felder zur Realisierung verschiedener logischer Funktionen bereits vorgegeben, und die eigentliche individuelle Komponente liegt ausschließlich in der Verdrahtung in den Gassen zur Verknüpfung der Felder untereinander. Die Entwicklung der Gassenverdrahtung erfordert keinerlei technologische Kenntnisse mehr. Sie wird von reinen Schaltungsentwicklern durchgeführt. Wirkungsvolle CAD-Verfahren automatisieren diese Entwicklung weitgehend. Mit Rechnerhilfe wird die vorgegebene Felderverdrahtung mit der individuellen Gassenverdrahtung zusammengeführt und aus diesem Ergebnis die Verdrahtungsmaske erzeugt. Damit geschieht der letzte, der einzige individuelle Produktionsschritt des Gate Arrays, die Aufbringung der Verdrahtung.

Die Gate-Array-Technik erfordert die geringsten Entwicklungskosten pro Gatter aller bekannten Designverfahren. Demgegenüber steht die Tatsache, daß sich nur 70 bis 80% der vorhandenen Gatter ausnutzen lassen. Da ähnliches auch für die Anschlüsse und die Kapazität der Gassen für die Zwischenverdrahtung gilt, benötigen Gate Arrays recht große Siliziumflächen. Diese Technik ist also prädestiniert für geringe Stückzahlen, wo die Entwicklungskosten pro Stück einen nennenswerten Beitrag zu den Gesamt-Bauteilekosten darstellen. Gate Arrays werden in fast allen Technologien und Schaltkreistechniken hergestellt. Ein Beispiel für ein sehr schnelles Gate Array ist ein bipolares Bauelement in ECL-Technik mit 5000 Gattern; es hat im belasteten Zustand eine Laufzeit von 0,5 ns. Ein sehr großes Gate Array — um ein zweites Beispiel zu nennen — hat 20000 Gatter; es ist in C-MOS-Technologie ausgeführt mit einer Gatterlaufzeit von 20 ns.

5.2.3.3. Zellen-Design

Im Gegensatz zur Gate-Array-Technik ist diesmal kein vorgefertigtes Silizium-Halbfabrikat vorhanden; das Verfahren beschäftigt sich ausschließlich mit der kostengünstigen Entwicklung des Layouts für den Maskensatz. Ab Erstellung der Maske gleicht die Herstellung des Bausteins derjenigen bei der individuellen Methode, d. h. für jeden Baustein ist ein voller „Technologiedurchlauf" erforderlich. Zum Verfahren gehören keine vorfertigbaren Silizium-Chips; es beinhaltet aber „vorentwickelte" Logikstrukturen, sogenannte Zellen.

Beim Zellen-Design wird das Layout des zu entwickelnden Bausteins aus Standard-Zellen zusammengesetzt. Diese Zellen werden einer Zellenbibliothek entnommen. Jede Zelle beinhaltet einen kleineren logischen Komplex, der in hoher Entwicklungstiefe in Form eines Layouts vorentwickelt wurde. Die Besonderheit liegt darin, daß alle Zellen in einer Kantenlänge gleich groß sind und daß alle standardisierte Anschlußpunkte aufweisen; beispielsweise sind die Anschlüsse für die Versorgungsspannung rechts und links und für die Logikinformation oben. So kann man beliebige Zellen aneinanderreihen und Schaltungsstrukturen beliebiger Komplexität erzeugen.

Bild 5.48 zeigt als Beispiel die Zelle Halbaddierer in CMOS-Technologie. VDD, VSS und CK sind die Versorgungsspannungs- bzw. Taktanschlüsse. In der Layout-Darstellung kann man erkennen, daß diese als Sammelschienen ausgeführt sind, um die entsprechenden Potentiale zur nächsten Zelle weiterzureichen. Die Logik-Anschlüsse C_1, A_1, SUl und C_0 sind an der oberen Kante vorgesehen. In Bild 5.49 ist ein nach dem Zellendesign entworfener Baustein dargestellt. Die weißen Felder sind die Zellen, nach jeder zweiten Zellenreihe ist eine Gasse für die Verdrahtung vorgesehen. In weiterer Ausgestaltung der Zellenidee kann man bereits nach diesem Verfahren entwickelte Bausteine ihrerseits wieder zu

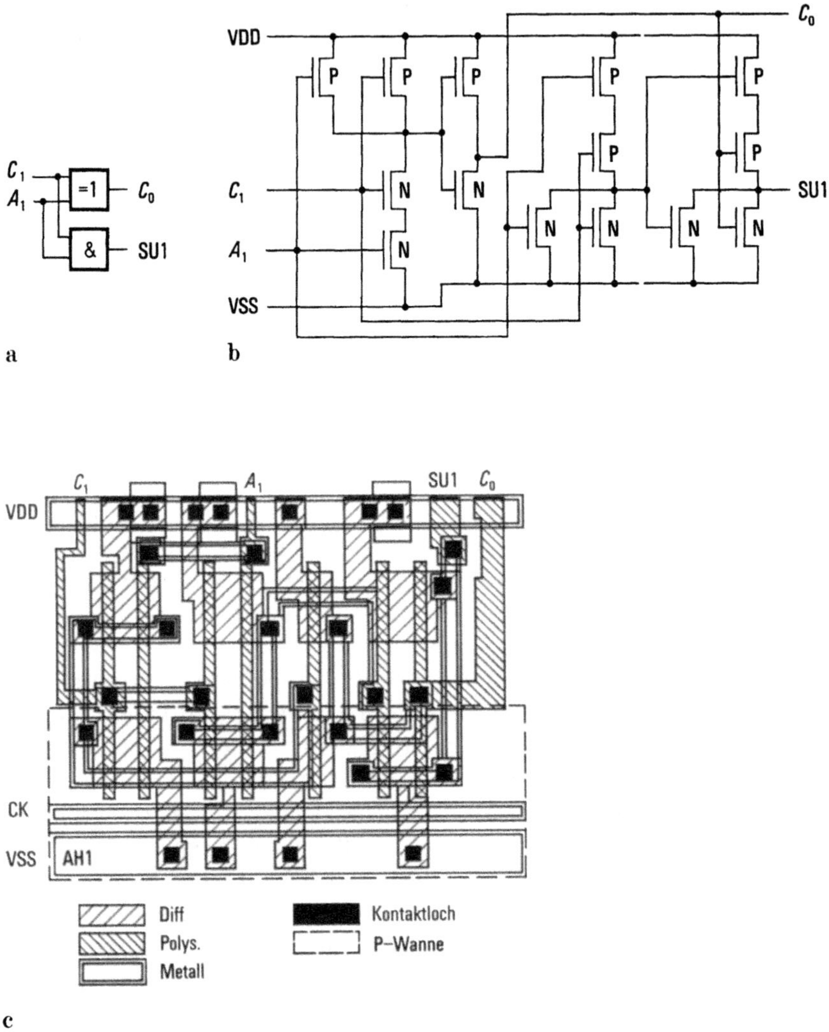

Bild 5.48a – c. Zelle „Halbaddierer" aus einer Zellenbibliothek.
a) Logikschaltung;
b) Transistorstromlaufplan;
c) Layout.

Zellen erklären und damit wiederum größere Komplexe zusammensetzen.

Ähnlich der Gate-Array-Verfahren sind zur Chip-Entwicklung wieder reine Schaltungsentwickler erforderlich, denn die Aufgabe liegt ausschließlich darin, aus einem Katalog geeignete Logikzellen herauszusuchen, diese zusammenzustellen und — mit starker Rechnerunterstützung — die Zwischenverdrahtung in den Gassen zu entwickeln. Die

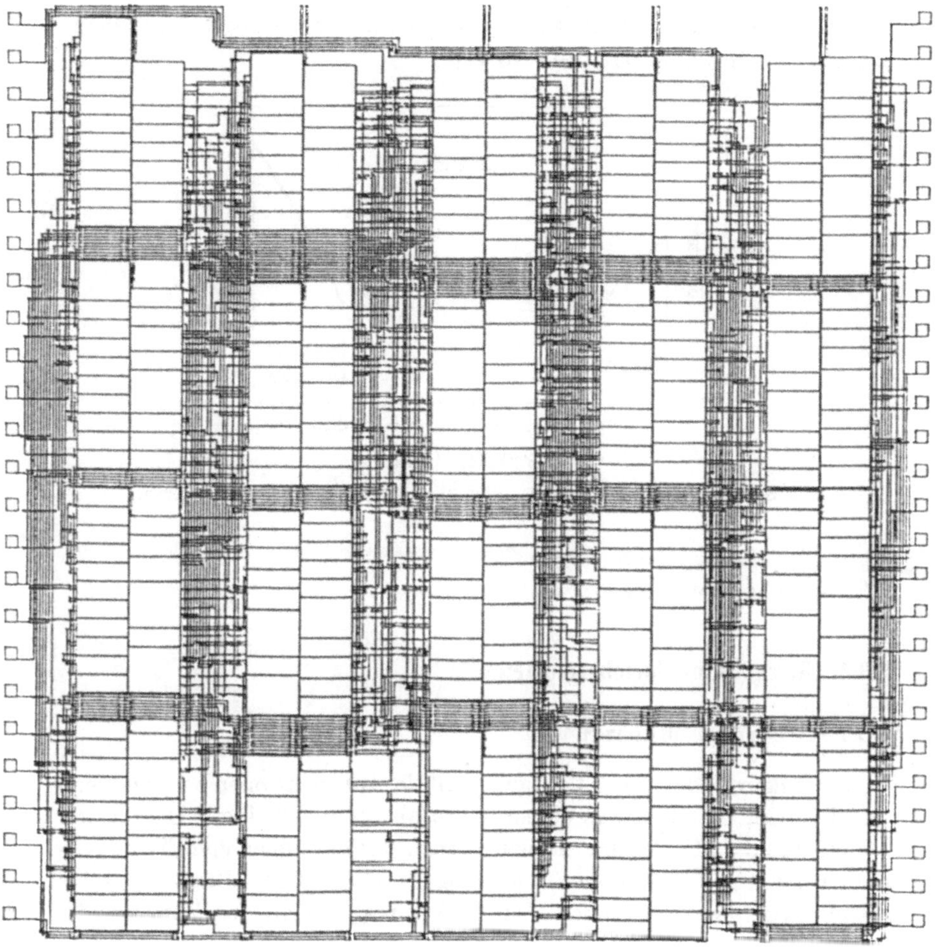

Bild 5.49. Nach dem Zellendesign entworfener Baustein.

Entwicklungskosten liegen etwas höher als beim Gate-Array-Verfahren; ebenso dauert die Entwicklung etwas länger, da sämtliche Masken- und Prozeßschritte individuell durchzuführen sind. Dafür aber ist die Chipfläche deutlich kleiner, und das Konzept ist viel flexibler.

Abschließend ist in Bild 5.50 dargestellt, welches Entwurfsverfahren bei kundenspezifischen Bausteinen die niedrigsten Gesamtkosten, also Herstellkosten plus Entwicklungskosten ergibt. Für geringe Stückzahl ist es bis zu mittleren Komplexitäten das Gate-Array-Verfahren. Bei höchsten Stückzahlen ist die individuelle Entwicklung am günstigsten, außer bei derart großen Komplexitäten, bei denen der Entwicklungsaufwand extrem überproportional zur Gatteranzahl wächst. Für das gesamte übrige Feld der Stückzahl-Komplexitätsebene stellt das Zellen-Design das Optimum dar [5.44–5.47].

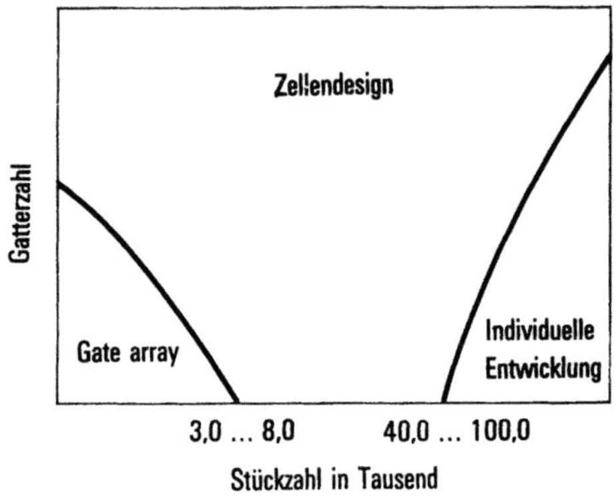

Bild 5.50. Günstige Bereiche für die Entwicklung kundenspezifischer Schaltungen.

5.3. Speicherbausteine

5.3.1. Magnetische Speicherelemente

5.3.1.1. Ferritkern-Matrizen

Ferritringkerne, die zum Speichern digitaler Informationen benützt werden können, bestehen aus einem Material mit rechteckiger Hystereseschleife (Bild 5.51). Als Materialien werden Verbindungen von Eisenoxyd mit zweiwertigen Metallionen, wie Mangan-, Magnesium-, Zink-, Nickel-, Lithium-Oxyden, verwendet. Durch Art und Menge des Metalloxyds

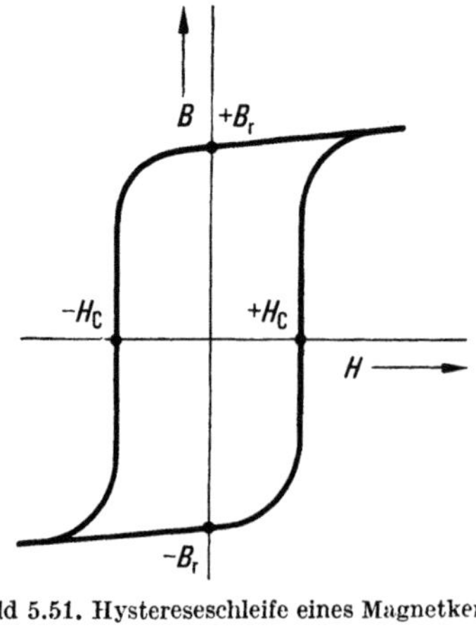

Bild 5.51. Hystereseschleife eines Magnetkerns.

werden die magnetischen Eigenschaften beeinflußt. Am gebräuchlichsten sind die Magnesium-Mangan-Zink-Ferrite.

Ohne äußere Ursachen, ohne daß also ein Strom I fließt (Feldstärke $H = 0$), kann der Ferritringkern zwei stabile Zustände einnehmen: den positiven Remanenzpunkt $+B_r$ und den negativen Remanenzpunkt $-B_r$. Man kann diesen beiden Zuständen wahlweise die Information O und L zuordnen.

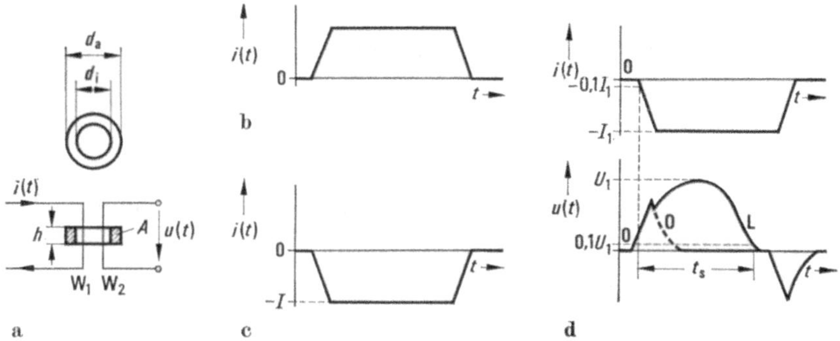

Bild 5.52 a–d. Prinzip der Informationsspeicherung in einem Ferritkern.
a) Speicherelement; b) Schreiben L-Zustand; c) Schreiben O-Zustand; d) Lesen.

In Bild 5.52 ist dargestellt, wie man mit Stromimpulsen eine digitale Information in einen Ferritkern einschreiben und wieder auslesen kann. Schickt man durch die Wicklung W_1 des Ferritkerns einen positiven Stromimpuls, dessen Amplitude so groß ist, daß die Koerzitivfeldstärke H_c überschritten wird, so befindet sich der Kern nach Abklingen des Stromimpulses im positiven Remanenzpunkt, unabhängig davon, in welchem magnetischen Zustand der Kern vorher war. Es möge dabei der Zustand L eingeschrieben sein. Umgekehrt wird durch einen negativen Stromimpuls, der so groß ist, daß wiederum die Koerzitivfeldstärke überschritten wird, der Zustand O eingeschrieben.

Zum Auslesen der Information L oder O wird ein gleich großer negativer Stromimpuls durch die Wicklung W_1 geschickt. War L gespeichert, dann wird der Kern irreversibel ummagnetisiert, und am Ausgang der Lesewicklung W_2 entsteht ein Spannungsimpuls, dessen Flächeninhalt proportional dem durchlaufenen Induktionshub ist. Wenn A den Kernquerschnitt bedeutet, wird

$$\int u \, \mathrm{d}t = -A \cdot 2B_r. \tag{5.1}$$

Sowohl die Wicklung W_1 als auch die Wicklung W_2 bestehen aus nur einer Windung. War O gespeichert, so tritt lediglich eine kleine reversible Änderung der Magnetisierung auf entsprechend der Neigung der Hystereseschleife im negativen Remanenzpunkt und dementsprechend nur eine kleine Spannungsspitze.

Der Mechanismus der Ummagnetisierung beruht auf zwei Effekten: Drehung des Vektors der spontanen Magnetisierung und Verschiebung von Domänenwänden. Bei den alleine hier betrachteten Rechteckmaterialien überwiegt beim Durchlaufen der steilen Äste der Hystereseschleife der Prozeß der irreversiblen Wandverschiebung, beim Durchlaufen der fast waagerechten Äste der der reversiblen Drehung.

Für die Schaltzeit, das ist die Dauer des Lesesignals für den Zustand L, gilt nach [5.48]

$$t_s \sim d_a/I_1. \tag{5.2}$$

Dabei ist d_a der Außendurchmesser des Kerns.

Der Kern schaltet also um so schneller, je kleiner er ist und je größer der Strom wird. Unabhängig davon, welche Information gespeichert war, befindet sich der Ferritkern nach dem Auslesen im negativen Remanenzpunkt. Beim Auslesen wird also die gespeicherte Information zerstört (zerstörendes Lesen). Die wesentlichen Daten eines heutigen Speicherferritkerns sind in Tab. 5.8 zusammengestellt:

Tabelle 5.8

Außendurchmesser	d_a = 0,46 mm
Innendurchmesser	d_1 = 0,29 mm
Höhe	h = 0,11 mm
Remanenzinduktion	B_r = 0,18 Tesla
Betriebstemperatur	−40° bis +80 °C
Vollstrom	I_1 = 800 mA
Lesesignal L	U_1 = 47 mV
Lesesignal O	U_2 = 6 mV
Schaltzeit	t_s = 190 ns

Viele solche Kerne sind zu Matrizen verflochten (Bild 5.53). Eine solche Kernspeicher-Matrix kann heute mehr als 300000 Kerne enthalten, entsprechend einer Speicherkapazität von mehr als 300000 bit. Um einen bestimmten Kern auszuwählen („anzusteuern"), werden durch den X- und den Y-Draht, die durch den auszuwählenden Kern geflochten sind, gleichzeitig Ströme mit der halben Amplitude des Vollstroms geschickt. Der Vollstrom ist so gewählt, daß ein Halbstrom alleine eine Feldstärke ergibt, die mit Sicherheit unterhalb von H_c liegt, die Addition zweier Halbströme, d. h. ein Vollstrom, aber eine Feldstärke, die mit Sicherheit größer als H_c ist. Üblicherweise liegt diese Feldstärke bei etwa 1,5 H_c. Dadurch wird nur der Kern geschrieben oder gelesen, der im Kreuzungspunkt der ausgewählten Drähte liegt (Koinzidenzprinzip). Das Lesesignal kann an den Enden eines dritten durch alle Kerne geflochtenen Drahtes, des Lesedrahtes, abgenommen werden. Die gebräuchlichsten Organisationsmöglichkeiten und Flechtweisen eines Kernspeichers werden in Abschnitt 6.2.1 behandelt.

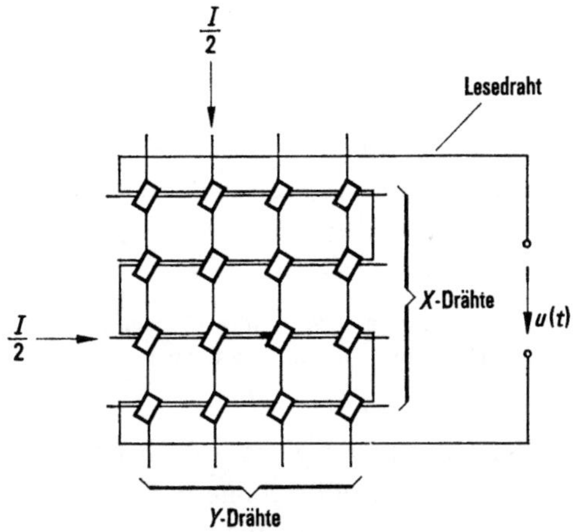

Bild 5.53. Koinzidenzprinzip.

Die Leistungsfähigkeit eines Speichers ist gekennzeichnet durch die Zykluszeit t_c und die Zugriffszeit t_{acc}. Die Zykluszeit ist die Zeit, die ein Lese- oder Schreibvorgang dauert. Die Zugriffszeit gibt die Zeitdauer an, die bei einem Lesevorgang vergeht vom Anliegen einer Zyklusanforderung an den Speicher bis zum Erscheinen der ausgelesenen Information am Ausgang des Speichers (siehe Abschnitt 6.1). Durch die Schaltzeit, die bei Kernspeichern etwa 200 ns beträgt, ist die Zugriffszeit auf etwa 200 ns und die Zykluszeit auf etwa 500 ns nach unten begrenzt.

Beim Kernspeicher benötigt man für jedes gespeicherte Bit einen Kern. Die Kerne werden einzeln gefertigt und manuell zu Matrizen verflochten.

5.3.1.2. Magnetische Domänen

Am magnetischen Domänenspeicher wird etwa seit dem Jahr 1968 in vielen Laboratorien der Welt gearbeitet [5.49—5.51].

Magnetische Domänen (Bubbles) sind zylindrische, magnetische Bereiche in etwa 5 μm bis 50 μm dicken einkristallinen Plättchen aus magnetischem Granat mit einer Anisotropie senkrecht zur Oberfläche (Bild 5.54). Wird ein äußeres Magnetfeld, das sogenannte Stützfeld in Rich-

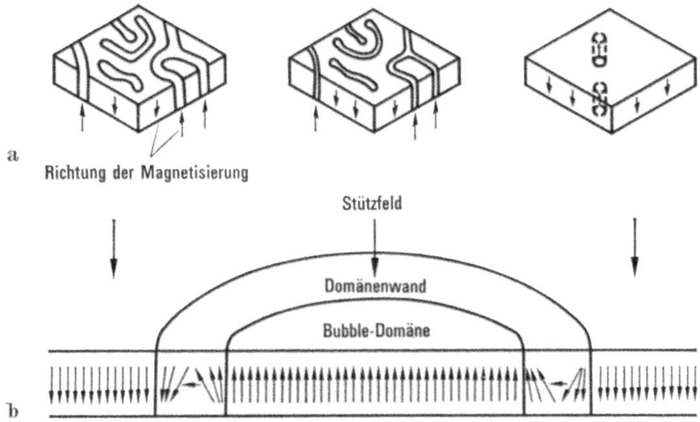

Bild 5.54 a u. b. Magnetische Domänen.
a) Granatplättchen; b) Querschnitt durch eine Domäne.

tung der Anisotropiefeldstärke angelegt, so schrumpfen mit wachsender Feldstärke die Domänen, die, entgegengesetzt zum Stützfeld, magnetisiert sind, auf kreiszylindrische Domänen von etwa 1 μm Durchmesser zusammen. Diese kreiszylindrischen Domänen lassen sich durch ein Magnetfeld, das parallel zur Oberfläche anliegt, im Granatplättchen verschieben. Bringt man auf der Oberfläche der Granatplättchen ein „TI"-Muster von Permalloystreifen an (Bild 5.55) und läßt das magne-

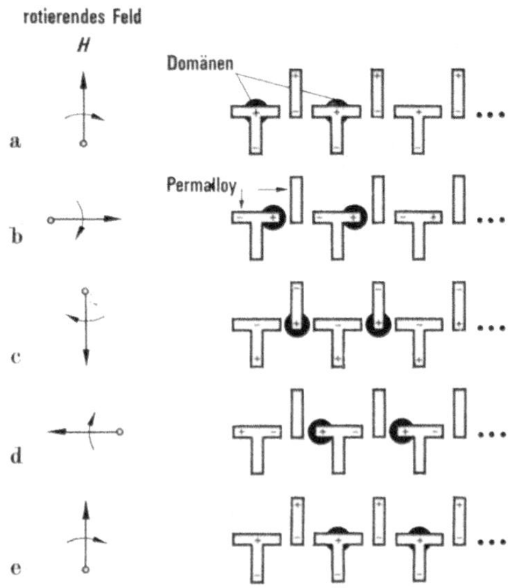

Bild 5.55 a – e. Domänentransport mittels Permalloyflecken.

tische Feld parallel zur Oberfläche rotieren, so entstehen an den freien Enden dieser Permalloystreifen abwechselnd freie Pole, die die magnetischen Domänen je nach Polarität anziehen oder abstoßen. Bei Drehung des Feldes um 360° wandern die Domänen eine Teilung weiter. Wenn es gelingt, von außen gesteuerte Domänen zu erzeugen (Schreiben) und zu vernichten (Löschen), dann kann man einer in einer bestimmten Teilung vorhandenen Domäne die Information L und einer dort nicht vorhandenen Domäne die Information O zuordnen. Dazu dient die Anordnung von Bild 5.56. Eine Mutterdomäne läuft mit dem rotierenden Feld am Umfang des geschlitzten Permalloyrechteckes um. Befindet sich die Domäne in 3′, so wird sie durch einen Stromimpuls, den man durch die Ansteuerleitung schickt, in zwei Teile gespalten. Der untere Teil bleibt als Mutterdomäne zurück, der obere wandert als neue Domäne über 4′, 5′, 6′ in die Verbindungsschleife.

Zur Vernichtung einer Domäne muß an ihrem Ort das Stützfeld über den kritischen Wert hinaus erhöht werden. Befindet sich eine Domäne am Ort 1, so wird sie mit einem kräftigen Stromimpuls durch

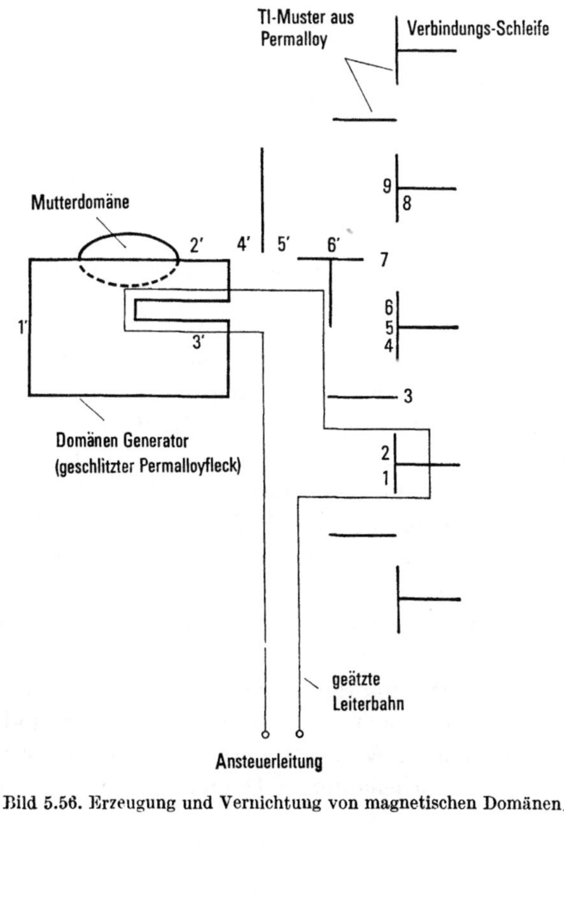

Bild 5.56. Erzeugung und Vernichtung von magnetischen Domänen.

die Ansteuerleitung zerstört. Die Mutterdomäne befindet sich zu diesem Zeitpunkt in 1′ und bleibt unbeeinflußt. Hat sich das rotierende Feld um 180° weitergedreht, so hält sich die Mutterdomäne in 3′ auf, und ein weiterer Stromimpuls erzeugt eine neue Domäne. Ort 1 ist zu diesem Zeitpunkt unbesetzt. Die in 3′ erzeugte neue Domäne tritt später an die Stelle der in 1 zerstörten alten Domäne. Das Erzeugen von Domänen kann auch durch lokale Abschwächung des Magnetfeldes, das Vernichten durch Ablenken der Domänen in einen Außenbereich des Kristallplättchens realisiert werden.

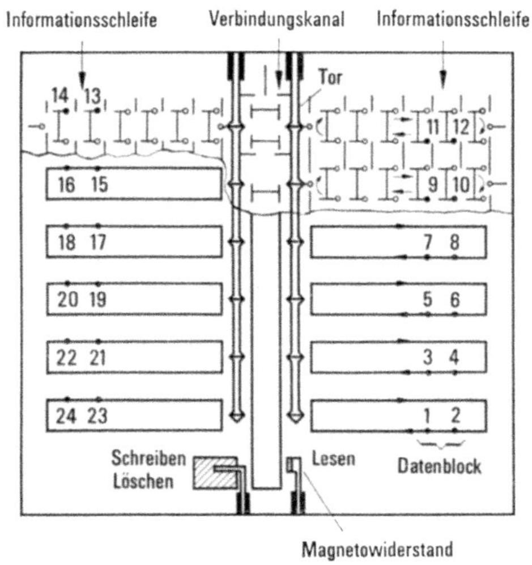

Bild 5.57. Prinzip des magnetischen Domänenspeichers.

In Bild 5.57 ist der Aufbau eines Speicherchips gezeigt. Es besteht aus Informationsschleifen und Verbindungskanal. In den Informationsschleifen kreisen die Domänen im Takt des Drehfeldes. Zum Lesen bzw. Schreiben wird die gewünschte Information durch Tore in den Verbindungskanal gebracht und am Lese- und Schreib-Streifen vorbeitransportiert. Die Tore bestehen aus Permalloyflecken und Leiterbahnen und sitzen jeweils vor den Informationsschleifen. Wird durch die Leiterbahn ein Strom geschickt, so werden die Tore geöffnet und die gerade am Tor befindlichen Domänen in die Verbindungsschleife gebracht, aus jeder Informationsschleife eine.

Zum Auslesen der Information ist neben der Verbindungsschleife ein Magnetowiderstand angebracht. Er besteht aus einem Permalloystreifen, dessen Widerstand sich um ca. 1% ändert, wenn die Magnetisierung des Streifens durch eine vorbeilaufende Domäne um 90° aus der Längsrichtung des Streifens herausgedreht wird. Schickt man durch diesen Permalloystreifen einen Strom, so entsteht, wenn eine Domäne vorbeiläuft, ein Spannungsimpuls (Lesesignal), den man zur Anzeige verwenden kann. Ein Spannungsimpuls entspricht einer gespeicherten Information L, kein Spannungsimpuls einer gespeicherten Information O.

Der Speicherchip stellt somit einen seriellen Speicher dar, dessen Kapazität gleich dem Produkt aus Anzahl der Informationsschleifen und Anzahl der TI-Streifen in einer Informationsschleife ist.

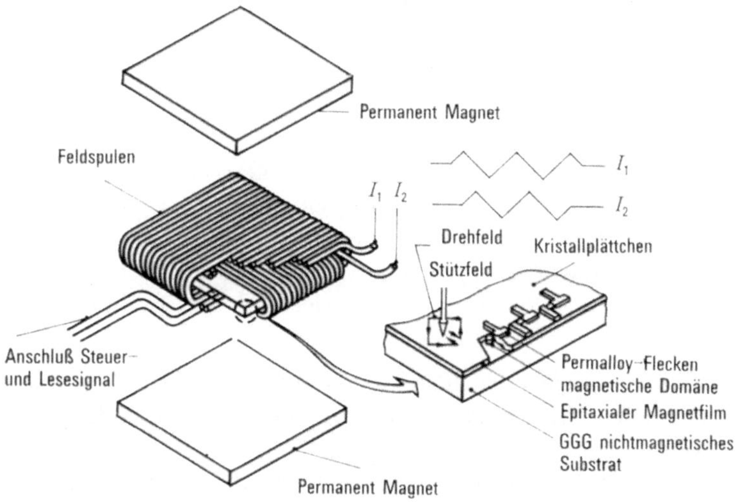

Bild 5.58. Aufbau eines magnetischen Domänenspeichers für 1 Mbit.

Das Stützfeld wird durch Dauermagnete, das rotierende Feld wird durch dreieckförmige Ströme erzeugt, die durch Helmholtz-Spulen geschickt werden. Bild 5.58 zeigt den Aufbau eines Domänenspeicherbausteins [5.52].

Für einen Granat der Zusammensetzung $Y_{0.90}Sm_{0.20}Gd_{0.60}Tm_{1.3} \cdot Fe_{4.60}Ga_{0.4}O_{12}$ ergeben sich folgende Werte:

Tabelle 5.9

Größe eines Speicherchips	10 mm × 10 mm
Kapazität eines Speicherchips	ca. $5 \cdot 10^6$ bit
Stützfeld	160 A/cm
Rotierendes Feld	40 A/cm
Frequenz des rotierenden Feldes	100 kHz
Stromstärke in der Torschleife	100 mA
Lesesignal	10 mV

Damit kann man heute in einem Volumen von 10 cm³ 5 Mbit einschließlich der Dauermagnete für das Stützfeld und der Helmholtz-Spulen für das rotierende Feld unterbringen.

Man hofft, die Kapazität eines Speicherchips auf Werte von 10^7 bit und die Frequenz des rotierenden Feldes auf einige 100 kHz in nächster Zeit steigern zu können.

Anwendungsmöglichkeiten für den magnetischen Domänenspeicher ergeben sich vor allem dort, wo man serielle vollelektronische Massenspeicher mit Kapazitäten von einigen 10^6 bit bis zu 10^8 bit benötigt, die bei Spannungsausfall, d. h. ohne Zufuhr äußerer Energie, ihre gespeicherte Information behalten.

5.3.2. Halbleiter-Speicherelemente

Durch die Fortschritte bei den integrierten Halbleiterspeichern sind die im letzten Abschnitt behandelten magnetischen Speicherprinzipien in den letzten Jahren weitgehend verdrängt worden. Man unterscheidet zwischen Speicherelementen, die auf der bipolaren Technologie, und solchen, die auf der MOS-Technologie basieren [5.48]. In beiden Fällen unterteilt man weiter in folgende Arten:

— Lese-Schreib-Speicherelemente mit wahlfreiem Zugriff, welche die Information bei Spannungsausfall verlieren (*R*ead *a*nd Write *M*emory, RAM).
— Elektrisch löschbare und programmierbare Festspeicherelemente (*E*lectrically *E*rasable *P*rogrammable *R*ead *O*nly *M*emory, EEPROM).
— Elektrisch programmierbare Festspeicherelemente mit wahlfreiem Zugriff, welche die Information bei Spannungsausfall nicht verlieren (*P*rogrammable *R*ead *o*nly *M*emory, PROM und EPROM).
— Maskenprogrammierbare Festspeicher-Elemente (*R*ead *o*nly *M*emory, ROM).
— Speicherelemente mit seriellem Zugriff (Schieberegister).

5.3.2.1. Bipolare Speicherelemente

Lese-Schreib-Speicherelemente (RAM). Als Speicherelement wird eine bistabile Kippstufe (Bild 5.59) verwendet. Die binäre Information O oder L ist darin gespeichert, je nachdem der linke oder der rechte Zweig leitend ist, d. h., ob im linken oder rechten Zweig ein Strom fließt.

Beim Lesen werden die Eingänge e_{12} und e_{22} durch einen positiven Spannungsimpuls auf der Wortleitung gesperrt. Ist O gespeichert, dann fließt der Strom über e_{11} zur Leseeinrichtung. Entsprechend fließt der Strom über e_{21} zur Leseeinrichtung, wenn L gespeichert ist. Die Information bleibt beim Auslesen erhalten, muß also nicht wie z. B. beim

Kernspeicher anschließend wieder eingeschrieben werden. Dagegen ist nach einem Ausfall der Betriebsspannung die Information zerstört.

Zum Einschreiben einer Information wird das entsprechende Speicherelement wieder über die Wortleitung ausgewählt und durch von der einzuschreibenden Information gesteuerte Impulse auf den Lese-Schreib-Leitungen in den entsprechenden Zustand gebracht. Durch einen positiven Stromimpuls I_{11} wird z. B. der Zustand O eingespeichert.

Die beiden Schottky-Dioden zwischen Basis und Kollektor von Tr_1 und Tr_2 verringern die Speicherzeit der beiden Transistoren. Dadurch werden die Zyklus- und die Zugriffszeit verkürzt.

Da die Information in einem dauernd fließenden Strom gespeichert ist, bezeichnet man solche Speicherelemente als statisch.

Die beiden Lastwiderstände R_1 und R_2 sind oft durch Transistoren realisiert.

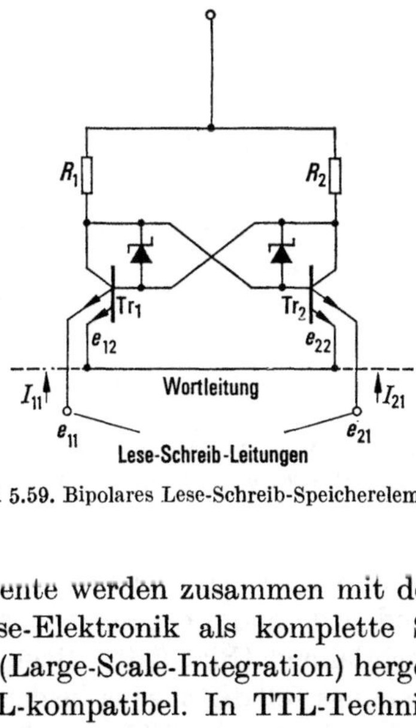

Bild 5.59. Bipolares Lese-Schreib-Speicherelement.

Die Speicherelemente werden zusammen mit den Adressendecodern und der Schreib-Lese-Elektronik als komplette Speicherbausteine in integrierter Technik (Large-Scale-Integration) hergestellt. Die Bausteine sind TTL- oder ECL-kompatibel. In TTL-Technik sind derzeit Bausteine mit 4 kbit erhältlich. Die Zugriffszeit beträgt 45 ns und die Zykluszeit ca. 50 ns. Der Baustein besitzt eine Verlustleistung von 1 W. In ECL-Technik sind Bausteine mit 16 kbit, einer Zugriffszeit von 25 ns und einer Verlustleistung von 1 W erhältlich.

Elektrisch programmierbare Festspeicherelemente (PROM). Die Information wird vom Anwender auf elektrische Weise in den Speicher eingespeichert. Sie ist danach nicht mehr änderbar. Man unterscheidet insbesondere zwei Verfahren. Beim ersten liegt in Serie zum Emitter eines Transistors ein Widerstand, der im allgemeinen als Nickel-Chrom-

Dünnfilmwiderstand realisiert wird (Bild 5.60a). Zum Einschreiben von O wird ein so großer Stromstoß durchgeschickt, daß die Nickel-Chromschicht lokal verdampft und damit unterbrochen wird. Soll der Zustand L gespeichert werden, so findet dieser Vorgang nicht statt.

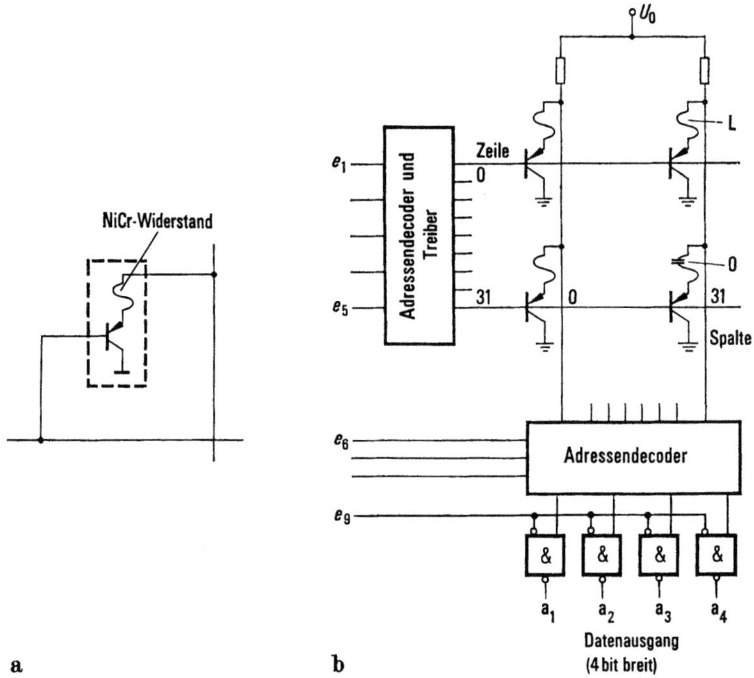

Bild 5.60a u. b. PROM mit Nickel-Chrom-Widerständen, bipolar. a) Speicherelement; b) Speicherbaustein.

Beim zweiten Verfahren besteht das Speicherelement aus zwei in Reihe geschalteten Dioden, die entgegengesetzt gepolt sind. Das Speicherelement ist damit nichtleitend (Bild 5.61). Beim Einschreiben von L wird durch einen Spannungsstoß die eine der beiden Dioden durchlegiert. Sie wirkt damit wie ein sehr kleiner Widerstand, so daß das Speicherelement permanent leitend geworden ist. Die beiden Dioden werden im allgemeinen als Emitter und Kollektor eines Transistors, dessen Basis nicht angeschlossen ist, realisiert.

Die Speicherelemente werden wieder in großer Zahl in Form einer Matrix mit allen Decodern und Ansteuerschaltungen zu TTL- oder ECL-kompatiblen Bausteinen integriert (Bild 5.60b, 5.61b).

Heutiger Stand der Technik sind Bausteine mit 32 kbit, einer Zugriffs- und Zykluszeit von ca. 40 ns und einer Verlustleistung von ca. 900 mW.

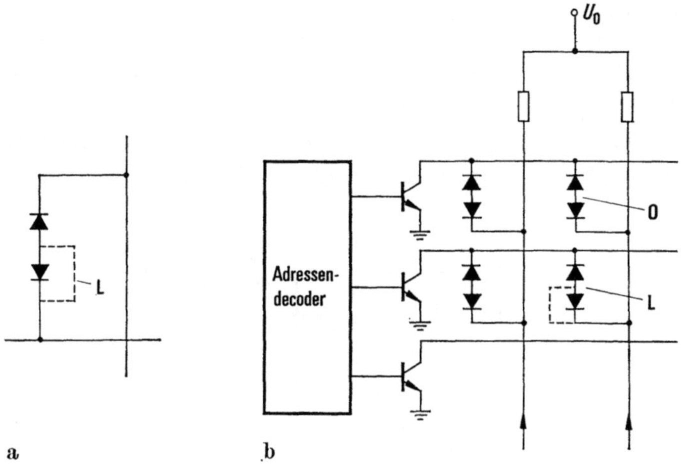

Bild 5.61 a u. b. PROM mit Dioden.
a) Speicherelement; b) Speicherbaustein.

5.3.2.2. MOS-Speicherelemente

Den größten Einfluß auf die Speichertechnik der letzten Jahre haben die MOS-Speicherelemente ausgeübt [5.48].

Lese-Schreib-Speicher (RAM). Statische Lese-Schreib-Speicher. Sie unterscheiden sich im Prinzip nur durch die Technologie von den bipolaren Lese-Schreib-Speichern.

In N-MOS-Technologie sind derzeit Bausteine mit 16 kbit, einer Zugriffszeit von 45 ns und einer Verlustleistung von 0,6 W (stand by: 100 mW) erhältlich. Bei CMOS-Technologie betragen die entsprechenden Werte 64 kbit, 100 ns und 10 mW (stand by: 10 nW).

Dynamische Lese-Schreib-Speicher. In Bild 5.62 ist die Drei-Transistorzelle, wie sie zur Abspeicherung eines Bits beispielsweise in dem dynamischen MOS-Baustein 1103 verwendet wurde, dargestellt. Dynamisch wird das Speicherelement deshalb genannt, weil die Information in der Ladung der parasitären Kapazität C gespeichert ist. Je nachdem, ob diese Kapazität aufgeladen ist oder nicht, ist die Information L oder O gespeichert. Die Transistoren Tr_1, Tr_2, Tr_3 dienen zur Auswahl der Speicherzelle, zum Auslesen der Information und zum Einschreiben der Information. Ausgewählt wird beim Schreiben mit der entsprechenden Wortleitung. Eingeschrieben wird, indem über die zugehörige Bitleitung und den Transistor Tr_1 die Kapazität C, je nachdem, ob L oder O eingeschrieben werden soll, aufgeladen oder entladen wird. Beim Auslesen wird die

Zelle über die Wortleitung für Lesen ausgewählt. Ist der Zustand L gespeichert, ist also die Kapazität aufgeladen, dann ist Tr_3 leitend. Über diese Wortleitung ist auch Tr_2 aufgesteuert, und die Bitleitung für Lesen wird auf U_0 umgeladen, was einem Lesesignal entspricht.

Ist der Zustand O gespeichert, dann ist Tr_3 gesperrt, die Bitleitung für Lesen wird nicht umgeladen, und es tritt damit auch kein Lesesignal auf.

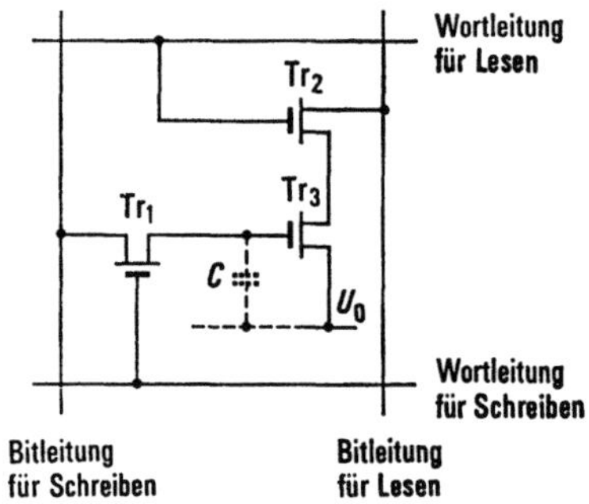

Bild 5.62. Drei-Transistorzelle, unipolar.

Beim Auslesen bleibt im Prinzip die Information erhalten. Durch unvermeidliche Leckströme entlädt sich jedoch die Kapazität im Laufe von einigen Millisekunden. Zur Aufrechterhaltung der Information muß deshalb die Ladung von Zeit zu Zeit wieder aufgefrischt werden. Dazu wird die Information ausgelesen und am Ende des Zyklus wieder eingeschrieben. Dieser „Refresh"-Zyklus unterscheidet sich von einem Lesezyklus nur dadurch, daß die ausgelesene Information nicht an den Ausgang des Bausteins gelangt. Auch bei jedem Lesevorgang wird zur Sicherheit wieder aufgefrischt. Bei einem Baustein mit 1024 bit ist die Zellenanordnung im allgemeinen 32×32. In einem Lese- bzw. Refresh-Zyklus werden alle Zellen einer Reihe, also 32 Zellen wieder aufgefrischt.

Ein anderes dynamisches Speicherelement, die Ein-Transistorzelle, ist in Bild 5.63 dargestellt. Wieder ist die Information als Ladung in der Kapazität C, die aber nicht parasitär ist, gespeichert. Beim Schreiben wird diese Kapazität entsprechend der Information aufgeladen. Dazu wird der Transistor durch ein entsprechendes Potential auf der Wortleitung in den leitenden Zustand gesteuert. Damit wird die Kapazität C auf das Potential der Bitleitung umgeladen. Die Bitleitung führt das Potential, das dem Zustand O bzw. L zugeordnet ist. Beim Lesen lädt die Kapazität C über den geöffneten Transistor die Bitleitung, d. h. die Kapazität C_L um. Es tritt also eine Spannungsteilung auf. Wegen der zur Verfügung stehenden Fläche kann die Kapazität C eine gewisse Größe (ca. 0,1 pF) nicht übersteigen. Dies hat zur Folge, daß das Lesesignal kleiner ist als bei der Drei-Transistorzelle. Deshalb ist der Leseverstärker bei der Ein-Transistorzelle aufwendiger. Der Refreshvorgang ist der gleiche wie bei der Drei-Transistorzelle.

Die gesamte Elektronik, wie Decoder, Ablaufsteuerung, Treiber, Leseverstärker, ist wieder in den Baustein mitintegriert. Die Schaltungen sind ebenfalls zum größten Teil in dynamischer Technik ausgeführt.

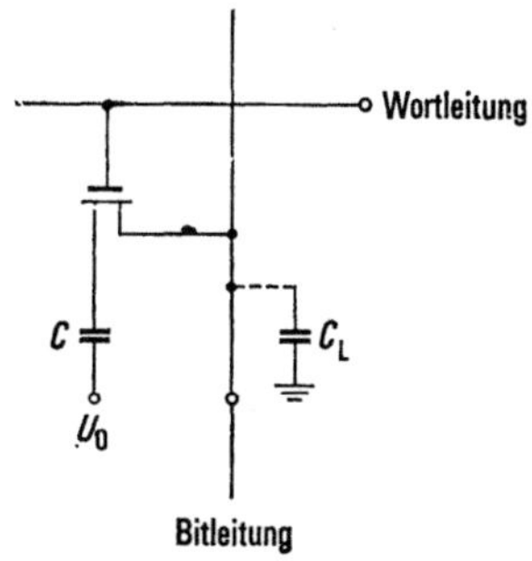

Bild 5.63. Ein-Transistorzelle, unipolar.

Heutiger Stand der Technik sind Bausteine mit 256 kbit, organisiert in 256 k Wörtern zu 1 bit. Sie werden hergestellt in N-Kanal-Technologie mit Silicon-Gate. Die Zykluszeit beträgt ca. 270 ns und die Zugriffszeit ca. 150 ns. Das Refresh-Intervall ist 4 ms. Im aufgerufenen Zustand besitzen die Bausteine eine Verlustleistung von ca. 250 mW, im Ruhezustand beträgt die Verlustleistung nur etwa 10 mW. Die Ein- und Ausgänge sind TTL-kompatibel [5.53].

Elektrisch programmierbare Festspeicherelemente (EPROM). Hauptsächlich verwendet wird ein Speicherelement, das man „Floating Gate Avalanche Injection MOS Transistor" abgekürzt FAMOS, genannt hat.

Die Speicherung von Information geschieht durch Speicherung von negativer Ladung auf dem elektrisch völlig isolierten, sogenannten schwebenden Gate eines MOS-Transistors: je nach Ladezustand des Gates ist der Transistor leitend oder nichtleitend, was zur Speicherung der Zustände L oder O verwendet wird [5.54]. Bild 5.64 zeigt den Querschnitt eines solchen FAMOS-Transistors. Damit Elektronen aus dem Halbleiter auf das schwebende Gate gelangen können, müssen sie Energien besitzen, die größer als die Energieschwelle Silizium/Siliziumdioxyd (3,2 eV) sind. Derartige energiereiche (sogenannte heiße) Elektronen werden durch einen Lawinendurchbruch des Drain-Substrat-Sperrübergangs erzeugt, wobei einige Prozent der Ladungsträger des Lawinenstromes Energien von mehr als 3,2 eV erhalten. Voraussetzung dafür, daß die heißen Elektronen in das Gate injiziert werden, ist, daß der Durchbruch innerhalb ihrer freien Weglänge (ca. 11 nm) nahe an der Grenzschicht Si/SiO_2 stattfindet. Man nennt das einen Oberflächendurchbruch. Die Differenz zwischen dem angelegten negativen Potential am Halbleiter und dem weniger negativen Potential des Gates, das im entladenen Zustand nur durch kapazitive Kopplung mit der Umgebung entsteht, bewirkt die Injektion der heißen Elektronen auf das schwebende Gate.

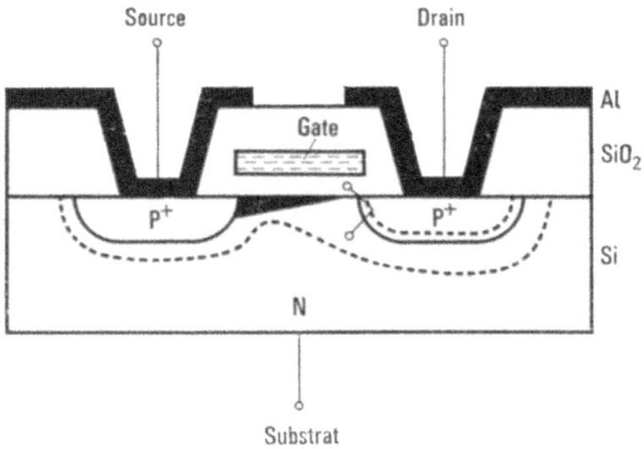

Bild 5.64. FAMOS-Speicherelement, unipolar.

Um die Information zu löschen, d. h. das Gate zu entladen, muß man den Elektronen ermöglichen, die Energieschwelle zwischen polykristallinem Silizium und Siliziumdioxyd zu überwinden. Dies wird durch optische Anregung mit UV-Licht bewerkstelligt. Da die gespeicherte Ladung auf dem Gate durch Energieschwellen festgehalten und da wegen der völligen Einbettung des Gates in SiO_2 keine Oberflächen-Kriechstromwege zur Entladung vorhanden sind, wird eine sehr lange Lebensdauer der gespeicherten Information erreicht. Experimentelle Untersuchungen ergaben einen Verlust von weniger als 20% der gespeicherten Ladung in 100 Jahren bei 125 °C. Derzeitiger Stand der Technik sind Bausteine mit 256 kbit, organisiert als 32 kWörter zu 8 bit. Die Zykluszeit und die Zugriffszeit betragen 250 ns. Die Verlustleistung beträgt 500 mW. Die Bausteine sind TTL-kompatibel.

Elektrisch löschbare und programmierbare Festspeicherelemente (E^2PROM). Im Gegensatz zu dem im vorigen Abschnitt beschriebenen elektrisch programmierbaren Festspeicherelement kann beim E^2PROM die gespeicherte Information auch elektrisch gelöscht werden. Sowohl der Schreib- als auch der Lösch-Vorgang beruhen auf dem Tunneleffekt [5.55].

Heute erhältlich sind Bausteine mit 16 kbit, organisiert als 2 k-Wörter zu 8 bit. Die Schreibzeit für ein Wort beträgt 10 ms. Es kann wahlweise der gesamte Baustein oder auch nur wortweise gelöscht werden. Die Löschzeit beträgt in beiden Fällen 10 ms. Die Verlustleistung beträgt im aktiven Zustand 500 mW und im „stand by"-Zustand 200 mW. Informationen können ohne Löschen und erneutes Einspeichern 10 Jahre gespeichert bleiben.

Maskenprogrammierbare Festspeicher (ROM). Die abzuspeichernde Information wird bereits bei der Herstellung des Bausteins mit Hilfe der letzten Metallisierungs-Maske eingegeben.

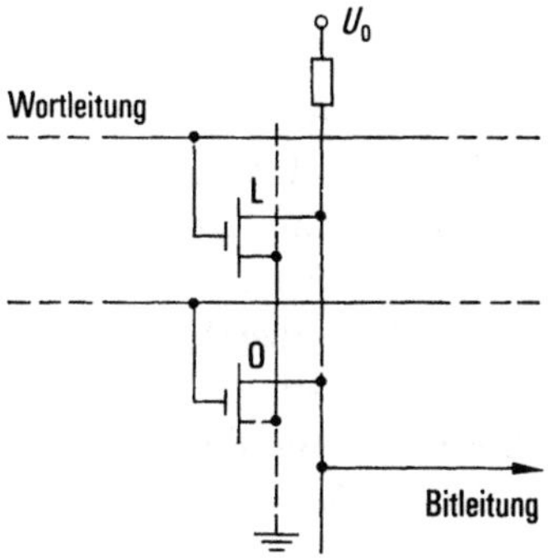

Bild 5.65. ROM, MOS.

Das Speicherelement besteht aus einem Transistor (Bild 5.65), dessen Drain Electrode je nach abzuspeichernder Information L oder O mit der Bitleitung verbunden ist oder nicht. Heutiger Stand der Technik sind in NMOS-Technologie Bausteine mit 1 Mbit, einer Zugriffs- und Zykluszeit von 300 ns und einer Verlustleistung von 250 mW (stand by 75 mW). In CMOS-Technologie sind 1-Mbit-Bausteine mit einer Zugriffszeit von 350 ns und einer Verlustleistung von 70 mW (stand by 2 mW) erhaltlich. Da die Maskenkosten im Vergleich zu den Kosten des Bausteins hoch sind und für jedes im Baustein abzuspeichernde Informationsmuster, das aus bis zu 1 Mbit bestehen kann, eine eigene Maske erstellt werden muß, findet dieses Festspeicherprinzip nur dort Anwendung, wo eine größere Zahl von Bausteinen mit derselben Information und damit derselben Maske gefertigt werden kann.

5.3.3. Passive Festspeicherelemente

Die Bedeutung dieser Elemente hat seit dem Erscheinen der integrierten Halbleiter-Festspeicher sehr stark abgenommen. Da sie jedoch in einigen Anlagen noch eingesetzt werden, sollen die wichtigsten von ihnen erwähnt werden.

Als Festspeicherelement kann jeder elektrische Zwei- oder Vierpol verwendet werden.

Widerstand:

Die Information O oder L liegt darin, daß der Widerstand unterbrochen ist oder nicht [5.56].

Kondensator:

Ähnlich wie beim Widerstand liegt die Information darin, daß ein Kondensator bzw. eine kapazitive Kopplung vorhanden ist oder nicht [5.57].

Induktivität:

Wenn ein Wortdraht durch einen Übertrager geflochten ist, ist der Zustand L gespeichert. Ist er an dem Übertrager vorbeigeführt, ist O gespeichert [5.58, 5.59]. Eine andere Ausführungsform nützt die Feldverzerrung durch kleine Ferritplättchen aus [5.60]. Ist ein Plättchen vorhanden, dann wird das Feld verzerrt (L). Ist kein Plättchen vorhanden, dann entspricht dies dem Zustand O.

Eine ausführliche Beschreibung der bekanntesten passiven Festspeicherelemente findet sich in [5.48].

6. Speichersysteme und Mikroprozessorsysteme

In Abschnitt 4 wird der grundsätzliche Aufbau und die Funktionsweise von Schalteinrichtungen beschrieben. Die darauf beruhende Struktur moderner Rechner ist in Bild 6.1 dargestellt. Die Verarbeitungseinheit (der Rechner im eigentlichen Sinne) verarbeitet Steuer- und Nutzdaten durch logische Verknüpfung und liefert sie an den zu steuernden Prozeß, stellt also die „Intelligenz" des Rechners dar, während Speicher als sein „Gedächtnis" dienen.

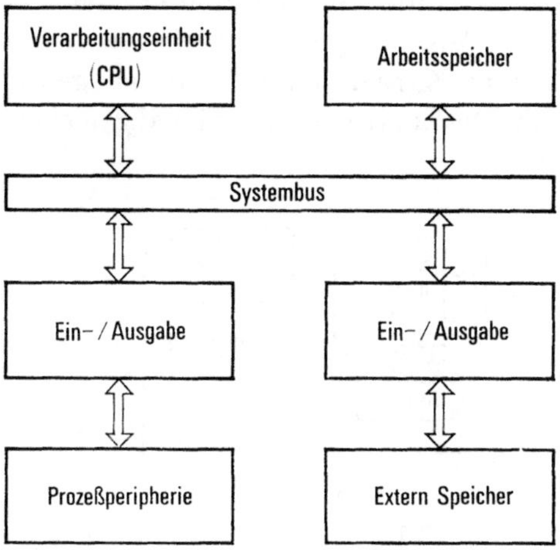

Bild 6.1. Grundstruktur eines Rechnersystems.

Im unteren und mittleren Bereich der Verarbeitungsleistung werden heute die meisten der dargestellten Funktionen durch hochintegrierte Halbleiterbausteine in NMOS- oder CMOS-Technologie realisiert. Zum Beispiel ist der Inhalt der Verarbeitungseinheit auf einem einzigen Halbleiterchip aufgebracht; sie ist so unter dem Begriff *Mikroprozessor* in den Blickpunkt des allgemeinen Interesses gerückt. Ebenso können auf einem einzigen Chip *Speichersysteme* mit hohen Kapazitäten realisiert werden. Zunächst seien die Probleme der Speichersysteme behandelt.

6.1. Speichersysteme; Überblick

Man unterscheidet folgende Speichersysteme:

Arbeitsspeicher. In ihnen sind Steuer- und Nutzdaten abgespeichert. Der Zugriff zu den Daten ist wahlfrei (random access), d. h., die Zugriffszeit ist unabhängig von der Adresse der gewünschten Daten bzw. dem Ort der gewünschten Daten im Speichermedium. Unter Speichermedium sei die Gesamtheit der Speicherelemente verstanden.

Während der Teil des Speichers, in dem die Steuerdaten abgespeichert sind, ein Festspeicher sein kann, müssen die variablen Prozeßdaten in einem Lese-Schreib-Speicher abgespeichert sein. Die Kapazität liegt in den meisten Fällen zwischen wenigen zehn kbit (Mikroprozessor) und mehreren zehn Mbit. Die Zugriffszeit bewegt sich zwischen 100 ns und 1 μs.

Mikroprogrammspeicher. Zusammen mit dem Mikrosteuerwerk bildet er eine Ablaufsteuerung nach dem Prinzip der Tabellenablauflogik. In ihm sind die Mikroprogramme gespeichert, welche bei jeder Operation angeben, welche Teiloperationen auszuführen sind. Auch hier ist der Zugriff wahlfrei. Ein Mikroprogrammspeicher ist im allgemeinen ein Festspeicher, und seine Kapazität reicht von einigen zehn kbit bis zu einigen hundert kbit. Die Zugriffszeit liegt im allgemeinen zwischen 10 ns und einigen 100 ns.

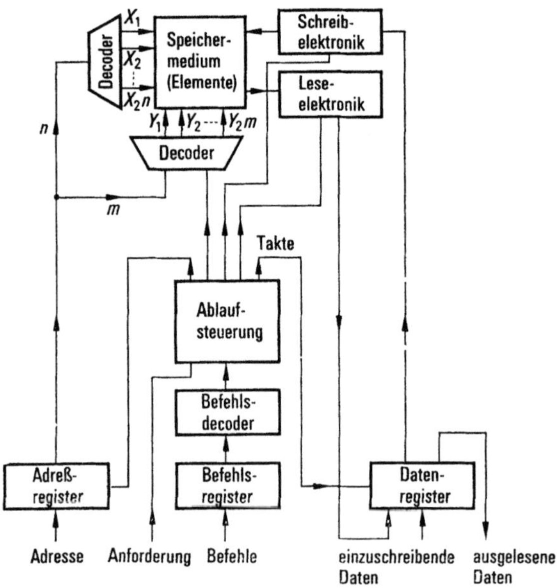

Bild 6.2. Blockschaltbild eines Speichersystems.

Registerspeicher. Hier werden Zwischenergebnisse, Ein- und Ausgabedaten und Steuerdaten zwischengespeichert. Registerspeicher haben meist eine recht kleine Kapazität (einige hundert bit) und müssen eine sehr kurze Zugriffszeit besitzen (einige bis einige zehn ns).

Mikroprogrammspeicher und Registerspeicher sind im allgemeinen in der Verarbeitungseinheit untergebracht.

Extern-Speicher. Der Zugriff ist hier fast immer seriell. Die Zugriffszeit liegt zwischen etwa 20 ms (Plattenspeicher) und etwa 100 s (Magnetbandgeräte). Sie ist dementsprechend abhängig von dem Ort der gewünschten Daten auf dem Speichermedium. Hier können nur Daten abgespeichert werden, zu denen ein unmittelbarer kurzer Zugriff nicht notwendig ist. Externspeicher haben Kapazitäten, die je nach Anwendung zwischen 10^6 bit und 10^{10} bit betragen.

Das Blockschaltbild eines Speichersystems mit wahlfreiem Zugriff ist in Bild 6.2 dargestellt. Die von der Verarbeitungseinheit angelieferte Adresse wird im Adreßregister zwischengespeichert und im Decoder decodiert. Ein Decoder hat n Ein- und 2^n Ausgänge, von denen einer durch die n Adressenbits ausgewählt wird (vgl. Abschnitt 4).

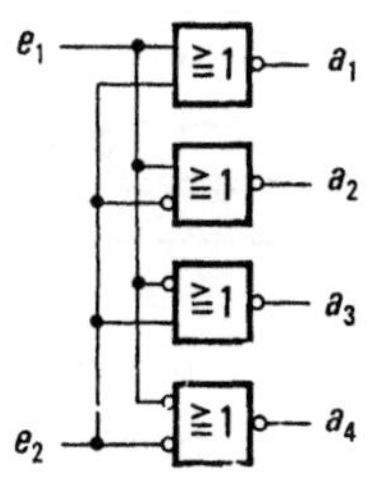

Bild 6.3. Decoder.

Bild 6.3 zeigt einen Decoder für 2 Adressenbits. Die zugehörige Funktionstabelle lautet:

e_1	e_2	a_1	a_2	a_3	a_4
O	O	L	O	O	O
O	L	O	L	O	O
L	O	O	O	L	O
L	L	O	O	O	L

Damit wird der gewünschte Ort im Speichermedium ausgewählt.

Die Befehle, beispielsweise Lesen oder Schreiben, werden vom Verarbeitungsteil in codierter Form angeliefert. Sie werden im Befehlsregister zwischengespeichert und im Befehlsdecoder decodiert. Die decodierten Befehle steuern die Ablaufsteuerung. Diese liefert den anderen

Einrichtungen Takte, die dafür sorgen, daß der entsprechend dem Befehl gewünschte Vorgang (z. B. Lesen, Schreiben) zeitlich richtig abläuft. Die Ablaufsteuerung wird durch die Anforderung gestartet, die von der Verarbeitungseinheit geliefert wird und zur zeitlichen Synchronisation von Speicher und Verarbeitungseinheit dient.

Die Leseelektronik regeneriert die von den Speichern abgegebenen Lesesignale, die sehr störbehaftet sind, und gibt normierte digitale Signale ab, die im Datenregister zwischengespeichert und von dort zur Verarbeitungseinheit geschickt werden.

Die Schreibelektronik sorgt dafür, daß die vom Rechner angelieferten Daten eingeschrieben werden. Handelt es sich um einen Speicher mit zerstörender Auslesung (z. B. einen Kernspeicher), so müssen anschließend an einen Lesevorgang durch die Schreibelektronik die ausgelesenen Daten wieder eingeschrieben werden. Selbstverständlich bestimmt auch beim Schreibvorgang die Adresse über den Decoder den Ort im Speichermedium, das heißt die Speicherzelle.

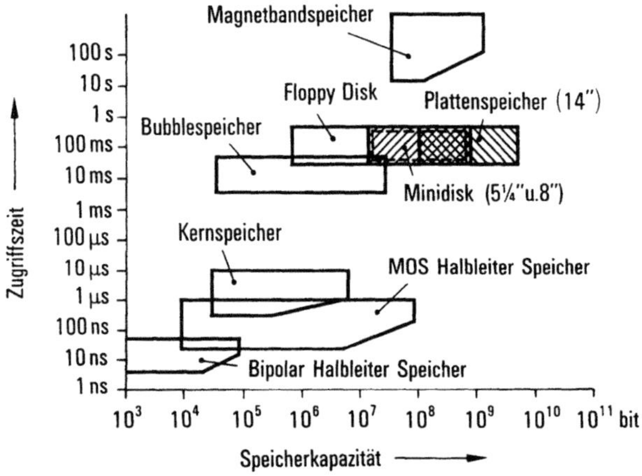

Bild 6.4. Kapazität und Zugriffszeit von Speichersystemen.

Bei Speichersystemen, die integrierte Halbleiter-Speicherelemente benützen, sind im allgemeinen Teile der im vorigen Absatz beschriebenen Elektronik (z. B. die Lese- und die Schreibelektronik) in den Speicherbaustein mit einintegriert (siehe Abschnitt 5.3.2).

Die wesentlichen Daten eines Speichers sind:

Kapazität:

Meist angegeben in Byte, Kilobyte (kbyte) oder Megabyte (Mbyte). Ein Byte besteht aus 8 Datenbits. Es wird oft durch ein Paritätsbit ergänzt. Ein kbyte ist im allgemeinen gleich 1024 byte.

Wortlänge:

Die Anzahl der gleichzeitig ausgelesenen Bits, meist angegeben in Byte.

Zugriffszeit:

Die Zeitspanne zwischen Eintreffen der Anforderung am Eingang des Speichers und Ausgabe der ausgelesenen Daten am Ausgang des Daten-Registers des Speichers.

Zykluszeit:

Der kleinste mögliche zeitliche Abstand zweier aufeinanderfolgender Anforderungen zum Schreiben oder Lesen.

MTBF Meantime between Failures):

Eine Angabe über die Zuverlässigkeit des Speichersystems. Es ist der mittlere zeitliche Abstand zwischen zwei Ausfällen des Speichers.

Für die gebräuchlichsten Speicherelemente sind in Bild 6.4 Kapazitäts- und Zugriffszeit-Bereiche von Speichersystemen eingetragen.

6.2. Lese-Schreib-Speichersysteme mit wahlfreiem Zugriff

6.2.1. Kernspeichersysteme

In Abschnitt 5.3.1.1 wurden die Ferritkerne als Speicherelemente einschließlich ihrer Anordnung zu Speichermatrizen beschrieben. Für die Ansteuerung dieser Matrizen mit Strömen und die Auswertung der Lesesignale gibt es eine Vielzahl von Organisationen und dementsprechend viele Flechtmuster der Matrizen. Die wichtigsten davon sind die 3D/4-Draht- und die 3D/3-Draht-Organisation. „D" bedeutet hierbei Dimension. Auf wortorganisierte Speicher wird, da sie durch bipolare Halbleiterspeicher heute weitgehend verdrängt sind, nicht eingegangen.

Die 3D/4-Draht-Organisation. Sie ist die älteste Organisation und geht auf das Jahr 1951 zurück [6.1, 6.2]. Sie entstand in einer Zeit, als die elektrischen Schaltungen noch durchweg diskret aufgebaut und die elektrischen Bauelemente noch wesentlich teurer als heute waren. Ihr liegt daher der Gedanke zugrunde, möglichst wenig und möglichst einfache Schaltungen zu verwenden und dafür mehr Aufwand beim Flechten der Matrizen in Kauf zu nehmen.

In Bild 6.5a ist die Organisation eines 3D/4-Draht-Speichers dargestellt. Der Speicherblock besteht aus n Matrizen, wobei n die Wortlänge ist, d. h. die Anzahl der Bits, die parallel eingeschrieben und ausgelesen werden, also beispielsweise 18.

Durch jeden Kern sind 4 Drähte geflochten. X- und Y-Draht dienen zur Adressierung (Ansteuerung) der gewünschten Kerne. Es werden alle Kerne ausgewählt, in denen sich die beiden angesteuerten Drähte kreuzen, weil sich hier ihre beiden Halbströme i_x und i_y addieren. X- und Y-Drähte sind durch alle Matrizen des Blocks geflochten. Dagegen hat jede Matrix eigene Lesedrähte und Inhibitdrähte. Der Lesedraht dient zur Abnahme des Lesesignals. Die Inhibitdrähte ermöglichen das Einschreiben der gewünschten Daten in die einzelnen Matrizen. Während die Ansteuerströme, die durch X- und Y-Draht fließen, alle Kerne in den Kreuzungspunkten von X- und Y-Draht jeder Matrix in gleicher Weise beeinflussen, ermöglicht der Inhibitdraht in den einzelnen Matrizen unterschiedliche Muster einzuschreiben. Soll O in einer Bitposition eingeschrieben werden, so wird ein Halbstrom durch den Inhibitdraht geschickt. Der Inhibitdraht ist so durch die Matrix geflochten, daß er in dem ausgewählten Ferritkern einen Halbstrom kompensiert, so daß kein Einschreiben stattfindet. Er verhindert (inhibiert) das Einschreiben des Zustandes L. Soll L eingeschrieben werden, so fließt kein Inhibitstrom.

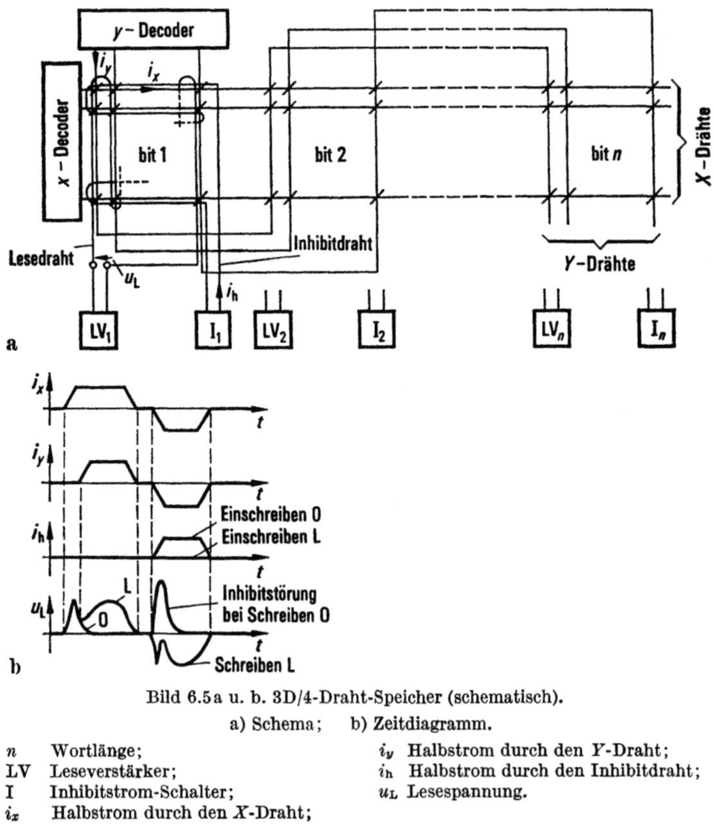

Bild 6.5a u. b. 3D/4-Draht-Speicher (schematisch).
a) Schema; b) Zeitdiagramm.

n Wortlänge;
LV Leseverstärker;
I Inhibitstrom-Schalter;
i_x Halbstrom durch den X-Draht;
i_y Halbstrom durch den Y-Draht;
i_h Halbstrom durch den Inhibitdraht;
u_L Lesespannung.

Es findet also eine 3dimensionale Auswahl statt, durch X- und Y-Draht in der XY-Ebene, durch den Inhibit-Draht in der dritten Dimension.

Die Funktion im einzelnen geht aus dem Zeitdiagramm von Bild 6.5b hervor. In der ersten Hälfte des Zyklus wird durch die positiven x- und y-Ströme die gespeicherte Information ausgelesen. War der Zustand L gespeichert, so entsteht an den Enden des Lesedrahtes ein Spannungsimpuls mit einer Amplitude von ca. 40 mV und einer Dauer von ca. 200 ns. War der Zustand O gespeichert, so entsteht nur ein kleinerer und kürzerer Spannungsimpuls. Am Ende des Halbzyklus ist die Information in dem ausgelesenen Kern zerstört (siehe Abschnitt 5.3.1.1). Sie muß deshalb in der zweiten Hälfte des Zyklus wieder eingeschrieben werden. Dabei entstehen an den Enden des Lesedrahtes entsprechende Signale wie beim Lesen, nur mit entgegengesetzter Polarität.

Im allgemeinen ist das durch den Inhibitstrom beim Schreiben des Zustands O hervorgerufene induktive Störsignal weit größer als das Lesesignal. Da eine Auswertung des Signals beim Schreiben nicht stattfindet, ist dies jedoch ohne Belang. Aus diesem Grunde kann auch eine zeitliche Staffelung von i_x und i_y, wie sie zur Verringerung der induktiven Störungen beim Lesehalbzyklus erfolgt, beim Schreibhalbzyklus unterbleiben. Soll eine neue Information in den Speicher eingeschrieben werden, so wird die Speicherzelle in der ersten Hälfte des Zyklus ausgelesen. Damit wird, weil die Information zerstört wird, die Speicherzelle rückgestellt. Meist wird die ausgelesene Information nicht weiterverwendet. In der zweiten Hälfte des Zyklus wird die neue Information eingeschrieben.

Durch die 3dimensionale Organisation wird der aufwendige x- und y-Decoder nur einmal je Speicherblock benötigt. Die Anzahl der Inhibitverstärker ist gleich der Wortlänge. Im allgemeinen ist der Speicherblock quadratisch organisiert, d. h. die Anzahl der X-Drähte ist gleich der Anzahl der Y-Drähte. Dann gilt für die Speicherkapazität C des 3D/4-Draht-Speichers

$$C = w^2 \cdot n \text{ bit}, \tag{6.1}$$

w = Anzahl der X- oder Y-Drähte,

und für die Anzahl K der Ansteuerschaltungen

$$K = 2w + n. \tag{6.2}$$

Während die Kapazität das Produkt aus Anzahl der X-Drähte, Anzahl der Y-Drähte und Anzahl der Matrizen ist, ist die Anzahl der Ansteuerschaltungen gleich ihrer Summe. Die Anzahl der Leserverstärker ist gleich der Wortlänge. Der Vorteil dieser Organisation liegt in der geringen Anzahl von Ansteuerschaltungen. Ein Speicher mit 16384 Wörtern zu 18 bit, d. h. einer Kapazität von ca. 300000 bit, benötigt nur 274 Ansteuerschaltungen und 18 Leseverstärker. Dagegen ist der Aufwand zum Verflechten der Speicherkerne sehr hoch.

3D/3-Draht-Organisation. Diese Kernspeicher-Organisation hat sich durch Abwägen aller Vor- und Nachteile herausgebildet und die anderen abgelöst. Die x- und y-Decoder und die Führung der X- und Y-Drähte sind unverändert wie in Bild 6.5. Dagegen sind Lese- und Inhibit-Draht nach Bild 6.6 zu einem Draht vereinigt. Die Einkopplung des Inhibitstroms, dessen Funktion unverändert ist, und die Auskopplung des Lesesignals erfolgen durch eine Kompensationsmethode (Differenzenbildung). Die Anzahl der Ansteuerschaltungen ist gleich niedrig wie beim 3D/4-Draht-Speicher. Jedoch ist das Flechten eines Drahtes eingespart. Die Ansteuerschaltungen und die Leseverstärker sind hier wieder unkompliziert und deshalb weitgehend integrierbar. Dadurch ist es möglich, komplette Speichereinheiten mit Kapazitäten bis $3 \cdot 10^5$ bit auf einer Baugruppe (Steckkarte) einschließlich der gesamten Ansteuer- und Leseelektronik unterzubringen, so daß die Signale an den Steckerpunkten der Baugruppe kompatibel zu Logikfamilien, z. B. der TTL-Familie, sind. Die Zugriffszeit beträgt ca. 350 ns und die Zykluszeit ca. 700 ns.

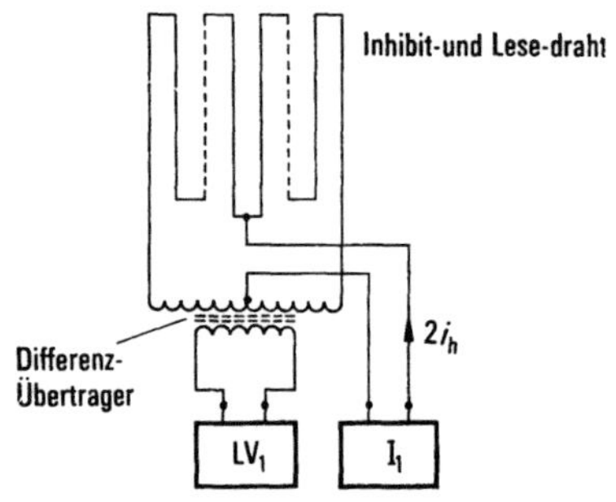

Bild 6.6. Prinzipschaltung des Lese-Inhibit-Teils eines 3D/3-Draht-Kernspeichers.
LV_1 Leseverstärker;
I_1 Inhibitstrom-Schalter;
i_h Inhibitstrom.

Wie zu Anfang von Abschnitt 6 bereits gezeigt, besteht ein solches System im wesentlichen aus drei Funktionseinheiten:

- dem Speicherblock;
- der Ansteuer- und Leseelektronik. Sie wird gebildet aus diskreten Bauelementen (Dioden, Schalttransistoren, Übertragern) und integrierten Bauelementen (Leseverstärkern, Treibern, Schaltern);

— der Steuerelektronik (Adressen-, Befehls-, Daten-Registern, Decodern, Ablaufsteuerungen). Sie besteht aus integrierten logischen Schaltungen.

Ein Kernspeichersystem stellt also ein Gebilde recht verschiedener Technologien dar.

6.2.2. Halbleiterspeichersysteme

Im Gegensatz zu der Technik mit magnetischen Speicherelementen stellt ein Halbleiterspeichersystem ein Gebilde dar, dessen aktive Bauelemente alle in der gleichen Technologie gefertigt werden und in dem mit wenigen Ausnahmen (insbesondere der Takte) nur Logiksignale auftreten. Spezialtechnologien und Spezialbauelemente (Ansteuer-Treiber, Inhibit-Treiber, Dioden-Decoder, Leseverstärker) entfallen. Dies hat große Vorteile in der Fertigung und in der Anwendung der Speichersysteme.

Die Ansteuerelektronik und die Leseelektronik sind in den Baustein einintegriert. Die Speicherbausteine sind an allen Ein- und Ausgängen kompatibel zu den Logik-Baustein-Familien, so daß keine besonderen Verstärker nötig sind. Nur die EPROM- und EEPROM-Speicherbausteine benötigen für den Lösch- und Schreibvorgang spezielle Spannungen.

Die für den Halbleiterspeicher genannten Vorteile bedeuten niedrigere Kosten und eine einfachere Anwendbarkeit. Weitere für die einzelnen Halbleiterspeichersysteme spezifische Vorteile werden in den folgenden Einzelbeschreibungen behandelt.

6.2.2.1. Bipolare Halbleiterspeichersysteme

Die Bausteine sind voll TTL- oder ECL-kompatibel. Eine Ansteuer- und Leseelektronik außerhalb des Speicherbausteins entfällt daher. Das Anwendungsgebiet bipolarer Halbleiterspeicher sind Speichersysteme hoher Geschwindigkeit. Man kann damit Kapazitäten von 32 kbyte und Zugriffs- und Zykluszeiten von einigen 10 ns realisieren. Da sie zudem sehr kostengünstig herzustellen sind, haben sie den magnetischen Speicherelementen die Anwendungsmöglichkeiten für *schnelle* Speichersysteme genommen. Daß die Information bei Stromversorgungsausfall verlorengeht, stört bei solchen Speichern meist nicht, da sie vorwiegend als schnelle Puffer- und Zwischenspeicher verwendet werden.

Störend ist die verhältnismäßig hohe statische Verlustleistung. Sie beträgt allein in den Speicherbausteinen bei einem Speichersystem mit 32 kbyte ca. 70 W, so daß oftmals aus Wärmeabfuhrgründen nicht so dicht gepackt werden kann, wie es von den Abmessungen der Bausteine her eigentlich möglich wäre. In letzter Zeit werden sie, mit Ausnahme für sehr kurze Zugriffs- und Zykluszeiten, durch statische CMOS-Halbleiterspeichersysteme verdrängt.

6.2.2.2. MOS-Halbleiterspeichersysteme

Halbleiterspeichersysteme, aufgebaut aus statischen MOS-Speicherbausteinen, unterscheiden sich von solchen mit bipolaren Bausteinen durch geringere Kosten, etwas geringere Verlustleistung, jedoch größere Zyklus- und Zugriffszeiten. Sie werden verwendet für Speicher kleiner Kapazitäten und niedriger Geschwindigkeit.

Die weitaus größere Bedeutung haben Speichersysteme mit dynamischen MOS-Speicherbausteinen. Wie bereits in Abschnitt 5.3.2.2 ausgeführt, sind die hervorstechenden Eigenschaften dieser Bausteine:

— hoher Integrationsgrad; z. B. 65 kbit und 256 kbit je Baustein,
— hohe Geschwindigkeit (120 bis 200 ns Zugriffs-, 300 ns Zykluszeit),
— TTL-Kompatibilität aller Ein- und Ausgänge,
— niedrige Verlustleistung in nicht aufgerufenem Zustand: 1 μW/bit,
— niedrigste Bitkosten von allen Halbleiterspeicherbausteinen.

Während der bipolare Halbleiterspeicher den Kernspeicher aus dem Gebiet der hohen Geschwindigkeiten verdrängt hat, hat der dynamische MOS-Halbleiterspeicher den Kernspeicher aus dem Gebiet der mittleren und niedrigen Geschwindigkeiten für Arbeitsspeicher (einige 100 ns bis einige Mikrosekunden Zykluszeit) verdrängt.

Durch Fortschritte der Technologie wird der Integrationsgrad und die Geschwindigkeit der Bausteine laufend höher. Dadurch wird es möglich, sowohl die Speicherdichte, d. h. die Speicherkapazität pro Volumen, als auch die Geschwindigkeit der Speichersysteme weiter zu erhöhen, bei einer gleichzeitigen Senkung der Bitkosten; so ist z. B. ein 1-Mbit-Speicherbaustein bereits in Entwicklung.

Ein Problem stellt die Notwendigkeit eines Refreshvorgangs dar. Wenn er länger als das zugelassene Zeitintervall von im allgemeinen 4 ms unterbleibt, ist die gespeicherte Information verloren.

Für die Realisierung des Refreshvorganges im Speichersystem gibt es im wesentlichen folgende drei Möglichkeiten:

1. Der Speicher wird zyklisch gelesen und geschrieben mit einer Folgefrequenz, die so hoch ist, daß für jede Zelle der Zeitabstand zwischen zwei Operationen (Lesen oder Schreiben) kleiner als das notwendige Refreshintervall (im allgemeinen 4 ms) ist (serieller Betrieb). Dann ist für den Refreshvorgang keinerlei Aufwand notwendig und der Rechner merkt davon nichts. Die Notwendigkeit eines Refreshvorgangs bedeutet bei

dieser Anwendung keinerlei Erschwernis gegenüber einem statischen Halbleiterspeicher oder einem Kernspeicher. Aber ein wahlfreier Zugriff ist nicht möglich.

2. Der Speicher wird mit wahlfreiem Zugriff benützt. Hier ist eine Refreshsteuerung notwendig. Sie leitet einen Refreshvorgang ein und bestimmt durch eine Spaltenadresse auch die Zellen, in denen der Refreshvorgang stattfinden muß. Sie besteht im wesentlichen aus einem Zeitglied (Quarzgenerator mit Schieberegister), welches den Zeitabstand zwischen zwei Refreshvorgängen und damit den Zeitpunkt eines Refreshvorgangs bestimmt, und einem Adressenzähler, welcher die Spaltenadressen angibt. Befindet sich diese Refreshsteuerung im Speicher, dann darf während eines Refreshvorgangs der Speicher keine Anforderung des Rechners bearbeiten. Der Speicher sperrt während dieser Zeit den Zugriff des Rechners. Die Refreshsteuerung kann sich aber auch im Rechner befinden. In diesem Fall liefert der Rechner die Refreshaufforderung und die Adressen an den Speicher.

Die Dauer eines Refreshvorgangs entspricht einem normalen Lese- oder Schreibvorgang.

Während der Refreshvorgänge kann keine Speicherfunktion (Schreiben oder Lesen) stattfinden. Dies setzt die effektive Geschwindigkeit und damit Leistungsfähigkeit des Speichers herab, bedeutet also einen Verlust. Um ihn möglichst klein zu halten, läßt man insbesondere bei Speichern großer Kapazität in allen Speicherbausteinen gleichzeitig den Refreshvorgang ablaufen. Die Größe des Verlustes soll durch folgendes Beispiel gezeigt werden:

Ein Speichersystem möge eine Zykluszeit von 1 μs besitzen. Der Speicherbaustein mit 65 kbit Kapazität sei intern in 256 Reihen zu 256 bit organisiert. Es werden also in jedem Baustein gleichzeitig 256 bit wiederaufgefrischt, wobei dies für alle Speicherbausteine gleichzeitig geschehen soll. Dies bedeutet, daß zum Wiederauffrischen des gesamten Speichers 256 Zyklen notwendig sind und damit eine Verlustzeit von 256 μs entsteht. Wenn das maximale Refreshintervall des Speicherbausteins 4 ms beträgt, entsteht ein Verlust von 6,4%. Außerdem wird der Datenaustausch zwischen Rechner und Speicher erschwert.

3. Verdeckter Refreshvorgang

Die Refreshsteuerung befindet sich im Speichersystem. Die Zykluszeit (nicht aber die Zugriffszeit) des Speichersystems wird für Lesen und Schreiben um die Refresh-Zykluszeit (= Lese-Zykluszeit) des Speicherbausteins verlängert, und zwar für *alle* Lese- und Schreibzyklen. In dieser Zeit wird, wenn es notwendig ist, ein Refreshvorgang durchgeführt. Er wird durch die Refreshsteuerung eingeleitet (Bild 6.7). Der Rechner merkt von einem Refreshvorgang nichts. Es muß nur gewährleistet sein, daß der Rechner beim Speicher so häufig einen Lese- oder Schreibzyklus anfordert, daß alle Speicherzellen aufgefrischt werden. Für das vorige Beispiel heißt dies: In jedem Zeitintervall von 4 ms müssen insgesamt mindestens 256 Lese- oder Schreibzyklen stattfinden. Ansonsten unterscheidet sich dieses Speichersystem nicht von einem statischen Halbleiterspeicher oder einem Kernspeicher. Allerdings wird die Zykluszeit deutlich verlängert. Dies bedeutet wieder einen Verlust an Geschwindigkeit. Beträgt in unserem Beispiel die Refreshdauer 500 ns, so wird die Zykluszeit von 800 ns um rd. 60% verlängert. Dafür ist der Datenaustausch mit dem Rechner nicht behindert.

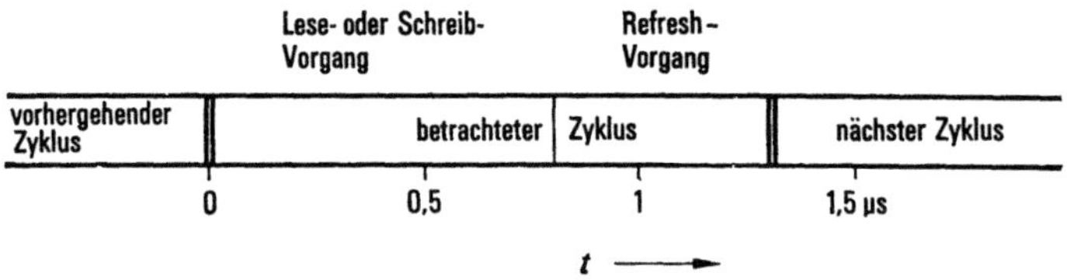

Bild 6.7. Verdeckter Refreshvorgang.

Bei Ausfall der Versorgung geht die Information verloren. Dies stört bei kommerziellen Datenverarbeitungsanlagen im allgemeinen nicht, da die wesentlichen Daten und Programme zusätzlich auf Plattenspeichern und Bandspeichern abgespeichert sind. Dasselbe gilt für große Vermittlungsanlagen. Hier ist außerdem die Stromversorgung über Batterien gepuffert, so daß ein Ausfall sehr selten auftritt. Anders ist es bei Prozeßrechnern und kleineren Vermittlungsanlagen (kleine Nebenstellenanlagen). Hierauf wird in Abschnitt 6.5 näher eingegangen.

6.3. Festspeichersysteme mit wahlfreiem Zugriff

Bei Festspeichersystemen ist, wie der Name bereits sagt, die Information fest gespeichert und kann, einmal eingebracht, auf elektrischem Wege im Speichersystem nicht ohne weiteres mehr verändert werden. Die Schreibelektronik entfällt im Speichersystem vollständig. Vorzüge eines Festspeichersystems gegenüber einem Lese-Schreib-Speichersystem sind:

- bei Spannungsausfall bleibt die Information erhalten;
- die Informationen können nicht irrtümlich, beispielsweise durch einen Fehler im Rechner, geändert werden;
- die Anzahl der Bauelemente je gespeichertem Bit ist geringer. Dadurch ist die Zuverlässigkeit höher, und die Kosten sind geringer als die von vergleichbaren Lese-Schreib-Speichersystemen.

Ein großer Nachteil liegt natürlich im Prinzip. Wenn die abgespeicherten Daten geändert werden sollen, beispielsweise hervorgerufen durch geänderte Systembedingungen oder andere Einsatzfälle des Rechnersystems, müssen die Speicherelemente (Speicherbausteine) im günstigsten Fall außerhalb des Speichersystems umprogrammiert werden (MOS-PROM) oder aber im ungünstigsten Fall durch neue Bausteine, die die neuen Daten enthalten, ersetzt werden (MOS-ROM, bipolares PROM). Zur Abspeicherung im Festspeichersystem eignen sich deshalb nur Informationen, die selten oder nie geändert werden (wie z. B. Programme, Mikroprogramme, Tabellen, Zuordnungen usw.). Für diese Informationen ist es auch besonders wichtig, daß sie bei Spannungsausfall oder einem Fehler des Rechners erhalten bleiben.

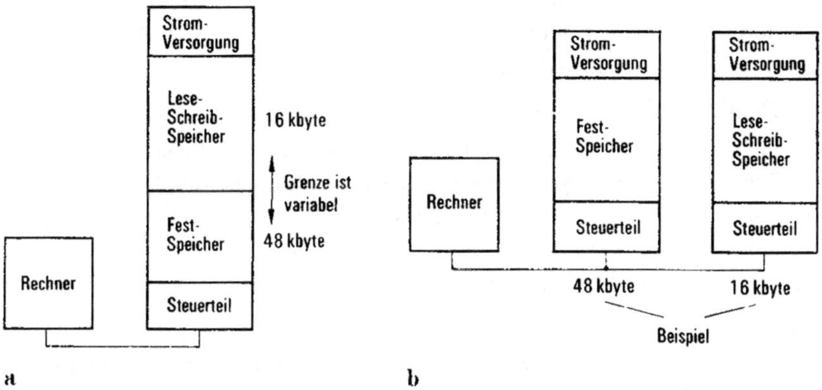

Bild 6.8a u. b. Speichersystem mit Festspeicher- und Lese-Schreib-Speicher-Anteil. Festspeicher- und Lese-Schreib-Speicher-Anteil sind
a) in einem Speichersystem vereinigt; b) in getrennten Speichersystemen.

Im folgenden sollen nur Festspeichersysteme mit Halbleiter-Speicherelementen behandelt werden, da alle anderen Arten wenig Bedeutung haben. Die bereits in Abschnitt 6.2.2 beschriebenen Vorzüge der Halbleiterspeicher gelten auch hier. Hinzu kommt ein weiterer wesentlicher Vorteil. Dadurch, daß die Halbleiter-Festspeicherbausteine TTL-kompatibel sind, sind sie auch kompatibel zu Halbleiter-Lese-Schreib-Speicherbausteinen. Deshalb können damit Speichersysteme gebaut werden, die aus einem Festspeicheranteil und einem Lese-Schreib-Speicher-Anteil bestehen, wobei beide von derselben Steuerelektronik angesteuert werden (Bild 6.8a). Die Aufteilung der Kapazität des Speichersystems in einen Festspeicher- und einen Lese-Schreib-Speicher-Anteil ist innerhalb des Adressierungsvolumens des Speichersystems beliebig, nur eingeschränkt durch die Kapazität der Bausteine als kleinste mögliche Einheit. Sie kann von Anwendung zu Anwendung beliebig verändert werden.

Bei Festspeichersystemen mit passiven, nicht integrierten Speicherelementen (Bild 6.8b) wird, wenn auch variable Daten vorhanden sind, die feste Information in einem Festspeichersystem und die variable in einem davon getrennten Lese-Schreib-Speichersystem abgespeichert. Beide haben eigene Steuerteile und meist auch eine eigene Stromversorgung, was zusätzliche Kosten, Verlustleistung und zusätzliches Volumen bedeutet. Dazu kommt noch mangelnde Flexibilität bei Teilausbau des Festspeichersystems. Wenn von der vollen Kapazität von z. B. 64 kbyte nur 48 kbyte ausgebaut sind, kann das restliche, mögliche Adressiervolumen, in unserem Beispiel 16 kbyte, nicht durch das Lese-Schreib-Speichersystem ausgenützt werden. Es ergibt sich eine Adressierungslücke.

Die Eigenschaften und Anwendungen der einzelnen Halbleiter-Festspeicherelemente im Speichersystem ergeben sich im wesentlichen aus dem in Abschnitt 5.3.2 Gesagten.

PROM, bipolares:

Für Speichersysteme mit hoher Geschwindigkeit d. h. kurzer Zyklus und Zugriffszeit (ca. 100 ns). Das Prinzip ist dann kostengünstig, wenn eine geringe Stückzahl von Speichersystemen mit derselben abzuspeichernden Information hergestellt werden soll. Bei Informationsänderung muß der Baustein durch einen neuen ersetzt werden.

PROM, MOS:

Für Speichersysteme mit geringerer Geschwindigkeit als beim bipolaren PROM. Zur Informationsänderung muß der Baustein aus dem Speichersystem entnommen, umprogrammiert und dann wieder in das Speichersystem eingesetzt werden. Er muß also nicht durch einen neuen Baustein ersetzt werden. Einzelheiten des Speicherelements sind in Abschnitt 5.3.2.2 beschrieben. Beim EPROM kann der Baustein auf der Baugruppe verbleiben.

ROM, MOS:

Die Anwendung unterscheidet sich vom MOS PROM nur dadurch, daß die Stückzahl mit derselben Information so hoch ist, daß die Maskenkosten für das individuelle Programm durch die niedrigeren Kosten des Bausteins mindestens ausgeglichen werden (Programm-Speicher, Tabellen, Zuordnungen).

6.4. Lese-Schreib-Speichersysteme mit seriellem Zugriff

Man unterscheidet dabei Systeme mit seriellem Zugriff, die aus elektronischen Speicherelementen bestehen, und solche mit mechanisch bewegten Speichermedien.

Serielle elektronische Speicherelemente sind *Schieberegister* (bipolare Halbleiter oder MOS, statisch oder dynamisch). Sie sind in Abschnitt 3.2.5 näher beschrieben.

Serielle Speicher mit mechanisch bewegten Speichermedien sind *Floppy Disk*, auch Diskette genannt, *Platte*, *Band* und *Kassette*. Das Speichermedium ist jeweils eine magnetische Schicht, bei der mit Schreib- und Leseköpfen auf induktivem Wege die Daten seriell eingeschrieben bzw. ausgelesen werden. Sie werden vor allem als periphere Massenspeicher eingesetzt. Die Information bleibt bei Spannungsausfall erhalten. Auf die Aufzeichnungsverfahren und den mechanischen Transport der Speichermedien soll hier nicht näher eingegangen werden. Sie sind in [6.4] ausführlich beschrieben. Die wesentlichen Daten für Floppy Disk, Platte und Band sind Bild 6.4 zu entnehmen.

Das Kassettengerät ist ein kleines Magnetbandgerät und ähnelt sehr stark einem Tonband-Kassettengerät. Die Kapazität einer Kassette beträgt 600 kbyte bei einer mittleren Zugriffszeit von 20 s.

Die Floppy Disk ist eine Abart eines Plattenspeichers mit niedrigen Kosten. Die Kapazität beträgt ca. 10^7 bit, die mittlere Zugriffszeit ca. 100 ms und die Datenrate ca. 250 kbit/s.

6.5. Zuverlässigkeit von Speichersystemen

Im Abschnitt 4 ist auf die Zuverlässigkeit von Schalteinrichtungen im allgemeinen eingegangen worden.

Wegen der notwendigen hohen Zuverlässigkeit von Speichersystemen sind weitergehende Betrachtungen darüber sehr wichtig. Dies gilt ganz besonders für zentralgesteuerte, speicherprogrammierte Nachrichten-Vermittlungssysteme. Dafür folgendes Beispiel: Ein Speicher mit einer Kapazität von 8 Mbyte — dies ist bei solchen Anlagen durchaus üblich — hat, bedingt durch seine Bauteile, eine MTBF (Meantime between Failures) von ca. 2000 h. Im Mittel fällt ein Speicher also alle 2000 h aus, das bedeutet bei 24-Stunden-Betrieb etwa viermal im Jahr. Die Summe der Ausfallzeiten eines Nachrichten-Vermittlungssystems darf aber in 30 Jahren nur wenige Stunden betragen. Dies ist mit den zur Verfügung stehenden Technologien nur durch die Einführung von Redundanz zu erreichen.

6.5.1. Überwachung von Speichersystemen

Ein Schutz vor Ausfällen besteht darin, daß man eine komplette Reserveeinheit vorsieht. Sie kann bei normalem Betrieb in Ruhe sein (sogenannte kalte Reserve) oder auch im Parallellauf betrieben werden und dient dann gleich mit zur Überwachung (heiße Reserve). Im Fall der kalten Reserve kann ein Fehler durch Code-Überwachung, Zeit-Überwachung, Überwachungsprogramme oder eine mitlaufende Hardware-Überwachung erkannt werden. Nachdem der Fehler erkannt worden ist, wird die in Betrieb befindliche Steuerung ab- und die Reserveeinheit eingeschaltet. Da in dem Speicher der Reserveeinheit keine oder zumindest nicht die aktuellen variablen Daten abgespeichert sind, kann das System nicht unterbrechungsfrei weiterarbeiten. Es müssen erst die Daten auf den aktuellen Stand gebracht werden.

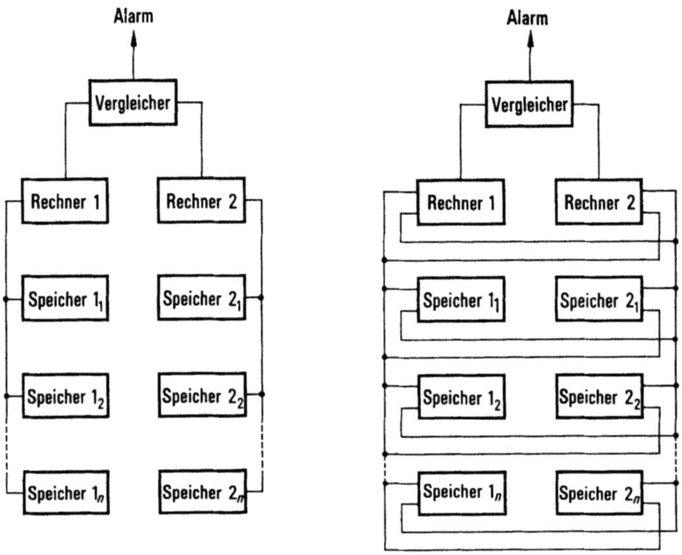

Bild 6.9a u. b. Parallellauf von Rechnern.
a) Ausfalleinheit sind Rechner und Speicher zusammen;
b) Ausfalleinheit ist jedes Gerät für sich.

Bei heißer Reserve bietet sich die Fehlererkennung durch Vergleich der Ergebnisse beider Steuerungen an. Damit man im Fehlerfall wieder zu einem funktionsfähigen System kommt, muß die defekte Einheit lokalisiert und „ersatzgeschaltet" werden. Der Inhalt des Ersatzspeichers ist hier immer auf aktuellem Stand. Die Ausfalleinheit kann, wie in Bild 6.9a, Rechner und Speicher zusammen oder, insbesondere bei großen Anlagen wie in Bild 6.9b, jeder Rechner und jeder Speicher für sich sein. In diesem Fall kann jeder Rechner mit jedem Speicher arbeiten, z. B. Rechner 1 mit Speicher 2_1 und Speicher 1_2. Totalausfall tritt nur auf, wenn Rechner 1 und Rechner 2 oder ein Paar der Speicher 1 und 2 ausfallen.

Die Fehlerlokalisierung ist beim Rechner durch Testprogramme bzw. Testmuster möglich. Beim Arbeitsspeicher hätte das Einschreiben und anschließende Auslesen von Textmustern zur Folge, daß der Speicherinhalt gelöscht werden würde. Im Unterschied zum Rechner, wo es genügt, wenn das Gerät selbst in Ordnung ist, ist ein Speicher nur dann arbeitsfähig, wenn er gerätemäßig *und* seinem Inhalt nach in Ordnung ist. Will man einen defekten Speicher lokalisieren, ohne daß man riskiert, durch Einschreiben von Testmustern auch den Inhalt des intakten Speichers zu zerstören, so muß man ihn mit Hilfe von Schaltungen überwachen.

Unter Überwachung sollen hier Schaltungen verstanden werden, die jeden einfachen Fehler in der betreffenden Funktionseinheit zu dem Zeitpunkt erkennen, wo er sich zum erstenmal auswirkt. Dies genügt, weil man voraussetzt, daß mehr als ein Fehler während der Reparaturzeit nicht auftritt. Ein einfacher Fehler bedeutet, daß nur ein einziges Bauelement defekt sein soll (z. B. Widerstand, Diode, Transistor, integrierter Schaltkreis, Leiterbahn usw.). Die Fehler sollen Vollsprungausfälle sein, d. h., die Bauelemente fallen plötzlich vollständig aus.

Da bei einem Fehler nur bestimmte Überwachungsschaltungen ansprechen, kann man aus dem Muster der entstehenden Alarme Rückschlüsse auf die Art des Fehlers ziehen. Wenn die Überwachung des kompletten Speichers entsprechend ausgelegt ist, kann man den Fehlerort auf eine Funktionseinheit (z. B. Decoder) eingrenzen. Dies gilt auch für sporadische Fehler (z. B. Wackelkontakt). Man kann außerdem per Programm vom Rechner aus durch Testschritte den Fehlerort noch weiter, möglichst auf die Baugruppe genau, eingrenzen. Für diese Diagnose dienen die Überwachungsschaltungen als Sensoren. Die Reparaturzeit wird dadurch stark verringert. Bei Vorhandensein von Reserveeinheiten hängt die Wahrscheinlichkeit des Totalausfalls sehr stark von der Reparaturzeit ab. Deshalb wird durch diese automatische Diagnose die Zuverlässigkeit der gesamten Zentralsteuerung wesentlich erhöht.

Im folgenden werden einige besonders wichtige Überwachungsprinzipien behandelt. Eine ausführliche Beschreibung ist in [6.5] zu finden.

Paritätsprüfung. Sie wird vor allem zur Überwachung der Datenübertragung beispielsweise zwischen Rechner und Speicher verwendet (Bild 6.10a). Auf der sendenden Seite wird jedem zu übertragenden Wort ein Paritätsbit zugesetzt, das die Anzahl der L z. B. auf eine gerade Anzahl (gerade Parität) ergänzt. Auf der Empfangsseite wird durch ein Paritätsnetzwerk geprüft, ob die Anzahl der L gerade ist. Durch einen einfachen Fehler wird aus einer geraden eine ungerade Anzahl von L, und das Paritätsnetzwerk gibt Alarm ab. Erfolgt die Paritätsprüfung hinter dem

Register, so wird dieses mitüberwacht. Selbstverständlich kann man auch auf ungerade Anzahl von L ergänzen (ungerade Parität).

Vergleich. Wenn das Leitungssystem doppelt vorhanden ist, so kann die Datenübertragung auch durch Vergleich sehr einfach überwacht werden; Bild 6.10b. Die Daten werden über beide Leitungssysteme parallel gleichzeitig gesendet und in die beiden Register übernommen. Der Vergleicher prüft den Inhalt der beiden Register auf Verschiedenheit. Ist in einem der Leitungssysteme einschließlich Register ein Fehler aufgetreten, so gibt der Vergleicher Alarm. Hinter dem Vergleicher befindet sich eine Weiche, die entscheidet, von welchem Leitungssystem die Daten weiter verarbeitet werden. Sie wird nicht mitüberwacht. Ungünstig ist dabei, daß man zwar erkennt, daß ein Fehler aufgetreten ist, aber nicht, wo. Um das Leitungssystem „ersatzschalten" zu können, muß man durch weitere Maßnahmen (z. B. Testmuster) anschließend den Fehler lokalisieren, was umständlich und teuer ist. Dagegen liefert

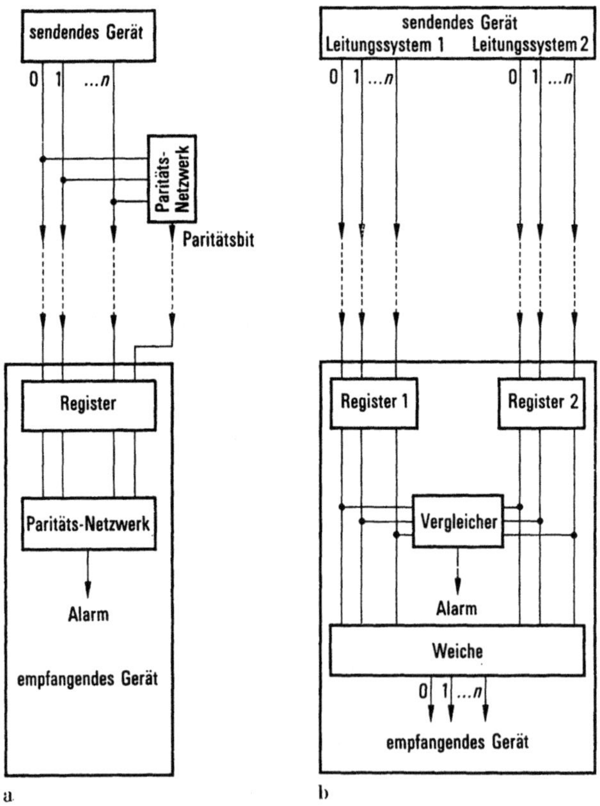

Bild 6.10a u. b. Überwachung der Datenübertragung.
a) durch Parität; b) durch Vergleich.

die Paritätsüberwachung die Lokalisierung des fehlerhaften Leitungssystems gleich mit.

Der Speicher ist sowohl empfangende Stelle (für Adresse, Befehl, einzuschreibende Information) als auch sendende (für ausgelesene Information).

Eine sehr einfache Überwachungsmöglichkeit des gesamten Speichersystems bietet sich beim Halbleiterspeicher an. Sie benützt lediglich Paritätsnetzwerke und Vergleicher (Bild 6.11).

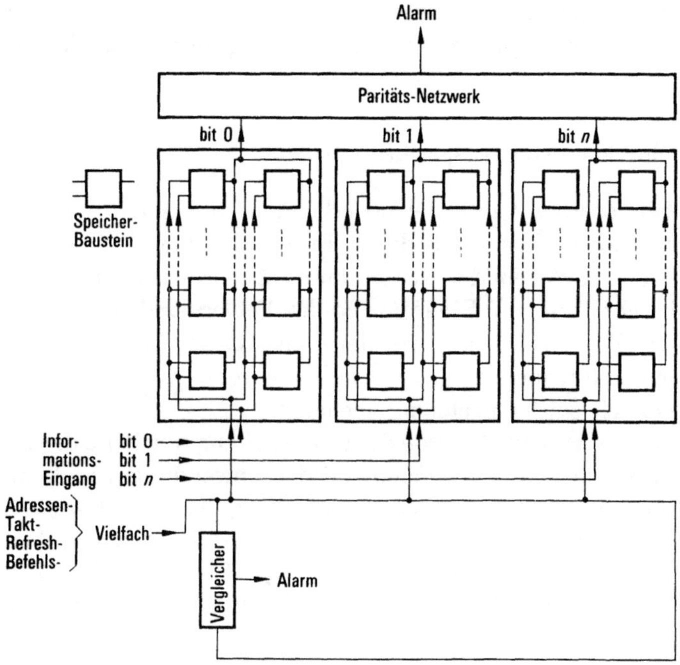

Bild 6.11. Überwachung eines Halbleiter-Speichers.

Sämtliche Leitungen, die die Speicherbausteine mit Adressen, Befehlen und Takten versorgen, sind als Ringleitung ausgeführt, wobei die Signale am Ende mit denen am Eingang verglichen werden. Die Informationsleitungen dagegen sind in normaler Form geführt. Der Speicherbaustein wird so organisiert, daß er n Wörter zu je 1 bit enthält, so daß in einem Baustein immer nur gleichzeitig ein Bit gelesen oder geschrieben werden kann. Die Bausteine sind über Stichleitungen an die Adressen-, Befehls- und Takt-Ringleitungen angeschlossen. Mehrere Bausteine, die nur Bits derselben Position im Wort tragen (z. B. Bit O), können an einer Stichleitung angeschlossen und z. B. auf einer Baugruppe zusammengefaßt sein. Die Information ist mit Paritätsbits versehen, die mit abgespeichert werden und beim Auslesen durch das Paritätsnetzwerk geprüft werden. Bei einem Fehler auf den Eingangsleitungen spricht der Vergleicher an. Bei einem Fehler im Baustein, gleichgültig, ob eine Speicherzelle oder die Speicherelektronik (z. B. Adressierung) defekt ist, spricht das Paritätsnetzwerk an. Durch diese außerordentlich einfache Überwachung ist der komplette Speicher auf einfache Fehler überwacht. Während man einen Speicher nicht prüfen kann, ohne seinen Inhalt zu löschen, ist eine routinemäßige Prüfung der Überwachungsschaltungen möglich und wegen der geforderten Zuverlässigkeit notwendig. Am zweckmäßigsten geschieht dies in entsprechenden Abständen automatisch durch Programm vom Rechner aus [6.5].

6.5.2. Fehlerkorrektur in Speichersystemen

Eine Überwachung kann Fehler erkennen und somit den defekten Speicher lokalisieren, so daß durch Ersatzschaltung wieder eine funktionsfähige Anlage gebildet werden kann. Außerdem kann man sie, wie bereits beschrieben, zur Eingrenzung des Fehlers und damit zur Reduzierung der Reparaturzeit verwenden. Dadurch wird die Zuverlässigkeit des gesamten Rechnersystems wesentlich erhöht. Nicht erhöht wird die Zuverlässigkeit eines einzelnen Speichers.

Im vorigen Abschnitt wurde die Überwachung mit Hilfe der Paritätsprüfung behandelt. Im folgenden soll die Anwendung von Redundanz zur Fehlerkorrektur und damit zur Erhöhung der Zuverlässigkeit eines einzelnen Speichers betrachtet werden. Leider stellt der Aufwand an redundanten Bits ein großes Hindernis dar. Soll ein Fehler korrigiert werden, so muß nach [6.6] folgende Bedingung erfüllt sein (siehe Abschnitt I.8.3.1):

$$\frac{2^m}{r_0 + m + 1} \geqq 1. \tag{6.3}$$

r_0 ist die Anzahl der Bits, die zur Abspeicherung der Information dienen, m die Anzahl der redundanten Bits zur Korrektur eines Fehlers.

Anzahl der Bits, die zur Abspeicherung der Information dienen	Anzahl der redundanten Bits zur Korrektur eines einfachen Fehlers und zum Erkennen eines Doppelfehlers
8	5
16	6
32	7
64	8
128	9

Meist will man zusätzlich noch einen weiteren Fehler erkennen. Dazu ist ein weiteres Bit notwendig. In der Tabelle ist für einige Wortlängen die Anzahl der erforderlichen redundanten Bits dargestellt.

Je größer die Wortlänge ist, um so wirtschaftlicher wird das Verfahren. Wenn man davon ausgeht, daß man zur Überwachung auf einfache Fehler je byte (8 bit) ein Paritätsbit vorsieht, so ist bei Wortlängen von mehr als 8 byte die Sicherung durch Korrektur von einfachen Fehlern und Erkennen von Doppelfehlern billiger als eine Überwachung durch Paritätsbit.

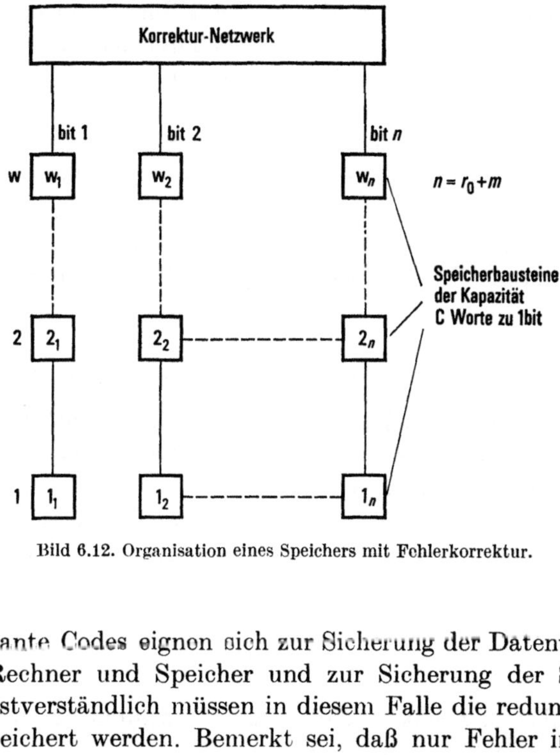

Bild 6.12. Organisation eines Speichers mit Fehlerkorrektur.

Redundante Codes eignen sich zur Sicherung der Datenübertragung zwischen Rechner und Speicher und zur Sicherung der Speicherung selbst. Selbstverständlich müssen in diesem Falle die redundanten Bits mit abgespeichert werden. Bemerkt sei, daß nur Fehler im Speichermedium korrigiert werden. Bei Kernspeichern werden also nur Ausfälle von Speicherkernen korrigiert, nicht aber Fehler in der Blockverdrahtung und in der Elektronik. Da jedoch die meisten Fehler gerade hier auftreten, hat sich bei Kernspeichern eine Fehlerkorrektur nicht durchgesetzt.

Anders ist die Situation bei Halbleiterspeichern. Hier besteht das Speicherelement aus Halbleitermaterial und unterliegt damit demselben Fehlermechanismus wie die restliche Elektronik. Außerdem sind die gesamte Ansteuerelektronik und ein wesentlicher Teil der Decoder des Speichersystems in die Bausteine einintegriert. Bei entsprechender

Organisation des Speichers kann jeder beliebige Ausfall eines Bausteins korrigiert werden. Deshalb ist hier eine Fehlerkorrektur sehr sinnvoll; sie wird, vor allem bei großen Speichersystemen, häufig angewendet.

Eine solche Organisation ist in Bild 6.12 dargestellt. Ein Speicherbaustein kann C Wörter zu 1 bit abspeichern. w Bausteine bilden eine Bitposition im Wort des Speichers. Die Wortlänge beträgt $n = r_0 + m$ bit, d. h., es werden immer gleichzeitig n bit ausgelesen. Von den Bausteinen einer Bitposition führen keine Leitungen zu Bausteinen einer anderen Bitposition. Ein einfacher Fehler, beispielsweise in einem Baustein, wirkt sich deshalb nur auf eine Bitposition aus, d. h., nur ein Bit im ausgelesenen Wort ist verfälscht: Der Fehler kann noch korrigiert werden, wenn die Fehler so verteilt sind, daß in jedem ausgelesenen Wort nicht mehr als ein Bit verfälscht ist. So arbeitet der Speicher noch einwandfrei, wenn beispielsweise die Bausteine 1_1, 2_n, w_1 ausgefallen sind. Wenn aber beispielsweise der Baustein 1_3 auf derselben Adresse defekt ist, so kann nicht mehr korrigiert werden. Der Doppelfehler wird jedoch erkannt und angezeigt.

Aus diesen oben beschriebenen Gründen gilt nach [6.7] für die Zuverlässigkeitsfunktion dieses Speichersystems (Korrekturnetzwerk nicht berücksichtigt)

$$R = [n\,\mathrm{e}^{-(n-1)\lambda_0 t} - (n-1)\,\mathrm{e}^{-n\lambda_0 t}]^w, \tag{6.4}$$

R Überlebenswahrscheinlichkeit, λ_0 Ausfallrate $= 1/MTBF$ des Speicherbausteins, $n = r_0 + m$, t Zeit, w Anzahl der Bausteine einer Bitposition.

Die $MTBF$ ist die Zeit, nach der die Überlebenswahrscheinlichkeit auf den Wert 1/e abgefallen ist. Folgt der Wahrscheinlichkeitsabfall einer e-Funktion, so gilt dies exakt, sonst näherungsweise.

Für den Speicher mit derselben Speicherkapazität, aber unkorrigiert gilt

$$R = \mathrm{e}^{-r_0 w \lambda_0 t}. \tag{6.5}$$

R ist die Wahrscheinlichkeit, daß bis zum Zeitpunkt t kein Ausfall aufgetreten ist.

Für die nutzbare Kapazität des Speichers gilt

$$K = w r_0 C. \tag{6.6}$$

In Bild 6.13 sind die Kurvenverläufe mit und ohne Korrektur für die Werte $w = 128$, $r_0 = 32$ bit, $m = 7$ bit, $C = 16$ kbit, $\lambda_0 = 10^{-7}$/h dargestellt. Die Gesamtkapazität K des Speichers beträgt 8 Mbyte. Die Ausfallrate des Korrekturnetzwerkes wurde vernachlässigt.

Der Kurvenverlauf für den Speicher ohne Fehlerkorrektur ist eine e^{-x}-Funktion, der Verlauf für den Speicher mit Fehlerkorrektur nicht.

Von Bedeutung ist, daß die Kurve eine horizontale Tangente für $t = 0$ hat. Die *MTBF* des unkorrigierten Speichers beträgt ca. 2000 h. Die Zeitspanne, bis die Zuverlässigkeitsfunktion für den korrigierten Speicher auf denselben Wert abgesunken ist, beträgt ca. 33000 h. In dieser Zeit sind im Mittel insgesamt 16 Bausteine ausgefallen.

Auf die Schaltung des Korrekturnetzwerks soll hier nicht eingegangen werden. Beispiele findet man in [6.8].

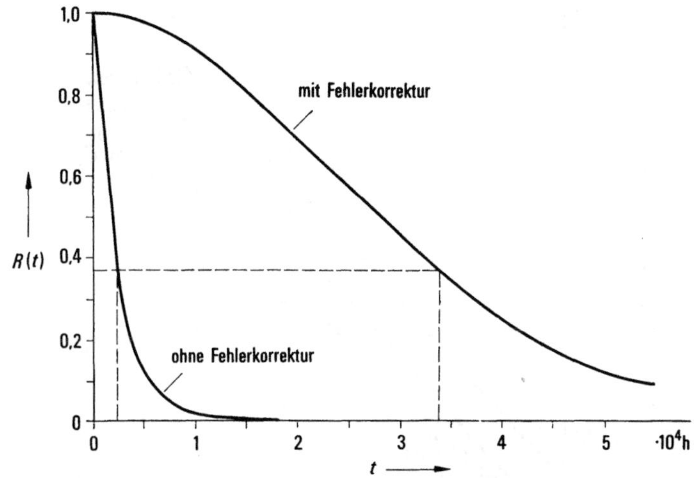

Bild 6.13. Überlebenswahrscheinlichkeit R als Funktion der Zeit mit und ohne Fehlerkorrektur.

6.6. Mikroprozessoren und Mikrocomputer

Die grundlegende Organisation von Mikroprozessorsystemen, d. h. Rechnern, die mit Mikroprozessoren ausgestattet sind, entspricht im Prinzip derjenigen von konventionellen Rechnern (siehe [6.9, 6.10]).

Sie bestehen, wie in Bild 6.1 dargestellt, aus

- Verarbeitungseinheit (CPU = Central Processor Unit),
- Arbeitsspeicher,
- Ein-/Ausgabe-Einheiten.

Zu Beginn der siebziger Jahre hatte die MOS-Technologie einen Stand erreicht, der es ermöglichte, die komplette Verarbeitungseinheit eines kleinen speicherprogrammierbaren Rechners auf einem einzigen Silizium-Chip unterzubringen, da mehrere 1000 Transistorfunktionen auf einem Chip integriert werden konnten. Diese Anordnung wird als *Mikroprozessor* bezeichnet.

Der darauffolgende technologische Fortschritt wurde zum einen zur Herstellung komplexerer, leistungsfähigerer Mikroprozessoren — nämlich solchen mit größerem Adreßvolumen und höherer Geschwindigkeit — genutzt. Zum anderen wurde er dazu verwendet, die Verarbeitungseinheit mit dem Arbeitsspeicher und den Ein-/Ausgabeeinheiten als komplettes kleines Rechnersystem auf einen Chip zu integrieren. Diese Anordnung nennt man „Single Chip Prozessor" oder *Mikrocomputer*.

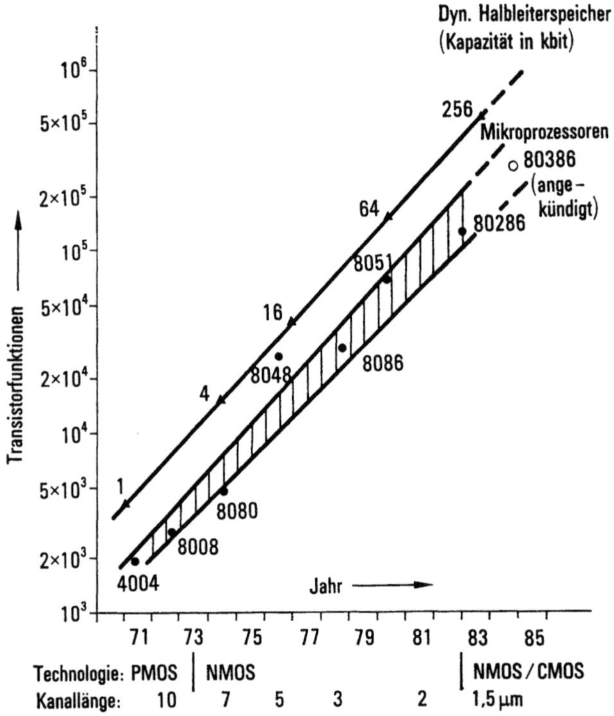

Bild 6.14. Historische Entwicklung des Integrationsgrades von Mikroprozessor- und Mikrocomputer-Typen.

Die rapide Entwicklung auf diesem Gebiet zeigt Bild 6.14, bei dem der Integrationsgrad einiger bekannter Mikroprozessor- und Mikrocomputer-Typen über der Zeit aufgetragen ist. Die Bedeutung der Typen wird später noch erläutert. Als Referenz für die jeweilige technologische Obergrenze ist der Integrationsgrad bei dynamischen Halbleiterspeichern mit angegeben. Ferner zeigt das Bild, wie sich der Schwerpunkt der MOS-Technologie im Laufe der Zeit von P-MOS über N-MOS zu C-MOS hin verschoben hat bzw. verschiebt.

6.6.1. Mikroprozessoren

In Bild 6.15 ist die Blockstruktur eines Mikroprozessors dargestellt. Er besteht aus den Funktionsblöcken

- Rechenwerk mit *A*rithmetisch *L*ogischer *E*inheit (ALU) und Registern,
- Ablaufsteuerung (Leitwerk) mit Befehlsdecodierung, Takterzeugung, Unterbrechungslogik und zum Teil Mikroprogrammspeicher,
- Internes Bussystem,
- Ein-/Ausgabe.

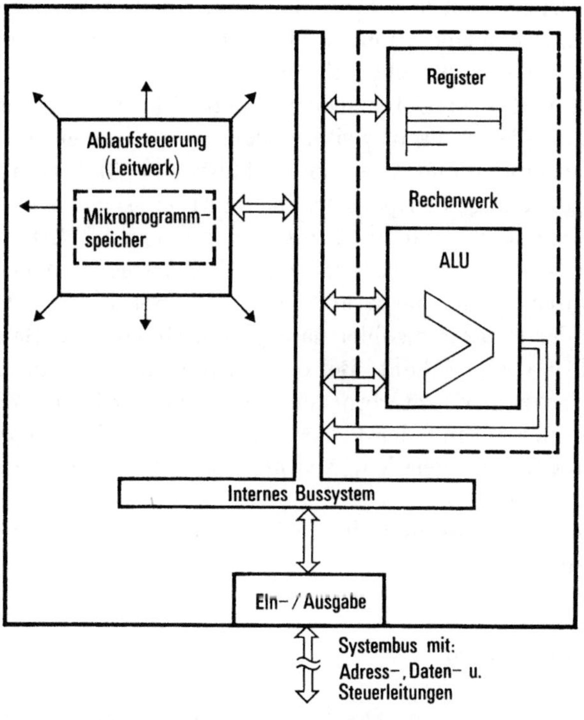

Bild 6.15. Blockstruktur eines Mikroprozessors.

6.6.1.1. Rechenwerk

Arithmetisch Logische Einheit (ALU). In der ALU werden die arithmetischen (z. B. Addition) und logischen (z. B. Exclusives Oder) Verknüpfungen zweier Operanden durchgeführt. Dabei werden Bedingungen wie z. B. Registerüberlauf, größer/kleiner/gleich Null usw., wie sie sich während einer arithmetischen oder logischen Operation ergeben, als

„Kenn-Bits“ in das Statusregister geschrieben. Abhängig vom Inhalt des Statusregisters können dann Programmroutinen durch Sprung in ein Unterprogramm durchgeführt werden.

Register. Im Rechenwerk befindet sich eine Reihe von Registern, d. h. kleinen Speichern, die zur Zwischenspeicherung von Daten, Adressen, Steuerinformationen usw. dienen. Es sind dies der Akkumulator, der Programmzähler, das Befehlsregister und sonstige allgemeine Register. Ihre Gesamtkapazität beträgt bei den heute üblichen Mikroprozessoren bis zu einigen hundert bit.

Im *Akkumulator* wird in der Regel einer der in der ALU zu verknüpfenden Operanden bereitgestellt. Nach Ausführung der arithmetischen oder logischen Operation wird das Ergebnis im allgemeinen wieder in den Akkumulator zurückgeschrieben. In diesem Fall ist er gleichzeitig Quell- und Zielregister. Die meisten Mikroprozessoren besitzen zusätzlich zum Akkumulator weitere allgemeine Register, die zum Speichern von Operanden und Zwischenergebnissen benützt werden können, um das zeitaufwendige Umspeichern in den Arbeitsspeicher zu vermeiden und damit die Leistungsfähigkeit des Prozessors zu erhöhen.

Mit Hilfe des *Programmzählers* wird die Adresse im Arbeitsspeicher ermittelt, unter der der nächste Befehl steht. Bei linearem Programmablauf wird der Programmzähler nach jedem Holen eines Befehlswortes automatisch um Eins erhöht. Bei der Ausführung von Sprungbefehlen wird das Hochzählen unterbrochen, der augenblickliche Zählerstand zwischengespeichert und der Programmzähler mit der Anfangsadresse des Unterprogrammes geladen. Anschließend kann wieder automatisch hochgezählt werden.

Im *Befehlsregister* werden die vom Arbeitsspeicher gelesenen Befehle zwischengespeichert.

6.6.1.2. Ablaufsteuerung

Sie besteht im wesentlichen aus *Befehlsdecoder* und *Unterbrechungslogik*.

Der *Befehlsdecoder* kann als verdrahtete oder mikroprogrammierte Steuerung ausgeführt sein. Er interpretiert die im Befehlsregister gespeicherten Befehle und steuert mit dem zeitrichtig verknüpften *Prozessortakt* ihre Ausführung.

Mit Hilfe der *Unterbrechungslogik* ist es möglich, ein gerade laufendes Programm durch ein Hard- oder Software-Ereignis (z. B. Ablauf eines Zählers) zu unterbrechen und abhängig von dessen Priorität bevorzugt zu bearbeiten. Diese Eigenschaft ist für Realzeit-Systeme von großer Bedeutung.

6.6.1.3. Internes Bussystem

Das interne Bussystem verbindet die Funktionsblöcke untereinander. Die Anzahl, Anordnung und Breite der internen Bussysteme wirkt sich sehr stark auf die Leistungsfähigkeit des Mikroprozessors aus.

6.6.1.4. Ein-/Ausgabe

Zur Entkopplung der internen und externen Bus- bzw. Leitungssysteme sind Ein-/Ausgangstreiber vorgesehen. Sie sind zum Teil unidirektional und zum Teil bidirektional ausgebildet. Während die unidirektionalen Treiber entweder nur als Sender oder nur als Empfänger arbeiten, können die bidirektionalen mit Hilfe eines Steuersignals sowohl als Sender als auch als Empfänger betrieben werden.

6.6.2. Mikroprozessor-Klassifizierung

Die Leistungsfähigkeit der Mikroprozessoren ist abhängig von der verwendeten Technologie, der Architektur (d. h. der Ausgestaltung der einzelnen Funktionsblöcke) und dem implementierten Befehlssatz. Die Bewertung der Leistungsfähigkeit erfolgt über die Messung der Ausführungszeiten von sogenannten „Benchmark"-Programmen, die die für ein bestimmtes Aufgabenspektrum typische Befehlszusammensetzung haben.

Eine grobe Klassifizierung kann schon aufgrund der Wortbreite des Prozessors, d. h. Breite von ALU, Registern, interner und externer Bussysteme, durchgeführt werden. Man teilt sie deshalb in 4-, 8-, 16- und 32-bit-Mikroprozessoren ein.

6.6.2.1. 4-bit-Mikroprozessoren

Obwohl die Zeit der Mikroprozessoren mit 4-bit-Bausteinen (4004 von Intel) begann, haben sie in der Praxis keine allzu große Bedeutung erlangt.

6.6.2.2. 8-bit-Mikroprozessoren

Die 8-bit-Mikroprozessoren besitzen zur Zeit die größte Verbreitung. Ihr Einsatzgebiet reicht von industriellen und militärischen Steuerungen über die Unterhaltungselektronik bis hin zu Personal Computern.

Neben den echten 8-bit-Mikroprozessoren werden von den Halbleiterfirmen inzwischen an der externen Schnittstelle „abgemagerte" 16-bit-Bausteine mit wesentlich höherer Prozessorleistung angeboten.

Einige typische Vertreter und deren Eigenschaften sind in Tabelle 6.1 aufgeführt.

Tabelle 6.1. Beispiele von 8- und 16-bit-Mikroprozessoren

Typ	Wortbreite extern/intern	Technologie	Taktfrequenz	Adreßvolumen	Anzahl Befehle	Hersteller	Bemerkungen
8-bit-Mikroprozessoren							
8080	8/8	NMOS	2,6 MHz	64 kbyte	78	Intel	Verbreitetster 8-bit-Mikroprozessor
8085	8/8	NMOS	5,5 MHz	64 kbyte	80	Intel	Nachfolger des 8080
Z80	8/8	NMOS	8 MHz	64 kbyte	150	Zilog	
8088	8/16	NMOS	10 MHz	1 Mbyte	97	Intel	Abgeleitet vom 8086
NSC16008	8/32	NMOS		16 Mbyte	100	NSC	Abgeleitet vom 16/32-bit-Prozessor 16032
16-bit-Mikroprozessoren							
iAPX8086	16/16	NMOS	8 MHz	1 Mbyte	97	Intel	Erste 16-bit-CPU
iAPX80286	16/16	NMOS	8 MHz	16 Mbyte real 1 Gbyte virtuell	63	Intel	On Chip Memory Management Unit

6.6.2.3. 16-bit-Mikroprozessoren

Die 16-bit-Mikroprozessoren erreichen aufgrund ihrer Wortbreite, ihres recht umfangreichen Befehlssatzes, der hohen Taktrate, des großen Adressiervolumens und einigen architektonischen Maßnahmen die Leistungsfähigkeit von Minicomputern. Für spezielle Anwendungsfälle kann die Systemleistung durch den Einsatz von Co-Prozessoren noch weiter gesteigert werden. Zum Teil unterstützen sie virtuelle Adressierung und den Einsatz höherer Programmiersprachen. Zwei typische Vertreter sind in Tabelle 6.1 aufgeführt.

6.6.2.4. 32-bit-Mikroprozessoren

Obwohl es bereits 1981/82 erste Muster von 32-bit-Mikroprozessoren gegeben hat, wird erst demnächst mit der breiten Einführung dieser Prozessoren zu rechnen sein.

Die erwartete Leistungsfähigkeit als Einzel-Prozessor entspricht derjenigen von kleineren konventionellen Datenverarbeitungsanlagen. Für höhere Leistungsanforderungen werden sie häufig in Multi-Prozessor-Konfigurationen betrieben.

Die verwendete Technologie ist NMOS und CMOS. Aufgrund der sehr hohen Integrationsdichte mit zum Teil weit über 300000 Transistorfunktionen wird in zunehmendem Maße CMOS verwendet.

6.6.3. Ein-/Ausgabe-Bausteine

In Bild 6.16 ist das Blockschaltbild eines mittleren Mikroprozessorsystems mit einigen typischen Ein-/Ausgabe-Bausteinen dargestellt. Sie sind zusammen mit dem Arbeitsspeicher am Adreß-/Daten-/Steuerbus angeschlossen. Ihre Funktion wird im folgenden kurz beschrieben:

Unterbrechungs-Baustein (Interrupt Controller). Bei den meisten Mikroprozessoren kann die Ein-/Ausgabe programmiert ablaufen, d. h., die Ein-/Ausgabe-Einheiten werden in einem „Scan"-Zyklus abgefragt, oder auch unterbrechungsgesteuert. Mit letzterem Verfahren benützt man Hardware-Anforderungssignale der Ein-/Ausgabe-Einheiten dazu, um ein entsprechendes Unterprogramm aufzurufen. Dadurch wird der Prozessor entlastet, und es können sehr kurze Reaktionszeiten auf externe

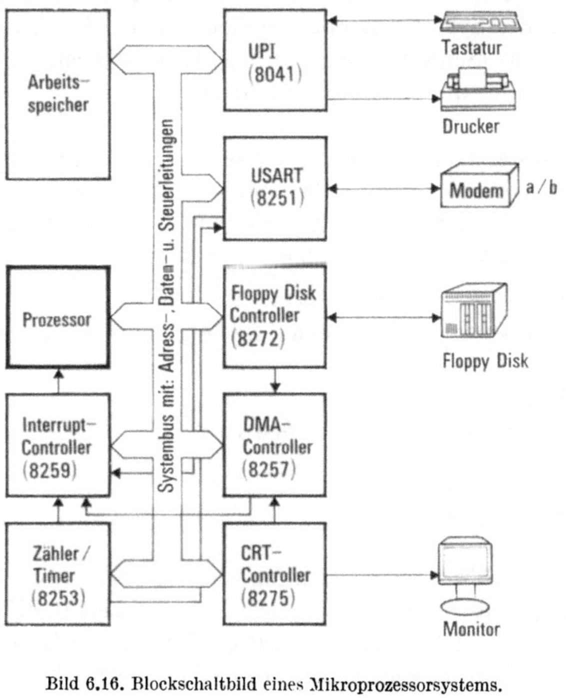

Bild 6.16. Blockschaltbild eines Mikroprozessorsystems.

Ereignisse erreicht werden. Im Interrupt Controller werden die Hardware-Anreize (je Baustein 8, jedoch kaskadierbar bis 64) aufgesammelt, aufbereitet (z. B. nach Prioritäten geordnet und maskiert) und zum Prozessor übertragen.

Zähler-Baustein (Interval Timer). Die Zähler-Bausteine bestehen aus mehreren (z. B. 3) voneinander unabhängigen Zählern, die vom Prozessor aus programmiert, d. h. z. B. gesetzt, gestartet, gestoppt werden können.

In Mikroprozessorsystemen werden häufig für die Steuerung des Programmablaufs Verzögerungszeiten benötigt. Diese lassen sich mit Hilfe der Zählerbausteine relativ einfach erzeugen. Darüber hinaus können sie jedoch auch als programmierbare Ereigniszähler, Digitale MONO-Flops, Baud-Raten-Generator usw. eingesetzt werden.

DMA-Baustein (*D*irect *M*emory *A*ccess). Mit Hilfe des DMA-Bausteins können zur Entlastung des Prozessors sehr schnelle, hardwaregesteuerte Datentransfers direkt zwischen den peripheren Einheiten, wie z. B. Floppy Disk, Datensichtgeräten usw., und dem Arbeitsspeicher durchgeführt werden. Hierzu wird der DMA-Baustein vom Prozessor zunächst mit Parametern, wie Startadresse, Adreßbereich, Prioritäten usw., versorgt. Nach der Initialisierung führt er in Zusammenarbeit mit den peripheren Controllern — ohne weitere Mitwirkung des Prozessors — die Reservierung des Systembus und die Generierung der Arbeitsspeicheradresse, der Lese-/Schreibbefehle für den Arbeitsspeicher und der Ein-/Ausgabebefehle für die peripheren Controller durch.

Peripherie-Bausteine (Peripherals). Unter diesem Sammelbegriff werden die meist hochkomplexen LSI-Bausteine geführt, die zur Ansteuerung peripherer Geräte oder externer Übertragungssysteme dienen.

Einige Beispiele sind (siehe auch Bild 6.16)

- UPI (*U*niversal *P*eripheral *I*nterface Controller),
- USART (*U*niversal *S*ynchronous/*A*synchronous *R*eceiver/*T*ransmitter),
- Floppy Disk Controller,
- CRT Controller (*C*athode *R*ay *T*ube).

6.6.4. Mikrocomputer

Wie eingangs erwähnt, ist bei den Mikrocomputern — im Unterschied zu den Mikroprozessoren — die Verarbeitungseinheit (CPU) zusammen mit dem Arbeitsspeicher, Taktgenerator, Zähler, der Unterbrechungslogik und den Ein-/Ausgabe-Kanälen als komplettes kleines Rechnersystem auf einem Silizium-Chip integriert. Sie werden deshalb auch als „Single Chip"-Prozessor bezeichnet.

Die Ausführung des Programmspeichers betreffend werden sie oft als

- ROM-Version (wegen der Maskenkosten nur bei hohen Stückzahlen wirtschaftlich)
- EPROM-Version (für kleine Stückzahlen und zum Aufbau von Prototypen)
- ROM-lose Version (für mittlere Stückzahlen und zum Aufbau von Prototypen)

angeboten.

6.6.4.1. 4-bit-Mikrocomputer

Während es nur sehr wenige 4-bit-Mikroprozessoren gibt, beläuft sich der Anteil der 4-bit-Mikrocomputer an der Gesamtzahl der eingesetzten Mikrocomputer auf derzeit etwa 70%. Ihr hauptsächlicher Einsatzbereich ist die Unterhaltungselektronik.

Als Beispiel für die Eigenschaften der weit über 100 Typen und Varianten werden die Kennwerte des weitverbreiteten Bausteins TMS 1000 in Tabelle 6.2 angegeben.

6.6.4.2. 8-bit-Mikrocomputer

Mit den 8-bit-Mikrocomputern wird der mittlere bis obere Leistungsbereich in der Unterhaltungselektronik und bei industriellen Steuerungen abgedeckt. Der Anteil an der Gesamtzahl der Mikrocomputer beträgt derzeit ca. 30%.

Die wesentlichen Eigenschaften der beiden bekanntesten Vertreter sind in Tabelle 6.2 aufgeführt.

6.6.4.3. 16-bit-Mikrocomputer

Für den obersten Leistungsbereich bei industriellen Steuerungen werden neuerdings auch 16-bit-Mikrocomputer angeboten. Ihre Verbreitung ist zur Zeit zwar noch gering, jedoch wird eine rasche Zunahme der Stückzahlen erwartet.

6.6.5. Einsatz in der Vermittlungstechnik

Die Verdrängung der „verdrahteten Logik" durch die „speicherprogrammierte Logik" ist im Abschnitt 4 eingehend behandelt worden; dabei wurde mehrfach auf die Mikroprozessoren hingewiesen. Die damit

Tabelle 6.2. Beispiele für 4- und 8-bit-Mikrocomputer

Typ	Wortbreite Daten/ Befehle	Technologie	Takt-frequenz	Speicher intern RAM/ROM	Speicher extern erweiterbar	Anzahl Ein/Ausgabe Pins	Anzahl Befehle	Hersteller
4-bit-Mikrocomputer								
TMS 1000	4/8	PMOS	0,4 MHz	$64 \times 4/1k \times 8$	—	23	43	Texas Instr.
8-bit-Mikrocomputer								
8048/ 80C48	8/8	NMOS/ CMOS	11 MHz	$64 \times 8/1k \times 8$	ja	27	90	Intel
8051	8/8	NMOS	12 MHz	$128 \times 8/4k \times 8$	RAM $64k \times 8$ ROM $60k \times 8$	32	111	Intel

verbundenen Vorteile beim Einsatz von Mikroprozessoren und Mikrocomputern, nämlich

- kurze Hardware-Entwicklungszeit,
- Software-Entwicklung parallel zur Hardware-Entwicklung auf den von den Herstellern mit angebotenen, sehr leistungsfähigen Mikroprozessor-Entwicklungsplätzen,
- Flexibilität bei Spezifikationsänderungen und für Variantenbildung durch Änderung der Software, und
- niedrige Kosten für die als Massenprodukte hergestellten hochkomplexen Bausteine,

haben zu ihrer schnellen Verbreitung im vermittlungstechnischen Bereich geführt.

Zuerst wurden in den kleineren peripheren Steuerungen vornehmlich 8-bit-Mikroprozessoren und Mikrocomputer eingesetzt. Mit dem Erscheinen der 16-bit-Mikroprozessoren wurden sie zunächst als Verarbeitungseinheit in Zentralsteuerwerken kleinerer Vermittlungssysteme verwendet. Heute werden sie sogar in den Zentralsteuerwerken größter Vermittlungssysteme — meist als Multiprozessorsysteme — eingesetzt.

Literaturhinweis:

Als gute Übersicht über den letzten Stand der am Markt verfügbaren Mikroprozessoren und Mikrocomputer mit Angabe der wesentlichen Kenndaten, Hersteller und Zweithersteller werden die jährlich erscheinenden Aufstellungen der Zeitschriften *Electrical Design News* [6.11] und *Electronic Design* [6.12] empfohlen.

7. Nachrichten-Vermittlungstechnik

Nachrichtensysteme, die der Kommunikation zwischen Partnern dienen, sollen größere und größte Entfernungen überbrücken können; meist wird verlangt, daß nur ein bestimmter aus einer Vielzahl möglicher Kommunikationspartner ausgewählt wird. Damit ergibt sich die allgemeine Struktur eines Nachrichtensystems nach Bild 7.1.

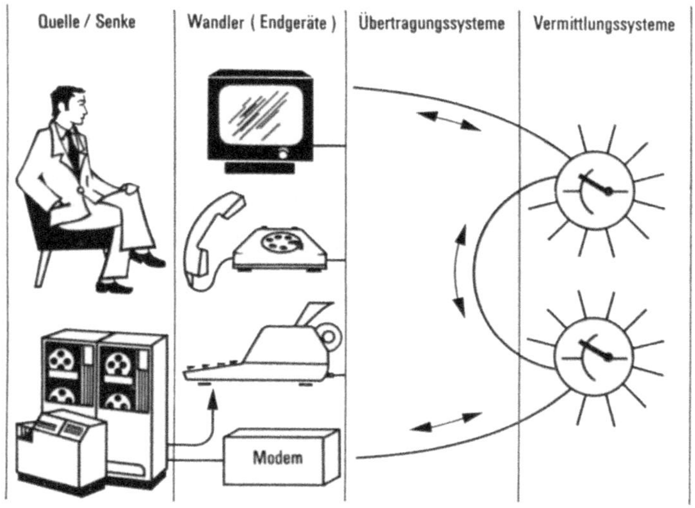

Bild 7.1. Bestandteile eines allgemeinen Nachrichtensystems.

Links sind die *Nachrichtenquellen* und *-senken* angedeutet. Dies können Menschen oder auch Maschinen — z. B. Datenverarbeitungsanlagen — sein. In der Mitte sind mit den *Übertragungssystemen* die Mittel skizziert, die eine Kommunikation auch über weiteste Entfernung erlauben. Nachrichtenträger auf den Übertragungssystemen sind vorwiegend elektromagnetische Schwingungen. Daher sind in den *Endgeräten Wandler* notwendig, die die physikalischen Nachrichtenträger von Quelle/Senke und Übertragungssystem aneinander anpassen. Wird der Kommunikationspartner aus einer Vielzahl möglicher Parnter ausgewählt, so sind außerdem noch *Vermittlungssysteme* notwendig, die diese Auswahl treffen.

Im folgenden wird auf die Vermittlungsfunktion innerhalb der Nachrichtensysteme näher eingegangen. Von der Vielzahl unterschiedlicher Prinzipien und Lösungswege wird als Beispiel die Vermittlungstechnik im weit verbreiteten Fernsprechnetz herausgegriffen. Ihre Prinzipien werden teilweise auch in anderen Netzen angewendet [7.1].

7.1. Die Grundaufgaben der Vermittlungstechnik

7.1.1. Koppeln

Unter *Koppeln* sei die frei wählbare und automatisch veränderbare Verbindung von Eingängen mit Ausgängen über ein Kontaktnetzwerk verstanden. Das Koppeln dieser Art ist notwendig, um *Teilnehmer* an einem Nachrichtennetz, z. B. Fernsprechteilnehmer, wunschgemäß für eine bestimmte Zeit miteinander zu verbinden.

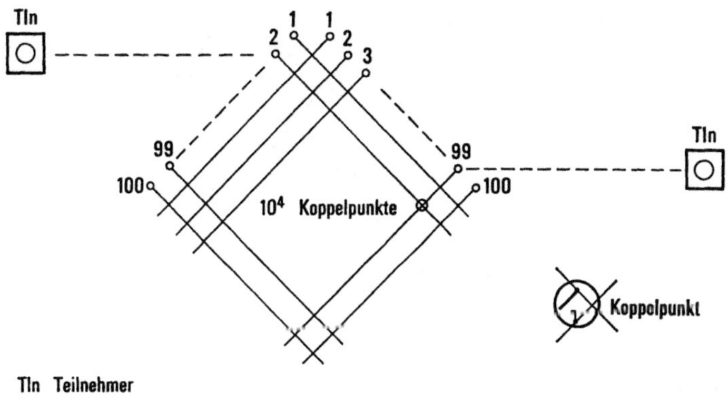

Bild 7.2. Koppelmatrix.

In Bild 7.2 ist angedeutet, wie zwei Teilnehmer über eine *Koppelmatrix* miteinander verbunden werden. Die Kreuzpunkte der Matrix sind mit Kontaktstellen, sog. *Koppelpunkten*, besetzt (rechts im Bild durch einen Kontakt angedeutet. „Kontakt" ist hier im allgemeinen Sinne verstanden, also nicht auf metallische Kontakte beschränkt). Schließt ein solcher Koppelpunkt, so verbindet er einen bestimmten Eingang mit einem bestimmten Ausgang der Matrix. In der Praxis wird eine solche Verbindung meist mehradrig durchgeschaltet. Dementsprechend besteht ein Koppelpunkt dann aus mehreren Kontakten, die gleichsinnig schalten. Man kann sich hierzu mehrere gleichartige Matrizen räumlich übereinanderliegend vorstellen, wobei in jeder Matrix jeweils eine Ader der Verbindung durchgeschaltet wird. Der Anschluß der Teilnehmerstationen ist in Bild 7.2 gestrichelt gezeichnet, um anzudeuten, daß sich weitere Koppelmatrizen oder Vermittlungsknoten zwischen den beiden Teilnehmern befinden (siehe auch Abschnitt 7.3 und 7.4).

Die in Bild 7.2 gezeigte Koppelmatrix verbindet als Beispiel 100 Eingänge mit 100 Ausgängen und benötigt dazu 100 mal 100 — also 10000 — Koppelpunkte. Allgemein sind zur Verbindung von n Eingängen mit n Ausgängen in der gezeigten Anordnung n^2 Koppelpunkte notwendig. Die Zahl der Koppelpunkte und damit der Aufwand steigen also quadratisch mit der Zahl der Ein- und Ausgänge. In der Praxis schließt man die Teilnehmer nicht in der in Bild 7.2 vereinfacht angedeuteten Art an eine Koppelmatrix an. Es ist also korrekter, von Ein- und Ausgängen zu sprechen, die über eine *Koppelanordnung* miteinander verbunden werden.

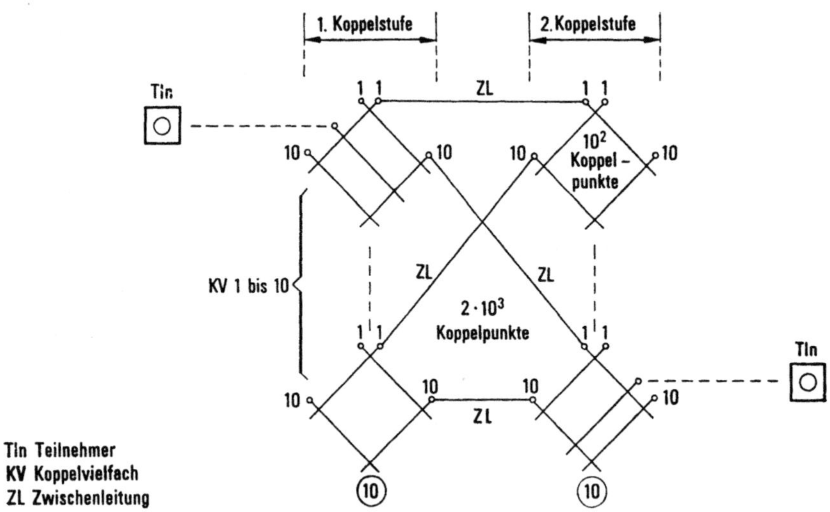

Bild 7.3. Mehrstufige Koppelanordnung.

Offenbar dürfen die Koppelmatrizen nur relativ wenig Ein- und Ausgänge haben, wenn die Zahl der Koppelpunkte niedrig bleiben soll. Andererseits besteht aber häufig die Aufgabe, viele tausend Ein- und Ausgänge miteinander zu koppeln. Diese widersprechenden Forderungen erfüllt man, indem man eine große Anzahl von kleinen Koppelmatrizen (sog. *Koppelvielfache*) topologisch in mehreren *Koppelstufen* anordnet und miteinander verbindet, wie in Bild 7.3 angedeutet.

Im Beispiel Bild 7.3 werden 2 Koppelstufen zu je 10 Koppelvielfachen (KV) gebildet. Jedes einzelne Koppelvielfach hat 10 Eingänge und 10 Ausgänge. Jeder Ausgang eines Koppelvielfachs der ersten Koppelstufe (insgesamt gibt es 100 derartige Ausgänge) ist über jeweils eine *Zwischenleitung* (ZL) mit einem der 100 Eingänge der zweiten Koppelstufe verbunden. Diese *Zwischenleitungsverdrahtung* ist systematisch so ausgeführt, daß jedes Koppelvielfach der ersten Koppelstufe jedes der zweiten Koppelstufe über *eine* Zwischenleitung erreicht.

Die Maßnahme ist recht wirksam, wie man sieht. Obwohl die Zahl der Koppelpunkte von 10000 in Bild 7.2 auf 2000 in Bild 7.3 reduziert worden ist, kann doch noch jeder Ausgang von jedem Eingang erreicht werden. Allerdings erkennt man auch einen Mangel dieser *Koppelanordnung*: Wenn 2 Teilnehmer, die an dem Koppelvielfach links oben angeschlossen sind, gleichzeitig mit 2 Teilnehmern an dem Koppelvielfach rechts unten in Verbindung treten wollen, so ist das nicht möglich, weil zwischen beiden Koppelvielfachen nur *eine* einzige Verbindung besteht. Es kann also nur eine Verbindung aufgebaut werden, die andere *geht zu Verlust*, weil diese Koppelanordnung im Gegensatz zu der in Bild 7.2 gezeigten *innere Blockierungen* zuläßt. In der Praxis muß durch ausreichend viele verschiedene Wegemöglichkeiten innerhalb der Koppelanordnungen dafür gesorgt werden, daß die Verluste durch innere Blockierungen genügend klein bleiben (vgl. Abschnitt 7.2.3). Hierfür geeignete Koppelanordnungen weisen meist eine Vielzahl von Koppelstufen auf.

Wie bereits erwähnt, heißen die in den Bildern 7.2 und 7.3 gezeigten Matrizen *Koppelvielfache*. Sie sind dadurch gekennzeichnet, daß jeder Ausgang von jedem Eingang aus ohne die Möglichkeit innerer Blockierungen *vollkommen erreichbar* ist. Die bisher als Beispiel behandelten einfachen Koppelanordnungen arbeiten nach dem *Raummultiplexprinzip*. Das heißt, daß die metallischen oder auch elektronischen Kontaktstellen der Koppelpunkte für die Dauer einer Verbindung ständig geschlossen und dieser betreffenden Verbindung zugeordnet bleiben.

Da Koppelpunkte dieser Art in den Vermittlungssystemen in sehr großer Zahl vorhanden sind, hat man sich seit jeher bemüht, durch sinnreiche Konstruktionen sowohl die Kontakte selbst wie auch deren Ansteuerung in den Kosten zu optimieren. Im allgemeinen wird eine größere Anzahl von Koppelpunkten in einer konstruktiven Einheit zusammengefaßt. Hierbei kann man zwei Grundprinzipien unterscheiden:

a) *Wähler* (Bild 7.4a) haben einen Eingang und sehr viele (z. B. 100) Ausgänge. Man kann jeweils nur *eine* Verbindung über einen Wähler aufbauen. Die Vermittlungssysteme der Deutschen Post verwendeten zunächst Hebdrehwähler. Das heutige Netz wird noch weitgehend mit dem sogenannten *Edelmetall-Motor-Drehwähler* (*EMD-Wähler*) betrieben.

b) *Koppler* (Bild 7.4b) mögen als Koppeleinrichtungen mit mehreren Eingängen und mehreren Ausgängen (z. B. der Größenordnung Zehn) definiert sein, über die man mehrere Verbindungen unabhängig voneinander aufbauen kann. Der sogenannte Crossbar-„Wähler“ mit mechanischen Kontakten ist ein bekannter Vertreter dieses Typs. Spätere Entwicklungen verwenden häufig unter Luftabschluß in Glasröhrchen oder metallischen Kapseln arbeitende, besonders hochwertige Kontakte oder auch integrierte, elektronische Koppelpunkte. Koppeleinrichtungen mit derartigen Kontaktstellen werden allgemein nach dem Kopplerprinzip realisiert.

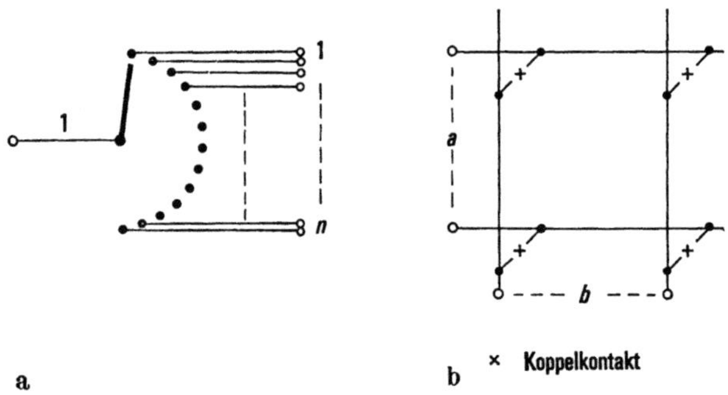

Bild 7.4a u. b. Koppelprinzipien.
a) Wähler; b) Koppler.

Zeitmultiplex-Koppelanordnungen. Nach dem Abtasttheorem kann man ein Signal aus Amplitudenproben eindeutig rekonstruieren, wenn die Häufigkeit der Probenentnahme oder die *Abtastfrequenz* mehr als doppelt so hoch ist wie die höchste zu übertragende Nutzfrequenz (vgl. Abschnitt I.4).

Dieses Prinzip kann man nicht nur für die Übertragung in Form der Pulsmodulation anwenden, sondern auch bei der Vermittlung. Die höchste, im Fernsprechnetz übertragene Sprachfrequenz beträgt 3,4 kHz. Die Abtastfrequenz zur Probenentnahme hat man deshalb auf 8 kHz festgelegt. Man kann also aus den an die Vermittlungsstelle herangeführten Sprachsignalen im Abstand von 125 μs jeweils eine Probe entnehmen, um sie im *Zeitmultiplexverfahren* zu den weiterführenden Sprechkanälen zu vermitteln.

Wenn man ein Sprachsignal nur alle 125 μs für die Dauer z. B. weniger Mikrosekunden zu vermitteln braucht, kann man die benutzten Leitungsabschnitte und Koppelpunkte in der restlichen Zeit für die Vermittlung weiterer Signale mehrfach ausnutzen. Wegen dieser zeitlich gestaffelten Mehrfachausnutzung von Vermittlungseinrichtungen spricht man vom *Zeitmultiplexprinzip.*

Bild 7.5 gibt ein kleines Beispiel hierfür. Gezeigt sind Koppelpunkte von zwei aufeinanderfolgenden Koppelstufen, die über *Zwischenleitungen* miteinander verbunden sind, ähnlich wie es schon in Bild 7.3 der Fall ist. Während aber dort die Koppelpunkte und Zwischenleitungen für die gesamte Dauer einer Verbindung dieser zugeordnet bleiben, werden hier dieselbe Zwischenleitung ZL und derselbe Koppelpunkt KP der zweiten Koppelstufe durch zwei Verbindungen zu verschiedenen Zeitpunkten benutzt. Das führt zu einer Einsparung von Koppelpunkten gegenüber dem Raummultiplexprinzip.

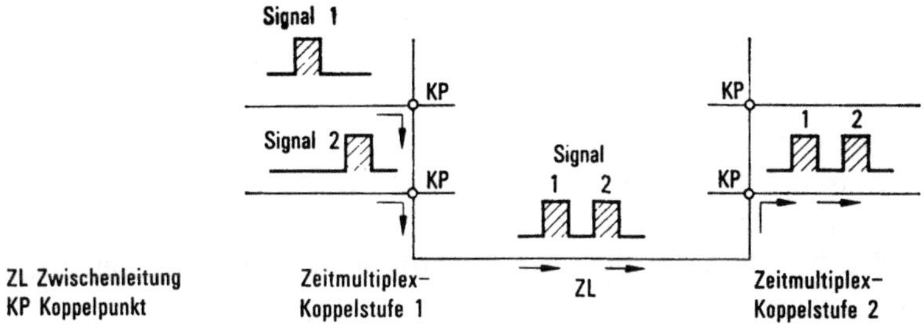

Bild 7.5. Mehrfachausnutzung von Koppelpunkten und Zwischenleitungen im Zeitmultiplex.

Das Zeitmultiplexprinzip erfordert wegen der im Mikrosekundenbereich liegenden Schaltdauern selbstverständlich elektronische Koppelkontakte, über die als Sprachsignale z. B. amplitudenmodulierte Pulse durchgeschaltet werden. Im Zusammenhang mit der Technik der Pulscode-Modulation (PCM) oder anderer Verfahren, die von digitalisierten Sprachsignalen ausgehen, werden Zeitmultiplex-Koppelanordnungen besonders interessant, da Nebensprechprobleme innerhalb der Koppelanordnung praktisch eliminiert werden und für die Koppelpunkte einfache und damit sehr wirtschaftliche elektronische Gatter ausreichen.

In Abschnitt 9 wird ausführlich auf Zeitmultiplex-Koppelanordnungen zur Durchschaltung digitaler Sprachsignale eingegangen.

7.1.2. Signalisierung

Der Vorgang des Koppelns kann nur dann sinnvoll ausgeführt werden, wenn bekannt ist, welcher Teilnehmer mit welchem anderen zu verbinden ist. Ein Teilnehmer, der eine Verbindung aufzubauen wünscht (ein *rufender* oder *A-Teilnehmer*), muß der *Vermittlungsstelle* das Verbindungsziel (den *gerufenen* oder *B-Teilnehmer*) mitteilen. Der B-Teilnehmer muß durch die Vermittlungsstelle von dem Verbindungswunsch verständigt werden (*Ruf*), und schließlich ist es in vielen Fällen notwendig, eine Verbindung über mehrere Vermittlungsstellen hinweg aufzubauen (z. B. in großen *Ortsnetzen* oder in der *Landesfernwahl*), so daß auch ein Austausch von Steuerzeichen zwischen Vermittlungsstellen notwendig wird. Dieser Austausch von Steuerzeichen für den Verbindungsaufbau und -abbau wird *Zeichengabe* oder *Signalisierung* genannt.

Nachfolgend werden die Funktionen an Hand des am weitesten verbreiteten Netzes, des *Fernsprechnetzes*, betrachtet.

7.1.2.1. Signalisierung zwischen Teilnehmer und Vermittlungsstelle

Bild 7.6a zeigt in vereinfachter Darstellung die Schaltung der heute noch weit verbreiteten *Fernsprechstation*. Sie enthält die notwendigen Mittel für die Signalisierung zur Vermittlungsstelle und zur Aufnahme von Signalen von der Vermittlungsstelle. Darüber hinaus sind die elektroakustischen *Wandler* Mikrophon M und Telephon T mit zugehörigen Schaltkreisen gezeigt. Sie besorgen die Umwandlung zwischen Schallwellen und elektrischen Strömen.

In der Vermittlungsstelle wird ständig über bestimmte Schaltmittel eine Gleichspannung an jede *Teilnehmerleitung* gelegt. Über die Teil-

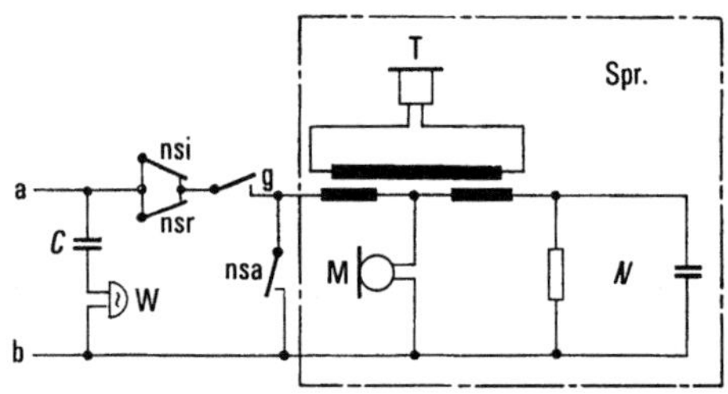

a

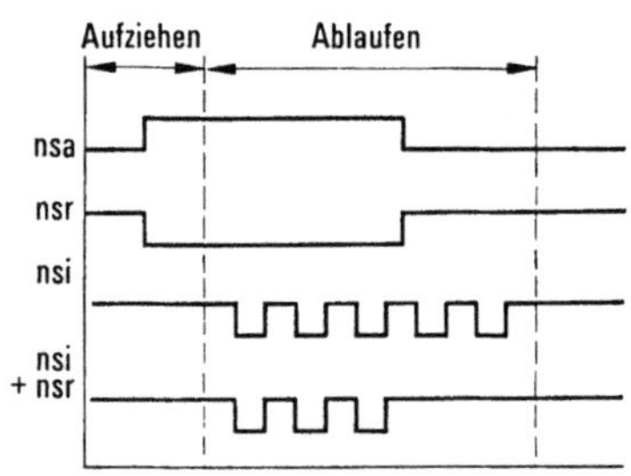

b

Bild 7.6a u. b. Prinzip der Fernsprechstation.
a) Schaltung; b) Impulsdiagramm der Ziffernwahl.

M	Mikrophon;	W	Wecker;
T	Telephon;	C	Blockkondensator;
N	Nachbildung;	Spr.	Sprech- und Hörkreis.

nehmerleitung ist jede Fernsprechstation zweiadrig mit der Vermittlungsstelle verbunden. In Bild 7.7 ist dieses allgemein mit einem Relais als Schaltmittel gezeigt. Damit wird die Signalisierung von der Station zur Vermittlungsstelle durch Schließen und Unterbrechen eines Gleichstromkreises in einfacher Weise ermöglicht. Dieses Prinzip wird in den verschiedenen Schritten des Verbindungsaufbaus und -abbaus beibehalten, wobei jedoch die der Signalisierung dienenden Schaltmittel unterschiedlichen Einrichtungen zugeordnet sein können.

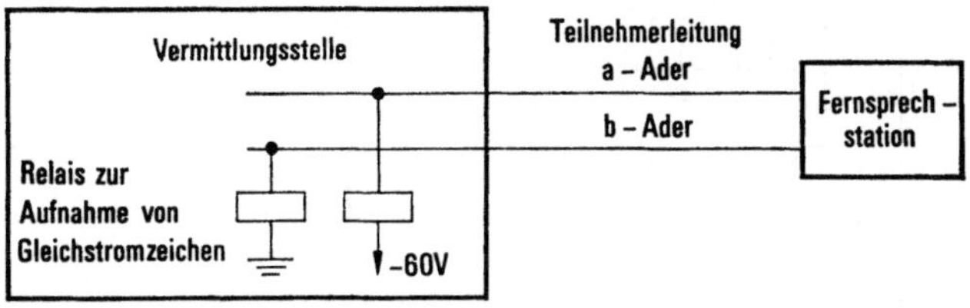

Bild 7.7. Gleichstromzeichengabe von der Fernsprechstation zur Vermittlungsstelle.

Die Vorgänge beim Auf- und Abbau einer Verbindung sind anhand der Bilder 7.6 und 7.7 wie folgt:

a) Der Teilnehmer *hängt* den Fernhörer (offizielle Bezeichnung: *Handapparat*) *aus*. Kontakt g schließt den Stromkreis. In der Vermittlungsstelle wird in einer sog. *Teilnehmerschaltung* ein Relais erregt, das mit seinen Kontakten diesen Vorgang meldet. Die Vermittlungsstelle bereitet sich nun auf die Wahlaufnahme vor, z. B. durch Anschalten eines Wahlempfängers.

b) Der Teilnehmer *wählt* durch Aufziehen des *Nummernschalters* (Wählscheibe). Wenn der Nummernschalter danach abläuft und in seine Ruhelage zurückkehrt, unterbricht er den Gleichstromkreis mit der Kombination der nsi- und nsr-Kontakte impulsweise so oft, wie es der gewählten Ziffer entspricht. Der Ablauf des Nummernschalters mit dem nsi-Kontakt ist um zwei Impulszeiten verlängert, damit in der Vermittlungsstelle etwas mehr Zeit für die Schaltvorgänge bleibt, die bis zum Eintreffen der nächsten Wählimpulsserie notwendig sind. Der nsa-Kontakt schließt während der Impulsserie den Hör- und Sprechkreis kurz, damit der Wählende nicht durch Knackgeräusche belästigt wird. In der Vermittlungsstelle meldet ein Relais mit seinen Kontakten die Anzahl der Unterbrechungen weiter. Die Pause bis zum nächsten Wählvorgang registriert die Vermittlungsstelle, um aufeinanderfolgende *Wählimpulsserien* als getrennte Ziffern interpretieren zu können.

c) Der Teilnehmer *hängt* den Handapparat *ein*: Der Stromkreis zur Vermittlungsstelle wird durch Öffnen des g-Kontaktes bleibend unterbrochen. Die Vermittlungsstelle löst die Verbindung aus.

Wie man sieht, tritt neben das eigentliche Gleichstromzeichen „Stromkreis offen/geschlossen" noch die *Zeit* zur Bewertung des Zeichens. Neuerdings wird auch die *Tastenwahl* möglich, bei der die gewohnte Wählscheibe durch eine Tastatur ersetzt wird. Das Verfahren ist zwar bequemer, aber auch aufwendiger als die Wahl mit dem klassischen Nummernschalter. Es gibt verschiedene Ausführungsformen. Ein Beispiel zeigt Bild 7.8.

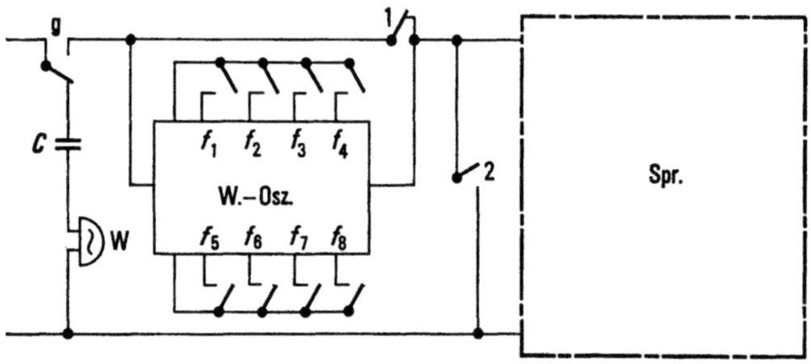

Bild 7.8. Beispiel für eine Tastwahlstation.
W.-Osz. Wahloszillator; Spr. Sprech- und Hörkreis.

Die Wahl geschieht mit Hilfe von tonfrequenten Wechselströmen: Es werden zwei Frequenzgruppen gebildet, bestehend aus jeweils 4 Frequenzen in den Bereichen von 697 bis 941 Hz und von 1209 bis 1633 Hz. Jede Wählziffer wird durch jeweils eine Frequenz aus jeder der beiden Gruppen dargestellt, insgesamt sind $4 \cdot 4 = 16$ verschiedene Zeichenbedeutungen möglich. Das Verfahren wurde so gewählt, daß eine Simulation von Zeichen durch Sprache oder Geräusche unwahrscheinlich ist. Bei Drücken einer Taste wird je ein Kontakt in der oberen (f_1 bis f_4) und ein Kontakt in der unteren Reihe (f_5 bis f_8) betätigt. Außerdem öffnet der von allen Tasten gemeinsam betätigte Kontakt 1, ebenso schließt Kontakt 2. Damit wird der Sprech- und Hörkreis Spr. überbrückt und der Wahloszillator W.-Osz. eingeschaltet. Entsprechend den geschlossenen Kontakten f_1 bis f_8 werden 2 verschiedene, tonfrequente Wechselströme ausgesendet. In der Vermittlungsstelle werden für die Dauer der Wahl Tonempfänger zur Aufnahme der gewählten Ziffern an die Verbindung angeschaltet [7.2].

Interessant ist bei diesem Verfahren, daß die Signalisierungsmöglichkeiten vom Teilnehmer zur Vermittlungsstelle bei neuen Systemen erweitert werden: Über die bisher üblichen zehn Ziffern hinaus lassen sich weitere Zeichen, wie z. B. „*" und „#", aussenden, um damit Sonderfunktionen in der Vermittlungsstelle aufzurufen. Diese Möglichkeit besteht übrigens nicht bei der sog. „unechten Tastwahl", die mittels eines großintegrierten Schaltkreises in der Fernsprechstation vom Teilnehmer eingetastete Ziffern in Impulsserien umsetzt. Mit der Einführung des sog. ISDN (Abschnitt 9) werden sich jedoch die Signalisierungsmöglichkeiten zwischen Teilnehmer und Vermittlungsstelle vervielfachen.

In der umgekehrten Richtung — von der Vermittlungsstelle zum Teilnehmer — muß eine Signalisierung erfolgen, wenn der Teilnehmer z. B. gerufen werden soll. Dieses geschieht mit Hilfe eines 25-Hz-Wechselstroms aus der Vermittlungsstelle, da der Gleichstromkreis bei eingehängtem Handapparat durch den g-Kontakt ja aufgetrennt ist. Ein Kondensator C in der Station bewirkt, daß der Wechselstromkreis über den Wecker ständig geschlossen und funktionsbereit ist (Bilder 7.6 und 7.8).

Weitere Signalisierungsmöglichkeiten *zum* Teilnehmer hin bestehen im Aussenden von *Hörzeichen* oder auch *Ansagen*. Hierzu gehören das *Wählzeichen*, das zum Beginn des Wählvorgangs auffordert, das *Rufzeichen*, das die erfolgte Durchschaltung zum gerufenen Teilnehmer meldet, und das *Besetztzeichen*, das einen bereits mit einer anderen Verbindung belegten B-Teilnehmer signalisiert. Aber auch Ansagen wie „Teilnehmer vorübergehend nicht erreichbar" gehören in den Bereich der Signalisierung.

Hingewiesen sei noch darauf, daß die elektro-akustischen Wandler im Handapparat, das *Telephon* und das mit einem Gleichstrom *gespeiste Mikrophon* mittels einer Gabelschaltung in Brücke zueinander liegen (Bild 7.6). Deshalb kann das Raumgeräusch über das Mikrophon nur in geringem Umfang in den Hörkreis eindringen. Rechts ist die zugehörige, aus Widerstand und Kondensator bestehende Nachbildung N der Teilnehmerleitung gezeigt.

7.1.2.2. Signalisierung zwischen Vermittlungsstellen

In den Zug einer Verbindung sind im allgemeinen mehrere Vermittlungsstellen einbezogen. Zwischen den Vermittlungsstellen sind ebenfalls Zeichen auszutauschen, wobei es sich um automatisch auswertbare *Schaltkriterien* handeln muß (nicht um Hörzeichen), da ja in den automatischen Vermittlungsstellen Schalteinrichtungen und nicht Menschen am Verbindungsauf- und -abbau mitwirken.

Der Zeichenaustausch zwischen den Vermittlungsstellen gehört mit zu den diffizilsten Problemen der Vermittlungstechnik. Zahlreiche Zeichenaustauschsysteme sind im Einsatz, wobei sehr oft die Schwierigkeit der Anpassung der verschiedenen Systeme aneinander besteht. Grundsätzlich kann man z. B. beim Fernsprechen unterscheiden:

a) Zeichenaustausch im vermittelten Sprechkanal (*Imband*-Signalisierung). Hierbei muß sehr sorgfältig darauf geachtet werden, daß die Zeichen durch Sprache nicht verfälscht werden können bzw. daß Zeichensender und -empfänger die Kommunikation nicht beeinträchtigen. Vor dem *Wahlende*, also vor dem möglichen Beginn der Kommunikation, ist dieser Zeichenaustausch meist weniger problematisch.

b) Unmittelbar dem Sprechkanal zugeordneter Zeichenaustausch oberhalb oder unterhalb des Sprechkanals (*Außerband*-Signalisierung). Die Gefahr der gegenseitigen Beeinflussung ist geringer. Die Zeichenkanäle werden automatisch zusammen mit dem Sprechkanal vermittelt. Hierzu zählt z. B. die Wählimpulsgabe, wenn sie unterhalb der Sprachbandgrenze von 300 Hz übertragen wird.

c) Zeichenaustausch unabhängig vom Sprechkanal über einen gesonderten Datenkanal, den *zentralen Zeichenkanal* (ZZK). Über diesen zentralen Zeichenkanal werden die Zeichen vieler Sprechkanäle ineinandergeschachtelt übertragen. Die Gefahr gegenseitiger Beeinflussung von Sprache und Zeichen besteht nicht, hingegen muß zusätzlich zum vermittlungstechnischen Zeichen die *Adresse* des zugeordneten Sprechkanals übertragen werden (s. Abschnitt 9.3.2).

Die zu übertragenden Zeichen enthalten die Wählinformation, Besetztzeichen, Rufzeichen, Zeichen für Beginn und Ende der Kommunikation u. a. Sie müssen teils *vorwärts* in Richtung zum gerufenen, teils *rückwärts* in Richtung zum rufenden Teilnehmer übertragen werden.

7.1.3. Administrative Funktionen

Zum Betreiben von Nachrichtensystemen im allgemeinen und Vermittlungssystemen im besonderen sind eine Reihe von *administrativen* oder *betrieblichen* Funktionen unabdingbar notwendig. Zu den wichtigsten betrieblichen Aufgaben gehören:

a) Gebührenerfassung. Der Teilnehmer muß für die Bereitstellung und Inanspruchnahme von Nachrichtensystemen mit angemessenen und gerechten Gebühren belastet werden.

b) Prüfung. Dem Teilnehmer muß stets ein mit vorgegebener Güte funktionsfähiges Nachrichtensystem angeboten werden. Hierfür ist eine vorsorgliche oder fehlereingrenzende Prüfung aller Komponenten notwendig, vorzugsweise automatisch. Die Vermittlungstechnik muß die entsprechenden Eingriffsmöglichkeiten für solche Prüfverfahren liefern.

c) Verkehrsmessung. Die vorgegebene Güte des Nachrichtensystems erfordert auch die Bereitstellung genügend vieler Verkehrswege. Es muß deshalb meßbar sein, ob die vorhandenen Verkehrswege ausreichen.

d) Verwaltungseingriffe. Als Beispiel diene die Sperrung eines Teilnehmers, der seinen Gebührenverpflichtungen nicht nachkommt. Derartige Eingriffe muß die Vermittlungstechnik ermöglichen, wobei auch hierfür automatische Schaltvorgänge anzustreben sind.

7.2. Grundbegriffe der Verkehrstheorie

In den Nachrichtennetzen nützt man bei der Bemessung der Übertragungssysteme (Zahl der bereitgestellten Kanäle) und Vermittlungssysteme (Dimensionierung der Koppelanordnungen) im allgemeinen die Tatsache aus, daß nicht alle Teilnehmer am Nachrichtennetz gleichzeitig miteinander kommunizieren wollen. Die *Verkehrstheorie* systematisiert die Bemessungsregeln, um eine vorgeschriebene *Verkehrsgüte* sicherstellen zu können, um eine Extrapolation auf unterschiedliche Verkehrsverhältnisse zu ermöglichen und schließlich um die Qualität verschiedener Anlagen vergleichbar zu machen. Da es sich im Nachrichtenverkehr im allgemeinen um statistisch verteilte Vorgänge handelt, basiert die Verkehrstheorie auf der Wahrscheinlichkeitsrechnung.

7.2.1. Verkehrsgrößen

Zunächst müssen einige Definitionen und Grundtatsachen erläutert werden. Der *Verkehrswert* ist das Maß für die Stärke des Verkehrs auf Leitungen, über Koppelanordnungen und für die Belastung von Steuerungen. Die Einheit des Verkehrswertes ist das *Erlang* (Erl), benannt nach dem Begründer der Fernsprechverkehrstheorie A. K. Erlang (1878—1929). Eine Leitung ist mit 1 Erl belastet, wenn sie ständig belegt ist. Eine Belastung von 0,6 Erl ergibt sich, wenn die Leitung nur zu 60% der Gesamtzeit belegt ist, z. B. also 36 Minuten in der Stunde. Die Wahrscheinlichkeit, diese Leitung belegt zu finden, ist 0,6. Ein weiteres Beispiel: ein *Bündel* von 100 Leitungen, die z. B. in *eine* Richtung führen, sei mit 80 Erl belastet. Das bedeutet, daß *im Mittel* jede Leitung mit 0,8 Erl belastet ist oder daß *im Mittel* in jedem Augenblick 80 von 100 Leitungen belegt sind.

Man unterscheidet bei Koppelanordnungen den angebotenen Verkehr (*Angebot* A) und den verarbeiteten Verkehr (*Belastung* Y). Es gilt $A \geqq Y$. Was mit dem nicht verarbeiteten Verkehr geschieht, wird später erläutert. Sinngemäß unterscheidet man *Zubringer* (-leitungen, -bündel), die den Verkehr an die Koppelanordnung heranbringen, und *Abnehmer* (-leitungen, -bündel), die den Verkehr von dieser weiterführen.

Im allgemeinen gibt man den Verkehrswert für die *Hauptverkehrsstunde* an, denn auch in dieser soll die Verkehrsgüte noch zufriedenstellend sein. Nach Definition des CCITT ist sie der Tagesabschnitt von aufeinanderfolgenden 60 Minuten, in dem über mehrere Werktage gemittelt der Verkehrswert der betrachteten Einheit (z. B. Bündel von Leitungen in eine bestimmte Richtung) am größten ist. Die Hauptverkehrsstunden verschiedener Bündel können voneinander abweichen, was aber bei der Dimensionierung von Koppelanordnungen meist nicht berücksichtigt wird.

Man definiert weiterhin die *Belegungszahl* c von Leitungen, Steuerungen usw. bezogen auf die Beobachtungszeit T, als die meist die Hauptverkehrsstunde gilt. Ferner spielt die *Belegungsdauer* t_B einer Leitung, Steuerung usw. durch *eine* Belegung eine Rolle. Man unterscheidet *konstante* und *variable* (z. B. exponentiell verteilte) Belegungsdauern. Die *mittlere* Belegungsdauer bezeichnet man mit t_m. Damit ist die *Belastung* Y einer Leitung, Steuerung usw. (vgl. Abschnitt 4 und Gl. (4.1))

$$Y = c t_m \text{ Erl}, \tag{7.1}$$

wobei hier die Zeitspanne T die Hauptverkehrsstunde ist.

7.2.2. Verluste und Wartemöglichkeiten

Der Verkehrswert ist als Mittelwert definiert, er kann also in zufällig auftretenden Verkehrsspitzen überschritten werden (vgl. die Definition der Hauptverkehrsstunde). In dem oben genannten Beispiel werden über ein Bündel von 100 Leitungen nicht 100, sondern nur 80 Erlang transportiert, weil sonst keine Reserven mehr für die Verkehrsspitzen vorhanden wären. Man dimensioniert Koppelanordnungen und Bündel so, daß die meisten zufälligen Verkehrsspitzen noch aufgenommen werden. Derjenige Teil des Verkehrsangebotes A, der nicht mehr sofort verarbeitet werden kann, ergibt entweder *Verluste* oder *Wartezeiten*. Man spricht sinngemäß von *Verlustsystemen* und *Wartesystemen*.

In der mathematischen Definition verschwinden in einem Verlustsystem die Belegungen, für die im Augenblick des Eintreffens keine Abfertigung möglich ist, aus dem Angebot. Technisch wird dies annähernd dadurch erreicht, daß ein „Besetztzeichen" gesendet wird, woraufhin der anrufende Teilnehmer die Verbindung im allgemeinen auslöst. Der Verlust oder die Verlustwahrscheinlichkeit ist definiert zu

$$B = \frac{c_R}{c_A}, \tag{7.2}$$

mit c_R Anzahl der im Mittel je Zeitspanne abgewiesenen Belegungen,
c_A Anzahl der im Mittel je Zeitspanne angebotenen Belegungen.

In einem Wartesystem wartet eine angebotene Belegung, die nicht sofort abgefertigt werden kann, in einer vorgegebenen Reihenfolge aller Wartenden auf Abfertigung.

In der Praxis gibt es Übergangsformen zwischen Warte- und Verlustsystemen. So tritt z. B. bei zu langer Wartezeit doch noch ein Verlust ein, wenn ein wartender Teilnehmer die Geduld verliert und einhängt.

7.2.3. Aufteilung der Verkehrsverluste, Eigenschaften der Koppelanordnung

In der Praxis — insbesondere im Fernsprechnetz — haben die Verlustsysteme große Bedeutung. Verluste können auftreten, weil die Koppelanordnung nicht unbegrenzt durchlässig ist (vgl. Abschnitt 7.1.1) oder/und weil nicht genügend viele Abnehmerleitungen vorhanden sind. Meist ist bei der Planung der zulässige Verlust vorgegeben, und man muß nun Koppelanordnung und Abnehmerbündel so dimensionieren, daß die Koppelanordnung einerseits nicht zu aufwendig und die Leitungszahl andererseits nicht zu groß wird. Je geringer der durch die Vermittlung verursachte Verlust ist, desto mehr Verlust kann auf den Abnehmerleitungen auftreten, desto höher können also die Leitungen belastet werden.

In diesem Zusammenhang spielt eine für Koppelanordnungen charakteristische Größe eine Rolle: die *Erreichbarkeit k*. Sie gibt an, wieviele Leitungen eines Abnehmerbündels (unabhängig davon, ob diese Leitungen frei oder belegt sind) von einem Zubringer aus erreicht werden können. Je höher die Erreichbarkeit ist, desto durchlässiger wird die Koppelanordnung, desto höher belastbar sind die Abnehmerleitungen. Ein Extremfall ist die *vollkommene Erreichbarkeit*. Hierbei sind jederzeit alle Abnehmer von jedem Zubringer aus erreichbar. Ein Beispiel dafür bildet die Koppelanordnung des Bildes 7.2, bei der jeder Eingang jeden Ausgang erreichen kann.

In einer Reihe von Netzen für Text- und Datenverkehr wird jedoch auch die Charakteristik von Wartesystemen ausgenutzt. Es handelt sich um sog. *Teilstreckennetze*, insbesondere *Paketvermittlungsnetze*. In diesen werden die Nachrichten auf der Sendeseite in einzelne *Pakete* aufgeteilt und über das Netz geschickt. Die Größe der Pakete kann in weiten Grenzen schwanken; sie kann z. B. 1000 bit betragen. Zusätzlich zu den Bits der Nutznachricht enthält jedes Paket eine Adresse, die den Empfänger angibt. In den Netzknoten werden die Pakete in Zielrichtung weitergeleitet, wobei sie sich in *Warteschlangen* einreihen müssen, wenn die weiterführende Übertragungsstrecke bereits durch Pakete belegt ist. In der empfangenden Stelle werden die zugehörigen Pakete wieder zu ihrer Nachricht zusammengesetzt.

7.2.4. Ergebnisse

Für den praktischen Gebrauch hat man aus Rechnungen und Verkehrssimulationen auf Datenverarbeitungsanlagen eine große Zahl von Kurvenblättern und Tabellen zusammengestellt [7.3]. Einige Beispiele mögen dies erläutern:

a) Verlustsystem

An Bild 7.9 läßt sich der Einfluß der Erreichbarkeit k auf die Belastbarkeit der Abnehmerleitungen bzw. das mögliche Angebot A zeigen in Abhängigkeit von der Zahl N der Abnehmerleitungen. Dabei ist ein Verlust von 1% zugelassen.

So ist bei $k = 10$, $N = 25$ ein Angebot $A = 13{,}2$ Erl möglich. Die mögliche mittlere Auslastung jedes Abnehmers ist $\frac{A(1 - B)}{N} = 0{,}52$ Erl je Leitung. Im Vergleich dazu ist bei $k = 25$ (also vollkommener Erreichbarkeit) ein Angebot $A = 16{,}1$ Erl erlaubt, was 0,64 Erl je Abnehmerleitung entspricht.

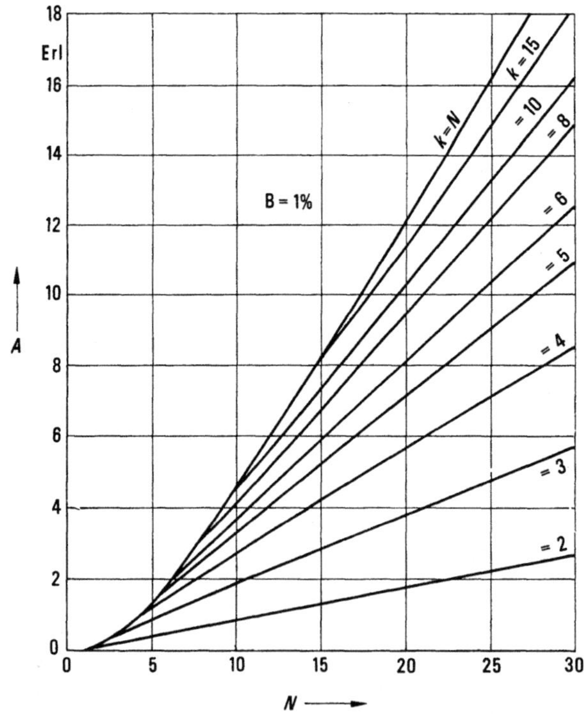

Bild 7.9. Angebot A in Abhängigkeit von der Abnehmerzahl N und der Erreichbarkeit k bei dem Verlust $B = 1\%$.

Die Kurvenschar zeigt auch einen anderen wichtigen Effekt: Je größer das Abnehmerbündel, also die Zahl N der Abnehmer ist, desto höher ist die je Abnehmer mögliche Belastung. Hat man z. B. bei vollkommener Erreichbarkeit einmal $N = 10$, zum anderen $N = 25$ Abnehmer zur Verfügung, so steigt die mittlere Belastbarkeit jedes Abnehmers von 0,44 Erl auf 0,64 Erl.

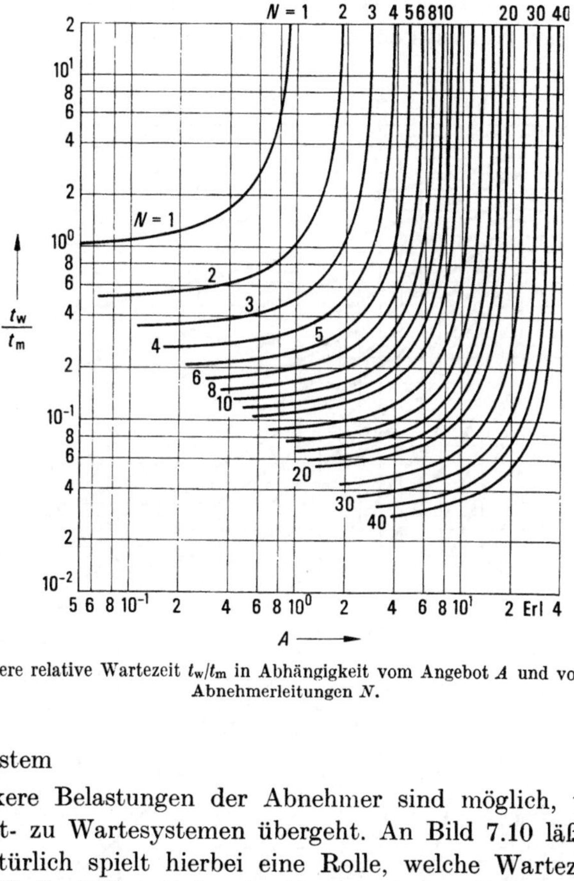

Bild 7.10. Mittlere relative Wartezeit t_w/t_m in Abhängigkeit vom Angebot A und von der Zahl der Abnehmerleitungen N.

b) Wartesystem

Noch stärkere Belastungen der Abnehmer sind möglich, wenn man von Verlust- zu Wartesystemen übergeht. An Bild 7.10 läßt sich das zeigen. Natürlich spielt hierbei eine Rolle, welche Wartezeiten man zulassen will. In Bild 7.10 ist als Abszisse das mögliche Angebot, als Ordinate das Verhältnis der mittleren Wartezeit t_w der wartenden Verbindungen zur mittleren Belegungsdauer t_m aufgetragen. Als Parameter dient die Zahl der Abnehmerleitungen N. Betrachtet man wieder die Zahl $N = 25$ bei z. B. $t_w/t_m = 0{,}3$, so findet man ein mögliches Angebot von $A = 20$ Erl und eine mittlere Belastung je Abnehmer von $A/N = 0{,}8$ Erl/Leitung.

Nun ist im allgemeinen die *mittlere* Wartezeit weniger interessant als die mit einer Wahrscheinlichkeit P überschrittene oder unterschrittene

Wartezeit. Dies wurde bereits in Abschnitt 4.3.1 anhand der Reaktionszeiten von Schalteinrichtungen erläutert. Bild 7.11 zeigt den Spezialfall des Wartens auf *eine* „Abnehmerleitung" — also z. B. auf eine zentrale Schalteinrichtung des Vermittlungssystems. Weitere Randbedingungen sind in der Legende angegeben. An der Abszisse sind die auf die konstante Arbeitszeit t_A der Schalteinrichtung bezogenen Wartezeiten aufgetragen; die Ordinate gibt die Überschreitungswahrscheinlichkeit dieser Wartezeit $P\,(> t_w)$ an. Parameter ist das Angebot an die Schalteinrichtung in Erl, welches im Wartesystem auch der *Belastung* der Schalteinrichtung

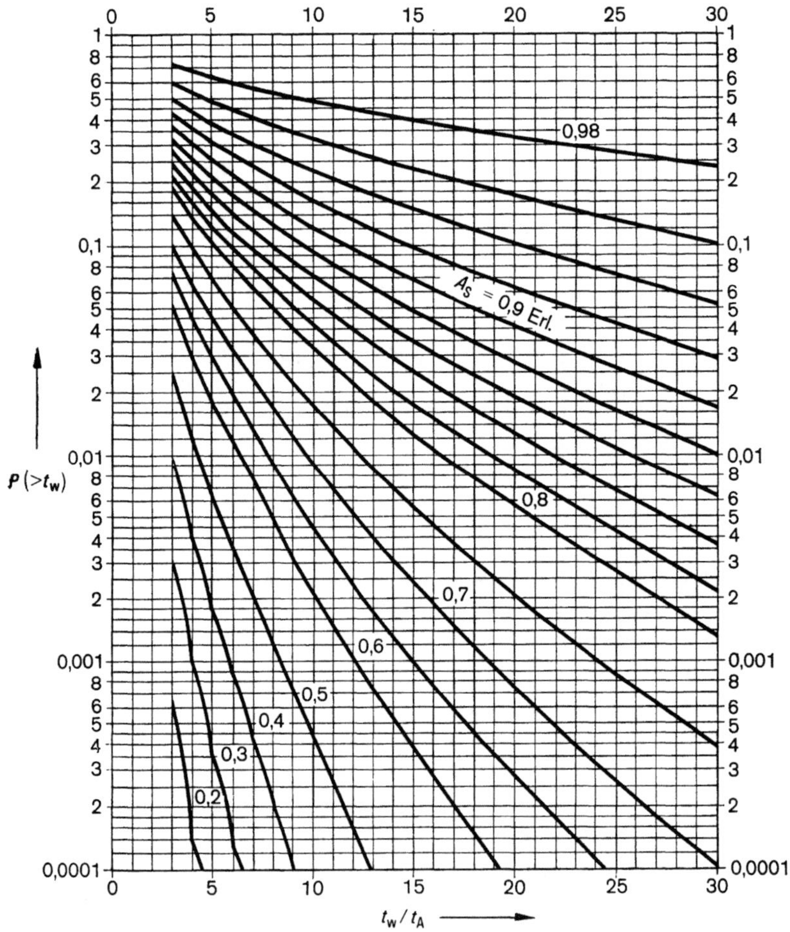

Bild 7.11. Wahrscheinlichkeit für Wartezeitüberschreitung.

A_S angebotener Verkehr, Steuerungsbelastung;
t_A konstante Arbeitszeit der Steuerung;
t_w Wartezeitgrenze;
$P(> t_w)$ Überschreitungswahrscheinlichkeit;
nur ein Abnehmer, Abfertigungsreihenfolge zufällig.

entspricht. Ein Zahlenbeispiel: Die Arbeitszeit der Schalteinrichtung sei 10 ms je Arbeitsvorgang, die erlaubte Wartezeit 200 ms. Dann ist $t_w/t_A = 20$. Bei einer Belastung der Schalteinrichtung von 0,9 Erl ist die Wahrscheinlichkeit für das Überschreiten der erlaubten Wartezeit 4%, d. h. 4% der wartenden Anforderungen müssen länger als 200 ms warten.

Der Begriff „Zubringerleitung" oder „Abnehmerleitung" ist — wie dieses Beispiel zeigt — hier nicht immer zutreffend; er wurde jedoch zur Vereinheitlichung beibehalten. Auch wird in Abschnitt 9 der Begriff „Leitung" häufig durch „Kanal" zu ersetzen sein.

7.3. Steuerungsprinzipien

7.3.1. Direkt und indirekt gesteuerte Vermittlungssysteme

Wie bereits in Abschnitt 7.1.2.1 ausgeführt, gibt der rufende Teilnehmer der Vermittlungsstelle durch Wahl von Ziffern das gewünschte Ziel bekannt. In der Vermittlungsstelle müssen also Wahlempfänger vorhanden sein, die die Ziffern aufnehmen. Die Anordnung dieser Ziffernempfänger hat weitreichende Konsequenzen und führt zu einer ersten Klassifizierung der Vermittlungssysteme.

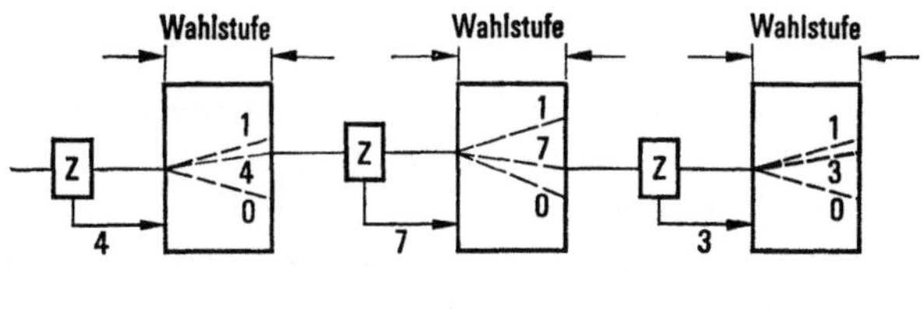

Bild 7.12. Direkt gesteuertes Vermittlungssystem.

Im *direkt gesteuerten System* (Bild 7.12) liegen die Ziffernempfänger vor jeder Wahlstufe. Eine *Wahlstufe* kann dabei aus einer oder mehreren Koppelstufen bestehen und führt bestimmte Funktionen aus, wie sie weiter unten z. B. mit *Teilnehmerwahlstufe* und *Richtungswahlstufe* beschrieben sind. Jeder Ziffernempfänger nimmt nur eine Ziffer auf, die zur Durchschaltung der nachfolgenden Wahlstufe verwendet wird, im Bild nacheinander 4-7-3. Zum Verständnis sei noch bemerkt, daß die Vermittlungstechniker ihre dekadische Zählung mit 1 beginnen und die 0 hinter die 9 setzen. Jede Ziffer gibt die Richtung an, in welcher ein Weg durch die Wahlstufe aufgebaut werden soll. Die Durchschaltung erfolgt unmittelbar mit oder nach Aufnahme der Ziffer, noch bevor die nächste

Ziffer gewählt wird; damit wird die nächste Ziffer bereits vom Ziffernempfänger der folgenden Wahlstufe aufgenommen. Man spricht von einer mit der Wahl *schritthaltenden Durchschaltung.*

Anders liegen die Verhältnisse beim *indirekt gesteuerten System* (Bild 7.13). Dort wird in sog. *Registern* zunächst die gewählte Rufnummer 473... ganz oder zum großen Teil aufgenommen. Anschließend wird ein Weg über eine aus vielen Koppelstufen bestehende Wahlstufe zur gewünschten Ausgangsrichtung oder zum Ziel durchgeschaltet. Im Gegensatz zur schritthaltenden Durchschaltung kann man von einer *weitspannenden Durchschaltung* sprechen, da in einem Vorgang über viele Koppelstufen vermittelt wird. Allerdings gibt es auch Systemvarianten, bei denen trotz Verwendung von Registern nacheinander über mehrere Wahlstufen durchgeschaltet wird. Hier soll darauf nicht näher eingegangen werden.

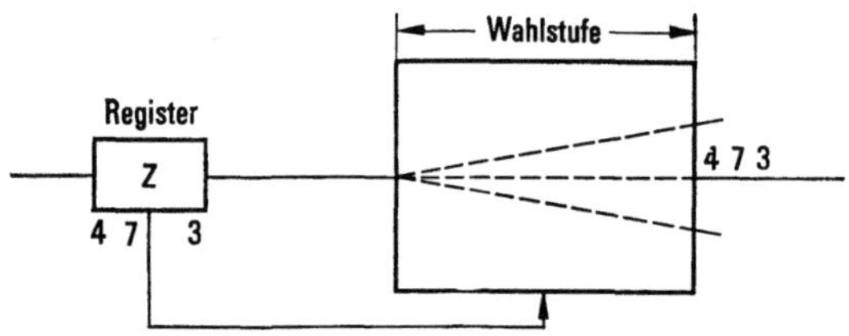

Bild 7.13. Indirekt gesteuertes Vermittlungssystem.

Die Ziffernaufnahme und damit zusammenhängend die sog. *Verbindungsüberwachung*, die das Gesprächsende erkennen soll, erfordern einen gewissen Aufwand, den man ungern jedem Teilnehmer individuell zuordnet. Deshalb fügt man eine konzentrierende *Teilnehmerwahlstufe* ein (Bild 7.14), in einfacher Form z. B. *Anrufsucher* genannt, hinter der die Schaltungen zur Verbindungsüberwachung und oft auch zur Ziffernaufnahme nur in einer verringerten Zahl notwendig sind, die etwa der wahrscheinlichen Anzahl gleichzeitig bestehender Verbindungen entspricht. Anschließend werden die Verbindungen über verteilende *Richtungswahlstufen* zum Ziel hergestellt.

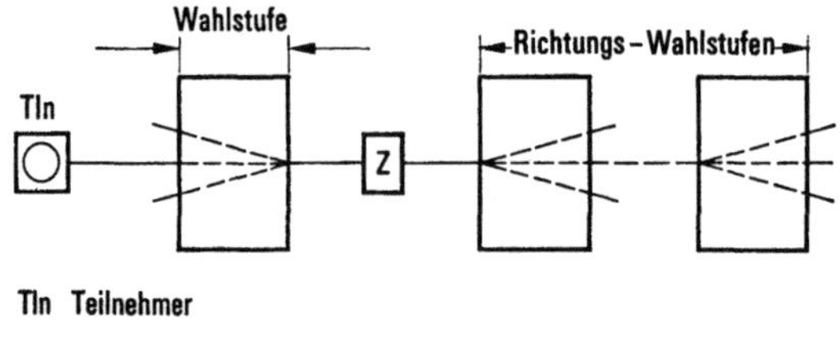

Bild 7.14. Konzentrations- und Verteilungsstufen.

7.3.2. Speicherprogrammierte Vermittlungssysteme

In der „klassischen Vermittlungstechnik“ werden in der Hauptsache elektromechanische Wähler und Relais verwendet. Steuerungsabläufe sind — im Sinne des Abschnitts 4 — in „verdrahteten Programmen“ realisiert, die schon bei relativ geringen Funktionsinhalten (im Vergleich mit den Funktionsinhalten „gespeicherter Programme“) zu komplizierten Schaltungen führen. Jedoch haben die Vermittlungssysteme dieser Kategorie einen Wirtschaftlichkeitsstandard gesetzt, den elektronische Systeme lange Zeit nicht erreichen konnten.

Dies hat sich seit Ende der 60er Jahre dank der ständig sinkenden Kosten für elektronische, integrierte Schaltkreise (Abschnitt 5.2) gewandelt. Am Beginn dieser Entwicklung standen aber nicht so sehr wirtschaftliche Überlegungen wie vielmehr Wünsche nach der Ausweitung des Funktionsumfangs der Vermittlungssysteme. Neue *Leistungsmerkmale* sollen einerseits dem Netz*träger* die Verwaltung und den Betrieb des ständig wachsenden Netzes erleichtern, andererseits dem Netz*teilnehmer* mehr Komfort bei der Nutzung des Netzes bieten. Hierfür zwei Beispiele:

Vollautomatische Verarbeitung der Gebührendaten. In heutigen Vermittlungssystemen werden die Gesprächsgebühreneinheiten als elektrische Impulse auf elektromechanische Rollenzählwerke geleitet und dort als optische Anzeige gespeichert. Die Zählerstände werden einmal im Monat photographiert und anschließend durch Lesegeräte vom optischen Bild in maschinell lesbare Belege umgesetzt, die zu weiterer Datenverarbeitung passen. Dieser arbeitsintensive und zeitraubende Umweg kann eingespart werden, wenn die Gebühreneinheiten von vornherein in elektronischen Speichern fernabrufbar gespeichert werden.

Kurzrufnummern. Häufig benutzte Rufnummern können je Teilnehmer in der Vermittlungsstelle gespeichert und vom Teilnehmer durch Wählen eines Kurzcodes abgerufen werden. Damit wird die Rufnummernwahl erheblich erleichtert. (Dies läßt sich auch mit dezentralen Einrichtungen beim Teilnehmer erreichen.)

Wie diese Beispiele bereits zeigen, erfordert eine Ausweitung der System-Leistungsmerkmale in erster Linie eine stärkere Speicherorientierung der Vermittlungsfunktionen. Mit dem Einsatz von elektronischen Speichern verbunden ist folgerichtig der Schritt zum Verfahren des „gespeicherten Programms“ (*S*tored *P*rogram *C*ontrol SPC), wobei man gleichzeitig die Prinzipien universeller Schalteinrichtungen — also Computer-Prinzipien — übernimmt. In einer „ersten Generation“ rechnergesteuerter Vermittlungssysteme war man aus wirtschaftlichen

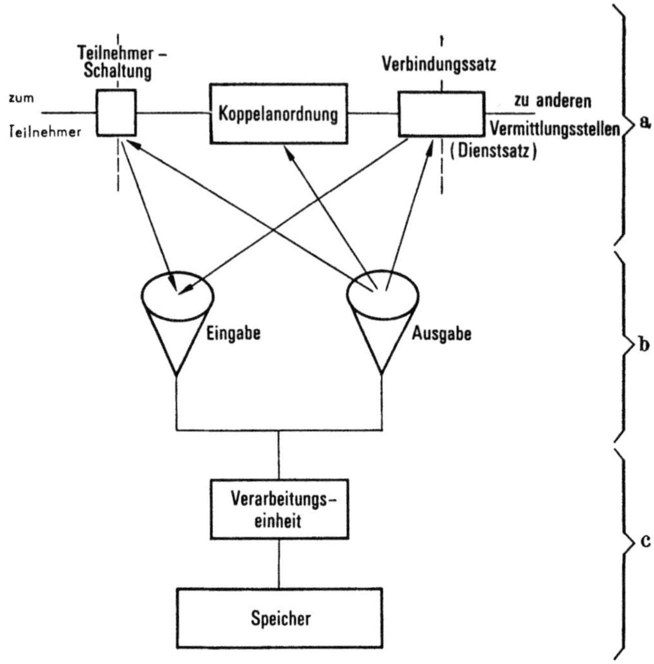

Bild 7.15a–c. Grundstruktur eines speicherprogrammierten Vermittlungssystems. a) Vermittlungstechnische Peripherie; b) Zugriffsysteme; c) Zentrale Steuerung.

Gründen gezwungen, die Speicherfunktionen zu konzentrieren, so daß man mit großen Speichern relativ günstige Kosten je Speicherbit erreichte. Dies führte zu ausgesprochen *zentral* gesteuerten Vermittlungssystemen [7.4].

Bild 7.5 zeigt schematisch die Grundstruktur eines solchen speicherprogrammierten Vermittlungssystems mit zentraler Steuerung durch einen „Prozeßrechner". Es besteht aus folgenden Komponenten:

a) *Vermittlungstechnische Peripherie*: Sie enthält die Koppelanordnung und Schaltungen zur Aufnahme der Wahlinformation, zur Verbindungsüberwachung usw., wie in Abschnitt 7.3.1 bereits beschrieben. Im Bild sind gezeichnet: Teilnehmerschaltung, Verbindungssatz beziehungsweise — ähnlich wie der Verbindungssatz angeschlossen — Dienstsatz. Die Funktion der Teilnehmerschaltung wurde bereits in Abschnitt 7.1.2.1 erläutert. Verbindungssätze übernehmen u. a. die erwähnte Aufgabe der Verbindungsüberwachung. Dienstsätze sind für die Wahlaufnahme, für die Weitergabe der Wahlinformation an andere Vermittlungsstellen, für Prüfvorgänge und andere nicht ständig für eine Verbindung notwendige Funktionen vorgesehen.

b) *Zugriffsysteme*: Sie besorgen die Anpassung und den Transport von Steuerungsinformationen zwischen vermittlungstechnischer Peripherie und zentraler Steuerung. Durch die mit „Eingabe“ und „Ausgabe“ gekennzeichneten Trichter ist ihre Funktion angedeutet. Dabei werden die in der Form „1 von *n*“ in der Peripherie existenten Steuerungsinformationen in einen für den zentralen Rechner verständlichen Code umgesetzt. Beispiel: Hängt einer von 10000 Teilnehmern einer Vermittlungsstelle seinen Handapparat aus und aktiviert damit seine Teilnehmerschaltung, so muß diese periphere Information zur Eingabe in die Verarbeitungseinheit der zentralen Steuerung z. B. in einen 14stelligen Binärcode umgesetzt werden.

c) *Zentrale Steuerung*: Sie besteht aus dem eigentlichen Rechner, der *Verarbeitungseinheit*, aus internen und externen *Speichern* für Programme und Informationen sowie (nicht gezeigt) aus *Bedienelementen*, mittels derer sich das Bedienungspersonal mit dem Rechner verständigen kann, und aus *Datenanschlüssen* zur Signalisierung (Abschnitt 7.1.2.2) und zur Fernbedienung der Vermittlungsstelle.

Mit den immer höheren Integrationsgraden von Halbleiter-Speicherschaltkreisen (Abschnitt 5.3) linearisierten sich die Speicherkosten in Abhängigkeit von der Speichergröße. Dies und das Vordringen der Mikrocomputer führten in der folgenden Systemgeneration wieder zu einer gewissen Dezentralisierung von Funktionen. Darüber hinaus aber ergibt sich durch die einsetzende *Digitalisierung des Fernsprechnetzes* eine völlig andere Technologie der vermittlungstechnischen Peripherie. Ausschnitte dieser neuen Generation digitaler Fernsprechvermittlungen werden in Abschnitt 9 an Beispielen erläutert.

7.3.3. Zentralisierungsgrad der Steuerung

Aus den bisher geschilderten Steuerungsfunktionen und Steuerungsprinzipien wird klar, daß es in den Vermittlungssystemen Funktionen und Geräte sehr verschiedenen Zentralisierungsgrades gibt. Völlig dezentralisierte Funktionen kommen der *Teilnehmerschaltung* zu, die jedem Teilnehmer individuell zugeordnet ist und das Aushängen des Handapparates erkennt. *Verbindungssätze* sind einer Verbindung für deren Dauer zugeordnet und nehmen Funktionen wie „Versorgung mit Speisestrom“ (Abschnitt 7.1.2.1) oder „Verbindungsüberwachung“ (Abschnitt 7.3.1) wahr. *Register* (Abschnitt 7.3.1), die zu den Dienstsätzen gehören, sind einer Verbindung nur für die Dauer des Verbindungsaufbaus zugeordnet und damit noch stärker zentralisiert. Den höchsten Zentralisierungsgrad erreicht die im vorigen Abschnitt erwähnte programmierte, zentrale Steuerung eines Vermittlungssystems.

Je stärker der Zentralisierungsgrad der Steuerung ist, desto mehr Aufmerksamkeit und Aufwand muß dem Problem gewidmet werden, den Betrieb auch bei Störungen von zentralen Steuereinrichtungen aufrechtzuerhalten. Das erfordert neben Überwachungsmaßnahmen die Verdopplung zentraler Steuerungseinrichtungen. Hierauf wurde bereits in Abschnitt 4.3.2 eingegangen.

Diese Problematik gibt es praktisch nicht bei den in Abschnitt 7.3.1 erwähnten direkt gesteuerten Vermittlungssystemen. Da sie wegen der verhältnismäßig einfachen Vermittlungsaufgaben mit dezentralisierten Steuerungen auskommen, wirkt sich eine Störung meist nur in geringfügigen Verkehrseinschränkungen aus.

Mit der teilweisen Dezentralisierung von Funktionen in Vermittlungssystemen der zuvor erwähnten neuen Generation bietet sich ein guter Kompromiß an: Bei hohem Stand der Leistungsmerkmale werden die Sicherheitsprobleme merklich entschärft.

7.4. Netzstrukturen

Wenn man von Ballungszentren absieht, ist es nicht zweckmäßig, mehr als etwa 10000 Teilnehmer an eine Vermittlungsstelle anzuschließen, weil dann der Einzugsbereich zu groß und damit die Anschlußleitungen unwirtschaftlich lang werden. Deshalb muß man für größere Teilnehmerzahlen *Netzverbände* schaffen, in denen mehrere, untereinander verbundene Vermittlungsstellen einen Verkehr über mehrere Vermittlungen hinweg ermöglichen. Das gleiche Problem stellt sich für die Landesfernwahl und die weltweite Fernwahl. Im Rahmen einer einführenden Betrachtung wird es genügen, nach einer Schilderung der grundsätzlichen Netzformen auf die Verhältnisse des Fernsprechnetzes in großen Ortsverbänden und in der Landesfernwahl einzugehen.

7.4.1. Grundsätzliche Strukturformen von Nachrichtennetzen

Zur Verbindung mehrerer Vermittlungsstellen, an die Teilnehmer angeschlossen sind, gibt es im wesentlichen zwei Möglichkeiten:

a) Das *Sternnetz* (Bild 7.16). Ein reines Sternnetz verbindet die *Teilnehmervermittlungsstellen* (TVSt), an die die Teilnehmer angeschlossen sind, über eine Hierarchie von *Durchgangsvermittlungsstellen* (DVSt). Es gibt Vermittlungen für reinen Teilnehmerverkehr und reinen Durchgangsverkehr. Zwischen den Vermittlungen werden wenige starke Bündel mit guter Auslastung geführt. Die Steuerungstechnik ist besonders einfach, wenn der Verbindungsaufbau jeweils vom Netzmittelpunkt aus

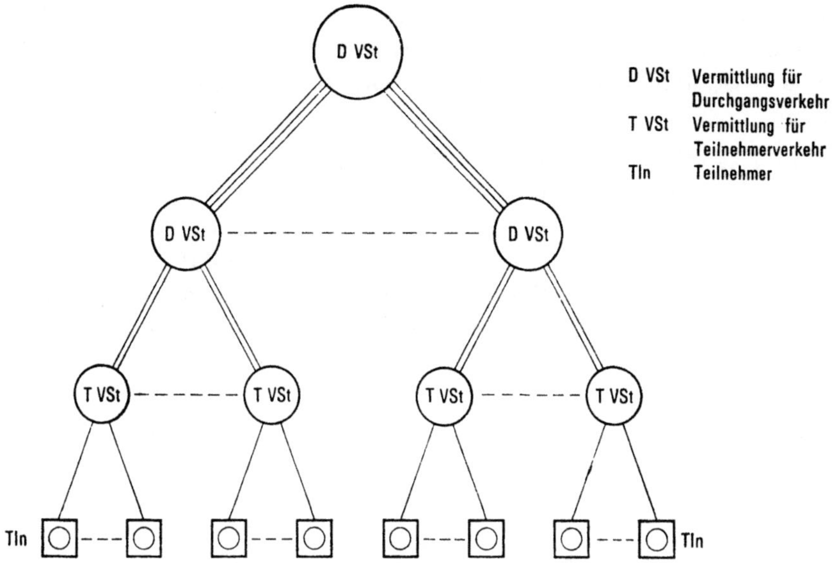

Bild 7.16. Reines Sternnetz.
– – – – – in größerer Anzahl vorhanden.

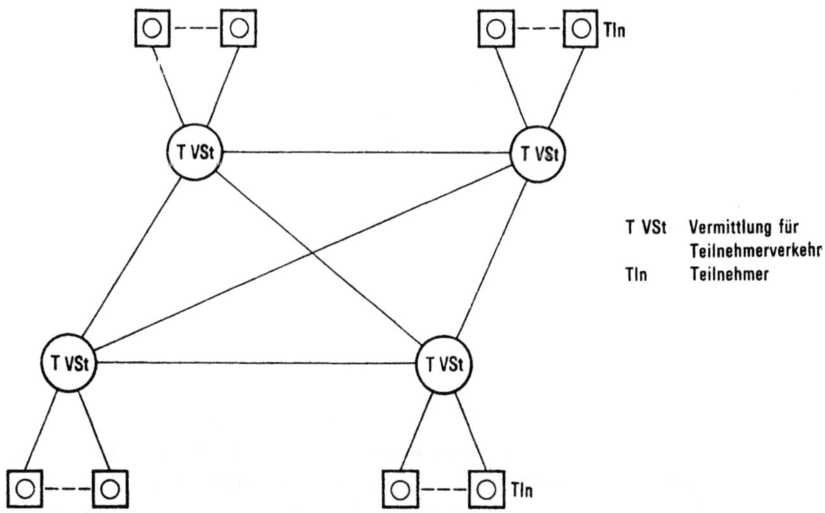

Bild 7.17. Reines Maschennetz.
– – – – – in größerer Anzahl vorhanden.

erfolgt. Ein erheblicher Nachteil des Sternnetzes ist, daß häufig für Verbindungen im Nachbarschaftsverkehr, z. B. zwischen den beiden mittleren TVSt, unnötig lange und damit teure Verbindungswege belegt werden.

b) Das *Maschennetz* (Bild 7.17). Es gibt nur Teilnehmervermittlungsstellen, die sämtlich untereinander vermascht sind. Dadurch ergeben sich sehr viele, teilweise schwache und schlecht ausgenützte Bündel. Die Steuerungstechnik ist u. U. kompliziert, da viele Ziffern für die Bestimmung der Zielvermittlungsstelle ausgewertet werden müssen. Diese Struktur ist jedoch für den Nachbarschaftsverkehr gut geeignet.

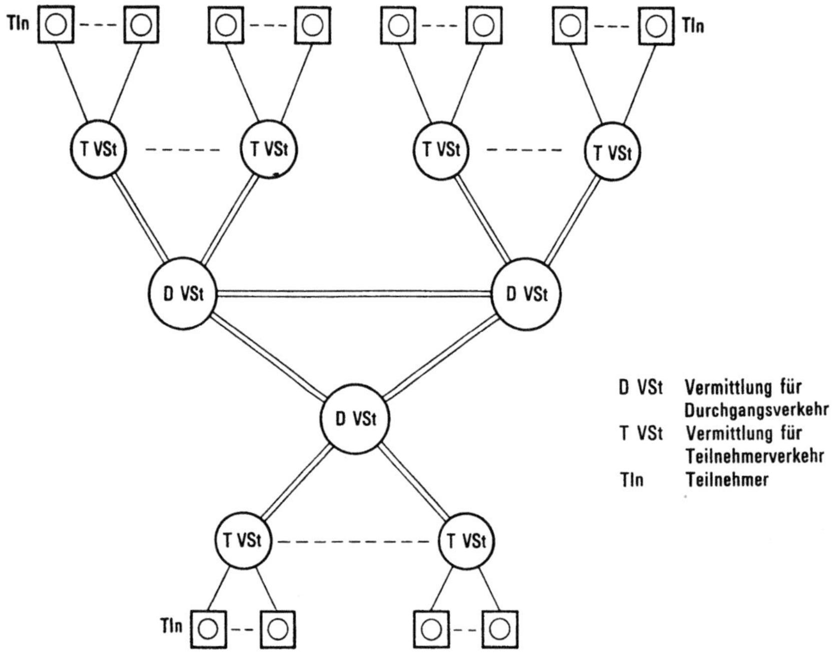

Bild 7.18. Überlagerung von Stern- und Maschennetz.
– – – – – Querweg.

Eine Überlagerung von *Stern-* und *Maschennetz* zeigt Bild 7.18. Wie häufig führt auch hier ein Kompromiß zu einem relativen Optimum. Nur die oberste Netzebene wird vermascht, darunter liegen einzelne Sternnetze. Zusätzlich kann eine Teilvermaschung auf den unteren Netzebenen bei Bedarf vorgenommen werden (gestrichelt gezeichnet).

Von großer Bedeutung ist der Begriff der *alternativen Verkehrslenkung.*

Bild 7.19 erweitert die Verbindungsmöglichkeiten durch mehrere Wege zum selben Ziel. Eine Verbindung von Teilnehmervermittlungsstelle zu Teilnehmervermittlungsstelle wird nach Möglichkeit über den *Erstweg* abgewickelt; wenn dort keine Leitung mehr frei ist, wird der *Zweitweg* bevorzugt, und erst, wenn auch dort sämtliche Leitungen belegt sind, wird der *Letztweg* eingeschlagen. Man nennt Erstweg, Zweitweg usw. auch *Querweg* und den Letztweg *Kennzahlweg*. Diese Anordnung ist zwar steuerungstechnisch recht kompliziert, führt aber zu sehr gut ausgelasteten Leitungen: Da die Querwege noch den *Überlauf* zum Letztweg haben, können sie mit hohem Verlust betrieben werden. Erst der Letztweg muß den geforderten niederen Verlustwert gewährleisten, er besteht aber aus einem starken und damit auch gut ausgelasteten Bündel.

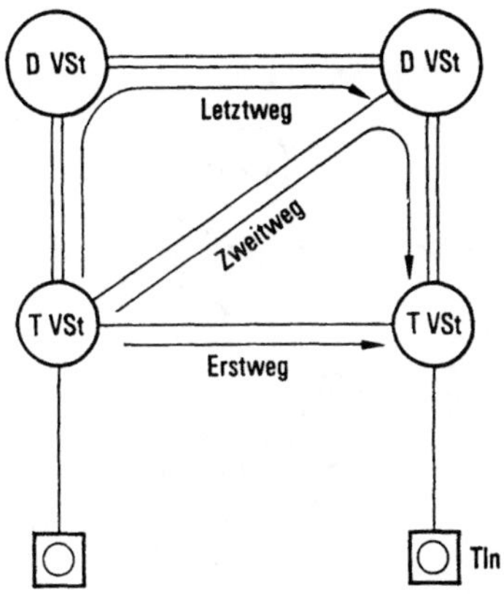

D VSt Vermittlung für Durchgangsverkehr
T VSt Vermittlung für Teilnehmerverkehr
Tln Teilnehmer

Bild 7.19. Prinzip der alternativen Verkehrslenkung.

7.4.2. Struktur großer Fernsprech-Ortsnetze

Große Ortsnetze können einige 10 bis weit über 100 Vermittlungsstellen enthalten. Die Strukturierung eines solchen Netzes, d. h. die Größe und Lage der Vermittlungsstellen, der Vermaschungsgrad und die Stärke der Bündel, ist neben anderen Faktoren von den Steuerungsprinzipien der verwendeten Vermittlungssysteme abhängig. Speicherprogrammierte Vermittlungssysteme (vgl. Abschnitt 7.3.2) bieten hierbei die größten Freiheitsgrade.

Ein Ortsnetz bildet im allgemeinen einen einheitlichen *Numerierungsbereich*. Die Rufnummern setzen sich zusammen aus der eigentlichen

Teilnehmernummer, die den Anschluß des Teilnehmers an der Vermittlungsstelle bezeichnet, und der Kennzahl der Vermittlungsstelle innerhalb des Ortsnetzes. So wird z. B. in einer Rufnummer 339628 mit 33 die Vermittlungsstelle und mit 9628 der angeschlossene Teilnehmer angegeben. Die Kennzahl der Vermittlungsstelle ist Teil der Rufnummer, d. h. man muß nicht den Stadtteil wissen, in dem der Zielteilnehmer wohnt, um die Kennzahl der zugehörigen Vermittlung zu wählen. Man spricht in diesem Fall von einer *verdeckten Numerierung*.

Als Beispiel sei ein Modell-Ortsnetz betrachtet, wie es mit dem neuen,

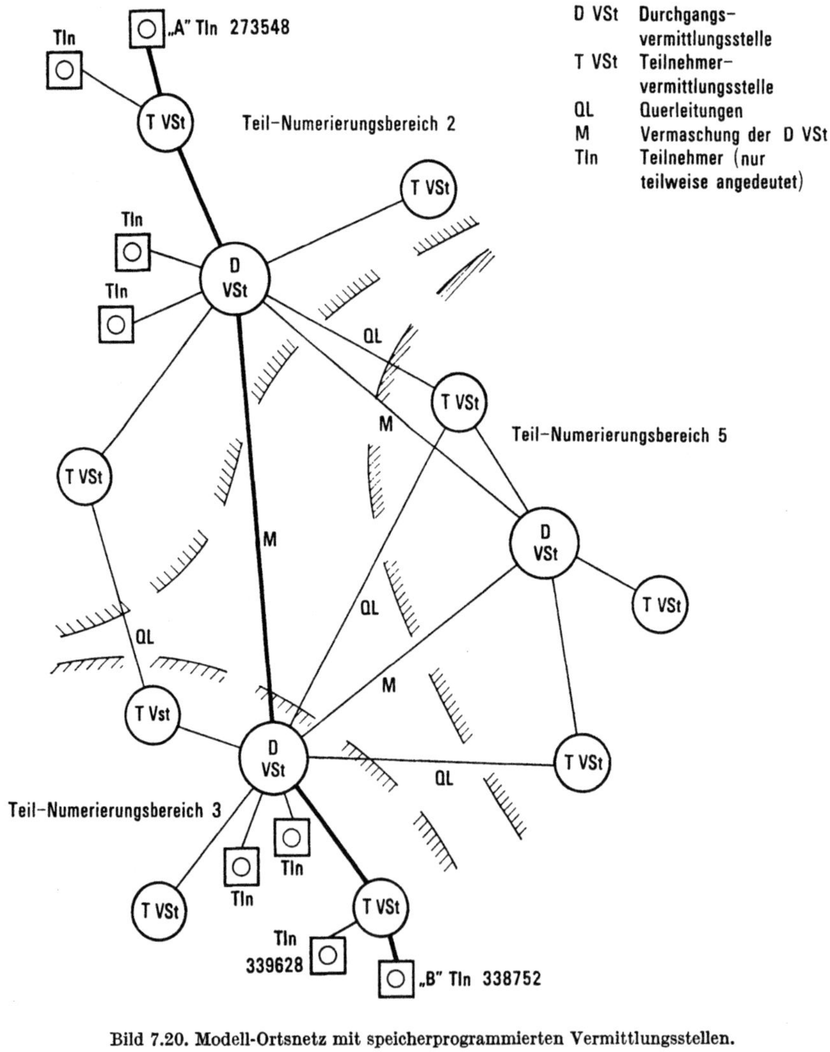

Bild 7.20. Modell-Ortsnetz mit speicherprogrammierten Vermittlungsstellen.

speicherprogrammierten Elektronischen Wählsystem der Deutschen Bundespost ausgebaut werden kann (Bild 7.20). Meist ist dem Ortsnetz von vornherein durch die bereits vorhandenen Einrichtungen eine gewisse Struktur aufgeprägt, in die sich die neue Technik einfügen muß. So sind Lage und Ort von Übertragungsstrecken und Vermittlungsstellen im allgemeinen vorgegeben. Durchgangsvermittlungsstellen (DVSt) bezeichnen Teil-Numerierungsbereiche, in denen die Teilnehmernummern mit derselben Ziffer beginnen. DVSt haben die Aufgabe, den Verkehr zwischen weit entfernten Netzbereichen zu einem starken Bündel zusammenzufassen, da ja — wie in Abschnitt 7.2.4 ausgeführt — solche Bündel eine hohe Leitungs-(Kanal-)Auslastung ermöglichen.

Alle DVSt sind miteinander vermascht. Von den DVSt werden mit kürzeren Bündellängen Teilnehmervermittlungsstellen (TVSt) erreicht. Zusätzlich erlaubt der Einsatz von rechnergesteuerten Vermittlungssystemen die Einführung der alternativen Verkehrslenkung im Ortsnetz. Es können also hochbelastbare Querleitungen (QL) zwischen TVSt untereinander sowie zwischen TVSt und DVSt geschaltet werden. In der Praxis wird die Trennung zwischen DVSt und TVSt nicht streng eingehalten; so lassen sich Teilnehmer auch an DVSt anschließen. Auf diese Weise besteht große Freizügigkeit bei der Netzgestaltung in großen Ortsnetzen, welche die Zwänge mildert, die sich aus dem vorhandenen Netz für die Einführungsstrategie bei neuen Vermittlungssystemen ergeben können. Im Bild 7.20 ist als Beispiel eine Verbindung zwischen den Teilnehmern 273548 und 338752 (dick) ausgezogen eingetragen.

7.4.3. Struktur des deutschen Landesfernwahlnetzes

Hier verwendet man eine *offene Numerierung*, bei der man vor der örtlichen Teilnehmerrufnummer die Ortskennzahl wählen muß. Das Verfahren hat den Vorteil, daß man für die Vielzahl der Ortsgespräche eine verkürzte Rufnummer wählen kann. Die Struktur ist an einem Beispiel in Bild 7.21 gezeigt, aus dem man auch die Bedeutung und die Bestandteile der *Ortskennzahl* entnehmen kann.

Die Struktur entspricht der des Bildes 7.18, wobei die oberste, voll vermaschte Hierarchiestufe durch die *Zentralvermittlungsstellen* (ZVSt) gebildet wird. In der Bundesrepublik Deutschland sind Berlin, Düsseldorf, Hamburg, Hannover, Frankfurt, Stuttgart, München und Nürnberg Sitz von Zentralvermittlungsstellen. Unter den Zentralvermittlungsstellen sind sternförmig in Hierarchiestufen *Hauptvermittlungsstellen* (HVSt), *Knotenvermittlungsstellen* (KVSt) und *Endvermittlungsstellen* (EVSt) angegliedert. Das Sternnetz ist durch Querwege aufgelockert, die

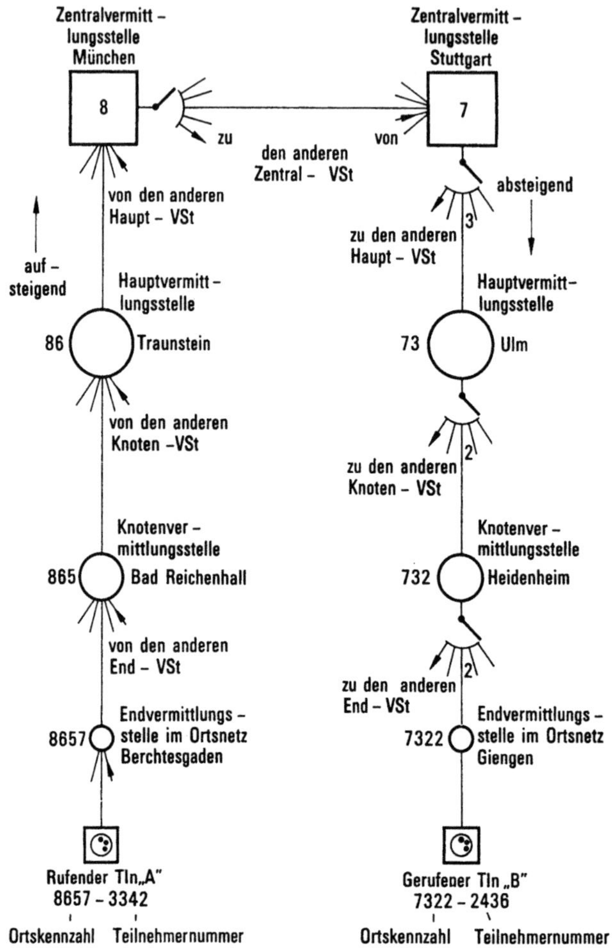

Bild 7.21. Der Verbindungsweg in der Landesfernwahl Deutschland ohne Querverbindungen.

im zur obersten Netzebene *aufsteigenden* Verkehr von Ursprungs-KVSt oder -HVSt zu Ziel-KVSt oder -HVSt führen können.

Der von der Ursprungs-ZVSt *absteigende* Verkehr verläuft stets auf dem Kennzahlweg. Diese Aussagen gelten für das Landesfernwahlnetz in seiner „klassischen" Struktur. Mit der Einführung digitaler Netze (Abschnitt 9) mit rechnergesteuerten Vermittlungssystemen ergeben sich auch hier Freiheitsgrade, die ein Abweichen von der starren Hierarchie und modifizierte Prinzipien der alternativen Verkehrslenkung möglich machen.

7.5. Schlußbemerkung

Abschnitt 7 dieses Buches hat sich zur Aufgabe gesetzt, eine gedrängte Übersicht über den heutigen Stand der Nachrichten-Vermittlungstechnik zu geben. Er will ferner das Verständnis des Abschnitts 9 erleichtern. Das Gesagte kann weder den Anspruch auf Vollständigkeit noch auf ausreichend gründliche Behandlung der betrachteten Probleme erheben. Für Leser, die sich breiter informieren und auch in Einzelheiten eindringen wollen, seien aus der Fülle geeigneter Literatur die Quellen [7.4—7.8] herausgegriffen.

8. Nachrichten-Übertragungstechnik

8.1. Der Weg zur Digital-Übertragung

Schon in den zwanziger Jahren wurde die Trägerfrequenz-Technik auf Freileitungen benutzt. In den dreißiger Jahren folgte dann die Anwendung auf leicht bespulten Kabelleitungen. Im Jahre 1946 hat das CCITT die 12-Kanal-Grundgruppe in der Frequenzlage 60 kHz bis 108 kHz genormt. Seitdem wurden von der Industrie Übertragungseinrichtungen geschaffen, die für eine frequenzmäßige Bündelung von 12, 60, 120, 300, 900, 2700, 3600 und 10800 Sprechkanälen ausgelegt sind [8.1]. Die zur Übertragung notwendigen Bandbreiten reichen im Basisband bis zu 60 MHz. In rund 30 Jahren ist in dieser Technik mit Leitungen und Richtfunk ein Kommunikationsnetz aufgebaut worden, das den in der Analogtechnik gestellten Forderungen in jeder Hinsicht genügt.

Die Grundlagen der im ersten Band ausführlich beschriebenen Pulsmodulationsarten waren zwar auch schon Ende der dreißiger Jahre bekannt. Obwohl sie alle prinzipiell als Übertragungsverfahren geeignet sind, bot sich im Zeitalter der Röhrentechnik für eine Anwendung, zumal auf Leitungen, kein großer wirtschaftlicher Anreiz. In den USA wurden erste Versuchssysteme für sehr kleine Kanalzahlen in den vierziger Jahren entwickelt. In der Bundesrepublik Deutschland wurde Anfang der sechziger Jahre ein Versuchsbetrieb durch Anwendung der Pulsphasen-Modulation mit zeitlicher Bündelung zur Mehrfachausnutzung von Ortsleitungen aufgenommen [8.2]. In der Richtfunktechnik zeichneten sich konkurrierende Verfahren — hauptsächlich die Frequenzmodulation — ebenfalls nicht durch die in der Leitungstechnik übliche Sparsamkeit an Frequenzband aus, so daß hier die Startbedingungen für die Anwendung der Pulsmodulation günstiger waren. Anfang der fünfziger Jahre wurden Richtfunksysteme eingesetzt, mit denen pulsphasenmodulierte Signale durch Amplitudenmodulation in das Frequenzband des Richtfunks verlagert wurden [8.3]. Eine andere störungsmindernde Kombination von Modulationsverfahren besteht darin, pulsamplitudenmodulierte Signale mit zeitlicher Bündelung und nachfolgender Frequenzmodulation zu übertragen. Eine Anwendung dieses Verfahrens wurde für den Stereophonie-Rundfunk im Ultrakurzwellenbereich vorgeschlagen [8.4]. Ein wirklicher Einbruch der Pulsmodulation in die bestehende Technik war jedoch erst nach der Erfindung des Transistors möglich. Preisgünstige digitale Bausteine boten dann besondere Vorteile für die Technik der Pulscode-Modulation (PCM).

Das Startsignal für eine moderne Digital-Übertragungstechnik wurde in Europa mit der Normung des Systems PCM 30 durch die CEPT[1] im Jahre 1968 gegeben; dieses System wurde dann auch durch CCITT empfohlen. Sieben Jahre später wurde mit dem System PCM 30E das erste Digital-Übertragungssystem in Einheitstechnik in das Netz der Deutschen Bundespost eingeführt. Es stellt sich die Frage, wie lange es dauern wird, bis sich eine digitale Kommunikationstechnik so ausgebreitet hat, wie es heute bei der analogen Technik der Fall ist. Zwei Tatsachen sind bei einer solchen Abschätzung zu beachten [8.5]:

1. Die Digitaltechnik mußte sich im Gegensatz zur analogen Frequenzmultiplextechnik gegen diese bereits existierende Technik durchsetzen.

2. Die technischen Probleme und der Umfang der Entwicklung für ein weltweites digitales Nachrichtennetz sind gewaltig. So werden Digitalsysteme nur schrittweise eingeführt, wobei ständig Kompatibilitätsforderungen mit bestehenden Systemen — insbesondere auch solchen der Vermittlungstechnik — erfüllt werden müssen.

Bevor auf die Digital-Übertragungstechnik näher eingegangen wird, sollen zusammengefaßt einige Vorteile herausgestellt werden, die für die Anwendung dieser Technik sprechen [8.6].

Bild 8.1 zeigt qualitativ die Signal-Geräusch-Verhältnisse entlang einer Übertragungsstrecke. Sowohl bei analoger als auch bei digitaler Übertragung unterliegt die Signalleistung P der Streckendämpfung, die abschnittsweise durch Verstärker wieder aufgehoben wird. Ein wesentlicher Unterschied besteht jedoch in der aufgelaufenen Geräuschleistung N. Bei analoger Übertragung (N_a) wird diese in linearen Verstärkern jeweils um den gleichen Faktor angehoben wie das Nutzsignal, wobei sich die innerhalb jedes Abschnittes hinzugekommenen Geräusche akkumulieren (strichlierte Einhüllende). Im Gegensatz dazu wird bei digitaler Übertragung (N_d) mit Hilfe von regenerierenden Verstärkern das Signal von den aufgelaufenen Geräuschen jeweils wieder weitgehend befreit. Verbleibende Geräusche wirken sich lediglich als Bitfehler und Jitter (statistische Schwankungen der Pulsperiodizität) aus. Infolge der abschnittsweisen Regenerierung addieren sich nur die Bitfehler und nicht die Geräusche. Eine geringe Erhöhung des Signal-Geräusch-Abstandes

[1] Conférence Européenne des Administrations des Postes et des Télécommunications.

führt zu einer erheblichen Erniedrigung der Bitfehlerhäufigkeit (Bild I.10.36). Das gilt im Prinzip für alle Übertragungsmedien. Damit ist die Übertragungsqualität weitgehend unabhängig von der Entfernung und der Übertragungsart. Dieser wohl wichtigste Vorteil der digitalen Übertragung hat besonderes Gewicht für extrem gestörte Übertragungswege, wie z. B. in der Raumfahrt oder zu den interplanetarischen Sonden.

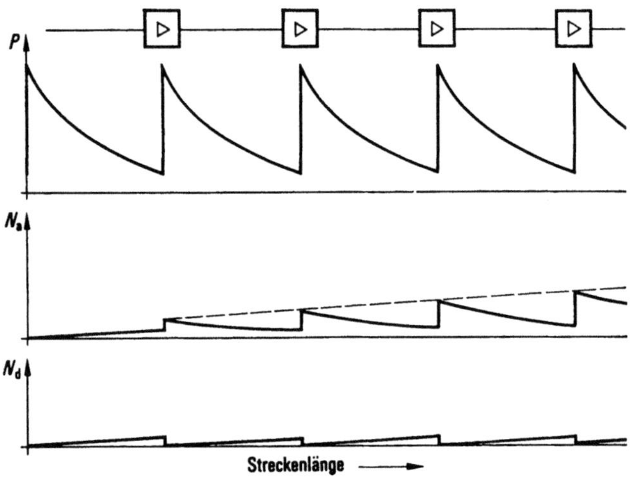

Bild 8.1. Signal-Geräusch-Verhältnisse entlang einer Übertragungsstrecke.
P Signalleistung;
N_a Geräuschleistung bei analoger Übertragung;
N_d Geräuschleistung bei digitaler Übertragung.

Das Multiplexen, Demultiplexen, Abzweigen und Vermitteln von Digitalsignalen erzeugt, außer einem gewissen, für die Qualität unerheblichen Jitter, keine zusätzlichen Störungen, z. B. Geräusche wie in der Analogtechnik; es kann daher, wann immer notwendig, vorgenommen werden. Da ferner in einem Digitalsignal bei der Übertragung sämtliche Bits in gleicher Weise Störungen ausgesetzt sind, werden alle Zeitmultiplexkanäle gleichwertig behandelt. Es gibt also keine benachteiligten Kanäle wie z. B. in der Trägerfrequenz-Technik an den Grenzen des Übertragungsbandes.

Pegelschwankungen im Verlauf der Übertragung sind ohne Einfluß auf das im Empfänger zurückgewonnene primäre Signal. Mit der Quantisierung sind lediglich geringfügige Restdämpfungsänderungen verbunden (Abschnitt I.10.1.7.4). In der Trägerfrequenz-Technik bedarf es dagegen aufwendiger Einrichtungen, um die Pegel annähernd konstant zu halten.

Es gibt Fälle, in denen die Erweiterung des Nachrichtenflusses auf bestehenden Übertragungsmedien nur mit Hilfe der Digitaltechnik sinnvoll ist. Ein Beispiel hierfür ist die Mehrfachausnutzung von Ortsverbindungsleitungen (siehe Abschnitt 8.4.2). Darüber hinaus gibt es Medien, die infolge ihrer physikalischen Eigenschaften von vornherein für die Anwendung digitaler Übertragungsverfahren prädestiniert sind. Hierzu gehört insbesondere der Lichtwellenleiter (siehe Abschnitt 8.4.5).

Bei digitaler Übertragung braucht man in keiner Weise auf die Eigenarten des ursprünglichen primären Signals Rücksicht zu nehmen. Kennzeichen einer Digitalverbindung ist im wesentlichen nur der mit ihr zu übertragende Nachrichtenfluß, den man in bit/s mißt. So können beispielsweise Kabel- und Funkwege in beliebiger Weise miteinander verknüpft werden, wenn in den Knoten oder Schnittstellen die Bedingungen für den ankommenden und den abgehenden Nachrichtenfluß erfüllt sind. Diese einfache Kompatibilität ist bei analoger Übertragung nicht zu erreichen. Das gilt in gleicher Weise für die Kompatibilität der primären Signalarten. Bei der Übertragung können Digitalsignale mit beliebig anderen ausgetauscht werden, wenn sie in ihrem Nachrichtenfluß übereinstimmen.

Mit der Digitalisierung analoger Signale können auch zusätzliche Erleichterungen bei der Übertragung verbunden sein. Mit Hilfe redundanzmindernder Codierverfahren kann der notwendige Nachrichtenfluß unter Umständen erheblich reduziert werden. Besonders rationell ist die Digital-Übertragungstechnik, wenn bereits die Signalquellen Digitalsignale abgeben, z. B. Daten in codierter Form; über einen digitalen Sprechkanal kann man etwa zwanzigmal soviel Daten übertragen wie über einen analogen. Das Umschichten oder Zwischenspeichern von Digitalsignalen ist prinzipiell problemlos.

Unabhängig von der Einführung der Digitaltechnik wird man auch in Zukunft mit einem stetigen Zuwachs an Übertragungskanälen rechnen müssen. Die Forderungen an Wartungsaufwand und Zuverlässigkeit werden mindestens in gleicher Weise steigen. Es ist zu erwarten, daß die Digitaltechnik in beiden Fällen Vorteile bringen wird.

Voraussetzung für die im Abschnitt 9 behandelten Möglichkeiten des Aufbaus integrierter Nachrichtennetze ist das Vorhandensein digitaler oder digitalisierter Signale. Geplante Systeme werden in diesem Zusammenhang in der Regel um so rationeller sein, je lückenloser sie digitalisiert sind; Analog-Digital- und Digital-Analog-Umsetzer gibt es dann nur noch im Signalgeber und -empfänger, nicht jedoch im Verlaufe der Übertragung.

Verfolgt man die Entwicklung der für den Einsatz in der Nachrichten-Übertragungstechnik geeigneten Bauelemente, so zeigt sich, daß mit der modernen Schaltkreistechnik Möglichkeiten gefunden wurden, Produktion und Einsatz wirtschaftlicher zu gestalten als mit den Mitteln der Analogtechnik. Sicher ist der Anreiz, der zu diesen Fortschritten führte, in hohem Maße von der Entwicklung der Datenverarbeitungsanlagen ausgegangen; die Teilhaberschaft der Nachrichtentechnik wird aber immer größer.

Von den Technikern der AT & T[1], die im US-Bundesstaat Massachusetts bereits ein umfangreiches PCM-Netz betreibt, wird besonders die „Stille" in den PCM-Fernsprechkanälen hervorgehoben. Die üblichen Störgeräusche, die z. B. durch vermittlungstechnische Zeichengabe älterer Wählsysteme oder Starkstrombeeinflussung über Leitungsunsymmetrie entstehen, fehlen völlig. Man darf daher den Einsatz von Digitalsystemen nicht nur vom Gesichtspunkt der Wirtschaftlichkeit im Vergleich zu den anderen Techniken betrachten, sondern muß auch die Fortschritte hinsichtlich der Qualität und der Leistungsmerkmale berücksichtigen.

All diese, gegenüber der Analog-Übertragungstechnik oft auch mit „Robustheit" beschriebenen Vorteile müssen mit dem Preis einer Bandbreitenerhöhung bezahlt werden. Die rasche Entwicklung der Technik von Digital-Übertragungssystemen zeigt jedoch, daß diese heute vielfach betrieblich und wirtschaftlich konkurrenzfähig sind. Dagegen dürften die *kontinuierlichen* Pulsmodulationsarten bis auf sehr spezielle Anwendungsfälle keine wesentliche Rolle bei der Signalübertragung spielen; lediglich in den Endeinrichtungen werden sie als Zwischenmodulation beim Übergang zu den digitalen Modulationsarten benutzt. In diesem Sinne soll der Inhalt des Abschnittes 8 auf die Behandlung der Digital-Übertragungstechnik beschränkt bleiben.

8.2. Prinzipieller Aufbau eines Digital-Übertragungssystems

Es ist zweckmäßig, Digital-Übertragungssysteme ähnlich wie Analogsysteme in Endeinrichtungen[2] und Streckeneinrichtungen einzuteilen. Nach einigen grundsätzlichen Betrachtungen hierzu in den beiden folgenden Unterabschnitten wird im Abschnitt 8.3 auf die Digitalisierung der wichtigsten Primärsignale eingegangen. Im Abschnitt 8.4 werden dann die Übertragungsmedien der Nachrichtentechnik in ihrer Eignung für Digitalsignale behandelt. Sowohl aus den Forderungen der Endeinrichtungen als aus den Möglichkeiten der Streckeneinrichtungen ergeben sich Werte für den Nachrichtenfluß, die zu einer Hierarchie von Digitalsystemen führen, wie sie im Abschnitt 8.5 beschrieben ist.

---

[1] American Telephone and Telegraph Company.

[2] Innerhalb des Abschnittes 8 werden unter Endeinrichtungen die für die Nachrichten-*Übertragungstechnik* erforderlichen Modulations- und Bündelungseinrichtungen verstanden, nicht dagegen diejenigen Einrichtungen, die das Signal einer Quelle in ein elektrisches Signal bzw. ein elektrisches Signal in ein Signal für die Senke umformen (z. B. Mikrophon oder Lautsprecher).

8.2.1. Grundsätzliches über Endeinrichtungen zur Modulation und Bündelung

8.2.1.1. Prinzipielle Anordnung

Bild 8.2 gibt eine allgemein gültige Übersicht für die prinzipielle Anordnung einer Endeinrichtung. Dabei geht man davon aus, daß in einem Sendeteil (oben im Bild) mehrere digitale und mehrere analoge Eingangssignale in ein gemeinsames Digitalsignal umgesetzt werden sollen. Die Analogsignale werden dazu in einem Analogteil für die weitere Verarbeitung aufbereitet und einem Analog-Digital-Umsetzer zugeführt. Im Digitalteil werden die anfallenden Digitalsignale zeitlich verschachtelt; unter eventueller Einfügung von Zusatzinformationen für Synchronisierung, Überwachung, Kennzeichnung oder ähnlichem entsteht das ausgangsseitige Digitalsignal. Dieses Digitalsignal ist meistens so zusammengestellt, daß in einer periodischen Folge von Pulsrahmen — der n-te ist hier genauer betrachtet — jeweils eine bestimmte Anzahl von m Codewörtern untergebracht ist; jedes Codewort hat seinen Ursprung in einer der beteiligten Signalquellen und besteht aus r_μ bit ($\mu = 1 \cdots m$). Haben die Codewörter alle die *gleiche* Anzahl von r bit, so umfaßt jeder Pulsrahmen mr bit. Die Verbindungen zwischen Analogteil, A-D-Umsetzer und Digitalteil können dabei aus mehreren parallelen Leitungen bestehen.

Sieht man einmal von der Möglichkeit des Einsatzes von Digitalfiltern ab, so ist die wichtigste Aufgabe des Analogteiles, das Frequenz-

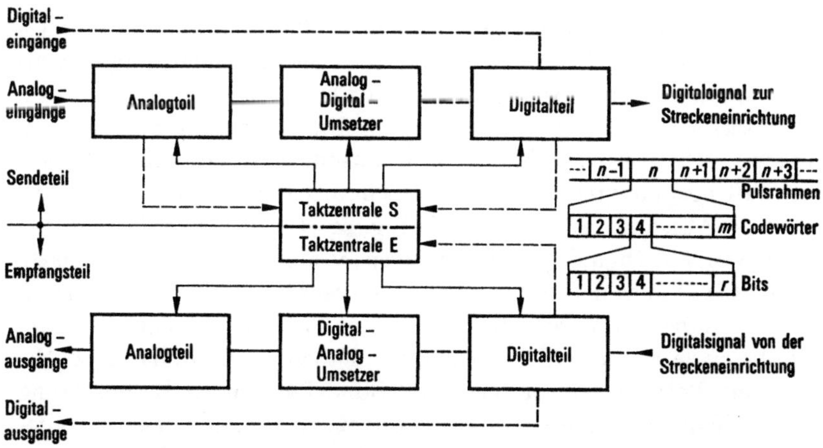

Bild 8.2. Prinzipielle Anordnung der Endeinrichtung eines Digitalsystems.
——— Signalweg (analog); — — — Signalweg (digital); ——— Taktversorgung; – – – Taktsteuerung.

band der Eingangssignale derart zu begrenzen, daß beim Abtastvorgang mit der Abtastfrequenz f_0 keine unerwünschten frequenzmäßig gespiegelten Schwingungen auftreten. Als Eingangssignal für den A-D-Umsetzer wird je nach dessen Wirkungsweise ein pulsamplituden-, pulsdauer- oder pulsphasenmoduliertes Signal erzeugt. Der A-D-Umsetzer quantisiert und codiert die Signale und gibt sie schließlich, falls notwendig, über einen Parallel-Serien-Umsetzer an den Digitalteil. Die Bitfolgefrequenzen der hier zu verschachtelnden Digitalsignale sollten exakt gleich sein oder in einem ganzzahligen Teilerverhältnis zueinander stehen. Ist das nicht der Fall, so muß man Informationsverluste in Kauf nehmen, wenn man das nicht durch zusätzliche Maßnahmen verhindert (Abschnitt 8.3.2). Redundanz- und irrelevanzmindernde Verfahren können schon im Analogteil angewendet werden (Kompandierung, spezieller Dämpfungsgang der Filter, Ausblenden redundanter Signalanteile); meistens werden sie jedoch erst nach der A-D-Umsetzung benützt. Für die Einordnung der zeitlichen Bündelung der Signale läßt sich kein Normalfall angeben. Sie wird je nach Zweckmäßigkeit im Analogteil, im A-D-Umsetzer wie auch im Digitalteil vorgenommen.

Allgemein ist zu sagen, daß hohe Forderungen an Genauigkeit oder Geschwindigkeit durch erhöhten Aufwand reduziert werden können. Das wird an der Gegenüberstellung innerhalb des Bildes 8.3 für die Verarbeitung von vier Signalen s_{1I} bis s_{1IV} klar. In allen vier Beispielen a) bis d) müssen die Signale je für sich in einem Analogteil im obigen Sinne aufbereitet werden. Diese „kanaleigenen" Baugruppen sind, ähnlich wie in der Trägerfrequenz-Technik, meistens der umfangreichere Bestandteil der Endeinrichtungen von Mehrkanalsystemen. Nach Beispiel a) werden die Signale in einem Analog-Multiplexer zeitlich gebündelt und dann in einer gemeinsamen Einrichtung in ein Digitalsignal umgesetzt. Im Gegensatz dazu wird in b) jedes Signal für sich umgesetzt, und erst die einzelnen Digitalsignale werden gebündelt. Dadurch wird zwar die Zahl der Umsetzer vervierfacht; jeder einzelne Umsetzer kann aber viermal langsamer arbeiten. Diese Möglichkeit gewinnt dadurch größere Bedeutung, daß hochintegrierte und damit sehr wirtschaftliche Einzelkanal-Codecs (s. Abschnitt 8.3.1.1) zur Verfügung stehen. Außerdem ist das Multiplexen von Digitalsignalen einfacher, weil hierbei — im Gegensatz zum Multiplexen von Analogsignalen — praktisch keine Nebensprechforderungen gestellt werden müssen. Unter c) ist eine Möglichkeit gezeigt, die einen Kompromiß zwischen den Fällen a) und b) darstellt. Mit d) wird ein Beispiel dafür gezeigt, daß Bündelung und A-D-Umsetzung auch miteinander kombiniert werden können. Geht man von einer Codierung in mehreren Stufen aus, bei der jede Stufe einen Digitalausgang und einen Analogausgang für das Restsignal enthält (vgl. Abschnitt I.10.1.3.4), so ist folgender Weg vorteilhaft: Man führt in vier parallelen Stufen zu-

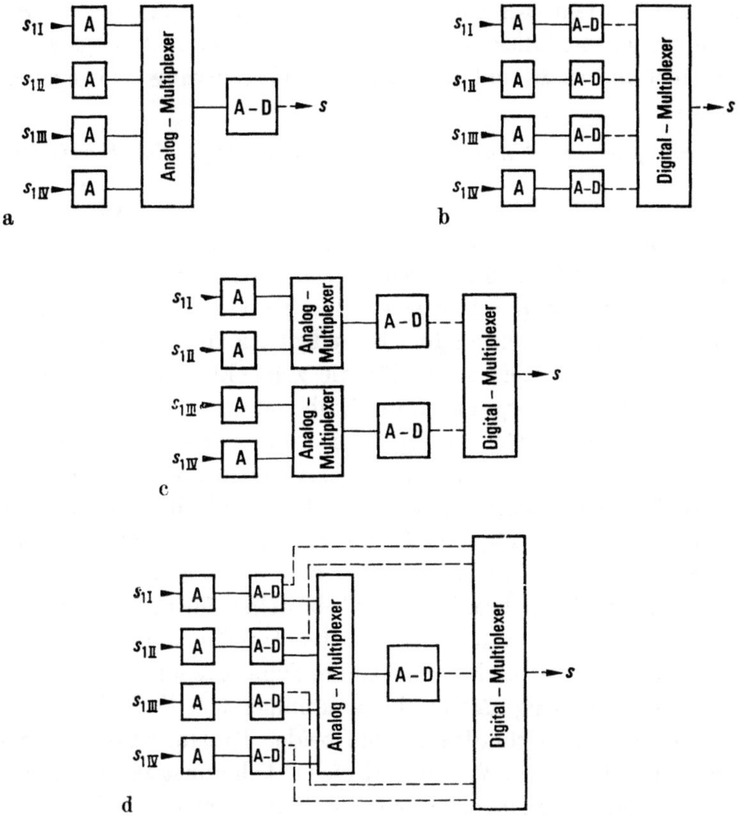

Bild 8.3a–d. Zeitbündelung in Endeinrichtungen.
a) analog; b) digital; c) und d) gemischt.
——— Analogsignal; A Analogteil;
-------- Digitalsignal; A–D Analog-Digital-Umsetzer.

nächst eine erste Teilumsetzung durch, bündelt dann zeitlich die analogen Restsignale und digitalisiert diese gemeinsam in einer zweiten Teilumsetzung. Sämtliche Digitalsignale werden dann gemeinsam gebündelt. Diese Anordnung ist ein Beispiel dafür, wie große Genauigkeits- *und* Geschwindigkeitsforderungen durch erhöhten Aufwand bewältigt werden [8.7].

Im Empfangsteil (Bild 8.2) werden die im Sendeteil getroffenen Maßnahmen wieder rückgängig gemacht. Im Digitalteil werden zunächst die nicht weiter zu verarbeitenden Teile des von der Strecke kommenden Digitalsignals abgetrennt und den entsprechenden Digitalausgängen zugeführt. Die sendeseitig zu Synchronisierungs-, Überwachungs- oder anderen Zwecken hinzugefügte Information wird ausgewertet. Diejenigen Teile des Signals, die das primäre Analogsignal digital moduliert enthalten, werden dem D-A-Umsetzer zugeführt. Im Analogteil werden die meist noch pulsmodulierten Signale in die primären Analogsignale zurückgeführt und an den entsprechenden Analogausgängen abgegeben.

8.2.1.2. Aufgabe und Wirkungsweise der Taktzentrale, Synchronisierung

Die Taktzentrale S (Bild 8.2) erzeugt aus einer Grundschwingung Taktpulse, die zur Steuerung aller Vorgänge im Sendeteil notwendig sind; das sind im wesentlichen die phasenrichtigen *Abtastpulse* für die analogen Eingangssignale und die *Steuerpulse* für die verschiedenen Stufen des Analog-Digital-Umsetzers (Schwellwert-Entscheider, Codierstufen, evtl. Parallel-Serien-Umsetzer) sowie für die zeitrichtige Zusammenfassung aller einzelnen Digitalsignale unter Einblendung von digitaler Zusatzinformation zu einem Gesamtsignal mit vorgeschriebenem Pulsrahmen. Entsprechendes gilt für die Taktzentrale E zur Steuerung des Empfangsteiles. Während die empfangsseitige Taktzentrale ihre Grundfrequenz *immer* aus der Bitfolgefrequenz des von der Strecke kommenden Digitalsignals ableitet und deswegen über eine Steuerleitung aus dem empfangsseitigen Digitalteil synchronisiert wird, bestehen für die Gewinnung der Grundfrequenz in der sendeseitigen Taktzentrale mehrere Möglichkeiten. Soll die Bitfolgefrequenz des abgehenden Digitalsignals exakt gleich der des von der Übertragungsstrecke ankommenden Digitalsignals sein, so müssen auch die Grundfrequenzen beider Taktzentralen gleich sein. In diesem Fall kann man zu einer wirtschaftlich günstigen gemeinsamen Taktversorgung übergehen, durch die Sende- *und* Empfangsteil gesteuert werden. Besteht diese Forderung nicht, dann kann man die sendeseitige Taktzentrale von einem unabhängigen Quarzgenerator ansteuern. Das hat den Vorteil, daß der Sendeteil autark ist. Eine dritte Möglichkeit besteht darin, die Grundfrequenz von einem der eingangsseitig anliegenden Analog- oder Digitalsignale abzuleiten. Soll z. B. ein Fernsehsignal digitalisiert werden, so ist es zweckmäßig, die Abtastfrequenz an die Zeilenfrequenz oder die Frequenz des Farbhilfsträgers „anzubinden".

Sämtliche für die Sende- und Empfangsteile notwendigen Taktpulse werden in den Taktzentralen durch Teilung oder Vervielfachung der Grundfrequenz abgeleitet. Diese Aufgaben werden mit den Mitteln der Digital-Schaltkreistechnik gelöst. Geeignete Bausteine wie Schieberegister, Frequenzteiler, Zähler und die verschiedenen Verknüpfungsschaltungen wurden bereits im Abschnitt 3 besprochen. Als Ergänzung hierzu sei noch ein Schaltungsbeispiel angegeben, das praktisch in jeder Taktzentrale vorkommt: die Ableitung der Pulse zur phasenverschobenen Abtastung von z Signalen gleicher Bandbreite. Ist für jedes Signal die Abtastfrequenz f_0, so muß als Taktfrequenz zf_0 oder ein Vielfaches davon vorhanden sein; im letzten Fall gewinnt man $z f_0$ durch entsprechende Frequenzteilung. Bild 8.4 zeigt ein Schaltungsbeispiel für $z = 8$. Das Kanaltaktsignal s_K mit der Pulsperiode $T_0/8$ liegt am Eingang eines dreistufigen Dualzählers (gegenüber Bild 3.20 in vereinfachter genormter Darstellung). Jede der acht UND-Verknüpfungen löst bei jeweils einem anderen Zählerstand am Ausgang den L-Zustand aus. Dadurch entstehen acht Pulse $s_{0\mathrm{I}}$ bis $s_{0\mathrm{VIII}}$ der Periode T_0, die in der Phase gegeneinander um $T_0/8$ verschoben sind. Mit diesen Pulsen werden acht Schalter jeweils für die Dauer des L-Zustandes geschlossen. Dadurch entsteht am Ausgang jedes Schalters ein PAM-Signal entsprechend Bild I.9.18, wobei die Impulse der verschiedenen Kanäle entsprechend $s_{0\mathrm{I}}$ bis $s_{0\mathrm{VIII}}$ um jeweils $T_0/8$ zeitlich gegeneinander versetzt sind. Der für die Pulsversorgung des Digitalteils erforderliche Rahmentaktpuls läßt sich aus dem Abtastpuls $s_{0\mathrm{I}}$ unmittelbar ableiten.

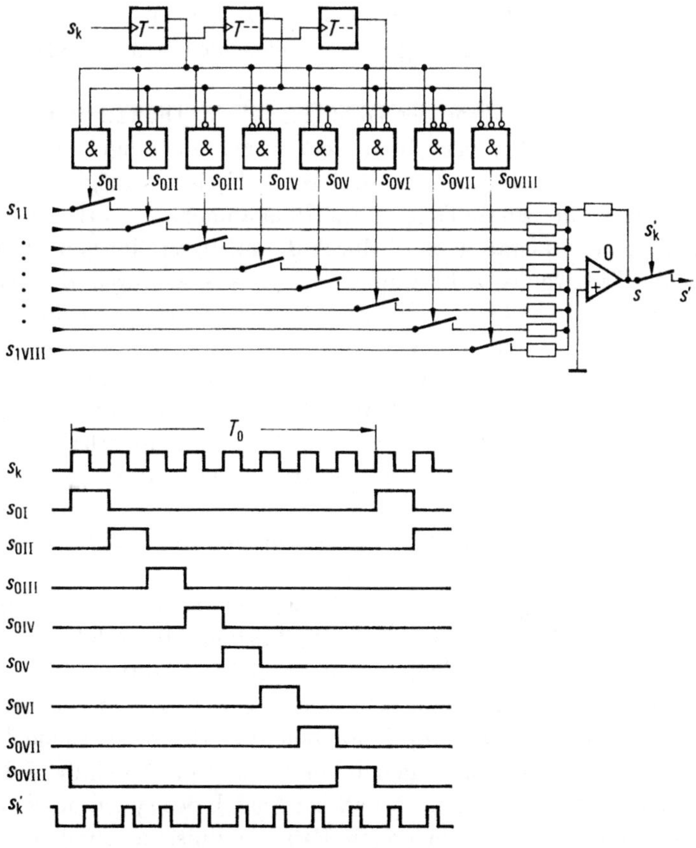

Bild 8.4. Pulsgewinnung zum Abtasten von acht Primärsignalen $s_{1\mathrm{I}}$ bis $s_{1\mathrm{VIII}}$; O Operationsverstärker.

Alle Einzelsignale werden nun — beispielsweise am Eingang eines Operationsverstärkers O in Bild 8.4 — zu einem Summensignal s zusammengefaßt. Dieses Summensignal ist jedoch noch nicht zu einer unmittelbaren Verarbeitung in einem A-D-Umsetzer geeignet, da hierbei das in Abschnitt I.9.3.3.1 behandelte Rahmennebensprechen auftreten kann. Das Signal muß vielmehr vorher noch durch einen Abtast- und Haltekreis verarbeitet werden, der in Abschnitt 2.1.4 bereits besprochen wurde und im Bild 8.4 durch den Schalter am Ausgang des Operationsverstärkers angedeutet ist. Dieser Schalter wird gesteuert durch ein Taktsignal s'_K, das durch Zeitverzögerung und Impulsverkürzung aus s_K abgeleitet werden kann. Wie das Impulsdiagramm zeigt, fallen die Abtastimpulse immer jeweils in die Mitte der Einzelkanalimpulse, so daß das Rahmennebensprechen klein bleibt. Das Ausgangssignal s' wird entsprechend Bild 8.3a einem gemeinsamen A-D-Umsetzer zugeführt. Hierfür geeignete Quantisier- und Codiermethoden wurden ausführlich im ersten Band behandelt. Im übrigen wird hiervon noch einmal im Abschnitt 8.3 bei der Anwendung auf die verschiedenen Signalarten die Rede sein.

Bei der Multiplexbildung des Digitalsignals im Digitalteil der Sendeseite (Bild 8.2) werden periodisch Codewörter eingefügt, die mit der Empfangsseite vereinbart sind. Mit ihrer Hilfe ist es möglich, auf der Empfangsseite die Phasenlage eines Pulsrahmens zu erkennen. Die Periode T_0 eines Pulsrahmens ist durch die niedrigste im Sendeteil vorkommende Taktfrequenz bestimmt, beispielsweise durch die Abtastfrequenz f_0. Es ist nicht notwendig, jedoch zweckmäßig, in *jeden* Pulsrahmen ein Rahmensynchronisierwort einzufügen. Die Wahrscheinlichkeit, mit der auf der Empfangsseite der Pulsrahmen innerhalb einer bestimmten Zeit erkennbar ist, hängt ab vom Anteil der Synchronisierbits am gesamten Digitalsignal, von ihrer Verteilung innerhalb des Rahmens und schließlich von der verwendeten Kombination der Zustände O und L.

Als Ergänzung zu den hierzu im Abschnitt I.10.6 gemachten Ausführungen sei noch auf [8.8] hingewiesen.

Auf der Empfangsseite wird im Digitalteil (Bild 8.2) aus dem von der Streckeneinrichtung kommenden Digitalsignal die Pulsfrequenz, bei Binärsignalen also die Bitfolgefrequenz abgeleitet (Taktrückgewinnung). Hierbei unterscheidet man eine selbstschwingende (synchronisierte) und eine fremderregte (getriggerte) Pulserzeugung. Der wesentliche Unterschied zwischen beiden ist — genau wie bei den im Abschnitt 2.2.1 beschriebenen Kippschaltungen —, daß bei Ausfall des synchronisierenden digitalen Eingangssignals im ersten Fall die Pulserzeugung mit einer schaltungseigenen Frequenz weiterläuft, während im zweiten Fall die Pulserzeugung ganz ausfällt. Man spricht daher auch von aktiver und

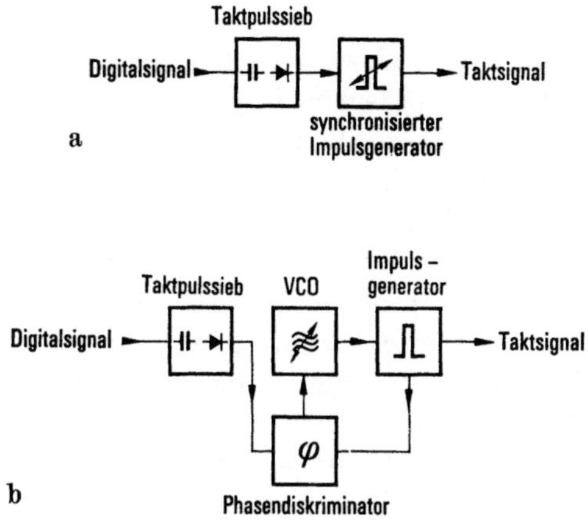

Bild 8.5a u. b. Selbstschwingende (synchronisierte) Pulserzeugung.
a) unmittelbare Synchronisierung; b) Synchronisierung mittels Regelung.

passiver Pulserzeugung. Beide Fälle seien an Hand von Ausführungsbeispielen behandelt.

Bild 8.5 zeigt zwei Prinzipien für die *selbstschwingende Pulserzeugung.* In beiden Fällen muß zunächst aus dem anliegenden Digitalsignal mit einem Taktpulssieb möglichst viel Information über den Bittakt gewonnen werden. Hierzu können in der Regel nur die Änderungen der Zustandswerte des Digitalsignals herangezogen werden. Bild 8.6 zeigt dies für den Fall eines Binärsignals $s(t)$ mit der Bitperiode T_b. Durch Differentiation (Zeile 2) und Doppelweggleichrichtung (Zeile 3) erhält

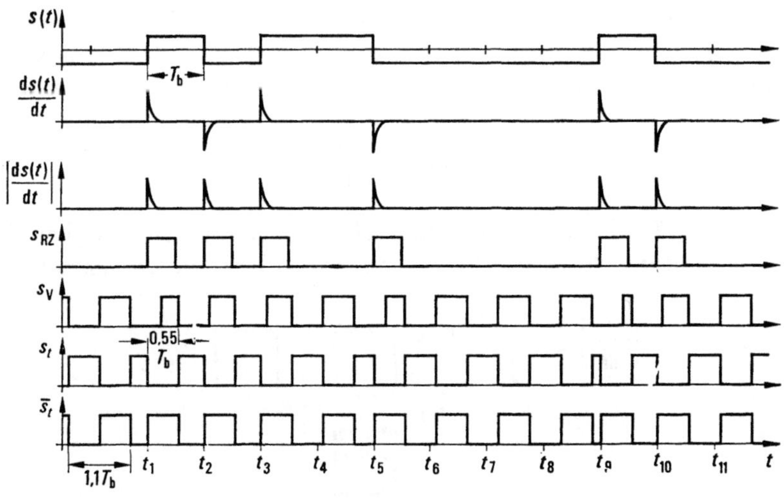

Bild 8.6. Impulsdiagramme für synchronisierte Oszillatoren.

man ein Signal, das immer dann und nur dann kurze positive Impulse abgibt, wenn sich der Zustandswert des binären Signals $s(t)$ ändert. Mit diesen Impulsen kann man einen Impulsgenerator unmittelbar synchronisieren (Bild 8.5a). Dieser kann z. B. eine astabile Kippschaltung sein, deren Nennfrequenz gleich der Bitfolgefrequenz ist. Die immer vorhandenen, wenn auch geringen Abweichungen können nur dann wirkungslos bleiben, wenn die Abstände aufeinanderfolgender Synchronisierimpulse nicht zu groß werden. Das soll an einem verwandten Beispiel, dem synchronisierten Laufzeitoszillator DLO (*D*elay *L*ocked *O*scillator) deutlich gemacht werden (Bild 8.7). Hierbei wird zunächst das Impulssignal $|ds/dt|$ an eine monostabile Kippschaltung gelegt, deren Haltezeit etwa eine halbe Bitperiode beträgt. Am Ausgang erhält man dann mit s_{RZ} sogenannte RZ-Impulse (*R*eturn to *Z*ero, Bild 8.6, Zeile 4), die an einem der beiden Eingänge einer NOR-Schaltung liegen. Am anderen Eingang liegt das Taktsignal s_V, das durch Verzögerung des Ausgangssignals s_t um etwa eine halbe Bitperiode gewonnen wird. Durch Invertierung von s_t erhält man den abgehenden Taktpuls $\bar{s}_t$. Liegen am Eingang der NOR-Schaltung keine RZ-Synchronisierimpulse, so wird die Taktperiode des Pulses $\bar{s}_t$ durch die Verzögerungszeit des Laufzeitgliedes bestimmt. Für das Impulsdiagramm in Bild 8.6 ist diese mit $0{,}55T_b$ angenommen. Der Taktpuls s_v wird phasenmäßig sofort durch den ersten eintreffenden Synchronisierimpuls korrigiert (Zeitpunkt t_1 in Bild 8.6) und bleibt so lange synchron, wie Impulse mit der Periode T_b auftreten (in Bild 8.6 bis t_3). Jeder fehlende Synchronisierimpuls führt zu einer zunehmenden Phasenabweichung des Ausgangspulses (t_4, t_6 bis t_8, t_{11}), die jedoch durch jeden erneut auftretenden Synchronisierimpuls sofort wieder beseitigt wird (t_5, t_9, t_{10}). Die Bedingung, daß die Phasenabweichung infolge fehlender Synchronisierimpulse nicht so groß werden darf, daß ein Taktimpuls verloren geht, ergibt sich für die maximale Zahl n_{max} unmittelbar aufeinanderfolgender *gleicher* Zustandswerte aus

$$n_{max} \leqq \frac{T_b}{2\Delta T}; \tag{8.1}$$

darin sind T_b die Bitperiode und ΔT der Unterschied zwischen Bitperiode und der durch das Verzögerungsglied bestimmten Eigenperiode

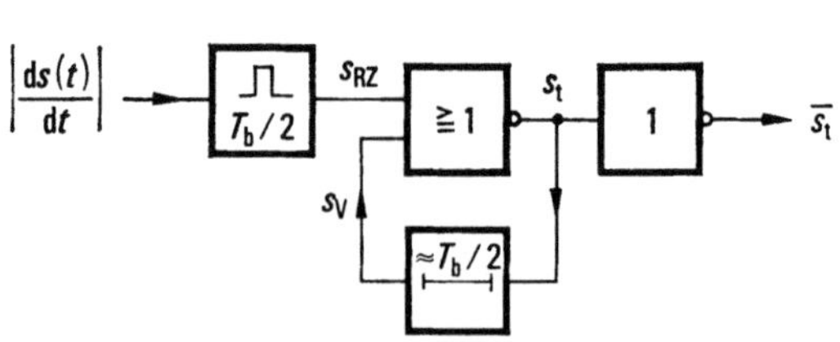

Bild 8.7. Synchronisierter Laufzeitoszillator.

des Laufzeitoszillators. Meistens ist der hierbei maximal auftretende Phasenjitter von $\Delta\varphi = \pi$ zu groß. Werden in der Praxis z. B. Phasenjitter von $\Delta\varphi < \pi/20$ verlangt und läßt man $n_{max} = 100$ zu, so muß der relative Perioden- und damit auch der Frequenzunterschied kleiner als $1/4000 = 2{,}5 \cdot 10^{-4}$ sein. Derartige Genauigkeiten sind mit Laufzeitoszillatoren kaum zu erfüllen, so daß man dann zu aufwendigeren Verfahren greifen muß.

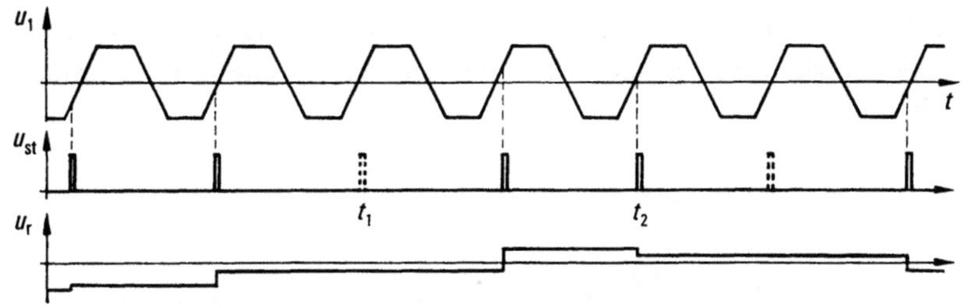

Bild 8.8. Impulsdiagramme für eine Zeitvergleichsschaltung.
u_1 vom Impulsgenerator abgeleitete Trapezschwingung;
u_{st} vom Taktpulssieb abgenommener Taktpuls;
u_r abgeleitete Regelspannung.

Bild 8.5b zeigt ein Verfahren, das im Prinzip schon in Analogschaltungen der Nachrichtentechnik verwendet wird [8.9] und in der modernen Schaltkreistechnik als PLL (*P*hase *L*ocked *L*oop) bekannt ist. Auch hier geht man wiederum von einem Oszillator aus, dessen Eigenfrequenz so gut wie es die Konstanz der Bauelemente erlaubt mit der Bitfolgefrequenz übereinstimmen soll. In einer Zeit- oder Phasenvergleichsschaltung φ — meistens mit Phasendiskriminator bezeichnet — wird nun eine bestimmte impulsförmige Schwingung des Impulsgenerators mit dem ausgesiebten Taktpuls verglichen und daraus eine Spannung abgeleitet, die zur automatischen Frequenz- und Phasennachstellung des gesteuerten Oszillators VCO (*V*oltage *C*ontrolled *O*scillator) dient. Zum Zeitvergleich eignet sich z. B. ein Abtast- und Haltekreis nach Bild 2.26. Ist u_{st} der im Taktpulssieb gewonnene Taktpuls und u_1 eine aus dem Impulsgenerator abgeleitete Trapezschwingung (Bild 8.8), so bildet sich am Ausgang der Schaltung eine Regelspannung u_r aus, deren Wert von der jeweiligen Zeitlage eines Taktimpulses in bezug auf die Trapezflanke abhängt. Im Impulsdiagramm ist angenommen, daß die Bitperiode zunächst noch etwas größer ist als die Eigenperiode des Oszillators. Durch Abtastung der Trapezflanke ergibt sich eine entsprechende Regelspannung. Ihr Verlauf wird in einem Tiefpaß geglättet; dessen Grenzfrequenz ist so niedrig, daß rasche, im Modulationsfrequenzbereich liegende Schwingungen nicht durchgelassen werden. Mit der Regelspannung wird die Reaktanz eines der frequenzbestimmenden Elemente im Oszillatorschwingkreis derart verändert, daß dessen Eigenperiode der Bitperiode folgt. Dadurch wird der Oszillator frequenz- und phasenrichtig auf die anliegende Bitfolge synchronisiert. Fallen bei u_{st} infolge fehlender Zustandsänderungen Impulse aus (t_1 und t_2 in Bild 8.8), so können diese Zeitpunkte natürlich nicht benutzt werden. Deswegen muß auch hier im Taktsignal ein Jitter in Kauf genommen werden, der wesentlich von der Häufigkeit und der Verteilung der Impulslücken in u_{st} abhängt. Ferner bleibt wie bei jeder Rückwärtsregelung eine restliche Phasenabweichung zwischen u_1 und u_{st} bestehen. Sie kann durch Zwischenschalten eines Regelverstärkers mit großer Regelsteilheit entsprechend klein gehalten werden.

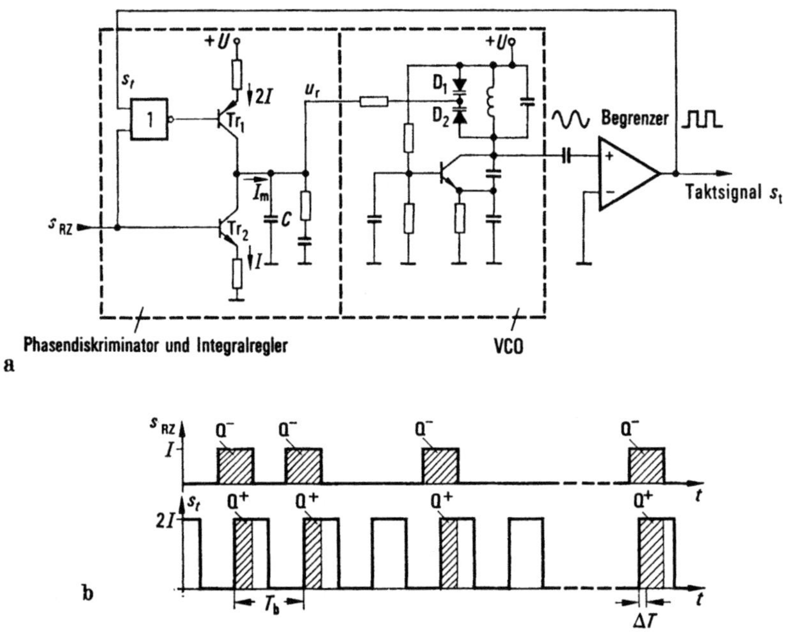

Bild 8.9a u. b. Selbstschwingende Pulserzeugung mit Integralregler.
a) Prinzipschaltbild; b) Impulsdiagramme.

Dieser Nachteil entfällt, wenn man den VCO mit Hilfe eines Integralreglers in der Frequenz nachregelt. Bild 8.9a zeigt in der Mitte einen VCO, an dessen Schwingkreis zwei Varaktordioden D_1 und D_2 liegen, deren Kapazität durch die angelegte Regelspannung u_r variiert wird. Aus der ausgangsseitigen Sinusschwingung wird in einem begrenzenden Operationsverstärker eine Rechteckschwingung erzeugt, die als Taktsignal für die Pulsversorgung in der Taktzentrale verwendet wird. Der Phasendiskriminator besteht aus einer NAND-Schaltung und zwei als Stromschalter dienenden Transistoren Tr_1 und Tr_2. Mit dem aus dem Digitalsignal abgeleiteten RZ-Puls s_{RZ} wird ein Strom I in Tr_2 unmittelbar und ein Strom $2I$ über die mit dem Taktsignal s_t verknüpfende NAND-Schaltung aufgetastet. Im Impulsdiagramm in Bild 8.9b ist der Phasenunterschied beider Pulse so gewählt, daß sich die Zeitintegrale beider Ströme gegenseitig aufheben, der Ladestrom I_m für den Kondensator C im Mittel also gleich Null ist. Bei der im letzten Impuls angedeuteten Verschiebung um ΔT entsteht dagegen ein Ladungsüberschuß von $2I\Delta T$, mit dem der Kondensator aufgeladen oder für negative Werte von ΔT entladen wird. Macht man die Kapazität des Kondensators C hinreichend groß, so können die *einzelnen* Lade- und Entladeimpulse keine merkbare Änderung der Regelspannung u_r bewirken, da die Regelspannung proportional dem Integral der Phasenabweichung ist. Das hat zur Folge, daß der Integralregler — im Gegensatz zum Direktregler — Verstimmungen ohne *bleibende* Phasenabweichung korrigieren kann.

Da in Bitperioden, in denen keine RZ-Impulse auftreten, die Kondensatorladung und damit die Regelspannung konstant bleibt, ist auch bei der Integralregelung des VCO mit einem gewissen Jitter zu rechnen. Die Zahl der überbrückbaren Impulslücken ist wie bei der Direktregelung nach Bild 8.5b um Größenordnungen größer als bei der einfachen Steuerung nach Bild 8.5a, weil in beiden Fällen durch das Festhalten der Regelspannung der Oszillator auf der zuletzt eingestellten Frequenz weiterschwingt. Außerdem sind die geregelten Schaltungen sehr viel unempfindlicher gegen Störimpulse. Sowohl beim Direkt- als auch beim Integralregler ist der Regelbereich, innerhalb dessen der Oszillator mitgezogen werden kann, begrenzt durch den Steuerbereich der Reaktanz, z. B. also der Varaktordioden. Man spricht demnach auch vom „Ziehbereich" des Oszillators. Wird dieser von der Bitfolgefrequenz über- oder unterschritten, so ist eine Nachstellung nicht mehr möglich; die Anordnung „fällt außer Tritt" derart, daß der Oszillator mit einer von der Bitfolgefrequenz abweichenden Frequenz frei schwingt. Dadurch ergibt sich — genau wie unmittelbar nach Inbetriebnahme der Schaltung — am Ausgang des Phasendiskriminators eine Schwingung, die durch die Differenz beider Frequenzen bestimmt ist. Die Grenzfrequenz des nachgeschalteten Tiefpasses muß hinreichend groß sein, damit die Schwingung der Differenzfrequenz an den Oszillator gelangt und ihn „in Tritt bringt" (Fangbereich). Um beide Forderungen an den Tiefpaß gut erfüllen zu können, kann man ihm eine umschaltbare Zeitkonstante geben, die in Abhängigkeit vom Regelzustand eingestellt wird [8.10].

Die prinzipielle Anordnung einer *fremderregten Pulserzeugung* zeigt Bild 8.10a; sie geht aus Bild 8.5a dadurch hervor, daß man den synchronisierten Impulsgenerator durch einen auf die Bitfolgefrequenz abgestimmten Schwingkreis mit nachfolgender *monostabiler* Kippschaltung ersetzt[1]. Dieser Schwingkreis wird durch jeden im Taktpulssieb gewonnenen RZ-Impuls angeregt. Die Schwingung s_a klingt dann entsprechend der Dämpfung des Schwingkreises ab. Durch die Schwingung s_a wird die monostabile Kippschaltung angeregt; am Ausgang entsteht das Taktsignal s_t. Werden die Impulslücken am Ausgang des Taktpulssiebes zu groß, so klingen die Schwingungen am Schwingkreis zu stark ab, und es gibt einen Wert, bei dem die monostabile Kippschaltung nicht mehr angeregt wird (siehe Impulsdiagramme Bild 8.10b). Um eine möglichst große Anzahl von Impulslücken überbrücken zu können, ist eine hohe Schwingkreisgüte notwendig. Mit zunehmender Güte müssen aber auch die Forderungen an die Genauigkeit und die Konstanz der frequenzbestimmenden Schwingkreiselemente erhöht werden, weil sonst in zunehmendem Maße bei kleinen Frequenzschwankungen unzulässige Phasenänderungen auftreten können. Diese können reduziert werden, indem man zwischen Schwingkreis und Kippschaltung ein veränderliches Phasendrehglied einfügt, das durch einen Phasendiskriminator gesteuert wird. Der Phasendiskriminator bezieht seine Vergleichsschwingungen — ähnlich wie in Bild 8.5b — aus dem Taktpulssieb einerseits und aus der Kippschaltung andererseits.

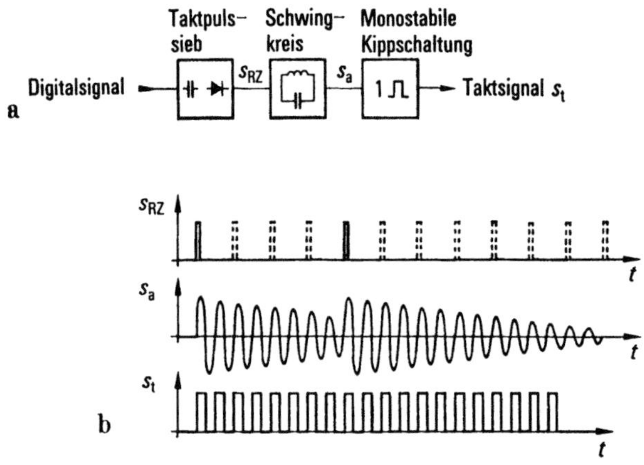

Bild 8.10 a u. b. Fremderregte (getriggerte) Pulserzeugung.
a) Prinzipschaltbild; b) Impulsdiagramme.

Die fremderregte Pulserzeugung wird immer dann verwendet werden, wenn mit dem Ausfall des Digitalsignals auch eine Unterbrechung des Taktsignals zulässig oder gar erwünscht ist. Weiterhin hat eine einfache

[1] Eine Kombination des Schwingkreises mit einer *astabilen* Kippschaltung muß schon zur selbstschwingenden Pulserzeugung gerechnet werden, da diese auch im nichterregten Zustand schwingt.

fremderregte Pulserzeugung gegenüber der selbstschwingenden den Vorteil, daß sie in der Regel Strom spart und weniger aufwendig ist.

Sämtliche bisher besprochenen Schaltungen können auch zur Gewinnung jedes anderen Taktsignals aus einem mit Impulslücken behafteten Puls benutzt werden. Will man einen zwar im Mittel periodischen, im übrigen aber mit Jitter behafteten Puls von diesem Jitter befreien, so eignen sich hierfür auch Anordnungen entsprechend Bild 8.5b. Will man das Taktsignal auf ein ganzzahliges Vielfaches der anliegenden Pulsfrequenz synchronisieren (Frequenzvervielfachung), so kann man zwischen Oszillator und Phasendiskriminator einen entsprechenden Frequenzteiler schalten. Die Regelspannung für die Schwingung hoher Frequenz läßt sich dann durch Phasenvergleich der Schwingungen tiefer Frequenz gewinnen.

Ein Beispiel für die Rahmentaktbestimmung wurde bereits mit der Beschreibung des Bildes 3.21 gegeben. Den Worttakt erhält man durch Frequenzteilung des Bittaktes mit einem Dualzähler. Ist der Bittakt z. B. achtmal so groß wie der Worttakt, so ist die Schaltung nach Bild 3.20 hierfür geeignet. Der Worttakt wird dem Rahmentakt phasenrichtig zugeordnet, indem man am Eingang e_{c1} in Bild 3.20 den Rahmentakt anlegt.

Mit Bit-, Wort- und Rahmentakt sind die wichtigsten Größen der Taktzentrale gegeben; aus ihnen können alle weiteren erforderlichen Takte abgeleitet werden.

Für die im Empfangsteil notwendige Digital-Analog-Umsetzung können die im Abschnitt I.10.1.4 beschriebenen Decodiermethoden verwendet werden. Das zu Bild 8.3 Gesagte gilt sinngemäß auch für die Entbündelung in der Empfangseinrichtung. Zur Aufteilung der zeitlich verschachtelten PAM-Signale auf die einzelnen Kanäle sind Pulsverteiler entsprechend Bild 8.4 geeignet.

Vergleicht man zusammenfassend die Funktionen des Sende- mit denen des Empfangsteiles, so lassen sich im Prinzip immer zwei zueinander komplementäre Einrichtungen finden mit zwei Ausnahmen: Die auf der Sendeseite notwendige Quantisierung hat auf der Empfangsseite keinen inversen Vorgang, und die auf der Empfangsseite notwendige Grundtaktgewinnung entfällt — bis auf die einleitend genannten Ausnahmen — auf der Sendeseite.

Findet innerhalb von Endeinrichtungen keine A-D- bzw. D-A-Umsetzung statt, beschränkt man sich also nur auf das Bündeln bzw. Entbündeln von Digitalsignalen, so schrumpft die Anordnung nach Bild 8.2 auf die beiden Digitalteile mit den sie verbindenden Taktzentralen zusammen. In diesem Fall spricht man von *Digitalsignal-Multiplexgeräten*; diese werden im Abschnitt 8.3.3 näher beschrieben.

8.2.2. Grundsätzliches über Streckeneinrichtungen

Die Zusammensetzung einer Streckeneinrichtung hängt sehr stark von dem jeweils benutzten Übertragungsmedium ab; im einzelnen wird davon ausführlicher im Abschnitt 8.4 die Rede sein. Im allgemeinen kann man jedoch folgende Einteilung treffen (Bild 8.11a): Die Enden eines Übertragungsmediums werden durch ein Streckeneingangs- und ein Streckenausgangsgerät abgeschlossen. Beide bilden die Übergänge zu geeigneten Endeinrichtungen oder andersartigen Streckeneinrichtungen (Medienwechsel). Im Streckeneingangsgerät wird das anliegende Digitalsignal hinsichtlich der Signalart und der Signalform (siehe Abschnitt I.10.4.1) den Eigenschaften des Übertragungsmediums angepaßt. Das führt auf Optimierungsprobleme, die nach den grundlegenden Beziehungen von Shannon [8.11] in einer Reihe von Büchern behandelt werden [8.12]. Die Betrachtungen des ersten Bandes zu den Aufgaben der Kanalcodierung und über die Wirkung von Geräuschen und Verzerrungen liefern hierzu die ersten Ansätze. Weitere Betrachtungen, die besonders für den praktischen Einsatz von allgemeinem Interesse sind, werden im Abschnitt 8.4.1 gegeben.

Um im Verlauf der Übertragung den notwendigen Signal-Geräusch-Abstand zu halten, muß man je nach Streckendämpfung durch Einfügen von Zwischenverstärkern ZV dafür sorgen, daß das Signal auf der

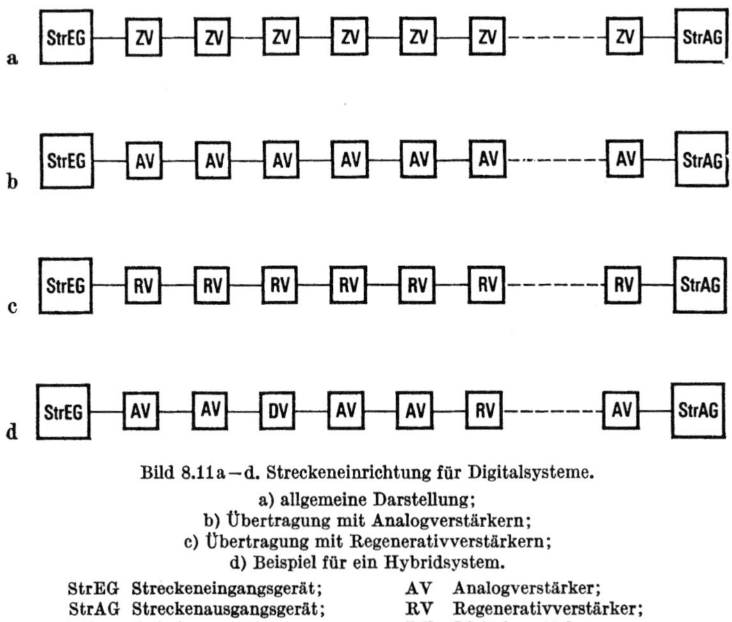

Bild 8.11a–d. Streckeneinrichtung für Digitalsysteme.
a) allgemeine Darstellung;
b) Übertragung mit Analogverstärkern;
c) Übertragung mit Regenerativverstärkern;
d) Beispiel für ein Hybridsystem.

StrEG Streckeneingangsgerät; AV Analogverstärker;
StrAG Streckenausgangsgerät; RV Regenerativverstärker;
ZV Zwischenverstärker; DV Digitalverstärker.

Empfangsseite mit hinreichend großer Eingangsleistung ankommt. Bei Kabelverbindungen spricht man von Leitungsverstärkern mit dazwischenliegenden Kabelabschnitten, bei Richtfunkverbindungen von Relaisstationen mit dazwischenliegenden Funkfeldern. Die Länge der Streckenabschnitte muß so bemessen werden, daß der — auch durch Verzerrungen und Nebensprechen bedingte — Signal-Geräusch-Abstand am Eingang eines Zwischenverstärkers unter Beachtung aller anderen Verstärker groß genug ist, um das Signal am Ende genügend fehlerfrei zu erhalten.

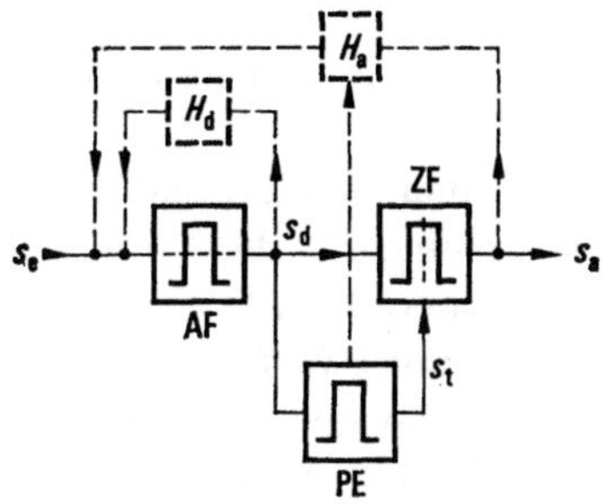

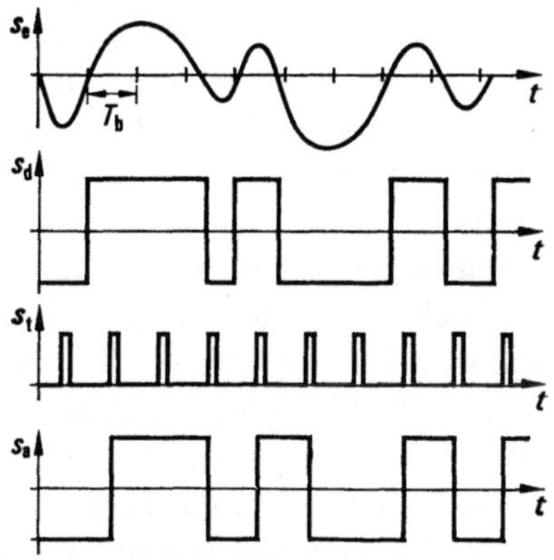

Bild 8.12a u. b. Regenerativverstärker für Binärsignale.
a) Prinzipschaltbild; b) Impulsdiagramme.
AF Amplitudenfilter; ZF Zeitfilter; PE Pulserzeugung.

Es wurde schon gesagt, daß bei der Übertragung von Digitalsignalen in den Streckengeräten neben der Signalverstärkung auch eine Signalregenerierung möglich und zweckmäßig ist. Diese Regenerierung besteht im wesentlichen aus zwei Vorgängen (vgl. auch Abschnitt I.10.4.2): erstens aus einer Regenerierung der Signalwerte durch Rückgewinnung definierter Zustandswerte und zweitens aus einer Regenerierung des Taktes zur Befreiung des Signals von aufgelaufenem Jitter. Bild 8.12a zeigt das Prinzip eines derartigen Regenerativverstärkers für ein binäres Signal; dabei wird davon ausgegangen, daß das Eingangssignal s_e bereits weitgehend entzerrt und vorverstärkt ist. Restverzerrungen und Störüberlagerungen führen dazu, daß die Signalwerte in der Mitte jeder Bitperiode T_b, wo man mißt, vom richtigen Zustandswert etwas abweichen und bei Änderung des Zustandswertes nicht exakt an den Grenzen zweier Bitperioden durch den Nullpunkt gehen (Verlauf s_e in Bild 8.12b). Zur Rückgewinnung des ursprünglichen Zustandes durchläuft das Signal zunächst ein Amplitudenfilter AF, das als Schwellwert-Entscheider die Funktion $s_d = \operatorname{sgn} s_e$ in Analogie zu (2.15) realisiert. Dadurch wird entschieden, ob der jeweilige Augenblickswert des Signals als ein O- oder ein L-Element zu werten ist. Nun weichen jedoch noch die Nulldurchgänge von den gewünschten Zeitpunkten ab. Um diesen zweiten Fehler zu beseitigen, wird aus dem Signal s_d im Pulserzeuger PE ein Taktsignal s_t abgeleitet, das weitgehend jitterfrei Impulse abgibt, die jeweils in die Mitte einer Bitperiode fallen. Mit diesem Puls wird ein Zeitfilter ZF geschaltet, das die Zustandswerte zu den Abfragezeitpunkten feststellt und bis zum nächsten Abfragezeitpunkt festhält. Dadurch sind die richtigen Teiltakte wiederhergestellt, wobei das Ausgangssignal s_a gegenüber dem Eingangssignal s_e um eine halbe Bitperiode verzögert ist.

Sofern die Restverzerrungen und Störüberlagerungen nicht so groß sind, daß sie zu Bitfehlern führen (siehe Bild I.10.34), ist das Digitalsignal durch diese Maßnahme bis auf einen Restjitter regeneriert, und es wird in einem nachfolgenden Verstärker auf die erforderliche Leistung gebracht.

Schwellwert-Entscheider und Zeitfilter wurden bereits ausführlich im Abschnitt 2.1 besprochen. Die Aufgabenstellung für die Pulserzeugung ist genau dieselbe wie im Abschnitt 8.2.1: Aus einem Digitalsignal, dessen Takt hier lediglich Phasenschwankungen unterworfen ist, ist die Bitfolgefrequenz möglichst jitterfrei zurückzugewinnen. Auf Ausführungsbeispiele für das gesamte Prinzip nach Bild 8.12a sei daher verzichtet. Signalverzerrungen, die durch gegenseitige Beeinflussung der Impulse hervorgerufen werden (Intersymbol-Interferenz[1]), führen zu einem zusätzlichen systematischen Jitter. Dieser kann durch eine quantisierte Rückkopplung vermieden werden, wobei man zwei Möglichkeiten unterscheidet: die einfache und die getaktete Rückkopplung. Im ersten Fall (strichliert in Bild 8.12a) wird aus dem wertdiskreten Signal s_d mit Hilfe eines Netzwerkes H_d ein Korrektursignal abgeleitet und dem Eingangssignal s_e zur Kompensation von Restverzerrungen hinzugefügt; im zweiten Fall (ebenfalls strichliert) benutzt man das Ausgangssignal s_a und erzeugt mit der Übertragungsfunktion H_a eines Abtastfilters, das durch einen Taktpuls gesteuert wird, ein geeignetes Korrektursignal [8.13].

Die Vorgänge der Regenerierung erfordern neben der reinen Signalverstärkung zusätzlichen Aufwand, und es ergibt sich die Frage, ob und in wievielen Zwischenverstärkern hierfür eine Notwendigkeit besteht. Je nach der getroffenen Lösung kann man verschiedene Arten von Digital-Übertragungssystemen unterscheiden. Im einfachsten Fall benutzt man zur Übertragung reine Analogsysteme, regeneriert also nur in den Strecken*end*einrichtungen (Bild 8.11b). Analogsysteme sind zur Übertragung

[1] In der englischsprachigen Literatur mit „intersymbol interference" bezeichnet.

von Digitalsignalen dann geeignet, wenn sie das geforderte Frequenz- und Phasenverhalten aufweisen. Übliche Trägerfrequenzeinrichtungen eignen sich nicht zur unmittelbaren Übertragung von Digitalsignalen, weil in ihren Endeinrichtungen nach Abschnitt I.9.2.1.1 mit einem Frequenzversatz gerechnet werden muß, der ohne Zusatzsignal oder Mehrfachmodulation nicht rückgängig gemacht werden kann. Anders ist es dagegen z. B. bei Übertragungssystemen für Fernsehsignale, von denen Frequenz- und Phasenbedingungen erfüllt werden, die sogar zur Übertragung mehrstufiger Digitalsignale hinreichend sind. Im Fall des Bildes 8.11c sind mit *jedem* Streckengerät die drei Funktionen Verstärkung, Amplitudenregenerierung (Reshaping) und Taktregenerierung (Retiming) verbunden[1].

Unter hybriden digitalen Übertragungssystemen, kurz Hybridsystemen[2], versteht man Streckeneinrichtungen, bei denen Regenerativverstärker und Analogverstärker gemischt verwendet werden meistens derart, daß auf *mehrere* Analogverstärker jeweils *ein* Regenerativverstärker folgt. Diese Hybridsysteme benutzt man vorteilhaft bei der Übertragung von Mehrstufensignalen [8.14], weil deren Regenerierung aufwendiger ist als die von Binärsignalen.

Nun gibt es weiterhin die Möglichkeit, ein Signal nur hinsichtlich seiner Amplitude, nicht jedoch hinsichtlich seines Taktes zu regenerieren [8.15]. Ein derartiger Verstärker sei nach [8.16] mit Digitalverstärker bezeichnet. Seine Funktion beschränkt sich nach Bild 8.12 auf den Übergang vom Eingangssignal s_e zu dem wertdiskreten Signal s_d mit Hilfe des Amplitudenfilters AF. Ein Digitalverstärker ist daher sehr viel einfacher als ein Regenerativverstärker.

Durch Kombination der drei beschriebenen Verstärkerarten ergibt sich eine ganze Reihe von Möglichkeiten für die Auslegung von Hybridsystemen (Beispiel siehe Bild 8.11d). Welche davon im speziellen Fall jeweils optimal sind, wird stark von den Fortschritten der technologischen Entwicklung abhängen. In der Praxis hat sich bisher das Prinzip nach Bild 8.11c durchgesetzt.

Im Abschnitt 8.4.2.2 wird von einem Regenerativverstärker für einen dreistufigen pseudoternären Code die Rede sein. Mit zunehmender Stufenzahl wird der Aufwand größer. Es steigt nicht nur die Zahl der Schwellwert-Entscheider, sondern es wird auch eine höhere Schwellwert-Genauigkeit und -Konstanz gefordert. Darüber hinaus ist die Taktregenerierung sehr viel problematischer, da die Möglichkeiten für Zustandsänderungen differenzierter sind.

---

[1] Es sei allerdings darauf hingewiesen, daß derartige Regenerativverstärker nicht zur Übertragung von Analogsignalen geeignet sind.

[2] Nicht zu verwechseln mit der im Abschnitt I.9.1.2 beschriebenen hybriden PCM.

Das Streckenausgangsgerät hat zunächst die gleichen Funktionen wie ein Regenerativverstärker. Darüber hinaus hat es die zum Streckeneingangsgerät inverse Funktion, z. B. Umcodierung in ein für den Eingang der Endeinrichtung geeignetes Binärsignal.

8.3. Endeinrichtungen für digitale Signale

8.3.1. Signalarten

Im folgenden sollen die für die wichtigsten Signalarten geeigneten digitalen Modulationsverfahren angegeben werden. Geht man davon aus, daß dabei die bei Analogübertragung geforderte Übertragungsqualität eingehalten werden soll, so ergibt sich für PCM jeweils eine bestimmte Bitfolgefrequenz; diese kann durch Anwendung von redundanz- und irrelevanzmindernden Codierverfahren reduziert werden.

Nicht besonders untersucht werden Signale der Fernwirktechnik und der Meßtechnik aus zwei Gründen: Erstens werden an diese Signale hinsichtlich der Zeit- und der Amplitudenquantisierung vom jeweiligen Anwendungszweck her sehr unterschiedliche Forderungen gestellt, so daß man allgemein gültige quantitative Festlegungen schlecht treffen kann. Zweitens werden diese Signale zur Fernübertragung meistens mit eigens für sie geschaffenen Einrichtungen an das Nachrichtennetz angepaßt. Einer besonderen Integration in ein Digital-Nachrichtennetz bedarf es daher nicht.

8.3.1.1. Sprachsignale

Der hörbare Frequenzbereich von Sprachsignalen liegt zwischen 16 Hz und etwa 16 kHz. Er wird für das Fernsprechen auf 300 bis 3400 Hz eingeschränkt. Die Kenndaten für die Umsetzung von Fernsprechsignalen in Pulscode-Modulation (PCM) wurden von CEPT und CCITT festgelegt. Sie wurden bei der Behandlung im ersten Band bereits mehrfach erwähnt und sollen hier daher nur kurz wiederholt werden. Die Abtastfrequenz beträgt $f_0 = 8000$ Hz, dem entspricht eine Abtastperiode von $T_0 = 125\ \mu s$; aufgelöst wird in 256 Quantisierungsintervalle nach dem Gesetz der 13-Segment-Kompressorkennlinie. Damit ergibt sich für den digitalen Fernsprechkanal eine Bitfolgefrequenz von 64 kbit/s. Hinzu kommt noch der für die vermittlungstechnische Signalisierung erforderliche Informationsfluß. Er wird im Abschnitt 8.3.3 im Rahmen eines PCM-Zeitmultiplexsystems für 30 Fernsprechkanäle mit einer Bitfolgefrequenz von insgesamt 2048 kbit/s behandelt. Dieses System arbeitet hinsichtlich der Zeitbündelung nach Bild 8.3a und hat für alle Sprachsignale einen gemeinsamen Codec. Einzelkanalcodecs sind neben der Anwendung nach Bild 8.3b insbesondere dann von Interesse, wenn das Digitalsignal bis zur Teilnehmerstation geführt werden soll. Das bietet neben technischen und betrieblichen Verbesserungen den Vorteil, daß in dem zukünftigen Digitalnetz mit Dienstintegration (ISDN, s. Abschnitt 9) statt eines digitalisierten Fernsprechsignals auch Daten oder Signale anderer Dienste mit der gleichen Bitfolgefrequenz vom Teilnehmer ab übertragen werden können.

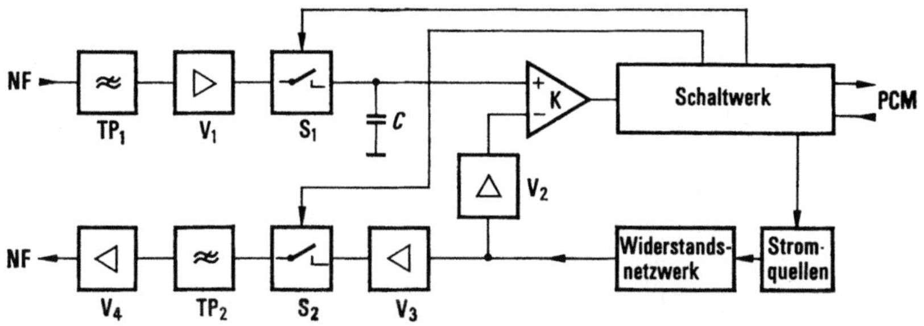

Bild 8.13. Schema eines Einzelkanalcodecs.

Im Abschnitt 5.2 wurden neue Techniken vorgestellt, mit deren Hilfe es möglich ist, einen derartigen Einzelkanalcodec mit vertretbarem Aufwand zu bauen. Er erfüllt ebenfalls die CEPT-Forderungen; die Funktion eines Ausführungsbeispiels sei anhand des Bildes 8.13 erklärt [8.17]: Das niederfrequente Fernsprechsignal wird in einem Tiefpaß TP_1 frequenzbandbegrenzt und in V_1 verstärkt. Der Schalter S_1 wird jeweils kurz für 4 μs geschlossen und wirkt mit dem Kondensator C als Abtast- und Haltekreis. Die daran anschließenden Baugruppen, der Komparator K, das Schaltwerk mit den Stromquellen und dem Widerstandsnetzwerk sowie der Verstärker V_2 bilden im Prinzip den mit Bild I.10.6 beschriebenen rückgekoppelten Wägecoder. Diese Schaltung ist so ausgelegt, daß jeder Codiervorgang nach etwa 86 μs beendet ist; das dabei erzeugte Codewort formt das ausgangsseitige PCM-Signal. In den restlichen 39 μs der Abtastperiode steht das Schaltwerk mit Stromquellen und Widerstandsnetzwerk zur Decodierung des empfangenen Codewortes nach dem Prinzip des mit Bild I.10.11 beschriebenen Bewertungsdecoders zur Verfügung. Schaltwerk, Stromquellen und Widerstandsnetzwerk werden also mit zeitlichem Versatz sowohl für die Codierung als auch für die Decodierung verwendet. Der bei der Decodierung am Ausgang des Widerstandsnetzwerkes erzeugte Stufenwert wird über den Verstärker V_3 und den im gegebenen Zeitpunkt geschlossenen Schalter S_2

auf den Tiefpaß TP_2 gegeben. Dadurch wird aus dem pulsamplitudenmodulierten Signal das NF-Signal herausgefiltert. Über den Verstärker V_4 gelangt es an die Ausgangsklemmen. Die Rückkopplung über V_2 und K ist während der Decodierung wirkungslos, da für diesen Vorgang der Komparator nicht benötigt wird.

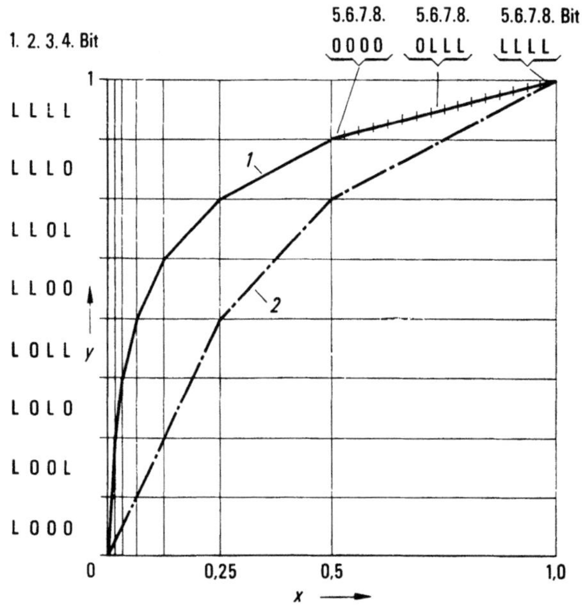

Bild 8.14. Kompressorkennlinien.
Kurve *1*: 13-Segment-Kennlinie;
Kurve *2*: 5-Segment-Kennlinie (zu Abschnitt 8.3.1.5).

Wie oben erwähnt, codiert und decodiert die Schaltung nach Bild 8.13 entsprechend der 13-Segment-Kennlinie (A-Kennlinie, s. a. Abschnitt I.10.1.6). Bild 8.14 zeigt diese Kennlinie für positive Werte des Eingangssignals x. Das erste Bit wird durch das Vorzeichen des Signals bestimmt und ist dementsprechend überall ein L. Mit dem zweiten bis vierten Bit wird angezeigt, in welchem der acht Kennlinienabschnitte[1] das Signal liegt. Jeder dieser Kennlinienabschnitte ist in 16 gleichgroße Intervalle quantisiert; das ist im Bild für die Werte $0{,}5 < x < 1{,}0$ angedeutet. Zu deren Codierung werden das fünfte bis achte Bit benötigt. Bedingt durch die Steigungsänderungen der Kennlinienabschnitte

[1] Es sei darauf hingewiesen, daß die 13 Segmente der *gesamten* Kennlinie 16 Abschnitte umfassen. Nur die 12 äußeren Segmente sind je mit einem Abschnitt gleich, während das mittlere Segment über 4 Abschnitte reicht.

untereinander und die *gleich*mäßige Quantisierung der Kennlinien*abschnitte* ergibt sich, daß der Wert des kleinsten Quantisierungsintervalles 1/2048 beträgt. Obwohl jeder Wertebereich von $\pm x$ mit 7 bit codiert wird, müssen zur iterativen Codierung 11 „Gewichte" mit den Größen 2^{-11} bis 2^{-1} zur Verfügung stehen.

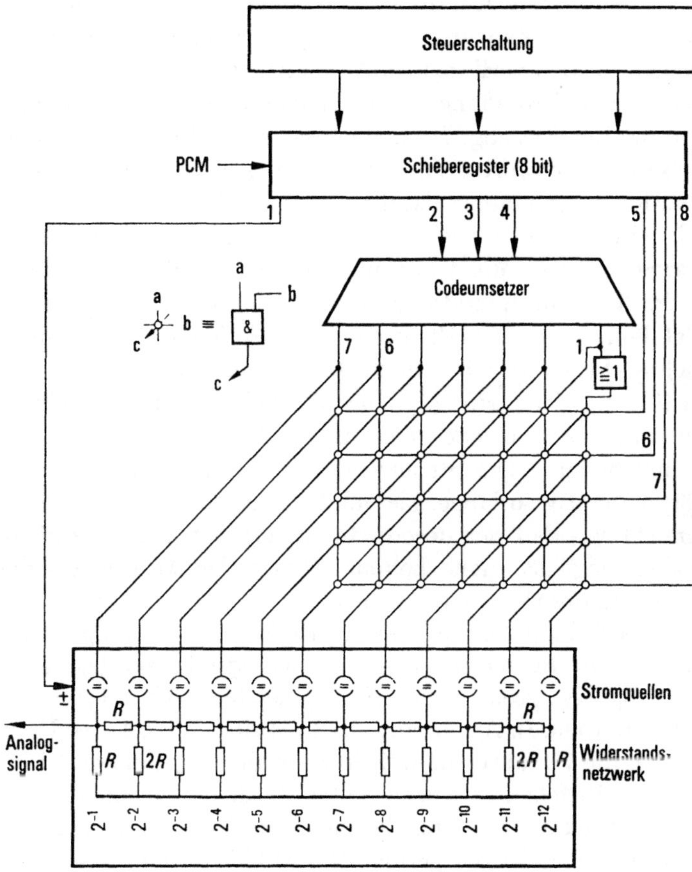

Bild 8.15. Prinzipschema der Decodierung.

Da man die *decodierten* Stufenwerte jeweils in die Mitte eines Quantisierungsintervalles legen muß, um zusätzliche Verzerrungen zu vermeiden (siehe Abschnitt I.10.1.4), kommt für die Decodierung außerdem noch ein Gewicht der Größe 2^{-12} hinzu. Bild 8.15 zeigt das Prinzip der Decodierung. Ein empfangenes PCM-Wort wird in ein 8-bit-Schieberegister aufgenommen. Der Zustandswert des ersten Bits steuert das Vorzeichen der 12 Stromquellen, die an den 12 Eingängen eines Widerstandsnetzwerkes liegen. Dieses Netzwerk ist so dimensioniert, daß jede Stromquelle im eingeschalteten Zustand am Analogausgang den jeweils unten angegebenen Gewichtsbeitrag liefert. Durch das zweite bis achte Bit des PCM-Wortes sind zwar die 128 Intervallstufen im positiven und negativen Kennlinienbereich bestimmt; zur dualen Decodierung müssen sie jedoch wegen der ungleichmäßigen Quantisierung in ein 12-bit-Wort umgesetzt werden, mit dem die 12 Stromquellen ein- bzw. ausgeschaltet werden. Diese Methode wurde im Prinzip bereits mit Bild I.10.16 unten beschrieben; für den vorliegenden Anwendungsfall zeigt in Bild 8.15 der Codeumsetzer in Verbindung mit dem darunterliegenden Verknüpfungsnetzwerk die Realisierung. Im Codeumsetzer wird aus dem zweiten bis vierten Bit des Codewortes ein 1-aus-8-Code erzeugt, der eine der ersten sieben Stromquellen einschaltet, die zu den Gewichten 2^{-1} bis 2^{-7} führen. Dadurch wird der dem jeweiligen Kennlinienabschnitt entsprechende Anfangswert erzeugt. Mit dem fünften bis achten Bit eines Codewortes werden die Kreuzungspunkte des Verknüpfungsnetzwerkes derart aktiviert, daß hinzugeschaltete Ströme mit dem Anfangswert zusammen den gewünschten Stufenwert innerhalb des Kennlinienabschnittes ergeben. Zur Ausführung der *Codierung* eines Analogwertes in ein achtstelliges Binärwort sei noch bemerkt, daß sie mit Hilfe des *Decodier*vorganges vorgenommen wird. Die Steuerschaltung erzeugt Schritt für Schritt Codewörter iterativ so lange, bis mit Hilfe des Komparators K in Bild 8.13 erreicht ist, daß der decodierte Analogwert dem zu codierenden Analogwert möglichst nahe kommt. Dieses Codewort wird dann am Digitalausgang des Codecs abgegeben.

Außer der PCM gibt es noch eine ganze Reihe anderer digitaler Modulationsarten, die für verschiedene Anwendungsfälle zur Digitalisierung von Sprachsignalen geeignet sind. Sie können hier nicht alle im einzelnen besprochen werden. In Anlehnung an [8.18] gibt Tab. 8.1 eine Übersicht. Danach sind die Verfahren in drei Gruppen eingeteilt, die sich durch den Bereich der Bitfolgefrequenzen unterscheiden. Bei hohen Bitfolgefrequenzen ist der Aufwand für die Endeinrichtung sowie die Anpassung an die Signaleigenschaften gering. Mit 64 kbit/s werden — wie schon mehrfach erwähnt — Fernsprechsignale zur Digitalübertragung in öffentlichen Fernsprechnetzen in PCM umgesetzt. Eine höhere Bitfolgefrequenz von etwa 200 kbit/s wird unter Verwendung der einfachen Deltamodulation (DM) (Abschnitt I.10.2.2.1) für Zwischenstufen in Codierern benutzt [8.19]. Bei adaptiven Verfahren der Differenz-Pulscode-Modulation[1] (ADPCM) und der Deltamodulation (ADM) werden die Größen der Quantisierungsintervalle der „Vorgeschichte" des Signalverlaufs angepaßt. Für annähernd gleichbleibende Sprachqualität kommt

[1] In Band I noch mit Delta-Pulscodemodulation bezeichnet.

man mit niedrigeren Bitfolgefrequenzen aus, jedoch ist der Aufwand etwas größer als bei den nichtadaptiven Verfahren. Für die ADPCM sei auf [8.20], für die ADM auf [8.21] hingewiesen. Außer der niedrigeren Bitfolgefrequenz bietet die ADM gegenüber der PCM drei weitere Vorteile: einfachere Endeinrichtungen, geringere Störungswirkung durch Bitfehler und Fortfall der Notwendigkeit, eine Wortsynchronisation durchführen zu müssen. Aus diesen Gründen wird bei speziellen Anwendungsfällen die ADM der PCM vorgezogen, so z. B. in militärischen Fernsprechnetzen [8.22]. In [8.23] wird vorgeschlagen, zwischen dem Teilnehmer und der ersten Vermittlungsstelle mit ADM zu übertragen und erst dann seriell mehrere Signale gemeinsam in PCM umzusetzen. Ausführlichere Vergleiche zu den in Spalte I der Tabelle 8.1 angegebenen Verfahren bringt [8.24].

Kleinere Bitfolgefrequenzen können nur durch Redundanz- und Irrelevanzminderung bei der Digitalisierung erzielt werden. In der Spalte II der Tab. 8.1 sind Codierverfahren angegeben, mit denen Bit-

Tabelle 8.1. Digitalumsetzung von Sprachsignalen, notwendige Bitrate

I	II	III
hohe Bitfolgefrequenz	niedrige Bitfolgefrequenz	sehr niedrige Bitfolgefrequenz
geringer Aufwand für den Codec	aufwendiger Codec	besonders für Synthese und Speicherung von Sprache
geringe Anpassung an die Signaleigenschaften	weitgehende Anpassung an die Signaleigenschaften	

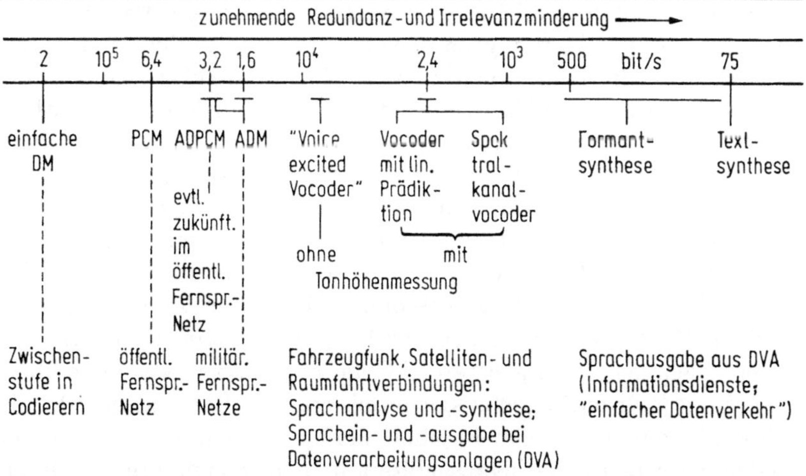

DM	Deltamodulation;	ADPCM	Adaptive Differenz-Pulscode-Modulation;
PCM	Pulscode-Modulation;	ADM	Adaptive Deltamodulation.

folgefrequenzen in der Größenordnung von 1 kbit/s bis 10 kbit/s erzielt werden. In diesen Bereich fallen die verschiedenen Ausführungen von Vocodern (*Voice Coder*); das sind Verfahren, die Sprachanalyse und Sprachsynthese kombinieren. Dabei kommt es darauf an, aus einem Sprachsignal die für das *Verstehen* notwendigen und hinreichenden Merkmale abzuleiten, sie als zeitabhängige *Signalfunktionen* geringen Frequenzbandbedarfs zu übertragen und ein möglichst natürliches Sprachsignal wieder herzustellen [8.25]. Im Prinzip ist das mit den Mitteln der Analogtechnik lösbar; tatsächlich werden aber solche Verfahren vorwiegend für digitale Speicherung, Übertragung und/oder Verschlüsselung (Chiffrierung) benutzt.

Mit diesen Verfahren ist es möglich, bei der Übermittlung von gesprochener Sprache mit geringerer Kanalkapazität auszukommen. Derartige Forderungen treten z. B. beim Fahrzeugfunk sowie bei Satelliten- und Raumfahrtverbindungen auf. Verfahren der Sprachanalyse können auch der Spracherkennung dienen; so kann man durch Sprache Schaltvorgänge auslösen (z. B. Nummernwahl in Fernsprechnetzen, Anfragen an Auskunftssysteme).

Der klassische Vocoder ist der Spektral-Kanalvocoder, der auf Arbeiten von H. Dudley [8.26] und K. O. Schmidt [8.27] beruht. Mit ihm wird das Sprachsignal durch z. B. 14 parallel liegende Frequenzbandpässe BP spektral zerlegt (siehe Bild 8.16a). Durch Gleichrichter Gl und Tiefpaßfilter TP erhält man zu jedem Teilsignal eine Hüllkurve, die die Schwankung der Intensität beschreibt. Daneben wird bei stimmhaften Lauten mit einem Analysator die Sprach-Grundfrequenz (Grundschwingungsfrequenz der Stimmbänder) gemessen; sie ist ein Maß für den Tonfall. Dieses Signal kann, genau wie die anderen Teilsignale, auf eine Bandbreite von 25 Hz begrenzt werden. Zur Digitalübertragung wird jedes Signal mit etwa 50 Hz abgetastet, und die Signale werden zeitlich verschachtelt in einem gemeinsamen A-D-Umsetzer mit 2,4 kbit/s codiert [8.28]. Da Tiefpaßfilter mit einer Grenzfrequenz von 25 Hz sehr aufwendige Induktivitäten erfordern, kann man bei einem Digitalvocoder das Filter und den Abtast- und Haltekreis durch einen getasteten Integrator ersetzen. Dabei wird ein dauermodulierter Puls erzeugt, der nach der Zählmethode (siehe Abschnitt I.10.1.3) in PCM umgesetzt wird [8.29]. Zur Sprachsynthese (Bild 8.16b) wird bei *stimmhaften* Lauten ein oberwellenreicher Pulsgenerator PG auf die von der Sendeseite übertragene Sprach-Grundfrequenz synchronisiert. Mit Bandpässen BP, die gleich denen auf der Sendeseite sind, werden die jeweils in das Band fallenden Spektralanteile herausgefiltert und in Modulatoren M durch die zugehörigen Intensitätssignale amplitudenmoduliert. Durch Addition ergibt sich das synthetische Sprachsignal. Wird bei *stimmlosen* Lauten keine Sprach-Grundfrequenz empfangen, so wird durch den Schalter S

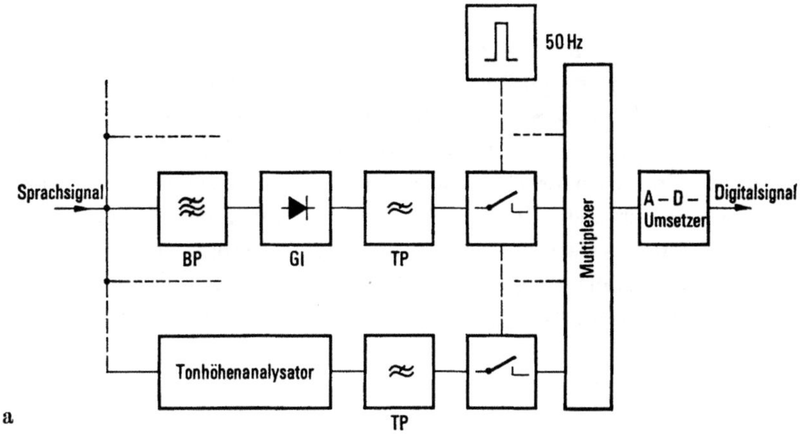

a

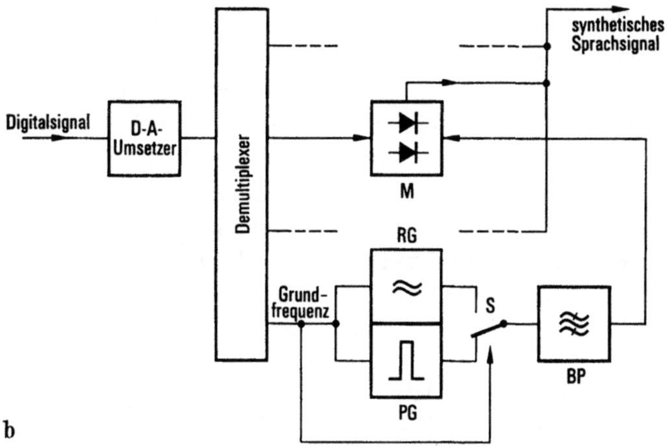

b

Bild 8.16a u. b. Prinzipschema des Spektral-Kanalvocoders.
a) Analyseteil; b) Syntheseteil.

BP	Bandpaß;	RG	Rauschgenerator;
Gl	Gleichrichter;	PG	Pulsgenerator;
TP	Tiefpaß;	S	Schalter.
M	Modulator;		

von dem Pulsgenerator auf einen breitbandigen Rauschgenerator RG als Modulationsträger umgeschaltet.

Eine Messung der Sprach-Grundfrequenz benutzt auch der Vocoder mit linearer Prädikation [8.30]. Diesen Verfahrensschritt, der trotz großer Entwicklungsanstrengungen immer noch nicht befriedigend realisiert werden kann, umgeht man beim spracherregten Vocoder (Voice-excited Vocoder); hier wird das Sprachsignal z. B. bis etwa 970 Hz direkt übertragen und nur das darüberliegende Frequenzband in Teilbänder zerlegt [8.31]. Ohne Vocoder-Prinzip erzielt man vergleichbare Erfolge, wenn bei einem in ähnliche Frequenzbereiche aufgeteilten Sprachsignal die tiefen Anteile fein und die hohen Anteile grob quantisiert werden.

Die Spalte III (Tab. 8.1) enthält reine Syntheseverfahren, die mit Bitfolgefrequenzen kleiner als 1 kbit/s arbeiten. Mit ihnen wird aus Codewörtern, die in Datenverarbeitungsanlagen gespeichert sind, eine „künstliche Sprache" erzeugt, die z. B. für Informationsdienste [8.32] verwendet wird. Beim Formantsynthesator dient als Ausgangspunkt für die Umsetzung ein phonetisch codierter Text [8.33]; beim Textsynthesator geht man von im Klartext geschriebenen Wörtern aus [8.34].

8.3.1.2. Datensignale

Unter Datensignalen versteht man nach DIN 44302 Signale, die digitale Daten repräsentieren. Zur Übertragung im analogen Fernsprechnetz werden sie als Binärsignale mit Hilfe von Modems in Tonfrequenzschwingungen umgewandelt. Durch Verwendung spezieller mehrstufiger Amplitudentastung ist es gelungen, 9600 bit/s in einem Fernsprechkanal zu übertragen [8.35]. Im Fernschreibnetz werden Signale mit 50 bis 300 Baud entweder frequenzmäßig gebündelt (Wechselstromtelegraphie, siehe Abschnitt I.9.2.3) oder, im Zeitmultiplex zusammengefaßt, mit z. B. 2,4 kbit/s übertragen [8.36]. In öffentlichen Datennetzen umfaßt die Systemhierarchie die Klasse 1 mit 300 bit/s, die Klasse 2 mit 50 bis 200 bit/s, die Klasse 3 mit 600 bit/s, die Klasse 4 mit 2,4 kbit/s, die Klasse 5 mit 4,8 kbit/s, die Klasse 6 mit 9,6 kbit/s und die Klasse 7 mit 48 kbit/s [8.37].

Für die Übertragung von Datensignalen in einem Digital-Nachrichtensystem gibt es grundsätzlich zwei Möglichkeiten. Die eine besteht darin, die Ausgangssignale der genannten Modems wie Fernsprechsignale an die entsprechenden Analogeingänge der in Bild 8.2 gezeigten Endeinrichtungen zu legen. Sie werden dann, genauso wie ein Fernsprechsignal, durch Abtasten, Quantisieren und Codieren in ein Signal mit einer Bitfolgefrequenz von 64 kbit/s umgesetzt. Untersuchungen haben gezeigt, daß eine derartige Übertragung hinsichtlich der Telegraphieverzerrungen keine Schwierigkeiten bietet. Die Verwendung der 13-Segment-Kennlinie bringt auch beim Umsetzen der Datensignale in PCM gegenüber der gleichmäßigen Quantisierung Vorteile. Bei der Hintereinanderschaltung mehrerer Modulationsabschnitte ist die Zunahme der Telegraphieverzerrungen nicht so kritisch wie in entsprechend vielen Trägerfrequenzsystemen [8.38]. In jedem Fall bleibt jedoch der Nachrichtenfluß weit unter dem des Digital-Fernsprechkanals von 64 kbit/s. Es liegt daher nahe, das Datensignal auf den in Bild 8.2 gezeigten Digitaleingang zu geben und das Binärsignal von 64 kbit/s direkt zur Datenübertragung zu verwenden. Das hat aber zwei Schwierigkeiten. Abgesehen davon, daß 64 kbit/s bisher kein genormter Wert für die Datensignale ist, wird ein durch Bündelung angepaßter Datenstrom nicht mit dem in einer einzelnen Endeinrichtung benutzten Pulstakt übereinstimmen. Gleichheit läßt sich nur erreichen, wenn man die Endeinrichtung durch den Datentakt synchronisiert oder umgekehrt. Um diese Bedingung für jede Endeinrichtung in beiden Richtungen erfüllen zu können, muß das gesamte Digitalsystem einschließlich Datennetz synchron sein. Möglichkeiten und Konsequenzen hierfür werden im Abschnitt 9 näher behandelt. Weichen dagegen die Frequenzen des Pulstaktes und/oder des Datensignals nur geringfügig von einer gemeinsamen Nennfrequenz ab — man spricht in diesem Fall von plesiochronen Signalen —, dann muß man, um entsprechende Informationsverluste zu vermeiden, das im Abschnitt 8.3.4 beschriebene Stopfverfahren anwenden. Dabei muß der angelieferte Datentakt etwas geringer sein als der abgehende Pulstakt. Die zweite Schwierigkeit ist viel einschneidender. Digital-Übertragungssysteme sind meistens so ausgelegt, daß noch Bitfehlerhäufigkeiten von etwa 10^{-6} zugelassen werden, weil die dadurch falsch decodierten Stufenwerte den Signal-Geräusch-Abstand im empfangenen Primärsignal nicht unzulässig verschlechtern. Bei der Datenübertragung kann es dagegen unzumutbar sein, wenn jedes millionste Zeichen falsch ankommt; man denke z. B. an die Übertragung von Rechenergebnissen, Kontoauszügen o. ä. Zur hinreichend gesicherten Übertragung müssen fehlererkennende und -korrigierende Codes verwendet werden, die im Abschnitt I.8.3.1 kurz umrissen wurden. Die Notwendigkeit, dabei Redundanz hinzuzufügen, hat zur Folge, daß das Binärsignal von 64 kbit/s quellenmäßig nur zum Teil ausgenutzt werden kann.

Will man die genannten Schwierigkeiten umgehen, so gibt es noch die Möglichkeit, das Datensignal durch eine geeignete Umcodierung dem gewünschten Bittakt anzupassen. Im einfachsten Fall wird dazu das binäre Datensignal mit einer Abtastfrequenz von $f_0 = 64$ kHz abgetastet und in zwei Stufenwerte quantisiert; es wird also mit einer Periode von 15,625 µs untersucht, ob das Datensignal jeweils den Wert O oder den Wert L hat. Zustandsänderungen werden dabei nicht sofort bemerkt, im schlimmsten Fall um die genannte Periode später vollzogen. Läßt man eine Telegraphieverzerrung von $\pm 20\%$ zu, so können Daten mit einer Bitfolgefrequenz von maximal 12,8 kbit/s übertragen werden [8.39].

Ein Verfahren, bei dem man in der einfachsten Form die Telegraphieverzerrungen auf die Hälfte reduziert, ist das Zeitlagen-Codierverfahren. Es geht davon aus, daß ebenso wichtig wie das Erkennen der Zustände O und L die Kenntnis des Zeitpunktes einer Zustandsänderung ist. Seine Wirkungsweise sei anhand von Bild 8.17 erklärt [8.40].

Das Dateneingangssignal s_e wird sendeseitig mit einem dazu asynchronen Taktsignal s_1 in einem Coder in ein Ausgangssignal s' nach folgenden Gesetzen umcodiert: Ändert sich innerhalb einer Pulsperiode des Taktsignals s_t der Zustand des Datensignals, so wird im Ausgangssignal s' das erste darauffolgende Bit auf L gesetzt. Mit dem nächsten Bit wird festgehalten, ob sich das Datensignal in der ersten oder in der zweiten Hälfte der Pulsperiode geändert hat, und dementsprechend L oder O abgegeben. Mit dem dritten Bit wird die Richtung der vorangegangenen Zustandsänderung übertragen; verlief sie von O nach L, so wird O, im umgekehrten Fall L gesendet. Bis zur nächsten Zustandsänderung werden dann O-Werte abgegeben. Der Übergang von s' nach s ist eine getaktete Negation. Dadurch wird erreicht, daß beim Fehlen von Zustandsänderungen im Datensignal lauter L-Werte gesendet werden. Das gibt bei manchen Übertragungssignalen eine bessere Information für die Taktrückgewinnung.

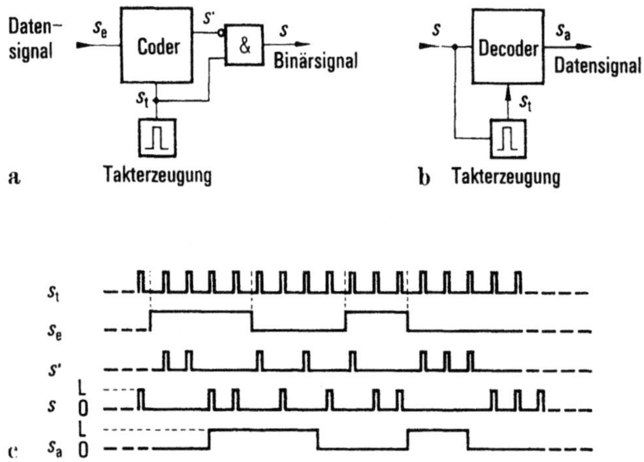

Bild 8.17a–c. Zeitlagen-Codierverfahren für Daten.
a) Prinzipschaltbild der Sendeseite; b) Prinzipschaltbild der Empfangsseite; c) Impulsdiagramme.

Auf der Empfangsseite wird aus dem Binärsignal s das Taktsignal s_t und mit dessen Hilfe im Decoder ausgangsseitig das ursprüngliche Datensignal s_a zurückgewonnen. Es ist gegenüber s_e um etwa drei Taktperioden verzögert. Mit dieser Anordnung lassen sich mit einem Binärsignal von 64 kbit/s Daten übertragen, deren Bitfolgefrequenz 21,3 kbit/s beträgt; die Telegraphieverzerrung macht dann im Extremfall $\pm 16{,}7\%$ aus. Die Zeitlagen-Codierung kann verfeinert werden, indem man mit jeweils *zwei* Bits unterscheidet, ob die Zustandsänderung im ersten, zweiten, dritten oder vierten Viertel einer Abtastperiode liegt.

In speziellen Datennetzen verwendet man in der Regel Zeitmultiplex-Datenübertragungssysteme, die den Nachrichtenfluß von 64 kbit/s in mehrere Datenkanäle der eingangs genannten Klassen 3 bis 6 unterteilen [8.41].

8.3.1.3. Tonsignale

Unter Tonsignalen werden im folgenden Tonprogrammsignale der Rundfunk- und Fernseh-Übertragungstechnik verstanden. Nach [8.42] muß bei diesen Signalen ein Geräusch-Abstand von wenigstens 77 dB erreicht werden. Ist q die Anzahl der Quantisierungsstufen, so muß bei gleichmäßiger Quantisierung mit (I.10.49) die Forderung

$$20 \lg \frac{q}{\sqrt{2}} \text{ dB} \geqq 77 \text{ dB} \tag{8.2}$$

erfüllt werden. Man erhält $q \geqq 10012$. Die nächsthöhere Potenz von 2 ist $2^{14} = 16384$.

Es liegt nahe, ähnlich wie bei Fernsprechsignalen durch Übergang zu einer geeigneten Kompanderkennlinie die je Abtastwert notwendige Anzahl von 14 bit herabzusetzen. Das ist jedoch wegen der hohen Forderungen an die Klirrdämpfung nur möglich, wenn man mit zusätzlicher Preemphase — wie sie auch in der analogen Technik bereits üblich ist — arbeitet. Bei Verwendung der 13-Segment-Kennlinie kommt man mit 10 bit je Abtastwert aus. Bei der Digitalisierung von Tonprogrammsignalen setzt sich jedoch zunehmend eine spezielle 11-Segment-Kennlinie durch, bei der 11 bit je Abtastwert benötigt werden [8.43]. Bei Anwendung der 13-Segment-Kennlinie werden *zwei* Paritätsbits, bei der 11-Segment-Kennlinie *ein* Paritätsbit hinzugefügt, so daß in beiden Fällen insgesamt 12 bit je Abtastwert zu übertragen sind. Diese Paritätsbits dienen als Schutzmaßnahme gegen Knackgeräusche, deren Ursache Bitfehler im Verlaufe der Übertragung sein können. Bei *zwei* Paritätsbits je Codewort wird das Auftreten eines einzelnen Bitfehlers mit Sicherheit erkannt, das Auftreten von zwei oder mehr Bitfehlern in der Mehrzahl der Fälle. Bei *einem* Paritätsbit je Codewort wird ein einzelner Bitfehler in den fünf höchstwertigen Bits erkannt; zwei derartige Bitfehler bleiben dagegen unentdeckt und führen zu einem Knackgeräusch. Im Falle einer Fehlererkennung wird im Empfänger der falsch erzeugte Abtastwert durch den letzten richtigen Abtastwert ersetzt.

Bei einer Bandbreite des Tonprogrammsignals von 15 kHz ist entsprechend dem Abtasttheorem eine Abtastfrequenz von mindestens $f_0 = 30$ kHz erforderlich. Zur Anpassung an die PCM-Übertragung von Fernsprechsignalen wurde $f_0 = 4 \cdot 8$ kHz $= 32$ kHz gewählt. Damit steht auch genügend Frequenzband zur Auslegung der Filterflanke in den

Tiefpässen zur Verfügung, die zur Beseitigung der oberhalb von $f_0/2$ liegenden Spektralanteile notwendig sind.

Unter diesen Voraussetzungen ergibt sich zur Digitalübertragung von Tonprogrammsignalen eine Bitfolgefrequenz von 384 kbit/s. Bild 8.18 zeigt das Prinzip des Sende- und Empfangsumsetzers für die oben geschilderte Version mit der 11-Segment-Kennlinie.

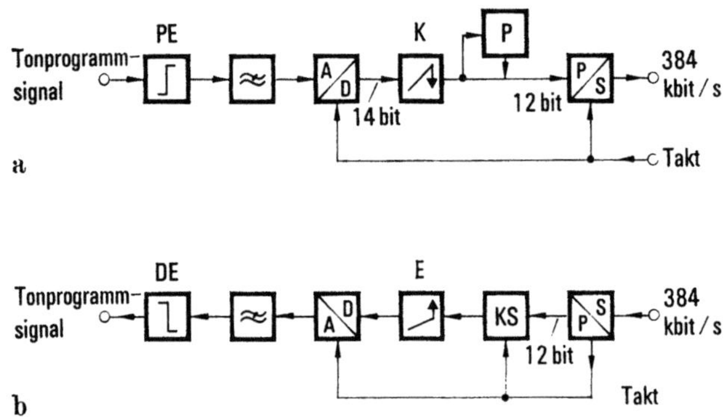

Bild 8.18a u. b. Tonumsetzerprinzip (Abtastfrequenz 32 kHz beim 15-kHz-Kanal und 16 kHz beim 7-kHz-Kanal).

a) Sendeumsetzer		b) Empfangsumsetzer	
A/D	Analog-Digital-Umsetzer;	D/A	Digital-Analog-Umsetzer;
K	Digitalkompressor;	DE	Deemphasis;
P	Paritätsbiterzeugung;	E	Digitalexpander;
PE	Preemphasis;	KS	Knackschutz mit Paritätsprüfung;
P/S	Parallel-Seriell-Umsetzer.	S/P	Seriell-Parallel-Umsetzer.

In einem 2048-kbit/s-Signal lassen sich 5 monophone 15-kHz-Tonprogramme übertragen. Jeweils zwei Kanäle können zu einem Stereopaar zusammengefaßt werden. Die zunächst noch überzähligen 128 kbit/s werden — wie beim Fernsprechen — zur Übertragung der Rahmenkennung und eines Meldewortes mit 64 kbit/s sowie für die Signale eines 64-kbit/s-Datenkanals zur Verfügung gestellt.

Alternativ zu den 15-kHz-Tonleitungen werden gelegentlich auch 7-kHz-Tonleitungen verwendet [8.44], die im AM-Rundfunk, bei Kommentar- und Reportageleitungen eingesetzt werden. Bei einer Abtastfrequenz von 16 kHz benötigt man hierfür eine Bitfolgefrequenz von 192 kbit/s.

Zur Anwendung in Tonstudios und für die sogenannte Digitalschallplatte gibt es international Vorschläge für eine PCM-Technik mit höheren Abtastfrequenzen (bis 48 kHz) und höherer Auflösung (bis 20 bit) bei gleichmäßiger Quantisierung, wobei im erstgenannten Anwendungsfall die Möglichkeit einer Umcodierung auf die oben angegebenen Systemwerte zum Zwecke der Übertragung vorzusehen ist [8.45].

Für das Fernseh-Tonsignal gelten die oben angeführten Betrachtungen gleichfalls, wenn man es, vom Fernseh-Bildsignal getrennt, innerhalb eines allgemeinen Digitalnetzes übertragen will. Werden sowohl Fernseh-Ton- als auch -Bildsignal gemeinsam codiert, so ist es zweckmäßig, die Abtastfrequenz an die Zeilenfrequenz der Fernsehnorm (15,625 kHz) anzubinden. Damit wird für die zeitliche Bündelung eine übersichtlichere Rahmenaufteilung erreicht. Die Abtastfrequenz ist dann mit 31,25 kHz statt 32 kHz nur geringfügig anders.

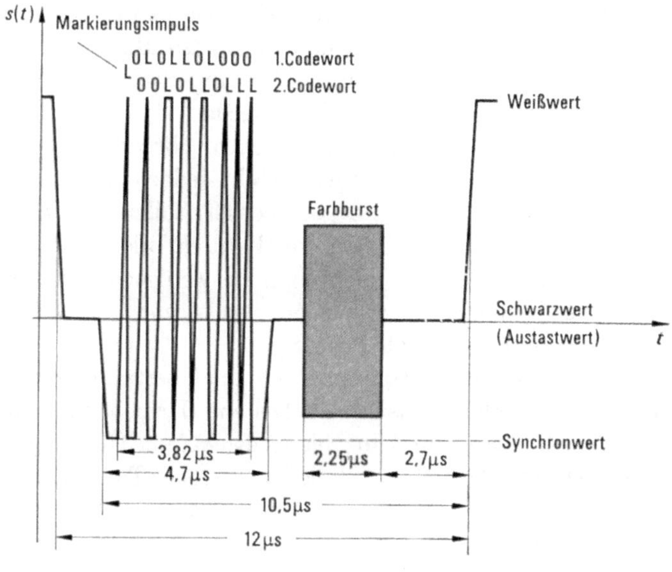

Bild 8.19. SIS (Sound in Sync)-Verfahren zur Übertragung des Fernsehtones mit PCM im Zeilensynchronimpuls.

Im analogen Fernseh-Verteilnetz wurden bisher Bild und Ton auf getrennten Kabel- oder Richtfunkstrecken übertragen. Das hat den Vorteil, daß z. B. der Tonausfall im Bild mitgeteilt werden kann. Es entstehen jedoch zusätzliche Kosten, die sich bei gemeinsamer Übertragung im Bildkanal vermeiden lassen. Bei einem mit SIS (*S*ound *in* *S*ync) bezeichneten Verfahren geht man davon aus, daß die Zeilensynchronimpulse mit ihrer verhältnismäßig großen Dauer und auch Amplitude eine große Redundanz darstellen, die zwar für den Heimempfänger, nicht jedoch für die kommerzielle Übertragung gerechtfertigt ist. Aus diesem Grund kann ein großer Teil jedes Impulses dazu benutzt werden, in ihm ein Tonsignal pulscodemoduliert unterzubringen. Da die Zeilenfrequenz, wie oben gezeigt, gerade halb so groß ist wie die Abtastfrequenz, muß jeder Zeilensynchronimpuls bei einer 10-bit-Codierung 20 bit aufnehmen. Dazu kommt noch ein weiteres Bit, das als Markierungsimpuls vorangeht und für die Decodierung den Bezugszeitpunkt liefert [8.46]. Bild 8.19 zeigt schematisch die Zeilenaustastlücke (12 μs) mit Zeilensynchronimpuls (4,7 μs) und Farbburst (2,25 μs). Mitten im Zeilensynchronimpuls liegen mit 3,82 μs Dauer die 21 Bits, im Beispiel bestehend aus dem Markierungsbit L und den beiden bitweise verschachtelten 10-bit-Codewörtern OLOLLOLOOO und OOLOLLOLLL. Es ergibt sich eine Pulsfrequenz von 21/(3,82 μs) = 5,43 MHz, die sich innerhalb des Videobandes noch gut übertragen läßt, wenn man für die Impulse einen cosinusförmigen Verlauf wählt. Da das vom Toncodierer erzeugte Digitalsignal nicht kontinuierlich in das Bildsignal, sondern zeitlich gerafft in die Synchronisierimpulse eingefügt wird, muß es in einem Pufferspeicher zwischengespeichert werden.

Das SIS-Verfahren wird im EBU(*E*uropean *B*roadcasting *U*nion)-Netz angewendet [8.47]; sein Mangel besteht jedoch darin, daß es in dieser Form für nur einen Tonkanal geeignet ist. Sollen z. B. für Stereophonieübertragung zwei Tonsignale im Fernseh-Bildsignal auf ähnliche Weise eingefügt werden, so muß man wenigstens die doppelte Anzahl von Binärelementen unterbringen; das ist nur mit größeren Eingriffen in die Austastlücke möglich [8.48].

Eine andere Möglichkeit der gemeinsamen Übertragung von Fernsehsignalen und digitalen Tonsignalen besteht darin, nicht zeitmäßig, sondern frequenzmäßig zu bündeln. Bei der Richtfunk-Übertragung wird hierbei das bisherige frequenzmodulierte analoge Tonsignal (Trägerfrequenz 7,5 MHz) ersetzt durch ein Digitalsignal mit der Bitfolgefrequenz $f_b = 2{,}048$ Mbit/s. Dieses kann in der eingangs beschriebenen Weise bis zu 5 Tonprogrammsignale enthalten. Die Mittenfrequenz dieses Signals liegt bei 7,23 MHz. Um die hierbei verfügbare Bandbreite von 1,5 MHz einzuhalten, wendet man die in Abschnitt 8.4.4.2 beschriebene Quadraturmodulation an: Zwei um $\pi/2$ zueinander versetzte Trägerschwingungen ($f_t = 2{,}56$ MHz) werden jeweils mit der halben Bitrate einer bipolaren Amplitudentastung ausgesetzt. Die dabei entstehenden unerwünschten Seitenbänder werden in einem nachgeschalteten Tiefpaß unterdrückt. In einem darauffolgenden Umsetzer wird das Signal in den Frequenzbereich bei 7,23 MHz gebracht [8.49]. Dieses Verfahren wird im TV-Verteilnetz der Deutschen Bundespost angewendet [8.50].

8.3.1.4. Bildsignale

Unter Bildsignal soll im folgenden ein Signal der Fernsehprogrammübertragung (TV) oder des zukünftigen Bildfernsprechens (BiF) verstanden werden. Faksimilesignale werden am Ende dieses Abschnittes gesondert behandelt.

Sieht man einmal von Stereoeffekten ab, so ist das akustische Signal eine eindimensionale, das optische Signal dagegen eine zweidimensionale Zeitfunktion. Mit Hilfe der zeilen- und bildweisen Auflösung gelingt es jedoch, auch optische Signale in *einem* Signalparameter eines elektrischen Signals unterzubringen. In Tab. 8.2 sind die wichtigsten Kenndaten der betrachteten Bildsignale zusammengestellt. Für das Fernsehsignal wird von einer 625-Zeilennorm des CCIR ausgegangen, wie sie in Europa vorwiegend verwendet wird. Für das zukünftige Bildfernsprechen steht neben der 625-Zeilennorm eine hierzu kompatible 313-Zeilennorm insbesondere für den Fernverkehr zur Diskussion [8.51]. In der Tab. 8.2 sind hierfür Daten eingetragen, die man aus den Werten für die 625-Zeilennorm ableiten kann. Ein Vergleich der beiden Spalten zeigt, daß dann beim Bildfernsprechen wegen der halbierten Zeilenzahl bei gleichbleibender Bildfrequenz die Zeilenfrequenz und die Videobandbreite entsprechend reduziert sind. Grund für diese Maßnahme ist, daß man beim Bildfernsprechen, insbesondere hinsichtlich der aufzuwendenden Übertragungskapazität, viel sparsamer vorgehen muß als beim Fernsehen: Für jede Verbindung muß in beiden Richtungen je ein Kanal zur Verfügung gestellt werden. Bei Analogübertragung würde ein solcher Bildfernsprechkanal immer noch das Bandbreitenäquivalent von 300 Fernsprechkanälen beanspruchen. Aus diesem Grund ist die Anwendung redundanz-

Tabelle 8.2. Kenndaten von Bildsignalen

Nr.	Eigenschaft	Fernsehen (TV)	Bildfernsprechen (BiF)
1	Zeilenzahl	625	313
2	Bildfrequenz (-periode)	25 Hz (40 ms)	25 Hz (40 ms)
3	Rasterfrequenz (-periode)	50 Hz (20 ms)	50 Hz (20 ms)
4	Zeilensprungverhältnis	2:1	2:1
5	Zeilenfrequenz (-periode)	15,625 kHz (64 μs)	7,825 kHz (127,8 μs)
6	Videobandbreite B	5 MHz	1 MHz
7	Horizontalaustastung	12 μs	etwa 24 μs
8	Horizontalaustastung, bezogen auf die Zeilenperiode	18,8%	18,8%
9	Vertikalaustastung	1,612 ms	etwa 1,4 ms
10	Vertikalaustastung, bezogen auf die Rasterperiode	8,1%	7%
11	Gesamtsignal	1,0 V	1,0 V
12	Synchronwert-Schwarzwert	0,35 V	0,285 V
13	Synchronwert-Schwarzwert, bezogen auf den Gesamtwert	35%	28,5%
14	Schwarzwert-Weißwert	0,65 V	0,715 V
15	Schwarzwert-Weißwert, bezogen auf den Gesamtwert	65%	71,5%
16	Farbhilfsträger (PAL)	4,433 MHz	—

mindernder und damit Bandbreite sparender Codierverfahren beim Bildfernsprechen von besonderer Wichtigkeit. Ein Überblick über die Verfahren und Möglichkeiten der Bitratenreduktion für die Digitalübertragung von Fernsehsignalen wird in [8.52] gegeben.

Anwendung der Pulscode-Modulation. Untersuchungen an Bildsignalen haben ergeben, daß alle Helligkeitswerte nahezu mit gleicher Wahrscheinlichkeit vorkommen. Nur die Extremwerte sind etwas seltener [8.53]. Aus diesem Grund bringt im Gegensatz zu weiter unten besprochenen Digitalverfahren eine Momentanwert-Kompandierung keinen Gewinn. Für das Signal-Geräusch-Verhältnis infolge der unvermeidbaren Quantisierungsverzerrungen gilt dann bei Fernsehsignalen die Gleichung

$$\frac{P}{P_Q} = 12 \cdot 2^{2r_0}; \qquad (8.3)$$

darin bedeutet r_0 die Anzahl der Bits je Codewort. Daraus ergibt sich bei einer 8-bit-Codierung der Signal-Geräusch-Abstand $a_Q = 59$ dB. Da die Quantisierungsverzerrung dem weißen Rauschen ähnlich ist, ist der bewertete Signal-Geräusch-Abstand um die Geräuschbewertung von 7,4 dB größer. Das gewährleistet, daß die CCIR-Forderung [8.54] nach einem Signal-Geräusch-Abstand von 57 dB auch dann erfüllt ist, wenn die Strecke aus mehreren Modulationsabschnitten besteht. Bei einer Bandbreite von 5 MHz ist eine Abtastfrequenz von 10 MHz notwendig. Die für ein Fernsehsignal erforderliche Bitfolgefrequenz beträgt also mindestens 80 Mbit/s bei PCM: für das BiF-Signal gilt entsprechend 16 Mbit/s.

Bild 8.20 zeigt Aufnahmen von Fernsehbildern, aus denen die Wirkung der Quantisierungsverzerrungen hervorgeht. Dabei ist der Bildinhalt (Schwarzwert-Weißwert) unter b) mit 16, unter c) mit 8 und unter d) mit 4 Stufen quantisiert; zum Vergleich ist unter a) ein analog übertragenes Bild dargestellt. Die Oszillogramme darunter geben das einer Zeile entsprechende Signal zwischen zwei Zeilensynchronimpulsen wieder.

Im Bildsignal hat man, wie schon erwähnt, Zeilen- und Bildsynchronimpulse hinsichtlich ihrer Dauer und Amplitude großzügig dimensioniert (siehe Tab. 8.2), um sie in Bildempfängern mit geringem Schaltungsaufwand sicher auswerten zu können. Diese Redundanz kann bei der Codierung eliminiert werden, indem man die Synchronimpulse nicht als Teil eines Analogsignals abtastet und quantisiert, sondern insgesamt durch Codewörter sehr viel kürzerer Dauer ersetzt. In der dadurch frei werdenden Zeit kann dann echte Bildinformation übertragen werden. Weiterhin kann der zu quantisierende Amplitudenbereich auf den kleineren Wertebereich des reinen Bildinhalts beschränkt bleiben. Der

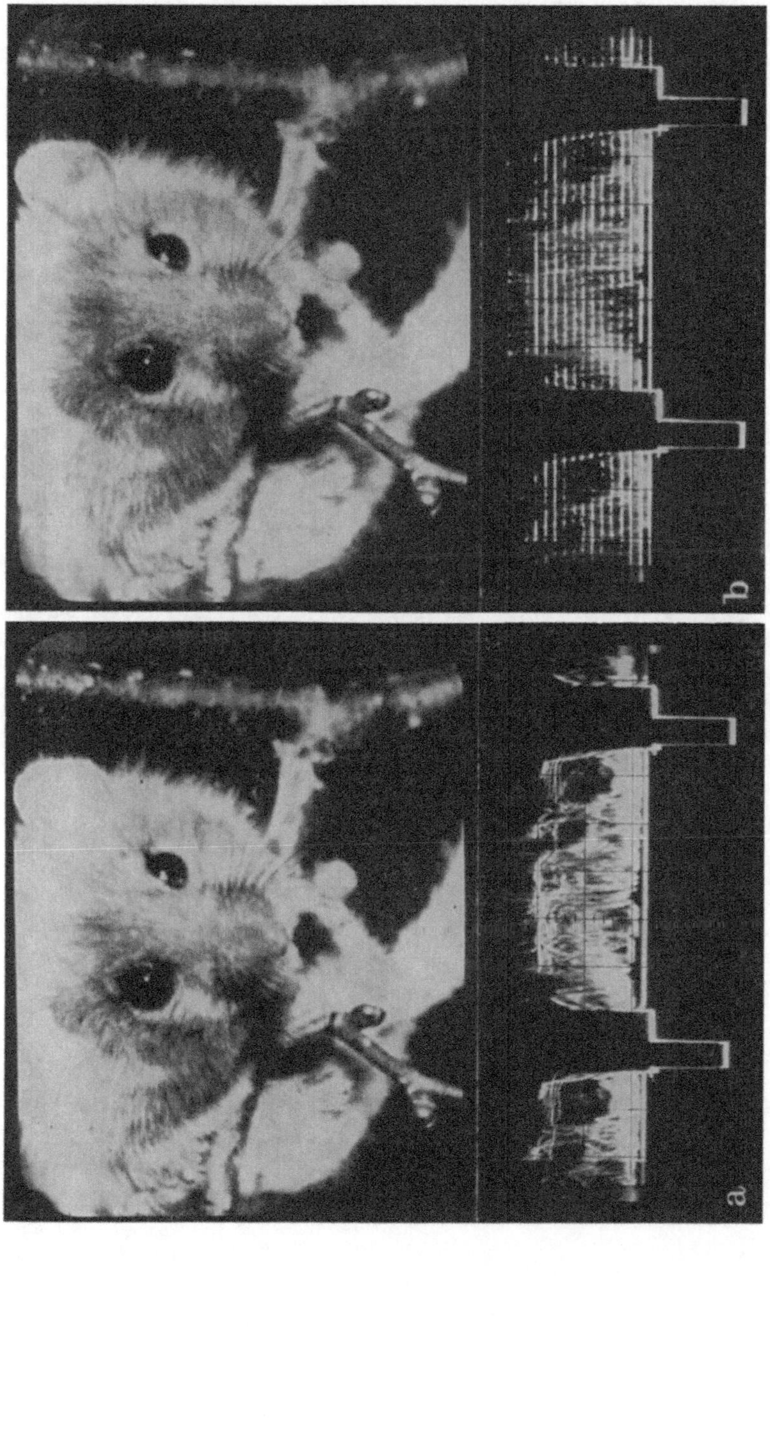

Bild 8.20a – d. Fernsehbilder und Oszillogramme des zugehörigen Signals.
a) analoge Übertragung; b) Quantisierung des Bildinhaltes in 16 Stufen;

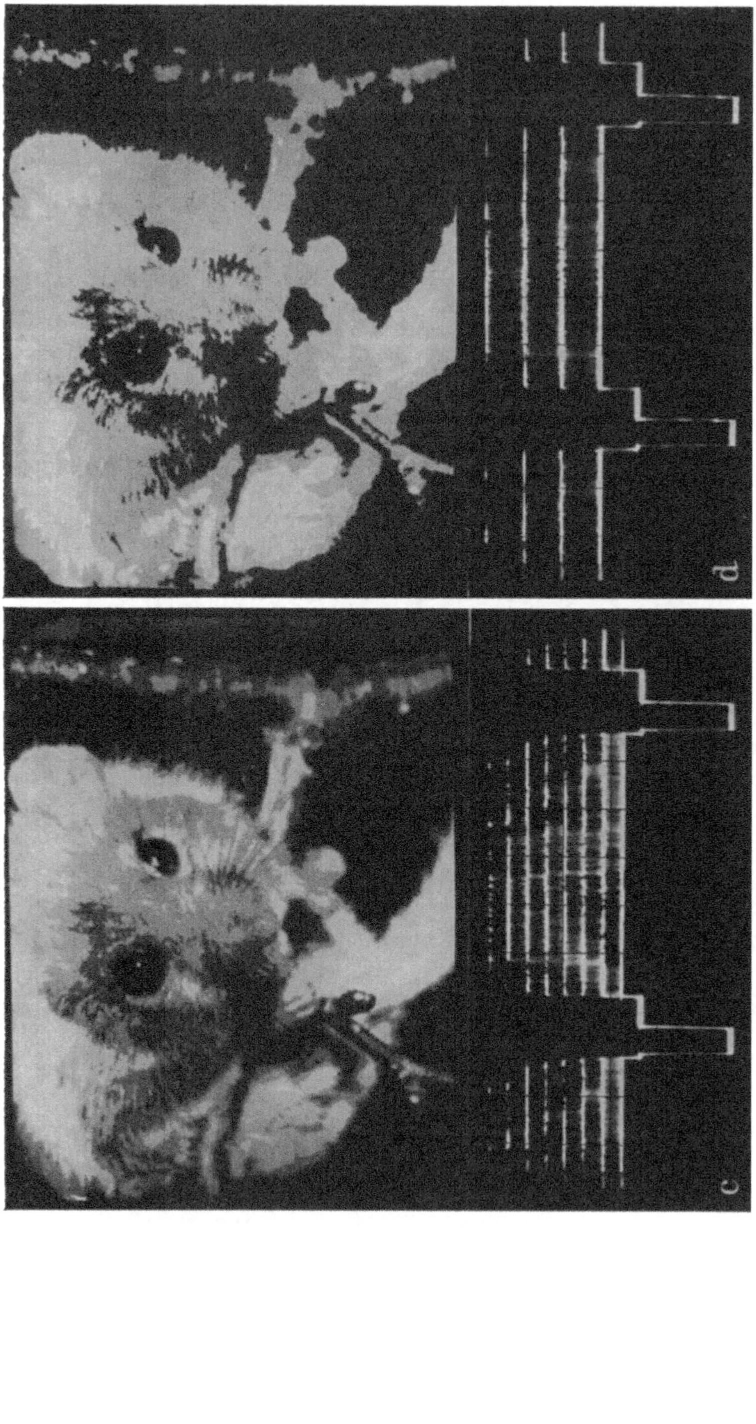

c) Quantisierung des Bildinhaltes in 8 Stufen;
d) Quantisierung des Bildinhaltes in 4 Stufen.

hierdurch erzielbare Gewinn beträgt theoretisch 32% des Nachrichtenflusses.

Eine weitere Möglichkeit liegt in der Reduktion der Abtastfrequenz. Hierbei wird die Tatsache ausgenutzt, daß das Amplitudenspektrum eines (stehenden) Bildes aus diskreten Linien besteht. Hauptlinien liegen bei Vielfachen der Zeilenfrequenz; in den (sich überlappenden) Seitenbändern liegen jeweils im Abstand von Vielfachen der Rasterfrequenz Nebenlinien. Wählt man die Abtastfrequenz f_0 derart, daß sie zwischen zwei Vielfachen der Zeilenfrequenz f_z liegt,

$$f_0 = (m + k)\, f_z, \tag{8.4}$$

(m ganze Zahl, $0 < k < 1$), so liegen bei Verletzung des Abtasttheorems die gespiegelten Störlinien *zwischen* den Nutzlinien, in Bild 8.21 für $k = 1/2$ genau in der Mitte; die Störungswirkung wird dadurch vermindert. Je nachdem, ob k gleich 1/2 oder 1/4 ist, spricht man vom Halb- oder Viertelzeilenoffset. Die Störungswirkung besteht aus geometrischen Verzerrungen und Flimmern. Nach [8.55] ergibt sich ein günstiger Kompromiß in der Störungswirkung mit dem Viertelzeilenoffset. Der Halbzeilenoffset ist in dieser Beziehung zwar zunächst etwas ungünstiger; mit einem empfangsseitigen Kammfilter (Bild 8.21) lassen sich die Störungen jedoch weitgehend unterdrücken. Nach [8.56] kann bei TV-Signalen dabei die Abtastfrequenz bis auf 7,69 MHz herabgesetzt werden. Der Reduktionsgewinn beträgt dann 23%.

Weitere Gewinne lassen sich erzielen, wenn man darüber hinausgehende redundanz- und irrelevanzmindernde Verfahren anwendet.

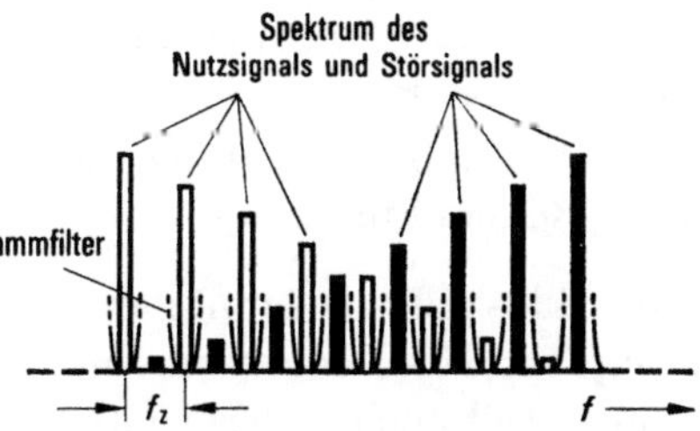

Bild 8.21. Spektrum eines Fernsehsignals bei reduzierter Abtastfrequenz ($k = 1/2$).

Möglichkeiten der Irrelevanzminderung. Zur *Irrelevanzminderung* kann man psycho-physiologische Gesetze heranziehen, die die „Unvollkommenheit" des Auges berücksichtigen. Die wichtigsten Kriterien sind

— für den Helligkeitseindruck die Kontrastempfindlichkeit (Gradationsauflösung),

— in der Bildstruktur die Schärfeempfindlichkeit (Detailauflösung),
— im Zeitbereich die Trägheit des Auges (Bewegungsauflösung).

Schon bei der Festlegung der Kenndaten für das Analogsignal wurden durch geeignete Wahl des Signal-Geräusch-Abstands, der Zeilenzahl und Punktauflösung (Bandbreite!) sowie der Bildfrequenz in Verbindung mit dem Zeilensprungverfahren diese Merkmale je für sich berücksichtigt. Es besteht aber auch eine Abhängigkeit der Kriterien untereinander. So ist z. B. bekannt, daß das Auge bei geometrischen und zeitlichen Helligkeitssprüngen auf Kontrastverzerrungen weniger empfindlich reagiert als bei kontinuierlichen Helligkeitsänderungen. In [8.57] werden Ansätze angegeben, diese Zusammenhänge quantitativ zu erfassen.

Möglichkeiten der Redundanzminderung. Die Codierung von analogen Bildsignalen ist wegen der Notwendigkeit der damit verbundenen Quantisierung immer mit einer Irrelevanzminderung verknüpft, deren Größe im wesentlichen durch die Zahl der benutzten Quantisierungsintervalle wählbar ist. Sieht man davon einmal ab, so ist reine *Redundanzminderung* nur mit Hilfe einer Optimalcodierung möglich [8.58]. Optimale Codes für statistisch unabhängige Abtastwerte, wie z. B. der Huffman- oder der Shannon-Fano-Code [8.59], werden jedoch für Bildsignale nur in Kombination mit anderen Codierverfahren verwendet, da die Redundanz im wesentlichen nur in der statistischen Abhängigkeit der Helligkeitswerte benachbarter Bildpunkte liegt. Unter „benachbart" sind in diesem Zusammenhang drei Möglichkeiten zu verstehen:

a) horizontal benachbart, also zwei aufeinanderfolgende Bildpunkte einer Zeile;

b) vertikal benachbart, also bei zwei aufeinanderfolgenden Zeilen untereinander liegende Bildpunkte;

c) zeitlich benachbart, also bei zwei aufeinanderfolgenden Bildern an gleicher Stelle liegende Bildpunkte.

Die meisten der für Bildsignale bekannt gewordenen Codierverfahren zielen auf eine Verknüpfung von Redundanz- und Irrelevanzminderung. Sie wurden zum großen Teil auch experimentell erprobt. Wegen ihrer Vielzahl kann nur ein Überblick gegeben werden.

Bei den *Transformations*verfahren werden Koeffizientenwerte übertragen, die sich durch lineare Transformation des Bildsignals mittels orthogonaler Funktionen ergeben [8.60]. Als Beispiele hierfür seien die diskrete Fouriertransformation und die diskrete Hadamardtransformation [8.61] erwähnt. Diese Verfahren befinden sich mit einer Vielzahl prinzipieller Möglichkeiten noch weitgehend im Forschungsstadium. Größere Bedeutung haben die *Zeitbasis*verfahren. Hierbei ist zwischen konstanter und variabler Zeitbasis zu unterscheiden. Ein Verfahren mit *variabler* Zeitbasis ist die Lauflängencodierung [8.62]; neben einer Helligkeitsänderung muß auch die dazugehörige Zeitinformation in codierter Form übertragen werden. Das ist bei Verfahren mit konstanter Zeitbasis nicht nötig; hier werden *periodisch* Helligkeits*änderungen* festgestellt und übertragen. Im einfachsten Fall wird nur die Helligkeitsänderung horizontal benachbarter Bildpunkte übertragen. Ein hierfür geeignetes Verfahren ist die schon im Abschnitt I.10.2.3 ausführlich beschriebene DPCM mit ungleichmäßiger Quantisierung. Bild 8.22 zeigt eine Prinzipschaltung, in der die notwendigen Operationen weitgehend digital durchgeführt werden. Eine ungleichmäßige Quantisierung bewirkt zusätzlich eine schon angedeutete Irrelevanzminderung: Geringe Signaländerungen werden feiner quantisiert, um störende Konturfehler zu vermeiden. Die durch entsprechend gröbere Quantisierung bei großen Signaländerungen hervorgerufenen Konturfehler wirken dagegen weniger störend. Experimente mit einer nach diesem Prinzip aufgebauten Anlage für Bildfernsprechsignale führten mit 8 Mbit/s zu brauchbaren Ergebnissen [8.63]. Der Vergleich zwischen einem mit 3-bit-DPCM und einem mit 3-bit-PCM übertragenen Bildsignal zeigt deutlich die Vorteile der DPCM (Bild 8.23). Eine Reproduktion des entsprechenden Analogbilds würde keinen bemerkbaren Unterschied zu Bild 8.23 b bringen. Der Unterschied wird sichtbar, wenn man die Differenz zwischen ursprünglichem Signal und Vorhersagesignal als sogenanntes Schätzwert*fehler*bild auf dem Bildschirm darstellt. Dabei bedeutet ein mittlerer Grauwert, daß dieser Feh-

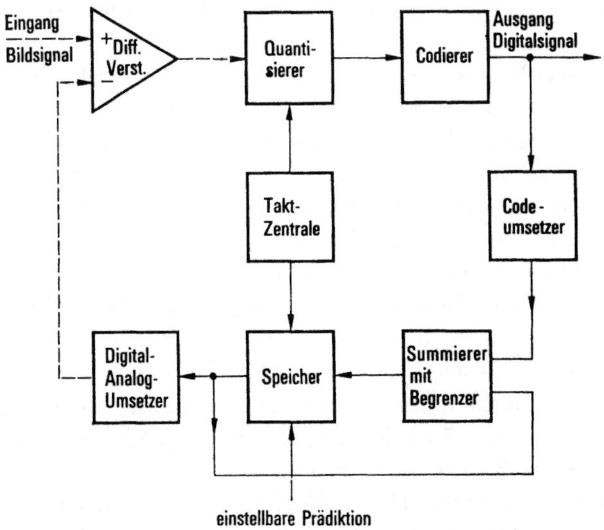

Bild 8.22. DPCM-Prinzipschaltung für Bildsignale.
- - - - Analogsignal; ——— Digitalsignal.

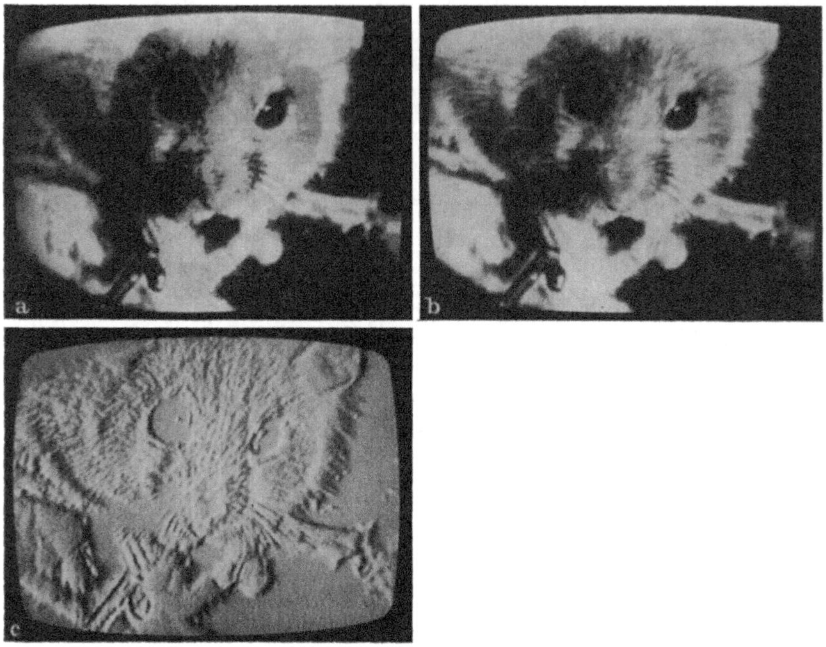

Bild 8.23 a–c. Vergleich von Fernsehbildern.
a) 3-bit-PCM; b) 3-bit-DPCM; c) Schätzwertfehlerbild.

ler gleich Null ist. Positive Differenzen ergeben hellere, negative Differenzen dunklere Grauwerte. Bild 8.23c zeigt dieses Bild mit verstärkten Differenzwerten.

Theoretische Untersuchungen zeigen, daß mit DPCM gegenüber PCM ein Codierungsgewinn von 1,7 bit je Bildpunkt erreicht wird; dieser läßt sich bei einer zweidimensionalen Prädiktion (Ausnutzung der Zusammenhänge a) und b)) auf 2,2 bit je Bildpunkt steigern [8.64]. Man kann die zweidimensionale Vorhersage nach dem Kriterium optimieren, daß die subjektive Wahrnehmbarkeit der Quantisierungsverzerrungen im Wiedergabebild minimal sein soll. Algorithmen, die in einfachen Schritten aus unterschiedlichen Richtungen innerhalb der Bildebene vorhersagen, sind nach [8.65] für diesen Zweck geeignet. Eine weitere Verbesserung ist möglich, wenn man zur Codierung mehrere unterschiedliche Quantisierungskennlinien bereitstellt, von denen die jeweils günstigste ausgewählt wird (2,7 bit je Bildpunkt) [8.64]. Weitere adaptive Verfahren werden in [8.66] beschrieben.

Alle bisher genannten DPCM-Verfahren lassen sich unter dem Begriff *Intraframe*-Codierung zusammenfassen. Sie erfordern bei der eindimensionalen Vorhersage *Wort*speicher und bei der zweidimensionalen

Vorhersage *Zeilen*speicher. Nutzt man auch noch die Korrelation zeitlich benachbarter Bildpunkte nach c) aus, so kommt man zu einer Vorhersage in der dritten Dimension, bei der ein *Bild*speicher notwendig wird (*Interframe*-Codierung). Derartige Verfahren lassen noch größere Codierungsgewinne erwarten; es ist denkbar, daß man mit 1 bit je Bildpunkt (statt acht bei PCM) auskommt. Mit dem *Conditional-Picture-Element-Replenishment*-Verfahren [8.67] wird die mehrmalige Übertragung unbewegter Bildteile unterbunden. Unter Verwendung von Adressier-Codewörtern werden mit Hilfe von PCM nur diejenigen Helligkeitswerte eines Bildes erfaßt, die gegenüber dem entsprechenden Bildpunkt des vorhergehenden Bildes eine Änderung aufweisen. Ihre Anzahl hängt natürlich sehr stark davon ab, ob das Bild ruhig oder bewegt ist. Die damit verbundenen großen Schwankungen des anfallenden Informationsflusses müssen durch Pufferspeicher ausgeglichen werden. Anhaltend großer Informationsfluß führt zu häufigem Überlauf des Pufferspeichers und damit zu störenden Effekten. Verbesserungen lassen sich durch Verwendung von DPCM [8.68] und durch Kombination mit einem Intraframe-DPCM-Coder erzielen [8.69]. Allen Verfahren gemeinsam ist die Verwendung eines Bewegungsdetektors, mit dessen Hilfe festgestellt wird, ob die zeitliche Helligkeitsänderung örtlich gleicher Bildpunkte einen vorgegebenen Wert überschreitet oder nicht. Durch Verwendung von zwei Schwellwerten kann man die Signaländerungen noch klassifizieren [8.69].

In einem Gemeinschaftsunternehmen der Postverwaltungen mehrerer europäischer Länder ist unter anderem bei Verwendung der im vorigen geschilderten Maßnahmen ein Verfahren entwickelt worden, das eine ausreichend gute Bewegtbildübertragung bei 313 Zeilen mit einer Bitrate von 2048 kbit/s für den Fernverkehr erlaubt. Über dieses mit COST* bezeichnete Verfahren finden sich Angaben in [8.70].

Digitalisierung von Farbfernsehsignalen. Bei der unmittelbaren Digitalisierung von *Farb*fernsehsignalen mit Hilfe von PCM hat es sich als vorteilhaft erwiesen, für die Abtastfrequenz ein Mehrfaches der Farbhilfsträgerfrequenz zu wählen. Im Hinblick auf die Anwendung redundanzmindernder Verfahren empfiehlt es sich jedoch, von der Luminanzkomponente Y (Helligkeit) und den Chrominanzkomponenten R-Y und B-Y (beide verantwortlich für Farbton und -sättigung) auszugehen und diese je für sich zu verarbeiten. Zur Digitalisierung eines Farbfernsehsignals in Studioqualität wurden durch [8.71] für die Y-Komponente die Abtastfrequenz mit 13,5 MHz und für die R-Y- und die B-Y-Komponente mit je 6,75 MHz festgelegt. Bei gleichmäßiger Quantisierung mit

---

* European Cooperation in the Field of Scientific and Technical Research

8 bit/Abtastwert ergibt sich dann für PCM eine Bitfolgefrequenz von 216 Mbit/s. Für die Übertragung außerhalb des Studios ist eine Herabsetzung dieser Bitfolgefrequenz vorgesehen. Bei Medien, bei denen die Beschränkung der Bitrate nicht so gravierend ist (z. B. beim Lichtwellenleiter), wird man nur eine geringfügige Reduzierung vornehmen und z. B. zu 140 Mbit/s übergehen. Hierfür bieten sich folgende Möglichkeiten an [8.72]: Umcodierung auf eine DPCM mit 5 bit/Abtastwert, Herabsetzung der durch die sehr hoch angesetzten Abtastfrequenzen bedingten Bitrate für die drei Signalkomponenten mit Hilfe von Digitalfiltern unter Beibehaltung einer 8-bit-PCM, oder eine Hybrid-PCM; unter letzterer versteht man, daß nach drei Abtastwerten in 5-bit-DPCM jeweils ein Stützwert mit 8-bit-PCM übertragen wird. Eine weitere Reduzierung auf ca. 69 Mbit/s — das sind zwei Kanäle der Hierarchiestufe 3, siehe Abschnitt 8.5 — scheint ohne sichtbare Qualitätsverluste möglich zu sein [8.72].

Eine Codierung von Farbfernsehsignalen mit 34 Mbit/s (z. B. mit Intraframe- oder Interframe-Codierung) hat allerdings bereits gegenüber der oben definierten Studioqualität gewisse Qualitätsverluste zur Folge. Für das farbige Bildfernsprechen sind diese jedoch von untergeordneter Bedeutung. Für die Fernübertragung mit 8,4 Mbit/s bietet sich das eingangs erwähnte „Conditional replenishment"-Verfahren an [8.72].

Wirkung von Übertragungsfehlern. Falsch übertragene Bits führen nach der Decodierung zur Verfälschung der decodierten Signalwerte. Diese Verfälschungen sind bei der Verwendung von PCM auf einen Bildpunkt beschränkt, pflanzen sich jedoch bei der Verwendung von DPCM mit eindimensionaler Vorhersage (a) in der Bildzeile, mit zweidimensionaler Vorhersage (b) in der Bildfläche und bei dreidimensionaler Vorhersage (c) zusätzlich von Bild zu Bild fort. Bild 8.24a zeigt ein mit 4-bit-DPCM und eindimensionaler Vorhersage umgesetztes BiF-Bild bei ungestörter Übertragung; unter b) und c) sind gestörte Bilder zu sehen, wobei die Reproduktion den optischen Eindruck einer Fehlerhäufigkeit von 10^{-5} wiedergibt. Die Störungen bleiben unter b) jeweils vom gestörten Bildpunkt ab bis zum Ende der betreffenden Zeile vollständig erhalten, weil der in (I.10.57) benutzte Gewichtsfaktor $a_1 = 1$ ist. Bei dem unter c) gezeigten Bild wurde mit einem Gewichtsfaktor $a_1 = 0{,}9$ gearbeitet. Durch diese Maßnahme wird erreicht, daß durch Bitfehler hervorgerufene Verfälschungen eines Differenzsignals von Abtastung zu Abtastung jeweils mit dem Faktor 0,9 zum mittleren Grauwert hin kleiner werden. Optisch kommt das dadurch zum Ausdruck, daß die Helligkeitsfehler innerhalb einer Zeile kometenschweifartig abklingen [8.73]. Diese Minderung der Bitfehlerwirkung kann man durch entsprechende Wahl der Gewichtsfaktoren auch bei zwei- oder dreidimensionaler Vorhersage erreichen.

Bild 8.24a – c. Bildfernsprechsignale mit 4-bit-DPCM.
a) fehlerfreie Übertragung;
b) mit Bitfehlerhäufigkeit $p = 10^{-5}$ und Gewichtsfaktor $a_1 = 1$;
c) mit Bitfehlerhäufigkeit $p = 10^{-5}$ und Gewichtsfaktor $a_1 = 0{,}9$.

Trotz dieser Maßnahmen wird es jedoch notwendig sein, bei der Übertragung derart digitalisierter Bildsignale ähnlich wie bei Tonsignalen (siehe Abschnitt 8.3.1.3) Redundanz einzubauen und mit deren Hilfe eine Fehlererkennung und -korrektur durchzuführen [8.74].

Digitalisierung von Faksimilesignalen. Auch *Faksimile*signale sind im weiteren Sinne Videosignale. Unter Faksimile versteht man die getreue Reproduktion von Bildvorlagen, z. B. mit Schreibmaschine oder handschriftlich beschriebenen Blättern, Wetterkarten oder Graphiken. In der Regel enthalten die Signale keine Grautöne, d. h., es wird von Bildpunkt zu Bildpunkt eine binäre Schwarz-Weiß-Aussage gemacht.

Will man eine DIN-A4-Seite mit 8 Bildpunkten/mm sowohl in horizontaler als auch in vertikaler Richtung auflösen, so benötigt man $4 \cdot 10^6$ Bildpunkte je Bildseite. Bei einer Bitfolgefrequenz von 4800 bit/s beträgt die Übertragungszeit 3,5 min, wenn man jeden Bildpunkt mit einem Bit, z. B. Schwarz durch L und Weiß durch O darstellt. Durch redundanzmindernde Codierung kann man auch hier an Übertragungszeit sparen.

Die Redundanz typischer DIN-A4-Faksimiles — Texte in Druck-, Maschinen- oder Handschrift, Graphik — beruht vor allem auf drei Merkmalen:

1. Horizontal oder vertikal benachbarte Bildpunkte sind mit hoher Wahrscheinlichkeit gleichbleibend schwarz oder weiß.
2. Bei den meisten Vorlagen überwiegt weiß.
3. Ähnliche Muster (Schriftzeichen!) wiederholen sich vielfach auf einer Seite.

Die wirksamsten Codierverfahren basieren auf diesen Merkmalen [8.75]. Für die digitale Fernkopie wurde vom CCITT ein minder aufwendiges Verfahren genormt, das sich auf die Nutzung der beiden erstgenannten Redundanzmerkmale beschränkt [8.76]. Es besteht aus der Kombination einer eindimensionalen Lauflängencodierung[1], bei der jeweils einer Lauflänge, d. i. eine ununterbrochene horizontale Folge weißer oder schwarzer Bildpunkte, ein Codewort variabler Länge zugeordnet wird, und einer zweidimensionalen Codierung, bei der die Codierung einer Lauflänge fallweise durch Codierung des Horizontalabstands ihres Endpunkts vom nächstliegenden Zustandswechsel der zuletzt codierten Bildzeile ersetzt wird. Um die Fortpflanzung von Übertragungsfehlern zu beschränken, sollen nach CCITT nicht mehr als drei aufeinanderfolgende Zeilen zweidimensional codiert werden. Für die Lauflängen wird ein „modified Huffman Code" verwendet, ein kommafreier Code, der, ähnlich wie der Shannon-Fano-Code (siehe Abschnitt I.8.2.2), häufigen Lauflängen kurze, seltenen Lauflängen lange Codewörter zuordnet. (Bei der Konstruktion eines Huffman-Code versucht man, die Länge eines Codeworts dem Logarithmus seiner Wahrscheinlichkeit proportional zu machen). Die erste Lauflänge jeder Bildzeile ist als weiß definiert; sie kann deshalb den Wert Null annehmen.

Bild 8.25 zeigt einen stark vergrößerten Ausschnitt aus einem Schreibmaschinentext, darunter die eindimensionale Codierung der gezeigten Lauflängen nach [8.76] für die ersten fünf Bildzeilen (Schwarzlängen im Fettdruck) sowie für die 5. Bildzeile die zweidimensionale Codierung. Man erkennt, daß hier zur Codierung eines Zustandswechsels, der an der gleichen Stelle wie in der darüberliegenden Zeile auftritt, nur ein Bit er-

[1] In der englischsprachigen Literatur mit „run length coding" bezeichnet.

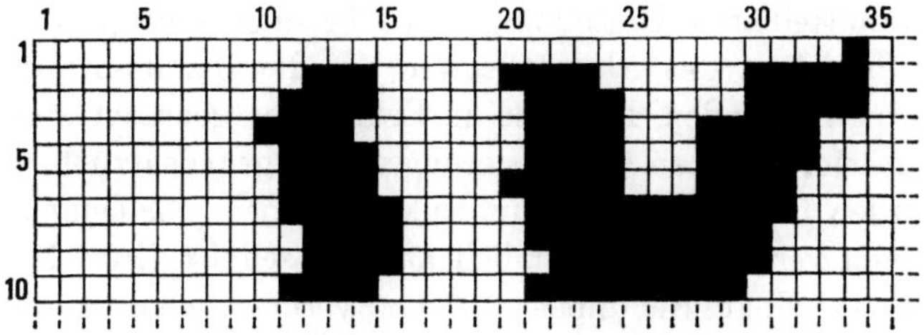

1 OOOLOOLO-**OLO**...
2 OLOOO-**LO**-LLOO-**OLL**-LLLO-**OOLL**...
3 OOLLL-**OLL**-LLLO-**OLL**-LLOO-**OOLL**...
4 LOLOO-**OLL**-LLLL-**OLL**-LOOO-**OOLL**...
5 OOLLL-**OLL**-LLLO-**OLL**-LOOO-**OOLL**...

5 OLL-OLL-L-L-L-L...

Bild 8.25. Faksimile-Lauflängencodierung (Beispiel).

forderlich ist. Der Kompressionsfaktor — das Verhältnis der Bildpunktanzahl zur Anzahl der Bits — liegt bei einer Abtastdichte von 8 Bildpunkten/mm für den CCITT-Code je nach Vorlage zwischen 5 (kleingedruckte Textseite) und 30 (kurzer Geschäftsbrief).

8.3.1.5. Trägerfrequenzsignale

Im Abschnitt 8.3.1.1 wurde aufgezeigt, wie man Sprachsignale digitalisieren kann. Für Fernsprechsignale hat sich die PCM-Technik als bevorzugtes Modulationsverfahren herausgestellt. Im Zeitmultiplexverfahren läßt sich jede gewünschte Anzahl von Fernsprechkanälen zusammenfassen; ein Beispiel hierfür wird im Abschnitt 8.3.3 mit dem System PCM 30 vorgestellt. Man spricht in diesem Fall von PCM-TDM-Systemen (*T*ime *D*ivision *M*ultiplex). Eine andere Möglichkeit besteht darin, ein Frequenzmultiplexsignal, das mehrere zu einem TF(*T*räger/*f*requenz)-Bündel zusammengefaßte Fernsprechsignale enthält, insgesamt in PCM umzusetzen. Hier spricht man von FDM-PCM-Systemen (*F*requency *D*ivision *M*ultiplex). Theoretische Überlegungen und Wirtschaftlichkeitsbetrachtungen zeigen, daß für den Fall, in dem die Fernsprechsignale je für sich auf getrennten Leitungen anliegen und mit PCM gebündelt übertragen werden sollen, der unmittelbare Weg mit der PCM-TDM-Technik günstiger ist als der Umweg über die TF-Technik mit anschließender FDM-PCM-Technik.

Während der Einführung von Digital-Übertragungssystemen kann in einer Übergangszeit durchaus der Wunsch auftreten, mit einem vorhandenen Digitalsystem hoher Bitfolgefrequenz im Bedarfsfall auch ein TF-Signal zu übertragen. Eine vorherige Zerlegung in einzelne Fernsprechsignale auf der Sendeseite und eine entsprechende Rückumsetzung auf der Empfangsseite wäre dann wenig sinnvoll.

Zur unmittelbaren Umsetzung eines Frequenzmultiplex-Signals in ein PCM-Signal ist das Abtasttheorem auf die Bandbreite des Multiplexsignals anzuwenden. Dabei sei in Erinnerung gebracht, daß die Anzahl q der erforderlichen Quantisierungsstufen grundsätzlich größer gewählt werden muß als bei Zeitmultiplexsystemen. Die Quantisierungsverzerrungen verteilen sich nämlich nach Abschnitt I.10.1.7.2 auf alle Kanäle, also auch auf die unbelegten, und verursachen dort unverständliches Nebensprechen. Mit steigender Kanalzahl kann jedoch die Erhöhung von q reduziert werden. Die Ursache hierfür ist der im Abschnitt I.9.2.5.4 behandelte Aussteuerungsgewinn [8.77].

Zur Berechnung von q führen folgende Überlegungen: Ist ΔU die Größe eines Quantisierungsintervalles, so beträgt mit (I.10.33) die Leistung P_Q der Quantisierungsverzerrung an einem Widerstand von 600 Ω

$$P_Q = \frac{\Delta U^2}{7200} \frac{1}{\Omega}. \tag{8.5}$$

Davon fällt in einen einzelnen Fernsprechkanal dessen Anteil am Gesamtfrequenzband, d. h. 3100 Hz/(0,5f_0). Unter Berücksichtigung der Geräuschbewertung [8.78] beträgt die zulässige bewertete Geräuschleistung je Kanal

$$P_b = \frac{3100 \cdot 0{,}562}{0{,}5 f_0 \cdot 7200} \Delta U^2 \frac{\text{Hz}}{\Omega}. \tag{8.6}$$

Zur Kennzeichnung des Aussteuerungsbereiches $q\,\Delta U$ für das TF-Multiplexsignal benutzt man dessen äquivalenten Spitzenpegel n_s; das ist der Pegel eines Sinussignals, das den gleichen Spitzenwert hat wie das TF-Signal. Sein Zahlenwert, in internationaler Übereinkunft aus Rechnungen und Messungen gebildet, ist in Abhängigkeit von der Kanalzahl z [8.78] zu entnehmen. Danach ist der Aussteuerungsbereich, bezogen auf den relativen Pegel Null,

$$q\,\Delta U = 2\sqrt{2} \cdot 0{,}775 \cdot 10^{0{,}05 n_s/\text{dB}}\ \text{V}. \tag{8.7}$$

Aus (8.6) und (8.7) ergibt sich durch Eliminierung von ΔU die erforderliche Anzahl q der Quantisierungsintervalle zu

$$q = \frac{2\sqrt{2} \cdot 0{,}775 \cdot 10^{0{,}05 n_s/\text{dB}} \cdot \sqrt{3100 \cdot 0{,}562}}{\sqrt{P_b/\text{W} \cdot 0{,}5 f_0/\text{Hz} \cdot 7200}} \tag{8.8}$$

$$= 4{,}824 \cdot 10^4 \cdot \frac{10^{0{,}05 n_s/\text{dB}}}{\sqrt{P_b/\text{pW}}\,\sqrt{f_0/\text{kHz}}}. \tag{8.9}$$

Unter Verwendung von Werten für P_b aus Ansätzen in [8.79] erhält man mit (8.9) theoretische Werte für $r_0 = \text{lb}\, q$, die aufgerundet zwischen 11 bit (bei $z = 12$) und 9 bit (bei $z = 960$) je Abtastwert liegen.

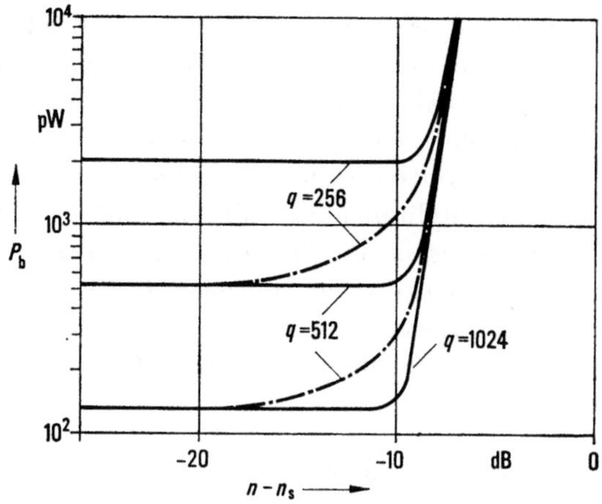

Bild 8.26. Bewertete Geräuschleistung P_b in Abhängigkeit vom Aussteuerungspegel $n - n_s$.
——— bei gleichmäßiger Quantisierung;
–·–·–·– bei ungleichmäßiger Quantisierung mit 5-Segment-Kennlinie nach Bild 8.14;
Parameter: Stufenzahl q.

Da es bei der Quantisierung von Trägerfrequenzsignalen nicht — wie bei einzelnen Fernsprechsignalen — auf einen möglichst aussteuerungsunabhängigen Signal-Geräusch-Abstand, sondern auf ein aussteuerungsunabhängiges Quantisierungsgeräusch ankommt, ist eine Kompandierung nur von beschränktem Nutzen. In Bild 8.26 ist für das Beispiel eines 960-Kanal-TF-Signals in Abhängigkeit von der Aussteuerung $n - n_s$ die bewertete Geräuschleistung P_b je Kanal aufgetragen. Die ausgezogenen Kurven gelten für gleichmäßige Quantisierung mit $q = 256$, 512 oder 1024 Stufen. Es ist ersichtlich, daß für $P_b \leqq 850$ pW mindestens $q = 512$ Stufen erforderlich sind. Verwendet man eine Kompandierung mit einer 5-Segment-Kennlinie entsprechend Bild 8.14, so kommt man mit 256 Stufen aus, da die Kompression für kleine Amplituden einen Faktor 2 ausmacht. Statt einer 9-bit-Codierung genügen in diesem Fall 8 bit. Allerdings steigt bei großer Aussteuerung die Geräuschleistung stark an, so daß für den zulässigen Wert von 850 pW der Gewinn geschmälert wird. Die Verwendung einer 13-Segment-Kennlinie würde bei kleinen Aussteuerungen zu sehr viel kleineren Geräuschleistungen führen; der Dynamikbereich würde jedoch unzumutbar eingeschränkt.

Die bisher angestellten Betrachtungen gelten nicht mehr ohne weiteres, wenn bei TF-Systemen hoher Kanalzahl nur ein Kanal oder wenige Kanäle belegt sind. In diesem Fall kann man nicht mehr mit einer

Gaußverteilung der Signalwerte rechnen; auch das Quantisierungsgeräusch ist nicht mehr gleichmäßig auf das gesamte Frequenzband verteilt. Unter extrem ungünstigen Bedingungen — z. B. möge nur *ein* Teilnehmer mit geringer Lautstärke sprechen — kann die Effektivspannung kleiner als ein Quantisierungsintervall werden; Teile des Sprachsignals können dann vollkommen verlorengehen. Demgegenüber wirkt sich in der Praxis vorteilhaft aus, daß im TF-Signal durch Trägerreste und Pilottöne dauernd ein Grundpegel vorhanden ist, der spektral auf das ganze Frequenzband verteilt ist und das Signal des leise Sprechenden aus dem Bereich eines Amplitudenintervalles heraushebt [8.80].

Beim CCITT gibt es bisher nur *Vorschläge* zur Normung von Codecs für FDM-Systeme, von denen einige Beispiele in Tab. 8.3 zusammengefaßt sind [8.81]. Das Zögern hinsichtlich der Einführung derartiger Systeme mag auch dadurch bedingt sein, daß in Konkurrenz hierzu der Transmultiplexer steht.

Tabelle 8.3. Vorschläge für FDM-Codecs

Land (Verwaltung)	Japan (NTT)	British Telecom	China	British Telecom
FDM-Kanalzahl z	12	60	300	900
Abtastfrequenz f_0	110,29 kHz	576 kHz	2864 kHz	7608 kHz
Anzahl r_0 der Bits je Abtastwert	11	13	10	9
Quantisierung	ungleichmäßig 5-Segment-Kennlinie	gleichmäßig	gleichmäßig	ungleichmäßig 5-Segment-Kennlinie
Bitfolgefrequenz f_b (einschl. Zusatzinformation)	1544 kbit/s	8448 kbit/s	34368 kbit/s	68736 kbit/s
Aussteuerungsgrenze n_s	+19 dBm0	+21 bis +24 dBm0	+24,5 dBm0	+27 dBm0

Ein *Transmultiplexer* ist eine Einrichtung, mit deren Hilfe man von einem PCM-TDM-System zu einem FDM-System in Analogtechnik (und umgekehrt) übergehen kann, ohne dabei mit jedem einzelnen Fernsprechsignal in den Basisbandbereich von 300 bis 3400 Hz heruntergehen zu müssen. Nach [8.82] unterscheidet man drei Realisierungsmöglichkeiten: die Verwendung von zeitkontinuierlichen Analogfiltern, von Digitalfiltern oder von Schalter-Kondensator-Filtern (SC-Filter). Im ersten Fall wird ausgenutzt, daß ein PAM-Signal neben dem Spektrum im Basisbandbereich auch Komponenten enthält, die an der Abtastfrequenz und deren Vielfachen gespiegelt sind, die dann durch frequenzmäßig versetzte Bandpässe herausgefiltert und zu einem Summensignal zusammengefaßt werden können. Kernstück im zweiten Fall ist z. B. ein DFT-Prozessor (*D*iskrete *F*ourier-*T*ransformation), mit dessen Hilfe ein PCM-TDM-Signal unmittelbar in ein digitales FDM-Signal umgesetzt wird, aus dem durch D-A-Umsetzung das analoge FDM-Signal gewonnen wird. Im dritten Fall erfolgt die TDM-FDM-Umsetzung zwar auch zeitdiskret wie im zweiten Fall, aber analog wie im ersten Fall, so daß die D-A-Umsetzung bereits auf der PCM-Seite stattfinden muß.

Im Zeitalter des Signalprozessors dürfte wohl die Realisierung mit Digitalfiltern die größte Aussicht auf eine verbreitete Anwendung haben.

Neben den hier beschriebenen Transmultiplexerprinzipien gibt es noch den sogenannten „back-to-back"-Transmultiplexer, der sich z. B. für 60 Fernsprechkanäle im wesentlichen der bewährten Schaltungen des Grundsystems PCM30, des TF-Kanalumsetzers und des TF-Primärgruppenumsetzers bedient [8.83].

8.3.2. Synchronisier- und Bündelungsverfahren

Mit der Beschreibung des Bildes 8.2 wurde bereits angedeutet, daß es eine Vielzahl von Möglichkeiten gibt, im Digitalteil der Sendeseite die verschiedenen Digitalsignale zu einem einzigen Signal zusammenzufassen. Am gebräuchlichsten ist dabei eine Rahmenbildung, wobei man den verschiedenen Quellen bestimmte Impulsstellen innerhalb des Rahmens zuordnet. Zur kanalrichtigen Trennung auf der Empfangsseite wird der Rahmenanfang jeweils durch ein spezielles Rahmenkennungs-Codewort gekennzeichnet. Andere Verfahren geben jedem Kanal eine eigene Adresse; diese Adreßcode-Verfahren sind nicht auf eine spezielle Rahmenbildung angewiesen, da im Empfangsteil jedes Codewort auf Grund seiner Adresse kanalrichtig erkannt und verteilt werden kann. Derartige Verfahren sind zwar nicht an einen Synchronismus der Signale untereinander gebunden; sie sind jedoch aufwendiger und bieten sonst keine Vorteile gegenüber der Synchronisierung durch Rahmenbildung.

Bei der reinen Punkt-zu-Punkt-Übertragung von Digitalsignalen ist es meistens noch einfach, einen Synchronismus zwischen allen Signalanteilen zu erzielen, da man hierzu eine gemeinsame Taktfrequenz heranziehen kann. Schwieriger wird es jedoch, wenn man unterwegs Signalanteile abzweigen und dafür andere in den Bitstrom wieder aufnehmen will. Diese Schwierigkeiten steigern sich, wenn man ein ganzes zusammenhängendes Digitalnetz — also einschließlich der Vermittlungsstellen — synchronisieren will. Hierfür geeignete Möglichkeiten werden in Abschnitt 9.4 näher behandelt.

Mit dem *Stopfverfahren*[1] ist ein Bündelungsverfahren zur Übertragung plesiochroner[2] Signale entwickelt worden, das weder Bitverlustfehler verursacht noch eine „angebundene" Taktfrequenz erfordert [8.84]. Dazu wird die Frequenz des zusammenfassenden Taktgebers grundsätzlich etwas größer als die maximale Summe der anliegenden Taktfrequenzen gewählt. Das hat zur Folge, daß mitunter Bitstellen auftreten, für die keine Information angeliefert wird. Überträgt man — ebenfalls in codierter Form — die genaue Zeitlage dieser „Leerstellen" — im folgenden mit Stopfbit bezeichnet —, so kann man sie mit Hilfe dieser „Stopfinformation" empfangsseitig wieder abspalten und die einzelnen Digitalsignale ohne Informationsverlust zurückgewinnen. Bild 8.27 soll dieses Verfahren etwas näher veranschaulichen. Dabei sollen drei zueinander plesiochrone binäre Primärsignale PS_i ($i = 1, 2, 3$) sendeseitig zu einem binären Sekundärsignal SS gebündelt und empfangsseitig wieder entsprechend entbündelt werden. Dabei ist f_{0i} die Taktfrequenz des i-ten Primärsignals (Istfrequenz), die von der mittleren Taktfrequenz (Nennfrequenz) f_0 um $\delta f_i = f_{0i} - f_0$ abweicht. Zur gemeinsamen Über-

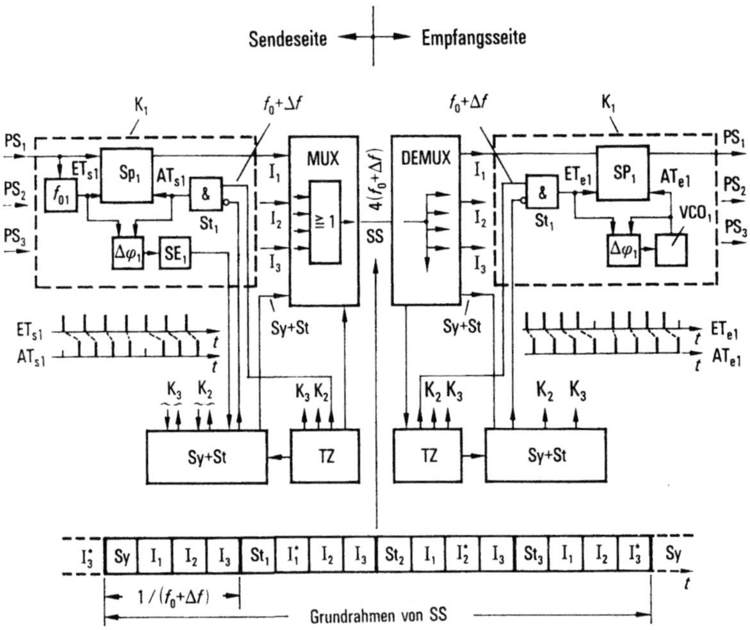

Bild 8.27. Prinzip des Stopfverfahrens.

[1] In der englischsprachigen Literatur früher mit „pulse stuffing", neuerdings mit „justification" bezeichnet.

[2] Zwei Signale sind zueinander *plesiochron*, wenn ihre Taktfrequenzen nur geringfügig innerhalb vorgegebener Grenzen voneinander abweichen.

tragung steht eine Taktfrequenz $4(f_0 - \Delta f)$ zur Verfügung, von der jeweils ein Viertel für jedes der drei Primärsignale und ein weiteres Viertel für die Übertragung von Stopf- und Synchronisierinformation dient. Dann beträgt die Erhöhung von f_{0i} im i-ten Kanal zum Zwecke der Unterbringung von Füllimpulsen in den informationsfreien Leerstellen $\Delta f_i = f_0 + \Delta f - f_{0i} = \Delta f - \delta f_i$, wobei $\Delta f \gg |\delta f_i|$ ist. Die Sendeseite besteht aus den Kanaleinrichtungen K_1 bis K_3 (in Bild 8.27 nur K_1 eingezeichnet) und den zentralen Einrichtungen Taktzentrale TZ, Synchronisier- und Stopfstufe Sy + St und Multiplexer MUX. In den Kanaleinrichtungen K_i werden aus den Primärsignalen PS_i die Taktfrequenzen f_{0i} gewonnen. Mit davon abgeleiteten Takten ET_{si} werden die Signale PS_i in elastische Speicher Sp_i eingeschrieben. In einer von den Primärsignalen unabhängigen Taktzentrale wird die Frequenz $4(f_0 + \Delta f)$ erzeugt und daraus durch Frequenzteilung die Frequenz $f_0 + \Delta f$ für die Auslesetakte AT_{si} gewonnen. Da $f_0 + \Delta f$ grundsätzlich größer als f_{0i} ist, würde ohne zusätzlichen Eingriff immer mehr ausgelesen als eingeschrieben. Um zu erreichen, daß *im Mittel* gleich viel ausgelesen wie eingeschrieben wird, werden in Phasenvergleichsschaltungen $\Delta\varphi_i$ die Takte ET_{si} und AT_{si} miteinander verglichen. In Schwellwert-Entscheidern SE_i wird festgestellt, wann die Phasendifferenz beider Takte einen gewissen Wert unterschreitet, und ein entsprechendes Signal wird an die Zentrale Sy + St abgegeben. Diese sperrt daraufhin über die Leitung St_i einen Ausleseimpuls in AT_{si} und gibt gleichzeitig über die Leitung Sy + St eine entsprechende Stopfinformation an den Multiplexer. Die Informationsimpulse I_i der Primärsignale PS_i werden also mit einem zwar etwas schnelleren, jedoch hinkenden Takt im Multiplexer gemeinsam mit der Synchronisier- und Stopfinformation Sy + St zu dem Sekundärsignal SS gebündelt. Im Bild unten ist ein Beispiel für den Aufbau eines Grundrahmens des Sekundärsignals gezeigt. Er besteht aus vier Unterrahmen zu je vier Bits. Die jeweils ersten Bits der Unterrahmen werden von Sy oder St, die zweiten bis vierten von I_1 bis I_3 belegt. Das Bit Sy dient zur Synchronisierung des Grundrahmens. Mit dem Stopfinformationsbit St_1 wird der Empfangsseite mitgeteilt, ob das darauffolgende Bit I_1^* ein echtes Signalbit von PS_1 ist oder ein Stopfbit, das auf der Empfangsseite wieder eliminiert werden muß. Dasselbe gilt bei St_2 für I_2^* und bei St_3 für I_3^*. Sämtliche sternchenfreien I-Bits sind *immer* echte Signalbits. Werden die einzelnen Signalanteile bereits zeitrichtig in bezug auf den Rahmenaufbau des Sekundärsignals SS angeliefert, so besteht der Multiplexer lediglich aus einer ODER-Schaltung mit vier Eingängen.

Auf der Empfangsseite werden in den Kanaleinrichtungen die plesiochronen Primärsignale PS_i zurückgewonnen. Die zum Einlesen in elastische Speicher Sp_i erforderlichen Taktpulse werden in den zentralen Einrichtungen TZ und Sy + St abgeleitet. Dementsprechend besteht der Demultiplexer DEMUX nur aus einer Verzweigungsschaltung. In der Taktzentrale wird aus dem ankommenden Sekundärsignal SS der Bittakt und aus dessen Sy-Puls der Grundrahmentakt gewonnen. Hieraus werden die Pulse für die Einschreibetakte $\mathrm{ET}_{\mathrm{e}i}$ abgeleitet. In der Stufe Sy + St werden mit Hilfe des Sy-Pulses die drei Stopfinformationspulse St_1 bis St_3 ausgewertet und die Einschreibetakte $\mathrm{ET}_{\mathrm{e}i}$ über die Leitungen St_i dann unterbrochen, wenn sendeseitig anstelle von Signalbits Stopfbits eingeblendet worden sind. Mit den Takten $\mathrm{ET}_{\mathrm{e}i}$ werden die Signalbits I_i in die entsprechenden elastischen Speicher eingeschrieben. Um aus den schnelleren, aber hinkenden Einschreibetakten gleichmäßige und entsprechend langsamere Auslesetakte $\mathrm{AT}_{\mathrm{e}i}$ zu gewinnen, werden Oszillatoren VCO_i über Phasenvergleichsschaltungen $\Delta\varphi_i$ spannungsgesteuert. Mit diesen (periodischen) Auslesepulsen werden die Primärsignale PS_i ohne Informationsverluste zurückgewonnen. Die Auslesetakte werden praktisch immer noch mit einem Restjitter behaftet sein, den man jedoch durch einen geeigneten Rahmenaufbau günstig beeinflussen kann [8.85].

Praktisch ausgeführte Schaltungen unterscheiden sich von dem hier beschriebenen Anschauungsbeispiel in folgenden wesentlichen Punkten:

Da die relativen Frequenzabweichungen $\delta f_i/f_0$ gering gehalten werden können, ist der Anteil der Signalbits I_i^*, die zu Stopfbits gemacht werden können, sehr viel kleiner. Andererseits muß die Stopfinformation St durch Redundanz (z. B. durch mehrmalige Wiederholung) gegen Fehler gesichert werden, denn jedes fälschlich als Stopfbit erkannte Signalbit führt zu einem Bitverlust, und jedes fälschlich als Signalbit erkannte Stopfbit führt zu einer Bitverdoppelung. Beides würde den Synchronismus in den zurückgewonnenen Primärsignalen empfindlich stören. Da auch der Synchronisieranteil wesentlich kleiner gehalten werden kann, werden für den Anteil Sy + St innerhalb eines Grundrahmens des Sekundärsignals nur einige Prozent benötigt (siehe auch Abschnitt 8.3.3.2).

Das hier beschriebene Stopfverfahren ist auch dazu geeignet, ein einziges Primärsignal auf eine etwas höhere Nennfrequenz anzupassen. Von dieser Möglichkeit kann man z. B. bei der Taktanpassung von Datensignalen Gebrauch machen [8.86].

8.3.3. Modulations- und Multiplexgeräte

8.3.3.1. Das Grundsystem PCM 30

Im folgenden wird ein System beschrieben, welches dazu geeignet ist, Fernsprechsignale mittels PCM im Orts- und Bezirksnetz zu übertragen. Dazu sei vorausgeschickt, daß in früheren Jahren von Firmen und Fernmeldeverwaltungen der interessierten Länder Versuchssysteme entwickelt wurden, die in ihren Parametern so unterschiedlich ausgelegt waren, daß es nach Einführung dieser Systeme nicht mehr möglich war, alle Werte auf einen gemeinsamen Nenner zu bringen. Während in den USA und Japan 24-Kanal-Systeme eingeführt worden sind, hat man sich in Westeuropa auf ein 30-Kanal-System einigen können. Gemeinsam ist im wesentlichen nur die Abtastfrequenz $f_0 = 8$ kHz.

Das PCM-Grundsystem für 30 Sprechkreise arbeitet mit einem Pulsrahmen aus 32 Zeitkanälen, von denen ein Kanal für Rahmensynchronisierung, ein weiterer zur Übertragung vermittlungstechnischer Kennzeichen benutzt wird [8.87]. Bild 8.28 zeigt den Pulsrahmen; er besteht aus 32 Codewörtern zu je 8 bit in 32 Zeitabschnitten Nr. 0 bis 31. Im Zeitabschnitt Nr. 0 wird abwechselnd ein 8-bit-Rahmenkennungswort zur Synchronisierung der Empfangsseite und ein Meldewort zur Auslösung von Alarmzeichen bei Überwachungsvorgängen übertragen.

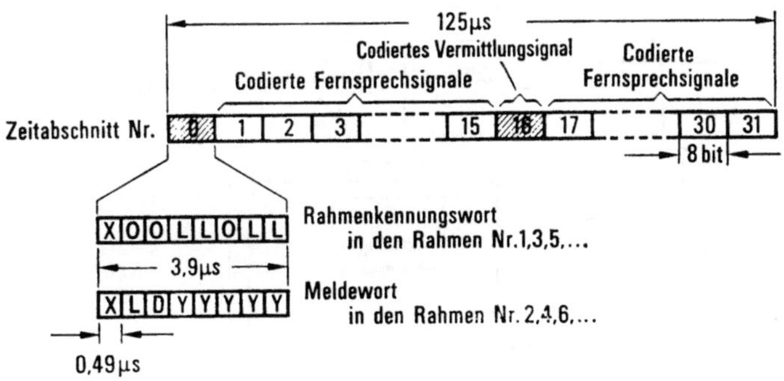

Bild 8.28. Pulsrahmen des Systems PCM 30.

D Meldebit für Alarm;
X für internationale,
Y für nationale Verwendung reservierte Bits.

Da das Rahmenkennungswort festgelegt und also jedem Empfangsteil bekannt ist, kann es dazu benutzt werden, die Bitfehlerhäufigkeit der gesamten Übertragungsstrecke zu messen. Man setzt dabei mit gutem Recht voraus, daß die Bitfehlerhäufigkeit innerhalb der Rahmenkennungswörter identisch mit der Bitfehlerhäufigkeit des gesamten Signals ist. Sollte eine derartige Überwachung innerhalb von Abschnitten einer Gesamtstrecke je für sich durchgeführt werden, so müßte durch die Meßstelle am Ende des Streckenabschnittes jedes als fehlerhaft erkannte Rahmenkennungswort vor der Weitergabe korrigiert werden [8.88]. Dieses Prinzip hat sich allerdings nicht durchsetzen können.

Im Meldewort dient das Bit D zur Fernmeldung eines Alarms. Mit

X bezeichnete Bits werden für spätere internationale Verwendung, mit Y bezeichnete Bits für nationale Verwendung freigehalten.

Die Zeitabschnitte Nr. 1 bis 15 und 17 bis 31 sind den Fernsprechkanälen 1 bis 30 zugeordnet: Ein 8-bit-Codewort ist jeweils das Ergebnis der Codierung eines Abtastwertes. Im Zeitabschnitt Nr. 16 wird die in einem Kennzeichenumsetzer (KZU) erzeugte vermittlungstechnische Information für die 30 Fernsprechsignale gemeinsam übertragen. Eine Zeichen-Korrekturschaltung sorgt für einwandfreie Weitergabe der Wählimpulsserien; die übrigen vermittlungstechnischen Informationen werden logisch verknüpft und digitalisiert. Einzelheiten hierzu werden im Abschnitt 9 beschrieben.

Eine Kennzeichenumsetzung wird nicht benötigt, wenn die PCM-Verbindung zwischen zwei rechnergesteuerten Vermittlungsstellen ein-

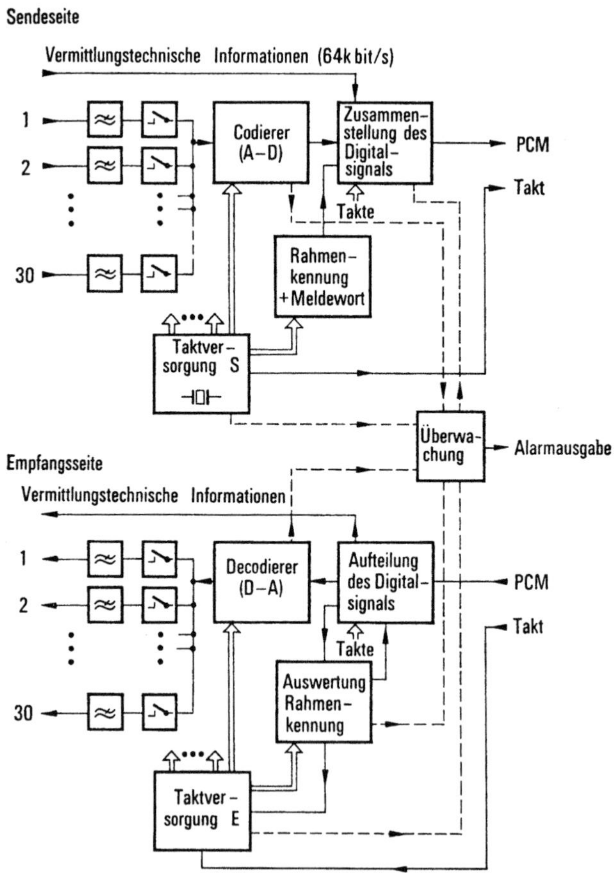

Bild 8.29. Blockschaltbild des Grundsystems PCM 30.
– – – Wege für Alarmmeldungen.

gesetzt wird; bei den in Abschnitt 9 beschriebenen integrierten Netzen ist schließlich bei der Vermittlungsstelle gar kein PCM-Multiplexgerät mehr erforderlich.

Bei der Abtastfrequenz von 8 kHz beträgt die Rahmenperiode $T_0 = 125\,\mu s$. Damit ergibt sich eine Bitfolgefrequenz von $f_b = 2048$ kbit/s und dementsprechend eine Bitperiode von 0,49 μs.

Das Blockschaltbild des Grundsystems PCM 30 zeigt Bild 8.29. Für jeden Fernsprechkanal sind sende- und empfangsseitig Tiefpaßfilter vorhanden; sie unterdrücken Spektralkomponenten oberhalb von 3400 Hz. Oberhalb von 4600 Hz erfordern diese Komponenten in der PCM-Technik nur 25 dB Sperrdämpfung. Die Filter können daher viel einfacher sein als Filter in der analogen Trägerfrequenz-Technik.

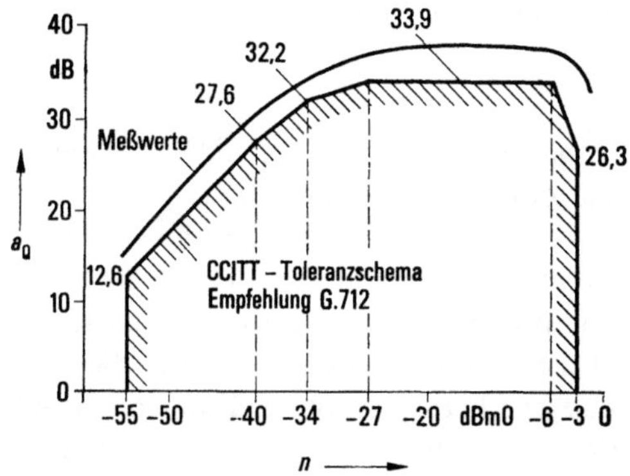

Bild 8.30. CCITT-Toleranzschema für den Signal-Geräusch-Abstand $a_Q = 10 \lg (P_s/P_Q)$ dB und Meßwerte in Abhängigkeit vom Signalpegel n. Messung mit Schmalbandrauschen.

Elektronische Schalter erzeugen sendeseitig das PAM-Zeitmultiplexsignal und verteilen empfangsseitig das decodierte Signal auf die Kanäle. Die Codierung und Decodierung geschieht nach Prinzipien, die in Abschnitt 8.3.1.1 behandelt wurden. Aus der Taktversorgung S werden unmittelbar das Rahmenkennungs- und Meldewort abgeleitet und in den Rahmen eingefügt. Im Überwachungsteil des Geräts werden die folgenden Alarmzustände signalisiert: Ausfall des Rahmensynchronismus, Ausfall zentraler Funktionen, zu große Bitfehlerhäufigkeit sowie rückgemeldete Alarme der fernen Endstelle. Das Grundsystem PCM 30 ist sowohl sende- als auch empfangsseitig mit dem Streckenendgerät über Leitungen für die PCM- und gegebenenfalls für die dazugehörigen Taktsignale verbunden. Alle weiteren Funktionen können den in Bild 8.29 dargestellten Verbindungen zwischen den einzelnen Baugruppen entnommen werden.

Bild 8.30 zeigt das CCITT-Toleranzschema [8.89] für die Abhängigkeit des Signal-Geräusch-Abstands a_Q vom Signalpegel n, vgl. auch (I.10.45).

Werden m Modulationsabschnitte hintereinander geschaltet — das heißt, daß innerhalb der Übertragungsstrecke m-mal codiert und decodiert wird, wie das in einem gemischt analog-digitalen Netz noch auf längere Zeit vorkommen wird —, dann wird die Leistung P_Q der Quantisierungsverzerrung m-mal so groß wie bei *einem* Abschnitt. Beispielsweise ist bei $m = 14$ diese Leistung 14mal so groß, a_Q ist also um $10 \lg 14\,\text{dB} = 11{,}5\,\text{dB}$ niedriger. Auch in diesem Fall werden Sprachsignale und Signalflüsse von Datenmodems bis 2400 bit/s noch mit guter Qualität übertragen.

8.3.3.2. Ein Digitalsignal-Multiplexgerät zur Bündelung von vier 2048-kbit/s-Signalen

*D*igital*s*ignal-*M*ultiple*x*einrichtungen (DSMX) haben die Aufgabe, mehrere synchrone oder plesiochrone Digitalsignale mit vorgegebener Bitfolgefrequenz zeitlich zu bündeln. Sie erfüllen damit in Digital-Nachrichtennetzen die gleichen Aufgaben wie in der Trägerfrequenz-Technik die Primärgruppenumsetzer, Sekundärgruppenumsetzer usw.

Die erste Digitalsignal-Multiplexeinrichtung, die von der Deutschen Bundespost und anderen Fernsprechverwaltungen eingeführt wurde, faßt vier Primärsignale von je 2048 kbit/s, wie sie z. B. von Multiplexgeräten PCM 30 geliefert werden, zu einem Sekundärsignal mit 8448 kbit/s zusammen (Kurzbezeichnung: DSMX 2/8). Das Sekundärsignal enthält dann zeitlich gebündelt 120 PCM-Fernsprechsignale und 256 kbit/s für betriebliche Zwecke. Die universelle 2048-kbit/s-Schnittstelle macht es möglich, auch andere Signale, z. B. Daten-Multiplexsignale gleicher Bitfolgefrequenz zu bündeln. Die Primärsignale können synchron oder plesiochron sein.

Die Bündelung von vier 2048-kbit/s-Primärsignalen zu einem Sekundärsignal mit einer Taktanpasung nach dem im Abschnitt 8.3.2 beschriebenen Stopfverfahren ist in [8.90] festgelegt. Danach ist das Sekundärsignal in Pulsrahmen zu je 4×212 bit $= 848$ bit gegliedert (Bild 8.31). Ein Block von 10 bit dient zur Rahmenkennung im Empfänger; weitere 2 bit dienen zur Übermittlung von Meldeinformationen. Zur Fehlermeldung an die Gegenstelle werden die Bitplätze D für Alarm (Ausfall von Takt, Synchronismus, Stromversorgung sowie bei zu hoher Bitfehlerhäufigkeit) verwendet.

Den vier Primärsignalen stehen bitweise verschachtelt 824 bit zur Verfügung (in Bild 8.31 *nicht* schraffiert), von denen 1 bit je Primärsignal ein Stopfbit werden kann (Hinweis oben rechts im Bild). Eine entsprechende Nachricht, ob die betreffenden Bitplätze mit Information oder mit einem Stopfbit gefüllt sind, ist in den 3 · 4 bit der Stopfinformation St — 3 bit je Primärsignal — enthalten. Da die Stopfinformation nur zwei Zustände kennt, wozu 1 bit für die Übertragung ausreichen würde, können die übrigen 2 bit zur Fehlerkorrektur ausgenutzt werden. Aus der Rahmenstruktur nach Bild 8.31 und der Bitfolgefrequenz von 8448 kbit/s ergibt sich, daß etwa in jedem zweiten Rahmen des Sekundärsignals für ein Primärsignal ein Stopfbit, d. h. ein Bit, das keine Information trägt, gesendet werden muß. Zum Schutz gegen gebündelt auftretende Störungen ist die Stopfinformation für jedes Primärsignal auf den Rahmen verteilt.

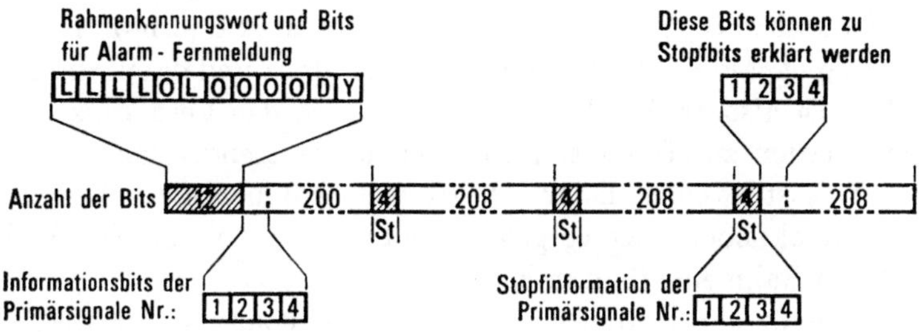

Bild 8.31. Pulsrahmen für das Stopfverfahren nach CCITT-Empfehlung G.742. Der Pulsrahmen besteht aus vier Gruppen zu je 212 bit.
D Meldebit für Alarm;
Y für nationale Verwendung reserviertes Bit.

Der im empfangsseitigen Auslesetakt verbleibende Restjitter hängt von den jeweiligen Frequenzverhältnissen zwischen Primär- und Sekundärsignal ab. Liegt dieser Jitter im ungünstigsten Fall in seiner Frequenz tiefer als einige 10 Hz, so kann er bis auf 1/7 einer 2-Mbit/s-Periode ansteigen [8.85]. Er verursacht jedoch dann keinerlei Störungen, weder für die Streckeneinrichtungen (Regeneratoren) noch für einen Empfänger des Primärsignals.

Das Gerät enthält eine Überwachungseinrichtung, mit der sowohl Fehler der Multiplexeinrichtung als auch Fehler im empfangenen Sekundärsignal erkannt und angezeigt werden können.

8.3.3.3. Digitalsignal-Multiplexgeräte zur Bündelung von vier 8448-kbit/s- und vier 34368-kbit/s-Signalen

Entsprechend der Hierarchie von Digitalsignal-Übertragungssystemen (siehe Abschnitt 8.5) gibt es neben dem im letzten Abschnitt beschriebenen Gerät auch Einrichtungen für höhere Bitraten. Diese arbeiten grundsätzlich ebenfalls nach dem Positiv-Stopfverfahren. Der Unterschied besteht lediglich in einem veränderten Aufbau des Pulsrahmens.

Beim DSMX 8/34 (Bündelung von vier 8448-kbit/s- zu einem 34368-kbit/s-Signal) ist der Pulsrahmen nach [8.91] in je 4×384 bit $= 1536$ bit unterteilt. Sein Aufbau unterscheidet sich von dem in Bild 8.31 gezeigten nur dadurch, daß die Anzahl der Informationsbits (nicht schraffiert) im ersten Unterrahmen 372, in den drei weiteren 380 beträgt.

Beim DSMX 34/139 (Bündelung von vier 34368-kbit/s- zu einem 139264-kbit/s-Signal) ist der Pulsrahmen nach [8.91] in je 6×488 bit $= 2928$ bit unterteilt. Das Rahmenkennungswort LLLLLOLOOOOO umfaßt 12 bit; hinzu kommen ein Meldebit für Alarm und drei für nationale Verwendung reservierte Bits. Die Anzahl der Informationsbits beträgt im ersten Unterrahmen 472, in den fünf weiteren 484, wobei im sechsten Unterrahmen die ersten 4 bit wiederum zu Stopfbits erklärt werden können. Hier stehen 5 gegenüber bisher 3 bit für die Stopfinformation der vier Primärsignale zur Verfügung; die Redundanz und damit die Fehlersicherheit ist also größer. Insgesamt ist jedoch das Verhältnis von Zusatzinformation zur Gesamtinformation mit steigender Hierarchiestufe kleiner. Das ist lediglich dadurch begründet, daß man mit höher werdender Bitrate ökonomischer vorgehen wollte und dabei einen etwas komplizierteren Rahmenaufbau in Kauf nahm.

Für die „nichthierarchische" Bitfolgefrequenz von 564992 kbit/s gibt es eine CCITT-Empfehlung [8.92] für ein digitales Leitungssystem zur Übertragung von vier 139264-kbit/s-Signalen auf Koaxialkabeln.

8.4. Übertragungsmedien für Digitalsignale

8.4.1. Grundsätzliches

Die Ausführungen im Abschnitt 8.3 über die Möglichkeiten der Digitalisierung von Signalen führten insgesamt zu dem Ergebnis, daß sich das Spektrum der erforderlichen Bitfolgefrequenzen über viele Größenordnungen erstreckt. Es reicht von etwa 100 bit/s für Datensignale bis über 200 Mbit/s für die Umsetzung von Farbfernsehsignalen in PCM. Darüber hinaus werden an die Übertragungsqualität, die in erster Linie von der Bitfehlerhäufigkeit abhängt, unterschiedliche Forderungen gestellt. So muß bei der Übertragung von Daten eine höhere Sicherheit gefordert werden als z. B. bei digitalisierten Fernsprechsignalen. Am Beispiel der Bildsignale wurde gezeigt, daß die Wirkung von Bitfehlern um so größer ist, je mehr Redundanz dem Signal bei der Codierung entzogen wird. Schließlich weichen die erzeugten Binärsignale mitunter erheblich von einer idealen Zufallsfolge ab, von der man gern bei der Berechnung des Signalspektrums, der Signalleistung, des Signal-Geräusch-Abstands, des Jitters und der Bitfehlerhäufigkeit sowie bei Betrachtungen über die Möglichkeiten einer zuverlässigen Taktrückgewinnung ausgeht.

Im Abschnitt 8.3.3 wurde gezeigt, daß man bei bereits genormten Digitalsystemen mit Hilfe des Digitalsignals die einwandfreie Funktion der Strecken- und Endeinrichtungen überwacht. Bestimmte Impulsgruppen innerhalb eines Pulsrahmens haben dabei ähnliche Aufgaben wie die Pilottöne in der TF-Technik. Sieht man einmal von der Regelwirkung dieser Pilote ab, so kann bereits ein Bit je Pulsrahmen in der Digitaltechnik die gleiche Aufgabe erfüllen wie ein Pilotton in der TF-Technik.

Will man die Vorteile der Digital-Übertragungstechnik voll ausnutzen, so liegt es nach diesen Vorbemerkungen auf der Hand, die Streckeneinrichtungen möglichst unabhängig von der Art der angebotenen Codesignale zu machen. Man spricht in diesem Zusammenhang von der *Bitfolgeunabhängigkeit* des Systems und versteht darunter die Eigenschaft des *Übertragungs*systems, jede beliebige Bitfolge (sogar Dauer-Null) des angebotenen Codesignals zu übertragen. Hierbei stehen zwei Forderungen im Vordergrund:

1. Durch eine möglichst große Häufigkeit und eine gute statistische Verteilung der Zustandswechsel im Übertragungssignal soll eine einfache und einwandfreie Taktrückgewinnung gewährleistet sein.

2. Mit Rücksicht auf ein geringes Übersprechen auf Nachbarsysteme soll das Spektrum des Übertragungssignals eine möglichst gleichmäßige Leistungsdichte ohne diskrete Anteile haben.

Bei der Digitalisierung von Fernsprechsignalen werden diese Forderungen bereits weitgehend erfüllt, und es ergibt sich die Frage, ob man eine Anpassung nur bei solchen Ursprungssignalen durchführt, die diese Forderungen nicht erfüllen. Damit würde die Aufgabe bereits der Quellencodierung zufallen. Das hätte den Vorteil, daß man damit weitere spezielle Maßnahmen, z. B. Fehlersicherung bei Datensignalen, verbinden könnte. Demgegenüber kann man die gewünschte Unabhängigkeit auch durch die Verwendung eines redundanten Übertragungscodes erreichen, der grundsätzlich die oben angegebenen Forderungen erfüllt. Damit verbinden kann man eine Signalanpassung an die Eigenschaften des speziellen Übertragungsmediums. Die Forderung, daß eine Übertragungsstrecke bitfolgeunabhängig ist, hat sich durchgesetzt; sie führt z. B. zur Verwendung des HDB3-Codes bei 2 Mbit/s (siehe Abschnitt 8.4.2.2) auf symmetrischen Leitungen. Bei anderen Medien können Scrambler (siehe Abschnitt 3.2.5) erforderlich sein. Dabei kann eine geringe Erweiterung des Nachrichtenflusses notwendig werden, wenn man Fortpflanzungen von Bitfehlern vermeiden will, die im Verlauf der Übertragung auftreten [3.5]. Redundante Übertragungscodes erfordern eine höhere

Kanalkapazität, die nicht immer von vornherein vorhanden ist. Bandausnutzung und gleichmäßigere Dichte des Leistungsspektrums spielen bei der Richtfunkübertragung eine wichtige Rolle. Deswegen wird man hierbei dem Einsatz von Scramblern den Vorzug geben.

Die Fassung der Digitalsignale in Pulsrahmen mit Rahmenkennungswort ist aus der Notwendigkeit geboren, Zeitmultiplexsignale empfangsseitig richtig entbündeln zu können. Entfällt diese Notwendigkeit, wie z. B. bei codierten Trägerfrequenzsignalen, so ist eine zwanglose Folge von Codewörtern, bei der lediglich die Wortsynchronisierung gewährleistet ist, hinreichend. Für Streckeneinrichtungen besteht die Forderung nach Rahmenbildung an sich nicht. Benutzt man jedoch, wie im Abschnitt 8.3.3 gezeigt, das Rahmenkennungswort zur Messung der Bitfehlerhäufigkeit, so ist dies in einer Streckeneinrichtung unabhängig von der Art der Quellensignale möglich. Das setzt voraus, daß alle Signale einer bestimmten Bitrate dieselbe Rahmenlänge haben und dasselbe Rahmenkennungssignal enthalten.

Die Übertragungsmedien kann man in zwei Typen einteilen:

1. in solche mit Tiefpaßcharakter — hierzu gehören symmetrische Leitungen und Koaxialkabel — und

2. in solche mit Band- oder Hochpaßcharakter; hierzu gehören Funksysteme und Lichtwellenleiter.

Für Systeme mit Tiefpaßcharakter ist die Basisbandübertragung rationell; die Überwindung der mit der Frequenz ansteigenden Dämpfung bestimmt im wesentlichen die Ausnutzbarkeit des Systems. Systeme mit Band- oder Hochpaßcharakter sind an eine Hochfrequenz-Übertragung gebunden, die durch eine zusätzliche Modulation (Mehrfachmodulation) erreicht wird. In diesem Sinne unterscheidet sich der Inhalt der folgenden Abschnitte 8.4.2 und 8.4.3 wesentlich von dem der Abschnitte 8.4.4 und 8.4.5.

8.4.2. Symmetrische Leitungen

Der Schwerpunkt des Einsatzes von Digitalsystemen liegt vorerst bei den symmetrischen Leitungen der Orts- und Bezirksnetze [8.93]. Am weitesten fortgeschritten darin sind die USA, Japan und England. Ein großer Teil der Investitionen aller Fernmeldeverwaltungen steckt in diesen Kabelnetzen, die früher fast nur niederfrequent ausgenutzt wurden. Für neue Anlagen steigt der Anteil dieser Kosten an den Gesamtkosten von Jahr zu Jahr und hat 50% bereits überschritten. Das beruht teilweise auf der Kostensenkung bei Geräten im Fernnetz und in der Vermittlungstechnik, die wesentliche Rolle spielen jedoch die gestiegenen Verlegungskosten; in Zentren von Großstädten ist eine Neuverlegung von Kabeln mitunter schon kaum zu bewältigen. Im Prinzip haben diese Kabelnetze eine große übertragungstechnische Kapazitätsreserve, da nur ein verschwindender Prozentsatz ihres Frequenzbandes genutzt wird. Diese Reserve wurde bisher nicht ausgeschöpft, weil geeignete TF-Systeme erst von Längen über etwa 25 km wirtschaftlich sind. Außerdem sind die Nebensprechwerte oberhalb von 100 kHz so schlecht, daß TF-Systeme nur mit teuren Kompandern einsetzbar waren. In diesem Netz ist daher einer der eingangs erwähnten Vorteile der Digitaltechnik, nämlich unbenütztes und anderweitig nicht nutzbares Frequenzband, reichlich gegeben.

8.4.2.1 Übertragungstechnische Eigenschaften symmetrischer Leitungen für Digitalsignale

Im Ortsnetz sind Kabel vielpaarig hauptsächlich mit 0,6 mm Aderstärke, im Bezirksnetz solche mit 0,9 bis 1,2 mm Aderstärke in Betrieb. Die Adern haben von früher her vorwiegend Papierisolierung; diese wird immer mehr durch Polyäthylen-Isolierung verdrängt. Liegen beide Übertragungsrichtungen im selben Kabel, so stört hauptsächlich das Nahnebensprechen. Damit bezeichnet man das Nebensprechen entgegengesetzt gerichteter Signale am gleichen Leitungsende im Gegensatz zum Fernnebensprechen von Signalen gleicher Richtung, siehe Bild 8.32. Typische Werte des Dämpfungsbelags α, der näherungsweise einen $\sqrt{f}$-Gang hat, und der Nahnebensprechdämpfung a_n sind in Bild 8.33 angegeben. Letztere ist von der Leitungslänge L, wenn man von sehr kurzen Längen absieht, unabhängig. Die angegebene Gerade mit einem Abfall von 4,7 dB pro Oktave ist eine Begrenzungslinie für die Minima dieser sehr wellig verlaufenden Dämpfung. Sie hängt außerdem noch stark von der relativen Lage der beiden Leitungspaare zueinander im Kabel ab. Bild 8.33 zeigt, daß die Nahnebensprechdämpfung kleiner wird als die Leitungsdämpfung $a = \alpha L$ bei einer Frequenz, die je nach Kabellänge bei einigen MHz liegt. Es ist daher notwendig, unter dieser Grenze

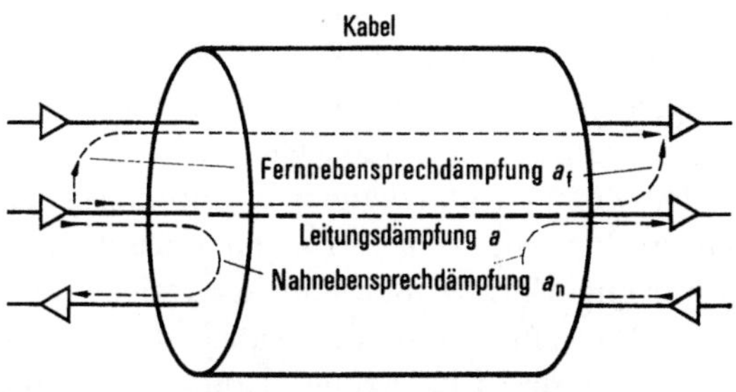

Bild 8.32. Leitungsdämpfung a, Fernnebensprechdämpfung a_f und Nahnebensprechdämpfung a_n in Verstärkerabschnitten vielpaariger Kabel.

zu bleiben und gegebenenfalls Verstärker einzufügen. Außerdem muß man berücksichtigen, daß unter Umständen viele Systeme im selben Kabel betrieben werden und stören. Durch die Summe dieser Störungseinflüsse wird der Regeneratorabstand festgelegt.

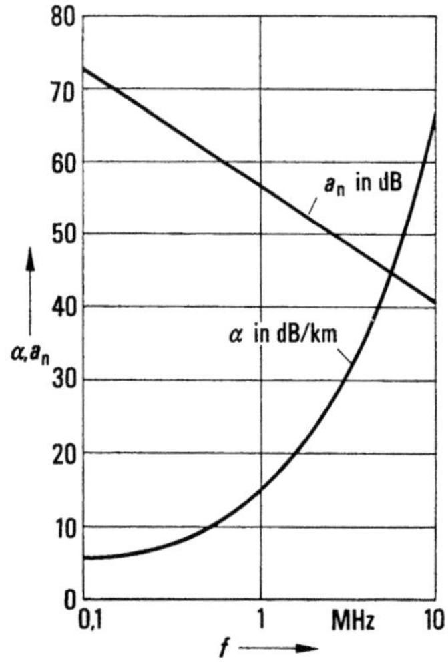

Bild 8.33. Dämpfungsbelag α in dB/km und Nahnebensprechdämpfung a_n in dB für ein Ortskabel mit 0,6 mm Aderstärke, abhängig von der Frequenz f.

Eine wichtige Rolle spielt die Wahl einer geeigneten Codeart und Impulsform für das Sendesignal. Grundsätzliche Betrachtungen hierzu wurden bereits im Abschnitt I.10.4.1 gegeben. Wegen des mit zunehmender Frequenz kleiner werdenden Signal-Geräusch-Verhältnisses muß man die Signalenergie möglichst nach tieferen Frequenzen legen. Andererseits darf man dabei auch nicht zu weit gehen. Die Regeneratoren müssen nämlich mit Übertragern angeschlossen sein, da die Leiterpaare gleichzeitig zur Fernstromversorgung der Regeneratoren dienen und daher gleichstromentkoppelt sein müssen. Eine tiefe Grenzfrequenz erfordert große Übertrager. Will man hier maßvoll bleiben, so ist es zweckmäßig, ein Codesignal zu benutzen, dessen Leistungsdichte mit kleiner werdender Frequenz gegen Null geht. Einen guten Kompromiß zwischen beiden Forderungen gibt das pseudoternäre Signal, das im Abschnitt I.10.4.1 ebenfalls ausführlich behandelt wurde.

Die durch den frequenzabhängigen Dämpfungsgang des Kabels hervorgerufenen starken Signalverzerrungen müssen am Eingang des Regenerators durch eine Entzerrung weitgehend wieder beseitigt werden. Es liegt nahe, den Dämpfungsgang des Kabels durch eine inverse Frequenzabhängigkeit bei der Entzerrung derart zu kompensieren, daß Kabel und Entzerrer, hintereinandergeschaltet, bis zu einer oberen

Grenzfrequenz eine konstante frequenz*un*abhängige Dämpfung ergeben. Dazu müßte der Entzerrer aus einem Verstärker bestehen, dessen Verstärkung mit einem $\sqrt{f}$-Gang ansteigt. Hierdurch würden jedoch die ohnehin bei hohen Frequenzen großen Nahnebensprechanteile verstärkt das Signal stören. Es ist daher zweckmäßig, den Entzerrer so zu dimensionieren, daß *einerseits* das Signal möglichst unverzerrt empfangen wird, daß *andererseits* jedoch die durch Nahnebensprechen eindringende Störleistung möglichst gering wird. Dieser Forderung wird man gerecht, wenn man die Summe aus Nebensprechstörleistung und Verzerrungsleistung zu einem Minimum macht. Die Verzerrungsleistung ist dabei die mittlere quadratische Abweichung zwischen Sende- und Empfangssignal. Dieser Optimalentzerrer* ergibt sich aus den Kabeldaten und der Zahl der in Gegenrichtung auf dem Kabel laufenden Digitalsignale. Nach [8.94] gilt für den Übertragungsfaktor des Entzerrers

$$E(x) = \frac{A(x)}{[A(x) + mA_n(x)]^2}; \tag{8.10}$$

darin ist $A(x)$ der Übertragungsfaktor des Kabels, $A_n(x)$ der Übersprechfaktor des Nahnebensprechens, m die Anzahl der störenden Digitalsignale und $x = f/f_b$ die auf die Bitfolgefrequenz f_b bezogene normierte Frequenz. Es handle sich um ein lagenverseiltes Ortskabel mit papierisolierten Leitern von 0,6 mm Durchmesser. Dann gilt mit $f_b = 2048$ kbit/s für den Übertragungsfaktor des Kabels

$$A(x) = 10^{-\left(0{,}35 + 0{,}86\sqrt{x} + 1{,}23x\right) L/\mathrm{km}}, \tag{8.11}$$

worin L die Länge bedeutet, und für den Übersprechfaktor des Nahnebensprechens

$$A_n(x) = 4 \cdot 10^{-8} x^{1{,}5}. \tag{8.12}$$

Setzt man (8.11) und (8.12) in (8.10) ein, so erhält man für 10 lg $E(x)$ in dB mit den Parameterwerten $L = 1{,}7$, 2,4 und 3 km sowie $m = 10$, 20, 40 und 80 störenden Signalen drei Kurvenscharen entsprechend Bild 8.34. Dem Verlauf $E(x) = 1/A(x)$ entsprechend steigen die Kurven zunächst nur von L abhängig an; in Frequenzbereichen, in denen das Nahnebensprechen merklich zunimmt, fächern sie von m abhängig auseinander und fallen wieder ab. Der Abfall bedeutet, daß hier Spektralanteile des Signals entsprechend stark gedämpft werden. Es ist deswegen wenig sinnvoll, Signale übertragen zu wollen, deren Spektralanteile wesentlich über das Maximum hinausgehen. Dann braucht aber der abfallende Verlauf der Entzerrerkennlinie nicht so exakt eingehalten zu

* Bei praktisch realisierten Entzerrern geht darüber hinaus auch die Spektralverteilung des Sendepulses in den Frequenzgang ein.

werden wie der ansteigende. Insgesamt bietet die Realisierung eines derartigen Entzerrers keine besonderen Schwierigkeiten.

Weiterhin entnimmt man den Kurven, daß die Signalbandbreite mit kleiner werdender Zahl von Störsignalen größer werden kann, und daß das Maximum der notwendigen Verstärkung, um das Signal wieder auf seinen alten Amplitudenwert zu bringen, zwischen 45 und 60 dB liegt. Um die Leistungsdichte auf möglichst tiefe Frequenzen zu konzentrieren, kann man im Verlauf der Übertragung die Codeart und/oder die Impulsform durch eine spezielle Auslegung des Entzerrers ändern (kurz behandelt im Abschnitt I.10.4.1, ausführlicher in [8.94]).

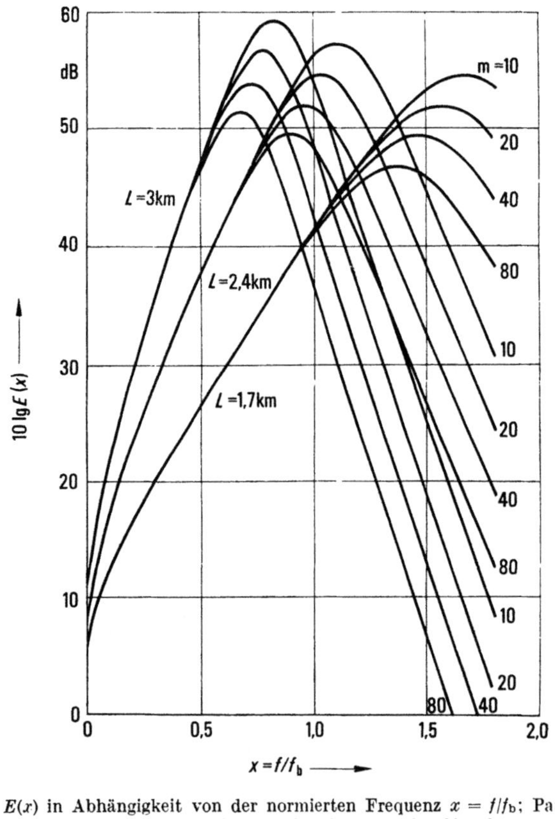

Bild 8.34. 10 lg $E(x)$ in Abhängigkeit von der normierten Frequenz $x = f/f_b$; Parameter sind die Kabellänge L und die Anzahl m der störenden Signale.

Die Verstärkerfeldlänge L wird schließlich dadurch begrenzt, daß der Signal-Geräusch-Abstand, bedingt durch die Summe von Verzerrungs- und Nahnebensprechleistung, noch groß genug ist, um die Bitfehlerhäufigkeit unter dem zulässigen Wert zu halten (siehe Abschnitt I.10.4.2).

Das pseudoternäre Signal hat seine Schwerpunktfrequenz (maximale Leistungsdichte) etwa bei der halben Bitfolgefrequenz. Wird dieses Signal verwendet, so kann man unter Verwendung dieser Frequenz für die Regeneratorfeldlänge L eine Näherungsformel angeben, welche folgende Einflußgrößen enthält:

a) den Dämpfungsbelag $\alpha(f_b/2)$ des Kabels bei der Schwerpunktfrequenz $f_b/2$ in dB/km,

b) die Nebensprechdämpfung $a_n(f_b/2)$ bei der Schwerpunktfrequenz und

c) die Zahl m der auf dem Kabel betriebenen Digitalsysteme. Fordert man eine Bitfehlerhäufigkeit von $p_e \leqq 10^{-7}$ pro Regeneratorfeld, so gilt [8.95]

$$a_n(f_b/2) - \alpha(f_b/2)\, L - 10 \lg \frac{m}{4} \text{ dB} \geqq 26 \text{ dB}; \tag{8.13}$$

daraus ergibt sich

$$L \leqq \frac{a_n(f_b/2) - 10 \lg \frac{m}{4} \text{ dB} - 26 \text{ dB}}{\alpha(f_b/2)}. \tag{8.14}$$

Weitere Voraussetzungen, welche (8.14) zugrunde liegen, über die statistische (Gaußsche) Verteilung der Störamplituden und über die Entzerrung (Gaußscher Tiefpaß mit 6-dB-Grenzfrequenz bei $0{,}75 f_b$) entsprechen sehr gut den praktischen Verhältnissen. Für das System PCM 30 erhält man eine Schwerpunktfrequenz von rund 1 MHz. Mit den in Bild 8.33 angegebenen Kabeldaten ergibt dies einen Regeneratorabstand von rund 2 km. Andere Signalformen führen auf etwas andere Formeln. Die Regeneratorabstände können sich dabei um einen Faktor ändern, der zwischen 0,9 und 1,4 liegt. Die größten Regeneratorabstände erhält man mit einem binären Signal, das jedoch wegen seiner mit kleiner werdender Frequenz steigenden Leistungsdichte und der geringeren Taktinformation bisher praktisch noch nicht eingesetzt wurde.

Größeren Regeneratorabstand bei gleicher Bitfolgefrequenz oder größere Bitfolgefrequenz bei gleichem Regeneratorabstand erhält man, wenn man die Gesprächsrichtungen in zwei verschiedenen Kabeln unterbringt („Getrenntkabelbetrieb"). In diesem Fall entfällt das Nahnebensprechen, und für die Länge L des Regeneratorfeldes werden das Fernnebensprechen und das thermische Rauschen bestimmend.

Neben dem Nahnebensprechen stellen auch Impulse, die von den Vermittlungszeichen herrühren, eine Störungsquelle dar. Dies gilt besonders für die in Deutschland übliche unsymmetrische Zeichengabe. Aus diesem Grund macht man die Regenerator-Endabschnitte, welche diesen Störungen ausgesetzt sind, nur halb so lang wie die anderen Regeneratorfelder.

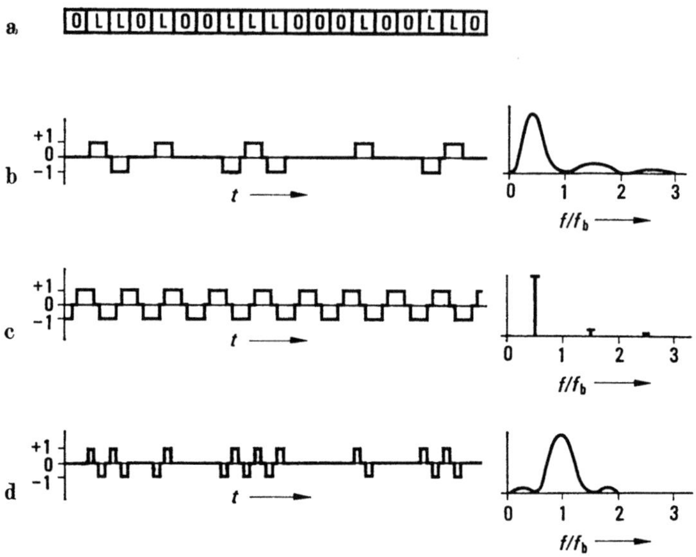

Bild 8.35 a – d. Codeumsetzung mittels Wechselpuls.
a) Binäre Zustandsfolge; c) Rechteckwechselpuls;
b) Pseudoternäres Signal (AMI-Code); d) Codesignal mit Wechselimpulsen.

Eine weitere wichtige Rolle spielen die Kabeleigenschaften für die Verträglichkeit von Digital- und TF-Systemen im gleichen Kabel. Dies ist beim Einsatz von Digitalsystemen im Bezirksnetz zu beachten. Wegen des breiten Spektrums der pseudoternären Signale, das erst bei sehr tiefen Frequenzen (10 kHz) stark abfällt, werden bei Betrieb von TF- und Digitalsystemen im gleichen Kabel die TF-Systeme durch Nah- und Fernnebensprechen unzulässig gestört. Beide Systeme sind im gleichen Kabel nicht verträglich, wenn man die Frequenzbänder nicht durch Filter trennt, was wirtschaftlich und technisch ungünstig ist. Dem kann man dadurch begegnen, daß man das pseudoternäre Signal derart umsetzt, daß das Spektrum des neuen Signals und damit auch die Schwerpunktfrequenz um einen bestimmten Wert Δf zu höheren Frequenzen verschoben wird. Dadurch kann das Band bis Δf von Spektralanteilen des Digitalsignals freigehalten und mit einem in diesem Bereich liegenden TF-Signal belegt werden. In [8.96] wird eine einfache Lösung für die Verschiebung um $\Delta f = f_b/2$ angegeben.

Bild 8.35 zeigt den Umsetzvorgang. Unter a) ist eine Folge binärer Zustandswerte angegeben, unter b) das entsprechende Signal im AMI-Code mit seinem Spektrum (vgl. Abschnitt I.10.4.1). Multipliziert man dieses Signal z. B. in einem Doppelgegentakt-Modulator mit dem unter c) gezeigten Rechteckwechselpuls, so erhält man das unter d) dargestellte, aus einer Folge von Wechselimpulsen bestehende Signal mit dem um $f_b/2$ verschobenen Spektrum. Ein Vergleich mit der unter b) dargestellten AMI-Folge zeigt, daß die Eins-Elemente durch Wechselimpulse repräsentiert werden, deren Phasenlage dann und nur dann invertiert wird, wenn zwischen zwei Eins-Elementen eine ungerade Anzahl unmittelbar aufeinanderfolgender Null-Elemente liegt. Es besteht damit eine Verwandtschaft mit dem im Abschnitt I.10.4.1 beschriebenen biternären Code.

Diese Technik wird verwendet auf den Phantomkreisen von symmetrischen Leitungen, die gleichzeitig auch für eine Tonprogramm-Übertragung ausgenutzt werden, während auf den Stammleitungen TF-Systeme liegen. Dadurch ist es möglich, auf einem vorhandenen Kabelnetz zusätzlich noch ein Übertragungssystem für Digitalsignale zu installieren [8.97].

8.4.2.2. Streckeneinrichtungen für 2048 kbit/s

Die im folgenden beschriebenen Streckeneinrichtungen sind hauptsächlich dafür gedacht, Signale des Systems PCM 30 über symmetrische Leitungen zu übertragen. Da jedoch auch andere Signale, z. B. Datensignale oder stark redundanzgeminderte Bildfernsprech-Signale gleicher Bitfolgefrequenz übertragen werden sollen, sind diese Einrichtungen primär durch die ihnen eigene Bitfolgefrequenz $f_b = 2048$ kbit/s gekennzeichnet [8.98]. Damit die Leitungsausrüstungen für alle möglichen Codesignale transparent werden, können sie im Prinzip so ausgelegt werden, daß nicht nur der streng pseudoternäre Code (AMI-Code), sondern auch der HDB3-Code (*H*igh *D*ensity *B*ipolar) oder ähnliche Varianten verwendet werden können. Der AMI-Code bringt zwar in lange L-Folgen Zustandswechsel dadurch hinein, daß diese alternierend in $+1$ und -1 übergehen. Das gilt jedoch nicht für lange O-Folgen; diese bleiben beim AMI-Code erhalten. Mit dem HDB3-Code hat man eine Variante des pseudoternären Codes gefunden, die bei langen O-Folgen Zustandswechsel auslöst und damit auch in diesem Fall die notwendige Taktinformation liefert. Die Umcodierungsregeln weichen gegenüber denjenigen für den AMI-Code ab, wenn im ursprünglichen Binärsignal mehr als drei O-Elemente hintereinander auftreten. Dann werden Gruppen von vier O-Elementen durch Zustandskombinationen ersetzt, die auch Einsen enthalten. Damit diese Einsen empfangsseitig auch wieder als O-Elemente erkannt werden können, wird in diesen Fällen das Gesetz der alternierenden Eins-Folgen verletzt. Im einzelnen gilt folgendes:

Die binäre Bitgruppe OOOO wird im HDB3-Signal entweder durch eine Gruppe a mit OOOV oder eine Gruppe b mit BOOV ersetzt; darin ist das Element V eine Eins mit gleicher Polarität und das Element B eine Eins mit umgekehrter Polarität wie die letzte Eins des HDB3-

Signals. Die Gruppe a wird verwendet, wenn die Anzahl der seit dem letzten V-Element aufgetretenen pseudoternären Einsen ungerade ist, die Gruppe b, wenn sie null oder gerade ist. Tabelle 8.4 zeigt ein Beispiel für die Umcodierung.

Tabelle 8.4. Beispiel für die Umcodierung einer Binärfolge in eine HDB3-Folge

	Umzucodierende Nullgruppen															
Binär	L	L	L	O	O	O	O	L	O	L	O	O	O	O	O	L
Pseudoternär (AMI)	+1	−1	+1	0	0	0	0	−1	0	+1	0	0	0	0	0	−1
HDB3[1]	+1	−1	+1	0	0	0	+1	−1	0	+1	−1	0	0	−1	0	−1
HDB3[2]	+1	−1	+1	−1	0	0	−1	+1	0	−1	+1	0	0	+1	0	−1

[1] gilt, wenn letztes V-Element negativ war;
[2] gilt, wenn letztes V-Element positiv war.

Die etwas kompliziert anmutende Regel mit der Auswahl der beiden Alternativen a und b bietet den Vorteil, daß trotz Verletzung der Alternierung im Signal kein Gleichanteil entsteht. Lediglich bei tiefen Frequenzen wird die spektrale Leistungsdichte gegenüber dem AMI-codierten Signal etwas erhöht [8.99]. Die Anzahl aufeinanderfolgender Nullen ist im HDB3-Signal auf drei beschränkt.

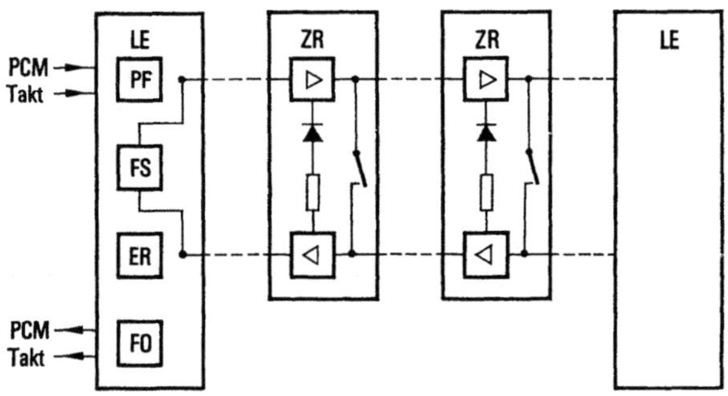

Bild 8.36. Aufbau einer Streckeneinrichtung für 2048 kbit/s.
LE Leitungsendgerät; FS Fernstromversorgung;
PF Pulsformer; FO Fehlerortungseinrichtung;
ER Empfangsregenerator; ZR Zwischenregenerator.

Alle Einrichtungen zur Codeumsetzung nimmt das Leitungsendgerät LE auf (Bild 8.36). In einer Pulsformerstufe PF werden außerdem — wie in jedem folgenden Zwischenregenerator ZR — die positiven und negativen Impulse erzeugt. Bild 8.37a zeigt das Oszillogramm eines derartigen, aus Sinushalbwellen bestehenden Signals als sogenanntes Augendiagramm. Es entsteht durch Triggerung des Oszillographen mit der Bitfolgefrequenz. Dadurch werden alle innerhalb einer Bitperiode möglichen sieben Übergänge $+1 \to 0$, $+1 \to -1$, $0 \to +1$, $0 \to 0$, $0 \to -1$, $-1 \to +1$ und $-1 \to 0$ phasenrichtig übereinandergeschrieben[1]. Im Leitungsendgerät LE (Bild 8.36) befinden sich weiterhin ein Empfangsregenerator ER und Einrichtungen für die Fernstromversorgung FS der Zwischenregeneratoren; eine Fehlerortungseinrichtung FO dient im Bedarfsfall in Verbindung mit entsprechenden Einrichtungen der Zwischenregeneratoren zum schnellen Auffinden von Unterbrechungen, Kurz- oder Erdschlüssen der Leitungen sowie von Fehlern in den Zwischenregeneratoren.

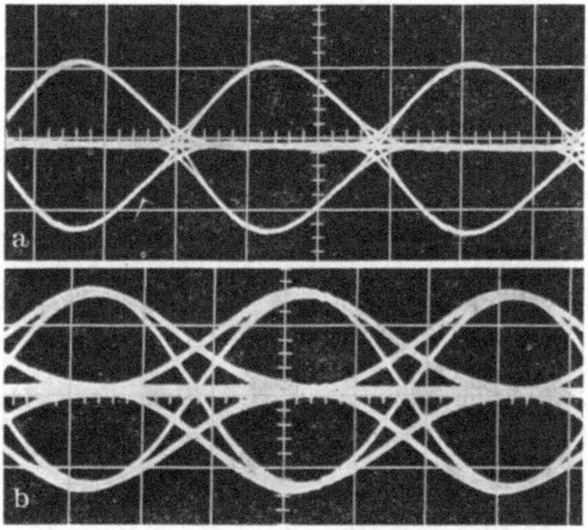

Bild 8.37a u. b. Oszillogramm eines pseudoternären Signals (Augendiagramm).
a) mit Sinushalbwellen-Impulsen am Regeneratorausgang;
b) mit Cosinusquadrat-Impulsen am Entzerrerausgang.

Die durch den Dämpfungsgang eines Leitungsabschnittes hervorgerufene Verzerrung eines pseudoternären Signals zeigt Bild 8.38. Das verzerrte Signal wird am Eingang des Zwischenregenerators (Bild 8.39) in einer Entzerrerschaltung E wieder entzerrt. Um die Störungseinflüsse der Strecke möglichst gut zu unterdrücken, wird im Entzerrer das Band so weit wie möglich eingeengt und dabei eine Umformung von Sinushalbwellen- auf Cosinusquadrat-Impulse durchgeführt (Bild 8.37b); dieses gilt auch für den Leitungsentzerrer im Leitungsendgerät. Die Funktion des Amplitudenfilters AF, der Taktpulserzeugung PE und des Zeitfilters

---

[1] Die beim AMI-Code verbotenen Übergänge $+1 \to +1$ und $-1 \to -1$ kommen auch beim HDB3-Code nicht vor.

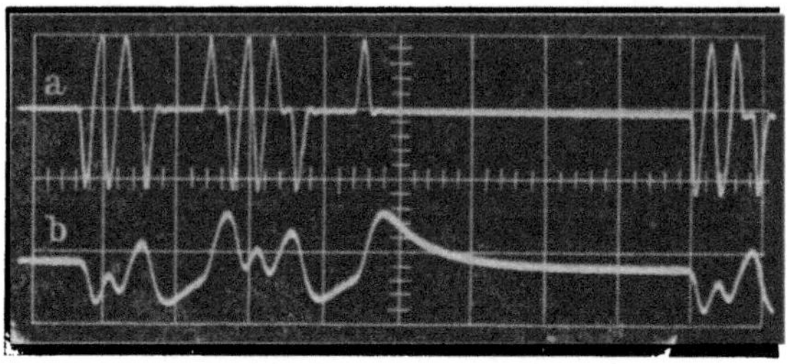

Bild 8.38a u. b. Oszillogramm eines pseudoternären Signals.
a) am Regeneratorausgang; b) am Regeneratoreingang.

ZF wurde bereits im Abschnitt 8.2.2 mit Bild 8.12 erklärt. Davor und dahinter liegende Verstärker V_1 und V_2 bringen das Signal auf den erforderlichen Sendepegel.

Zum Zwecke des Blitzschutzes und der Fernstromversorgung sind die Zwischenregeneratoren von der Leitung über Transformatoren Tr entkoppelt. Bei Serienspeisung über den durch Doppeladern verschiedener Übertragungsrichtungen gebildeten Phantomkreis wird die für jeden Zwischenregenerator erforderliche Versorgungsspannung durch Spannungsabfall an einer Zenerdiode Z gewonnen. In Bild 8.39 unten sind die Baugruppen für die Regenerierung des in der Gegenrichtung übertragenen Signals nur angedeutet.

Bei einer Leitungsunterbrechung ist die Fernspeisung der Regeneratoren unterbrochen. Zur Fehlerortung wird ein Gleichstromverfahren

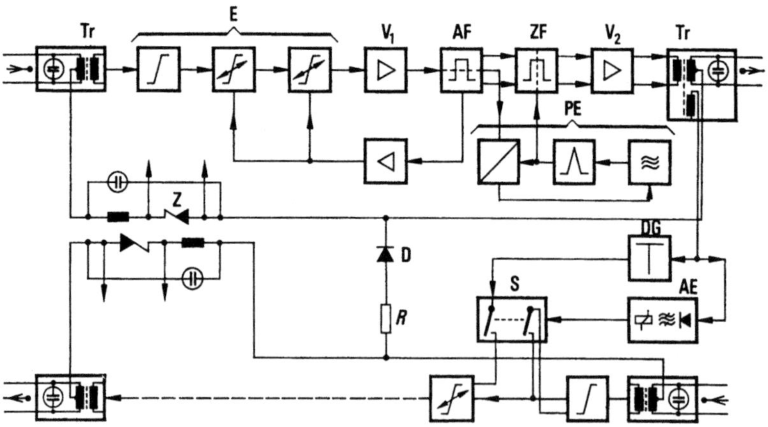

Bild 8.39. Blockschaltplan eines Zwischenregenerators.

Tr	Übertrager;	DG	Dämpfungsglied;
E	Entzerrer;	AE	Adressenempfänger;
V_1, V_2	Verstärker;	S	Schalter;
AF	Amplitudenfilter;	Z	Zenerdiode;
ZF	Zeitfilter;	D	Diode.
PE	Pulserzeugung;		

angewandt. In Bild 8.39 sind die beiden in entgegengesetzter Richtung verlaufenden Gleichstrompfade durch die Serienschaltung einer Diode D und eines Widerstandes R miteinander verbunden. Die Diode ist so gepolt, daß sie im normalen Betrieb sperrt. Polt man nach Erkennen einer Leitungsunterbrechung die Fernspeisespannung um, dann werden alle vor dem Leitungsbruch liegenden Dioden leitend. Durch eine einfache Strom-Spannungs-Messung vom speisenden Leitungsendgerät aus kann man feststellen, bis zu welchem Zwischenregenerator die Leitung nicht unterbrochen ist.

Bei anderen Übertragungsstörungen bleibt die Fernspeiseschleife geschlossen; hier versagt das Gleichstrom-Ortungsverfahren. Zur Fehlerortung wird dann ein Impulsmeßverfahren benutzt. Durch Adressierung werden mit Hilfe von Prüfimpulsmustern die einzelnen Zwischenregeneratoren der Reihe nach aktiviert. Mit Adressenempfängern AE werden die Schalter S geschlossen und dadurch Schleifen über die dritte, unsymmetrische Wicklung der Ausgangsübertrager Tr und die Dämpfungsglieder DG zwischen den beiden Übertragungsrichtungen hergestellt. Es ist dann möglich, in einer prüfenden Leitungsendstelle ein gesendetes Prüfimpulsmuster über eine eingestellte Schleifenschaltung wieder zu empfangen und auf Impulsfehler zu untersuchen.

Wenn man auf Grund der angestellten Betrachtungen das Übertragungssystem optimiert hat, so muß man in der Praxis hinter der maximalen errechneten Verstärkerfeldlänge L etwas zurückbleiben aus drei Gründen, die mit den Regeneratoren selbst zusammenhängen. Der erste Grund liegt in ihrer *Störungsempfindlichkeit.* Ein Regenerator für pseudoternäre Signale kann theoretisch nur dann richtig entscheiden, wenn am Eingang seines Amplitudenfilters (Schwellwert-Entscheider) das logarithmierte Verhältnis von Signalimpulsspitzenspannung zur Störspitzenspannung größer als 6 dB ist. Mit einem vertretbaren Aufwand kann man dieser Grenze in der Praxis auf etwa ein bis zwei Dezibel nahekommen. Bild 8.40 zeigt unter a) das Augendiagramm eines durch Rauschen, unter b) eines durch ein PCM-Signal gestörten Signals, das in beiden Fällen noch gerade richtig erkannt werden kann. Der Unterschied in der Größe der Störungswirkung ist nur scheinbar; er rührt daher, daß die sehr wirksamen Spitzen des Rauschens in Bild 8.40a nicht zu sehen sind.

Zur Messung der Störungsempfindlichkeit verwendet man sowohl für das Nutz- als auch für das Störsignal Generatoren mit gleicher Spektralverteilung des Signals; man kann dann am Eingang des Regenerators ein z. B. bei der halben Bitfolgefrequenz mit einer Bandbreite von 3 kHz gemessenes Signal-Geräusch-Verhältnis definieren und für die Streckendimensionierung zugrunde legen [8.100]. Dabei werden vorzugsweise Quasi-Zufallsgeneratoren (siehe Abschnitt 3.2.5) mit einer Periodenlänge

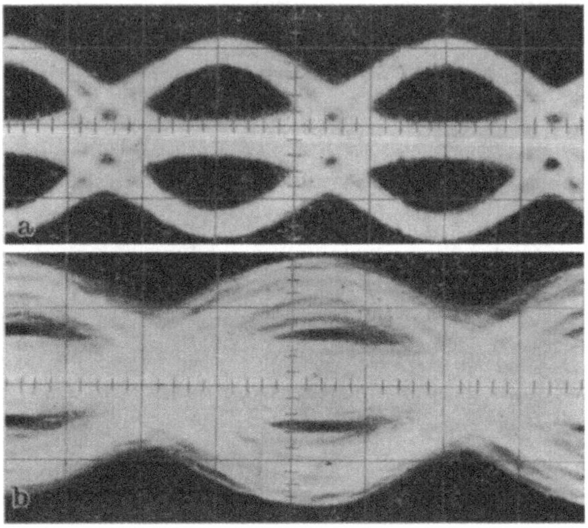

Bild 8.40a u. b. Oszillogramm eines pseudoternären Signals (Augendiagramm).
a) gestört durch ein Rauschsignal; b) gestört durch ein PCM-Signal über Nahnebensprechen.

von $2^{15} - 1$ bit $= 32767$ bit verwendet. Für 2048 kbit/s ergibt sich dann ein Frequenzraster, dessen Linien Abstände von 62,5 Hz aufweisen.

Ein zweiter Verlust an Signal-Geräusch-Abstand kann sich durch *Entzerrungsfehler* ergeben. Diese haben bei Verwendung von automatischen Kabelentzerrern im wesentlichen zwei Ursachen. Bei der ersten weicht der Dämpfungsgang des Kabels von einer Mittelwertskurve ab, nach der der Entzerrer bemessen ist. Den zweiten Fehler macht der automatische Kabelentzerrer, der von der entzerrten Impulsamplitude gesteuert wird und sich bei Anwesenheit von Störspannungen nicht richtig einstellt.

Die dritte Störungsquelle für den Regenerator ist die in den vorhergehenden Streckenabschnitten aufgelaufene *Phasenschwankung* (Jitter) des Eingangssignals. Sie ist als Pulsphasen-Modulation dieses Signals aufzufassen, wobei man der Störung am Eingang des Regenerators eine Jitterfrequenz f_j und einen Phasenhub $\Delta\varphi_e$ zuordnen kann. Als Ursprung für den Jitter kommen drei Möglichkeiten in Frage: die Intersymbol-Interferenz (s. Abschnitt 8.2.2); der Einfluß von Störspannungen im Verlaufe der Übertragung, verursacht durch Nahnebensprechen und fremde Störimpulse; die in den vorausgegangenen Regeneratoren bei der Taktrückgewinnung entstandenen Phasenschwankungen, die sich auf die jeweilige Zeitfilterung auswirken (siehe Bild 8.12). Die Größe dieser Einflüsse ist wiederum von der Statistik des übertragenen Codesignals abhängig. Durch eine günstige Dimensionierung der Schaltung

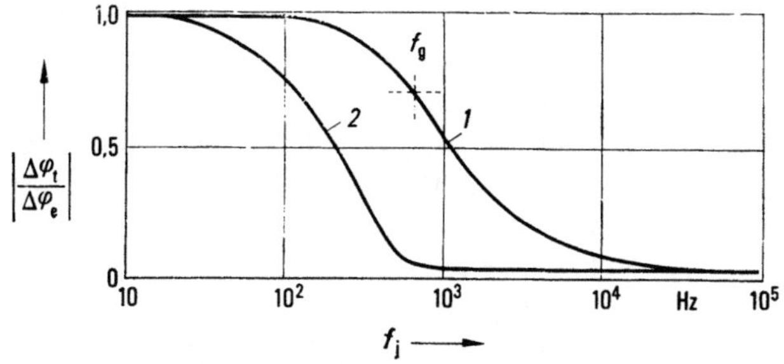

Bild 8.41. Jitterunterdrückungskurven.

Kurve *1*: für einen 2048-kbit/s-Regenerator; Kurve *2*: für eine Kette von acht Regeneratoren.

für die Taktpulserzeugung ist es möglich, den Phasenhub $\Delta\varphi_e$ des Eingangsjitters insbesondere bei hohen Jitterfrequenzen f_j zu reduzieren. In Bild 8.41 sind Jitterunterdrückungskurven gezeigt, und zwar mit Kurve *1* für einen einzigen 2048-kbit/s-Regenerator und mit Kurve *2* für eine Kette von acht solchen Regeneratoren. Sie stellen das Verhältnis der Phasenhübe des Taktjitters $\Delta\varphi_t$ zum Eingangsjitter $\Delta\varphi_e$ als Funktion von f_j dar. Alle Jitteranteile bewirken je nach Frequenz und Amplitude eine Phasenschwankung des Zeitentscheidungspunktes (Differenzjitter) und somit einen Verlust an Signal-Geräusch-Abstand. Dabei wirken sich Jitteranteile unterhalb der Grenzfrequenz f_g ($\Delta\varphi_t/\Delta\varphi_e = 0{,}7$) nur schwach, oberhalb von f_g dagegen stark aus [8.99]. Bild 8.42 zeigt das Augendiagramm eines pseudoternären Signals mit dem daraus abgeleiteten Taktpuls, bei a) für eine tiefe und bei b) für eine hohe Jitterfrequenz. Im zweiten Fall ist durch die Jitterunterdrückung der Restjitter sehr viel kleiner als im ersten Fall.

Unter Berücksichtigung der Leitungs- und Gerätedaten lassen sich für die Streckeneinrichtungen eines 2048-kbit/s-Systems Regenerator-

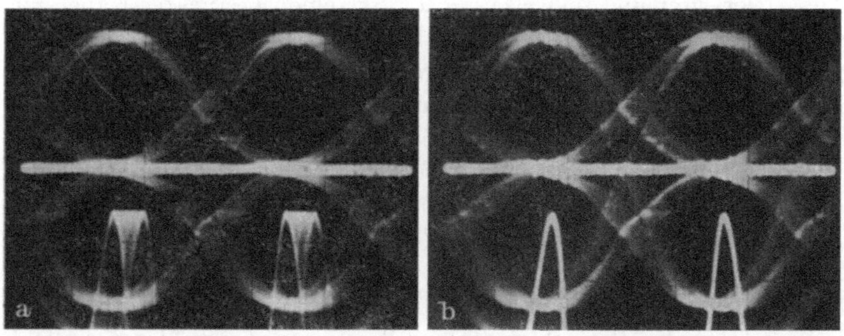

Bild 8.42a u. b. Oszillogramm eines pseudoternären Signals und des daraus abgeleiteten Taktpulses (Augendiagramm).

a) für tiefe Jitterfrequenz; b) für hohe Jitterfrequenz.

feldlängen in Abhängigkeit von den bei Orts- und Bezirksnetzkabeln der Deutschen Bundespost gängigen Leitungsdurchmessern angeben; sie sind in der Tab. 8.5 zusammengestellt [8.99]. Bei einer gebräuchlichen Sendespitzenleistung für eine pseudoternäre Impulsfolge (Dauer-Einsfolge) von 22 mW liefert das thermische Rauschen der Regeneratoreingangsstufe praktisch noch keine Störung, die zu Bitfehlern führt, und es braucht nur das Nahnebensprechen der in der Gegenrichtung betriebenen Systeme berücksichtigt zu werden. Die Werte gelten für eine Leitungsdämpfung von 40 dB bei der halben Bitfolgefrequenz; hierbei kann in der Mehrzahl der Anwendungsfälle mit dem zulässigen Nebensprech-Geräusch-Abstand von 24 dB gerechnet werden.

Tabelle 8.5. Regeneratorfeldlänge bei 2048-kbit/s-Übertragung in Abhängigkeit vom Leiterdurchmesser

Leiterdurchmesser	0,6	0,8	0,9	1,2	1,4 mm
Regeneratorfeldlänge	2,54	3,5	3,7	4,45	5,45 km

8.4.3. Koaxialkabellinien

Koaxialkabelstrecken mit den CCITT-Koaxialpaaren 1,2/4,4 mm (Kleintube) und 2,6/9,5 mm (Großtube) sind die Grundlage der modernen Weitverkehrskabe netze. Während auf der kleinen Tube das TF-System V300 und in zunehmendem Maße das TF-System V 960 betrieben werden, ist auf der großen Tube das TF-System V2700 eingesetzt, in seltenen Fällen noch V960, neuerdings das System V10800. Dazu liegen Verstärkerstellen bei der kleinen Tube im Abstand von 8 km bzw. 4 km, bei der großen Tube im Abstand von 4,65 km bzw. 9,3 km; das TF-System V10800 erfordert Verstärkerstellen im Abstand von 1,55 km.

Die Übertragung digitaler Signale wird zunächst auf den noch freien Tuben verlegter und teilweise mit TF-Systemen bestückter Kabel vorgenommen. Es ist deshalb zweckmäßig, die Digitalsysteme so zu konzipieren, daß die vorhandenen Verstärkergehäuse mitbenutzt werden können. Eine solche Streckenplanung erleichtert eine Umrüstung von Analog- auf Digitalsysteme. Dieser Gesichtspunkt ist auch deshalb wichtig, weil Kabel stets eine wesentlich längere Lebensdauer haben als die dazugehörigen Streckengeräte. Auch bei neu zu verlegenden Kabeln ist es erstrebenswert, die „historischen" Verstärkerabstände beizubehalten, weil man zunächst ebenfalls mit dem Betrieb anderer Systeme parallel zu den Digitalsystemen rechnen muß. Es wird daher bei den folgenden Betrachtungen von den vorgegebenen Verstärkerfeldlängen ausgegangen, wobei zunächst vorausgesetzt wird, daß das Signal in jedem Verstärker regeneriert wird.

Bei der Übertragung auf Koaxialkabeln ist das thermische Rauschen in erster Linie die Störung, welche bei vorgegebener Verstärkerfeldlänge den Nachrichtenfluß begrenzt. Die zur Übertragung binärer Signale erforderliche Bandbreite ist nach (I.8.35) im günstigsten Fall gleich der halben Bitfolgefrequenz

$$B = \frac{f_b}{2}. \tag{8.15}$$

Der Empfänger müßte dann einen Tiefpaß enthalten, der oberhalb dieser Frequenz völlig sperrt (idealisierter Tiefpaß, siehe Abschnitt I.5.7.4.2). Realistischer ist die in [8.101] gemachte Annahme, daß Rechteckimpulse der Dauer $1/(2B)$ gesendet werden und der Empfänger neben einem Leitungsentzerrer ein impulsformendes Netzwerk enthält, dessen Übertragungsfaktor bis zur Frequenz $B/2$ gleich Eins ist und zwischen $B/2$ und $3B/2$ entsprechend dem Gesetz

$$A(f) = \frac{1}{2}\,[1 + \sin(\pi f/B)] \tag{8.16}$$

nach Null abfällt. Mit dieser Annahme ergibt sich am Verstärkerausgang und damit am Schwellwert-Entscheider die Geräuschleistung

$$N = kTF_N B \left[\int_0^{0,5} 10^{\frac{0,1a\sqrt{f/B}}{\mathrm{dB}}} \left(\frac{\frac{\pi f}{2B}}{\sin \frac{\pi f}{2B}} \right)^2 \mathrm{d}\left(\frac{f}{B}\right) + \int_{0,5}^{1,5} 10^{\frac{0,1a\sqrt{f/B}}{\mathrm{dB}}} \left(\frac{\frac{\pi f}{2B}}{\sin \frac{\pi f}{2B}} \cdot \frac{1 + \sin \frac{\pi f}{B}}{2} \right)^2 \mathrm{d}\left(\frac{f}{B}\right) \right]; \tag{8.17}$$

darin sind F_N die Rauschzahl des Verstärkers, a die Verstärkerfelddämpfung bei der Frequenz B und $kT = 4 \cdot 10^{-21}$ Ws nach (I.9.23).

Fordert man, daß bei einer Übertragungsstrecke von 2500 km die Fehlerhäufigkeit von 10^{-7} nicht überschritten wird, so darf diese bei der Verstärkerfeldlänge von 1,55 km den Wert von $1{,}55 \cdot 10^{-7}/2500 = 6{,}2 \times 10^{-11}$ nicht überschreiten. Nach Bild I.10.36 darf dann der Signal-Geräusch-Abstand an jedem Regeneratoreingang den Wert 16 dB nicht unterschreiten. Das bedeutet, daß die halbe Stufenhöhe $\Delta S/2$ des Binärsignals 6,3mal so groß sein muß wie der Effektivwert der Geräuschspannung. Dieses Verhältnis ist bei den größeren genannten Verstärkerfeldlängen nur unwesentlich kleiner; der Unterschied braucht in der Rechnung nicht berücksichtigt zu werden. Damit ergibt sich für die erforderliche Spitzensendeleistung

$$\hat{P} = 40kTF_N BJ; \tag{8.18}$$

darin ist J der Ausdruck in der eckigen Klammer von (8.17). Sind die Sendeleistung $\hat{P}$ und die Rauschzahl F_N vorgegeben, so läßt sich aus (8.18) der Wert von J in Abhängigkeit von B berechnen. Andererseits ist J gemäß (8.17) eine Funktion der Verstärkerfelddämpfung a. Ist mit α der Dämpfungsbelag des Kabels gegeben, so läßt sich mit (8.15) und $a = \alpha L$ ein Zusammenhang zwischen der Bitfolgefrequenz f_b und der Verstärkerfeldlänge L angeben.

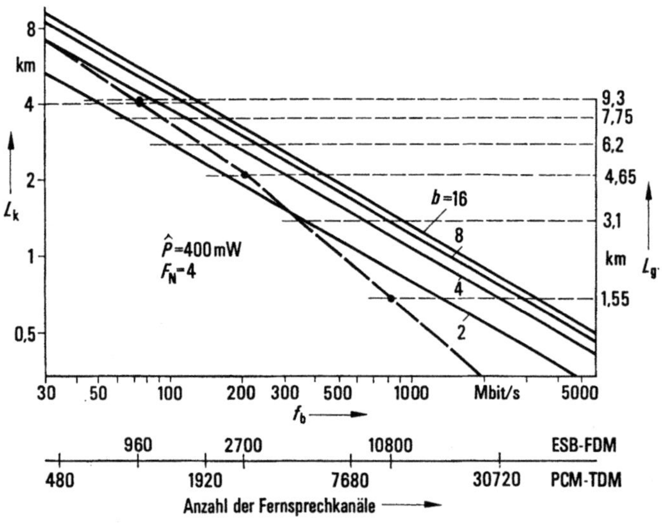

Bild 8.43. Verstärkerfeldlänge L_k für die kleine und L_g für die große CCITT-Tube als Funktion der Bitfolgefrequenz f_b; Parameter: Stufenzahl b.
——— Digitalsysteme (PCM-TDM)
– – – – Vergleichbare TF-Systeme (ESB-FDM)

In Bild 8.43 sind die Verstärkerfeldlängen L_k und L_g für die kleine bzw. große CCITT-Tube in Abhängigkeit von der Bitfolgefrequenz f_b des Nachrichtenflusses dargestellt. Die unterste ausgezogene Kurve zeigt den im vorhergehenden abgeleiteten Verlauf für Binärübertragung ($b = 2$). Dabei wurde als Spitzensendeleistung der bei TF-Verstärkern übliche Wert von $\hat{P} = 400$ mW und als Rauschzahl $F_N = 4$ angesetzt. Gebräuchliche mittlere Feldlängen (1,55 km und Vielfache davon bei der großen, 4 km bei der kleinen Tube) sind durch ein strichliertes Linienraster markiert. Auf einer zusätzlichen Abszissenachse sind oben die Kanalzahlen der vergleichbaren TF-Systeme aufgetragen; die dazugehörigen Verstärkerfeldlängen sind im Diagramm durch Punkte markiert, die miteinander durch eine strichlierte Kurve verbunden sind. Ein Vergleich mit der Kurve für $b = 2$ zeigt, daß die Binärübertragung oberhalb von etwa 4000 Kanälen günstigere Verstärkerfeldlängen bieten könnte.

Zu besseren Verhältnissen bei der Digitalübertragung kommt man bei der Verwendung von Mehrstufencodes. Bei Umsetzung des Binärsignals in $b = 2^{r_0}$ mögliche Stufen repräsentiert jeder Signalwert r_0 bit, und die Übertragungsbandbreite ist um den Faktor $\operatorname{lb} b = r_0$ kleiner als bei der Binärübertragung (siehe Abschnitt I.8.3.3). Entsprechende Umrechnungen von (8.17) lassen sich algebraisch nicht erfassen, da das Integral J nur numerisch lösbar ist. Es soll hier nur eine anschauliche Näherungsbetrachtung gegeben werden.

Da die Kabeldämpfung einen $\sqrt{f}$-Gang hat, ist bei Übertragung des gleichen Nachrichtenflusses mit einem b-stufigen Signal die Verstärkerfelddämpfung $a/\sqrt{\operatorname{lb} b}$. Das ergibt einen Pegelgewinn von

$$\Delta n_{\mathrm{D}} = a\left(1 - \frac{1}{\sqrt{\operatorname{lb} b}}\right). \tag{8.19}$$

Weiterhin ist die Geräuschleistung am Eingang des Regenerators proportional der Übertragungsbandbreite. Dadurch ergibt sich, bezogen auf das binäre Signal, ein Geräuschunterdrückungsgewinn von

$$\Delta n_{\mathrm{G}} = 20 \lg \sqrt{\operatorname{lb} b}\ \mathrm{dB}; \tag{8.20}$$

das gilt jedoch nur für den Fall, daß das Entzerrernetzwerk *vor* dem Eingangsverstärker liegt. Legt man die Entzerrung hinter den Eingangsverstärker oder noch besser in dessen Rückkopplung, so erhält man einen Geräuschunterdrückungsgewinn, der bei binärer Übertragung proportional zu $\sqrt{f_{\mathrm{b}}}$, bei b-stufiger Übertragung jedoch nur proportional zu $\sqrt{f_{\mathrm{b}}/\operatorname{lb} b}$ ist. Da der Proportionalitätsfaktor gleich ist, ergibt sich, bezogen auf das binäre Signal, ein Filterverlust, d. h. ein negativer Gewinn von

$$\Delta n_{\mathrm{F}} = -10 \lg \sqrt{\operatorname{lb} b}\ \mathrm{dB}. \tag{8.21}$$

Ein weiterer Verlust entsteht unmittelbar durch die Erhöhung der Stufenzahl. Geht man davon aus, daß die Spitzensendespannung konstant ist, so ist die Stufengröße für ein b-stufiges Signal gleich $\Delta S/(b-1)$. Ein Störsignal darf diesen Wert um nicht mehr als die Hälfte überschreiten, um keinen Fehler zu verursachen. Mithin beträgt der Stufungsverlust für gleiche Spitzensendeleistung — ebenfalls ein negativer

Gewinn –

$$\Delta n_{\mathrm{St}} = -20 \lg (b-1) \,\mathrm{dB}. \tag{8.22a}$$

Ist δ die Intersymbol-Interferenz[1], so geht (8.22a) nach [8.102] über in

$$\Delta n_{\mathrm{St}} = -20 \lg \frac{1-\delta}{\dfrac{1}{b-1} - \delta} \,\mathrm{dB}; \tag{8.22b}$$

für $\delta = 0$ geht (8.22b) in (8.22a) über.

Faßt man die Einflüsse nach (8.19) bis (8.22) zusammen, so führt die Gewinn-Verlust-Rechnung zu dem Ergebnis

$$\sum \Delta n = \left[10 \lg \sqrt{\mathrm{lb}\, b} - 20 \lg \frac{1-\delta}{\dfrac{1}{b-1} - \delta}\right] \mathrm{dB} + a\left(1 - \frac{1}{\sqrt{\mathrm{lb}\, b}}\right). \tag{8.23}$$

Will man diesen Gewinn $\sum \Delta n$ in einen größeren Verstärkerabstand ummünzen, so erhält man nach Umformung

$$\frac{L_{\mathrm{b}}}{L_2} = \frac{a}{a - \sum \Delta n} = \frac{a\sqrt{\mathrm{lb}\, b}}{a_{\mathrm{b}} - 10 \lg \left[\left(\dfrac{\dfrac{1}{b-1} - \delta}{1-\delta}\right)^2 \sqrt{\mathrm{lb}\, b}\right] \mathrm{dB}}; \tag{8.24}$$

darin sind L_2 die Verstärkerfeldlänge bei binärer und L_{b} die Verstärkerfeldlänge bei b-stufiger Übertragung sowie

$$a_{\mathrm{b}} = \frac{a}{\sqrt{\mathrm{lb}\, b}} \tag{8.25}$$

die Verstärkerfelddämpfung bei der Nyquistfrequenz des b-stufigen Signals.

In Bild 8.44 sind Diagramme für L_{b}/L_2 in Abhängigkeit von a_{b} entsprechend (8.24) wiedergegeben. Die ausgezogenen Kurven gelten für den Idealfall $\delta = 0$. Mit wachsender Stufenzahl ist eine genügend genaue Fixierung der Entscheiderschwellen, eine ausreichende Entzerrung und eine jitterfreie Taktrückgewinnung im Regenerator immer schwieriger. Realistischer sind daher die strichlierten Kurven; sie zeigen

---

[1] Die aus dem englischen Sprachgebrauch übernommene Intersymbol-Interferenz ist ein Maß dafür, wie weit in einem Augendiagramm (Bild 8.38 und Bild 8.41) infolge von Impulsnebensprechen, Jitter o. ä. „das Auge zugeht". Unter der Intersymbol-Interferenz δ versteht man das maximale Verhältnis zwischen den Werten von Stör- und Nutzsignal im Entscheiderzeitpunkt (Punkt größter Augenöffnung).

am Beispiel für $a_b = 100$ dB, daß bei $\delta = 0{,}01$ die maximal mögliche Stufenzahl $b = 64$ und bei $\delta = 0{,}1$ die maximal mögliche Stufenzahl $b = 8$ ist.

Die mit (8.24) näherungsweise berechneten Längenerweiterungsfaktoren L_b/L_2 decken sich gut mit den Werten für $b = 4$, 8 und 16 in Bild 8.43, die durch numerische Auswertung von (8.17) gewonnen wurden. Dabei ist $a_b = 100$ dB ein Wert, der sich bei (8.17) im Mittel ergibt[1]. Es zeigt sich, daß der Übergang vom binären zum quaternären Signal den größten Vorteil bringt, nämlich eine Erhöhung der Verstärkerfeldlänge um etwa 30%. Bei weiterer Vergrößerung der Stufenzahl wird der Gewinn immer kleiner.

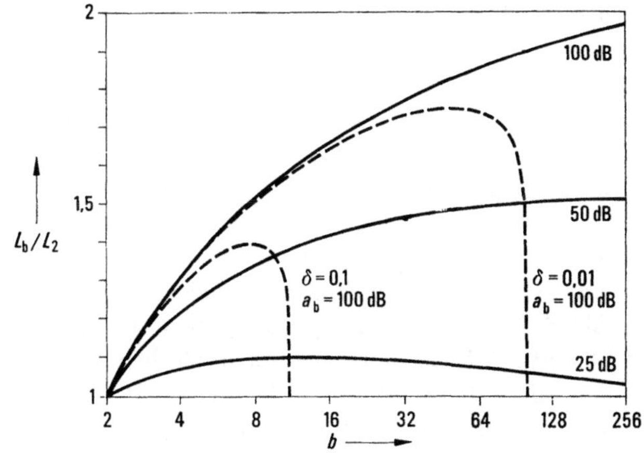

Bild 8.44. Relative Verstärkerfeldlänge L_b/L_2 in Abhängigkeit von der Stufenzahl b. Parameter: Verstärkerfelddämpfung a_b; ausgezogene Kurven: $\delta = 0$.

In Bild 8.43 sind auf der zusätzlichen Abszissenachse unten die Kanalzahlen aufgetragen, die für die im Abschnitt 8.5 noch näher beschriebene Hierarchie von PCM-Fernsprechsystemen vorgesehen bzw. zu erwarten sind. Es zeigt sich, daß für *binäre Übertragung* die kleine Tube für 34 Mbit/s mit 4 km Verstärkerfeldlänge, die große Tube für 140 Mbit/s mit 4,65 km oder für 560 Mbit/s mit 1,55 km Verstärkerfeldlänge geeignet ist. Dabei sind noch gute Reserven vorhanden, die für die Unvollkommenheit der Geräte, wie z. B. Entzerrungsfehler, Ungenauigkeiten der Entscheiderschwellen und Schwankungen der Abtastzeitpunkte

[1] Der Auswertung von (8.17) liegt zugrunde, daß P konstant gehalten wird. Das hat zur Folge, daß sowohl a_b als auch der Signal-Geräusch-Abstand P/N in geringem Maße von b und f_b abhängen. Das kommt in Bild 8.43 dadurch zum Ausdruck, daß die ausgezogenen Kurven nicht exakt parallel verlaufen.

beim Regenerieren notwendig sind. Weiterhin ist noch ein Zuschlag zu machen für Redundanz, die dem Leitungssignal hinzugefügt wird, um eine geeignete Formung des Spektrums an der unteren und oberen Bandgrenze sowie genügend Energie für die Taktrückgewinnung zu erzielen (siehe Abschnitt I.10.4.1). Andererseits ist aber durch Preemphase (Verteilung der Impulsformung und Kabelentzerrung auf Regeneratorausgang und -eingang) ein zusätzlicher Gewinn möglich. In Anbetracht dieser teils in positiver, teils in negativer Richtung wirkenden Einflüsse sind die angegebenen Werte als Hilfe zur Orientierung aufzufassen.

Günstigere Verhältnisse ergeben sich bei *mehrstufiger Übertragung*. Hier sind es speziell redundant ternäre Codes, die bereits praktische Bedeutung erlangt haben, insbesondere Codes vom Typ 4B3T, bei dem jeweils ein Block von 4 Binärelementen umcodiert wird in einen Block von 3 Ternärelementen. Dabei stehen also $2^4 = 16$ Binärkombinationen $3^3 = 27$ mögliche Ternärkombinationen gegenüber, deren Zuordnung so gewählt wird, daß sich eine günstige Leistungsdichteverteilung (Gleichanteilfreiheit!), eine gute Synchronisierfähigkeit sowie eine leistungsfähige Fehlererkennung für die ternäre Folge ergeben [8.103]. Der wichtigste Vorteil dieser Umcodierung jedoch ist, daß man bei diesen Leitungscodes mit 75% der Schrittgeschwindigkeit des Binärcodes auskommt. Aus einer Reihe von Zuordnungsmöglichkeiten sei der unter der Bezeichnung MMS43 bekannte Code genannt [8.104], der bei der Übertragung mit 34 und 140 Mbit/s auf Koaxialkabeln benutzt wird.

Für die hier nicht betrachteten Mikro-Koaxialkabel (0,7/2,9 mm) kommt ein Verwendungsbereich von 2 Mbit/s bis 34 Mbit/s in Betracht [8.105]. Damit steht dieses Kabel in Konkurrenz zu symmetrischen Leitungen und — bei 34 Mbit/s — zu den klassischen Koaxialkabeln.

8.4.4. Funkverbindungen

Bei den Funkverbindungen unterscheidet man zwischen Erde- und Satelliten-Funkverbindungen. Die Erde-Funkverbindungen lassen sich weiter unterteilen in stationäre Verbindungen, wie z. B. den terrestrischen Richtfunk, und mobile Funkverbindungen mit mindestens einer beweglichen Station.

8.4.4.1. Mobilfunk

Zum Mobilfunk zählen der öffentliche bewegliche Landfunk (z. B. Autotelefon), der nichtöffentliche bewegliche Landfunk (z. B. Taxifunk, Polizeifunk), der bewegliche Seefunk, der bewegliche Flugfunk und militärische mobile Funksysteme. Bei allen diesen Anwendungen hat die Digitaltechnik wichtige Entwicklungen zu Systemen mit neuartigen

Leistungsmerkmalen und verbesserten Eigenschaften überhaupt erst ermöglicht. Als Beispiel dafür seien die *Zellularsysteme* genannt, die durch räumliche Wiederverwendung der Frequenzen die Versorgung einer nahezu beliebig großen Anzahl von Mobilteilnehmern gestatten, obwohl das dafür zur Verfügung stehende Frequenzband begrenzt ist. Die dichte räumliche Wiederverwendung der Funkkanäle ist nur dadurch praktikabel, daß Teilnehmergerät und Funknetz automatisch für die Zuordnung des Teilnehmers zur jeweils empfangstechnisch günstigsten ortsfesten Funkstelle sorgen. Falls veränderte Empfangsbedingungen dies verlangen, wird die Neuzuordnung zu einer anderen Funkstelle auch während des Telefonats vorgenommen, indem — für den Teilnehmer kaum hörbar — die Verbindung von der alten Funkstelle zur neuen umgelegt wird. Darüber hinaus braucht der rufende Teilnehmer beim Verbindungsaufbau nicht zu wissen, in welcher Funkzelle sich der gewünschte Gesprächspartner gerade aufhält; er muß nur dessen netzeinheitliche Rufnummer wählen. Im Funknetz wird dann der Verbindungsaufbau zum Mobilteilnehmer von einem Standortinformationssystem gesteuert, welches laufend die aktuelle Zuordnung der Teilnehmer zu den Funkstellen erfaßt. Für Zellularfunknetze werden nur noch volldigitale Vermittlungssysteme eingesetzt. Jedoch sind die Übertragungsstrecken zu den ortsfesten Funkstellen derzeit analog. Die Signalisierung zwischen Vermittlung und ortsfester Funkstelle sowie zwischen den Vermittlungen erfolgt über das Zeichengabesystem Nr. 7. Es ist fraglich, ob beim Standardanschluß für den Mobilteilnehmer die Sprachübertragung auch auf dem Funkweg digitalisiert wird. Denn der schon im Abschnitt 8.1. erwähnte Nachteil der schlechteren Frequenzbandökonomie im Vergleich zur analogen Sprachübertragung wiegt bei beweglichen Funkverbindungen besonders schwer. Bei einer schlechten Frequenzbandökonomie müssen die zur Verfügung stehenden Frequenzen in engeren räumlichen Abständen wiederholt verwendet werden, was zusätzliche ortsfeste Funkstellen bedingt und dadurch zu einer wesentlichen Erhöhung der Infrastrukturkosten führt. Einerseits sind nach [8.106] frequenzökonomische Funkfernsprechnetze nur dann realisierbar, wenn es gelingt, die Sprache mit weniger als 10 kbit/s bei ausreichender Qualität und billig zu digitalisieren. Jedoch zeigen die Qualitätsuntersuchungen in [8.107], daß man sich bei 16 kbit/s schwer tun wird, ein für Funkfernsprechen geeignetes Codierverfahren zu finden. Andererseits kann man laut [8.108] auch 32 kbit/s zulassen und trotzdem eine akzeptable Frequenzbandausnutzung erzielen, wenn man Raum-Diversity auf der ortsfesten Seite vorsieht.

Die Frage nach dem optimalen Übertragungsverfahren und nach einem geeigneten Codierverfahren für Sprache ist demnach für diese Anwendung noch voll im Fluß.

8.4.4.2. Terrestrische Richtfunkverbindungen

In der herkömmlichen Analogtechnik ergänzen sich Richtfunkstrecken und Kabelstrecken in idealer Weise, da die Richtfunksysteme mit den gleichen Trägerfrequenz- oder Fernsehsignalen betrieben werden wie entsprechende Kabelsysteme. Dementsprechend gilt hier für eine Einführungsphilosophie in die Digitaltechnik grundsätzlich das bereits im Abschnitt 8.1 Gesagte.

In der Richtfunktechnik gibt es mehrere Möglichkeiten, Digitalsignale zu übertragen. Man kann entweder vorhandene Analogsysteme komplett benutzen, oder es werden nur die Funkgeräte benutzt und die Analog-Modulationsgeräte durch digitale ersetzt, oder es werden für die digitale Übertragung speziell konzipierte Systeme geschaffen. Im ersten Fall muß zunächst das Digitalsignal durch Impulsformung und Bandbegrenzung in das Basisband eines entsprechenden Analogsignals umgesetzt werden. Auf diese Weise lassen sich Digitalsignale kleiner Bitfolgefrequenz anstelle von Analogsignalen oder zusätzlich zum Analogsignal in Basisbandlücken übertragen. Bei neu zu entwickelnden Systemen wird jedoch aus den schon im Abschnitt 8.2.2 genannten Gründen zweckmäßigerweise mit dem Digitalsignal unmittelbar moduliert.

Im Gegensatz zur Analogtechnik, wo für Funkstrecken als Modulationsverfahren ausschließlich die Frequenzmodulation eingeführt ist, werden in der Digitaltechnik verschiedene wertdiskrete Modulationsverfahren angewandt (vgl. Abschnitt I.10.5), nämlich FSK, PSK und QAM. Tab. 8.6[1] gibt einen Eindruck von den heute auf dem Markt bzw. in Entwicklung befindlichen Systemen [8.109]. Diese zunächst nicht ganz verständliche Gliederung liegt in folgendem begründet: Die Radiofrequenz-(RF-)Bereiche und deren Frequenzraster sind weitgehend bereits vor mehr als zwei Jahrzehnten für die Analogtechnik durch den CCIR festgelegt worden; die Empfehlungen für den Rasterabstand, der hauptsächlich 14, 28 und 40 MHz beträgt, müssen auch für den Digital-Richtfunk eingehalten werden. Die dabei entstehenden Spektren umfassen bei gleicher Anzahl von Sprechkanälen und binärer Modulation ein viel breiteres Frequenzband als bei der für TF-Systeme verwendeten Frequenzmodulation. Daraus könnte man zunächst schließen, daß sich mit Digital-Richtfunksystemen in einem gegebenen Band generell wesentlich weniger Fernsprechsignale übertragen lassen als mit Analog-Richtfunksystemen. Zwei Faktoren verbessern die Situation zugunsten der Digitaltechnik:

---

[1] Bei den angegebenen Bitraten handelt es sich um Nettobitraten, die sich durch Zusatzinformationen (z. B. Stopfbits, Paritätsbits, Digitaldienstsignale oder RF-Kanalkennung) noch erhöhen können.

1. Die Anwendung von Mehrstufenverfahren, die eine bessere Bandausnutzung — gemessen in bit/s je Hz Bandbreite — ergeben; so erhöht sich dieser Wert von etwa 1 bit/s je Hz für binäre Modulation auf etwa 2 bit/s je Hz für 4stufige und auf etwa 4 bit/s je Hz für 16stufige Modulation (s. 4PSK und 16QAM in Tab. 8.6). Dies ist von besonderer Bedeutung für die Systeme mit höheren Bitraten, während die Systeme mit kleinen Bitraten mit der einfach zu realisierenden binären PSK oder FSK auskommen.

2. Weil die Digitalübertragung gegen Fremdstörungen unempfindlich ist, dürfen sich die Spektren benachbarter RF-Kanäle bis zu einem gewissen Maß überlappen. Bei quaternärer Phasenumtastung (4PSK) ist es sogar möglich, auf dem gleichen Funkfeld dieselbe RF zweimal zu benutzen, wenn man horizontal und vertikal polarisierte Antennen verwendet. Hierbei ist eine Polarisationsentkopplung von etwa 25 dB ausreichend. Während bei der Analogtechnik die Radiofrequenzen in jedem zweiten Funkfeld nur dann wiederholt werden dürfen, wenn die Funkfelder normal lang sind und die Trassenführung deutlich von einer Geraden abweicht, erlauben 4PSK-Systeme diese Wiederholung auch bei kurzen Feldern und schwachen Knicken. Ähnliches gilt für die gegenseitige Beeinflussung von Signalen gleicher Frequenzlage, die in einem Knotenpunkt aus verschiedenen Richtungen münden. Hier ist bei 4PSK eine Winkelentkopplung von nur 25 bis 40 dB erforderlich gegenüber etwa 65 dB bei FM. Dadurch ist bei erträglichem Antennenaufwand Gleichkanalbetrieb auch bei kleinen Winkeln zwischen den Funkstrahlen möglich. Bessere Bandausnutzung und Erleichterung der Netzplanung sind die Folge [8.110]. Bei höherstufigen Systemen steigen allerdings die Anforderungen an die Polarisationsentkopplung von Antennen und Funkfeldern, und der geschilderte Nutzen kommt nicht mehr voll zum Tragen.

Die für Digital-Richtfunksysteme maximal erreichbaren Funkfeldlängen werden bei Radiofrequenzen bis etwa 10 GHz durch die Auswirkungen des Mehrwegeschwundes bestimmt. Signale mit mehrstufiger Modulation werden durch selektives Fading stärker beeinflußt als ein FM-Signal vergleichbarer Kapazität [8.109]. Als Richtwert kann man für diesen Frequenzbereich mit 50 km rechnen [8.111]. Oberhalb von 10 GHz überwiegt dann mit zunehmender Frequenz der Einfluß der Ausfallzeiten infolge starker Regendämpfung. So kann man z. B. bei 11 GHz mit Funkfeldlängen von 35 bis 50 km, bei 13 GHz von etwa 25 km und bei 15 GHz von 15 bis 20 km rechnen; dabei ist eine Bitfehlerquote von 10^{-3} zugrunde gelegt. Solche Längen führen in die Größenordnung der Verstärkerfeldlängen von Kabelsystemen. Da Regengebiete jedoch meistens lokal begrenzt sind, braucht man — im Gegensatz zu Kabel-

Tabelle 8.6. Digital-Richtfunksysteme für die Anwendung in Orts-, Bezirks- und Fernnetzebenen

Frequenzbereich in GHz	Bitrate in Mbit/s				
	2,048	8,448	$2 \times 8{,}448$	34,368	139,264
1,7 bis 2,1	FSK	FSK		4PSK	
3,6 bis 4,2					16QAM
6,4 bis 7,1					16QAM
7,1 bis 7,4	FSK	FSK			
7,4 bis 7,7	FSK	FSK		4PSK	
8,2 bis 8,5				4PSK	
10,7 bis 11,7					16QAM
12,75 bis 13,25				4PSK	
14,5 bis 15,3			4PSK	4PSK	
17,7 bis 19,7		FSK		FSK	FSK

FSK Frequenzumtastung (*F*requency *S*hift *K*eying)
PSK Phasenumtastung (*P*hase *S*hift *K*eying)
QAM Quadratur-Amplitudenmodulation

strecken — bei Richtfunkstrecken nicht mit einer Summierung der Bitfehlerhäufigkeiten über mehrere Funkfelder zu rechnen, sondern mit einer Addition der Ausfallzeiten.

Im folgenden sollen die wichtigsten *D*igitalsignal-*R*ichtfunk*s*ysteme (DRS) und deren Einsatz besprochen werden. Wie Tab. 8.6 zeigt wird für 2 und 8 Mbit/s (abgerundete Zahlenwerte) als Modulationsart FSK verwendet. Es handelt sich dabei um Analogsysteme, die zur digitalen Nutzung ausgelegt wurden. Für diese kleinen Übertragungskapazitäten ist noch eine (preisgünstige) direkte Modulation des RF-Trägers möglich. Zur Modulation wird ein in den HDB3-Code umgesetztes Digitalsignal verwendet. Diese Richtfunksysteme werden vorwiegend in der unteren Netzebene als Zubringerleitungen, in privaten Netzen oder für Tonleitungen von Rundfunkgesellschaften eingesetzt.

Zum Einsatz in regionalen Netzen sind die Systeme für 2×8 (auch für 2×2 Mbit/s verwendbar) und 34 Mbit/s bestimmt, die mit direkter vierstufiger Phasenumtastung (4PSK) im Frequenzbereich um 15 GHz arbeiten [8.112]. Für die Übertragung von 34 Mbit/s stehen außerdem noch Systeme im 13-GHz-Bereich für regionale Anwendung und im 2-GHz-Bereich für überregionale Anwendung zur Verfügung.

Bild 8.45 zeigt als Beispiel die Prinzipschaltungen für das System DRS $2 \times 8/15000$[1]. Auf der Sendeseite (a) werden zunächst die beiden

[1] Die Zahlen vor dem Schrägstrich geben die Bitfolgefrequenzen in Mbit/s, hinter dem Schrägstrich die Radiofrequenzen in MHz (jeweils abgerundet) an.

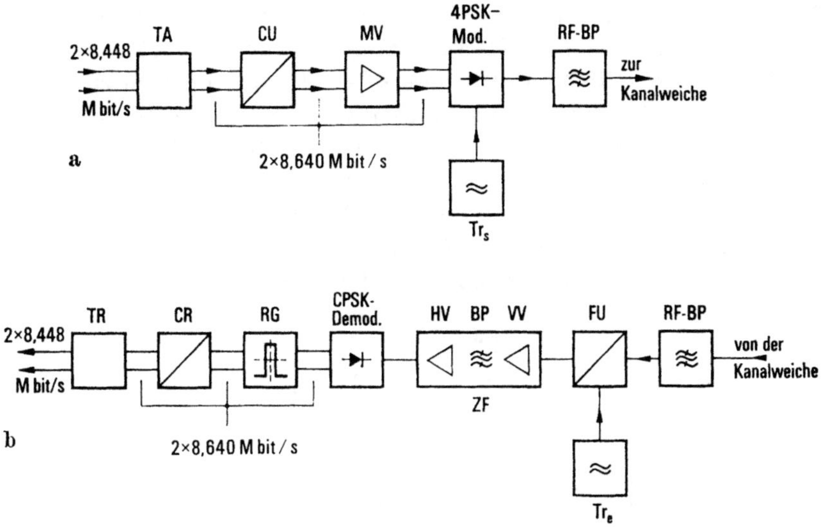

Bild 8.45a u. b. Digitalsignal-Richtfunksystem DRS 2 × 8/15000; Prinzipschaltung.
a) Sendeseite; b) Empfangsseite.

plesiochronen Digitalsignale von je 8,448 Mbit/s vom HDB3-Code in den Binärcode umgesetzt und dann mit einer Taktanpassungseinrichtung TA, die im Prinzip nach dem im Abschnitt 8.3.2 beschriebenen Stopfverfahren arbeitet, in zwei synchrone 8,640-Mbit/s-Signale umgesetzt. In einem Codeumsetzer CU werden sie einer binären Differentialtransformation ausgesetzt (siehe Abschnitt 3.2.1) und miteinander verflochten. Der Modulationsverstärker MV steuert die Dioden des 4PSK-Modulators so, daß Phasenänderungen des Trägers Tr_s entsprechend folgender Zuordnung entstehen:

Signal 1	O	L	O	L
Signal 2	O	O	L	L
Phasensprung	0	+90°	−90°	180°

Der Bandpaß RF-BP unterdrückt die unerwünschten Seitenschwingungen des RF-Spektrums. Dahinter gelangt das Signal zur Kanalweiche, wo es mit weiteren gleichartigen Trägersignalen zusammengefügt wird.

Auf der Empfangsseite (b) gelangt das Signal von der Kanalweiche über einen Bandpaß RF-BP zum Frequenzumsetzer FU, wo es mit Hilfe des Empfangsträgers Tr_e in die Zwischenfrequenzlage gebracht wird. Nach Vorverstärkung VV, Bandpaßbegrenzung BP und Hauptverstärkung HV wird das Signal nach dem CPSK-Verfahren (s. Abschnitt I.10.5) demoduliert. Die beiden 8,640-Mbit/s-Signale werden im Regenerator RG von Störungen befreit, im Code-Rückumsetzer CR einer binären Integraltransformation ausgesetzt, entflochten und im Takt-

Rückumsetzer TR mit Hilfe der im Signal enthaltenen Stopfinformation in die ursprünglichen 8,448-Mbit/s-Signale zurückverwandelt.

Das System DRS 34/15000 unterscheidet sich von dem zuvor beschriebenen Systemaufbau — abgesehen von der höheren Bitrate — im Prinzip nur dadurch, daß eine Anwendung des Stopfverfahrens und damit eine Erhöhung der Übertragungsbitrate nicht notwendig ist, da es sich um die Übertragung eines einzigen Digitalsignals handelt, das zum Zwecke der Ansteuerung des PSK-Modulators in zwei Signale mit jeweils der halben Bitfolgefrequenz (17184 Mbit/s) aufgeteilt wird.

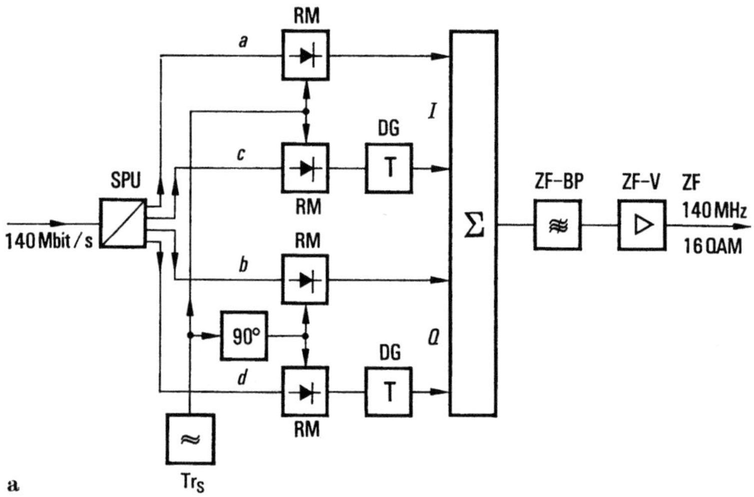

a

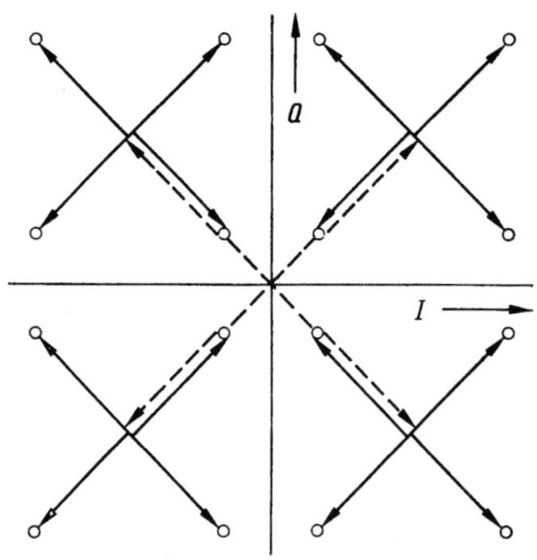

b

Bild 8.46 a u. b. Prinzip für die Erzeugung eines 16 QAM-Signals.
a) Blockschaltbild;
b) Zeigerdiagramm.

Zur Übertragung in überregionalen Fernmeldenetzen gewinnt zunehmend an Bedeutung eine Systemfamilie für 140 Mbit/s (DRS140) in den 4-, 6- und 11-GHz-Bereichen [8.113]. Entsprechend Tab. 8.6 wird hierbei eine 16stufige Quadratur-Amplitudenmodulation (16QAM[1]) verwendet [8.114]. Bild 8.46a zeigt das Prinzip für die Erzeugung des 16QAM-Signals [8.115]. Zunächst wird in einem Serien-Parallel-Umsetzer SPU das 140-Mbit/s-Signal in vier 35-Mbit/s-Signale *a* bis *d* aufgeteilt. Jedes dieser Signale moduliert in Ringmischern RM den 140-MHz-Träger Tr_s, wobei entsprechend dem Prinzip der QAM für *b* und *d* die Trägerschwingung um 90° phasenverschoben ist gegenüber der Trägerschwingung für *a* und *c*. In Dämpfungsgliedern DG werden die Ausgangssignale für *c* und *d* jeweils um 6 dB gedämpft, und alle Signale werden so gewichtet summiert ($\sum$). Nach Bandpaßbegrenzung (ZF-BP) und Verstärkung (ZF-V) erhält man in der Zwischenfrequenzlage von 140 MHz das 16QAM-Signal zur weiteren Umsetzung in die RF-Lage. Die 16 Zustände (drei verschiedene Trägeramplituden und zwölf verschiedene Trägerphasen, die jedoch nicht voneinander unabhängig sind) zeigt Bild 8.46b. Die Größen *I* und *Q* ergeben sich hierbei durch Zusammenfassung der Komponenten von *a* und *c* bzw. von *b* und *d*. Hinsichtlich der empfängerseitigen Demodulation und weiterer Systemeigenschaften sei auf die zitierte Literatur verwiesen.

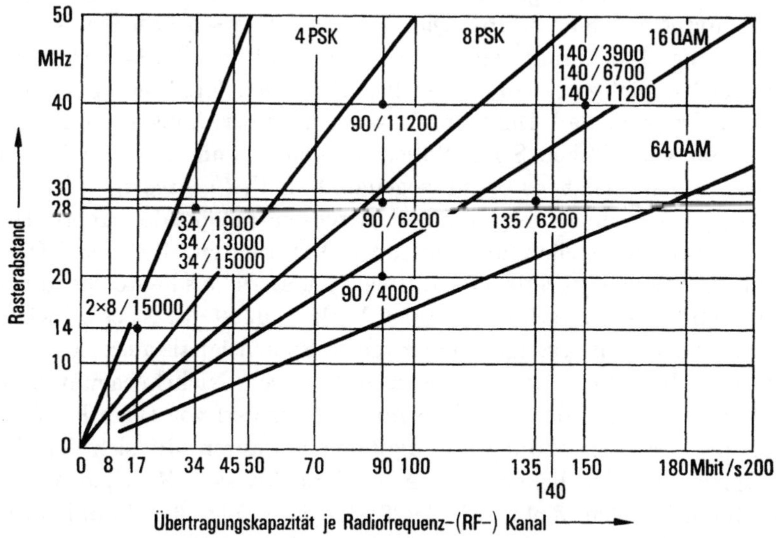

Bild 8.47. Bandbreitenbedarf für Digitalsignale unterschiedlicher Bitraten und Modulationsverfahren.

[1] gelegentlich auch exakter mit 16QASK (*Q*uadratur *A*mplitude *S*hift *K*eying) bezeichnet. Dieses Verfahren stellt hinsichtlich des Geräuschabstandes geringere Forderungen als 16PSK. Dagegen sind die Forderungen an die Linearität des Systems höher.

In Diskussion sind im 18-GHz-Bereich Systeme mit Frequenzumtastung für 8 bis 140 Mbit/s.

Abschließend wird mit Bild 8.47 ein Überblick gegeben, wie sich die wichtigsten Digitalsignal-Richtfunksysteme mit den jeweiligen Modulationsverfahren und den daraus resultierenden Spektren in die verschiedenen Frequenzraster einfügen [8.109]. Zu den Systemen der Tab. 8.6 sind noch einige amerikanische Systeme aufgenommen. Hier zeigt sich, daß für diese amerikanischen Hierarchiestufen mit ganzzahligen Vielfachen von 45 Mbit/s in Verbindung mit den in den USA verfügbaren Frequenzrastern die Entwicklung von 8PSK- und 64QAM-Systemen sinnvoll ist.

8.4.4.3. Satelliten-Funkverbindungen

Abgesehen von Transatlantikkabeln wird der interkontinentale Nachrichtenverkehr heute weitgehend über Fernmeldesatelliten geführt. In der ersten Generation dieser Technik wurde dabei auf die Erfahrungen des Richtfunks zurückgegriffen und das dort übliche analoge FM-Verfahren verwendet. Seit einiger Zeit sind jedoch bereits Systeme im Einsatz, mit denen Digitalsignale übertragen werden, so z. B. das weiter unten geschilderte SPADE-System.

Bei der Übertragungstechnik mit Satelliten muß man zwei Möglichkeiten unterscheiden [8.116]. Die — auch historisch gesehen — erste Anwendung beschränkt sich auf eine Punkt-zu-Punkt-Verbindung zwischen lediglich zwei Erdefunkstellen über einen Satellitentransponder. Dabei zeigt sich, daß Digitalverfahren gegenüber Analogverfahren — abgesehen von einigen Spezialfällen — keine nennenswerten Vorteile bieten. Anders liegt es beim sogenannten *Vielfachzugriff* (*M*ultiple *A*ccess): Über einen gemeinsamen Satellitentransponder übermitteln *mehrere* Erdefunkstellen untereinander Nachrichten. Bei der FDMA-Technik (*F*requency *D*ivision *M*ultiple *A*ccess), die bis heute das übliche Verfahren für den interkontinentalen Verkehr darstellt, ist es schwierig, gegenseitige Beeinflussungen der einzelnen Sprachsignale auszuschließen. Derartige Beeinflussungen ergeben sich durch Nichtlinearitäten am Leistungsverstärker des Satellitentransponders und vor allem bei Übersteuerung. Bei Verwendung von digitalen Verfahren, die sich der Zeitmultiplextechnik bedienen (TDMA = *T*ime *D*ivision *M*ultiple *A*ccess), tritt dieses Problem nicht auf. Bei TDMA ist infolge des digitalen Charakters des Signals, verbunden mit der zeitlichen Bündelung, der Einfluß von Verzerrungen auf dem Übertragungsweg unkritisch. Den Vorzügen von FDMA — das sind namentlich einfacher Aufbau der Geräte sowie die Möglichkeit, die im Satelliten zur Verfügung stehende Sendeleistung auf die Erdefunkstellen unterschiedlich aufteilen zu können —

steht der Nachteil geringerer Anzahl übertragbarer Fernsprechsignale bei zunehmender Anzahl zugreifender Träger gegenüber. Das zeigt Bild 8.48 am Beispiel eines Intelsat-IV-Transponders für die effektive Sprechkanalkapazität als Funktion der Anzahl zugreifender Erdefunkstellen [8.117]. Bei Kurve *1* wird von einem System ausgegangen, bei dem frequenzmäßig gebündelte Fernsprechsignale einen Träger frequenzmodulieren, wobei die Trägerfrequenz von Erdefunkstelle zu Erdefunkstelle verschieden ist. Der steile Abfall erklärt sich dadurch, daß mit zunehmender Anzahl zugreifender Erdefunkstellen beim resultierenden Summensignal die Spitzenamplituden überproportional zur Summenleistung ansteigen und daß, wenn eine Übersteuerung des Leistungsverstärkers im Transponder vermieden werden soll, die Summenleistung durch diesen Einfluß geringer wird als bei Einzelträgerbetrieb. Kurve *2* gilt für PCM-Fernsprechsignale, die einen Träger in der Phase umtasten. Dabei sind sämtliche Signale der Erdefunkstellen in einem gemeinsamen Pulsrahmen zeitlich so angeordnet, daß sie sich nicht gegenseitig stören können.

Mit Hilfe von Bild 8.49a soll nun das TDMA-Verfahren für das Beispiel von vier Erdefunkstellen näher erläutert werden [8.118]. Eine der beteiligten Erdefunkstellen, z. B. die Erdefunkstelle I, gibt als Referenz-

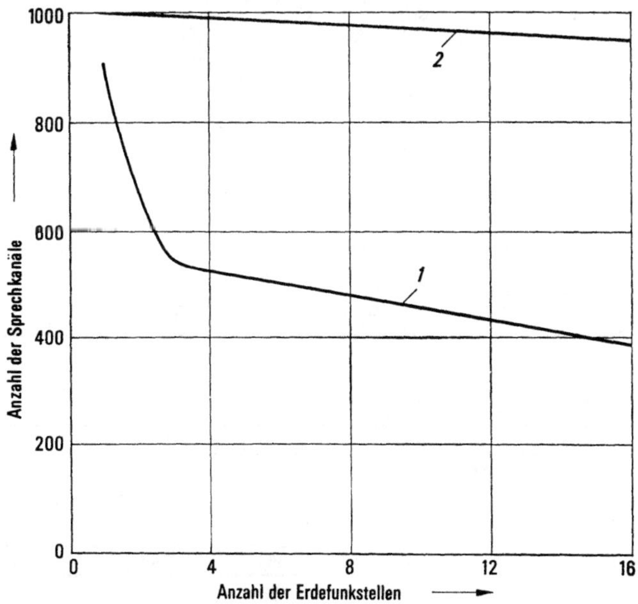

Bild 8.48. Effektive Sprechkanalkapazität eines Intelsat-IV-Transponders als Funktion der Anzahl der zugreifenden Erdefunkstellen.

Kurve *1*: FDM-FM-FDMA;
Kurve *2*: PCM-PSK-TDMA.

station die Frequenz und Zeitlage für den gemeinsamen Pulsrahmen an, indem sie periodisch für die drei anderen Erdefunkstellen bestimmte kurze Referenzbursts aussendet. Die Erdefunkstelle II orientiert sich an dem vom Transponder empfangenen Burst s_{I} und setzt mit einem Schutzabstand ihren Burst s_{II} dahinter. In gleicher Weise verfahren die Erdefunkstellen III und IV. Durch Addition der im Transponder ankommenden Einzelsignale s_{I} bis s_{IV} entsteht dann das abgehende Summensignal s_{Σ}. Dieses Signal wird von allen beteiligten Erdefunkstellen empfangen; dabei wertet jede Station nur die für sie relevanten Anteile aus.

Am Beispiel der Satelliten Intelsat V und ECS sei eine praktische Anwendung der TDMA-Technik näher erläutert; diese soll dort für den europäischen und interkontinentalen Bereich ab 1984 betrieblich eingesetzt werden [8.119]. Mit der Bitrate 120,832 Mbit/s ergibt sich bei Anwendung von 4PSK eine Schrittgeschwindigkeit von 60,416 Mbaud in

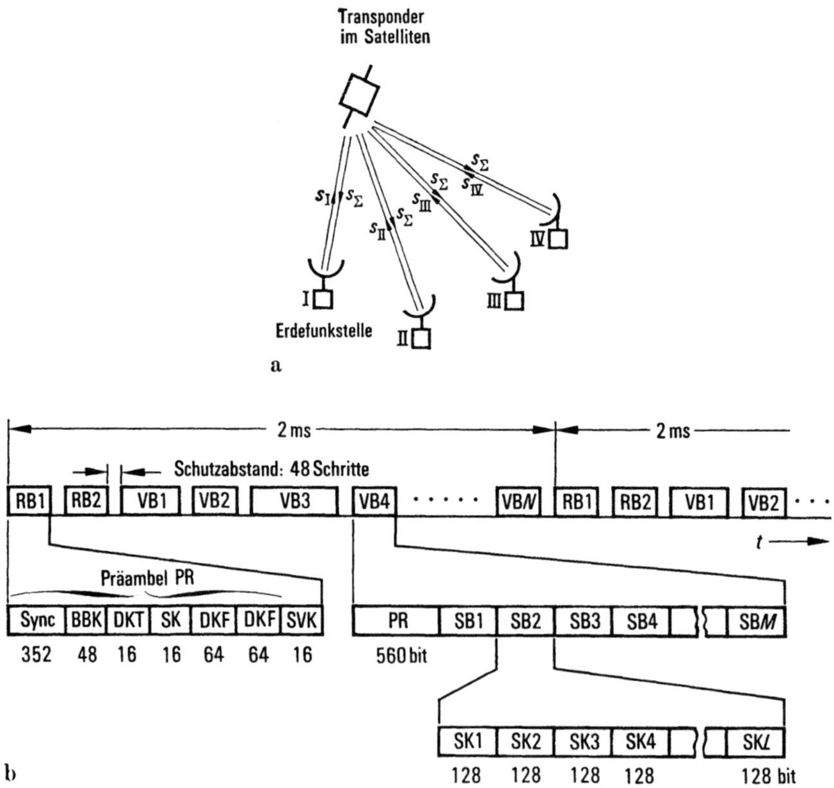

Bild 8.49a u. b. Vielfachzugriff zum Satellitentransponder durch zeitliche Zuteilung (TDMA) des RF-Bandes.

a) Prinzipbild; b) TDMA-Rahmenstruktur für die Satelliten ECS und Intelsat V, wahrscheinlich auch Intelsat VI.

einer Signalbandbreite von etwa 80 MHz. Bild 8.49b zeigt oben den Aufbau des TDMA-Pulsrahmens, dessen Periode 2 ms beträgt. Ein Betriebsreferenzburst RB1 (von der Betriebsreferenzstation kommend) und ein Ersatzreferenzburst RB2 (von einer Ersatzreferenzstation kommend) legen den Beginn jedes TDMA-Pulsrahmens fest. Am Anfang dieser Bursts steht eine Synchronisationsbitfolge Sync für die Referenzträger- und Bittaktableitung in den empfangsseitigen Demodulatoren. Es folgt ein stationsspezifisches Burstbeginnkennzeichen BBK, mit dessen Hilfe auch ein aus 16 TDMA-Rahmen bestehender Überrahmen festgelegt wird. Mit DKT und DKF sind Dienstkanäle für den Telegrafie- bzw. Fernsprechverkehr gekennzeichnet. Der Servicekanal SK dient zum Informationsaustausch zwischen den Stationen. Im Steuer- und Verzögerungskanal SVK übertragen nur die Referenzstationen Signale für den Erstzugriff und die Synchronisation an die anderen Stationen u. a. auch zur Einhaltung der erforderlichen Schutzabstände zwischen jeweils zwei Bursts. Diese Schutzabstände sind notwendig, weil infolge Laufzeitschwankungen zwischen Erdefunkstellen und Transponder ein Regelmechanismus für das zeitliche Einordnen der einzelnen Signale der Erdefunkstellen in den Gesamtrahmen vorgesehen werden muß. Aus dem gleichen Grunde ist es schwierig, sämtliche Zeitelemente einer Rahmenperiode einer gemeinsamen Takt- bzw. Trägerphase unterzuordnen. Die Empfänger müssen sich vielmehr den individuellen Phasenverhältnissen jedes einzelnen Bursts immer wieder mit Hilfe der Sync-Bitfolge anpassen. Aus diesem Grunde beginnen die mit Verkehrsburst (VB1 bis VBN) bezeichneten Signale der am Fernsprech- und Datenverkehr beteiligten N Stationen jeweils mit der gleichen Präambel PR wie die Referenzbursts. Es folgen Subbursts SB1 bis SBM ($M \leqq 8$), von denen jeder die Information *einer* terrestrischen Schnittstelleneinrichtung enthält; diese kann im Zeitmultiplex für mehrere Empfangsstationen bestimmt sein. Mit jedem Subburst werden Satellitenkanäle SK1 bis SKL ($L \leqq 128$) gebildet, von denen jeder 128 bit pro Rahmen enthält. Damit ergeben sich für jeden Satellitenkanal

$$\frac{128 \text{ bit/Rahmen}}{2 \text{ ms/Rahmen}} = 64 \text{ kbit/s};$$

das ist das Äquivalent für einen PCM-Sprachkanal. Da jede Präambel zusammen mit dem erforderlichen Schutzabstand ungefähr 5,2 Satellitenkanäle belegt, erreicht man in der Praxis eine Übertragungskapazität von bis zu 1700 Satellitenkanälen. Diese Anzahl verringert sich mit zunehmender Anzahl N von notwendigen Verkehrsbursts.

Die Tatsache, daß bei einem Ferngespräch in der Regel nur einer der beiden Teilnehmer spricht, während der andere zuhört, nutzt ein mit

DSI (*D*igital *S*peech *I*nterpolation) bezeichnetes Verfahren aus. Hierbei werden die sprachinaktiven Zeiten genutzt, um eine Anzahl von terrestrischen Fernsprechkanälen auf eine geringere Anzahl von Satellitenkanälen zu komprimieren. DSI ist also vergleichbar mit dem aus der Analogtechnik bekannten TASI-Verfahren (*T*ime *A*ssignment *S*peech *I*nterpolation), bringt jedoch wegen der Anwendung der Digitaltechnik vergleichsweise einen etwas größeren Gewinn (1,8 bis 2,4 je nach Anzahl der beteiligten Kanäle). Ein geringfügiger Verlust tritt dadurch ein, daß in jedem DSI-Subburst SB (Bild 8.49 b) *ein* Satellitenkanal SK für DSI-Zuweisungsmeldungen verwendet werden muß. Das DSI-Verfahren wird jedoch nur für einen bestimmten Anteil der Satellitenkanäle angewendet. Im anderen Fall spricht man von DNI-Subbursts (*D*igital *N*on *I*nterpolation); nur dieser Übertragungsmodus ist zur Abwicklung des Datenverkehrs geeignet, weil hierfür eine Komprimierung nicht möglich ist. So können Breitband-Datenkanäle bis zu 8,192 Mbit/s (128×64 kbit/s) gebildet werden.

Während die erste Generation von Nachrichtensatelliten (z. B. Intelsat I, II und III) mit Antennenanlagen ausgestattet war, die den gesamten vom Satelliten aus sichtbaren Teil der Erde ausleuchteten (globale Ausleuchtung), wurde mit zunehmenden Fortschritten in der Satellitentechnik zunächst die Ausleuchtung von Hemisphären und neuerdings von Erdzonen begrenzter Fläche mit sogenannten Spotbeams möglich. Die damit verbundenen Vorteile sind die Steigerung des Antennengewinns, d. h. der effektiven abgestrahlten Leistung, und die Mehrfachverwendung derselben Radiofrequenzbereiche. Ein weiterer Fortschritt wird erreicht durch die neben den FDMA- und TDMA-Verfahren jetzt mögliche Verwendung des SDMA-Prinzips (*S*pace *D*ivision *M*ultiple *A*ccess). Dieses ist zwar grundsätzlich zusammen mit FDMA möglich; die Kombination ist jedoch sehr aufwendig. Zusammen mit der TDMA-Technik ist es neuerdings unter der Bezeichnung SS-TDMA (*S*pace *S*witching TDMA) [8.120] in den Vordergrund des Interesses gerückt und für den nächsten in Entwicklung befindlichen Intelsat-Satelliten (Intelsat VI) als Betriebssystem vorgesehen [8.121]. Der Satellit leuchtet mit mehreren Spotbeams verschiedene begrenzte Gebiete aus, in denen sich jeweils mehrere Erdefunkstellen befinden. Er enthält in der ZF-Ebene eine Schaltmatrix mit einer Umschaltgeschwindigkeit im ns-Bereich, mit deren Hilfe jeder beliebige TDMA-Kanal von jedem Satellitensender umgeschaltet werden kann; das stellt quasi eine Digitalvermittlung im Orbit dar. Man kann so beliebige Verbindungen zwischen den Spotbeam-Zonen herstellen. Die feste Zuordnung mittels vorgegebener Transponder ist damit aufgehoben; man erhält eine bessere Ausnutzung der wechselnden Verkehrsbeziehungen und damit eine Steigerung der möglichen Anzahl von Sprechkanälen. Das ist besonders wichtig, wenn in Zukunft der Nachrichtenverkehr so anwächst, daß er in den vorgegebenen Frequenzbändern und mit der Anzahl der möglichen Satellitenplätze im geostationären Orbit nicht mehr bewältigt werden kann. Der Preis dafür ist jedoch eine kompliziertere Technik.

Für den Vielfachzugriff relativ vieler Erdefunkstellen mit jeweils nur wenigen Sprechkreisen sind SCPC-Systeme (*S*ingle *C*hannel *P*er *C*arrier) in Betrieb; das sind FDMA-Systeme, bei denen jeder Träger lediglich ein einziges Sprachsignal überträgt. Das älteste, eingangs erwähnte, schon seit Anfang der siebziger Jahre eingesetzte Verfahren ist SPADE (*S*ingle Channel per Carrier *P*CM Multiple *A*ccess *D*emand Assignment *E*quipment) [8.122]. Hier wird das Sprachsignal zunächst pulscodemoduliert und dann in 4PSK umgesetzt; die standardisierte Übertragungsbandbreite beträgt 45 kHz. Eine Abschaltung der Einzelträger in den Sprechpausen bringt einen Gewinn von 3 dB bezüglich der Aussteuerungsgrenze des Satellitensenders. Moderne Satellitentransponder haben für diesen Betrieb eine Bandbreite von 36 MHz, in der bei einem Rasterabstand von 45 kHz 400 Sprechkanalpaare zur Verfügung gestellt werden können [8.123]. Zwei Erdefunkstellen können zur Abwicklung eines Gesprächs ein beliebiges, von einem Rechner als unbelegt registriertes Kanalpaar benutzen; im Grenzfall kann damit die volle Satellitentransponder-Kapazität von *jeder* Erdefunkstelle erreicht werden. Eine modernisierte Gerätegeneration, die nach diesem Prinzip arbeitet, hat die Bezeichnung SCPC-DAMA (SCPC *D*emand *A*ssignment *M*ultiple *A*ccess); jedoch wird derzeit die feste Zuteilung der Kanalpaare bevorzugt (nur SCPC-FDMA), unter Beibehaltung der SPADE-Modulationsprinzipien. Zur besseren Ausnutzung des Frequenzbandes sind andere Modulationsprinzipien in Diskussion, unter anderem statt PCM mit 64 kbit/s die Deltamodulation mit 32 kbit/s und 4PSK, bei der ein Rasterabstand von 22,5 kHz ausreicht und damit eine Verdopplung der Kanalzahl erreicht wird.

Für militärische Anwendungen benutzt man bei Satellitensystemen einen Vielfachzugriff im Codemultiplex, CDMA (*C*ode *D*ivision *M*ultiple *A*ccess). Dabei werden für jedes Signal gleiche Trägerschwingungen verwendet, die jedoch zur Kennzeichnung der verschiedenen Einzelsignale mit einem speziellen Code in der Phase oder in der Frequenz umgetastet werden [8.116]. Ist die Taktfrequenz des Codes wesentlich höher als die Bandbreite des Nachrichtensignals (z. B. 10^3fach), so spricht man von SSMA-Systemen (*S*pread *S*pectrum *M*ultiple *A*ccess). Diese können insbesondere in Gegenwart großer Störsignale arbeiten und bieten außerdem die Möglichkeit eines Zugriffs ohne Abstimmung mit anderen Erdefunkstellen. In einem Anwendungsfall konnten bei einem Nachrichtenfluß von 300 bit/s schmalbandige Störsignale zugelassen werden, deren Leistung bis zu 38 dB über der des Nutzsignals lag.

Als letztes Beispiel für die Anwendung der Digitaltechnik im Satellitenfunk sei die Ausstrahlung von hochwertigen Hörfunkprogrammen über einen Rundfunksatelliten erwähnt [8.124]. Es ist beabsichtigt, über einen Satellitentransponder im 12-GHz-Bereich 16 Stereo-Hörfunkprogramme mit PCM im Zeitmultiplex und PSK des Trägers auf einen begrenzten Sektor, z. B. auf die Bundesrepublik, auszustrahlen. Die Abtastfrequenz beträgt 32 kHz für einen 15 kHz breiten Hörfunkkanal, die Quantisierung 14 bit (s. Abschnitt 8.3.1.3), die Bitrate pro Stereokanal damit 2×448 kbit/s; für 16 Stereokanäle ergibt sich also eine Nettobitrate von 14,336 Mbit/s. Weitere Nachrichtenkapazität ist für z. B. Fehlerschutz, Synchronisation und Sonderdienste vorgesehen; damit erhöht sich die Bitrate auf einen Bruttowert von 20,48 Mbit/s.

8.4.5. Lichtwellenleiter-Übertragungstechnik

Ein Medium, das im letzten Jahrzehnt stark in den Vordergrund des Interesses gerückt ist und in der Nachrichtenübertragungstechnik revolutionierend wirkt, ist der Lichtwellenleiter (LWL) [8.125]. Man führt dabei moduliertes infrarotes Licht in dünnen Glasfasern von 100 bis 200 μm Durchmesser. Um sehr geringe Dämpfungen zu erzielen, muß man reinstes, lichttransparentes Quarzglas (SiO_2) verwenden, das in einem ausgeklügelten industriellen Prozeß aus natürlichem Quarz oder Quarzsand gewonnen wird.

Sämtliche bekannten LWL haben die Eigenschaft, daß im Kern der runden Glasfaser die Brechzahl etwas größer ist als im Mantel, der diesen umgibt. Sie beträgt für SiO_2 etwa 1,45 und kann durch Dotierung mit Germanium oder Phosphor leicht erhöht werden. Dadurch wird erreicht, daß der Strahl weitgehend axial verläuft.

Man kann die LWL-Typen zunächst nach der Ausbreitungsfähigkeit der verschiedenen Lichtmoden unterscheiden. Beträgt der Kerndurchmesser nur wenige μm, so ist nur der Grundmode ausbreitungsfähig, und man spricht von einem Monomode-LWL. Im Gegensatz dazu pflanzt sich bei einem Kerndurchmesser von typischerweise 50 bis 100 μm ein Gemisch sehr vieler Moden fort; man spricht dann von einem Multimode-LWL.

Die einfachste Form eines Multimode-LWL ist die Faser mit Stufenprofil. Bei ihr ist die Brechzahl des Kernes konstant und etwa 1% größer als die des Mantels. Je nach dem, wie stark der in die Faser eingekoppelte Lichtstrahl von der Faserachsrichtung abweicht, wird er unter mehr oder minder häufiger Totalreflexion an der Grenzschicht zwischen Kern und Mantel in der Faser fortgeführt, auch wenn diese gekrümmt ist. Diese Art der Ausbreitung führt zu verschieden großen Lichtweglängen, und die Dauer von kurzen, in die Faser eingespeisten Lichtimpulsen wird mit wachsender Faserlänge immer größer. Dieses mit Modendispersion bezeichnete Verhalten entspricht einem Tiefpaßsystem, dessen Bandbreite um so kleiner wird, je länger der LWL ist. Bei 1 km Länge beträgt die Grenzfrequenz etwa 50 MHz; sie nimmt etwas weniger als umgekehrt proportional mit der Länge ab [8.126]. Das Produkt aus Bandbreite und Länge ist damit nahezu eine Konstante; ihr Wert ist im vorigen Fall 50 MHz · km.

Größere Bandbreiten werden erreicht bei der Faser mit Gradientenprofil. Bei ihr ist die Kernbrechzahl nicht konstant, sondern verringert sich, von einem Maximalwert auf der Faserachse ausgehend, parabelförmig nach außen bis auf den Wert der konstanten Mantelbrechzahl. Das hat zur Folge, daß unter Vermeidung von Totalreflexionen an der Grenzschicht sich das Licht auf wellenförmigen Bahnen im Kern ausbreitet, wobei die Laufzeit bis zum Faserende nahezu unabhängig vom Strahlengang im LWL ist. Deshalb ist die Übertragungsbandbreite wesentlich größer als bei der Stufenfaser. So ist ein Bandbreiten-Längen-Produkt von einigen GHz · km realisierbar. Aus diesem Grunde ist die Stufenfaser — abgesehen von einigen Anwendungen auf sehr kurzen Entfernungen und für kleine Bitraten — bedeutungslos gegenüber der Gradientenfaser. Für beide Fasern sind — im Vergleich zum Monomode-LWL — die Fabrikationstoleranzen weit; die Spleißtechnik und die Steckerbauweise sind relativ einfach.

Bei Monomode-LWL wird zwar die Bandbreiteneinschränkung durch Modendispersion vermieden; dann macht sich jedoch ein anderer Effekt bemerkbar: die Materialdispersion. Die Brechzahl des Glases ist nämlich nicht konstant, sondern verkleinert sich etwas mit steigender Wellenlänge, so daß die Lichtgeschwindigkeit wellenlängenabhängig wird. Da das Licht der optischen Sender eine endliche spektrale Breite hat, entstehen Laufzeitunterschiede auch innerhalb eines einzigen Modus. Bei einer Wellenlänge von 850 nm ergibt sich dadurch ein Laufzeitunterschied von 0,1 ns pro nm Spektralbreite und Kilometer. Bei einer Laserdiode mit einer Spektralbreite von etwa 1 nm bedeutet dies also eine Grenzfrequenz von 10 GHz · km; bei Lumineszenzdioden erniedrigt sich dieser Wert bei 40 nm Spektralbreite auf 250 MHz · km; die Bandbreite verringert sich auch hier proportional mit der Faserlänge. Die Materialdispersion durchläuft bei etwa 1300 nm ein Minimum, so daß hier sehr viel höhere Grenzfrequenzen erreicht werden (mehr als 100 GHz · km für 1 nm Spektralbreite) und durch die Spektralbreite zumindest bei der Laserdiode die Übertragungsbandbreite praktisch nicht mehr eingeschränkt wird.

Der Dämpfungskoeffizient α des LWL, der derzeit durch Herstellung höchstreinen SiO_2-Glases erreicht wird, ist in Abhängigkeit der Wellen-

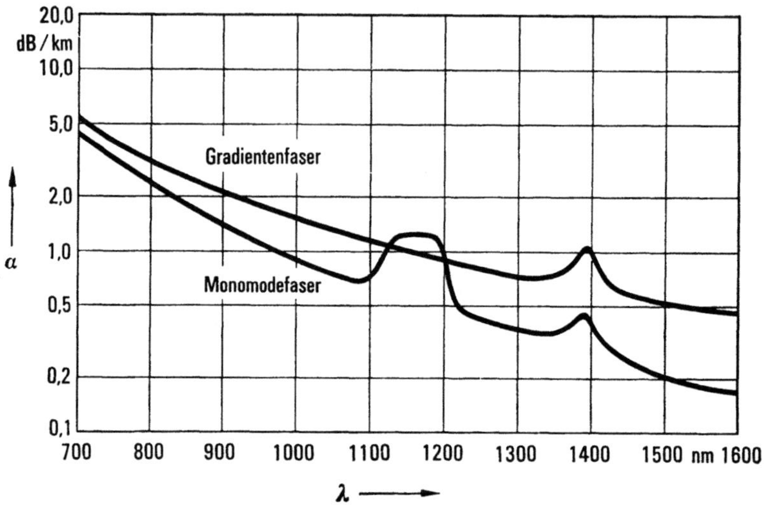

Bild 8.50. Dämpfungsspektrum für Gradienten- und Monomodefasern.

länge im Bild 8.50 dargestellt. Der prinzipielle Verlauf der Kurve ist vom LWL-Typ nahezu unabhängig; für den Monomode-LWL sind die Werte wegen der geringeren Dotierung etwa 0,3 bis 0,5 dB/km kleiner. Die Dämpfung fällt mit zunehmender Wellenlänge stetig ab, bis im Bereich von etwa 1600 nm ein Minimum erreicht wird; überlagert ist eine Absorptionsspitze bei 1390 nm, die für die Übertragung vermieden werden muß; sie rührt vom Restwassergehalt des Glases her. Die Kurve des Monomode-LWL gilt für eine bei 1300 nm günstige Dimensionierung. Dadurch entsteht bei ca. 1150 nm ein Dämpfungshöcker, der durch Abstrahlung eines höheren Modus verursacht wird. Wegen der sehr geringen Dämpfung von weniger als 1 dB/km sind die Bereiche um 1300 nm und 1600 nm von besonderem technischen Interesse. Anfänglich wurde fast ausschließlich im Wellenlängenbereich des nahen Infrarot von 800 bis 900 nm gearbeitet, da man nur dafür mit dem III-V-Halbleitermaterial GaAs Lichtquellen zur Verfügung hatte. Da die Entwicklung dieser Technik zuerst vorangetrieben wurde und sie einen ausgereiften Stand erreicht hat, wird dieser Wellenlängenbereich weiterhin benutzt, obwohl der Dämpfungskoeffizient mit 2,5 bis 3 dB/km wesentlich größer ist als bei den längeren Wellen; dies ist dann ohne Bedeutung, wenn keine größeren Strecken überbrückt werden müssen.

Für die Realisierung einer optischen Nachrichtenübertragungsstrecke stehen als Sender und Empfänger die in Abschnitt 5.1.3 beschriebenen Lumineszenz- oder Laserdioden und Photodioden zur Verfügung. Mit diesen Elementen kann nur die Intensitätsmodulation angewendet werden; diese erlaubt ein einfaches Konzept: Die Sendelichtleistung wird direkt mit dem Steuerstrom moduliert, die empfangene optische Leistung wird direkt in einen elektrischen Strom umgesetzt. Da die Linearität der Sendedioden keine hohen Anforderungen erfüllt, kommt, von industriellen und ähnlichen Anwendungen abgesehen – z. B. bei Analogübertragung von Fernsehsignalen durch Frequenzmodulation eines elektrischen Unterträgers und anschließende Intensitätsmodulation der Sendediode –, für eine hochwertige Nachrichtenübertragung praktisch nur eine digitale Pulsmodulation in Betracht. Die für die Dimensionierung einer Lichtwellenleiterstrecke maßgebenden Bestimmungsgrößen seien im folgenden betrachtet:

Empfangsteil: An der Photodiode ist für eine vorgegebene, genügend kleine Bitfehlerhäufigkeit eine Mindestlichtleistung erforderlich. Da für einen CCI-Bezugskreis von 2500 km ein Höchstwert der Bitfehlerquote von 10^{-7} empfohlen ist, muß für die infrage kommenden optischen Feldlängen von 10 bis 50 km – im Mittel etwa 25 km – eine Bitfehlerquote von 10^{-9} angesetzt werden. Rechnet man mit denselben Gesetzen wie in der elektrischen Nachrichtentechnik, so ist die auf den Empfängereingang bezogene Geräuschleistung des Empfangsteils nach (I.9.25)

$$N = F_{\mathrm{N}} kTB \tag{8.27}$$

und die für eine Bitfehlerquote von 10^{-9} erforderliche Signaleingangsleistung bei binärer Pulsmodulation (siehe Bild I.10.36)

$$P = 25 F_{\mathrm{N}} kTB. \tag{8.28}$$

Im Gegensatz zur elektrischen Übertragungstechnik, wie z. B. Koaxial- oder Richtfunktechnik, bei der vor der Demodulation die modulierten Schwingungen verstärkt werden, so daß diese bei dem hohen Leistungsniveau keine Geräuschbeiträge liefert, wird bei der optischen Technik direkt am Empfängereingang beim niedrigsten Leistungsniveau demoduliert. Wegen der vielfältigen Geräuschbeiträge wie thermisches Rauschen, Quantenrauschen, Dunkelstromrauschen, Lawinenrauschen, ist die Rauschzahl F_{N} verhältnismäßig groß. Die kleinsten Werte erhält man mit Lawinendioden für den Bereich von 800 bis 900 nm aus Si, für den Bereich von 1300 bis 1600 nm aus InGaAsP; F_{N} liegt dann für beide Wellenlängenbereiche zwischen 500 und 1000, d. h. etwa 20 dB schlechter als in den elektrischen Techniken. Die Rauschzahlen von PIN-Dioden liegen sogar noch um 5 bis 10 dB höher; Lawinendioden sind deshalb vorzuziehen. Die am Empfängereingang erforderliche optische Leistung beträgt damit für den günstigen Wert $F_{\mathrm{N}} = 500$ nach (8.28) $P = 5 \times 10^{-17} B$ W/Hz. Beispielsweise beträgt dann für ein 140-Mbit/s-Digitalsystem $P \approx 10^{-8}$ W entsprechend einem Leistungspegel von -50 dBm.

Die Reaktionszeit der betrachteten Photodioden ist mit weniger als 1 ns so kurz, daß keine Beschränkungen bestehen, Systeme bis ins Gbit/s-Gebiet zu realisieren.

Sendeteil: Von der im Abschnitt 5.1.3.1 erwähnten Lichtausbeute der Sendedioden von etwa 5 mW ist für die Übertragung nur die Leistung maßgebend, die in die Faser eingekoppelt werden kann. Im Falle der Lumineszenzdiode mit einem sich nahezu über 180° erstreckenden Strahlungsdiagramm mit räumlich inkohärenter Strahlung, kann nur ein kleiner Bruchteil eingekoppelt werden, der für die Gradientenfaser mit 50 μm Kerndurchmesser etwa 50 μW — entsprechend einem Leistungspegel von —13 dBm — beträgt. Für die Einkopplung in einen Monomode-LWL mit nur einigen μm Kerndurchmesser ergeben sich indiskutabel niedrige Werte. Wesentlich günstiger ist die Laserdiode, da bei ihr das austretende Licht bereits eine Bündelung von etwa 20° aufweist und räumlich kohärent ist; ein typischer Wert für die in eine Gradientenfaser eingekoppelte Leistung ist 1 mW, entsprechend einem Leistungspegel von 0 dBm. Für den Monomode-LWL liegt der Wert geringfügig um 1 dB darunter. Für die Systemplanung rechnet man mit 3 dB niedrigeren Werten, um den über die Lebensdauer zu erwartenden Leistungsabfall durch Alterung zu berücksichtigen. Die Leistungspegel sind damit —17 dBm und —3 dBm bzw. —4 dBm.

Die Bitrate ist bei der Lumineszenzdiode auf das 140-Mbit/s-System begrenzt, weil die Anstiegszeit der Strahlung bestenfalls 5 bis 10 ns beträgt. Laserdioden haben Einschwingzeiten von weniger als 1 ns und erlauben damit die Realisierung von Digitalsystemen bis ins Gbit/s-Gebiet.

Streckenbemessung: Für eine LWL-Strecke werden folgende Dämpfungszuschläge vorgesehen: für die beiden Stecker an dem Streckenende zusammen 3 dB bei den Gradientenfasern bzw. 4 dB bei der Monomodefaser, für die Spleiße bei 1 km Fertigungslänge 0,3 dB/km (0,15 dB/km für Installationsspleiße und 0,15 dB/km für Reservespleiße), außerdem eine Systemreserve von 6 dB. Für die Dämpfung der Gradientenfaser wird bei 1300 nm 1 dB/km, für die der Monomodefaser 0,5 dB/km, bei 850 nm 3 dB/km bzw. 2,5 dB/km angesetzt. Damit ergeben sich nach dem in Tabelle 8.7 beispielsweise für 1300 nm und Laserdiode gezeigten Leistungsbilanz-Rechenschema die im Bild 8.51 dargestellten Abhängigkeiten.

Der Vergleich mit der für Koaxialkabel gültigen miteingezeichneten Kurve zeigt die immense Überlegenheit des Lichtwellenleiters über das Koaxialkabel und hierbei wiederum die Überlegenheit des 1300-nm-Bereiches über den 850-nm-Bereich bezüglich der möglichen Verstärkerfeldlängen. Diese Überlegenheit wird besonders deutlich bei den hohen Bitraten.

Tabelle 8.7. Vergleich verschiedener LWL-Strecken

Bitrate	Mbit/s	8	34	140	565
Sendeleistung	dBm	−4	−4	−4	−4
min. Empfangsleistung	dBm	−62	−56	−50	−44
Steckerdämpfung	dB	4	4	4	4
Systemreserven	dB	6	6	6	6
Streckendämpfung	dB	48	42	36	30
Faserdämpfung 0,5 dB/km + Spleißdämpfung 0,3 dB/km	dB/km	0,8	0,8	0,8	0,8
Feldlänge	km	60,0	52,5	45,0	37,5

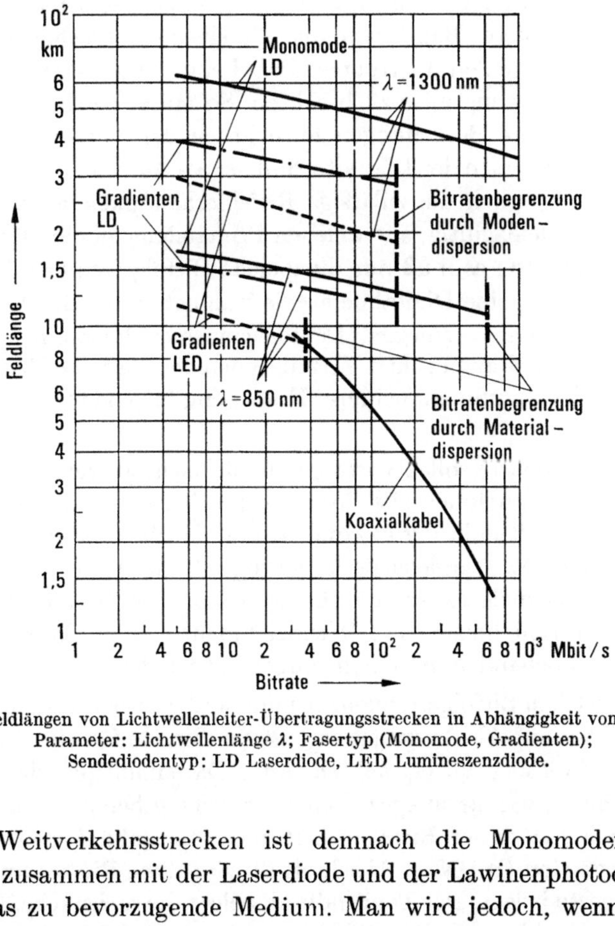

Bild 8.51. Feldlängen von Lichtwellenleiter-Übertragungsstrecken in Abhängigkeit von der Bitrate. Parameter: Lichtwellenlänge λ; Fasertyp (Monomode, Gradienten); Sendediodentyp: LD Laserdiode, LED Lumineszenzdiode.

Für Weitverkehrsstrecken ist demnach die Monomodefaser bei 1300 nm zusammen mit der Laserdiode und der Lawinenphotodiode eindeutig das zu bevorzugende Medium. Man wird jedoch, wenn mittlere Feldlängen und nicht die höchsten Bitraten vorliegen, die kostengünstigere Kombination von Gradientenfaser und Lumineszenzdiode vorziehen, z. B. im Ortsnetz. Stufenfasern werden nur bei kurzen Längen und kleinen Bitraten verwendet.

Weitere Vergrößerungen der Feldlängen sind noch möglich durch Erschließung des 1600-nm-Wellenlängenbereiches, durch Verlängerung der Fertigungslängen von 1 km auf z. B. 2 km und darüber sowie durch Verbesserung der Empfängerrauschzahl; Faserdämpfungen einschließlich der Spleißverluste von 0,5 dB/km dürften technisch realisierbar sein.

8.5. Hierarchie der Digital-Übertragungssysteme

In der Trägerfrequenz-Technik wurde eine Hierarchie von Systemen entwickelt, bei denen als Maß der Kapazität die Anzahl der übertragenen Fernsprechsignale angegeben wird. Die Systeme sind so bemessen, daß sie auch Signale größerer Bandbreite anstelle einer entsprechenden Anzahl von Fernsprechsignalen übertragen. Dabei sind Unterschiede in der geforderten Übertragungsgüte zu beachten. So müssen z. B. bei Fernsehsignalen bestimmte Bedingungen hinsichtlich der Phasenverzerrungen eingehalten werden. In der Digitaltechnik ist als Äquivalent für derartige Unterschiede lediglich die zulässige Bitfehlerhäufigkeit anzusehen. Im übrigen ist es gleichgültig, aus welchen Primärsignalen ein Digitalsignal hervorgegangen ist; es muß nur die gleiche Bitfolgefrequenz haben. Es ist daher möglich, eine Digitalhierarchie lediglich durch die Angabe von Bitfolgefrequenzen festzulegen. Da die einzelnen Hierarchiestufen die Grundlage für die Rangier- und Verteilebenen der digitalen Nachrichtentechnik abgeben, muß man bei ihrer Festlegung folgende Gesichtspunkte beachten:

1. Welche Dienste sollen vorrangig berücksichtigt werden? Die weitaus wichtigste Signalquelle ist der Fernsprecher. Daneben haben auch Datensignale an Bedeutung gewonnen; die hierfür erforderliche Kanalkapazität ist jedoch vergleichsweise gering. Stärker ins Gewicht werden Bildfernsprechsignale fallen; hierfür ist jedoch der Zeitpunkt der Einführung noch sehr umstritten. Darüber hinaus sollten alle weiteren im Abschnitt 8.3 behandelten Signale eingeplant werden.

2. Mit welchen Bitfolgefrequenzen muß für die zu erwartenden Dienste gerechnet werden? Als Ausgangswert ist die Bitrate für ein Fernsprechsignal, also 64 kbit/s, zu betrachten. Auch Datenmultiplexsignale (z. B. $20 \times 2{,}4$ kbit/s), wie sie in speziellen Datennetzen benutzt werden, werden vielfach mit dieser Bitrate übertragen. Im zukünftigen Netz mit Dienstintegration (ISDN, s. Abschnitt 9) wird diese Bitrate auch durch andere Dienste belegt. Der Tonrundfunk belegt die sechsfache Kapazität eines Fernsprechkanals. Das Bildfernsprechen wird 2 bis 8 Mbit/s, das

Fernsehen 34 bis 140 Mbit/s je nach geforderter Qualität beanspruchen. Da FDM-Trägerfrequenzsignale nur in einem Übergangsstadium digitalisiert übertragen werden, sollten sie zwar berücksichtigt werden, nicht jedoch ausschlaggebend sein.

3. Wie groß ist die Übertragungskapazität vorhandener und zukünftiger Medien? Die Betrachtungen im Abschnitt 8.4 zeigen, daß für die verschiedenen Medien die Größenordnung der übertragbaren Bitfolgefrequenz festliegt, daß man jedoch durch Variation der Parameterwerte (z. B. Sendeleistung, Kabellänge, Stufenzahl) anpassungsfähig ist. Auch diese Frage braucht also nur richtungsweisend beantwortet zu werden.

4. Wie groß sollen die Multiplikatoren, d. h. die Verhältnisse der Anzahl der Sprechkanäle zwischen zwei aufeinanderfolgenden Hierarchiestufen gewählt werden? Zur Beantwortung dieser Frage wird man sich an dem Verkehrsaufkommen innerhalb der verschiedenen Netzebenen orientieren. Fragen der Vermittlungstechnik spielen insbesondere bei integrierten Netzen hinein. Die TF-Technik hat gezeigt, daß Faktoren zwischen 2 und 5 günstig sind.

5. Was muß hinsichtlich der technischen Realisierung der Multiplexbildung berücksichtigt werden? Hier besteht ein wesentlicher Unterschied zur TF-Technik: Frequenzen kann man absolut messen, eine Zeitmessung braucht einen Bezugszeitpunkt. Aus diesem Grund muß bei Zeitmultiplexsignalen immer ein Zeit-Bezugszeichen eingefügt werden, an dem sich die Empfangsseite für eine folgerichtige Entbündelung orientieren kann (Rahmensynchronisierung). Das gilt bei jedem Übergang von einer Hierarchiestufe zur nächsthöheren, auch bei Synchronbetrieb. Bei Bündelung asynchroner Digitalsignale kommen u. U. noch weitere Zusatzinformationen hinzu (siehe Abschnitt 8.3.4). Aus diesen Gründen gehen dabei ganzzahlige Faktoren für die Zahl der Fernsprechkanäle über in etwas höhere Faktoren für die Bitfolgefrequenz[1]. Bei der Übertragung auftretende Bitfehler dürfen nur in Extremfällen zum Ausfall der Synchronisierung führen; eine erneute Synchronisierung muß in jeder Hierarchieebene hinreichend schnell möglich sein. In gleicher Weise muß bei Asynchronbündelung auch der Stopfvorgang gegen Bitfehler gesichert sein.

In Bild 8.52 sind die bisher festgelegten Hierarchiestufen 1 bis 4, aufgebaut auf der Grundeinheit von 64 kbit/s für einen Sprechkreis (SK) je Richtung angegeben [8.127]. Der jeweils zwischen zwei Stufen liegende Faktor 4 bezieht sich auf die Anzahl der Sprechkanäle. Für die

[1] Ähnliches gilt auch bei der TF-Technik für die erforderliche Übertragungs-Bandbreite zur Erleichterung beim Bündeln und Entbündeln.

Bitfolgefrequenzen ist er aus den oben genannten Gründen etwas größer, und zwar beim Übergang von Stufe 1 auf Stufe 2 um 3,1%, von Stufe 2 auf Stufe 3 um 1,7% und von Stufe 3 auf Stufe 4 um 1,3%. Obgleich die bei einer Bündelung hinzugefügte Zusatzinformation in der nächsten Stufe als gleichwertig mit dem Ursprungssignal behandelt wird, ist

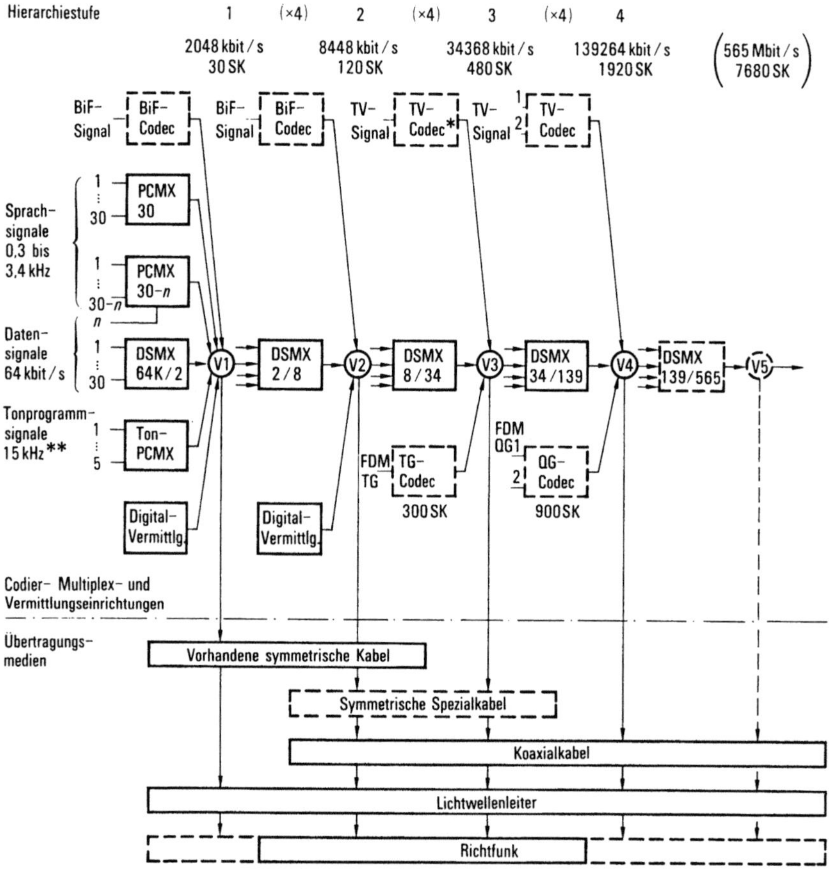

Bild 8.52. Hierarchischer Aufbau und Übertragungsmedien der Digital-Übertragungssysteme 2–565 Mbit/s.

SK	Sprechkreise;
PCMX	PCM-Multiplexgerät;
DSMX	Digitalsignal-Multiplexgerät;
BiF	Bildfernsprech-(Signal oder -Codec);
TV	Fernseh-(Signal oder -Codec);
FDMTG (QG)	Frequenzmultiplex-Tertiärgruppe (Quartärgruppe);
Codec	Codierer und Decodierer (d. h. Analog-Digital-Umsetzer und Digital-Analog-Umsetzer);
V1 bis V4	Rangier- und Verteilebenen der Hierarchiestufen.

* Deutsche Bundespost, Comsat

** oder 7 kHz (bis zu 10 Kanälen)

eine Reduzierung des Zusatzes mit steigender Hierarchiestufenzahl möglich. Das kommt daher, daß man bestimmte Forderungen mit einer bestimmten Anzahl von zusätzlichen Codeelementen erfüllen kann, die dann *relativ* immer weniger ausmachen. Erweitert man die Hierarchiestufe 4 wiederum mit dem Faktor 4, so ergibt sich eine Bitfolgefrequenz von etwa 565 Mbit/s. Hierfür konnte jedoch noch keine Festlegung erzielt werden.

Im oberen Teil von Bild 8.52 sind weiterhin die Codier-, Multiplex- und Vermittlungseinrichtungen für die einzelnen Hierarchiestufen dargestellt. Geräte, die mit strichlierter Umrandung gekennzeichnet sind, werden erst in Zukunft Bedeutung erlangen. Die mehrmals angegebenen Codecs für Bildfernsprech- und Fernsehsignale unterscheiden sich durch den Grad der angewendeten Redundanzminderung (s. Abschnitt 8.3.1.4). Zwischen den Multiplexgeräten für Sprach- und Datensignale ist auch ein Gerät angegeben, mit welchem $30 - n$ Sprachsignale und n 64-kbit/s-Datensignale kombiniert gebündelt werden können. Das Multiplexgerät für Tonprogrammsignale wurde in Abschnitt 8.3.1.3, die Codierung von Frequenzmultiplexsignalen in Abschnitt 8.3.1.5 erläutert. In jeder Hierarchiestufe liegen Rangier- und Verteilebenen V1 bis V5, dazwischen die in den Abschnitten 8.3.3.2 und 8.3.3.3 beschriebenen Digitalsignal-Multiplexgeräte. Weiterhin gibt es in der Ebene der ersten und zweiten Hierarchiestufe Digitalvermittlungsstellen, auf die in Abschnitt 9 näher eingegangen wird. Im Bild unten sind die den Hierarchiestufen zugeordneten Übertragungsmedien angegeben, wozu Einzelheiten dem Abschnitt 8.4 entnommen werden können. Mobilfunk- und Satellitenfunkverbindungen lassen sich nicht hierarchisch einordnen.

Die CCITT-Studienkommission XVIII hat eine Empfehlung in Arbeit, die sowohl die oben beschriebene Digital-Hierarchie mit Anwendungsgebieten in Europa, Südamerika, mittlerem Osten und Australien betrifft, wie auch jene, die auf dem 1544-kbit/s-Grundsystem basiert (Nordamerika und Japan), in ähnlicher Weise wie Bild 8.52 darstellt. Dieses System ergibt sich aus der Zusammenfassung von 24×64 kbit/s. Die zweite Hierarchiestufe führt mit dem Faktor 4 zu 6312 kbit/s (entsprechend 96 Sprechkreise). In Nordamerika liegt die dritte Hierarchiestufe mit dem Faktor 7 bei 44736 kbit/s (672 SK), die vierte Hierarchiestufe mit einem weiteren Faktor 6 bei 274176 kbit/s (4032 SK). Entsprechende Werte für Japan sind 32064 kbit/s (Faktor 5, 480 SK) bzw. 97728 kbit/s (Faktor 3, 1440 SK) [8.128].

9. Digitalvermittlungen und integrierte Nachrichtennetze

9.1. Überblick

In Abschnitt 7 wurde das Fernsprechnetz als Beispiel eines weit verbreiteten Nachrichtensystems behandelt, wobei der Schwerpunkt auf der Vermittlungstechnik und den damit zusammenhängenden Problemen lag. Wie in Abschnitt 8.1 erläutert, werden die Übertragungsstrecken im Fernsprechnetz aus technischen und wirtschaftlichen Gründen in zunehmendem Umfang digitalisiert. Diese Maßnahme wird durch die Einführung digitaler Vermittlungsstellen noch verstärkt. Die Umstellung des gesamten Fernsprechnetzes — also Übertragungs- und Vermittlungstechnik — auf digitale Technik wird bis zu ihrem Abschluß jedoch einige Jahrzehnte dauern. Ein solches Netz, in dem digitale Übertragungstechnik und Vermittlungstechnik *integriert* sind, wird international als *Integrated Digital Network* (IDN) bezeichnet [9.1] (nicht zu verwechseln mit dem in der BR Deutschland eingeführten Integrierten Fernschreib- und Datennetz IDN).

Da es bereits einige andere voll digitale Netze gibt, nämlich Fernschreib- und Datennetze mit mehr oder weniger ähnlichen Kennzeichen wie sie das digitale Fernsprechnetz aufweist, liegt der Gedanke nahe, statt mehrerer getrennter Netze ein gemeinsames digitales Nachrichtennetz für digitalisierte Sprache, Fernschreiben und Datenkommunikation einzurichten. In diesem Fall spricht man von einem dienstintegrierten digitalen Nachrichtennetz (international: *Integrated Services Digital Network* ISDN).

Wie in Abschnitt 9.5.1 noch näher ausgeführt wird, gibt es eine Reihe von Argumenten, die die Dienstintegration unterstützen. Andere Gesichtspunkte sprechen weniger stark für eine Dienstintegration, wie z. B. die zum Teil sehr unterschiedlichen Vermittlungsprinzipien. In vielen Datennetzen ist es üblich, für die Dauer einer Datenverbindung gar nicht einen physikalisch existenten durchgehenden Verbindungsweg durch das Netz zusammenzuschalten, sondern fallweise einzelne Daten enthaltende Pakete von Knoten zu Knoten durch das Netz zu schleusen. Dafür muß jedem Paket gewissermaßen als „Aufkleber" die Zieladresse mitgegeben werden. Dies ist das Prinzip des *Paketvermittlungsnetzes*, das für bestimmte Arten der Datenkommunikation, nicht aber für Fernsprechkommunikation mit Vorteil angewendet werden kann [9.2]. Für eine Dienstintegration des Fernsprechens und der Übertragung paketierter Daten muß man also Kompromisse finden, die den unterschiedlichen Dienstmerkmalen Rechnung tragen.

Im Rahmen dieses Buches liegt der Schwerpunkt der Betrachtungen beim digitalen Fernsprechnetz und dessen Erweiterung zu einem dienstintegrierten Digitalnetz ISDN. Andere Netzarten und Dienste sollen hier nicht ausführlich behandelt werden (hierfür siehe z. B. [9.3]).

9.2. Digitale Koppeleinrichtungen

Digitale Koppeleinrichtungen übernehmen die in Abschnitt 7.1.1 erläuterte Funktion des *Koppelns* im digitalen Netz. Im Fernsprechnetz sind sie auf die Vermittlung von 64-kbit/s-Kanälen spezialisiert und optimiert, damit also in der Lage, digitalisierten Fernsprechverkehr besonders günstig zu bedienen. Das schließt als wichtigen Gesichtspunkt ein, daß digitale Fernsprechkanäle von *Zubringer*-Multiplexsystemen (z. B. Grundsystem PCM 30) unmittelbar zu *Abnehmer*-Multiplexsystemen vermittelt werden können. Es ist also *nicht* notwendig, digitale Fernsprechsignale zur Vermittlung wieder in analoge Signale umzusetzen und nach dem Vermittlungsvorgang erneut zu digitalisieren. Der Umsetzaufwand an den Enden digitaler Übertragungsstrecken entfällt damit im integrierten Digitalnetz (IDN). Dieser Umstand sowie die Wirtschaftlichkeit von digitalen Übertragungsstrecken und digitalen Vermittlungssystemen an sich führen zu einem sehr wirtschaftlichen Netzkonzept und sind der wichtigste Grund für die Digitalisierung des Fernsprechnetzes. (Bei dieser Betrachtung wurde davon ausgegangen, daß angeschlossene Bündel bereits digitalisiert und zeitverschachtelt sind. Dies muß natürlich nicht immer der Fall sein).

Bild 9.1 deutet die Arbeitsweise einer digitalen Koppeleinrichtung zwischen digitalen Multiplex-Übertragungsstrecken an. Signale digitaler Kanäle (z. B. PCM-Kanäle) von Zubringerleitungen (links) sollen in verschiedene Richtungen auf Abnehmerleitungen verteilt werden (rechts). Dabei ist durch verschiedene Schraffur gekennzeichnet, in welcher Weise die Abnehmerkanäle den Zubringerkanälen zugeordnet sein mögen. Im Beispiel wird Kanal 2 auf der Zubringerleitung 1 mit Kanal 1 auf der Abnehmerleitung 4 verbunden. Es ist also einerseits eine räumliche Durchschaltung von Zubringerleitung 1 zu Abnehmerleitung 4 vorzunehmen, andererseits muß der Zubringerkanal in seiner Zeitlage verschoben werden. Die Verschiebung wird durch kurzzeitiges Zwischenspeichern erreicht, ist also auf jeden Fall eine Verzögerung. Im gezeigten Beispiel

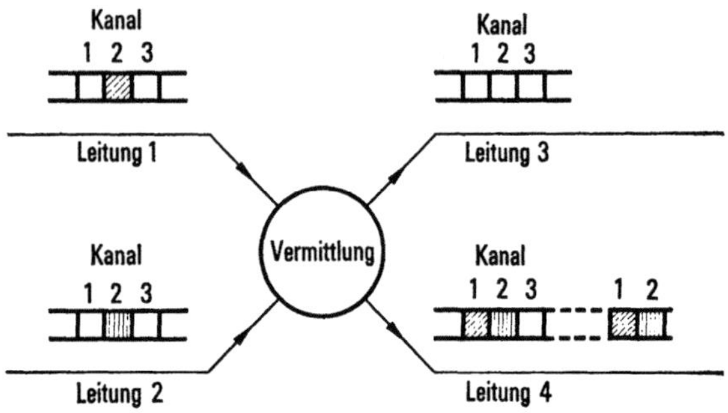

Bild 9.1. Prinzip der Digitalvermittlung.

wird der Kanal 2 auf den Kanal 1 der nachfolgenden Abtastperiode verschoben. Eine digitale Koppeleinrichtung muß also außer einer räumlichen Durchschaltung auch eine zeitliche Verschiebung vornehmen können.

9.2.1. Die räumliche Durchschaltung digitaler Signale

Bei der Durchschaltung digitaler, insbesondere binärer Signale werden keine besonderen Anforderungen an das Sperr- und Durchlaßverhalten der *Koppelpunkte* gestellt; es genügen also einfache Gatter zur Realisierung der Durchschaltefunktion. Das ist ein großer Vorteil der Binärtechnik; damit können die in der elektronischen Datenverarbeitung üblichen, in großer Stückzahl gefertigten Schaltkreise auch für Koppeleinrichtungen verwendet werden.

In Koppeleinrichtungen für binäre Signale läßt sich im allgemeinen das *Zeitmultiplex*-Prinzip anwenden (siehe Abschnitt 7.1.1), wodurch sich weitere Einsparungen ergeben. Voraussetzung für den Einsatz des Zeitmultiplexprinzips ist, daß zwischen zwei Abtastungen des Nutzsignals eines Kanals genügend Zeit bleibt, die Signale weiterer Kanäle einzuschachteln. Durch die *Taktfrequenz* der Koppeleinrichtung wird eine Art „Elementarraster" vorgegeben, in das sich die Signale der einzelnen Kanäle einzufügen haben. Es muß möglich sein, die Elementareinheit eines Signals — das Bit — noch mit einem Taktimpuls zu erfassen. Damit ergibt sich ein *Zeitmultiplexfaktor* $p_{\max}$ in Koppeleinrichtungen zu

$$p_{\max} = \frac{f_t}{n f_0}. \tag{9.1}$$

Dabei ist f_t die in der Koppeleinrichtung mögliche Taktfrequenz, f_0 die notwendige Abtastfrequenz des Signals und n die Anzahl der je Abtastwert seriell übertragenen Bits. Der Zeitmultiplexfaktor gibt die maximal mögliche Mehrfachausnutzung von Koppelpunkten oder Zwischenleitungen an.

Betrachtet man z. B. einen PCM-Fernsprechkanal mit $f_0 = 8$ kHz und nimmt eine Taktfrequenz $f_t = 4096$ kHz in der Koppeleinrichtung an, so wird $p_{max} = 64$, wenn alle 8 bit eines Abtastwertes seriell hintereinander übertragen werden. Man spricht dann von einer (bit-)*seriellen* Koppeleinrichtung (Bild 9.2).

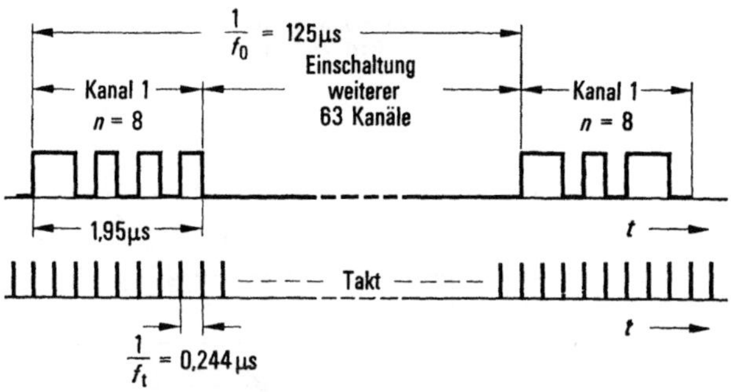

Bild 9.2. Zeitmultiplexprinzip bei serieller Vermittlung.

Im Gegensatz dazu wird in einer (bit-)*parallelen* Koppeleinrichtung jedem der 8 bit eines PCM-Signals eine eigene „Spur" zur Verfügung gestellt (Bild 9.3). Die Koppeleinrichtung wird also gewissermaßen durch 8 parallele Wege verachtfacht. Für die Festlegung des Zeitmultiplexfaktors p_{max} wird $n = 1$, damit können unter denselben Bedingungen

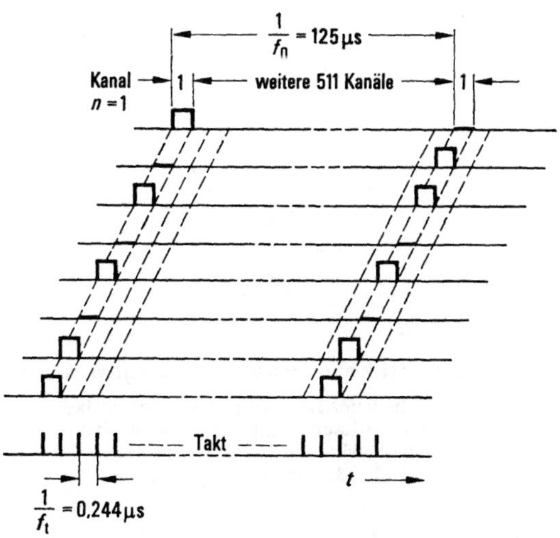

Bild 9.3. Zeitmultiplexprinzip bei paralleler Vermittlung.

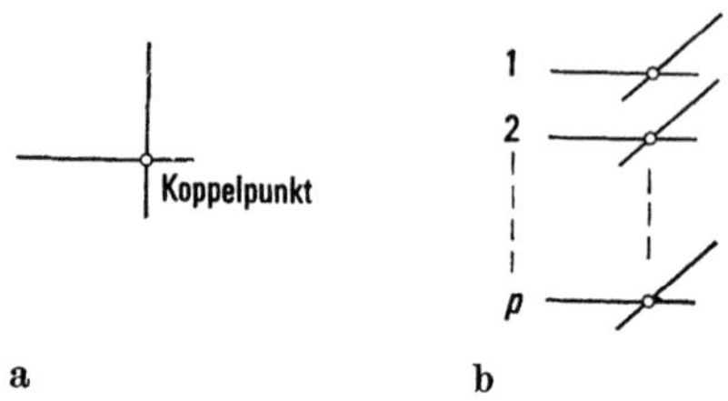

Bild 9.4a u. b. Wirkungsweise eines Zeitmultiplex-Koppelpunktes.

a) technischer Koppelpunkt;
b) räumliches Ersatzschaltbild.

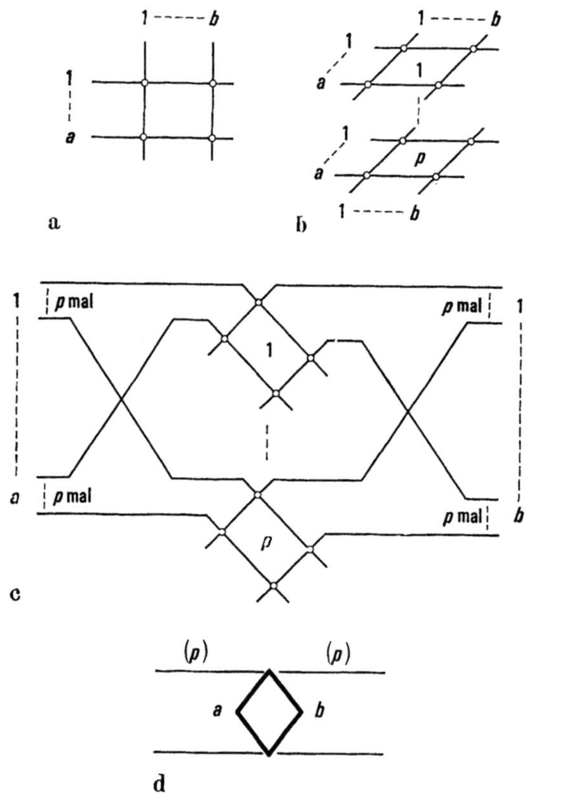

Bild 9.5a–d. Wirkungsweise einer räumlichen Zeitmultiplex-Koppelmatrix.

a) p-fach schaltende Zeitmultiplex-Koppelmatrix;
b) Ersatzbild: p Raummultiplex-Koppelmatrizen;
c) Ersatzbild in flächiger Darstellung;
d) Symbol des Raumlagenvielfachs.

wie oben 512 Kanäle zeitlich verschachtelt werden, allerdings mit entsprechender Erhöhung des Aufwandes in der Koppeleinrichtung.

Selbstverständlich sind als Übergangsform zwischen diesen Extremen auch teils seriell, teils parallel arbeitende Koppeleinrichtungen denkbar (z. B. 4 seriell, 2 parallel). Teilweise oder vollständig parallele Koppeleinrichtungen können mit Vorteil verwendet werden, wenn entweder bei gegebenem Zeitmultiplexfaktor die Taktfrequenz erniedrigt oder bei gegebener Anschlußzahl durch Erhöhung des Zeitmultiplexfaktors ein besonders einfaches Koppelprinzip angewandt oder bei gegebener Taktfrequenz die Anschlußzahl vergrößert werden soll. Hierauf wird in Abschnitt 9.2.3 noch eingegangen.

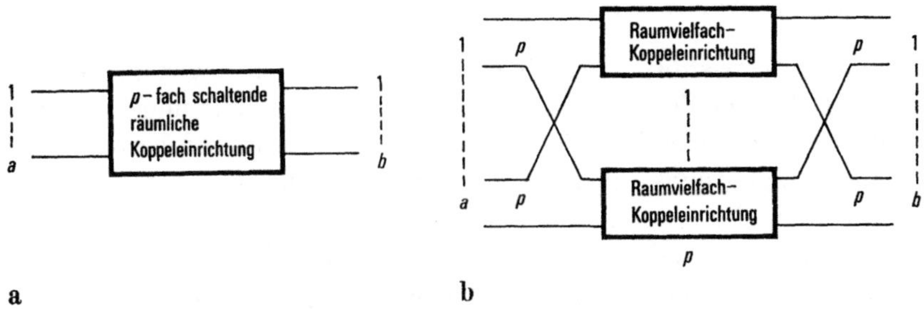

Bild 9.6a u. b. Beliebige räumliche Zeitmultiplex-Koppeleinrichtung.
a) im Zeitmultiplex schaltende beliebige räumliche Koppeleinrichtung;
b) Ersatzbild mit p Raummultiplex-Koppeleinrichtungen.

Koppeleinrichtungen der in Abschnitt 7.1.1 beschriebenen Art, die aus mehreren *Koppelstufen* bestehen können, lassen sich auch bei Verwendung des Zeitmultiplexprinzips realisieren. Häufig ist es zweckmäßig, die zeitliche Ineinanderschachtelung gedanklich durch ein räumliches, leichter überschaubares Äquivalent zu ersetzen. Bild 9.4 zeigt dies an einem einzelnen Koppelpunkt. Statt des im Zeitmultiplex mit dem Faktor p schaltenden Koppelpunktes (Bild 9.4a) zeigt das räumliche Ersatzschaltbild in p Ebenen gewissermaßen untereinanderliegende Raummultiplex-Koppelpunkte, die unabhängig voneinander p verschiedene Leitungen bleibend durchschalten können (Bild 9.4b). Sinngemäß kann man das Prinzip auf eine Koppelmatrix (Bild 9.5a, b, c, d) oder eine beliebige räumliche Koppeleinrichtung (Bild 9.6a, b) ausdehnen. Dabei ist in Bild 9.5c die perspektivische Zeichnung des Bildes 9.5b in eine leichter darstellbare flächige Zeichnung überführt, die für alle folgenden Anwendungsfälle übernommen wird (siehe Bild 9.6b). In dieser Darstellungsweise werden die p zu *einer* Zeitmultiplexleitung gehörenden Leitungen des Ersatzbildes unmittelbar untereinander gezeichnet. In Bild 9.5d ist ein übliches Symbol für diese Zeitmultiplexkoppelmatrix (das sog. *Raumlagenvielfach*) gezeigt [9.4].

Wichtige Eigenschaften räumlicher Zeitmultiplex-Koppeleinrichtungen lassen sich an Bild 9.6 ablesen:

- sie passen die Anzahl der Eingangsleitungen (a) und der Ausgangsleitungen (b) einander an;
- der Zeitmultiplexfaktor p bleibt in ihnen unverändert erhalten, d. h. die Zahl der vermittelten *Zeitkanäle* ändert sich in der räumlichen Koppeleinrichtung nicht;
- innerhalb der räumlichen Koppeleinrichtung ändert sich die Zeitlage eines Kanals nicht.

9.2.2. Die zeitliche Verschiebung digitaler Signale

Wie eingangs erwähnt, muß in digitalen Koppeleinrichtungen integrierter Netze (IDN) die Verschiebung eines Kanals k der ankommenden Zubringerleitung in eine beliebige Lage innerhalb der weiterführenden Abnehmerleitung grundsätzlich möglich sein. Wie Bild 9.7 zeigt, geschieht das innerhalb der Abtastperiode T_0 (z. B. 125 µs) ggf. durch Übergreifen auf den folgenden *Rahmen* (vgl. Abschnitt I.9.3.6). Man kann also jeden der p Zubringerkanäle auf jeden beliebigen der p Abnehmerkanäle vermitteln. Im räumlichen Ersatzbild läßt sich das als Koppelmatrix im Sinne von Bild 7.2 darstellen (Bild 9.8).

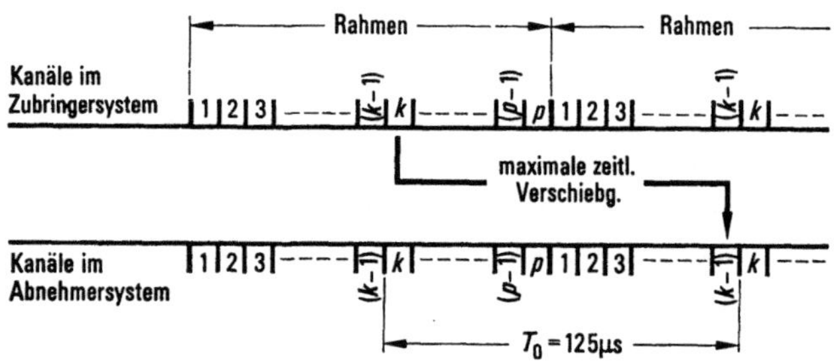

Bild 9.7. Wirkungsweise der zeitlichen Verschiebung.

Technisch läßt sich die zeitliche Verschiebung durch Laufzeitglieder (z. B. Schieberegister) realisieren. Eine andere Möglichkeit, die angesichts der niedrigen Speicher- und Elektronikkosten jetzt ausschließlich angewendet wird, besteht darin, jedem Zubringerkanal einen Speicherplatz zuzuordnen, in den die ankommende Kanalinformation eingetragen wird. Der Speicherplatz wird in der Zeitlage des ausgewählten Abnehmerkanals ausgelesen. Besteht die Information des Kanals — wie bei PCM — aus mehreren Bits, so wird zuvor eine Serien-Parallel-Umsetzung vorgenommen. Schematisch ergibt sich damit die Anordnung des Bildes 9.9.

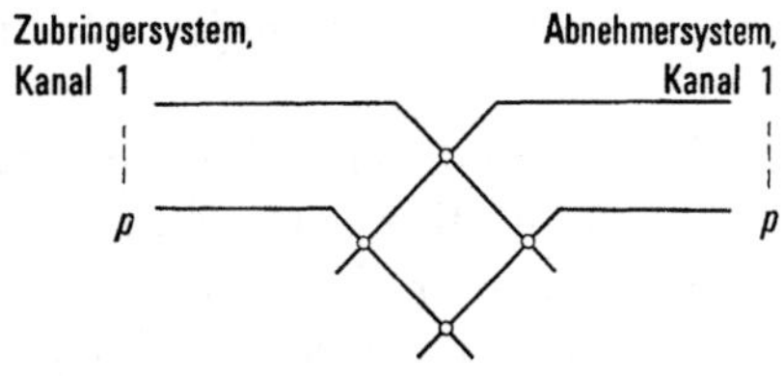

Bild 9.8. Deutung als Raumvielfach-Koppelmatrix.

Die seriell einlaufenden Bitströme der Kanäle k, $k + 1$ usw. (links) werden je Kanal einer Serien-Parallel-Umsetzung (S/P) unterzogen und *der Reihe nach* in p Speicherplätze eingetragen. Dabei ist p wiederum die Zahl der Kanäle in einem durch die Abtastperiode T_0 vorgegebenen Rahmen. Innerhalb einer Abtastperiode werden also alle Speicherplätze gefüllt. Dies ist durch den umlaufenden linken „Schreibarm" symbolisiert. Der „Lesearm" rechts dagegen „springt" und liest entsprechend der gewünschten zeitlichen Verschiebung die jeweiligen Speicherplätze im wahlfreien Zugriff aus. Dabei muß lediglich sichergestellt sein, daß auch der Lesearm in der Abtastperiode T_0 alle Speicherplätze einmal (und nur einmal) ausliest. Außerdem muß der Schreib-Lesezyklus einheitlich geregelt sein (Lesen vor Schreiben). Rechts im Bild werden die Kanäle in der gewünschten neuen Reihenfolge bereitgestellt. Sie können entweder durch Parallel-Serien-Umsetzung wieder in die serielle Übertragungsform des ankommenden Bitstroms umgewandelt werden, oder sie werden in Parallelform weiter vermittelt (z. B. über eine *parallele*, räumliche Koppeleinrichtung).

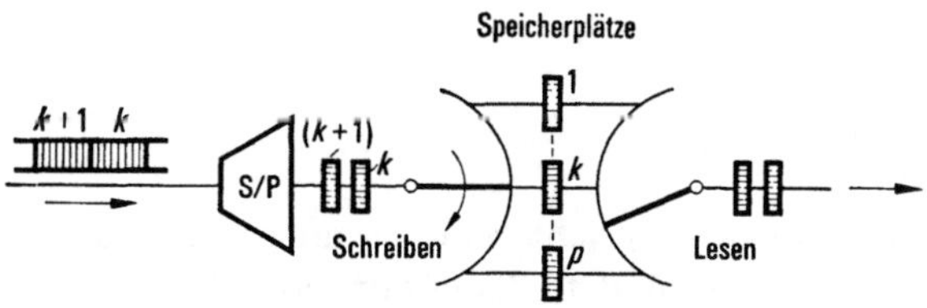

Bild 9.9. Prinzip der zeitlichen Verschiebung im Speicher.
S/P Serien-Parallel-Umsetzung.

Mit der zeitlichen Verschiebung ergibt sich die Notwendigkeit, je zu verschiebender Einheit (z. B. Bit oder PCM-Wort bzw. Oktett) *zwei* Taktimpulse für den Lese- und den Schreibvorgang vorzusehen. Andererseits wird durch die Serien-Parallel-Umsetzung bei der zeitlichen Verschiebung von z. B. Oktetts die „Schaltfrequenz" des Lese- und des Schreibarms auf 1/8 reduziert. Es steht also bei Beibehaltung der ursprünglichen Taktfrequenz noch „freie Zeit" zur Verfügung, um z. B. den Lese- oder Schreibarm viermal schneller umlaufen zu lassen. Damit können statt p nunmehr $4p$ Lesevorgänge je Abtastperiode ausgeführt werden.

In der Deutung als Raummultiplex-Koppelmatrix ergibt sich also anstelle des Bildes 9.8 z. B. die Koppelmatrix nach Bild 9.10a: p_1 Zubringerkanäle sind in *vollkommener Erreichbarkeit* (vgl. Abschnitt 7.2.3) auf $p_2 = 4p_1$ Abnehmerkanäle zu schalten. Entsprechend lassen sich natürlich auch p_1 Abnehmerkanäle von $4p_1$ Zubringerkanälen vollkommen erreichen, wenn man die Signalflußrichtung umkehrt.

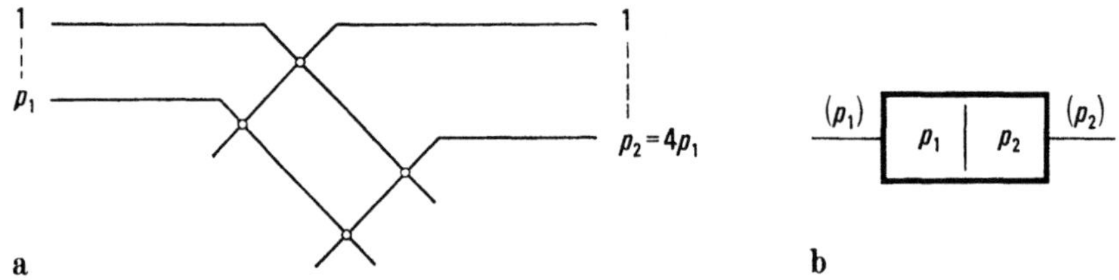

Bild 9.10. Wirkungsweise einer zeitlichen Zeitmultiplex-Koppelmatrix (Zeitlagenvielfach).
a) Änderung des Zeitmultiplexfaktors p in Verbindung mit der zeitlichen Verschiebung;
b) Symbol des Zeitlagenvielfachs.

Dieses Beispiel zeigt eine wesentliche Eigenschaft von Koppeleinrichtungen, die der zeitlichen Verschiebung von digitalen Kanälen dienen: Der Zeitmultiplexfaktor p kann in ihnen verändert werden. Das heißt die Zahl der vermittelbaren Zeitkanäle kann in ihnen zunehmen oder abnehmen. Bild 9.10b zeigt das Symbol dieser durch zeitliche Verschiebung gebildeten Matrix (das sog. *Zeitlagenvielfach*).

9.2.3. Koppelanordnungen

Von *Koppelanordnungen* spricht man, wenn es in erster Linie um die verkehrstheoretisch begründete Konfiguration der Koppelpunkte und nicht um deren physikalische Funktion in der materiell existenten *Koppeleinrichtung* geht [9.5]. Raumlagen- und Zeitlagenvielfache werden in geeigneter Weise zu derartigen Koppelanordnungen (vgl. Abschnitt 7.1.1) zusammengefügt, die insgesamt — wie bei Raummultiplex-Koppelanordnungen schon gezeigt — vorgegebene *Verkehrswerte* mit vorgegebenem *Verlust* vermitteln müssen (vgl. Abschnitt 7.2). Dabei werden aus Raumlagenvielfachen zusammengesetzte Koppelstufen *Raumstufen*, aus Zeitlagenvielfachen bestehende Koppelstufen *Zeitstufen* genannt. Raumstufen und Zeitstufen kann man in verschiedener Weise kombinieren, um für den jeweiligen Anwendungsfall eine optimale Lösung zu erreichen. Einige Beispiele mögen dies erläutern.

9.2.3.1. Vermittlung mit einer Zeitstufe (ohne Raumstufen)

Die Eigenschaft, den Zeitmultiplexfaktor erhöhen zu können, macht in einfacher Weise eine Vermittlung nur mit einer Zeitstufe sinnvoll. Bild 9.11a zeigt das Prinzip in der Symbolik des Bildes 9.9. Insgesamt m Zubringer mit je p Kanälen verteilen nach einer Serien-Parallel-Umsetzung (S/P) ihre Kanalinformationen der Reihe nach auf mp Speicherplätze (links). Innerhalb einer Abtastperiode T_0 (z. B. 125 μs) werden alle Speicherplätze vom Lesearm einmal abgefragt und aufeinanderfolgend an Abnehmersysteme weitergegeben. Auf den Abnehmerleitungen werden die Bitfolgen der Kanäle über Parallel-Serien-Umsetzungen (P/S) lückenlos aneinandergefügt. In der Mitte der Anordnung liegt mit mp eine Vervielfachung des Zeitmultiplexfaktors vor, weshalb dieser Teil auch häufig *Supermultiplex* (SM) genannt wird.

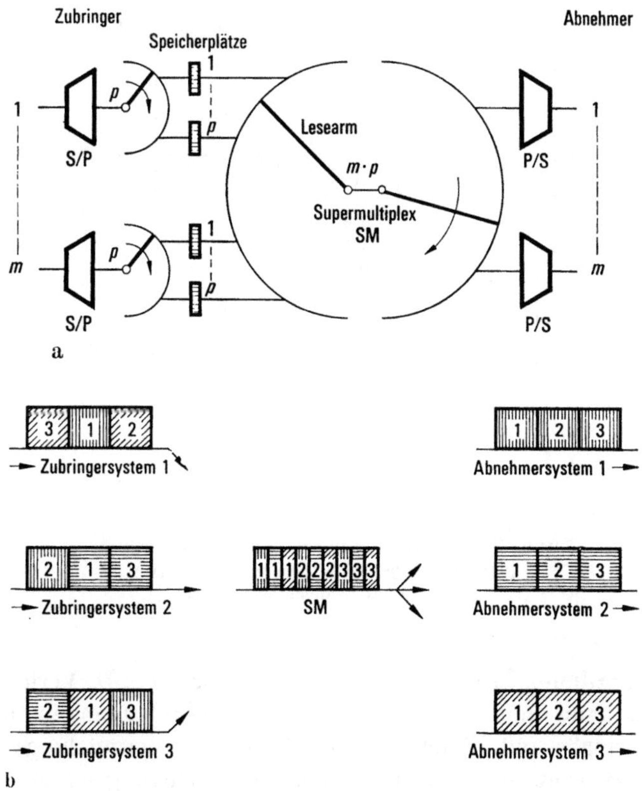

Bild 9.11a u. b. Vermittlung nur mit einer Zeitstufe.
a) Prinzip des Kombinationsvielfachs;
b) Verschachtelung der Kanäle auf dem Supermultiplex.
S/P Serien-Parallel-Umsetzung.

Die Verschachtelung der Kanäle auf dem Supermultiplex deutet Bild 9.11b an. Links werden Kanäle auf Zubringersystemen angeliefert, wobei gewünschtes Abnehmersystem und gewünschte Kanalnummer in jedem Kanalsymbol eingetragen sind. Vom Supermultiplex werden die Zubringer-Speicherzellen in der gezeigten Reihenfolge abgefragt (der Lesearm in Bild 9.11a „springt") und folgerichtig auf die Abnehmersysteme verteilt.

Da für jeden Zubringerkanal eine Verbindungsmöglichkeit im Supermultiplex besteht, arbeitet die Anordnung verlustfrei. Bild 9.12a macht dies im räumlichen Ersatzbild klar. Das Supermultiplex bewirkt in *einer* großen Koppelmatrix sowohl räumliche Durchschaltung als auch zeitliche Verschiebung, weshalb es auch *Kombinationsvielfach* genannt wird. Bild 9.12b zeigt das dafür vorgeschlagene Symbol.

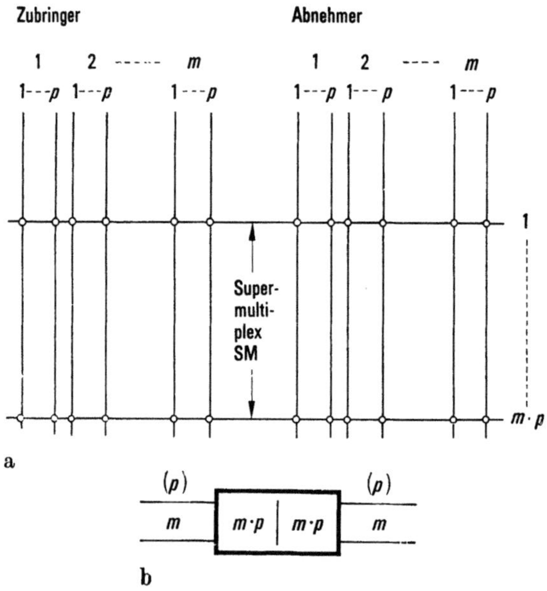

Bild 9.12a u. b. Wirkungsweise des Kombinationsvielfachs.
a) Ersatzbild für Bild 9.11 im Raummultiplex;
b) Symbol des Kombinationsvielfachs.

Die Anordnung läßt sich modifizieren. Werden z. B. Verluste zugelassen, so kann man über konzentrierende Wahlstufen entsprechend mehr Zubringer und Abnehmer anschließen, als Vermittlungszeitlagen oder *Zeitkanäle* auf dem Supermultiplex zur Verfügung stehen.

Die Zahl der anschließbaren Leitungen und damit die Größe der Vermittlungsstelle ist durch die technisch erreichbare Taktfrequenz im Supermultiplex begrenzt. Um eine möglichst hohe Anschlußkapazität zu erzielen, wird man Zeitstufenvermittlungen im allgemeinen voll (bit-)*parallel* arbeiten lassen. Um hier ein Gefühl für die Größenordnung zu vermitteln: Für die Signale tragenden *Zeitkanäle* hat man dann auf dem Supermultiplex eine Taktfrequenz von mpf_0 zu realisieren. Dabei ist f_0 die Abtastfrequenz eines Kanals. Berücksichtigt man weiterhin die Taktverdoppelung durch aufeinanderfolgendes Lesen und Schreiben der Speicher, so ergibt sich als Taktfrequenz der Koppeleinrichtung $f_k = 2mpf_0$. Zahlenbeispiel: Beim Anschluß von 16 PCM-Grundsystemen mit je 30 Sprechkanälen, d. h. also von 480 Sprechkanälen, erhält man eine Taktfrequenz von etwa 8 MHz ($m = 16$), ($p = 32$, $f_0 = 8$ kHz).

9.2.3.2. Vermittlung mit mehreren Zeitstufen (ohne Raumstufen)

Ein Kombinationsvielfach kann seinerseits Baustein einer Koppelanordnung sein. Eine nur aus gleichen Kombinationsvielfachen aufgebaute Koppelanordnung zeigt Bild 9.13. Es handelt sich um die sog. *Hauptkoppeleinrichtung* im digitalen Vermittlungssystem „12" der ITT [9.6]. Dieser Teil der Koppeleinrichtung hat die Aufgabe, konzentrierten Verkehr zwischen den links gezeichneten Ein- und Ausgängen zu vermitteln, während die Konzentration z. B. des schwachen Teilnehmerverkehrs in vorgeschalteten, hier nicht dargestellten sog. *Zugangskoppeleinrichtungen* geschieht. An jedem Kombinationsvielfach sind 16 Multiplexleitungen angeschlossen, wovon jede 32 Kanäle trägt. Jeder Kanal einer Multiplexleitung kann mit jedem anderen Kanal verbunden werden. Ein Kombinationsvielfach wirkt also wie eine Koppelmatrix mit 2 mal 256 Ein- und Ausgängen entsprechend Bild 9.12a mit $p = 32$. Je nach Ursprung und gewünschtem Ziel durchläuft eine Verbindung unterschiedlich viele Koppelstufen. Eine einstufige Durchschaltung erfolgt, wenn Ursprung und Ziel am selben Kombinationsvielfach angeschlossen sind. Für eine Verbindung zwischen verschiedenen Blöcken der Koppelstufe 1 dagegen müssen in Hin- und Rückrichtung 5 Stufen durchlaufen werden. Die Zahl der anschließbaren (doppelt gerichteten) Sprechkreise beträgt $2^{15} = 32768$.

Neben den Parametern der Koppelanordnung seien einige spezifische technische Eigenschaften des Systems 12 genannt: Die Kombinationsvielfache bestehen aus je 16 großintegrierten Schaltkreisen mit jeweils 11500 Transistorfunktionen. Die Auswahl eines Weges durch die Koppeleinrichtung wird ohne Mitwirkung zentraler Einrichtungen dezentral gesteuert. In jedem Kombinationsvielfach erfolgt ein Aufsynchronisieren auf die ankommenden Bitströme der Multiplexleitungen (vgl. Abschnitt 9.4.2). Die Kombinationsvielfache können deshalb weit entfernt voneinander installiert werden, so daß keine aufbautechnischen Anforde-

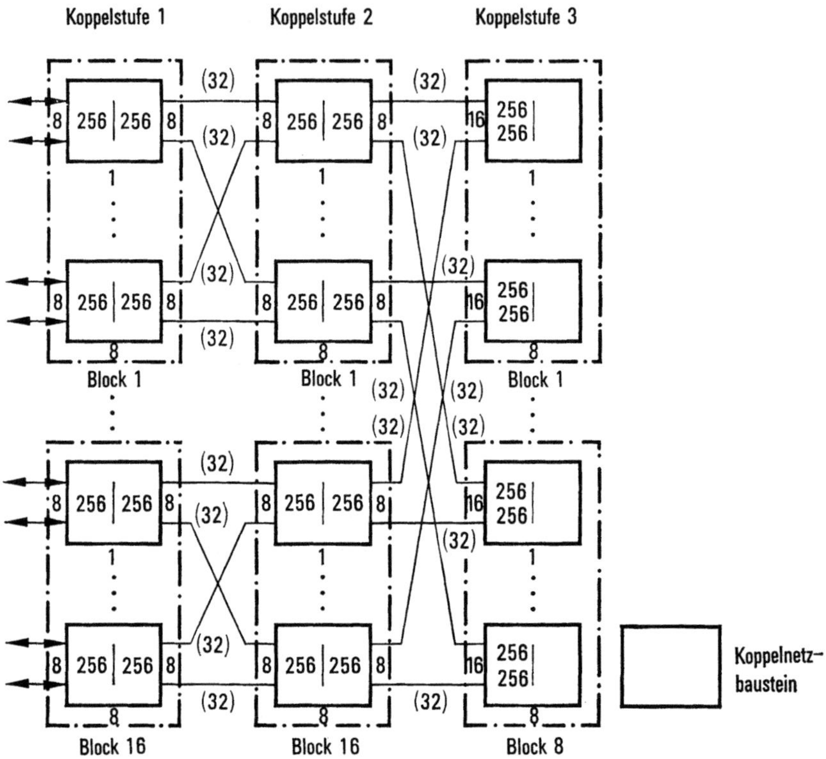

Bild 9.13. Vermittlung mit mehreren Zeitstufen.

rungen bestehen. Die in Bild 9.13 gezeigte Koppelanordnung stellt eine von 4 „Ebenen" dar, auf die das Vermittlungssystem ausgebaut werden kann; maximal ist also der Anschluß von mehr als 100000 Sprechkreisen möglich.

9.2.3.3. Vermittlung mit Zeit- und Raumstufen

Ein Beispiel für eine gemischt mit Zeit- und Raumstufen bestückte Koppelanordnung zeigt Bild 9.14. Es ist dem System EWSD (Siemens) entnommen [9.7]. Auch in diesem Fall handelt es sich um eine Koppeleinrichtung für konzentrierten Verkehr, der (nicht dargestellte) konzentrierende sog. „Anschlußgruppen" vorgeschaltet werden. Die Koppelanordnung besteht symmetrisch aus Zeitstufe (Z), Raumstufe (R) und Zeitstufe (Z). Die Kombinationsvielfache der Zeitstufen werden mit je 4 Multiplexleitungen zu jeweils 128 Kanälen beschickt. Von der „Innenseite" der Kombinationsvielfache aus werden (aus Gründen einer vereinfachten Verdrahtung) vier getrennte Raumlagenvielfache mit n Ein-

und Ausgängen erreicht. Die Größe von n ist an den jeweiligen Endausbau der Vermittlungsstelle anzugleichen; sie kann 4, 16 oder 128 sein.

In Bild 9.14 verläuft der Weg der vermittelten Nutznachrichten nur von links nach rechts (im Gegensatz zu Bild 9.13). Die aus 4 Raumlagenvielfachen bestehende Raumstufe wird für den jeweiligen Endausbau vorgeleistet, so daß eine Erweiterung der Koppelanordnung allein durch Zufügen von Kombinationsvielfachen erfolgen kann. Im Vergleich mit dem vorhergehenden Beispiel sind die Kombinationsvielfache mit 512 vermittelbaren Ein- und Ausgängen doppelt so groß. Im Maximalausbau mit $n = 128$ können $2^{16} = 65536$ (doppelt gerichtete) Sprechkreise angeschlossen werden. Aus Aufwandgründen werden für $n = 128$ — anstelle von einstufigen Raumlagenvielfachen mit je $n^2 = 16384$ Koppelpunkten — vier dreistufige Anordnungen nach *Clos* [9.8] eingesetzt, von denen in Bild 9.14 unten eine gezeigt ist. Die Anordnung arbeitet verlustfrei und benötigt nur 7680 Koppelpunkte.

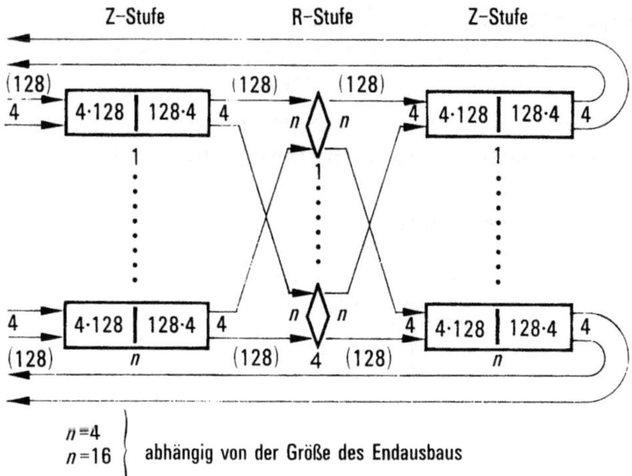

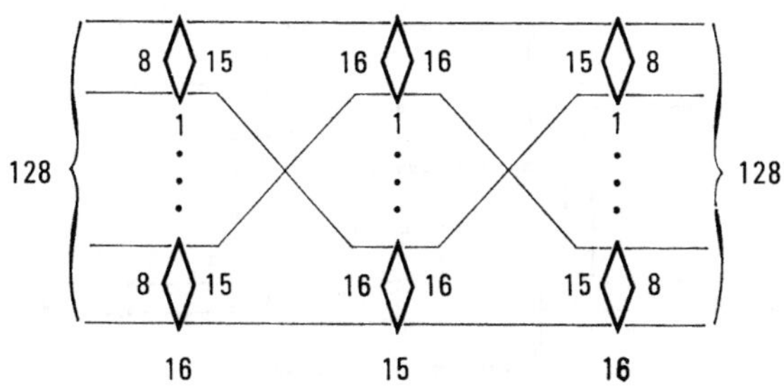

Bild 9.14. Vermittlung mit Zeit- und Raumstufen.

9.2.3.4. Vierdraht-Durchschaltung

Im digitalen Netz müssen Fernsprechverbindungen wie im analogen Fernnetz *vierdrähtig* durchgeschaltet werden, d. h., es muß für beide Gesprächsrichtungen eine Verbindung zwischen Ursprung und Ziel bestehen. Auf den Übertragungswegen werden deshalb je Sprechkreis zwei entgegengesetzt gerichtete digitale Kanäle zur Verfügung gestellt. In den Vermittlungen gibt es im Prinzip zwei Möglichkeiten für die Durchschaltung doppelt gerichteter Verbindungen (Bild 9.15): Im *combined switching mode* [9.4] werden die Kanäle jeder Richtung getrennt an der Koppeleinrichtung angeschlossen und „symmetrisch" oder auch ganz unabhängig voneinander durch *dieselbe* Koppeleinrichtung geschaltet (Bild 9.15a). Dieses Verfahren wird in der Praxis meist angewendet, so auch in den Koppelanordnungen der Bilder 9.13 und 9.14. Ein alternatives Verfahren ist der *separated switching mode* (Bild 9.15b). Der Vorteil dieses Verfahrens ist die bei gleicher Taktfrequenz doppelt so große Anschlußkapazität; nachteilig sind höherer Aufwand und die Schwierigkeit, in dasselbe Übertragungssystem zurückzuvermitteln.

Manchmal werden die Speicherplätze von Zeitstufen für Hin- und Rückrichtung eines digitalen Kanals gemeinsam ausgenutzt. Bild 9.16 [9.9] macht dies deutlich. Kanal 18 eines PCM-Zubringersystems (I) sei

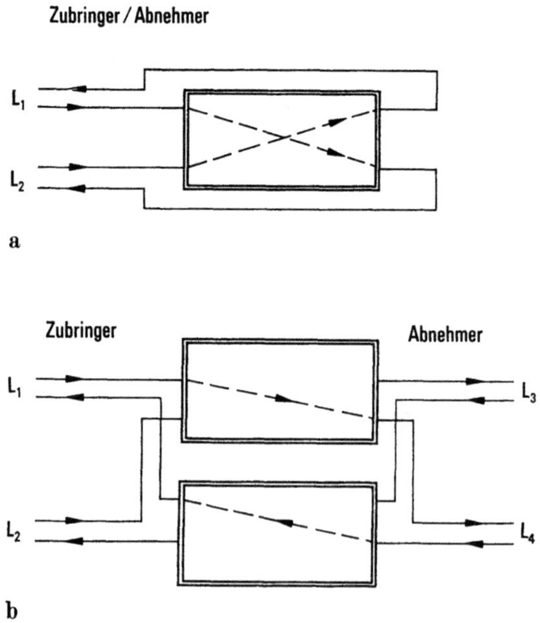

Bild 9.15a u. b. „Vierdrähtigkeit" in digitalen Koppeleinrichtungen.
a) combined switching mode; b) separated switching mode.

mit Kanal 3 eines PCM-Abnehmersystems (II) verbunden. Die schraffiert gezeichneten Belegungsdauern des Zeitspeichers für Hin- und Rückrichtung der Verbindung überdecken sich nicht, sondern ergänzen sich zu einer Abtastperiode.

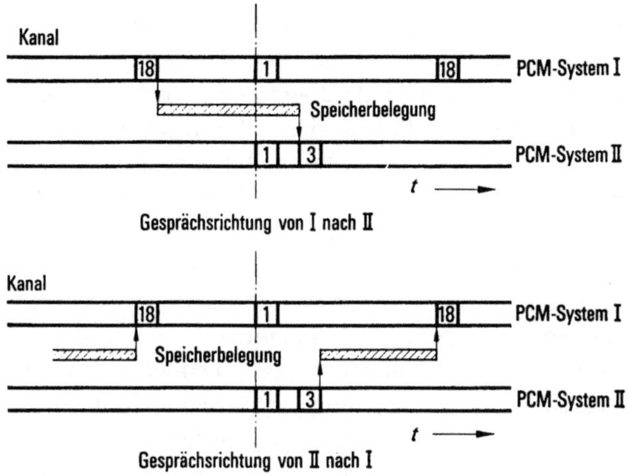

Bild 9.16. Mehrfachausnutzung eines Zeitspeicherplatzes für beide Gesprächsrichtungen.

9.3. Signalisierung

Auf die Bedeutung der Signalisierung war bereits in Abschnitt 7.1.2 hingewiesen worden. Im digitalen Netz gelten dieselben Gesichtspunkte, die Signalisierungsmöglichkeiten sind aber zum Teil wesentlich erweitert. Zu betrachten sind wiederum die Signalisierung zwischen Vermittlungsstellen und die Signalisierung zwischen Teilnehmer und Vermittlungsstelle. Im ersten Fall ist noch zu unterscheiden, ob es sich um eine *kanalgebundene Signalisierung* oder um eine solche auf *zentralem Zeichenkanal* handelt.

9.3.1. Kanalgebundene Signalisierung zwischen Vermittlungsstellen

Vorausgesetzt wird der Einsatz von digitalen Zeitmultiplex-Systemen auf Übertragungswegen zwischen nicht digitalen Fernsprech-Vermittlungsstellen. Bei kanalgebundener Signalisierung tauschen die Vermittlungen (Gleichstrom-)Zustands- und Impulskennzeichen aus, die auf Digitalübertragung umgesetzt werden müssen. Dies geschieht am einfachsten dadurch, daß die jeweilige Zustands- bzw. Impulsdauer auf einen etwa gleichlangen Impulszug abgebildet wird. Man kann z. B. 1 bit je PCM-Wort für die Übertragung solcher Impulszüge verwenden, womit für die Sprachcodierung nur 7 bit übrigbleiben. So geht man im US-amerikanischen D_1-System vor [9.10]. In Weiterentwicklungen D_2 bis D_4 [9.11] wird nach fünf Rahmen mit voller 8-bit-Codierung nur in einem sechsten Rahmen eines der 8 Bits für die Signalisierung verwendet. Dabei liegt die resultierende Quantisierungsverzerrung nur um 1,8 dB über der Quantisierungsverzerrung bei voller 8-bit-Codierung.

Kennzeichen beider Verfahren ist, daß das Signalisierungsbit in der Zeitlage des zugeordneten Kanals übertragen wird. Allerdings ist 1 bit je Kanal in vielen Fällen nicht ausreichend, um alle vermittlungstechnischen Kennzeichen weiterzugeben. Deshalb hat man im D_2-System generell ein zweites Bit vorgesehen, um durch Kombination somit immerhin bis zu vier vermittlungstechnische Zustände übertragen zu können. Das wird ohne weitere Einbuße von Sprachbits dadurch erreicht, daß man das alle 6 Rahmen für die Signalisierung eines Kanals abgezweigte Bit abwechselnd einem zu übertragenden Kennzeichen 1 und einem zu übertragenden Kennzeichen 2 zuordnet. Das bedeutet, daß sich im D_2-System ein bestimmtes, vermittlungstechnisches Kennzeichen nur alle 12 Rahmen — das heißt alle 1,5 ms — wiederholt.

Von den in der CEPT (*C*onférence *E*uropéenne des Administrations des *P*ostes et *T*élécommunications) zusammengeschlossenen europäischen Fernmeldeverwaltungen wurde ein anderes Prinzip für die kanalgebundene Signalisierung vorgeschlagen [9.12]. Man wollte einerseits die Sprachqualität nicht beeinträchtigen, andererseits einen größeren Zeichenvorrat verfügbar haben. Das Verfahren ist folgendermaßen gekennzeichnet (Bild 9.17):

— Für die Signalisierung wird ein eigener Kanal, nämlich Kanal 16 im PCM-Grundsystem, für 30 Sprechkanäle bereitgestellt (vgl. Abschnitt 8.3.3.1).

— Für die Sprachcodierung verbleiben damit 8 bit im Sprechkanal, d. h. es tritt keinerlei Qualitätseinbuße auf.

— Der Signalisierungs-Zeichenvorrat je Sprechkanal wird auf 4 bit erhöht.

Wenn das Verfahren auch schon Kennzeichen einer Signalisierung auf zentralem Datenkanal hat, so bleibt doch die Signalisierungsinformation kanalgebunden, sie ist jederzeit dem jeweiligen Sprechkanal fest zugeordnet. Die Signalisierungsinformation aller 30 Sprechkanäle — das sind 4×30 bit $= 120$ bit — läßt sich nicht im Kanal 16 *eines* Rahmens unterbringen. Man braucht dazu 120/8 gleich 15 Rahmen und nimmt noch einen weiteren zur Kennung hinzu. Man faßt deshalb 16 Rahmen zu einem *Vielfachrahmen* (multiframe) zusammen, wobei in jedem Rahmen der Kanal 16 die Signalisierungsinformation enthält (Bild 9.17). Unten im Bild ist der Vielfachrahmen mit den stark hervorgehobenen

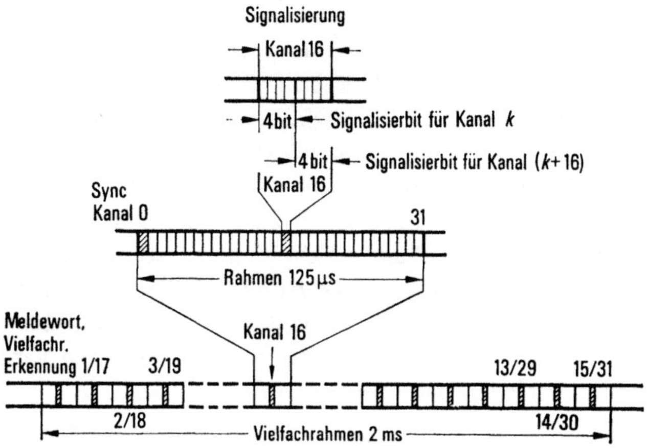

Bild 9.17. Kanalgebundene Signalisierung im PCM-Grundsystem nach CEPT.

Signalisierungskanälen Nr. 16 gezeigt. Von den 16 Codewörtern mit je 8 bit dient das erste als Vielfachrahmen-Kennungswort und für Störungsmeldungen, während die entsprechenden Wörter in den folgenden 15 Pulsrahmen mit 8 bit die Kennzeicheninformation für jeweils zwei Fernsprechkanäle enthalten. Im Bild ist angegeben, für welche beiden Sprechkanäle die Signalisierungsbits verwendet werden. Die für die Kennzeichenübertragung zur Verfügung stehenden 64 kbit/s gliedern sich also auf in 4 kbit/s für die Rahmenerkennung und 2 kbit/s für je einen Fernsprechkanal. Ein Vielfachrahmen dauert 2 ms.

In den 4 bit je Sprechkanal werden vermittlungstechnische Zustände

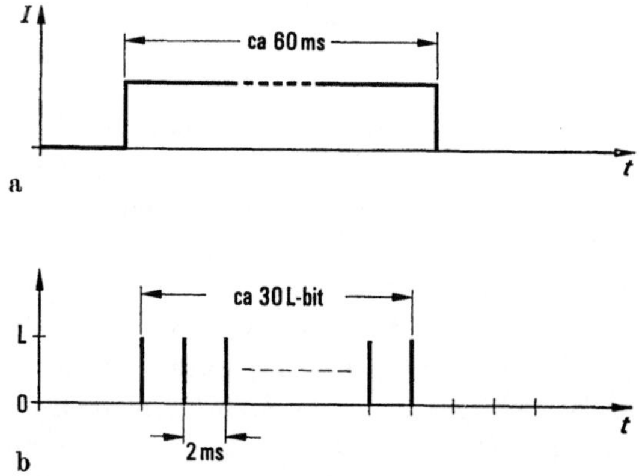

Bild 9.18a u. b. Übertragung vermittlungstechnischer Zustände.

a) Gleichstromzeichen;
b) Abbildung des Gleichstromzeichens in aufeinanderfolgenden Vielfachrahmen.

wie „Belegen des Kanals" oder „Wählimpuls" übertragen. Ein z. B. 60 ms dauernder Wählimpuls wird in etwa 30 aufeinanderfolgenden Vielfachrahmen weitergegeben. Durch diese Mehrfachübertragung (siehe Bild 9.18) wird das Signalisierungsverfahren sehr störunempfindlich; die Verfälschung eines Vielfachrahmens wirkt sich wegen der langen Integrationszeit nicht aus. Allerdings können Wählimpulse, je nachdem wie ihr Beginn und Ende den zugehörigen Platz im Vielfachrahmen trifft, im ungünstigsten Fall um 2 ms verkürzt oder verlängert — also verzerrt — werden. Gegen diese Verzerrung müssen beim Durchlaufen mehrerer Vermittlungsstellen Gegenmaßnahmen (Impulskorrekturen) getroffen werden, damit die Verzerrung nicht kumulieren kann. Diese Schwierigkeiten entfallen beim zentralen Zeichenkanal.

9.3.2. Signalisierung auf zentralem Zeichenkanal zwischen Vermittlungsstellen

In voll digitalen Netzen, wie den eingangs erwähnten *Integrated Digital network* (IDN) und *Integrated Services Digital Network* (ISDN), wird die zuvor beschriebene kanalgebundene Signalisierung zugunsten der Signalisierung auf zentralem Zeichenkanal verlassen. Vom CCITT wurde hierfür das sog. Signalisierungssystem No. 7 empfohlen [9.13]. Es ist für den Einsatz sowohl in digitalen Fernsprechnetzen als auch Datennetzen als auch universellen, dienstintegrierten Netzen geeignet. Hierzu bestehen die Signalisierungsnachrichten aus einem allgemein verwendbaren *Nachrichtenübertragungsteil* (message transfer part) und einem dienstspezifischen *Benutzerteil* (user part). Als Beispiel wird später der Telephon-Benutzerteil beschrieben. Es gibt jedoch auch weitere Benutzerteile, z. B. für Datenverkehr.

Grundsätzlich erfolgt die Signalisierung über einen eigenen zum *zentralen Zeichenkanal* (ZZK) bestimmten 64-kbit/s-Kanal innerhalb eines digitalen Zeitmultiplex-Übertragungssystems. Hinsichtlich der Betriebsweise unterscheidet man nach Bild 9.19 den assoziierten Betrieb, bei dem der ZZK unmittelbar auf dem die betreffenden Netzknoten verbindenden Übertragungsweg geführt wird, — den quasiassoziierten Betrieb, bei dem der ZZK über andere Wege verläuft, aber den Nutzkanälen des Übertragungsweges fest zugeordnet bleibt, — und den nichtassoziierten Betrieb, bei dem diese Zuordnung auch wechseln kann. Das System No. 7 berücksichtigt zunächst die assoziierte und quasiassoziierte Betriebsweise. Es ist in der Lage, auf einem 64-kbit/s-Kanal die Signalisierungsinformation von mehreren tausend Verbindungen zu übertragen.

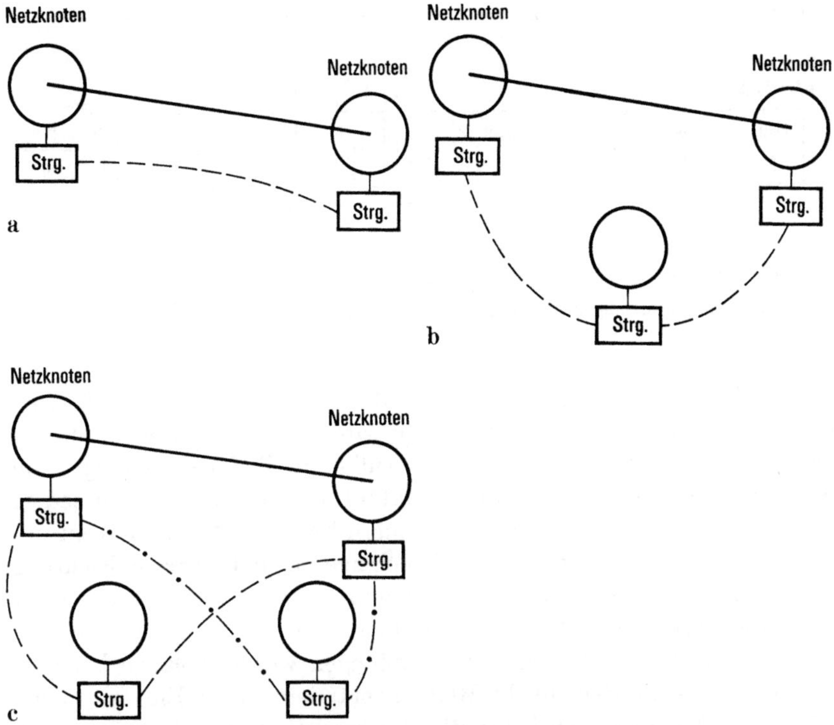

Bild 9.19a–c. Varianten der Zeichengabe auf zentralem Zeichenkanal.
a) assoziierter Zeichenkanal;
b) quasi-assoziierter Zeichenkanal;
c) nichtassoziierter Zeichenkanal.

——— Nutzkanal
··········· zentraler Zeichenkanal
–·–·–·– alternativer zentraler Zeichenkanal
Strg. Steuerung

9.3.2.1. Der Nachrichtenübertragungsteil der Signalisierungsnachricht

Es gibt drei Typen von Signalisierungsnachrichten oder *Zeicheneinheiten*: erstens die Füll-Zeicheneinheit ohne Nachrichten oder Zustandsangaben. Sie dient der Aufrechterhaltung des Betriebs, wenn keine Nachrichten zu übertragen sind. Zweitens gibt es die ZZK-Zustands-Zeicheneinheit. Sie enthält anstelle der Nachricht Angaben über den Zustand des betreffenden Zeichenkanalabschnitts und wird für die Wiedersynchronisation nach Störungen benötigt. Als drittes ist die eigentliche Nachrichten-Zeicheneinheit als Träger der Signalisierungsnachricht zu nennen; sie wird nun als Beispiel betrachtet (Bild 9.20, von rechts zu lesen):

Die *Flag* F enthält ein vorgegebenes Bitmuster OLLL LLLO, mit dem aufeinanderfolgende Zeicheneinheiten getrennt werden. Durch

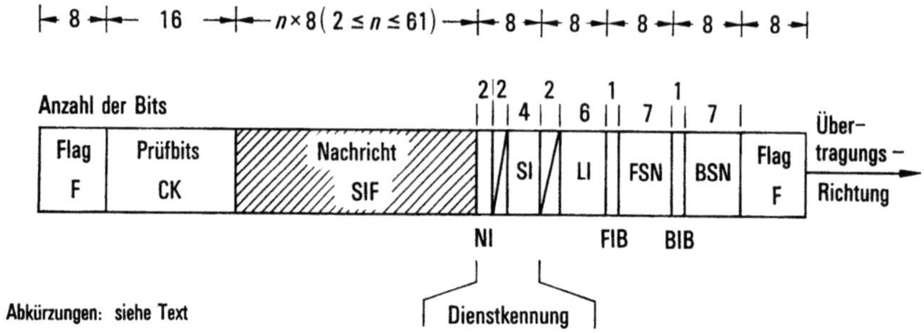

Bild 9.20. Nachrichtenübertragungsteil im System No 7: Nachrichten-Zeicheneinheit.

einen „Trick" ist sichergestellt, daß Nutznachrichten nicht eine Flag simulieren können: Auf der Senderseite wird immer dann, wenn aufeinanderfolgend 5 Einsen auftreten, eine Null in die Bitfolge eingefügt. Von der empfangenden Station wird eine auf 5 Einsen folgende Null in jedem Fall entfernt. Mitgesandte Folgenummern SN bezeichnen zu Kontrollzwecken die Reihenfolge der Zeicheneinheiten, und zwar in Richtung vom Sender zum Empfänger (FSN) und quittierend in umgekehrter Richtung (BSN). Das Rückwärts-Indikatorbit BIB zeigt an, ob eine Nachricht „gut" oder „schlecht" empfangen wurde. Solange korrekte Nachrichten eintreffen, bleibt BIB unverändert. Nach Empfang einer schlechten Nachricht wird das BIB-Bit invertiert. Das Vorwärts-Indikatorbit FIB hat stationär denselben Zustand wie BIB. Wenn es invertiert wird, zeigt es damit die Wiederholung des gestört gemeldeten Zeichens an, woran sich alle bis dahin gesendeten folgenden Zeichen nochmals anschließen.

Der Längenindikator LI teilt die Zahl der nachfolgenden Oktetts mit. Es schließt sich ein Oktett an, in dem mit SI und NI der Dienst näher bezeichnet wird, für den die Signalisierungsnachricht zu übertragen ist. Es folgt die eigentliche Signalisierungs-Nutznachricht SIF, die durch 16 bit einer Prüffolge CK abgeschlossen wird, welche eine Erkennung auch mehrfacher Fehler möglich macht. Die Flag wiederum trennt die Zeicheneinheit von anschließenden Zeicheneinheiten. Mit Hilfe der Folgenummern können im Fehlerfall Signalisierungsnachrichten wiederholt werden.

9.3.2.2. Der Telephon-Benutzerteil der Signalisierungsnachricht

Abkürzung: TUP (*T*elephone *U*ser *P*art), Bild 9.21. Der Adressenteil (label) besteht mit 14 bit aus dem Code der Zielvermittlungsstelle (DPC), mit weiteren 14 bit aus dem Code der Ursprungsvermittlungsstelle (OPC), während zusätzlich 12 bit (CIC) der Angabe des Sprechkreises dienen, für den die Signalisierungsnachricht übertragen wird. DPC und OPC werden im internationalen Netz *explizit* angegeben, d. h. jede Vermittlungsstelle mit Zugang zum internationalen Fernsprechnetz bekommt eine eigene Nummer. Entsprechend 14 Bitstellen kann es also 16384 solcher Vermittlungsstellen geben. Im nationalen Netz werden die Vermittlungsstellen davon unabhängig numeriert; zur Kennzeichnung dient der Nationalindikator NI. Die Sprechkreiskennzeichnung mit 4096 Möglichkeiten bezieht sich auf das Bündel, dem der assoziierte oder quasiassoziierte ZZK zugeteilt ist.

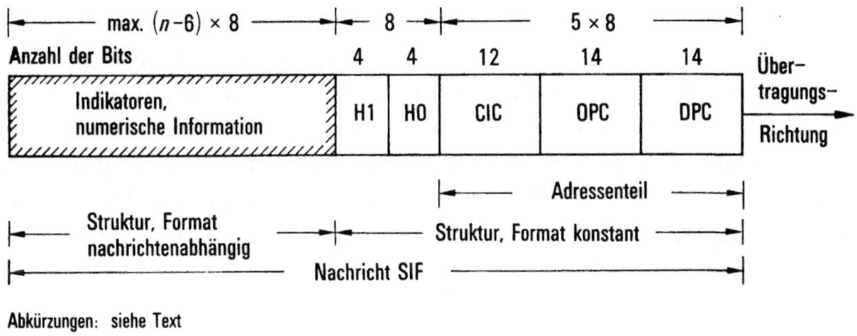

Bild 9.21. Struktur des Telephon-Benutzerteils (TUP).

An den Adressenteil schließen sich zwei Heading-Felder H0 und H1 an. Sie sind zur Kennzeichnung von Struktur und Funktionen der folgenden Informationsfelder notwendig. H0 klassifiziert die Funktion – z. B. „Vorwärts-Wahlinformation" –, während H1 eine feinere Unterteilung innerhalb der Klasse bewirkt – z. B. „erste Wahlinformation" (mit der ersten Wahlinformation werden zusätzliche Kennzeichen wie die Kategorie des Rufenden übertragen).

Im Informationsfeld ist Platz für die eigentliche numerische Information und für Indikatoren zur näheren Bestimmung. Indikatoren geben z. B. „Adresse vollständig" oder „gebührenfreie Verbindung" an.

9.3.3. Signalisierung zwischen Teilnehmer und Vermittlungsstelle im voll digitalen Netz (ISDN)

In Abschnitt 7.1.2.1 wurden die im analogen Fernsprechnetz gebräuchlichen Signalisierungsverfahren zwischen Teilnehmer und Vermittlungsstelle erläutert. Die Zahl der *elektrisch auswertbaren* verschiedenen Zeichenbedeutungen ist verhältnismäßig gering, die Übertragungsgeschwindigkeit relativ langsam. Für die Kommunikation zwischen Mensch und Nachrichtennetz war dies bisher meist ausreichend, da der Mensch seiner Natur nach in der Lage ist, zusätzlich eine Vielzahl unterschiedlicher *akustischer* Hinweise zu unterscheiden (z. B. die Identität des Angerufenen).

Wenn die Digitalisierung des Fernsprechnetzes auch auf die Teilnehmeranschlußleitung ausgedehnt wird, d. h., wenn die Analog-Digital-Umsetzung bereits in der Fernsprechstation beim Teilnehmer erfolgt (s. Abschnitt 9.5.2), so kann praktisch ohne Mehraufwand eine höhere Bitrate als die für PCM-Sprache allein notwendige Rate von 64 kbit/s übertragen werden. Diese zusätzliche Übertragungskapazität wird hauptsächlich für ein wesentlich leistungsfähigeres Signalisierungsverfahren als heute genutzt. Der Vorrat an Signalisierungszeichen läßt sich wesentlich erweitern, so daß einerseits wichtige neue Leistungsmerkmale durch verbesserte Kommunikation zwischen Mensch und Nachrichtennetz eingeführt werden können (z. B. Anzeige der Nummer des anrufenden Teilnehmers), andererseits aber auch maschinelle Kommunikation mit dem Netz möglich ist. Das ist besonders wichtig für die Nutzung des Netzes als Integrated Services Digital Network (ISDN, s. Abschnitt 9.5.2).

Blockbegrenzung (Flag)	Adressfeld	Steuerfeld (Control)	Informationsfeld	Blockprfg.-feld (×)	Blockbegrenzung (Flag)
F 01111110	A 8 bit	C 8 bit	I N bit	FCS 16 bit	F 01111110

× frame checking sequence

Bild 9.22. HDLC-Rahmenstruktur (Rahmen mit Datenfeld).

Die CCITT-Empfehlungen sehen eine zusätzliche Bitrate von 16 kbit/s vor. Als „logisches" Übertragungsverfahren wird die *High Level Data Link Control Procedure* (HDLC) verwendet [9.14, 9.15]. Das Format oder die *Rahmenstruktur* der mittels HDLC übertragenen Nachrichten zeigt Bild 9.22. Die Nachrichten werden durch *Flags* voneinander abgegrenzt. Dieses Verfahren, das das System No. 7 von der HDLC übernommen hat, ist bereits in Abschnitt 9.3.2.1 beschrieben worden. Im Adreßfeld wird Herkunft oder Ziel der Nachricht näher gekennzeichnet. Das Steuerfeld dient der sog. „Flußsteuerung", mit deren Hilfe Nachrichten im Fehlerfall wiederholt werden können. Für das Informationsfeld läßt der HDLC-Rahmen variable Längen zu; in der Anwendung als Teilnehmersignalisierung werden 32 oder 64 Oktetts vorgeschlagen. Die Sicherung der Nachricht erfolgt mittels des Blockprüfungsfeldes, in dem ein durch zyklische Codierung erzeugtes Prüfpolynom übertragen wird (vgl. Abschnitt 4.3.2) [9.16].

9.4. Synchronisierung

Die serielle Übertragung binär codierter Signale im Zeitmultiplex stellt die Aufgabe, die Kanal- und Bitnumerierung so festzulegen, daß sie jederzeit beim Empfänger rekonstruiert werden kann. Dies wurde schon in den Abschnitten 3.2.8, 8.3.2 und 8.3.3 behandelt, so daß es nur noch einiger Ergänzungen bedarf. In integrierten Netzen, die über Digitalvermittlungen eine ganze Anzahl von Digital-Streckenabschnitten ohne Übergang auf Niederfrequenzsignale miteinander verknüpfen, tritt jedoch ein weiteres Synchronisierproblem auf: die Synchronisierung der Taktfrequenz im ganzen Netz.

9.4.1. Taktsynchronisierung

Eine digitale Vermittlungsstelle im digitalen Netz empfängt Bitströme von einer ganzen Anzahl verschiedener Vermittlungsstellen und muß ebenso Bitströme an verschiedene Vermittlungsstellen weitergeben. Ist die *empfangene* Bitrate geringfügig höher als die *interne* und weitergegebene Bitrate, so entsteht in der Vermittlungsstelle allmählich ein ,,Bitstau", im entgegengesetzten Fall ein ,,Bitmangel". Bitstau und Bitmangel müssen entweder von vornherein vermieden oder in ihrer Auswirkung möglichst unschädlich gemacht werden. Hierfür gibt es verschiedene Möglichkeiten.

9.4.1.1. Das ,,plesiochrone" Netz

Das scheinbar einfachste Verfahren besteht darin, Bitstau bis zur Füllung bzw. Bitmangel bis zur Leerung eines Pufferspeichers zuzulassen. Anschließend wird der Pufferspeicher schlagartig gelöscht bzw. durch ,,Blindbits" neu gefüllt. Dabei entsteht periodisch eine Verfälschung der übertragenen Nachrichten durch Auslassung oder Wiederholung von Informationen. Man nennt diesen Vorgang *Schlupf* (slip). Das sog. *Schlupfverfahren* (spilling, slip) löst das Problem der geringfügig differierenden Taktfrequenzen im Netz dadurch, daß es Informationsverfälschungen durch Schlupf in gewissem Umfang zuläßt.

Die Schlupfhäufigkeit muß also so begrenzt werden, daß eine praktisch ungestörte Telekommunikation möglich ist. Aus verschiedenen Gründen führt man die Netzsynchronisation auf der Basis des PCM-Grundsystems durch und wählt die Größe des Pufferspeichers gleich der Rahmenlänge dieses Systems, also zu 256 bit [9.17]. Die im Pufferspeicher abgelegte Information repräsentiert damit einen Zeitabschnitt von $T_0 = 125\ \mu s$. Ist die relative Abweichung der Taktfrequenz von ankommenden zu internen Bitströmen $\Delta f/f$, so gilt für die Schlupfperiode T_S

$$T_S = \frac{T_0}{\Delta f/f}. \qquad (9.2)$$

Wählt man die Langzeitgenauigkeit der Taktgeneratoren im Netz genügend hoch, so spricht man von einem *plesiochronen* Netz (und meint damit ein „nahezu synchrones"). Mit Cäsium-Atomfrequenznormalen erreicht man z. B. bereits Genauigkeiten von 10^{11}. Berücksichtigt man gegenläufige Abweichungen in zwei miteinander verbundenen Vermittlungsstellen, so wird in diesem Fall $\Delta f/f = 2 \cdot 10^{-11}$ und die Schlupfperiode $T_S \approx 72$ d. Nach CCITT-Empfehlung G.811 [9.18] soll das Netz der internationalen Übertragungsstrecken mit den zugehörigen digitalen Vermittlungsstellen in dieser Weise betrieben werden. Das bedeutet, daß auch die nationalen Netze eine Taktgenauigkeit von 10^{11} sicherstellen müssen.

Die Ausdehnung dieses Prinzips auch auf die nationalen Netze ist jedoch unzweckmäßig: Erstens würden sehr hohe Kosten entstehen, wenn man jede digitale Vermittlungsstelle mit — aus Sicherheitsgründen wenigstens duplizierten — Atomfrequenznormalen ausstatten würde; zweitens ergäbe sich insbesondere in internationalen Weitverbindungen über viele beteiligte digitale Vermittlungsstellen hinweg doch eine merkliche Vergrößerung der Schlupfhäufigkeit. Aus diesen Gründen legt man nationale Netze oder — je nach deren Größe — auch Teilbereiche nationaler Netze als *synchrone Netze* aus.

9.4.1.2. Gerichtete Synchronisierung

Das Verfahren der *gerichteten Synchronisierung* (auch *masterslave*-Verfahren genannt) erscheint im Prinzip einfach: Alle digitalen Vermittlungsstellen im Netz werden von *einem* zentralen Muttertakt aus versorgt; es können lediglich durch Laufzeitänderungen bedingte kurzzeitige oder langzeitige Phasenschwankungen des versorgenden Taktes auftreten (*Jitter* und *Wander*). Die Aufgabenstellung besteht nun darin, ein Frequenznormal festzulegen, eine Strategie für die Verteilung der Normalfrequenz zu finden und Maßnahmen für die Sicherheit des gesamten Versorgungssystems zu treffen. Von verschiedenen möglichen Lösungswegen [9.19—9.21] wird der von der Deutschen Bundespost eingeschlagene erläutert.

Als Frequenznormal kann eine bereits vorhandene zentrale Normalfrequenzanlage verwendet werden, wie sie für den Betrieb von Trägerfrequenz-Übertragungsstrecken netzweit benötigt wird. Allerdings ist die Anlage mit einer Frequenznachsteuereinrichtung auszurüsten, die eine phasengenaue Synchronisierung des Grundgenerators mit einer zugeführten Vergleichsschwingung ermöglicht, deren Frequenz höchstens um 10^{-11} abweicht. Für den Trägerfrequenzbetrieb allein wäre eine frequenzgenaue Regelung mit einem Restfehler von weniger als 10^{-8} ausreichend.

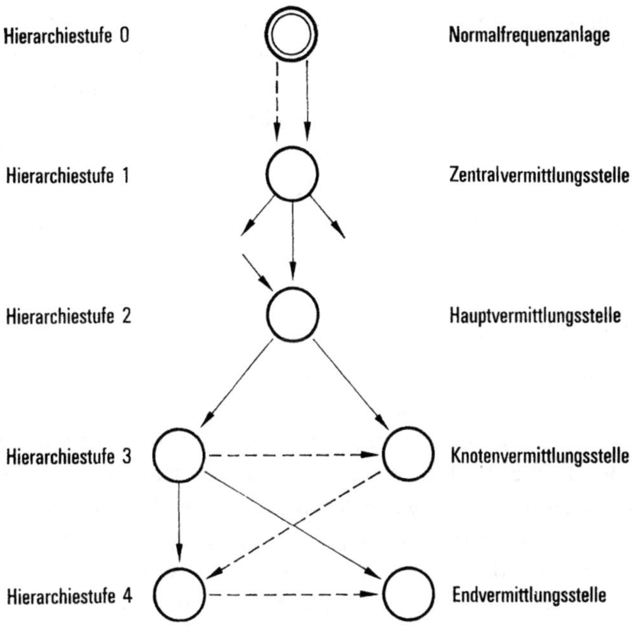

Bild 9.23. Gerichtete Synchronisation mit Ersatzübertragungswegen für die Vergleichsfrequenzen.
——— Hauptweg;
-------- Ersatzweg.

Für die Verteilung der Normalfrequenz bis zu den entferntesten und hierarchisch letztrangigen Digitalvermittlungen wird ein integriertes Frequenzkontrollnetz ausgebaut, das die Normalfrequenzinformationen sowohl über das weit verbreitete, vorhandene Trägerfrequenznetz als auch über die Übertragungsstrecken des neu entstehenden Digitalnetzes weiterzugeben gestattet. In Trägerfrequenzsystemen werden für die Weiterleitung die vom CCITT empfohlenen Frequenzvergleichspilote verwendet, z. B. beim System V10800 die Pilotfrequenz 4200 kHz. Auf digitalen Übertragungsstrecken läßt sich die Referenzfrequenz als Bittakt 2,048 MHz des PCM-Grundsystems übertragen. Bild 9.23 zeigt die Verteilung über das hierarchisch gegliederte Fernsprechnetz im Prinzip. Im allgemeinen sind die Oszillatoren der einzelnen Hierarchiestufen in Kette geschaltet, so daß sich Regelfehler und Einschwingzeiten addieren können.

Wird die Normalfrequenzinformation im Trägerfrequenznetz übertragen, so ist es möglich, diesen Nachteil zu vermeiden, indem man den Frequenzvergleichspilot aus dem ankommenden Band ausfiltert und unter Umgehung des phasengeregelten Oszillators in das abgehende Band wieder einfügt (distributed master).

Wie in Bild 9.23 angedeutet, ist für Redundanz bei der Verteilung der Normalfrequenz gesorgt entweder durch die Bereitstellung von Ersatzwegen oder durch die „natürliche Vermaschung" im Fernsprechnetz. Fällt dennoch die Übermittlung der Referenzfrequenz aus, so läuft der Takt der betreffenden Vermittlungsstelle frei. Damit die Ausfallzeit mit hinreichender Genauigkeit überbrückt werden kann, sind die Grundgeneratoren mit einem *Regelspeicher* für die Einhaltung der Frequenz ausgerüstet. Die Speicherung der Referenzfrequenz erfolgt für einen längeren Zeitraum mit einem Fehler, der im ungünstigsten Fall 10^{-9} beträgt.

9.4.1.3. Gegenseitige Synchronisierung

Beim Verfahren der gegenseitigen Synchronisierung (mutual synchronization) gibt es im Prinzip keine Synchronisierungshierarchie, da jeder Netzknoten (jede Vermittlungsstelle) zur Synchronisierung des Netzes beiträgt [9.22—9.24]. Hierzu wird in jeder Vermittlungsstelle aus den Taktfrequenzen der *ankommenden* Bitströme der Mittelwert der Phasendifferenzen zur eigenen Taktfrequenz gebildet und als Regelkriterium zur Nachstimmung des eigenen Taktfrequenzgenerators verwendet. Allen Vorgängen in der Koppelanordnung und damit auch allen *abgehenden* Bitströmen wird der so erzeugte eigene Takt aufgeprägt. Über die fernen, nach dem gleichen Verfahren arbeitenden Vermittlungsstellen wirkt damit der Takt wieder auf die ankommenden Bitströme zurück. Es entsteht ein geschlossenes Regelsystem, in dem sich nach dem Einschwingvorgang ein Gleichgewichtszustand mit einheitlicher Taktfrequenz f_{Netz} im gesamten Netz einstellt:

$$f_{\text{Netz}} = \frac{1}{n} \sum_{k=1}^{n} f'_{tk}. \tag{9.3}$$

Dabei ist f'_{tk} die „Leerlauf"-Taktfrequenz der Vermittlungsstelle k, die sich ohne regelnde Nachstimmung des Oszillators einstellen würde. Vorausgesetzt ist für diese Beziehung, daß sich — abgesehen von Toleranzabweichungen — alle Generatoren gleich verhalten. Außerdem wird der Einfluß von Laufzeitänderungen der Übertragungsstrecken auf die Taktfrequenz f_{Netz} vernachlässigt.

Wertet das Verfahren nur die Phasenbeziehungen der ankommenden Bitströme im *eigenen* Netzknoten aus, so wird es als *single ended* bezeichnet. Das Verfahren berücksichtigt Laufzeiten auf den Übertragungsstrecken nicht gesondert. Diese Laufzeiten tragen ja ebenfalls zur Phasendifferenz bei. Insbesondere werden Laufzeitänderungen als Frequenzänderungen gedeutet, sie führen also zu Regelvorgängen. Stark schwankende Laufzeiten, wie sie zum Beispiel auf Verbindungswegen über Satelliten auftreten, können dabei zu einer Instabilität des Gesamtnetzes führen.

Diese Schwierigkeiten werden — wenn auch mit zusätzlichem Aufwand — durch ein System verringert, das *double ended* genannt wird. Dabei wird die im *fremden* Netzknoten gegenüber dem Bitstrom aus dem *eigenen* Netzknoten auftretende Phasendifferenz zum eigenen Netzknoten zurückgemeldet und dort von der für diese Strecke gemessenen Phasendifferenz abgezogen. Bei sonst gleichen Parametern des Regelsystems in den Netzknoten kann man damit durch Laufzeiten verursachte Phasenverschiebungen kompensieren. Vorausgesetzt ist allerdings, daß die Laufzeiten auf dem Hinweg und auf dem Rückweg gleich sind, daß also Hin- und Rückweg über die gleiche Trasse verlaufen.

Mit dem Verfahren der gegenseitigen Synchronisierung könnte man auf Oszillatoren hoher Genauigkeit und Frequenzspeicherung verzichten, weil durch die Vermaschung eine hohe Redundanz für die Über-

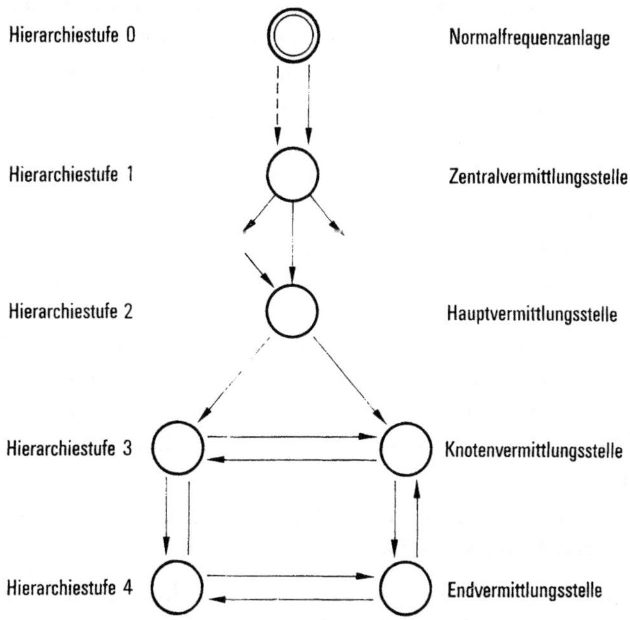

Bild 9.24. Hierarchisches Netz mit gegenseitiger Synchronisation in den unteren Netzebenen.

——— Hauptweg;
------- Ersatzweg.

tragung der Vergleichsfrequenzen gegeben ist. Tatsächlich muß jedoch auch ein Netz oder ein Netzbereich, in dem gegenseitig synchronisiert wird, von einer Normalfrequenz geführt werden, wenn die absolute Frequenztoleranz entsprechend der CCITT-Empfehlung G.811 eingehalten werden soll.

In Bild 9.24 ist ein Netzbeispiel mit gerichteter Synchronisierung in den oberen und gegenseitiger Synchronisierung in den unteren Hierarchiestufen gezeigt.

Kritisch sind bei der gegenseitigen Synchronisierung „Phasenverspannungen“; das sind überhöhte Aussteuerungen der Phasendiskriminatoren, die sich insbesondere dann ergeben, wenn das Netz in mehr als einem Netzknoten von außen geführt wird. Weiterhin schwingen nach dem Ausfall einer Übertragungsstrecke oder eines entsprechenden Gerätes die Oszillatoren aller Netzknoten in eine neue Phasenlage ein. Dabei können sich sehr komplexe, schwer durchschaubare Verhältnisse ergeben. Derzeit deutet alles darauf hin, daß dem Prinzip der gerichteten Synchronisierung in den meisten Ländern der Vorzug gegeben wird.

9.4.2. Rahmen- und Kanalerkennung

In der Vermittlungsstelle müssen die Zugehörigkeit der in den Zubringer-Digitalsystemen transportierten Bits zu Kanälen sowie die Ordnungszahlen der Kanäle bekannt sein, um kanalweise und kanalrichtig durchschalten zu können. Insgesamt sind — außer den bereits erwähnten Aufgaben für die Taktsynchronisierung — folgende Bedingungen zu erfüllen:

a) Die Lage der einzelnen Kanäle innerhalb des Bitstroms muß erkannt werden.

b) Es ist zweckmäßig, der Vermittlungsstelle einen stets gleichbleibenden und von Zubringer zu Zubringer äquivalenten Zugriff zu den Kanälen zu ermöglichen. Das heißt zum Beispiel, erläutert an Bild 9.9: Beim Einschreiben in die Speicherplätze wird stets der Inhalt des Kanals Nr. 1 in Speicherplatz Nr. 1 niedergelegt, gleichbleibend für alle angeschlossenen Systeme. Die Steuerung kann also einheitlich für alle Systeme Speicherplatz 1 auslesen, wenn sie das Signal des Kanals 1 weitervermitteln will.

c) Eine Anpassung des „atmenden“ Streckentaktes an den starren Takt der Vermittlungsstelle ist vorzunehmen.

Die Erkennung der einzelnen Kanäle geschieht mittels des Rahmenkennungswortes, das den Nullpunkt der Zählweise liefert (vergleiche Abschnitt 3.2.8 und die Betrachtungen in Abschnitt 8.3.3.1, Bild 8.29). Wichtig ist, daß das Erkennen des Rahmenkennungswortes mit dem Zubringertakt geschieht, so daß die Zählfolge der Kanäle durch einen Bitschlupf nicht gestört werden kann.

Um der Vermittlungsstelle — wie erwähnt — einen stets gleichbleibenden Zugriff zu den Zubringerkanälen zu ermöglichen, bildet man die zeitlich serielle Folge der Kanäle ab in eine räumliche Lage innerhalb eines Pufferspeichers. Bild 9.25 zeigt das Prinzip in Anlehnung an Bild 9.9: Mit dem Zubringertakt (Streckentakt) gesteuert erfolgt die Rahmenerkennung, auf Grund derer die 8-bit-Codewörter kanalrichtig in zubringereigene Pufferspeicher eingeschrieben werden sollen. Hierfür liefert die Rahmenerkennung die Kanalnummer des gerade empfangenen Codewortes. Diese Kanalnummer wird als Adresse des Speicherplatzes interpretiert, in den das Codewort eingetragen werden soll. Im Bild ist das symbolisch durch den Zugriff (Pfeil) zu dem Dreharm angedeutet, der die Zuteilung des Speicherplatzes vornimmt. Im betrachteten Augenblick ist im Zubringer 1 der Kanal 7 und im Zubringer n der Kanal 2 identifiziert worden, beide Kanalinhalte werden in die ihrer Ordnungszahl entsprechenden Plätze im Pufferspeicher eingeschrieben. Die Vermittlungssteuerung kann sich die Kanalinformation von dort zu ihr genehmen Zeitpunkten abholen.

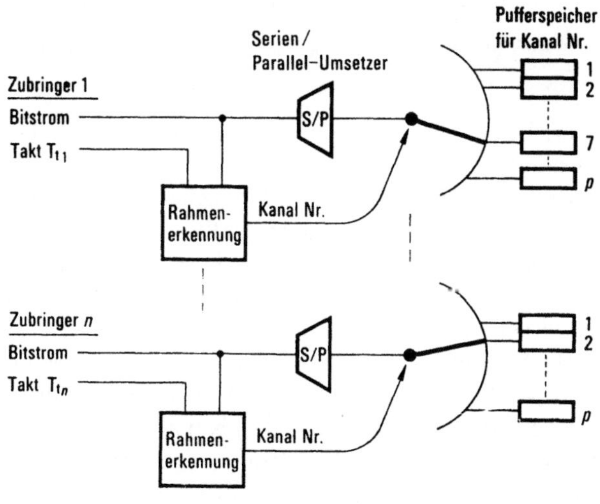

Bild 9.25. Umwandlung einer zeitlichen Folge in eine räumliche Lage. S/P Serien/Parallel-Umsetzung.

Schließlich muß man noch dafür sorgen, daß im Pufferspeicher nicht gleichzeitig gelesen und geschrieben wird. Entweder muß die Vermittlungssteuerung beim Lesen auf Einschreibvorgänge Rücksicht nehmen, oder aber das Einschreiben erfolgt nur zu Zeitpunkten, in denen die Vermittlungssteuerung nicht liest. Bild 9.26 führt das Beispiel von Bild 9.9

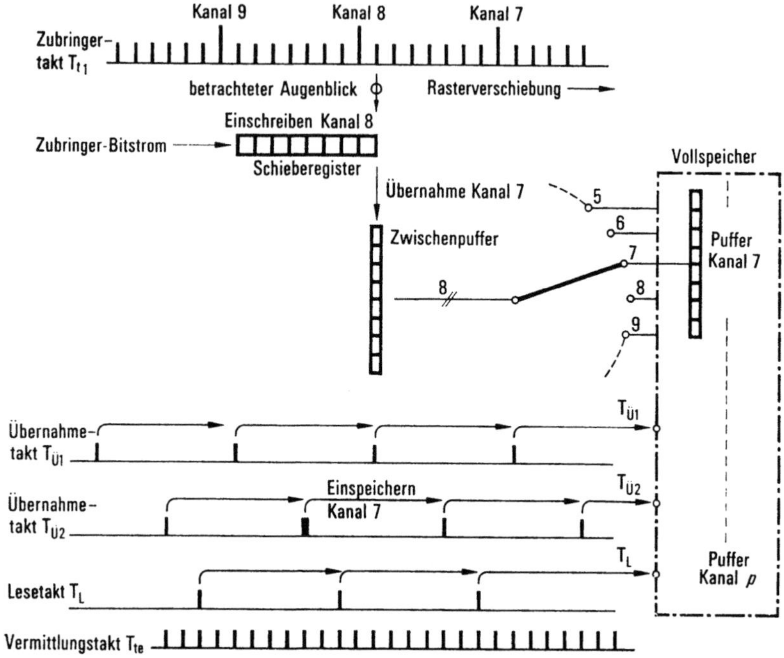

Bild 9.26. Übergang vom Zubringertakt auf den Vermittlungstakt.

und 9.25 weiter. Dabei wird versucht, räumliche und zeitliche Vorgänge in einem Bild darzustellen.

Oben im Bild ist der Zubringertakt gezeigt. Da zuvor bereits die Rahmenerkennung durchgeführt wurde (Bild 9.25), ist bekannt, zu welchen Zeitpunkten jeweils ein neues Codewort beginnt. Im Bild ist dies durch die verlängerten Taktimpuls-Striche angedeutet. Das Taktraster wird gewissermaßen nach rechts durch das Bild geschoben. Der Zubringer-Bitstrom läuft zunächst in ein 8 bit langes Schieberegister *seriell* ein. Im betrachteten Augenblick — durch die Markierung gekennzeichnet — ist gerade das letzte Bit des Kanals Nr. 7 eingeschrieben worden. Nun wird der Inhalt des Schieberegisters *parallel* in einen Zwischenpuffer übernommen, damit das Schieberegister für die Aufnahme des nächsten Codewortes — hier des Kanals Nr. 8 — frei wird. Vom Zwischenpuffer aus muß anschließend das Codewort dem jeweiligen Kanal-Pufferspeicher zugeführt werden (vergleiche Bild 9.25). Die Gesamtheit der Kanal-Pufferspeicher eines Zubringers wird *Vollspeicher* genannt, da dieser einen vollen Rahmen zwischenspeichert.

Die Information des Zwischenpuffers steht also parallel am Vollspeicher zur Übernahme in den Kanalpuffer 7 an. Es muß nun ein geeigneter Zeitpunkt gefunden werden, um die Information *dann* einzuschreiben, wenn der Kanalpuffer mit Sicherheit *nicht* gelesen wird. Das dahinter stehende Problem lautet: Die von der Vermittlungsstelle völlig unabhängige zeitliche Lage der Kanäle und Bits im ankommenden Bitstrom muß ohne Gefahr eines Informationsverlustes in das zeitliche Raster der Vermittlungsstelle übernommen werden. Hierzu dient ein Übernahmetakt $T_{Ü1}$ bzw. $T_{Ü2}$, der von der Bit-, Kanal- und Rahmenzählweise der Vermittlungsstelle abgeleitet wird. Somit kann durch entsprechende Festlegung des Lesetaktes T_L erreicht werden, daß sich das Auslesen des Kanalpuffers nicht mit dem Einschreiben überlappt.

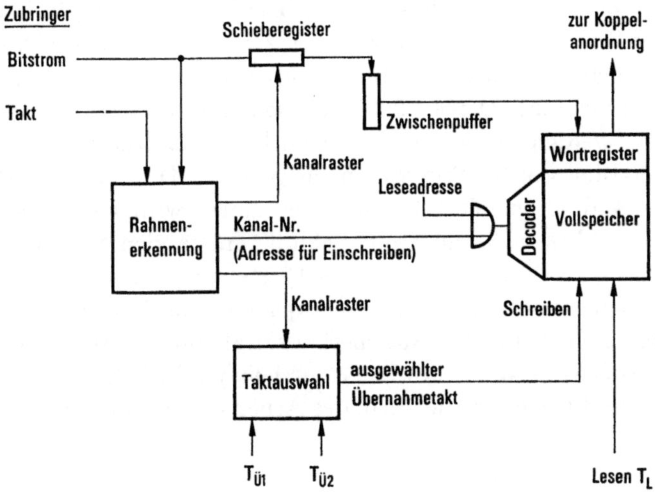

Bild 9.27. Funktionsbild zur Rückgewinnung des Kanalrasters.

Das Beispiel in Bild 9.26 wurde so gewählt, daß *zufällig* der Übernahmetakt $T_{Ü1}$ mit der Übernahme des Codewortes des Kanals 7 in den Zwischenpuffer zusammenfällt, so daß ein sicheres Einschreiben in den Vollspeicher nicht gewährleistet ist. Aus diesem Grunde gibt es einen zeitlich (hier um 4 Takte T_{te}) versetzten Übernahmetakt $T_{Ü2}$, der das Einschreiben in dieser Konstellation übernimmt (stark ausgezogener Taktimpuls $T_{Ü2}$). $T_{Ü2}$ wird mit Sicherheit wirksam, bevor das Schieberegister den Zwischenpuffer für die Übernahme der Kanalinformation 8 braucht.

Im vereinfachten Blockschaltbild 9.27 werden die Funktionen noch einmal im Zusammenhang gezeigt. Vom Zubringertakt gesteuert liefert die Rahmenerkennung das Kanalraster des ankommenden Bitstroms. Dieses wird einerseits gebraucht, um numerisch den richtigen Speicherplatz im Vollspeicher anzusteuern. Andererseits werden lediglich die Rasterzeitpunkte des jeweiligen Kanalbeginns benötigt, um die Wortübernahme vom Schieberegister in den Zwischenpuffer zu veranlassen (oben) und den richtigen Übernahmetakt auszuwählen (unten im Bild). Das Einschreiben des Zwischenpufferinhaltes in den Vollspeicher geschieht über das Wortregister, das die in den Vollspeicher einzuschreibende oder aus ihm auszulesende Information kurzzeitig festhält. Der Zugriff der Vermittlungssteuerung zum Vollspeicher, mit der der eigentliche Vermittlungsvorgang beginnt, ist mit T_L und der Weitergabe der ausgelesenen Information aus dem Wortregister zur Koppelanordnung angedeutet.

Im englischen Sprachgebrauch wird die Anordnung zur Rückgewinnung des Zubringer-Kanalrasters und zur Eingliederung in das Taktraster der Vermittlung mit *Retimer* oder *Aligner* bezeichnet [9.25].

Die Anpassung an das „Atmen" des Streckentaktes, für das nach CCITT-Empfehlung Q.504 [9.26] Phasenschwankungen bis zu 18 μs zugelassen werden, erfordert ein „schaltbares Laufzeitglied" für jeden Zubringer-Bitstrom (in Bild 9.25 nicht gezeigt). Der jeweils bestehende Schaltzustand „Laufzeitglied ein" oder „aus" wird gewechselt, wenn durch eine Phasenänderung ein Schlupf entstanden ist. Besteht die Tendenz zu „Bitstau" (Abschnitt 9.4.1), steht mit dem Einschalten des Laufzeitgliedes zusätzliche Speicherkapazität zur Verfügung. Im umgekehrten Fall wird die Speicherkapazität durch Ausschalten verringert. Auf diese Weise wird der „Arbeitspunkt" des Aligners nach einem Schlupf wieder in die Mitte des Arbeitsbereichs verlegt.

9.5. Digitale Nachrichtennetze

9.5.1. Dienstintegration in digitalen Universalnetzen

Bisher war im wesentlichen vom digitalisierten Fernsprechnetz die Rede. Selbstverständlich ist ein solches digitales Netz nicht allein für Fernsprechdienste geeignet. Vielmehr ist es auch gut nutzbar für Dienste, die von vornherein in digitaler Form vorliegen, wie *Text-*, *Bild-* und *Datendienste*. Diese umspannen einen weiten Bereich verschiedener Telegraphier- und Datenübertragungs-Geschwindigkeiten von 50 bit/s bis in das Gebiet der Mbit/s. Aber auch „Analog-Dienste" höherer Qualität können nach Analog-Digital-Umsetzung in einem digitalen Netz abgewickelt werden (vgl. Abschnitt 1 und 8.3), wobei je nach Anforderungen eine Bitrate von etwa 500 kbit/s (Hörprogramme) bis z. B. 34 Mbit/s (Fernsehen) beansprucht wird. Damit ist bereits ein wesentliches Unterscheidungsmerkmal der Dienste angesprochen: die notwendige *Bitrate* oder *Kanalkapazität*.

		Vermittelte Dienste		Nicht vermittelte Dienste	
		Dialogfähig	Monologfähig	Dialogfähig	Monologfähig
2 Kommunikationspartner	Kanalkapazität > 64 kbit/s	Bildfernsprechen		Standverbindung zwischen Rechnern	
2 Kommunikationspartner	Kanalkapazität ≤ 64 kbit/s	Fernsprechen, Telex, Teletex, Fax, Daten, Bildschirmtext	Automatischer Weckdienst, Fernablesung von Zählern	Mietleitung zwischen Nebenstellenanlagen	
mehr als 2 Kommunikationspartner	Kanalkapazität > 64 kbit/s	Bildkonferenz	(Programme mit ferngesteuerter Programmauswahl)		Rundfunk, Fernsehen
mehr als 2 Kommunikationspartner	Kanalkapazität ≤ 64 kbit/s	Konferenzgespräch	Ansage im Fernsprechnetz	Notrufsäulen	Alarmanlagen

Bild 9.28. Klassifizierung von Fernmeldediensten.

Es gibt noch eine ganze Reihe weiterer Unterscheidungskennzeichen. In der Matrix Bild 9.28 sind einige Merkmale angegeben. Vermittelte Dienste sind solche, die die beliebige Auswahl eines von vielen Partnern gestatten. Hierzu zählen Fernsprechen und Fernschreiben. Zu den nicht vermittelten Diensten gehören Standverbindungen, also fest geschaltete Kanäle, aber auch Rundfunk und Fernsehen. Letztere benötigen im allgemeinen nur eine *einseitig gerichtete* Kommunikation. Dagegen sind Fernsprechen und auch Fernschreiben typische *Dialogdienste*; sie lassen eine gleichberechtigte Kommunikation von Teilnehmer A zu Teilnehmer B und umgekehrt zu. Schließlich ist auch die Anzahl der an einem Kommunikationsvorgang beteiligten Partner als Parameter in der Matrix angegeben.

Darüber hinaus bestehen weitere signifikante Unterschiede zwischen den Diensten zum Beispiel in den Betriebsbedingungen und in der Netzstruktur. Unter Betriebsbedingungen sind Verbindungsaufbauzeiten (für Datendienste werden extrem kurze Verbindungsaufbauzeiten gefordert), Sicherheitsanforderungen, Gebührenpflichtigkeit usw. verstanden —, Kennzeichen also, die den Aufwand für die technische Abwicklung des Dienstes wesentlich mitbestimmen. Die Netzstruktur ist stark von der *Teilnehmerdichte* des betreffenden Dienstes geprägt. Die Struktur des Fernsprechnetzes in der BRD (vgl. Abschnitt 7.4) ist nicht zuletzt mit Rücksicht auf eine Sprechstellendichte von 30% und mehr entstanden. Die Teilnehmerdichten im Telex- und Datennetz liegen bisher um zwei bis drei Größenordnungen unter denen des Fernsprechnetzes. Deshalb sieht zum Beispiel das Integrierte Fernschreib- und Datennetz IDN [9.27] nur noch *eine* Hierarchiestufe im Netz vor, an die alle Teilnehmer über *Konzentratoren* herangeführt werden.

Angesichts derart vieler wesentlicher Unterschiede zwischen den Fernmeldediensten stellt sich natürlich die Frage, ob allein die Tatsache der digitalen Übertragung — also nur *eines* von vielen Merkmalen der Nachrichtennetze — Grund genug dafür ist, die verschiedenen Dienste nicht in eigenen, dienstspezifischen Netzen zu betreiben, sondern in einem Universal-Nachrichtennetz zu *integrieren.*

Für eine Dienstintegration sprechen unter anderem folgende Argumente [9.28]:

a) Einerseits wird die mehrfache Realisierung gleicher Betriebsbedingungen in verschiedenen Netzen vermieden, andererseits werden Dienste durch die höhere Leistungsfähigkeit des Universalnetzes aufgewertet. Beispiele: Anstelle der manuellen Schaltung von *Standleitungen* kann im Universalnetz eine Verbindung automatisch auf Dauer vermittelt werden. Datendienste können im Universalnetz (mit der Ausdehnung des Fernsprechnetzes) wesentlich mehr Teilnehmern zugänglich gemacht werden.

b) Teilnehmer können über *einen* Anschlußkanal an das universelle Nachrichtennetz angeschlossen werden und damit die verschiedensten Dienste in Anspruch nehmen. Man spricht bereits von einer „Nachrichtensteckdose", über die Fernsehen, Zeitungen, Briefe, Bildfernsprechen usw. verfügbar sind.

c) Wartungs- und Verwaltungsmaßnahmen für die verschiedenen Fernmeldedienste können vereinheitlicht und von einheitlich ausgebildetem Personal ausgeführt werden.

d) Unterschiedliche und nicht vorhergesehene Wachstumsraten in den einzelnen Diensten können in einem Universalnetz bis zu einem gewissen Grade aufgefangen werden.

e) Mit der wichtigste Gesichtspunkt für die Integration von Text-, Bild- und Datenkommunikation in *einem* Netz ist jedoch die Erschließung *neuer Dienste* durch die Kombination dieser Kommunikationsformen. Das ist insbesondere für Bürokommunikation von Bedeutung [9.29].

Gegen eine Dienstintegration lassen sich Argumente finden, die im wesentlichen auf der Wirtschaftlichkeitsfrage beruhen: Wie läßt sich eine Anzahl wirtschaftlich optimierter Spezialnetze in *ein* wirtschaftliches Universalnetz überführen?

Im Universalnetz müssen viele Dienste mehr oder weniger vom wirtschaftlichen Optimum entfernt realisiert werden. Hierzu ein Beispiel: In Abschnitt 9.2.1 ist der Vorteil des Zeitmultiplexprinzips in der Vermittlungstechnik erläutert worden. Der mögliche Zeitmultiplexfaktor p_{max} geht jedoch gegen Eins, wenn nf_0 in die Größe der maximal möglichen Taktfrequenz f_t kommt. Mit anderen Worten: Ist die Anzahl der je Abtastwert zu übertragenden Bits so groß oder ist die Abtastfrequenz so hoch, daß die Bitfolgefrequenz eines Kanals in die Größenordnung der Taktfrequenz der Koppeleinrichtung kommt, so kann man nicht mehr mehrere Kanäle ineinander verschachteln. Wenn man also in einem Universalnetz die Koppeleinrichtung auf die Kanalkapazität des Dienstes mit den höchsten Qualitätsansprüchen (zum Beispiel Bildfernsprechen) auslegt, kann man das Zeitmultiplexprinzip vermittlungstechnisch nicht mehr anwenden, das ja gerade im weitest verbreiteten Fernsprechdienst merkliche Einsparungen ermöglicht.

Damit wird deutlich, daß eine vollständige Dienstintegration in *einem* digitalen Universalnetz sich aus Wirtschaftlichkeitsgründen verbietet. Wohl aber kann die „Teilintegration" von Diensten in einzelnen oder zahlreichen Netzkomponenten wirtschaftliche Vorteile bringen. Folgendes zeichnet sich ab:

— Unter dem Sammelbegriff *Integrated Services Digital Network* (ISDN) verstärkt sich die Hinwendung zu einem abgestimmten Netzkonzept, das einen breiten Bereich digitaler Kommunikationsformen aufnehmen kann.

— Der durch den Massenverkehr gebildete Schwerpunkt liegt bei der Übermittlung von 64-kbit/s-Strömen in einem *Durchschaltnetz* nach den zuvor erläuterten Vermittlungsprinzipien (im Gegensatz zum Paketvermittlungsnetz!) [9.29]. Stark unterschiedliche Kanalbitraten und Vermittlungsprinzipien werden durch Bildung von spezifischen Modulen berücksichtigt.

— Eine gewisse Dienstintegration liegt vor (wie heute schon im analogen Netz) auf den mehrfach ausgenutzten Übertragungsstrecken. Dies gilt insbesondere auch für eine künftige Versorgung der Teilnehmer über ein universelles Lichtwellenleiter-Anschlußnetz [9.30]. Weitgehend integriert wird die für die verschiedenen Dienste erforderliche Netzintelligenz.

Entsprechend dem erwähnten Schwerpunkt wird nachfolgend das für die Durchschaltung von 64-kbit/s-Strömen ausgelegte Grundkonzept des ISDN erläutert.

9.5.2. Integrated Services Digital Network (ISDN) für 64-kbit/s-Ströme

9.5.2.1. Veranlassung

Wie bereits ausgeführt, wird weltweit das Fernsprechnetz digitalisiert, weil ein in Übertragungs- und Vermittlungstechnik integriertes Digitalnetz merklich wirtschaftlicher als das weit verbreitete analoge Fernsprechnetz ist. Das bedeutet:

Digitale Multiplex-Übertragungsstrecken werden vorwiegend im Fernnetz, digitale Vermittlungsstellen zunächst im Fernnetz, darauf folgend auch im Ortsnetz eingeführt [9.31]. Auf diese Weise entsteht ein integriertes digitales Netz (IDN, vgl. Abschnitt 9.1), in dem sowohl Übertragungs- als auch Vermittlungstechnik digitalisiert sind. Von einem solchen Netz hat der *Benutzer* im Prinzip keine Vorteile, es sei denn, die Fernmeldeverwaltung gibt eigene wirtschaftliche Vorteile an den Benutzer weiter.

Ein entscheidender Schritt zu verbesserten und neuen Nutzungsmöglichkeiten ist erst getan, wenn die Digitalisierung über die Ortsver-

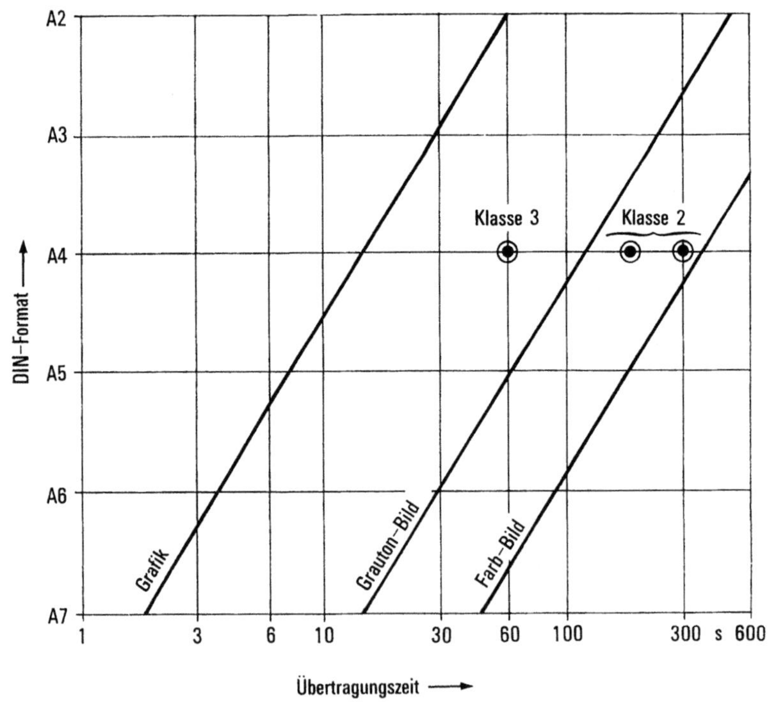

Bild 9.29. Zusammenhang zwischen Format und Übertragungszeit für Faksimiledienste bei einer Auflösung von 4 L/mm und einer Übertragungsrate von 64 kbit/s.
⊙ bestehende Telefaxklassen.

mittlung hinaus bis zur Teilnehmerstation ausgedehnt wird. Damit steht dort eine Duplex-Bitrate von (wenigstens) 64 kbit/s zur Verfügung, mit der sich zahlreiche Formen der Digitalkommunikation aufwerten lassen. Ein Beispiel zeigt Bild 9.29: Die Faksimileübertragung von Bildern und Dokumenten kann wesentlich schneller als im analogen Fernsprechnetz erfolgen. Als Punkte sind für DINA4-Format und Grafik die heutigen Telefax-Klassen 2 (5 min, 3 min) und 3 (ca. 1 min) eingetragen. Demgegenüber wird bei 64 kbit/s eine Übertragungszeit von etwa 20 s erreicht (ohne Berücksichtigung zusätzlicher Redundanzreduktion). Selbstverständlich ist auch die *Datenübertragung* mit 64 kbit/s in vielen Fällen der Datenfernverarbeitung und Rechnerkopplung von großer Bedeutung. Insgesamt wird das IDN durch die 64-kbit/s-Kommunikation von Benutzer zu Benutzer zum *dienstintegrierten* Netz ISDN.

9.5.2.2. Allgemeine Eigenschaften des ISDN

Die allgemeine Konfiguration des öffentlichen Netzes ISDN zeigt Bild 9.30: Eine wichtige Eigenschaft ist, daß an den Vermittlungen nicht nur digitale, sondern auch analoge Teilnehmerstationen angeschlossen werden können. Das bedeutet: Das ISDN ist kein eigenes Netz für Digitalteilnehmer, sondern die Digital-Vermittlungsstellen sind gleichermaßen für digitale wie für analoge Teilnehmerstationen geeignet. Damit wird das ISDN mit seinen Diensten auch das „einfache" Fernsprechen umfassen.

Dementsprechend sind die Vermittlungen für die Durchschaltung von 64-kbit/s-Strömen aller Arten geeignet, soweit sie sich an die Konventionen des Verbindungsaufbaus und -abbaus halten. Über diese Durchschaltefunktion hinausgehende Aufgaben werden zu einem großen Teil *auf Anforderung* von *Service-Modulen* übernommen, die an die Verbindung angeschaltet oder in diese eingeschleift werden. Solche Aufgaben sind z. B. die Vermittlung im Paket-Mode oder die Zwischenspeicherung der Nachrichten für eine spätere Zustellung (delayed delivery). Die Service-Module brauchen nicht in jeder ISDN-Vermittlung eingerichtet zu werden; sie lassen sich vielmehr in *special service centers* auf einer höheren Stufe der Netzhierarchie zentralisieren, sofern es die Nutzungshäufigkeit zuläßt. Für den Verkehr mit anderen Netzen sind Netz- oder Dienstübergänge vorgesehen, damit die am ISDN angeschlossenen Teilnehmer nicht auf dieses (zunächst kleine) Netz beschränkt bleiben, sondern auch über bestehende Netze weltweite Kommunikation betreiben können. Eine wichtige Eigenschaft des ISDN ist darin begründet, daß es sich um ein vollelektronisches Netz handelt: Die Verbindungsaufbau- und abbauzeiten sind nicht mehr durch elektro-

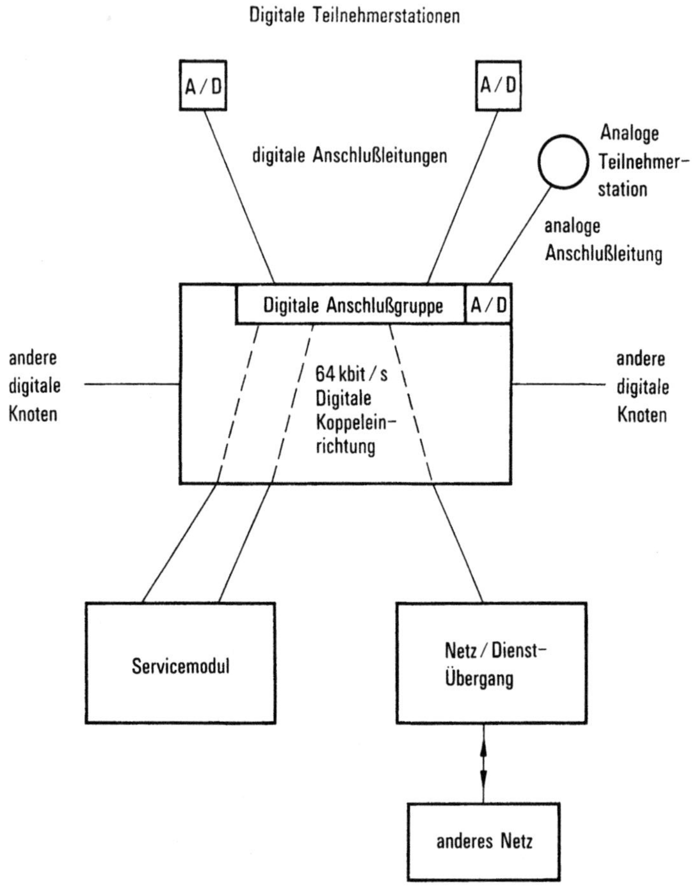

Bild 9.30. Konfiguration des ISDN.
A/D Analog/Digital-Umsetzung.

mechanische Schaltglieder bestimmt. Während die Aufbauzeiten im heutigen analogen Fernsprechnetz im Bereich von 10 bis einigen 10 Sekunden (bei interkontinentaler Wahl) liegen, überschreiten diese Zeiten im ISDN nicht ein bis zwei Sekunden. Dabei ist zu beachten, daß es sich im Endzustand um ein Netz mit der Verbreitung des heutigen Fernsprechnetzes handeln wird. In einem so ausgedehnten Netz ist allein das Weiterreichen der Signalisierung über zentrale Zeichenkanäle (ZZK) über viele Netzknoten hinweg mit sich summierenden Übertragungs- und Wartezeiten verbunden.

Die Möglichkeit, neben dem Fernsprechen eine Vielzahl von digitalen Diensten anbieten zu können, legt es nahe, jedem Teilnehmer zwei Duplexkanäle statt nur einen zuzuordnen, wenn ein Entweder-Oder (entweder nur Fernsprechen oder nur digitale Dienste) vermieden werden soll. Sowohl die bis jetzt vorliegenden Empfehlungen des CCITT als auch die Pläne der Deutschen Bundespost sehen deshalb zwei 64-kbit/s-Kanäle und einen 16-kbit/s-Signalisierungskanal vor [9.32].

Wesentliche und vor allem auch ausbaufähige Eigenschaften des ISDN beruhen auf dieser großzügig bemessenen Signalisierungsbitrate von 16 kbit/s zwischen Teilnehmer und erster Vermittlungsstelle, die *zusätzlich* zu den Nutzbitraten *out-slot* und damit auch Außerband (vgl. Abschnitt 7.1.2.2) übertragen wird. Das läßt Raum für zahlreiche neue oder erweiterte Dienste und Leistungsmerkmale. Die „out-slot"-Eigenschaft der Signalisierung führt dazu, daß Signale weder Nutzinformation stören noch von dieser gestört werden, so daß sie jederzeit — also auch während der Verbindung — in vollem Umfang übertragbar sind. Demgegenüber gibt es im heutigen Fernsprechnetz im allgemeinen nur die im „Start/Stop"-Betrieb übermittelten Wählimpulszeichen mit einer Schrittgeschwindigkeit von 10 Baud sowie die statischen Zustände „Schleife offen/geschlossen", die zudem z. T. nur in der Verbindungsaufbauphase ausgewertet werden (Signalisierungsrichtung vom Teilnehmer zur Vermittlungsstelle).

Die Bitrate eines Nutzkanals von allgemein 64 kbit/s kann in besonderen Fällen auch höher sein, z. B. für ein „Schnellfaksimile". Dann werden z. B. die am Teilnehmeranschluß verfügbaren 2 mal 64 kbit/s zu einem 128-kbit/s-Kanal zusammengefaßt.

Die vollen Vorteile des ISDN werden erst im Endzustand wirksam, wenn es die weite Verbreitung des heutigen Fernsprechnetzes haben wird. Wir werden dann über eine „Kommunikationssteckdose" überall Zugang zu einem Netz haben, das für zahlreiche Telekommunikationsaufgaben im Heim und im Büro ausreichende Leistungen bereitstellt.

9.5.2.3. Teilnehmeranschluß

Ein wesentlicher Gesichtspunkt für die Wirtschaftlichkeit des ISDN-Konzeptes ist die Möglichkeit, das vorhandene, kostenträchtige Teilnehmeranschlußnetz beibehalten zu können. Immerhin trägt der Teilnehmeranschluß im analogen Fernsprechnetz mit etwa 1/3 zu den Gesamtinvestitionen bei. Das Beibehalten des vorhandenen Anschlußnetzes bedeutet aber, daß die im ISDN auftretenden zweiseitig gerichteten (Duplex-)Bitströme über *zwei Anschlußadern* vom und zum Teilnehmer übertragen werden müssen. Dabei sollen Zwischenverstärker je Teilnehmerleitung vermieden werden. In diesem Zusammenhang sind Reichweiteforderungen zu diskutieren: In der Bundesrepublik Deutschland beträgt die mittlere Anschlußlänge etwa 1,5 km; nur weniger als 1% aller Teilnehmer sind über Leitungslängen von mehr als 7 km angeschlossen. Es erscheint wenig sinnvoll, mit Rücksicht auf so wenige Teilnehmer das Standard-Anschlußverfahren auf größere Reichweiten auszulegen, wenn es dadurch merklich verteuert wird.

Beim analogen Fernsprechen ist das Problem der Voll-Duplex-Übertragung über zwei Adern wirtschaftlich und zufriedenstellend gelöst: Eine einfache Gabel reicht für den zu übertragenden Frequenzbereich von wenigen kHz und für die verlangte Nachbildfehlerdämpfung aus (im Fernsprechdialog werden die Sprechsignale ohnehin meist im Halb-Duplex — d. h. abwechselnd für jede Richtung — ausgesendet). Bei den gleichzeitig in beiden Richtungen zu übertragenden Bitströmen des ISDN mit ihrem weit höheren Frequenzbandbedarf ist eine solche Gabel bei weitem nicht mehr ausreichend. Mögliche Lösungswege sind [9.33]:

a) Zweidraht-Gleichlage-Verfahren

Die Signale in beiden Verbindungsrichtungen werden dabei in derselben Frequenz- und Zeitlage übertragen. Das entspricht also den eben beschriebenen Verhältnissen im analogen Fernsprechnetz, jedoch muß die Gabelwirkung wesentlich verbessert werden. Dabei ist die Verschiedenartigkeit der eingesetzten Kabeltypen, Aderdurchmesser — gestaffelt innerhalb einer Anschlußleitung — und Leitungslängen zu berücksichtigen.

Wegen dieser unterschiedlichen Parameter sind Gabeln mit fester Nachbildung nur für Anschlußlängen von 1 bis 2 km verwendbar. Darüber hinaus muß die Nachbildung automatisch entsprechend den individuellen Leitungsbedingungen eingeregelt werden.

Eine solche Regelung ist noch nicht in der Lage, Reflexionen der Nutzsignale an den Stoßstellen zwischen verschiedenen Aderdurchmessern zu berücksichtigen. Die gesendeten und zu einem gewissen Teil reflektierten Signale müssen also bei den empfangenen Signalen automatisch kompensiert werden. Dies wird dadurch erreicht, daß ein dem zeitlichen Verlauf des Störsignals nachgebildetes Signal vom Empfangssignal subtrahiert wird (Kompensationsverfahren) [9.34].

Zur Veranschaulichung des Verfahrens ist in Bild 9.31 ein vereinfachtes Blockschaltbild dargestellt, das eine konventionelle Gabel mit den Toren A, B und C enthält. Die Gabel ist für die Funktion des Kompensationsverfahrens prinzipiell nicht erforderlich. Man kann jedoch eine einfache Gabel mit einer Kompromißentzerrung einsetzen, um den Empfänger vom Sender zu entkoppeln, wodurch die Anforderungen an die Kompensationsschaltung geringer werden. Die auf der Übertragungsleitung entstehenden Reflexionen sind durch eine Reflexionsstelle mit dem Reflexionsfaktor r repräsentiert.

Für den Fall, daß nur der eigene Sender ein Signal $x(t)$ aussendet, gelangt an das Tor C der Gabel das Störsignal $y_1(t)$, das sich aus einem

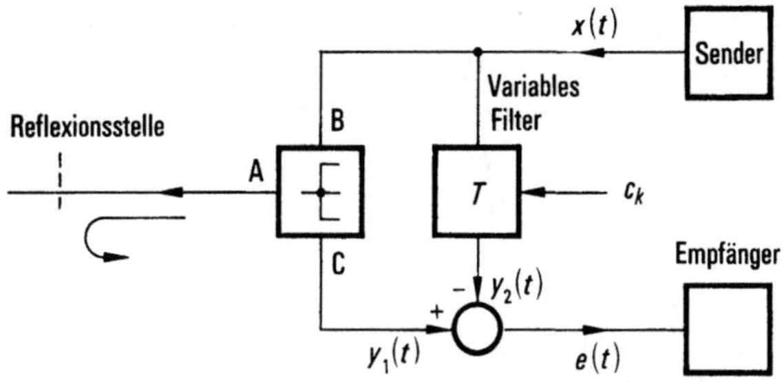

Bild 9.31. Kompensationsverfahren, Prinzipschaltbild.

Reflexionsanteil von A nach C und einem Übersprechen von B nach C zusammensetzt. Dieses Störsignal $y_1(t)$ wird nun dadurch kompensiert, daß man von ihm ein Signal $y_2(t)$ subtrahiert. Das Kompensationssignal $y_2(t)$ wird mit Hilfe eines variablen Filters T aus dem Sendesignal $x(t)$ gewonnen, wobei das Filter so eingestellt werden muß, daß $y_2(t)$ den Verlauf von $y_1(t)$ möglichst genau nachbildet, so daß das in den Empfänger gelangende Fehlersignal $e(t) = y_1(t) - y_2(t)$ verschwindend klein wird. Die Hauptaufgabe beim Kompensationsverfahren besteht daher im Entwurf dieses Filters und der Einstellung der Filterparameter nach einem Verfahren, welches das Fehlersignal $e(t)$ minimiert.

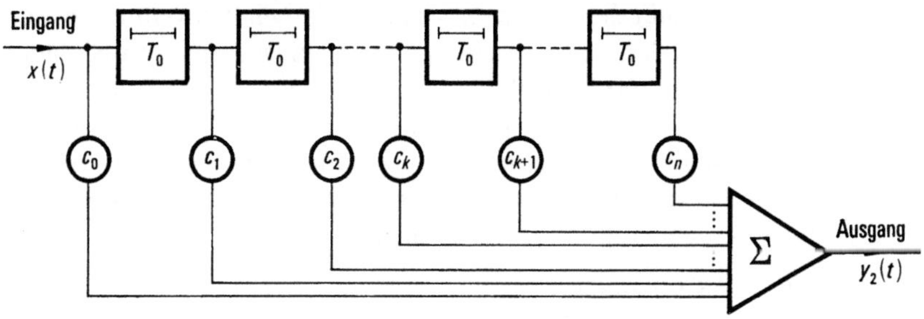

Bild 9.32. Transversalfilter, Prinzipschaltbild.

Der gebräuchlichste Filtertyp, den man zum Aufbau des variablen Filters verwendet, ist ein Transversalfilter. Es besteht aus einer Kette von Laufzeitgliedern mit je einem Abgriff, wobei sich das Ausgangssignal aus der gewichteten Summe dieser Abgriffssignale ergibt (Bild 9.32). Die Grundlaufzeit T_0 jedes Gliedes bestimmt sich aus der Anwendung des Abtasttheorems auf das Eingangssignal $x(t)$: Sie ist gleich der halben Periodendauer der höchsten zu berücksichtigenden Teilschwingung dieses Signals.

Die Gewichtsfaktoren c_k müssen so gewählt werden, daß sie gleich den Abtastwerten von $y_1(t)$ im Abstand T_0 sind. Mit einem hinreichend langen Transversalfilter lassen sich genügend viele Abtastwerte berücksichtigen und damit eine beliebige Impulsantwort erzeugen. Zur Einstellung des Transversalfilters genügt es demnach, einen Impuls $x(t)$ zu senden, die am Ausgang C der eigenen Gabel empfangene Impulsantwort $y_1(t)$ abzutasten und die Gewichtsfaktoren entsprechend diesen Abtastwerten einzustellen.

Für den Fall, daß die Eigenschaften des Übertragungssystems zeitlich konstant sind, würde eine einmalige Einstellung bei der Inbetriebnahme genügen. Zur Berücksichtigung langsamer zeitlicher Schwankungen der Parameter des Übertragungssystems muß jedoch automatisch eine Neueinstellung der Gewichtsfaktoren erfolgen. Dies kann durch die Anwendung von Korrelationsverfahren während des laufenden Betriebs geschehen.

Das Transversalfilter eignet sich besonders für eine digitale Realisierung, da die Laufzeitglieder dann einfach durch Schieberegister ersetzt werden können. Damit läßt sich das Filter mit großintegrierten Schaltungen ausführen. Aus diesem Grund und wegen der guten elektrischen Eigenschaften wird das Kompensationsverfahren bei Zweidraht-Gleichlage-Verfahren im ISDN bevorzugt angewendet werden.

b) Zweidraht-Frequenzgetrenntlage-Verfahren

Für die Übertragung in den beiden Richtungen werden hierbei verschiedene Frequenzbänder benützt. Generell haben Getrenntlage-Verfahren den Vorteil, daß das Überkoppeln von ausgesendeten Signalen hohen Pegels auf empfangene Signale niederen Pegels im Prinzip vermeidbar ist. Für die Duplex-Übertragung von 144 kbit/s sind jedoch sehr breite Frequenzbänder erforderlich. Dadurch ergeben sich größere Beeinflussungen durch Fremd- und Störspannungen. Dieses Verfahren wird deshalb wahrscheinlich im ISDN nicht angewendet.

c) Zweidraht-Zeitgetrenntlage-Verfahren („Ping-Pong“)

Dies ist ein schaltungstechnisch sehr einfaches und deshalb auch häufig propagiertes Verfahren, das aber einen hohen Frequenzbereich in Anspruch nimmt (z. B. [9.35]). Das Prinzip besteht in der *zeitlich* wechselnden Übertragung in den beiden Kommunikationsrichtungen (Bild 9.33). Der zentrale Netzknoten (Vermittlungsstelle) synchronisiert und aktiviert den Nachrichtenaustausch. Die verfügbare Übertragungszeit wird in eine erste Phase für die Übertragung vom Vermittlungsknoten zum Teilnehmer und in eine zweite Phase für die Übertragung vom Teilnehmer zum Knoten aufgeteilt. Für diesen Zyklus stehen wenigstens die durch das Abtasttheorem zu fordernden 125 μs zur Verfügung. Wenn man zwei Abtastwerte zu einem 16-bit-Wort zusammenfaßt, erhöht sich die verfügbare Zeit auf 250 μs, verbunden mit einer entsprechend vergrößerten Sendeverzögerung.

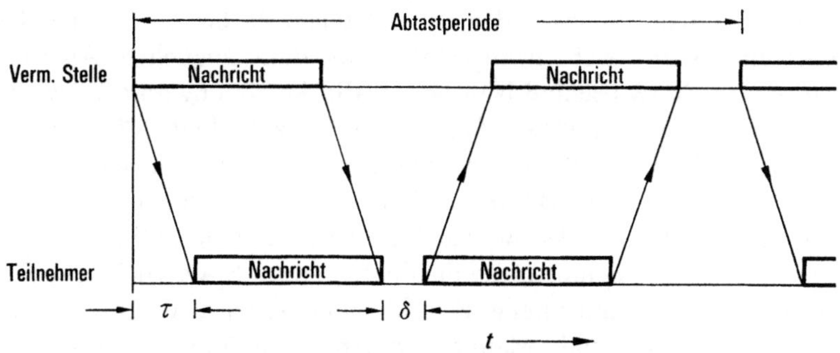

Bild 9.33. Zweidraht-Zeitgetrenntlage-Verfahren.
τ Laufzeit auf der Anschlußleitung (5 bis 7 μs/km); δ Schutzintervall.

Allerdings ist der Teilnehmeranschluß nicht allein ein physikalisch technisches Problem; vielmehr muß die Anschlußschnittstelle auch mit ihren logischen Funktionen beschrieben werden. Hierfür gibt es je nach Kommunikationsbedarf eine ganze Reihe unterschiedlicher Festlegungen. Näher betrachtet wird der Anschluß für Einzelteilnehmer [9.36] (Bild 9.34). Im Gegensatz zum analogen Fernsprechnetz wird — wie bereits erwähnt — auf der Anschlußleitung (Schnittstelle U) nicht nur *ein* Kanal B der Bitrate 64 kbit/s, sondern ein weiterer B-Kanal zur Verfügung gestellt. Zusätzlich steht der Kanal D mit der Bitrate 16 kbit/s bereit, über den die vermittlungstechnische Signalisierung mit Hilfe der in Abschnitt 9.3.3 erläuterten HDLC für *beide* B-Kanäle übertragen wird. Außerdem läßt sich der D-Kanal noch für die Übermittlung von Telemetrie- und Sonder-Daten nutzen. Somit beträgt die auf der Anschlußleitung verfügbare Nutzbitrate 2B + D = 144 kbit/s.

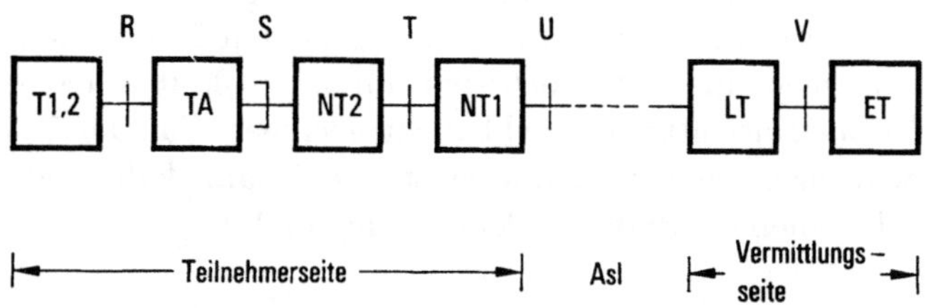

Bild 9.34. Funktionseinheiten des ISDN-Teilnehmeranschlusses.

T1, 2	Teilnehmerendeinrichtung (Terminal);
TA	Anpassung an Tln-Endeinrichtung (Terminal Adaption);
NT1	Netzabschluß (Network Termination);
NT2	Netzabschluß;
LT	Leitungsabschluß (Line Terminal);
ET	Vermittlungsstellenabschluß (Exchange Terminal);
Asl	Anschlußleitung.

Die scheinbare Vielzahl der Schnittstellen R bis U auf der Teilnehmerseite ergibt sich zwangsläufig aus den möglichen Anschlußvarianten. Im Netzabschluß NT1 erfolgt die Anpassung an das jeweilige physikalische Übertragungsverfahren; der Netzabschluß NT2 sorgt für eine einheitliche Darstellung der Nutzbitrate an der Schnittstelle S und führt die verschiedenen Bitströme B und Teilbitströme D zusammen. Die Anpassung TA an die jeweilige Teilnehmerendeinrichtung sorgt für die Einhaltung der Schnittstellenbedingungen an S aus Sicht der Endeinrichtung. Die Schnittstelle R schließlich entspricht „klassischen" Geräteschnittstellen und erlaubt den Anschluß älterer, vorhandener Endeinrichtungen, die noch nicht für das ISDN ausgelegt sind. Die Schnittstellen R, S und T *müssen* nicht physikalisch und logisch vorhanden sein. Beispielsweise kann ein digitales Telephon bei Nutzung nur eines B-Kanals lediglich mit der Schnittstelle U ausgerüstet werden. Sind jedoch mehrere Endeinrichtungen vorhanden, so sind diese an der Schnittstelle S zusammenzuführen.

Die Vielfalt möglicher Anschlußkonfigurationen erlaubt die vielfache Nutzung alter und neuer Dienste. Durch die Verfügbarkeit von zwei Anschlußkanälen können unabhängig voneinander Sprach-, Festbild-, Text- und Datenverbindungen zu zwei getrennten Zielen aufgebaut werden. Ein Beispiel hierfür ist die Nutzung des Bildschirmtext-Dienstes, ohne daß damit das Führen von Ferngesprächen blockiert wird. Für alle Dienste ist der Teilnehmer unter einer Rufnummer erreichbar.

9.5.2.4. Höhere Bitraten im ISDN

Für die sehr hohe Bitraten erfordernde Bewegtbild-Übermittlung oder anderen hochratigen Nachrichtenverkehr werden bei den CCITT-Gremien erst zu einem späteren Zeitpunkt Empfehlungen entstehen, da das digitale Fernsprechnetz dafür nur zum Teil geeignet ist. So ist z. B. die eingangs erwähnte Verwendung des existenten Teilnehmeranschlußnetzes nicht mehr möglich; auch sind die mit 64-kbit/s-Strömen arbeitenden Koppeleinrichtungen nicht mehr geeignet. Für die Teilnehmeranschlußleitungen müssen dann entweder Koaxialkabel oder besser gleich Lichtwellenleiterkabel verlegt werden [9.37].

9.5.3. Die Einführung neuer Netze

Das Dienstangebot des neuen ISDN-Netzes ist nicht von heute auf morgen verfügbar. Vielmehr bedarf es einer sorgsam abgewogenen Strategie für die Einführung, die Nutzen und Investitionsaufwand aufeinander abstimmt. Neue Fernmeldenetze finden im allgemeinen eine bereits wohl etablierte Telekommunikationslandschaft vor. Darauf muß bei der Einführung Rücksicht genommen werden. Es ist einleuchtend, daß der Nutzwert eines neuen Netzes entscheidend verbessert wird, wenn möglichst schnell möglichst viele Teilnehmer erreichbar werden. Weiterhin müssen aber alle bisher gewohnten Kommunikationspartner erreichbar bleiben. Das neue Netz soll also rasch flächendeckend wirksam werden und außerdem Übergänge in bestehende Netze ermöglichen. Solche Übergänge können beim Teilnehmer selbst (zusätzliches Beibehalten des bisherigen Anschlusses) oder im Netzinneren vorgesehen werden.

Das rasche Erreichen der Flächendeckung ist ein wirtschaftliches Problem. Es wird erleichtert, wenn Komponenten der bestehenden Netze — z. B. das Anschlußnetz oder Übertragungsstrecken im Netzinneren — für das neue Netz mit ausgenutzt werden können, wie es z. B. im ISDN der Fall ist. Ferner spielt es eine Rolle, ob das neue Netz substituierenden Charakter hat. Wenn es Verkehr vom bisherigen Netz abzieht, besteht die Gefahr, daß schon geleistete Investitionen brach liegen. Andererseits können fällige Netzerweiterungen oder der Ersatz veralteter Einrichtungen bereits vom neuen Netz übernommen werden; stark wachsender Kommunikationsbedarf oder veraltete Technik begünstigen also die Einführung neuer Netze.

Für eine wirtschaftliche Netzeinführung spielt die flexible Anpassung an die jeweils benötigte Netzgröße eine wichtige Rolle. In der Einführungsphase mit zunächst relativ wenigen Teilnehmern sollten Vorleistungen für einen späteren Endausbau möglichst gering gehalten werden. Das betrifft natürlich Bündelstärken und Vermittlungsleistung, aber auch die hierarchische Struktur des Netzes. Randbedingungen wie „Vermeiden von Rufnummer-Änderungen“ oder auch technische Zwänge muß man dabei im Auge behalten.

Der wichtigste Motor für die Einführung eines neuen Netzes ist der Bedarf. Es muß *unter Wahrung der Wirtschaftlichkeit* gegenüber heute wesentlich verbesserte Leistungen anbieten, die dem Benutzer brauchbare Vorteile bringen. Diesen Gesichtspunkt müssen Einführungsstrategien berücksichtigen.

Eine mögliche Strategie besteht darin, das neue Netz dort einzuführen, wo Komponenten des alten Netzes ausgetauscht oder erweitert werden müssen. Voraussetzung hierfür ist die „Abwärtskompatibilität“ des neuen Netzes mit dem alten Netz. Diese Methode vermeidet Investitionsrisiken, beschränkt aber die Nutzung der neuen Dienste und Leistungsmerkmale auf mehr oder weniger zufällig entstehende neue Telekommunikations*inseln*. Damit verstößt diese Strategie gegen das Gebot der Erreichbarkeit aller potentiellen Partner.

Die Einführung eines „Overlay-Netzes“ beschreibt eine entgegengesetzte Strategie. Landesweit (oder sogar weltweit) wird ein dünnes, durchgehendes Netz aus neuen Netzkomponenten (Terminals, Anschlußnetz, Vermittlungsknoten, Übertragungsstrecken) eingerichtet. Wenn man davon ausgeht, daß die ersten Teilnehmer am neuen Netz auch einen hohen Nutzungsbedarf haben werden, so ergeben sich gut ausgelastete und damit wirtschaftliche Netzkomponenten. Das trifft insbesondere für die Übertragungsstrecken im Netzinneren zu; kritischer in dieser Hinsicht ist das Anschlußnetz, also der teilnehmerindividuelle Zubringer zum neuen Netz. Das Overlay-Netz muß ohne Bruch in den endgültigen Ausbauzustand eines weltweiten Netzes für zahlreiche Teilnehmer überführt werden können. Im Gegensatz zur erstgenannten Einführungsstrategie werden eigene Übergänge von und zu bestehenden Netzen erforderlich.

Einen Kompromiß aus den erwähnten Strategien bildet eine Methode, bei der man Schwerpunkte für einen Erweiterungs- und Ersatzbedarf zunächst in den oberen Netzebenen — also in der Fernebene — bildet und von dort aus in tiefere Netzebenen vordringt. Dabei lassen sich — ggf. vorzeitig — ausgetauschte Einrichtungen des alten Netzes anderen Ortes wiederverwenden [9.38]. Die Methode hat den Vorteil, daß bei der Durchdringung der Ortsebene bereits die Fernebene in neuer Technik ausgebildet ist, womit dann gleich landesweite Verbindungen zwischen neuen Ortsnetzen möglich sind. Da Inseln aus neuer Netztechnik grundsätzlich vermieden werden, lassen sich technische Nachteile umgehen, wie sie z. B. durch „vierdrähtige“ Netzteile innerhalb von „zweidrähtigen“ Netzen entstehen [9.39].

10. Ortungstechnik

10.1. Bedeutung und Abgrenzung der Pulstechnik in der Funkortung

Im allgemeinen versteht man unter dem Begriff Funkortung das Vermessen des Ortes von Gegenständen mit Hilfe elektromagnetischer Wellen in bezug auf vorgegebene Referenzorte und -richtungen. Dabei werden Entfernungen durch die Messung der Gruppenlaufzeit einer Welle und Winkel durch Bestimmung der Phasenfront einer einfallenden Welle ermittelt. Bei sich bewegenden Gegenständen wird die Radialkomponente der Geschwindigkeit des Gegenstands durch Auswerten des Dopplereffekts gemessen und für die Ortung benützt.

Häufig verwendet man zur Ortsbestimmung nur eines der drei genannten Verfahren; so kann zum Beispiel von zwei bekannten Punkten aus mit Hilfe der für Dreiecke gültigen geometrischen Gesetze ein dritter Punkt *nur* über Winkelmessungen oder aber auch *nur* durch Distanzmessungen bestimmt werden.

Zur Ortung mit Hilfe von elektromagnetischen Wellen sind somit durchaus nicht immer Entfernungsmessungen notwendig. Will man nur mit Winkelmessungen orten, so sind mindestens zwei räumlich verschiedene Meßorte zu wählen, zwischen denen die Meßwerte ausgetauscht werden. Die Genauigkeit bei dieser Art der Ortsbestimmung wird bei vorgegebener Winkelmeßgenauigkeit immer geringer, wenn die Entfernung zwischen dem zu vermessenden Ziel und den beiden Meßorten zunimmt. Im Gegensatz zur Winkelmessung ist die Genauigkeit der direkten Entfernungsmessung im Prinzip von der Entfernung unabhängig; das Messen von Entfernungen spielt daher in der Ortungstechnik eine ganz wesentliche Rolle. Will man, wie meistens in dieser Technik, die Vorteile des Ortens mit nur einer Meßstelle nutzen, so ist man auf die Kombination von Entfernungsmessung und Winkelmessung angewiesen.

Die zu vermessenden Gegenstände werden als *Ziele* bezeichnet. Das Meßverfahren wurde ursprünglich im deutschen Sprachbereich *Funkmeßtechnik* genannt; heute hat sich aber der aus dem anglo-amerikanischen Sprachraum übernommene Begriff *Radar* — *ra*dio *d*etecting *a*nd *r*anging — durchgesetzt. Dabei setzt man voraus, daß die zur Messung benutzten Wellen sich frei im Raum ausbreiten. Laufzeit-Meßverfahren zur Ortung von Fehlern in Hohlleitern und Koaxialleitern [10.1] pflegt man daher nicht dem Bereich der Radartechnik zuzuordnen.

Der Abstand zu einem Ziel wird durch Messung der Laufzeit bestimmt, die eine am Meßort ausgesendete Welle und ihr vom Ziel reflektiertes Echo zum Durchlaufen des Raums zwischen Meßort und Ziel benötigt. Im Prinzip sind alle Modulationsarten für Trägerwellen, die die Nachrichtentechnik für die Bestimmung der Gruppenlaufzeit von Signalen entwickelt hat, auch für Anwendungen in der Ortung denkbar. Meßsignale für den Gebrauch in der Radartechnik müssen jedoch darüber hinaus gewährleisten, daß

a) die Messung sehr rasch erfolgen kann,

b) die zur Messung notwendige, vergleichsweise große Energie bereitgestellt wird,

c) die im allgemeinen aufwendigen Antennenanlagen zum Senden und Empfangen gemeinsam benutzt werden.

Die Pulsmodulation erfüllt diese Forderungen leichter und eleganter als andere Verfahren und spielt daher eine überragende Rolle im Bereich der Ortung. Daher sollen hier alle übrigen Modulationsverfahren zur Entfernungsmessung wie auch die Problematik der Winkelmessung nicht oder nur am Rande behandelt werden.

Weiterhin werden weder die Pulsverfahren der Funknavigation für Luft- und Schiffahrt [10.2] noch die Sonar-Verfahren für die Unterwasserortung [10.3], noch für medizinische Applikationen [10.4] oder für die geologische Forschung [10.5, 10.6] besonders behandelt. Jedoch sind fast alle in den folgenden Abschnitten erläuterten Prinzipien und Verfahren auch für diese Techniken von grundlegender Bedeutung.

Neben Zielort und Zielgeschwindigkeit müssen häufig noch weitere Informationen über das Ziel gewonnen werden. Im Bereich militärischer Anwendungen steht dabei die Unterscheidung von Freund- und Feindzielen im Vordergrund. Im zivilen Anwendungsbereich haben zusätzliche Informationen ebenfalls hohe Bedeutung, wie zum Beispiel in der Flugsicherung die Flugnummer und die Flughöhe eines Ziels oder in der Schiffahrt der Name des Schiffes und die an Bord ermittelten Daten für Geschwindigkeit und Kurs.

Zur Lösung dieser Aufgaben hat sich in der Luftfahrt weltweit die *Sekundärradartechnik* durchgesetzt; in der Schiffahrt sind zur Zeit erste Ansätze zur Einführung erkennbar. Sekundärradar ist ein kooperatives Verfahren, weil an Bord der Ziele ein Antwortgerät — der *Transponder* — mitgeführt werden muß, der automatisch auf bestimmte Fragen, die ein abfragendes Sekundärradargerät in Form von codierten Impulstelegrammen aussendet, ebenfalls mit codierten Impulstelegrammen antwortet. Zur Unterscheidung wird das ursprüngliche Radarverfahren, das die Entdeckung und Vermessung auch von nichtkooperativen Zielen gewährleistet — seien es Feindziele im militärischen Bereich oder Flugzeuge ohne Transponder im Flugsicherungsbereich —, *Primärradar* genannt. Übertragungs- und Auswerteverfahren mit Impulssignalen spielen auch in der Sekundärradartechnik die gleiche fundamentale Rolle.

10.2. Die Entfernungsmessung mit Impulsen

10.2.1. Entfernungsauflösung und Entfernungs-Meßgenauigkeit

Die Forderung nach der Entdeckung von Zielen ist fast immer verbunden mit der Forderung nach Information über das Ziel, wobei die Entfernungsinformation neben der Richtungsinformation die wichtigste ist.

Die Entfernungsmessung ist um so genauer, je mehr Zeit für die Vermessung eines einzelnen Ziels zur Verfügung gestellt werden kann. Wenn man sich nur für ein einziges Ziel interessiert, wie zum Beispiel bei der ständigen Vermessung eines Raumflugkörpers oder beim Radar-Höhenmesser für den Abstand vom Erdboden, so kann bei sonst gleichen Voraussetzungen die Entfernung wesentlich genauer gemessen werden als für den Fall, daß in der gleichen Zeit eine Vielzahl von Zielen vermessen werden muß, deren Anzahl und Verteilung vorher unbekannt sind. Wenn sich der Abstand des einzigen Ziels nicht ändert, so kann selbst bei sehr großen Störungseinflüssen die Entfernung mit prinzipiell beliebig großer Genauigkeit gemessen werden, wenn für die Messung eine ausreichend lange Zeit zur Verfügung steht.

Im allgemeinen kann aber über die Häufigkeitsverteilung der Ziele, ihre Entfernung und ihre Geschwindigkeit nichts a priori ausgesagt werden. Deswegen muß bei der Konzeption der Radaranlage die Entfernungsauflösung, definiert als der radiale Mindestabstand zweier Ziele, die noch getrennt erkannt werden sollen, vorgegeben werden. Hiervon getrennt zu betrachten ist die Meßgenauigkeit, mit der die Entfernung eines Ziels gemessen werden kann. Eine hohe Entfernungs-Meßgenauigkeit erfordert Impulse mit entsprechend steiler Anstiegsflanke. Für eine hohe Entfernungsauflösung müssen die Impulssignale außerdem eine entsprechend kurze Dauer haben. Es ist wichtig, den Unterschied in den Zielsetzungen bei der Optimierung der Entfernungs-*Meßgenauigkeit* einerseits und der Entfernungs*auflösung* andererseits im Auge zu behalten.

Hat ein Ziel die Entfernung R vom Radargerät, so ist, wenn man Laufzeiten im Radargerät vernachlässigt, die Signallaufzeit zum Ziel und zurück $T_R = 2R/c$, wobei c die Lichtgeschwindigkeit bedeutet. Werden zwei benachbarte Ziele mit der Entfernungsdifferenz ΔR gleichzeitig vom Radarrichtstrahl erfaßt, so darf die Impulsdauer τ nicht größer gewählt werden als $\tau = 2\Delta R/c$, wenn die Entfernungen der beiden Ziele noch getrennt vermessen werden sollen. Alle systemtheoretischen Betrachtungen des Abschnitts I.5 über die Eigenschaften von Impulsen sowie ihre Verarbeitung und Veränderung in Netzwerken sind für die erfolgreiche Planung und Konzipierung auch von Radarsystemen gültig. Als Ergebnis kann die grundlegende Regel gelten, daß bei einfacheren Radargeräten, welche ohne die im Abschnitt 10.2.3 behandelte Pulskompression arbeiten, die Rauschbandbreite des Empfängers gleich dem reziproken Wert $1/\tau$ der Impulsdauer τ gewählt werden sollte: Das Produkt aus Impulsdauer und Bandbreite ist gleich eins. Damit wird erreicht, daß das Rauschsignal auf das Band beschränkt wird, das die wesentlichen Spektralanteile des Impulssignals beinhaltet.

In der Radartechnik muß man zusätzlich die Dopplerfrequenz-Verschiebung der Echosignale von Zielen berücksichtigen, die sich in bezug auf das Radargerät mit einer Radialkomponente der Geschwindigkeit bewegen. Hat diese Radialgeschwindigkeit den Wert v_r, so ist die Frequenzverschiebung f_D der Trägerfrequenz f_h

$$f_D = \pm 2 \frac{v_r}{c} f_h. \qquad (10.1)$$

Der Faktor 2 ist einzuführen, weil bei der Vermessung eines am Ziel reflektierten Signals der Dopplereffekt zweimal zum Ansatz kommt. In Bild 10.1 ist die Dopplerverschiebung des Echosignals als Funktion der Trägerfrequenz des Sendesignals und der Radialgeschwindigkeit des Ziels dargestellt.

Bei Radaranlagen mit mittlerer bis großer Entfernungs-Meßgenauigkeit ist die Dopplerverschiebung klein im Vergleich zur Bandbreite des Systems, selbst bei größerer Geschwindigkeit üblicher Ziele, wie zum Beispiel von Flugzeugen. Bei einer Trägerfrequenz $f_h = 10$ GHz und einer radialen Zielgeschwindigkeit von 600 m/s hat die Dopplerverschiebung nach (10.1) einen Wert von 40 kHz. Bei einer Ungenauigkeit der Entfernungsmessung von 100 m ist die optimale Bandbreite in erster Näherung 1500 kHz und somit noch sehr groß gegen die Dopplerverschiebung; der Einfluß auf das System bleibt gering. Bei der Sondenvermessung im interplanetaren Raum sind jedoch die Radialgeschwindigkeiten wesentlich größer als im obigen Beispiel; die Bandbreiten müssen sehr viel kleiner gewählt werden, um bei den großen Entfernungen zu einem brauchbaren Signal-Geräusch-Verhältnis zu kommen. Dabei wird keine sehr große Entfernungs-Meßgenauigkeit verlangt. Die Doppler-

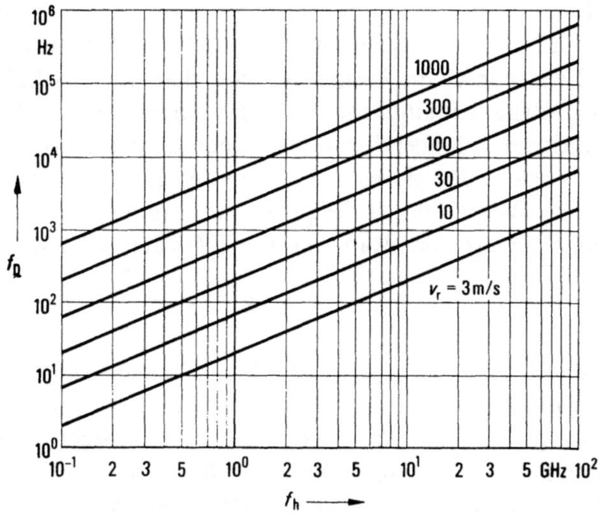

Bild 10.1. Dopplerverschiebung f_D als Funktion der Trägerfrequenz f_h. Parameter: Radialgeschwindigkeit v_r.

verschiebungen können dann ein Vielfaches der Bandbreite betragen, so daß — auch wenn die Geschwindigkeitsinformation gar nicht gewünscht wird — die Empfangsanlagen mit entsprechend angepaßten Frequenzsuch-, -fang- und -nachlaufschaltungen ausgerüstet sein müssen.

10.2.2. Entdeckungswahrscheinlichkeit und Falschalarmrate

10.2.2.1. Störungseinflüsse

Die Entdeckung und Vermessung von Zielen wird durch eine Reihe von Störungseinflüssen erschwert. Hierzu gehören erstens die unvermeidbare thermische Rauschleistung des Empfängers, zweitens die systemfremden, von außen kommenden Störungssignale im Frequenzbereich des Empfängers und drittens die durch das eigene Radar bedingten, jedoch unerwünschten Echosignale, wie Wolken- und Regenechos oder durch Seegang entstehende Echos an der Seeoberfläche sowie Echos von Gebäuden, Bäumen und sonstigem Bewuchs. Diese stören immer dann, wenn Luftziele oder Schiffe erkannt werden sollen, die Radarwellen jedoch auch den Boden bzw. die Seeoberfläche erfassen. Die letztgenannten der drei wesentlichen Störungsarten, die unerwünschten Echosignale, werden zusammenfassend auch im deutschen Sprachbereich als *Clutter* (Boden-, See-, Wolken-, Regenclutter) bezeichnet.

Soll die Radarsendeleistung in vernünftigen Grenzen bleiben, so muß zunächst das Empfängerrauschen möglichst klein gehalten werden. Das thermische Rauschen kann ausgehend von den im Abschnitt I.9.2.5 beschriebenen Regeln unabhängig von der angewendeten Bandbreite durch die auf den Empfängereingang bezogene Empfängerrauschzahl F_N beschrieben werden. Ist durch die anzustrebende Entfernungs-Meß-genauigkeit die Bandbreite B festgelegt, so ergibt sich die auf den Empfängereingang bezogene Rauschleistung N nach (I.9.25) zu

$$N = F_N kTB. \tag{10.2}$$

Darin bedeuten $k = 1{,}38 \cdot 10^{-23}$ Ws/K die Boltzmannkonstante, T die Kelvin-Betriebstemperatur des Empfangssystems. Neben anderen, weiter unten genauer diskutierten Parametern ist N eine wichtige Größe für die Bestimmung der notwendigen Radarsendeleistung.

Muß man damit rechnen, daß die Leistung der systemfremden, von außen kommenden Störungssignale am Empfängereingang den Wert von N beträchtlich übersteigt, so ist die Optimierung der thermischen Rauscheigenschaften zweitrangig. Dann muß in erster Linie versucht werden, die unterschiedliche Struktur des erwarteten Echosignals und der Störungssignale diskriminierend dazu auszunutzen, die Echosignale auszuwerten und die Störungssignale zu unterdrücken. Eine in diesen Fällen immer nützliche, jedoch auch aufwendige Maßnahme ist die Erhöhung der Sendeleistung.

Gegen Clutterstörungen hilft weder eine Erhöhung der Sendeleistung noch eine Verminderung der Rauschzahl. In diesen Fällen muß das *Cluttervolumen* möglichst klein gewählt werden; es ist definiert als das mit Radarenergie zur Zeit des Entstehens des gewünschten Echos gerade bestrahlte Volumen; dieses besteht aus einer Kugelschale der Dicke $\Delta R = \frac{\tau c}{2}$, begrenzt durch die Umrandung des Richtstrahl-Querschnitts der Antennenkeule. Je kleiner dieses Volumen ist, desto geringer ist auch die Wahrscheinlichkeit des Auftretens von Clutter, der zur gleichen Zeit mit dem gewünschten Echosignal im Empfänger verarbeitet werden muß. Ein kleines Cluttervolumen erreicht man durch möglichst enges Bündeln des Antennenrichtstrahls und durch eine möglichst große Entfernungslösung. Eine weitere Abhilfe gegen Clutterstörungen gelingt durch eine spezielle Signalauswertung, bei der die Unterschiede von gewünschtem Echosignal und Cluttersignal ausgenützt werden. Bekannte Maßnahmen sind die Auswahl geeigneter Polarisationen der Radarwelle, die im Abschnitt 10.2.4 näher beschriebene Ausnutzung unterschiedlicher Dopplerverschiebungen von Echo- und Cluttersignal und das im Abschnitt 10.2.3 behandelte Verfahren der Pulskompression.

Ein auch im Deutschen als *Subcluttervisibility* (SCV) bezeichnetes, gewöhnlich in Dezibel angegebenes Maß für die Unterdrückung von Clutter zeigt an, um wieviel die Clutterecholeistung größer als die Zielecholeistung sein darf, bis Zielecho und Clutterecho in gleichem Maße zur Anzeige beitragen. Bei Radargeräten mit kleinem Cluttervolumen sind die Anforderungen an die SCV kleiner als bei solchen mit größerem Cluttervolumen.

10.2.2.2. Die Radargleichung

Wenn man von dem Sonderfall einer intensiven Störstrahlung absieht, so wird die notwendige Radarsendeleistung von der gewünschten Reichweite, vom Antennengewinn der Radarantenne, von den Reflexionseigenschaften des Ziels und von der gewünschten Empfangsleistung bestimmt. Den Zusammenhang zwischen diesen Größen beschreibt die als Radargleichung bekanntgewordene Beziehung, die in ihrer durchsichtigsten Form durch den Ausdruck

$$P_2 = \frac{P_1 G}{4\pi R^2} \frac{\sigma}{4\pi R^2} A \tag{10.3}$$

gegeben ist. Darin ist P_2 die an den Empfängereingang gelieferte Signalleistung, P_1 die an die Radarantenne abgegebene Sendeleistung, G der Gewinn der Radarantenne, R der Abstand zwischen Radargerät und Ziel, σ der Radarquerschnitt des Ziels, A die wirksame Aperturfläche der Radarantenne.

Der erste Term der rechten Seite von (10.3) beschreibt die Leistungsdichte der Radarwelle am Ort des Ziels in der Entfernung R vom Radargerät. Der Radarquerschnitt σ im zweiten Term ist ein Maß für die Reflexionseigenschaften des Ziels. Er stellt die Größe einer Ersatzfläche dar, die durch Multiplizieren mit der Leistungsdichte die Leistung der vom Ziel insgesamt reflektierten Welle ergibt. Diese verteilt sich als Kugelwelle im Raum; der Nenner des zweiten Terms beschreibt die Verdünnung der Leistungsdichte des Echos mit steigender Entfernung R, so daß das Produkt beider Terme die Leistungsdichte des an der Radarantenne wieder eintreffenden Radarechos ergibt. Multipliziert man diese mit der Aperturfläche A der Antenne, so erhält man P_2, die an den Empfänger abgegebene Echoleistung.

Setzt man für P_2 in (10.3) die für eine Entdeckung notwendige Minimalleistung $P_{2_{\min}}$ ein, so erhält man durch Umformen von (10.3) die Beziehung für die Reichweite $R_{\max}$ der Radaranlage

$$R_{\max}^4 = \frac{P_1 G A \sigma}{(4\pi)^2 P_{2_{\min}}}. \tag{10.4}$$

Verwendet man weiterhin eine bekannte Beziehung zwischen dem Gewinn G einer Richtantenne, ihrer Aperturfläche A und der Wellenlänge λ der betrachteten Welle

$$G = 4\pi \frac{A}{\lambda^2}, \tag{10.5}$$

so erhält man zwei weitere, oft benutzte Formen der Radargleichung:

$$R_{\max}^4 = \frac{P_1 G^2 \lambda^2 \sigma}{(4\pi)^3 P_{2_{\min}}}; \tag{10.6}$$

$$R_{\max}^4 = \frac{P_1 A^2 \sigma}{4\pi \lambda^2 P_{2_{\min}}}. \tag{10.7}$$

Die wichtigste Erkenntnis aus der Radargleichung ist die Tatsache, daß mit steigender Reichweite die Sendeleistung proportional zur vierten Potenz dieser Entfernung erhöht werden muß, wenn Antennengewinn, Wellenlänge, Radarzielquerschnitt und minimale Empfangsleistung vorgegeben sind. Man erkennt weiterhin die Wichtigkeit aller Anstrengungen, $P_{2_{\min}}$ so klein wie irgend möglich zu machen, um der weit aufwendigeren Erhöhung der Sendeleistung zu begegnen.

10.2.2.3. Die Entdeckung als statistische Aussage

Die Radargleichung kann aus folgenden Gründen nur eine grobe Abschätzung der Systemparameter liefern:

a) Der Zielquerschnitt σ ist eine statistisch schwankende Größe.

b) Die atmosphärische Wellendämpfung und alle Arten von Ausbreitungsanomalien sind nicht berücksichtigt.

c) Die für die kleinste entdeckbare Empfangsleistung maßgebende Empfänger-Rauschleistung N ist eine statistisch schwankende Größe.

d) Die Entdeckung eines Ziels hängt nicht nur von der Radarsendeleistung, sondern auch von der Dauer der Radarbeobachtung, also von der Anzahl der für eine Zielauswertung verwendeten Impulse ab. Allgemeiner gesagt hängt die Entdeckung von der Energie ab, mit der ein Ziel bestrahlt wird, unabhängig davon, ob diese Energie bei kleiner Leistung und großer Bestrahlungsdauer oder aber bei großer Leistung und kurzer Bestrahlungsdauer aufgebracht wird. Voraussetzung ist nur jeweils, daß das Sendesignal sinnvoll geformt ist und daß das Empfangsfilter der Signalform optimal angepaßt ist.

Der Radarquerschnitt σ eines im allgemeinen geometrisch bizarr geformten Ziels hängt in starkem Maße davon ab, unter welchem Aspektwinkel es bestrahlt und welche Wellenlänge verwendet wird. Da sich die Ziele fast immer bewegen, ändert sich der Aspektwinkel ständig;

dadurch ist der Radarquerschnitt σ eine über die Zeit statistisch schwankende Größe, von der für ein charakteristisches Ziel (Flugzeugtyp, Schiffstyp) sinnvollerweise nur der Mittelwert $\bar{\sigma}$ oder ein Wert, der zu einem bestimmten Prozentsatz der Beobachtungszeit überschritten wird, angegeben werden kann. Eine befriedigende Beschreibung der Leistungsfähigkeit einer Radaranlage ist daher schwierig, wenn die Fluktuation der Zielquerschnitte mitberücksichtigt werden soll [10.7]. Wegen der statistisch schwankenden Rauschleistung des Empfängers kann ohnehin nur eine Entdeckungs*wahrscheinlichkeit* definiert werden. Meistens wird sie für eine maximale Reichweite und einen festen Radarquerschnitt angegeben. Als grober Anhalt kann für den Frequenzbereich zwischen 1 GHz und 10 GHz ein mittlerer Radarquerschnitt für kleinere Flugzeuge von 1 m^2, für große Flugzeuge von 10 m^2 und für große Schiffe ein solcher von bis zu mehreren tausend Quadratmetern angegeben werden.

Die atmosphärische Dämpfung der Wellen und die vielfältigen Einflüsse durch Ausbreitungsanomalien, vor allem durch Spiegelungen am Erdboden und auf See, können hier nicht behandelt werden; es sei daher auf die Fachliteratur verwiesen [10.8, 10.9].

Es verbleibt danach eine zentrale Aufgabe, nämlich die Entdeckungswahrscheinlichkeit als Funktion ihrer wichtigen restlichen Einflußgrößen, des thermischen Rauschens und der Radarsignalform, zu beschreiben. Als Radarsignalform wird dabei die am häufigsten angewendete gewählt, nämlich eine Sequenz von gleichartigen, mit gleichem zeitlichen Abstand T_0 gesendeten Impulsen der Dauer τ, deren Echos in einem Empfänger mit der Bandbreite $B = 1/\tau$ empfangen werden.

In den Zeiten, in denen kein Impuls empfangen wird, erhält der Empfänger das thermische Rauschen; wenn ein Impuls eintrifft, ist die Überlagerung von Rausch- und Impulssignal zu verarbeiten. Sind die Leistungen dieser beiden Signalformen nicht sehr unterschiedlich — gerade dies ist der interessanteste Fall an der Grenze der Radarreichweite —, so kann eine Spitze im Rauschsignal einen Impuls vortäuschen oder es kann ein Impuls, der in einem Moment sehr *kleiner* Rauschspannung eintrifft, nicht als solcher erkannt werden.

Gewöhnlich wird das Empfangssignal nach vorausgegangener Umsetzung in eine Zwischenfrequenzlage und nach ausreichender Verstärkung gleichgerichtet. Die gleichgerichtete Signalspannung — zumeist als *Videosignal* bezeichnet — wird dann über eine Schaltung mit Schwellwertverhalten ausgewertet:

Spannungen oberhalb der Schwelle werden weiterverarbeitet, Spannungswerte unterhalb der Schwelle werden unterdrückt. Je nach Lage der Schwelle werden Rauschspitzen mehr oder weniger häufig die Schwelle übersteigen und sogenannte Falschalarme auslösen. Je höher die Schwelle liegt, desto kleiner ist die *Falschalarmwahrscheinlichkeit*, desto geringer ist aber auch die Entdeckungswahrscheinlichkeit für Ziele. Setzt man eine gleichmäßige Rauschverteilung, eine unbegrenzte Linearität der vorausgegangenen Verstärkung und eine lineare Charakteristik der Gleichrichter-Kennlinie voraus, so kann der Zusammenhang zwischen der Falschalarmrate und der Entdeckungswahrscheinlichkeit für einen einzelnen Impuls als Funktion des Signal-Geräusch-Verhältnisses P/N auf folgende Weise behandelt werden.

Bezeichnet man mit U_k den Spannungswert für die Entscheidungsschwelle des Schwellwertdetektors, mit p_{FA} die Falschalarmwahrscheinlichkeit und mit p_E die Entdeckungswahrscheinlichkeit, weiterhin mit $w_N(u)$ die Wahrscheinlichkeitsdichtefunktion des Rauschens als Funktion seiner Signalspannung u und schließlich mit $w_{P+N}(u)$ die Wahrscheinlichkeitsdichtefunktion des mit Rauschen überlagerten Impulssignals, so ergibt sich die Falschalarmwahrscheinlichkeit p_{FA} aus der Beziehung

$$p_{FA} = \int_{U_k}^{\infty} w_N(u)\,du \tag{10.8}$$

und die Entdeckungswahrscheinlichkeit p_E aus der Beziehung

$$p_E = \int_{U_k}^{\infty} w_{P+N}(u)\,du. \tag{10.9}$$

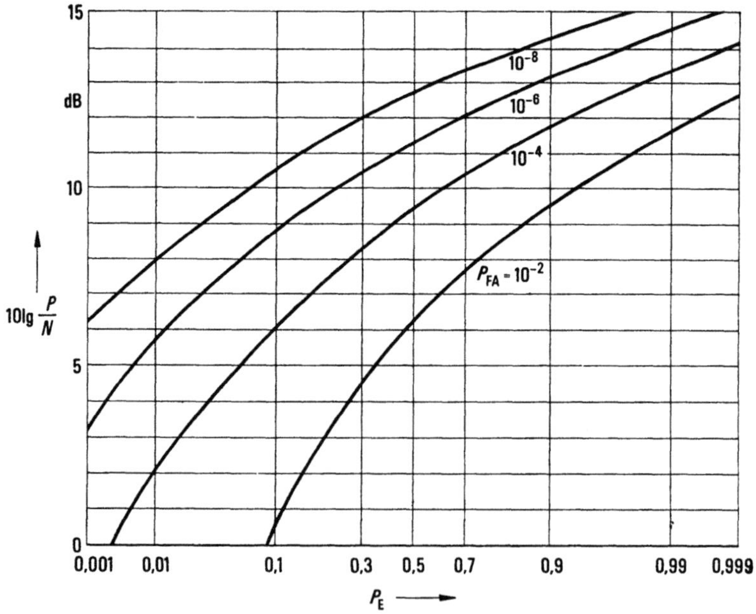

Bild 10.2. Signal-Geräusch-Verhältnis P/N als Funktion der Entdeckungswahrscheinlichkeit p_E. Parameter: Falschalarmwahrscheinlichkeit p_{FA}.

Das Ergebnis dieser Zusammenhänge unter den genannten Voraussetzungen ist im Bild 10.2 dargestellt.

In den meisten Fällen ist die Verweilzeit des Radarrichtstrahls auf dem Ziel sehr viel größer als die Laufzeit, die ein einzelner Impuls zum Ziel und zurück benötigt. Man kann also mehrere Impulse für die Vermessung auswerten und somit das Ziel mit mehr Energie bestrahlen, ohne die Impulsspitzenleistung des Radarsenders erhöhen zu müssen. Auf der Empfangsseite werden die Impulssignale überlagert, so daß man bei insgesamt m Impulsen die m-fache Impulssignalspannung, jedoch wegen des Fluktuationscharakters des Rauschens nur das $\sqrt{m}$-fache der Rauschspannung erhält. Der Gewinn im Verhältnis der Signal- und Rauschspannungen ist also gleich $m/\sqrt{m} = \sqrt{m}$ und somit der Gewinn für das stets leistungsbezogene Signal-Geräusch-Verhältnis gleich m [10.10].

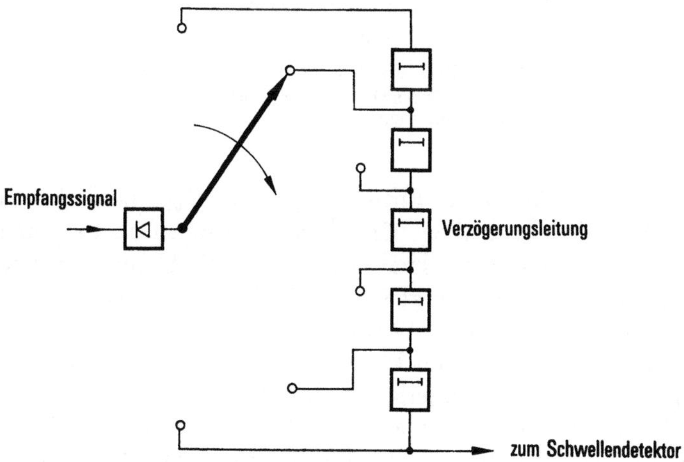

Bild 10.3. Impulsaddition mit Verzögerungsleitung.

Die Summierung der Einzelimpulssignale kann vor oder nach der Gleichrichtung durchgeführt werden. Bei einfachen Radargeräten wird der Summierungseffekt allein durch die Nachleuchtdauer der Leuchtschicht der Bildschirmröhre und durch das spezielle Empfindungsvermögen des menschlichen Auges bewirkt. Zuweilen wird eine mit entsprechenden Anzapfungen versehene Laufzeitkette nach Bild 10.3 benutzt. Eine besondere Schaltung, hier als synchron umlaufender Schalter dargestellt, verteilt die nacheinander eintreffenden Einzelimpulssignale nach der Gleichrichtung so auf die Laufzeitkette, daß sie alle zur gleichen Zeit am Ausgang erscheinen.

In den Bildern 10.4 und 10.5 ist das notwendige, auf einen Einzelimpuls bezogene Signal-Geräusch-Verhältnis als Funktion der Zahl m

der summierten Impulse einmal für eine Entdeckungswahrscheinlichkeit von 0,5 und einmal für eine Entdeckungswahrscheinlichkeit von 0,95 dargestellt. Als Parameter aufgetragen ist die jeweils zugehörige Falschalarmwahrscheinlichkeit.

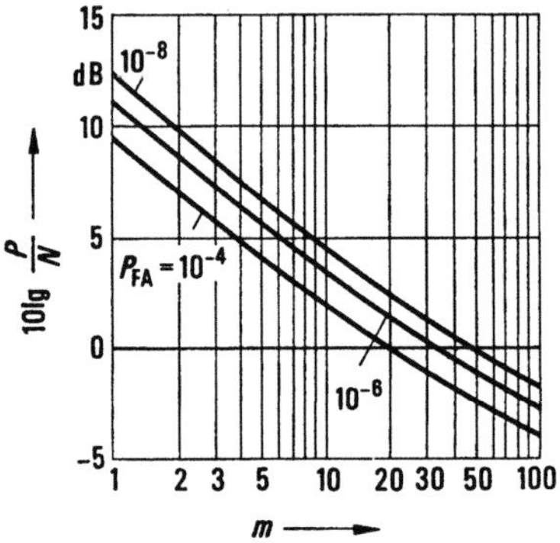

Bild 10.4. Signal-Geräusch-Verhältnis P/N als Funktion der Anzahl m summierter Impulse. Parameter: Falschalarmwahrscheinlichkeit p_{FA}; Entdeckungswahrscheinlichkeit $p_E = 0,5$.

Für Ziele mit kleineren Entfernungen als R_{max} wird das Signal-Geräusch-Verhältnis günstiger. Um Übersteuerungen im Empfänger zu vermeiden, regelt man die Signalverstärkung zeitabhängig in den Zeitphasen, in denen Echos aus kleineren Entfernungen erwartet werden, automatisch mit periodischer Wiederholung herunter, so daß das thermische Rauschen für Ziele mit kleinerer Entfernung eine unbedeutende Rolle spielt. Häufig aber überlagern sich Störungen und Clutter dem gewünschten Signal, sie bewirken ein starkes Ansteigen der Falschalarmrate. Hierdurch wird die visuelle Beobachtung des Radarbildschirms

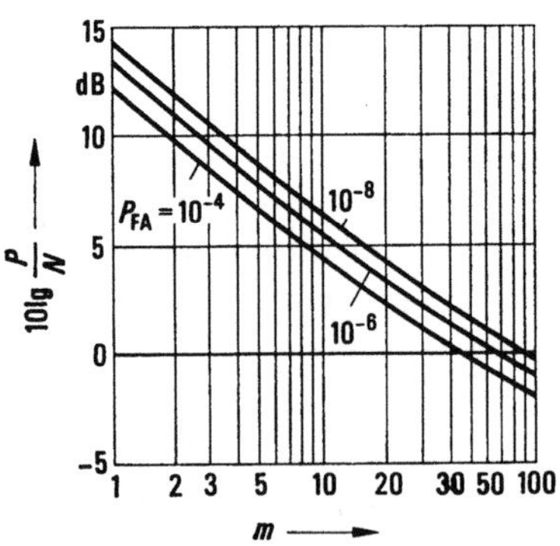

Bild 10.5. Signal-Geräusch-Verhältnis P/N als Funktion der Anzahl m summierter Impulse. Parameter: Falschalarmwahrscheinlichkeit p_{FA}; Entdeckungswahrscheinlichkeit $p_E = 0,95$.

erschwert oder auch unmöglich gemacht. Geschieht die Auswertung der Radarinformation nicht visuell, sondern in Rechnern, so kann eine erhöhte Falschalarmrate das Rechnersystem mit irrelevanten Informationen sättigen und die Auswertung brauchbarer Informationen blockieren.

Es wird daher oft angestrebt, die Entscheidungsschwelle des Schwellwertdetektors variabel zu gestalten und sie in allen Zeitphasen, bei denen störende Signale empfangen werden, so weit nach höheren Spannungen zu verschieben, daß die Falschalarmrate ausreichend niedrig konstant bleibt, auch wenn dabei in den Störungsphasen die Entdeckungswahrscheinlichkeit absinkt. Die Verschiebung der Entscheidungsschwelle muß dann von Informationen gesteuert werden, die der Radarempfänger als abweichend von echten Zielsignalen erkennt.

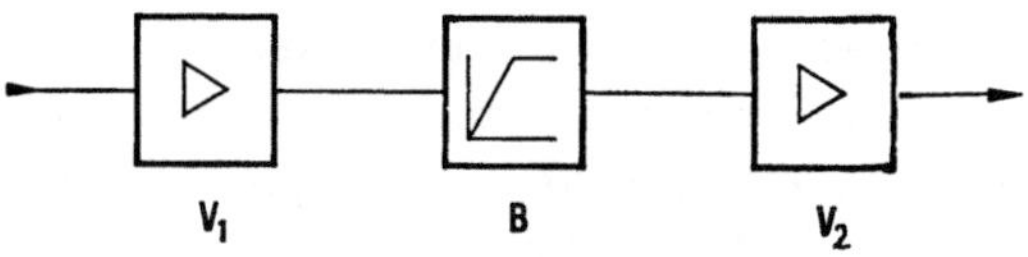

Bild 10.6. Dicke-Fix-Empfangsteil.
V_1 Breitbandverstärker;
B Amplitudenbegrenzer;
V_2 Verstärker der Bandbreite $B = 1/\tau$.

Diese zur Steuerung der Schwelle vorgesehenen Signale müssen von den zur Anzeige zu bringenden gewünschten Informationen getrennt werden. Kriterien für eine solche Unterscheidung sind zum Beispiel das Vorhandensein von Empfangsenergie aus allen oder größeren zusammenhängenden Entfernungsbereichen, eine unerwartete spektrale Verteilung sowie die Existenz von fremden Pulssignalen, die mit dem eigenen Puls nicht synchron sind. Empfangsverfahren dieser Art werden auch im Deutschen fast immer als *CFAR-Empfang* bezeichnet (CFAR: *C*onstant *F*alse *A*larm *R*ate).

Zum Erkennen von Signalen für die Schwellensteuerung wird prinzipiell eine gewisse Zeit benötigt, so daß der angestrebte Zustand einer konstanten Falschalarmrate erst nach dieser Zeit eintritt. Strebt man eine schnell reagierende Schwellenverschiebung an, so kann die Vorausschätzung des Störungsgrades nur sehr ungenau gelingen, und der Erfolg des Vorhabens ist gering. Eine sehr vorsichtige und daher lang andauernde Abschätzung des Störungsgrades führt auf der anderen Seite zu einer sehr späten Reaktion.

Dieses Dilemma kann mit einem als *Dicke-Fix-Empfänger* bekannt gewordenen Verfahren umgangen werden. Das Prinzip eines derartigen Empfängers ist in Bild 10.6 dargestellt.

Er besteht im wesentlichen aus drei in der Zwischenfrequenzebene eines üblichen Radarempfängers zu installierenden Baugruppen: Dem Breitbandverstärker V_1, dem Begrenzer B und dem Schmalbandverstärker V_2, dessen Bandbreite wie üblich gleich dem Reziprokwert der Impulsdauer gewählt wird. Der Verstärker V_1 und alle im Signalweg vor ihm liegenden Netzwerke haben eine etwa um eine Größenordnung größere Bandbreite als der Verstärker V_2. Die Verstärkung von V_1 ist so groß, daß das Empfängerrauschen im anschließenden, möglichst abrupt wirkenden Begrenzer komplett begrenzt wird. Aus diesem am Ausgang des Begrenzers erscheinenden Breitband-Rauschsignal gibt der Verstärker V_2 nur den auf sein Band fallenden Anteil weiter. An seinem Ausgang liegt ein Signal, das wegen der Amplitudenbegrenzung unabhängig von der Größe und dem zeitlichen Verhalten eines beliebigen empfangenen Rauschsignals nach seiner Detektion in einem Schwellwertdetektor mit konstanter Schwelle stets zu einer konstanten Falschalarmrate führt. Bei Anwesenheit eines Nutzsignals innerhalb des Bandes des Verstärkers V_2 steigt mit größer werdendem Nutzsignal das Signal-Geräusch-Verhältnis ständig an, weil die Geräuschanteile wegen der nichtlinearen Eigenschaften des Begrenzers immer geringer werden. Bei diesem Verfahren wird eine weit über das vom Empfänger ausgewertete Frequenzband hinausgehende konstante Leistungsdichte der störenden Signale vorausgesetzt. Der Einsatz des Verfahrens gegen Clutter ist daher problematisch. Außerdem ist ein Dicke-Fix-Empfänger gegen Störungen empfindlich, die spektral in der Nachbarschaft neben dem eigentlichen Empfangsband liegen.

10.2.3. Pulskompression

Die Bemühungen, Ziele mit möglichst viel Energie zu bestrahlen, das heißt, mit möglichst hoher Sendeleistung möglichst lange zu beobachten, stoßen an folgende Grenzen:

a) Die Impulsleistung kann nicht beliebig gesteigert werden,

b) die Impulsdauer muß für eine große Entfernungsauflösung klein gehalten werden,

c) die Zahl der pro Zeiteinheit ausgesendeten Impulse kann nicht beliebig gesteigert werden, weil die Entfernung nur eindeutig gemessen werden kann, wenn man mit der Aussendung eines nächsten Impulses wartet, bis ein mögliches Echo aus der größten Entfernung eingetroffen ist,

d) die Anzahl der Impulse pro Ziel ist begrenzt, weil der Radarrichtstrahl zur Beobachtung des übrigen Raums auch in andere Richtungen geschwenkt werden muß, wenn ein Suchvorgang in einer vernünftigen Zeit beendet werden soll.

Mit dem in den Abschnitten I.5.4 und I.6.6 mathematisch genauer behandelten Verfahren der *Pulskompression* kann man nun aber die Energie pro Ziel vergrößern, ohne die Verweilzeit auf dem Ziel oder die Impulsspitzenleistung des Radarsenders zu erhöhen und ohne die Entfernungsauflösung, gegeben durch die Impulsdauer τ, zu verringern.

Bei diesem Verfahren wird je Pulsperiode T_0 nicht nur ein einziger Impuls der Spitzenleistung und der Dauer τ — hinfort Subimpuls genannt — gesendet, sondern mehrere hintereinander, so daß ein längerer Sendeimpuls der Dauer $i \cdot \tau$ entsteht. Jeder Abschnitt τ ist durch eine mitgegebene charakteristische Modulation gekennzeichnet. Die Sendeenergie je Periode T_0 ist bei gleicher Spitzenleistung um den Faktor i höher, ebenso natürlich auch die mittlere Leistung des Radarsenders.

Der Empfänger, dessen Bandbreite unverändert $B = 1/\tau$ geblieben ist, vermag die einzelnen Zeitphasen der Dauer τ anhand ihrer Modulationskennzeichen zu unterscheiden. So kann er jeden Subimpuls so lange speichern, bis der letzte eingelaufen ist, und das Ganze zu einem leistungsstarken Gesamtimpuls der Dauer τ zusammenfügen. Das Ergebnis ist eine Verbesserung des Signal-Geräusch-Verhältnisses um den Faktor i. Dabei hängt es von der Art des Addierprinzips ab, aus welchen Anteilen der Signal- und der Geräuschleistung sich dieser Faktor zusammensetzt. Verwendet man, wie weiter unten an einem ersten Beispiel gezeigt, einfache passive Laufzeitnetzwerke für das Sortieren, so bleibt die einlaufende Geräuschleistung zur Zeit des komprimierten Impulses gleich, der komprimierte Impuls selbst erhält die i-fache Leistung. Verwendet man moderne Verfahren digitaler Aufsummierung, wie unten an einem zweiten Beispiel geschildert, so wird in den i Zweigen des Summiernetzwerks die Geräuschleistung auf das i-fache erhöht, die Impulsleistung jedoch wegen linearer Addition der Amplituden auf das i^2-fache. Das Verhältnis gibt wieder den Faktor i.

Das Zeit-Bandbreite-Produkt, das üblicherweise bei Radargeräten durch die Beziehung

$$\tau B = \tau \frac{1}{\tau} = 1 \tag{10.10}$$

bestimmt ist, kann damit durch Pulskompression um den Faktor i vergrößert werden, ohne daß die Entfernungsauflösung verschlechtert wird.

Aus der Fülle der Möglichkeiten, das bisher nur in seiner Grundfunktion beschriebene Verfahren in der Praxis anzuwenden, seien, wie schon angedeutet, im folgenden zwei häufig benutzte Beispiele behandelt: Die Kompression mit analoger Frequenzmodulation des Impulses, die auch in Abschnitt I.5.4 betrachtet wird, und die in Abschnitt I.6.6 behandelte Kompression mit binärer Phasenmodulation.

Beim ersten Verfahren erzeugt man zunächst einen kurzen Wechselstrom-Impuls der Dauer τ und führt ihn, wie in Bild 10.7 im Prinzip dargestellt, einem Dispersionsnetzwerk N zu, das eine unterschiedliche, gleichmäßig verteilte Verzögerung der verschiedenen Spektralanteile der Frequenzen $d\omega$ des Impulses bewirkt. Man erhält den gewünschten, i-fach längeren Impuls. Die Differenz der größten und kleinsten Verzögerungszeit ist gleich der Dauer $i\tau$ des auszusendenden Impulses, dessen Signal nach der Umsetzung M_S in die Radarfrequenzlage und Verstärkung in der Sendestufe V_S über die Antenne A abgestrahlt wird.

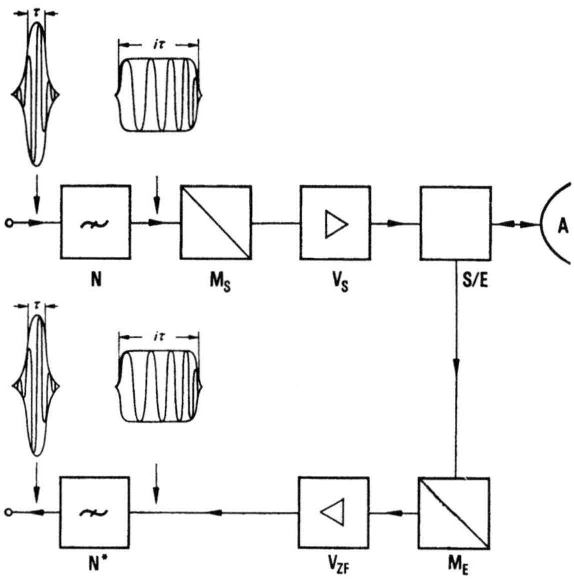

Bild 10.7. Pulskompression mit Frequenzmodulation.

N	Dispersionsnetzwerk;	M_S	Sendemodulator;
N*	Kompressionsnetzwerk;	M_E	Empfangsmodulator;
V_S	Sendeverstärker;	S/E	Sende-Empfangsschalter;
V_{ZF}	Zwischenfrequenzverstärker;	A	Antenne.

Das Echosignal wird über den Sende-Empfangs-Schalter S/E dem Empfangsmischer M_E und nach der Umsetzung in eine Zwischenfrequenzlage f_z über den Verstärker V_{ZF} dem Filter N* zugeführt, dessen Übertragungsfunktion die konjugiert komplexe Funktion $G^*(\omega)$ der Funktion $G(\omega)$ des sendeseitig benutzten Dispersionsfilters ist. Am Ausgang des Netzwerkes N* erscheint dann ein auf die ursprüngliche Dauer komprimierter Impuls, dessen Zeitfunktion $y(t)$ durch die inverse Fouriertransformation des Produkts aus $G(\omega)$ und $G^*(\omega)$ beschrieben wird:

$$y(t) = \frac{1}{2\pi} \int\limits_{f_z - B/2}^{f_z + B/2} |G(\omega)|^2 \, e^{j\omega t} \, d\omega = \frac{1}{2\pi} \int\limits_{f_z - B/2}^{f_z + B/2} e^{j\omega t} \, d\omega . \qquad (10.11)$$

In der Praxis haben sich vor allem Filter bewährt, bei denen die elektrischen Signale über elektromechanische Wandler in akustische Wellen, vielfach in Oberflächenwellen, und wieder zurück in elektrische Signale verwandeln werden. Dabei wird eine Vielfalt von Wellenleitermaterialien benutzt, bei denen entweder die Wellenleitung grundsätzlich dispersiv ist oder bei denen bei frequenzunabhängiger Wellengeschwindigkeit die Wellenerregung bzw. die Wellenabnahme frequenzabhängig an verschiedenen Orten erfolgt und somit die Laufzeit zwischen Welleneinspeisung und Auskopplung frequenzabhängig gestaltet werden kann [10.11]. Es sind aber auch übliche, aus Induktivitäten und Kapazitäten aufgebaute Allpaß-Netzwerke mit entsprechend dispersivem Charakter in Gebrauch. Zuweilen werden ferner für die Erzeugung des frequenzmodulierten Impulses Oszillatoren verwendet, deren Frequenz während der Dauer des Impulses über Varaktordioden verändert wird.

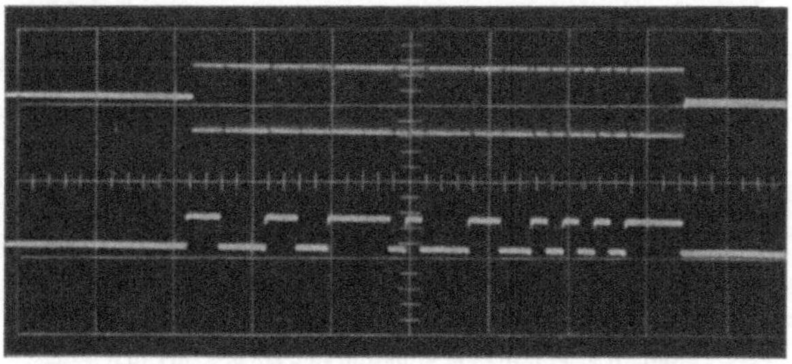

Bild 10.8. Phasenumtastung eines Hochfrequenzsignals nach Maßgabe eines Binärwortes.

Beim zweiten, digitalen Verfahren wird ein zeitlich länger andauernder hochfrequenter Impuls mit konstanter Amplitude und konstanter Trägerfrequenz verwendet. Er wird in eine Anzahl i gleich langer Subimpulse der Länge τ unterteilt, deren Dauer die Entfernungsauflösung bestimmt. An deren zeitlichen Grenzen findet nach Maßgabe eines binären Wortes ein Phasensprung des hochfrequenten Signals um 180° statt oder nicht. Bild 10.8 zeigt die Oszillogramme eines in dieser Weise phasengetasteten Hochfrequenzsignals und des zugehörigen binären Wortes.

Auf der Empfangsseite wird das in einer Zwischenfrequenzlage angelieferte Signal S_E, wie in Bild 10.9 schematisch dargestellt, zunächst mit einem auf die Dauer der Subimpulse optimal dimensionierten Netzwerk gefiltert und anschließend an zwei getrennte Kanäle zur Verarbeitung nach dem Quadraturverfahren abgegeben. Die Signale für die beiden Kanäle werden mit je einem Phasendemodulator und einer Schwingung f_z mit zwischenfrequenter Mittenfrequenz, die im Quadraturkanal um 90° in der Phase verdreht wird, in die Videolage umgesetzt.

Diese zusätzliche Verarbeitung in einem Quadraturkanal ist notwendig, weil am Ausgang eines Phasendemodulators PM je nach Phasenlage des Empfangssignals in bezug auf die Phase der Schwingung f_z ein in der Amplitude variables Signal entsteht; durch die Signalverarbeitung in zwei Kanälen und eine geeignete Summierung kann dies vermieden werden. Die beiden identischen Tiefpaß-Netzwerke unterdrücken die bei der Umsetzung entstehenden Signalprodukte höherer Frequenzlagen. In den beiden Kompressionsfiltern F_K werden die nunmehr in der Videolage vorliegenden Signale in einer noch zu beschreibenden Weise komprimiert, in einem Quadrierglied quadriert und anschließend in einer Additionsstufe für die weitere Verarbeitung im Schwellwertdetektor D_S zusammengeführt.

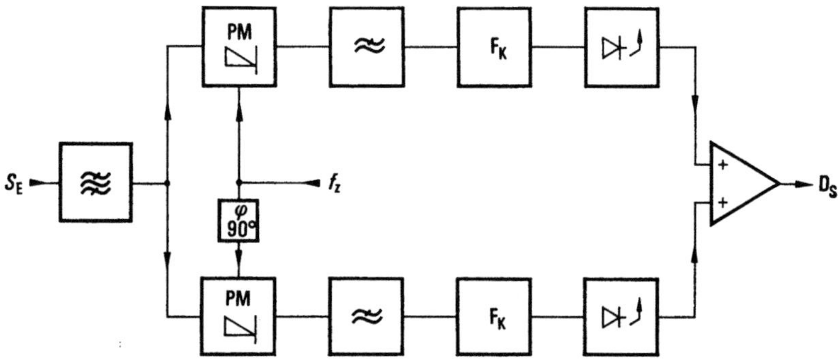

Bild 10.9. Phasendemodulation mit Quadraturkanal.
S_E Empfangssignal;
PM Phasendemodulator;
f_z Zwischenfrequenz;
F_K Kompressionsfilter;
D_S Schwellwertdetektor.

Eines der beiden Kompressionsfilter aus Bild 10.9 ist in Bild 10.10 in seiner Struktur genauer dargestellt. Es besteht aus einer nicht dispersiven Verzögerungsleitung mit i Anzapfungen gleicher Distanz. Jede Anzapfung ist mit einem Verstärker V verbunden, der jeweils Verluste der Verzögerungsleitung ausgleicht und nach Maßgabe des auf der Sendeseite zur Phasenumtastung benutzten binären Wortes sein Ausgangssignal mit Hilfe der fest eingestellten Umpoler U umpolt oder nicht. Die Ausgänge der Verstärker werden parallelgeschaltet. Am gemeinsamen Ausgang erscheint dann zu dem Zeitpunkt, bei dem das Echosignal komplett in die Verzögerungsleitung eingelaufen ist, ein starkes, auf die Dauer eines Subimpulses komprimiertes Impulssignal. Die Zeitfunktion dieses Signals ist die Autokorrelationsfunktion des Sendeimpulses. Näheres hierzu findet man im Abschnitt I.6.5. Schon beim Einlaufen des empfangenen Echos, aber auch noch beim Herausschieben aus der Verzögerungsleitung wird ein Teil der Verstärker mit Signalen beaufschlagt. Diese löschen sich bei ihrer Summierung am Ausgang nicht vollständig aus. Abhängig von der Art des gewählten Kompressionscodes treten daher in der Autokorrelationsfunktion zeitlich vor und nach dem komprimierten Impuls *Nebenzipfel* auf, die gegenüber der Amplitude des Hauptimpulses so gut wie möglich gedämpft sein sollen. Barker hat gezeigt und im Abschnitt I.6.6 wird dies eingehender behandelt, daß einige binäre Codes existieren, bei denen das Verhältnis zwischen Impulsspitze und Nebenzipfeln gleich der Zahl der Codeelemente des verwendeten Codes ist. Eine Liste der heute bekannten Barkercodes und ihrer Eigenschaften ist ebenfalls im Abschnitt I.6.6 aufgeführt. Man hat bisher keine Barkercodes mit Elementzahlen gefunden, die größer als 13 sind. Bei größeren Kompressionsfaktoren als 13 ist daher die Dämpfung der Nebenzipfel zwangsläufig relativ ungünstiger.

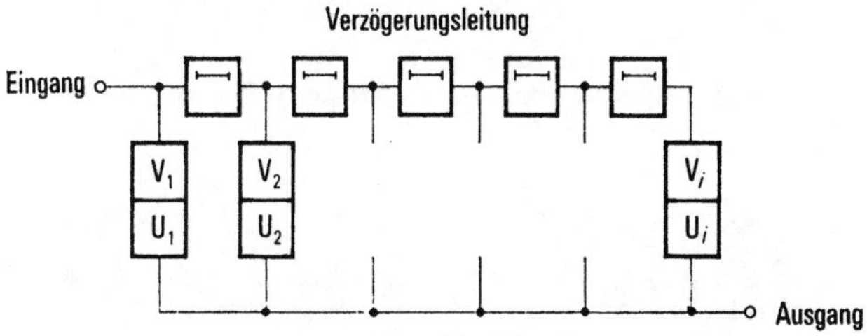

Bild 10.10. Pulskompression für phasenumgetastete Signale.
V_1 bis V_i Verstärker;
U_1 bis U_i Umpoler.

Es existieren aber viele Codepaare, die bei gleicher Ausbildung der Impulsspitze eine vorzeichenmäßig gegenläufige Struktur im Nebenzipfelverhalten aufweisen. Verwendet man nacheinander zwei solcher zusammenpassender Codes für die Phasenumtastung zweier aufeinanderfolgender Impulse, so kann man die beiden Filterantworten nach entsprechender Verzögerung der ersten Antwort addieren und erhält eine besonders nebenzipfelarme Pulskompression. In Bild 10.11 sind die Oszillogramme der Autokorrelationsfunktionen eines Paars von mit derartigen Codes komprimierten Impulsen und die Auswirkung ihrer Addition zu sehen. Die Bilder 10.11a und 10.11b zeigen jeweils die Funktionen mit gegenläufigen Nebenzipfeln, Bild 10.11c die praktisch nebenzipfelfreie Summe.

Als typisches Beispiel für eine empfangsseitige Auswertung nach dem im Abschnitt I.6.2 mathematisch behandelten Korrelationsprinzip soll noch die Schaltung nach Bild 10.12 erklärt werden. Eng verbunden mit dem Problem der Pulskompression ist fast immer die Entdeckung und die exakte Zeitbestimmung des Eintreffens eines komprimierten

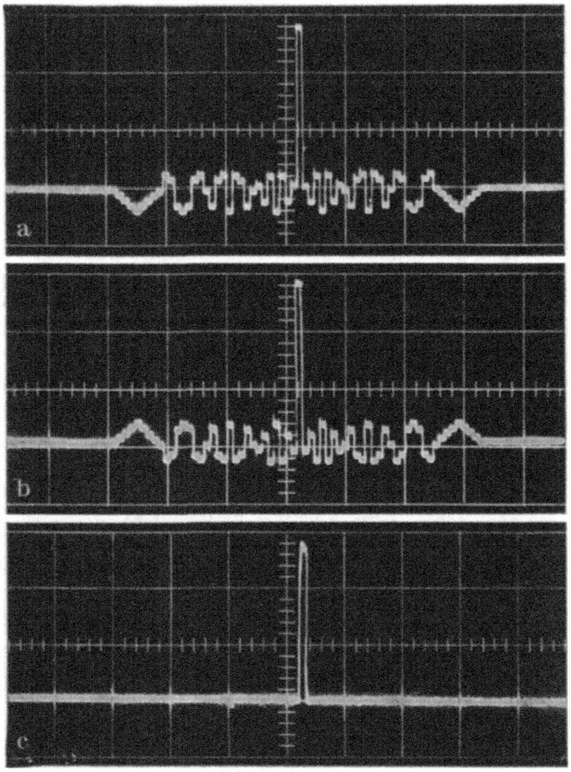

Bild 10.11a–c. Addition zweier Autokorrelationsfunktionen mit gegenläufiger Nebenzipfelstruktur
a) Funktion nach Code I;
b) Funktion nach Code II;
c) Summe beider Funktionen; Maßstab 1:2.

Echoimpulses. Beim Korrelationsprinzip wird die Struktur des Sendesignals in Gestalt des binären Worts für die Phasenumtastung in einem Umlaufspeicher mit exakt bekannter Umlaufzeit verwahrt und die Zahl der Umläufe nach Aussendung eines phasengetasteten Sendeimpulses registriert. Ein einlaufendes Empfangssignal wird mit dem Muster des Sendesignals verglichen und der Zeitpunkt der Korrelation durch Bildung der Kreuzkorrelationsfunktion bestimmt. In Bild 10.12 läuft in einem i-stufigen Schieberegister (siehe Abschnitt 3.2.5) das sendeseitig die Phasenumtastung bestimmende binäre, aus i Elementen bestehende Wort um. An jeder Stufe ist ein Multiplizierglied M angeschlossen, das in diesem Beispiel je nach dem binären Zustand der entsprechenden Stufe des Schieberegisters eine Phasendrehung des einlaufenden, zwischenfrequenten Empfangssignals S_{E} von 0° oder 180° bewirkt. Das Empfangssignal läuft simultan in alle i Multiplizierer ein und wird somit zur gleichen Zeit an allen Ausgängen des Schieberegisters Subimpuls für Subimpuls mit dem dort durchlaufenden Referenzsignal verglichen. Nur bei einem, beispielsweise bei Nummer g der i Multiplizierer, ist die Folge der Phasenumtastungen zeitlich richtig in der Weise geschachtelt, daß an seinem Ausgang alle Subimpulse in gleicher Phasenlage erscheinen.

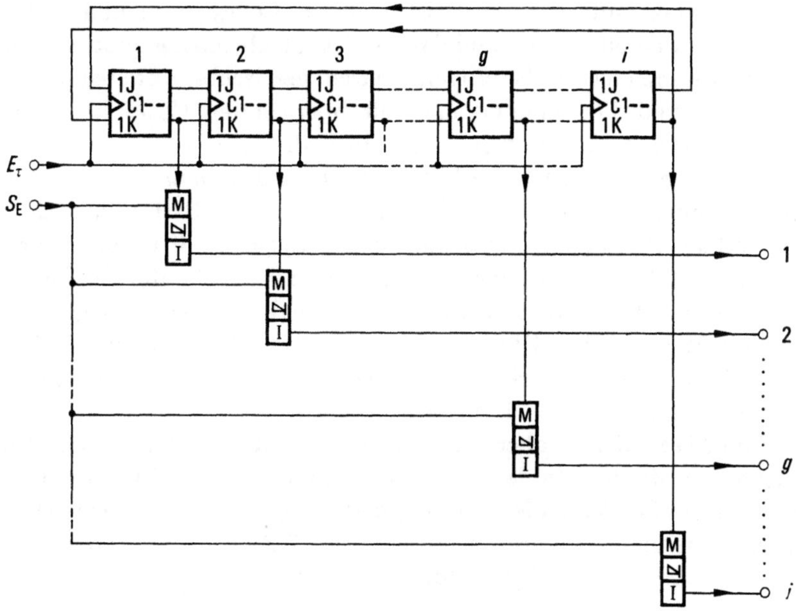

Bild 10.12. Korrelationsempfang.
S_E Empfangssignal;
M Multiplizierglied;
I Integrator;
E_τ Taktsignal.

An jeden Multiplizierer schließt sich ein Phasendetektor mit nachfolgender Integrierstufe I an, so daß nur am Ausgang g ein komprimierter Impuls erscheint; an allen anderen der i Ausgänge liegt eine wesentlich kleinere Amplitude an, weil dort die Phasendetektoren eine mehr oder weniger gleichmäßig abwechselnde Folge von positiven und negativen Signalspannungen abliefern, die nach ihrer zeitlichen Integration im Idealfall den Wert null ergeben. Beim Multiplizierer g sind Referenzsignal und Empfangssignal in ihrer Gleichzeitigkeit des Funktionsablaufs am ähnlichsten: Die Korrelation hat ein Maximum.

Wird das Schieberegister beim Beginn des ersten Subimpulses des Sendesignals gestartet und läuft ein Empfangsecho beim l-ten Umlauf des Binärwortes in den Auswerter ein, wobei am g-ten Ausgang ein Maximum der Korrelation registriert wird, so ist bei einer Taktperiode τ

des Taktsignals E_τ die Laufzeit T_R des Signals zum Ziel und wieder zurück

$$T_R = \tau[i(l - 1) + g]. \qquad (10.12)$$

Das Meßergebnis liegt erst am Ende des l-ten Umlaufs vor.

Die Pulskompression mit binärer Phasen- oder auch Frequenzumtastung hat den Vorteil, daß die Auswertung mit den Mitteln der Digitaltechnik einfach möglich ist, daß die Codes rasch und einfach gewechselt werden können und daß es viele Möglichkeiten gibt, die zeitlichen Nebenzipfel zu beseitigen. Durch gemischte Anwendung von Frequenz- und Phasenumtastung mit überlagerten Codes kann man gezielt Clutter- und andere Störungen unterdrücken.

Pulskompression ist zur Clutterunterdrückung immer dann erfolgreich, wenn sich während der länger andauernden Bestrahlung durch den verlängerten Sendeimpuls die cluttererzeugende Struktur in ihrem Reflexionsverhalten verändert. In diesen Fällen geht die Ähnlichkeit des Clutter-Echosignals mit dem Sendesignal verloren, das gefilterte Echosignal kann die Schwelle des Schwellwertdetektors nicht überschreiten. Ein solches Verhalten trifft vor allem für Wolken- und Regenclutter, mitunter aber auch für Seeclutter zu.

Zum Abschluß muß aber auch auf einen Nachteil der Pulskompression hingewiesen werden: In der Sendephase kann nicht empfangen werden; je länger der Sendeimpuls daher ist, desto länger dauert die Totzeit des Empfängers und desto größer ist der *innere Totbereich* des Radargeräts, innerhalb dessen keine Ziele entdeckt werden können.

10.2.4. Festzeichenunterdrückung

10.2.4.1. Das Grundproblem beim Puls-Doppler-Radar

Bei rundsuchenden Radaranlagen kann zur raschen, gleichzeitigen Erfassung von fliegenden Objekten in allen Höhenlagen der Radarrichtstrahl in der Elevationsebene nur wenig gebündelt werden. Die Folge hiervon ist, daß ein Teil der Wellen den Erdboden trifft, der entstehende Bodenclutter den Beobachtungsbildschirm breitflächig aufhellt und somit die punktförmigen Aufhellungen, die von gesuchten Flugzielen stammen, nicht oder nur sehr mühsam wahrgenommen werden können. Da aber einerseits Flugziele gegenüber einer fest installierten Radaranlage praktisch immer eine Radialkomponente der Geschwindigkeit aufweisen und daher ihre Echosignale dopplerverschoben sind, andererseits der Bodenclutter als *Festzeichen* keine Dopplerkomponente hat, kann man durch Ausfiltern der Echosignale aller sich bewegenden Ziele die Echosignale der Festzeichen unterdrücken; auf dem Bildschirm werden nur Flugziele angezeigt. Derartige Filter bezeichnet man auch im deutschen Sprachgebrauch zumeist als MTI-Filter (MTI: *M*oving *T*arget *I*ndication). Die Bilder 10.13a und 10.13b zeigen eine Bildschirmwiedergabe ohne und mit Festzeichenunterdrückung.

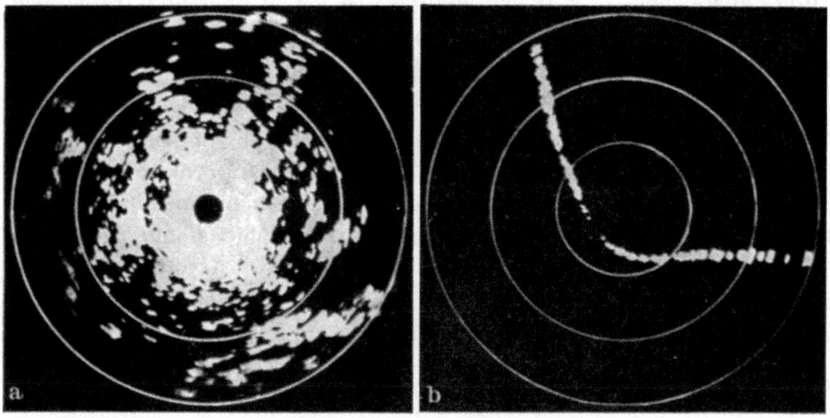

Bild 10.13a u. b. Bildschirmwiedergabe ohne und mit Festzeichenunterdrückung.
a) Festzeichenbild;
b) Spur eines sich bewegenden Ziels; Festzeichen sind unterdrückt.

Bei Radargeräten, die keine Entfernungen messen und deren Radarwelle daher unmoduliert ist, beschränkt sich das Problem, wie zum Beispiel beim Verkehrsradar, auf das Auswerten der Differenzfrequenz zwischen ausgesendeter und der vom bewegten Ziel reflektierten Welle und auf die Unterdrückung von Echos mit Dopplerverschiebungen unterhalb einer vorgegebenen Grenze durch übliche Hochpasse.

Im allgemeinen wird aber die Festzeichenunterdrückung bei Anwendung von Pulssignalen gefordert; ein Gerät mit dieser Eigenschaft nennt man ein *Puls-Doppler*-Radargerät. Bei der Doppler-Auswertung muß auf die spezielle Spektralverteilung des Pulssignals Rücksicht genommen werden. Hierbei erkennt man einige grundsätzliche Besonderheiten, die anhand von Bild 10.14 diskutiert werden sollen. Dort ist das Spektrum eines Pulsradarsignals mit der Trägerfrequenz f_h prinzipiell dargestellt. Der Zusammenhang zwischen Zeitfunktion und Spektrum eines Radarimpulses ist in Abschnitt I.5.3 beschrieben. Der Linienabstand des diskreten Linienspektrums ist gleich der Pulsfrequenz $1/T_0$; die Amplitudenverteilung hängt von der Zeitfunktion der Impulseinhüllenden ab und folgt bei einem Rechteckimpuls mit der Dauer τ einem $\sin x/x$-Gesetz, wobei $x = 2\pi(f - f_h)\,\tau$ ist.

Die Spektralverteilung eines Festzeichenechos ist die gleiche wie die des Sendesignals. Bei einem bewegten Ziel sind diese Linien im Spektrum insgesamt gegenüber denen des Sendespektrums verschoben, und zwar zu höheren Frequenzen bei Annäherung zum, und zu tieferen Frequenzen beim Abflug vom Radargerät.

Zur Unterdrückung von Festzeichenechos würde der Einsatz eines Filters ausreichen, dessen Durchlaßbereich gleich dem Spektralbereich zwischen zwei benachbarten Linien des Sendespektrums ist und das alle Signale außerhalb dieses Bereichs sperrt. Eine dopplerverschobene Linie fiele dann in den Durchlaßbereich, nicht dagegen Anteile aus dem Spektrum von Festzeichenechos. Da man aber nur eine Linie zur Auswertung benutzen würde, ginge die Entfernungsinformation, die nur durch die Existenz aller dopplerverschobenen Linien gewährleistet ist, verloren. Man muß deshalb eine ganze Reihe solcher identischer Filter — eine *Filterbank* — benutzen, wobei einem jeden Entfernungsinkrement eines dieser Filter zugeordnet wird. Auf diese Art der Filterung wird weiter unten noch genauer eingegangen.

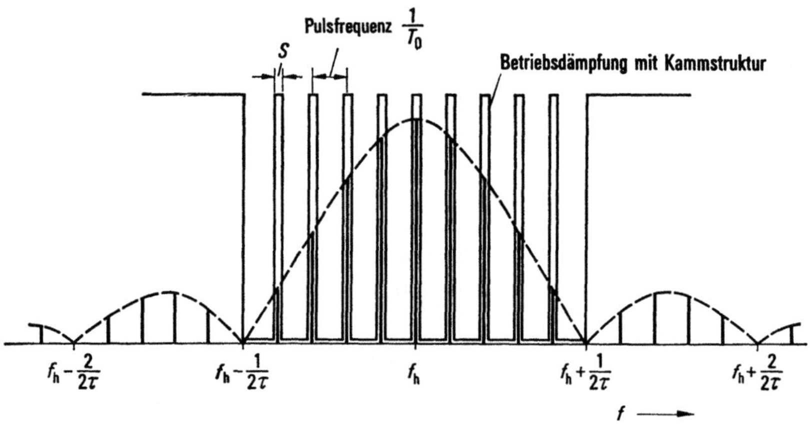

Bild 10.14. Spektrum eines Rechteck-Pulssignals mit überlagerter Dämpfungsfunktion eines idealen Kammfilters.

τ Impulsdauer; S Sperrbereich; f_h Trägerfrequenz.

Eine weitere Möglichkeit zur Festzeichenunterdrückung besteht in der Benutzung von Dopplerfiltern mit kammartig strukturierter Dämpfungsfunktion, wie sie in Bild 10.14 schematisch dargestellt ist. Durchlaßbereiche und Pole der Betriebsdämpfung für jede Linie des Festzeichenechos sind periodisch aneinandergereiht; auf diese Weise bleibt die Entfernungsinformation auch nach der Filterung erhalten. Solche Kammfilterstrukturen können mit Verzögerungsleitungen oder auch mit Digitalfiltern realisiert werden. Auf beide Typen wird weiter unten noch näher eingegangen.

Bei laufend sich steigernder Geschwindigkeit gibt es einen bestimmten Wert, bei dem sämtliche Linien um einen Linienabstand verschoben sind und von Kammfiltern oder Filterbänken wie Festzeichen behandelt werden. Für Ziele mit dieser Geschwindigkeit und für alle ganzzahligen Vielfachen dieses Wertes ist das Radargerät blind. *Blindgeschwindigkeiten* bilden ein besonderes Problem der Puls-Doppler-Radartechnik. Die Breite des periodisch wiederkehrenden Bereichs von Blindgeschwindigkeiten hängt von der Steilheit der Dopplerfilterflanken und vom Abstand der Flanken von den Polen der Betriebsdämpfung ab. Filter mit steilen Flanken und engbegrenzten, hochwertigen Sperrbereichen sind sehr aufwendig. Aber selbst wenn man derart leistungsfähige Filter benutzt, gibt es folgende Einflüsse, die den Erfolg der Filteranwendung in Frage stellen können:

a) Je enger der Sperrbereich S in Bild 10.14 gemacht wird, desto langsamere Ziele werden angezeigt, nämlich alle, deren Geschwindigkeit zu einer Dopplerfrequenz von mehr als $S/2$ führt. Dies wird je nach Anwendung immer dann kritisch, wenn unerwünschte Ziele, wie zum Beispiel fahrende Kraftfahrzeuge, vom Wind bewegte Blätter oder Wassermassen beim Überschlag von Wellen zur Anzeige kommen.

b) Je enger der Sperrbereich S gewählt wird, desto größer sind die Anforderungen an die spektrale Reinheit der Radaranlage. Alle Instabilitäten, Brummodulationen oder anderweitige, ungewollte, niederfrequente Modulationsanteile wirken sich als Seitenbänder einer jeden Spektrallinie aus und werden in störender Weise zur Anzeige gebracht, wenn ihre Spektralanteile bis in die Durchlaßbereiche des Dopplerfilters hineinreichen. Aus diesem Grund werden häufig die Heizung der Senderöhren und die Gleichspannungswandler mit Wechselströmen betrieben, deren Frequenz mit der Pulsfrequenz des Radargeräts identisch ist. Dadurch fallen ihre Spektralanteile mit den Linien des Sendespektrums zusammen.

Will man die Pulsfrequenz während des Betriebs nicht ändern, so können die erste Blindgeschwindigkeit und damit auch alle weiteren Blindgeschwindigkeiten nur mit zwei Maßnahmen in den Bereich sehr hoher, bei Zielen selten vorkommender Werte verschoben werden:

a) Durch Vergrößern des Abstandes der Spektrallinien, also durch eine höhere Pulsfrequenz. Durch diese Maßnahme wird aber die Reichweite mit eindeutig meßbarer Entfernung kleiner.

b) Durch Anwendung einer niedrigen Radarfrequenz. Nach (10.1) ist bei vorgegebener Radialgeschwindigkeit der Absolutwert der Dopplerverschiebung um so kleiner, je niedriger die Frequenz der Trägerwelle ist. Das Benutzen niedrigerer Frequenzen bedeutet jedoch eine geringere

Winkelauflösung der Antenne oder aber den Zwang zur Konstruktion einer Antenne mit größerer Apertur.

Bei der Konzeption von Radargeräten mit konstanter Pulsfrequenz kann man sich nur in dem beschriebenen, gesetzmäßig vorgegebenen Rahmen bewegen. In Bild 10.15 ist der Zusammenhang zwischen Blindgeschwindigkeit, eindeutiger Reichweite und Radarfrequenz dargestellt.

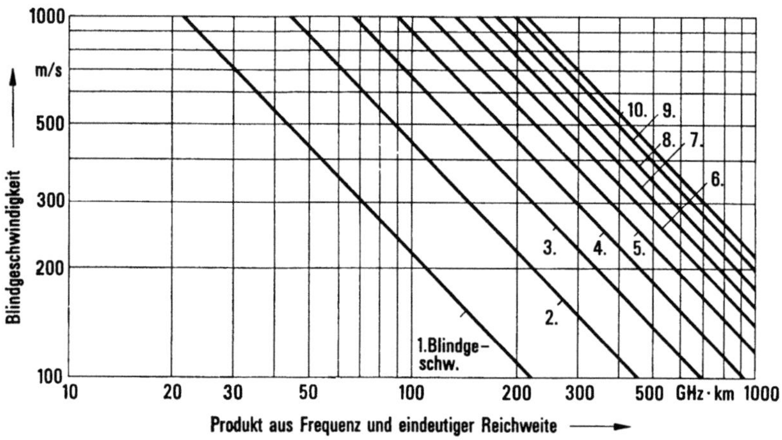

Bild 10.15. Blindgeschwindigkeiten als Funktion von Reichweite und Frequenz.

10.2.4.2. Dopplerfilterung bei konstanter Pulsfrequenz

Die Dopplerverschiebung von sich in radialer Richtung bewegenden Zielen wird zweckmäßig durch Differenzbildung der Frequenz der ausgesendeten und der empfangenen Echowelle bestimmt. Nun ist die Dauer eines Sendeimpulses im allgemeinen klein gegenüber der Dauer einer Dopplerperiode. Das Echosignal kann daher nur in der Weise ausgewertet werden, daß die Augenblicksphase des Echos von Impuls zu Impuls gemessen und daraus die zeitliche Veränderung der Phase — die Dopplerfrequenz — bestimmt wird. Voraussetzung hierfür ist die *Kohärenz* aller Schwingungen, die für die Aufbereitung des Sendesignals und des Empfangssignals benutzt werden, über eine größere Sequenz von Impulsen hinweg.

Insbesondere muß die Kontinuität der Phase der Trägerwelle des Sendeimpulses von Impuls zu Impuls gewährleistet sein. In Bild 10.16 ist das Ergebnis der Messung, nämlich die gepulste Dopplerschwingung, für eine bestimmte Radialgeschwindigkeit eines Ziels dargestellt. Mit Hilfe von üblichen „sample and hold"-Schaltungen und Tiefpaß-Netzwerken kann die Dopplerschwingung, die in Bild 10.16 als Einhüllende der einzelnen Impulse erkennbar ist, gewonnen werden.

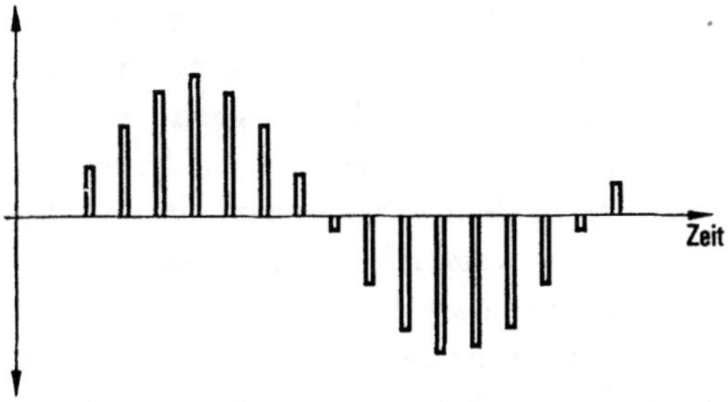

Bild 10.16. Dopplerschwingung in einer Sequenz von Empfangsimpulsen.

Bild 10.17 zeigt eine Anordnung zur Festzeichenunterdrückung dieser Art unter Benutzung eines Filters mit annähernd kammartiger Struktur der Betriebsdämpfungsfunktion. Ein radarfrequenter, kontinuierlich durchschwingender Oszillator O speist einen Sendeverstärker V_S, der im Rhythmus der Pulsfrequenz jeweils für die Dauer eines Impulses aktiviert wird. Über den Sende-Empfangs-Schalter S/E gelangt das Sendesignal an die Antenne A und wird dort abgestrahlt. Ein Echo wird über die Antenne A und den Schalter S/E dem Empfangsverstärker V_E zugeführt und anschließend im Phasendetektor φ, der seine Referenzschwingung vom Oszillator O bezieht, in ein bipolares Videosignal verwandelt. Ein sich bewegendes Ziel erzeugt am Ausgang des Phasendetektors ein Signal mit einem dem Schema von Bild 10.16 sehr ähnlichen Verlauf. Die Amplitude eines jeden den Phasendetektor verlassenden Impulses ist vorzeichenrichtig ein Maß für den Augenblickswert der Dopplerschwingung. Ein Festzeichenecho liefert für alle Impulse die gleiche Amplitude, deren Größe und Vorzeichen von der für dieses Festzeichen zufällig vorliegenden Signallaufzeit abhängen.

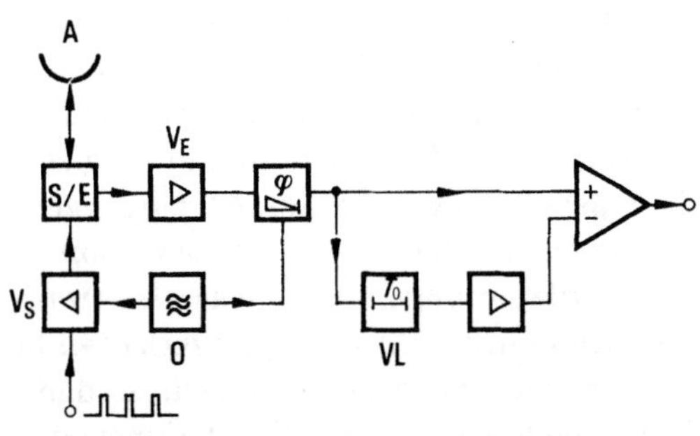

Bild 10.17. Festzeichenunterdrückung mit Verzögerungsleitung.

O	Oszillator;	V_E	Empfangsverstärker;
V_S	Sendeverstärker;	φ	Phasendetektor;
S/E	Sende-Empfangsschalter;	VL	Verzögerungsleitung.
A	Antenne;		

Diese die Phaseninformation tragenden Impulse werden nun einmal direkt, zum anderen bei gleicher Gesamtverstärkung über eine Verzögerungsleitung VL, die die Signale um genau eine Pulsperiode verzögert, einem Differenzverstärker zugeführt; in diesem wird die Differenz der Amplituden zweier zeitlich aufeinanderfolgender Impulse gebildet. Diese ist für Signale von Festzeichen gleich Null und hat für sich bewegende Ziele eine zur Anzeige auf dem Bildschirm ausreichende Größe. Die Entfernungsinformation ist bei der Festzeichenunterdrückung nicht verlorengegangen, da die von sich bewegenden Zielen herrührenden Signale ihren Impulscharakter behalten haben.

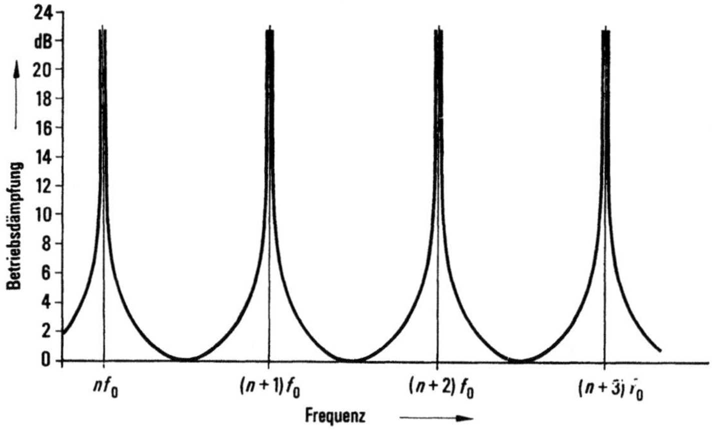

Bild 10.18. Periodischer Verlauf der Betriebsdämpfung eines Kompensationsfilters mit Verzögerungsleitung.

$$f_0 = \frac{1}{T_0};$$

T_0 Verzögerungszeit;
n beliebige, ganze Zahl.

Trägt man die Betriebsdämpfung als Funktion der Frequenz für ein derartiges, aus Verzweigung, Verzögerungsleitung und Differenzverstärker bestehendes Filter auf, so erkennt man zunächst die Kammstruktur (Bild 10.18), deren Pole sich in immer gleichem Frequenzabstand durch Kompensation der beiden Schwingungen bilden. In der Praxis sind Dämpfungspole, die durch Kompensation entstehen, nicht sehr zuverlässig; Sperrdämpfungen von mehr als etwa 25 dB sind nur schwer realisierbar. Außerdem läßt das Sperrverhalten bei von der Polstelle abweichenden Frequenzen sehr rasch nach, so daß Spektralanteile von unerwünschten, niederfrequenten Modulationen und sich langsam bewegenden Zielen leicht in den Durchlaßbereich fallen; dieser ist außerdem nicht geebnet. Dennoch spielen derartige Filter in der Praxis eine große Rolle, weil sie in einfacher Weise zu realisieren sind.

Digitalfilter sind in ihrer einfachsten Form dem Verhalten des beschriebenen Analogfilters, das häufig als *Delayline-Canceller* bezeichnet wird, sehr ähnlich. Auch kompliziertere Digitalfilter können bei Radargeräten mit konstanter Pulsfrequenz zur Dopplerfilterung benutzt werden. Ihr besonderer Vorteil wirkt sich jedoch erst bei Anlagen mit variabler Pulsfrequenz aus. Sie werden im nächsten Abschnitt 10.2.4.3 ausführlicher behandelt.

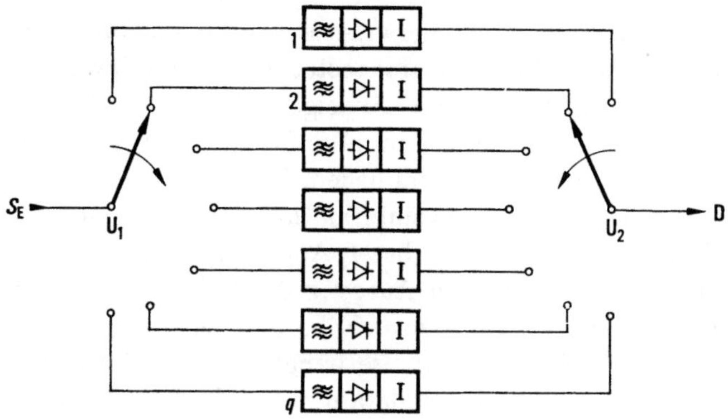

Bild 10.19. Dopplerfilterung mit Filterbank.
S_E Empfangssignal;
D Schwellwertdetektor;
U_1, U_2 Umlaufschalter;
I Integrator.

Für höhere Ansprüche an die Dopplerfilterung wird bei älteren Anlagen mit konstanter Pulsfrequenz meistens eine *Filterbank* benutzt. Bei der Konzipierung des Radarsystems geht man von der maximalen Reichweite aus, innerhalb welcher Entfernungen eindeutig gemessen werden sollen. Damit liegt die Pulsfrequenz $1/T_0$ als Kehrwert der Signallaufzeit T_0 für das entfernteste Ziel fest. Teilt man die so definierte Reichweite durch die gewünschte Entfernungsauflösung, so erhält man die Anzahl q der notwendigen Entfernungstore und damit, wie noch gezeigt wird, die Anzahl der für die Filterbank benötigten, im allgemeinen gleichartigen Filter.

Filtertyp und Filterschaltung werden nun nach den Regeln der Netzwerktheorie bestimmt, wobei der Durchlaßbereich in einer im Prinzip beliebigen Zwischenfrequenzlage zwischen zwei Linien des auf die Zwischenfrequenzebene projizierten Sendespektrums gelegt wird. Je nach Aufwand können der Durchlaßbereich geebnet, die Filterflanken versteilert und die Dämpfung im Sperrbereich hoch gewählt werden.

Die Filterbank, bestehend aus q solchen gleichartig dimensionierten Filtern, wird nun nach Bild 10.19 zur Dopplerauswertung zusammengeschaltet. Das bereits bis in die entsprechende Zwischenfrequenzebene umgesetzte und auf die angepaßte Bandbreite begrenzte Empfangssignal S_E wird einem Umlaufschalter U_1 zugeführt, der beispielsweise aus einem System von Halbleiterschaltern besteht. Unmittelbar nach Aussenden eines Sendeimpulses beginnt der Schalter synchron mit der Pulsperiode seinen Umlauf über die q Schaltstellungen. Nach dem Aussenden des nächsten Sendeimpulses beginnt der Vorgang von neuem. Am Ausgang eines jeden Filters wird das Signal gleichgerichtet und integriert. Mit einem weiteren Schalter U_2, der mit dem ersten Schalter meistens, aber nicht notwendigerweise synchron umläuft, werden die Ausgangssignale der Filterbank abgetastet, dem Schwellwertdetektor D zugeführt und anschließend zur Anzeige gebracht. Auf diese Weise werden Echosignale mit einer bestimmten Laufzeit, die somit im Bereich eines bestimmten Entfernungstors liegen, immer über ein und dasselbe Filter geleitet. Die Entfernungsinformation, die bei jedem einzelnen Filter verloren geht, wird bei dieser Anordnung durch die laufende Nummer des Filters, an dessen Ausgang die Information vorliegt, gewonnen. Die Anzahl der von einem Echo auf den Eingang des betreffenden Filters einwirkenden Impulse hängt von der Pulsfrequenz und der Zeit ab, die der durch die Radarantenne gebildete Richtstrahl zum Überstreichen des Zieles benötigt. Wegen der geringen Bandbreite und dem damit vorgegebenen Einschwingverhalten des Filters erscheint an seinem Ausgang eine kontinuierliche Schwingung, deren Amplitude beim Überstreichen des Richtstrahls über das Ziel an- und wieder abschwillt.

10.2.4.3. Digitale Dopplerfilterung mit variabler Pulsfrequenz

Wie am Ende des Abschnitts 10.2.4.1 erwähnt wurde, kann man Blindgeschwindigkeiten in andere Wertbereiche verschieben, wenn man die Pulsfrequenz verändert. Sie wird beispielsweise bei einigen bekanntgewordenen Anlagen von Umlauf zu Umlauf der Radarantenne zwischen zwei festen Werten umgeschaltet. Ziele, die beim ersten Umlauf im Blindbereich lagen, werden dann beim zweiten Umlauf erkannt. Dieses Verfahren verlangt aber zwei komplette, jeweils angepaßte Dopplerfiltersätze oder sogar zwei komplette Filterbanksysteme und somit einen hohen Aufwand. Die im Abschnitt I.3.4 schon behandelten Digitalfilter passen sich, wie noch gezeigt wird, bei wechselnder Pulsfrequenz automatisch den notwendigen Filterungsforderungen an. Diese Eigenschaft und die prinzipielle Kammstruktur ihrer Übertragungsfunktion sind der Grund dafür, warum Digitalfilter im Bereich der Radartechnik von besonderem Interesse sind. Seitdem Analog-Digital-Umsetzer ausreichender Konstanz, Auflösung, Geschwindigkeit und Zuverlässigkeit auf dem Markt sind, bereitet auch die Realisierung solcher Filter keine großen Schwierigkeiten mehr. Die Notwendigkeit der Einschaltung eines Analog-Digital-Umsetzers kann nur bedingt als Nachteil gewertet werden, weil Radaranlagen mit Rechnerauswertung die Empfangssignale digital verarbeiten und somit ein solcher Umsetzer ohnehin benötigt wird. Bei den meisten Digitalfilteranwendungen wird die Digitalstruktur der Ausgangssignale des Filters beibehalten und die Verarbeitung mit den Mitteln der Digitaltechnik fortgesetzt.

Stehen Taktfrequenz des Digitalfilters und Pulsfrequenz immer in einem passenden Verhältnis zueinander, so kann man zur Vermeidung von Blindgeschwindigkeiten nicht nur zwischen verschiedenen, festen Pulsfrequenzen umschalten, sondern auch die Pulsfrequenz in determinierter oder stochastischer Weise wobbeln.

Durch gesteuertes Umschalten der Filterkoeffizienten des Digitalfilters läßt sich das Durchlaßverhalten derartiger Filter einfach und schnell ändern. So kann zum Beispiel von einem breiten, ebenen Durchlaßbereich zur Erfassung von Zielen mit weitgestreuter Geschwindigkeit auf einen schmalen Durchlaßbereich umgeschaltet werden, in dem nur Echos von Zielen mit einer bestimmten Geschwindigkeit weiterverarbeitet werden.

Bei der digitalen Filterung werden dem kohärent in den Videobereich umgesetzten Empfangssignal in konstanten zeitlichen Abständen, die der Entfernungsauflösung des Radargeräts entsprechen, Proben entnommen und deren Amplitudenwerte über Analog-Digital-Umsetzer in entsprechende Binärwörter verwandelt. Nach dem Zeitmultiplex-Verfahren werden die den einzelnen Entfernungsinkrementen zugeordneten, im zeitlichen Abstand T_0 eintreffenden binären Amplitudenwerte getrennt verarbeitet und jeweils für sich abhängig von der vorgeschriebenen Filtereigenschaft unter Berücksichtigung ihrer Reihenfolge mit bestimmten Koeffizienten multipliziert und diese Produkte addiert. Neben jeweils dem jüngsten Abtastwort müssen daher stets weitere Werte einer entfernungszugehörigen Wertegruppe aus der Vergangenheit durch Speicherung in Schieberegistern zur Verfügung stehen. Die Eigenschaften eines Digitalfilters sind somit durch die Festlegung der zeitlichen Reihenfolge der Multiplikationen, deren Koeffizienten und durch Addition bestimmt.

Die Filtertheorie für digitale, im Zeitbereich verankerte Filter ist ebenso fundamentiert wie diejenige für Filter von kontinuierlichen Signalen im Frequenzbereich. Sie geht, wie im Abschnitt I.3 ausführlich dargestellt, sogar von der Signalbeschreibung im Frequenzbereich aus: Die gewünschten Filtereigenschaften werden im Frequenzbereich definiert. Den Übergang vom Frequenzbereich in den Zeitbereich vermittelt die im Abschnitt I.3.3 ausführlich behandelte $\mathscr{Z}$-Transformation. Das Ergebnis der Überführung liefert unmittelbar das Blockschaltbild des Digitalfilters. Filter mit höheren, im Frequenzbereich definierten Anforderungen führen zu einer größeren Folge von im Prinzip immer gleichen Anordnungen von Verzögerungsgliedern, Multiplizierern und Addierern. Die einfachsten, nichtrekursiven Filter verzögern die Eingangsproben und multiplizieren sie mit Fourierkoeffizienten. Sie sind durch einen linearen Frequenzgang der Phase, jedoch auch durch relativ geringe Flankensteilheiten und Sperrdämpfungen charakterisiert. Filterentwürfe nach Butterworth oder Tschebyscheff führen über die $\mathscr{Z}$-Transformation zu rekursiven Filtern. Bei derartigen Filtern wird der schon errechnete Ausgangswert über Schieberegister verzögert, mit konstanten Faktoren multipliziert und zu dem neuesten Signalwert addiert [10.12, 10.13, 10.14].

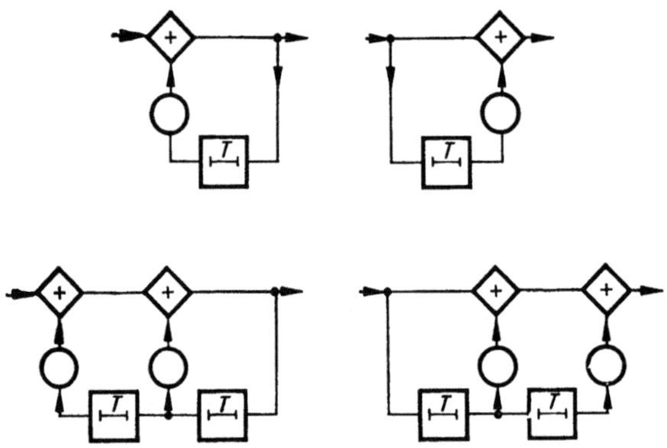

Bild 10.20. Einfache Grundelemente zur digitalen Filterung.

In Bild 10.20 werden einige Grundelemente gezeigt, die oft mehrfach in einem Digitalfilter vorkommen. Addierer sind durch das Symbol $+$, Multiplizierer durch Kreise und Verzögerungsregister durch das Symbol T dargestellt. Die erste und dritte Struktur bezeichnen rekursive Anordnungen, die beiden anderen sind Vertreter nichtrekursiver Filterelemente. In der zweiten Anordnung erkennt man die Grundschaltung des Delayline-Cancellers aus Bild 10.17 wieder, wenn man als Koeffizient für die Multiplikation den Wert -1 einsetzt. Die digitale Version arbeitet im Prinzip genau so wie die analog wirkende Verzögerungsleitung nach Bild 10.17.

Den schon geschilderten Vorteilen bei der Anwendung von Digitalfiltern im Radarbereich stehen auch zwei Nachteile gegenüber, die zum Abschluß dieses Abschnitts erwähnt werden sollen:

a) Sowohl bei der Analog-Digital-Umsetzung als auch beim Abbruch der Multiplikationsvorgänge entstehen Ungenauigkeiten, die sich zusätzlich als Quantisierungsverzerrung im gefilterten Signal bemerkbar machen.

b) Digitalfilter können Signalamplituden nur bis zu einer bestimmten Größe einwandfrei verarbeiten. Wird dieser Wert überschritten, so treten nach Rückwandlung in den analogen Bereich am Ausgang des Filters abrupt intensive nichtlineare Verzerrungen auf.

10.2.5. Die Bedeutung der Ambiguity-Funktion

Aus didaktischen Gründen wurden die Teilprobleme bei der Entfernungsmessung mit Impulsen bisher absichtlich einzeln behandelt und Optimallösungen angestrebt ohne Rücksicht darauf, ob dadurch grundsätzlich die Lösung eines anderen Teilproblems weniger gut oder etwa gar nicht gelingt.

Wenn beispielsweise Forderungen in bezug auf die Entfernungsauflösung *und* die Dopplerauflösung gestellt werden, so ist die Frage nach der besten Signalstruktur nicht einfach zu lösen. Die Empfangsfilterantwort kann für eine bestimmte Empfangsfrequenz zwar eindeutig und optimal, die gewünschte Entfernungsauflösung somit gesichert sein; für eine benachbarte Empfangsfrequenz aber, die sich durch eine Dopplerverschiebung des Echosignals ergibt, ist sie nicht mehr ausreichend. Es wäre besser gewesen, die Entfernungsauflösung geringer zu wählen, diese aber für Ziele verschiedener Geschwindigkeiten zu gewährleisten.

Bei der Lösung derartiger Optimierungsaufgaben kann man sich nur in einem bestimmten Rahmen von Gesetzmäßigkeiten bewegen. Die Ambiguity-Funktion, deren mathematischer Behandlung der Abschnitt I.6.7 gewidmet ist, berücksichtigt diesen Rahmen und liefert ein Kriterium für die Brauchbarkeit eines ausgewählten Sendesignaltyps.

Die Ambiguity-Funktion AF wird durch Korrelation des Sendesignals mit dem am Ziel reflektierten, dopplerverschobenen Empfangssignal gebildet: Sie ist die zweidimensionale, von der Zeitverzögerung T_R und der Dopplerverschiebung f_D abhängige Autokorrelationsfunktion des sendeseitig angewendeten Modulationssignals und ergibt zugleich die Antwortfunktion des auf das Sendesignal optimal angepaßten Empfangsfilters.

Es ist in vielen Fällen sinnvoll, die AF als Funktion der Größen ΔT_R und Δf_D darzustellen. Dabei ist ΔT_R definiert als der Zeitunterschied zwischen dem Zeitpunkt des Eintreffens des Signals und dem Zeitpunkt, an dem es hätte eintreffen sollen, weil das Empfangsfilter für diesen Wert ausgelegt war. Δf_D ist definiert als der Unterschied zwischen der wirklichen Frequenz des empfangenen Signals und dem Wert, für den das Empfangsfilter zur Zeit des Empfangs abgestimmt war [10.8, 10.9].

Zur bildlichen Darstellung der Ambiguity-Funktion AF wird zumeist das Quadrat ihres Betrags über der T_R-f_D-Ebene aufgetragen. Die sich aus den einzelnen Betragswerten bildende Fläche bietet sich als eine Art Gebirge über der T_R-f_D-Ebene dar; unabhängig von der Form dieses Gebirges ist sein Volumen prinzipiell konstant. Ein Gebirge mit vielen über der Ebene verteilten Spitzen spiegelt ein Sendesignal wieder, welches bei der Radarvermessung zu Mehrdeutigkeiten in der Entfernungs- und Geschwindigkeitsdimension führen muß. Ein ideales Signal führt zu einer Gleichverteilung der Betragswerte über der T_R-f_D-Ebene mit einer einzigen Spitze über dem Nullpunkt. Diese Spitze kann jedoch grundsätzlich nicht beliebig schlank gemacht werden, weil das Volumen einen endlich großen Wert besitzt. Dies ist die Folge eines Fundamentalsatzes, der als *Ungenauigkeitsrelation* der Radartechnik bezeichnet wird.

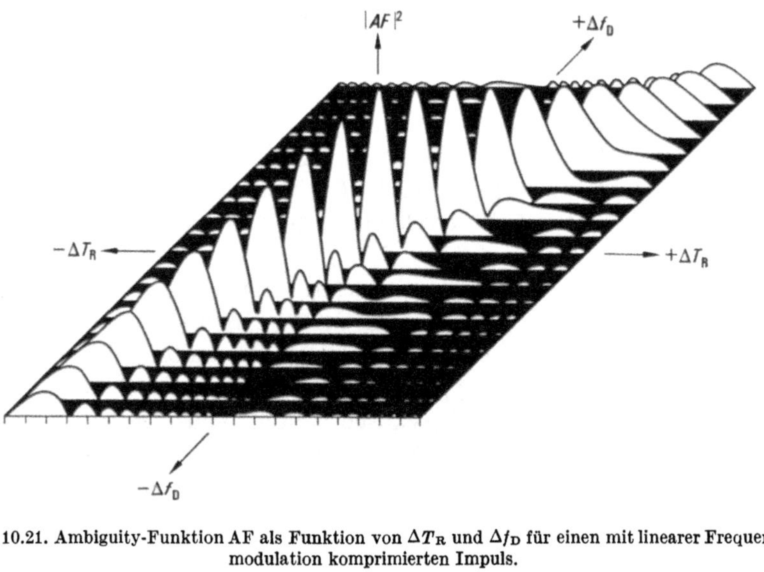

Bild 10.21. Ambiguity-Funktion AF als Funktion von ΔT_R und Δf_D für einen mit linearer Frequenzmodulation komprimierten Impuls.

In den Bildern 10.21 und 10.22 sind Beispiele von Ambiguity-Funktionen schematisch dargestellt. Das erste Beispiel zeigt den Verlauf für ein mit linearer Frequenzmodulation komprimiertes Sendesignal, für welches das Empfangsfilter eine eindeutige Antwort liefert, wenn keine Dopplerverschiebung vorliegt. Ist das Empfangssignal dopplerverschoben, so ist das Maximum der Filterantwort-Funktion weniger ausgeprägt und zeitlich verschoben. Die Entfernungsmessung wird in diesem Fall unrichtig oder zumindest ungenau.

Im zweiten Beispiel in Bild 10.22 ist das Ambiguity-Diagramm

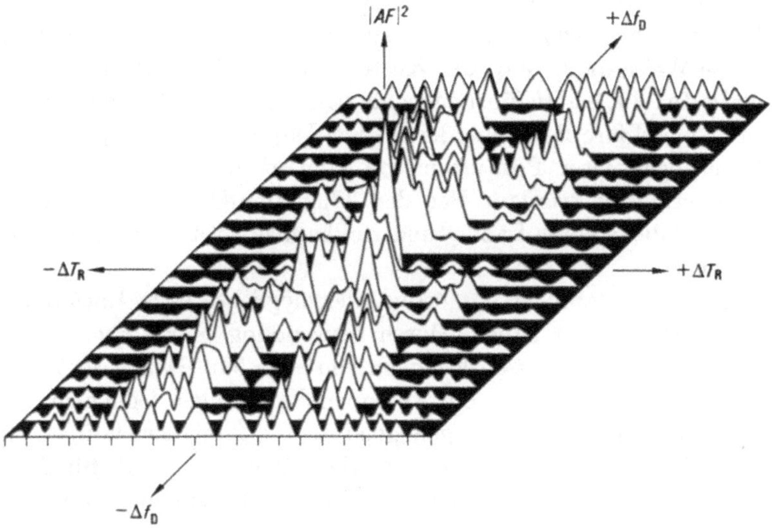

Bild 10.22. Ambiguity-Funktion AF als Funktion von ΔT_R und Δf_D für einen mit dem 13-bit-Barker-code komprimierten Impuls.

schematisch für ein Impulssignal dargestellt, das nach dem 13-bit-Barkercode durch Phasenumtastung binär komprimiert ist. Hier erkennt man, daß für dopplerverschobene Signale Mehrdeutigkeiten (ambiguities) bei der Entfernungsmessung entstehen.

Die Ambiguity-Funktion wird häufig auch als Zeit-Frequenz-Korrelationsfunktion, als Radar-Unbestimmtheitsfunktion oder auch als Optimalfilter-Antwortfunktion bezeichnet. Ihr großer Wert liegt darin, daß man sich mit ihrer Hilfe beim Studium von Radareigenschaften Möglichkeiten und Grenzen anschaulich klarmachen kann, auch wenn ihre exakte Berechnung bei komplizierten Radarsignalformen nicht einfach ist. Hat man sich für eine Signalform entschieden und kennt man die zugehörige Ambiguity-Funktion, so kann ein noch so geschickt konzipiertes Empfangsfilter keine bessere Filterantwort liefern als diejenige, die durch die Ambiguity-Funktion präsentiert wird.

10.3. Prinzip-Blockschaltbilder am Beispiel zweier Anlagen

10.3.1. Rundsicht-Radaranlage ohne Festzeichenunterdrückung

Bei sehr vielen Radaranwendungen ist eine Festzeichenunterdrückung nicht notwendig oder sogar unerwünscht. Dies gilt vor allem für Anwendungen im Bereich der Hochsee- und Binnenschiffahrt und für die Flughafen-Vorfeldüberwachung. In diesen Fällen sind Reflexionen an

Festzielen notwendig, um mit ihrer Hilfe eine landkartenähnliche Darstellung des umgebenden Geländes zu erreichen. In der Schiffahrt wird auf diese Weise die Gestalt der Küste oder des Flußufers erkannt und als Basis für die Schiffsführung benutzt. Andere Schiffe sind ebenfalls erkennbar und ihre Bewegung kann ohne Dopplerauswertung durch die Veränderungen ihrer Positionen von Umlauf zu Umlauf der Richtantenne ermittelt werden. Bei den Flughafen-Überwachungsanlagen werden auf diese Weise Lande- und Rollbahnen sowie der rollende Verkehr sichtbar.

Derartige Radaranlagen müssen eine möglichst hohe Entfernungs- und Winkelauflösung haben. Durch Anwendung sehr kurzer Impulse erreicht man Entfernungsauflösungen von etwa 5 m. Damit die Winkelauflösung genügend genau, die Antennenabmessungen jedoch nicht zu groß werden, geht man zu genügend hohen Frequenzen über. Ein typischer Bereich ist das Band um 10 GHz. Für eine azimutale Bündelung auf 1° ist bei dieser Frequenz eine horizontale Ausdehnung der Antenne von etwas über 2 m ausreichend. In vertikaler Richtung wird eine nur mäßige Bündelung verlangt.

In Bild 10.23 ist das Grundprinzip eines derartigen Radargeräts durch ein Blockschaltbild schematisch dargestellt. Das Magnetron erzeugt ausreichend kurze Impulse unmittelbar mit der Radarfrequenz und mit ausreichender Impulsspitzenleistung. Wegen der Erdkrümmung ist es nicht sinnvoll, die Reichweite von Schiffsradaranlagen über etwa 50 km hinaus auszudehnen. Spitzenleistungen im Bereich von 1 bis 10 kW bei mittleren Leistungen von 5 bis 50 W sind üblich. Das Sendesignal gelangt zur Antenne über den mit Schaltdioden arbeitenden Sende-Empfangsschalter, der das Magnetron während der Dauer eines Sendeimpulses auf die Richtantenne durchschaltet und in der übrigen Zeit die Antenne mit dem Empfänger verbindet. Der Drehantrieb der Richtantenne schwenkt den azimutal gebündelten Strahl periodisch etwa 20- bis 60mal in der Minute in der Horizontalebene über den Vollkreis. Bei einer Bündelung von 1°, einer Pulsfrequenz von 5 kHz und bei 40 Antennenumdrehungen pro Minute wird ein Ziel beim Überstreichen des Richtstrahls von rund 20 Impulsen getroffen. Für die Darstellung auf dem Bildschirm werden die Werte von $\sin \alpha$ und $\cos \alpha$ des Azimutwinkels α, den der Richtstrahl mit einer Vorzugsrichtung (zum Beispiel mit der Schiffslängsachse) bildet, mit Hilfe eines Drehmelder-Systems zum Sichtgerät übertragen.

Ein Echosignal gelangt von der Antenne über den Sende-Empfangsschalter und ein Vorselektionsfilter zum Empfangsmischer. Hier wird das Signal mittels des Empfangsoszillators in die Zwischenfrequenzlage des Empfängers umgesetzt. Die Frequenzstabilität des Magnetrons wie auch die des Empfangsoszillators ist im allgemeinen zu gering, um das

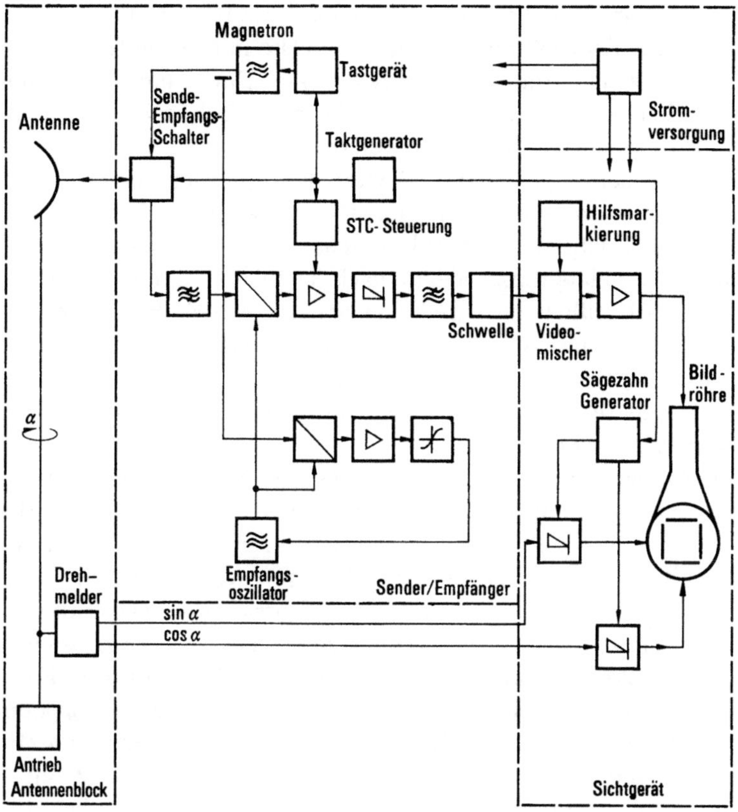

Bild 10.23. Blockschaltbild eines Rundsicht-Radargeräts ohne Festzeichenunterdrückung.

Signal mit genügender Stabilität in dem Band des Zwischenfrequenzverstärkers zu halten. Aus diesem Grund wird eine Probe des Sendesignals entnommen und in einem weiteren Mischer mit der Schwingung des Empfangsoszillators gemischt, das Zwischenfrequenzsignal verstärkt und zur Frequenzkontrolle einem stabilen Zwischenfrequenzdiskriminator zugeführt. Bei Abweichungen von der Mittenfrequenz wird der Empfangsoszillator mit Hilfe üblicher Nachstellglieder nach Maßgabe des Diskriminator-Ausgangssignals in seiner Frequenz korrigiert.

Der Zwischenfrequenzverstärker wird über die Baugruppe STC — auch im Deutschen ist dieser Ausdruck, *S*ensitivity *T*ime *C*ontrol, üblich — im Takt der Pulsfrequenz in seiner Verstärkung geregelt. Diese Baugruppe erhält ihr Eingangssignal vom Taktgenerator, der den Puls der Anlage erzeugt. Aus dem Pulssignal wird in der STC-Steuerung eine zeitabhängige Regelspannung für die Verstärkung geformt. Die rhythmisch sich verändernde Verstärkung versetzt den Zwischenfrequenzverstärker in die Lage, Echosignale, die aus geringer Entfernung kurz nach der Aussendung des Sendeimpulses mit hoher Intensität eintreffen, und solche, die nach der festen Zeit-Entfernungsbeziehung zu späterer Zeit mit geringerer Intensität eintreffen, mit etwa gleicher Leistung an seinem Ausgang abzuliefern.

Das zwischenfrequente Signal wird dann gleichgerichtet, in einem Tiefpaß optimal in seinem Spektrum begrenzt und der im Abschnitt 10.2.2.3 beschriebenen Schwellwertschaltung übergeben. Über den Videomischer gelangt das Signal nach Durchlauf durch einen Videoverstärker schließlich zur Helligkeitssteuerung der Bildröhre an die hierfür vorgesehene Elektrode. Über den Videomischer können Hilfsmarkierungen, wie Kreise konstanter Entfernung, die Nordrichtung oder andere, wählbare, als Kursoren bezeichnete Richtungen in das Schirmbild eingeblendet werden.

Zur formgerechten Darstellung des Geländes müssen alle Ziele winkelrichtig und entfernungsproportional abgebildet werden. Hierzu ist wiederum der Taktgenerator, der weiterhin auch den Sende-Empfangsschalter und das Tastgerät für die impulsartige Energieversorgung des Magnetrons steuert, eine wesentliche Vorrichtung. Der Taktgenerator liefert das Steuersignal für die Erzeugung einer Sägezahnspannung als Basis für die Zeitablenkung des Bildpunktes in der Bildröhre. Für eine entfernungsproportionale Darstellung führt diese Sägezahnspannung den Bildpunkt synchron zur Taktfrequenz zeitproportional vom Mittelpunkt der Bildröhre nach außen. Damit dies winkelrichtig mit dem Richtstrahl der Antenne geschieht, werden zwei gleiche Anteile der Sägezahnspannung in zwei gleichartigen Modulatoren jeweils mit dem Wert $\sin \alpha$ bzw. $\cos \alpha$ moduliert, der von dem Drehmelder-System der Antenne geliefert wird. Die Ausgänge der beiden Modulatoren speisen je ein Ablenkspulenpaar der Bildröhre, wodurch die winkeltreue Zeitablenkung des Bildpunktes gewährleistet wird.

10.3.2. Rundsicht-Radaranlage mit Festzeichenunterdrückung

Rundsicht-Radaranlagen mit Festzeichenunterdrückung werden in erster Linie für die Luftraumüberwachung benötigt. Die Positionen von Luftzielen und ihre Flugspur sollen dabei ohne Störungen durch Bodenclutter sichtbar sein. Sehr häufig — vor allem in der Flugsicherung — werden die gewonnenen Informationen neben der Darstellung auf einem Bildschirm in Rechnern weiterverarbeitet. Cluttersignale würden in diesem Falle den Rechner mit einer Fülle unbrauchbarer Daten belasten, so daß auch aus diesem Grund eine festzeichenfreie Information über die Lage im Luftraum gefordert wird.

Bild 10.24 zeigt das Blockschaltbild einer Rundsicht-Radaranlage mit Festzeichenunterdrückung für den Nahbereich; anhand dieser Darstellung soll die Funktion einer solchen Anlage beschrieben werden. Dabei wird auf Funktionen, die schon bei der Diskussion der im vorhergehenden Abschnitt dargestellten Anlage behandelt wurden, nicht näher eingegangen, sondern intensiver auf die speziell zur Festzeichenunterdrückung notwendigen Einrichtungen. Die Anforderungen an die Entfernungs- und Winkelauflösung sind bei solchen Anlagen nicht so hoch wie im Beispiel des vorigen Abschnitts. Auflösungen in der Entfernung von 100 bis 500 m und Winkelauflösungen von 2° bis 5° sind charakteristische Werte für Luftraumüberwachungsanlagen.

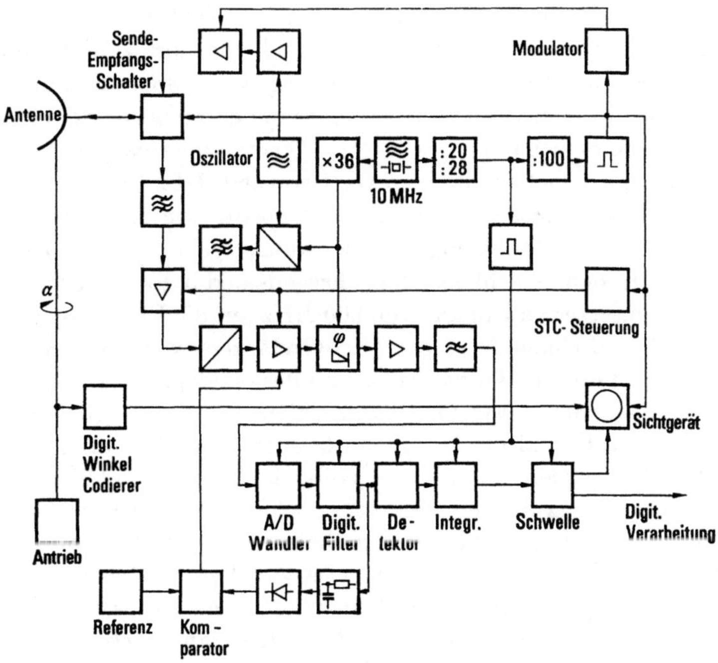

Bild 10.24. Blockschaltbild eines Rundsicht-Radargeräts mit Festzeichenunterdrückung.

Das etwa im 3-GHz-Bereich liegende, in der Frequenz veränderbare Signal des Oszillators wird in einem Halbleiterverstärker auf eine Leistung von zum Beispiel 5 W vorverstärkt und in dem nachfolgenden Wanderfeldverstärker mit einer Verstärkung von 40 dB auf eine Impulsspitzenleistung von 50 kW gebracht. Der vom Taktgeber der Radaranlage gesteuerte Modulator bewirkt die gewünschte Pulsmodulation der Leistungsröhre. Die Taktfrequenz wird von einem 10-MHz-Quarzgenerator abgeleitet, und zwar zunächst über eine Frequenzteilerschaltung mit einem wählbaren Teilerverhältnis von 20:1 oder 28:1. Es schließt sich eine weitere Teilung der Frequenz mit dem Teilerverhältnis 100:1 und eine Impulsformung an. Man erhält somit die Pulsfrequenzen $1/T_{0a} = 5000$ Hz bzw. $1/T_{0b} = 3575$ Hz, mit denen sich eindeutige Entfernungsmessungen bis 30 km bzw. bis 42 km durchführen lassen. Erste Blindgeschwindigkeitsbereiche ergeben sich bei Werten von 232 und 166 m/s, so daß sich durch Umschalten der Pulsfrequenzen eine insgesamt sehr weitreichende Freiheit von Blindstellen erreichen läßt. Wird die Impulsdauer gleich $T_0/100$ gewählt, erhält man eine Entfernungsauflösung von 300 bzw. 420 m und eine mittlere Sendeleistung von 500 W.

Das Sendesignal wird über den Sende-Empfangsschalter der Antenne zugeführt. Echosignale gelangen über ein Vorselektionsfilter auf einen rauscharmen Mikrowellenvorverstärker und von dort zum Empfangsmischer. Die Empfangsumsetzerschwingung wird durch Mischung einer Schwingung aus dem Oszillator und einer in der Frequenz versechsunddreißigfachten Schwingung des 10-MHz-Quarzoszillators gewonnen. Die Zwischenfrequenz hat somit einen Wert von 360 MHz. Der sich anschließende Zwischenfrequenzverstärker erhält ebenso wie der Vorverstärker eine periodisch zeitabhängige Verstärkungsregelung über die STC-Steuerung. In dem anschließenden Phasendemodulator wird das Signal mit einer Umsetzerschwingung von 360 MHz auf die Videolage demoduliert. Nach Durchlaufen eines Videoverstärkers wird das Signal in einem Tiefpaß optimal an das Spektrum des Sendepulses angepaßt. Die Frequenz des Abtasttakts für den anschließenden Analog-Digital-Umsetzer und das Digitalfilter ist genau hundertfach höher als die jeweils gewählte Pulsfrequenz. Auf diese Weise ist es möglich, Signalamplituden, die aus maximal einhundert verschiedenen gleich großen Entfernungsinkrementen herrühren, nacheinander jeweils für die Zeit $T_0/100$ zur Analog-Digital-Umsetzung festzuhalten. In diesem Umsetzer werden die Amplitudenwerte nacheinander in ein zum Beispiel zwölfstelliges Binärwort verwandelt und die Signale anschließend in einem im Abschnitt 10.2.4.3 näher beschriebenen Digitalfilter gefiltert. In der nachfolgenden Detektorstufe und dem ebenfalls als Digitalfilter arbeitenden Integrationstiefpaß werden im Zeitmultiplexverfahren für jedes Entfernungsinkrement getrennt der Absolutbetrag des Dopplersignals gewonnen und die während des Überstreichens des Antennenrichtstrahls über das betreffende Ziel entstandene Menge der im Abstand T_0 eintreffenden Signalanteile aufintegriert.

Damit bei langsamen Rausch- oder Verstärkungsänderungen die Falschalarmrate konstant bleibt, werden die Rauschsignale an einem Entfernungsinkrement ohne Echoauswertung (z. B. am äußersten Inkrement) des Filters abgezweigt, nach Durchlaufen eines Tiefpasses mit großer Zeitkonstante gleichgerichtet, mit einem Referenzwert verglichen und das so ermittelte Stellsignal zur Regelung der Zwischenfrequenzverstärkung herangezogen. Verstärkungsänderungen durch Temperatur- und Alterungseinflüsse werden auf diese Weise ebenfalls ausgeregelt; somit wird die Gefahr einer Übersteuerung des Digitalfilters vermindert. Damit bei vergleichsweise rasch einsetzenden Geräuschen die Falschalarmrate nicht erhöht wird, hat die im Signalweg nachfolgend eingeschaltete Schwellwertschaltung die Eigenschaft, ihre Schwelle in diesen Fällen kurzzeitig zu erhöhen.

Das Ausgangssignal der Schwellwertschaltung steuert die Lichtintensität der Bildröhre; es kann jedoch auch zur weiteren Verarbeitung an einen Rechner oder an abgesetzte Auswertezentralen geleitet werden. Die Zeitablenkung in der Bildröhre des Sichtgerätes arbeitet im Grundsatz nach dem im vorigen Abschnitt beschriebenen Verfahren, jedoch werden die Winkelwerte der sich drehenden Antenne in digitaler Form von einem Winkelcodierer geliefert, ebenso wird die Multiplikation des ebenfalls digital hergestellten Sägezahnsignals mit dem Sinus und dem Cosinus des Drehwinkels digital durchgeführt.

10.4. Sekundärradartechnik

10.4.1. Die Impulsübertragung

Wie schon im Abschnitt 10.1 umrissen, dient die Sekundärradartechnik der Ermittlung weiterer Informationen über das Ziel, wie zum Beispiel der Unterscheidung von Freund und Feind oder der Nummer des Flugauftrags. Die Primärradartechnik ist ja nur in der Lage, Ort und Geschwindigkeit von entdeckten Zielen zu bestimmen, nicht aber weitere Eigenschaften.

Beim Sekundärradarverfahren werden von einer Bodenstation Fragen in Form von pulscodierten Telegrammen jeweils in die gleiche Richtung gesandt, in die zur gleichen Zeit auch der Richtstrahl der Primärradaranlage weist. Ziele, die mit Antwortgeräten — Transpondern — ausgerüstet sind, werten die Frage automatisch aus und senden eine nur wenige Mikrosekunden andauernde Antwort in ebenfalls pulscodierter Form an die Bodenstation zurück. Bei der Auswertung müssen die von einem Sekundärradar kommenden Informationen eindeutig den vom Primärradargerät erfaßten Zielen zugeordnet werden. Daher muß auch das Sekundärradargerät Entfernung und Richtung zum Ziel bestimmen können. Man kann fragen, warum nicht das Sekundärradarverfahren die Primärradartechnik überhaupt überflüssig macht; die Antwort heißt: Die Voraussetzung, daß jedes Ziel ein funktionstüchtiges Antwortgerät mit sich führt, ist nicht erfüllt — auch nicht in der zivilen Flugsicherung.

Die eindeutige Zuordnung im Winkel wird durch die gemeinsame Montage der Bodenantennen beider Systeme in gleichartiger Ausrichtung auf einem Drehgestell erreicht. Mitunter sind die Antennenanlagen auch mechanisch getrennt, laufen aber synchron und phasengleich um. Dic azimutale Winkelauflösung von beiden Anlagen muß möglichst ähnlich sein.

Die Zuordnung in der Entfernung wird dadurch gewährleistet, daß man mit Hilfe eines Pretrigger-Impulses mit der Aussendung des Sekundärradarsignals eine bestimmte Zeit vor Aussendung des Primärradar-Sendeimpulses beginnt. Diese Zeit ist so gewählt, daß die fertig decodierte Sekundärradarantwort vorliegt, wenn das Primärradarecho eintrifft. Um Überreichweiten zu vermeiden, löst nicht jeder Primärradarimpuls eine Abfrage aus; häufig ist das Pretriggersystem so dimensioniert, daß zum Beispiel nur jeder vierte Sendeimpuls des Primärradargerätes zu einer Abfrage führt.

Da der Transponder an Bord der Flugzeuge die Abfragesignale empfängt, verarbeitet und die zugehörige Antwort auf einer anderen Frequenz mit einer konstanten, vom Abfragepegel unabhängigen Leistung wieder aussendet, ergeben sich gegenüber der Primärradartechnik zwei bemerkenswerte Vorteile:

a) Die Leistung des Empfangssignals nimmt mit zunehmender Entfernung R nur mit dem Faktor $1/R^2$ ab und nicht wie beim Primärradarverfahren mit dem Faktor $1/R^4$. Die notwendigen Sendeleistungen sind daher wesentlich niedriger als üblicherweise in der Primärradartechnik. Typische Impulsspitzenleistungen im Sekundärradarbereich sind etwa 1500 W für Abfragegeräte und 500 W für Transponder.

b) Da Abfragefrequenz und Antwortfrequenz verschieden sind, gibt es in der Sekundärradartechnik keine Cluttersignale.

Für die Abfrage wurde die Frequenz 1030 MHz und für die Antwort die Frequenz 1090 MHz international genormt. Alle Teilnehmer des Systems benutzen also das gleiche Kanalpaar. Das Prinzip der hier verwendeten Mehrfachausnutzung gehört in die Gruppe der Zeitmultiplexverfahren, wenn auch eine feste zeitliche Zuordnung für jeden Teilnehmer hier nicht besteht. Die Signale mehrerer Teilnehmer überlagern sich rein zufällig, so daß verschiedene Einrichtungen zur Unterdrückung von systemeigenen Störungen notwendig sind, die im Abschnitt 10.4.3 beschrieben werden. Die internationalen Bestimmungen verlangen, daß die Entfernungsmessung mit Sekundärradar eine Unsicherheit von höchstens 15 m haben darf; das bedeutet eine Anstiegszeit für den Meßimpuls von 0,1 μs und somit eine Bandbreite für den Meßkanal von 10 MHz. Da aber immer eine Sequenz von Impulsen zur Entfernungsmessung herangezogen wird, erreicht man die geforderte Genauigkeit etwa mit der Hälfte der genannten Bandbreite.

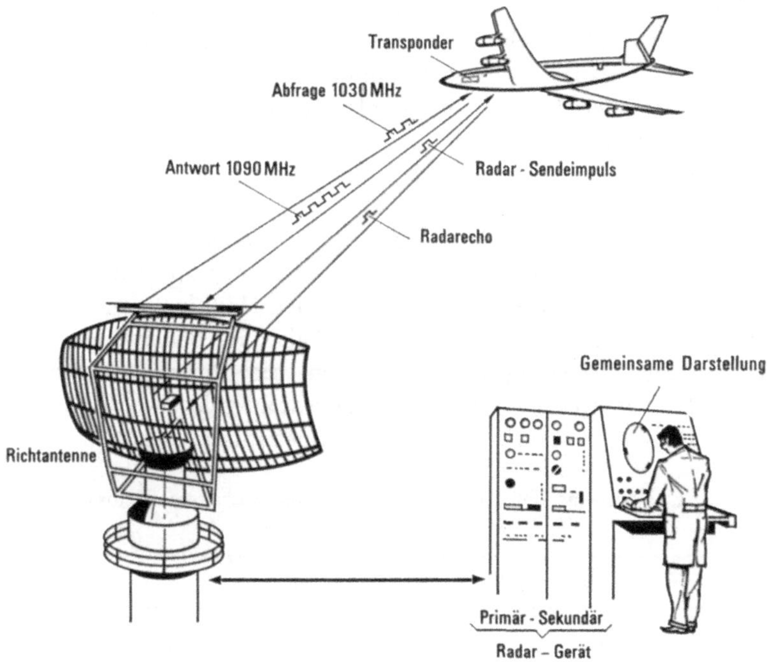

Bild 10.25. Kombinierte Primär-Sekundär-Radar-Anlage.

Bild 10.25 zeigt zusammenfassend das Prinzip des kombinierten Primär- und Sekundärradarbetriebs. Oberhalb der Primärradarantenne ist die Balkenantenne der Sekundärradaranlage gezeigt. Beide Antennen bilden eine mechanische Einheit. Das Echo des Primärradarimpulses entsteht an der Oberfläche des Flugziels. Das Impulstelegramm der Sekundärradarabfrage erreicht über eine spezielle, im Bild nicht dargestellte Rundstrahlantenne den Transponder des Flugzeugs, der seine Antwort auf demselben Wege mit einer vom Sendesignal verschiedenen Frequenz zur Balkenantenne zurücksendet. Primär- und Sekundärradargerät stehen am Boden zweckmäßigerweise nahe zusammen; beide Informationsarten werden gemeinsam auf demselben Bildschirm zur Anzeige gebracht [10.15].

10.4.2. Codierung und Decodierung

Es gibt sechs verschiedene Codierungen für die Abfragen, die einheitlich zur begrifflichen Unterscheidung von Antwortcodierungen als *Modi* bezeichnet werden. Die Abfrage besteht aus der Sequenz von zwei Impulsen und wird grundsätzlich an alle Teilnehmer gesendet. Ein Abfragemodus unterscheidet sich von einem anderen durch den zeitlichen Abstand zwischen diesen beiden Impulsen. Hierdurch erreicht man, daß aus der Menge der Teilnehmer jeweils nur eine gezielte Untermenge antwortet oder aber daß alle Teilnehmer antworten, jedoch bestimmte Untermengen mit verschiedenen Antwortarten. In der Tabelle 10.1 sind die Verwendungen der Modi und die zugehörigen Zeitabstände der Sendeimpulse aufgelistet. Die Impulse selbst haben eine Dauer von 0,8 μs. Bei jeder Abfrage wird noch ein dritter Impuls ausgesendet. Dieser folgt dem ersten Abfrageimpuls in allen Modi in einem zeitlichen Abstand von 2 μs. Er hat für den Abfrageinhalt keine Bedeutung, sondern dient der Unterdrückung von Antworten, die durch Abfragen über Nebenkeulen der Antennenrichtcharakteristik ausgelöst werden würden. Dieses Verfahren wird im Abschnitt 10.4.4 genauer erläutert.

Tabelle 10.1. Übersicht der Kennwerte der sechs Abfragemodi und ihre Verwendung

Modus	Impulsabstand	Verwendung
1	3 μs	milit. IFF (Identification Friend Foe)
2	5 μs	milit. Individual-Code
3/A	8 μs	milit. IFF milit. Flugsicherung zivile Flugsicherung
B	17 μs	zivile Flugsicherung
C	21 μs	Flugsicherung/Höhenübertragung
D	25 μs	zivile Flugsicherung/noch unbenutzt

Die Antwort wird ebenfalls durch die Zuordnung von Zeitplätzen charakterisiert. Das Antworttelegramm besteht, wie Bild 10.26 zeigt, aus zwei Rahmenimpulsen F_1 und F_2 mit einem Abstand von 20,3 μs. Innerhalb dieses Bereichs gibt es auf festgelegten Plätzen nach Maßgabe eines 1,45-μs-Zeitrasters zwölf Orte für Informationsimpulse. Mit dieser Anordnung entsteht ein zwölfstelliges Binärwort, aus dem $2^{12} = 4096$ verschiedene Antwortcodewörter gebildet werden können. Der in der Mitte auf Zeitposition 10,15 μs liegende Impulsplatz, als X-Impuls bezeichnet, bleibt immer frei. Die Impulsplätze werden in vier Dreiergruppen (A, B, C und D) eingeteilt und bilden somit die Basis für eine binäroctale Codierung. Jeder Impulsplatz einer Dreiergruppe hat einen bestimmten Zahlenwert, zum Beispiel $A_1 = 1000$, $A_2 = 2000$ und $A_4 = 4000$. Bei der Decodierung erscheint eine vierstellige Zahl; für den Wert jeder Stelle ist je eine Dreiergruppe in der Reihenfolge A, B, C, D zuständig. Der Stellenwert wird jeweils durch Summierung der Werte in einer Dreiergruppe gebildet. Im Vorrat der decodierten vierstelligen Zahlen kommen die Ziffern 8 und 9 nicht vor. Die Bedeutung der Zahlen liegt erst in Verbindung mit dem zugehörigen Abfragemodus fest.

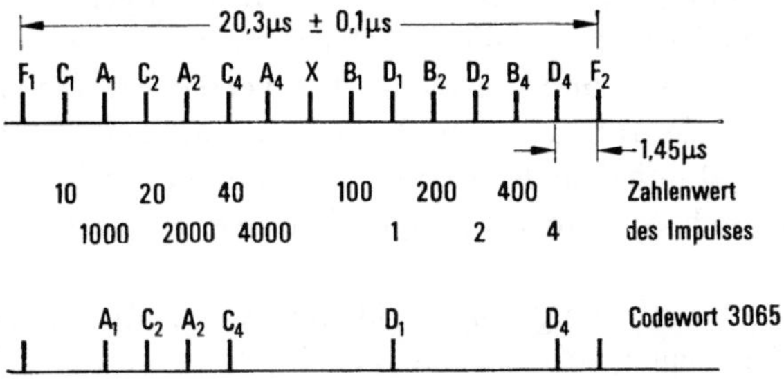

Bild 10.26. Codierung einer Sekundärradar-Antwort.

Ein spezielles Datensicherungsverfahren gibt es in der Sekundärradartechnik nicht. Da im allgemeinen beim Überstreichen des Radar-Richtstrahls über das Ziel etwa 10 bis 100 auswertbare Abfragen und Antworten getätigt werden, ist die Wahrscheinlichkeit eines fehlerfreien Datenaustausches ausreichend hoch.

Mit der Übermittlung der Höheninformation werden neben den schon behandelten Kenndaten auch Navigationsdaten automatisch vom Flugzeug zum Boden übermittelt. Weil die Primärradartechnik heute nicht in der Lage ist, die Flughöhe der Ziele mit ausreichender Genauigkeit zu messen, hat die Ermittlung der Höhe über die Sekundärradarabfrage im Modus C für die Flugsicherung eine besondere Bedeutung. Der Höhenmesser an Bord beinhaltet eine Codierscheibe, deren Information beim Eintreffen einer Höhenabfrage abgetastet und in Form eines speziellen Antwortimpulstelegrammes zur Bodenstation übertragen wird.

Zum Auswerten und Darstellen der Antwortinformation gibt es drei Verfahren: die Rohvideoanzeige, die *passive* und die *aktive* Decodierung. Bei der Rohvideoanzeige wird das nicht speziell decodierte Antwortsignal unmittelbar in das Schirmbild des Primärradars eingeblendet: In Richtung des Radiusvektors gleich hinter dem Leuchtpunkt der Zielanzeige des Primärradars erscheint ein weiteres Leuchtsignal mit charakteristischer Struktur. Mit diesem Verfahren kann nur untersucht werden, ob ein bestimmtes Flugziel auf eine Abfrage irgendeine Antwort gibt oder nicht.

Bei der passiven Decodierung wird die Rohvideoantwort zunächst digital weiterverarbeitet und dabei untersucht, ob die Antwort mit der *erwarteten* Antwort korreliert ist. Bei einem positiven Ergebnis wird ein Signal am Leuchtpunkt des betreffenden Ziels eingeblendet, das ein die richtige Antwortart widerspiegelndes visuell erkennbares Symbol erzeugt. Die passive Decodierung vermittelt die Kenntnis, wo sich dasjenige Ziel auf dem Bildschirm befindet, das auf eine Abfrage mit der erwarteten Antwort reagiert. Aus der Fülle von möglichen Varianten bei der passiven Decodierung seien hier nur zwei Fälle vermerkt, nämlich die Kennzeichnung desjenigen Flugzeugs, mit dem gerade eine Sprechfunkverbindung besteht, und die Signalisierung von Notfällen. Im letzten Fall sendet der Transponder nach entsprechender Bedienung durch die Besatzung auf jede Abfrage im Modus 3/A eine spezielle Notinformation aus, die das Ziel auf dem Bildschirm markant kennzeichnet; simultan wird in der Bodenstation auch optischer und akustischer Alarm gegeben.

Die aktive Decodierung ermöglicht die *numerische Anzeige* der Antwort eines beliebigen, auf dem Radarbildschirm ausgewählten Zieles. Mit diesem Verfahren können zum Beispiel Flugnummer und Flughöhe eines Ziels auf einer Ziffernanzeigevorrichtung dargestellt werden. Zur Auswahl des Ziels durch den Beobachter gibt es verschiedene Verfahren. Meistens wird eine *Lichtpistole* auf das Leuchtzeichen des ausgewählten Ziels aufgesetzt. In der Spitze der Lichtpistole befindet sich eine Photodiode, mit der infolge der Helligkeitsmodulation ein Triggerimpuls ausgelöst wird, der die zu diesem Zeitpunkt gerade verarbeitete Antwort speichert und zur Anzeige bringt. Codierung, Decodierung und alle weiteren Signalverarbeitungsprozesse werden mit den Methoden und Bausteinen der Digitaltechnik durchgeführt.

10.4.3. Systemeigene Störungen

Wie schon im Abschnitt 10.4.1 erläutert, arbeitet das Sekundärradarverfahren im Gleichkanalbetrieb. Die erfolgreiche mehrfache Ausnutzung des gleichen Kanalpaares wird dadurch möglich, daß auf eine jeweils nur kurz andauernde Aktivität eine etwa hundertfach längere Pause folgt. Auch dadurch, daß die Sendungen wenigstens auf dem Abfrageweg räumlich gebündelt sind, wird die Teilnahme vieler Stationen erleichtert. Dennoch ist in den Brennpunkten des Luftverkehrs die Teilnehmerzahl so groß, daß spezielle Vorrichtungen zur Unterdrückung systemeigener Störungen notwendig sind.

Eine typische Störung entsteht dadurch, daß eine Abfragestation von einem Flugzeug nicht nur Antworten auf ihre eigenen Abfragen erhält, sondern auch Antworten empfängt, die das Flugzeug auf die Abfragen anderer Bodenstationen ausstrahlt.

Diese Antworten haben keinerlei zeitlichen Synchronismus mit der eigenen Abfrage, so daß sich derartige Antwortsignale über den ganzen Bildschirm verteilen. Bild 10.27 gibt einen Eindruck von solchen Störungen. Weil sie zuweilen den Eindruck einer aufgeschnittenen Frucht vermitteln, hat sich für diese Störung auch im Deutschen der Begriff *Fruit* durchgesetzt. Für die Entstörung besteht das Problem, aus einer großen Anzahl von meistens falschen Antworten die richtige herauszufinden. In dem flugsicherungstechnisch besonders problematischen Raum New York werden zum Beispiel 10000 bis 20000 Antworttelegramme je Sekunde gemessen. In anderen Brennpunkten, etwa in Frankfurt, sind diese Zahlen nicht viel geringer.

Geräte zur Unterdrückung von Fruitstörungen werden *Defruiter* genannt. Sie sind Synchronfilter, die alle empfangenen Antworten auf

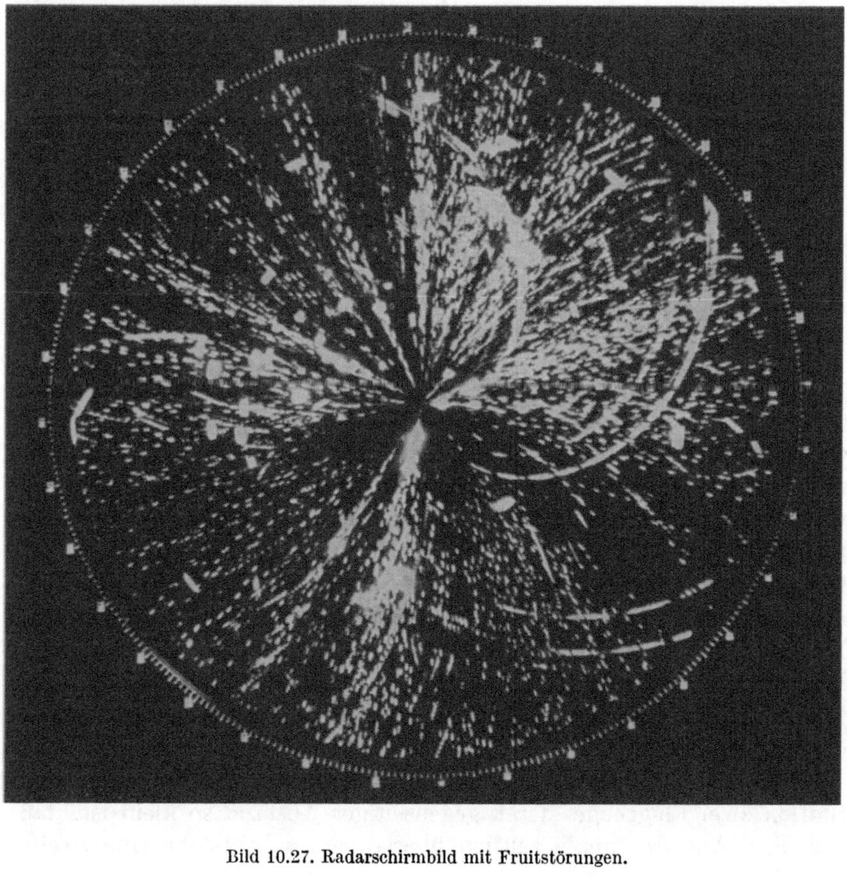

Bild 10.27. Radarschirmbild mit Fruitstörungen.

Synchronismus mit der eigenen Abfrage prüfen und die Signale nur bei positivem Ergebnis weiterleiten. Pulsfrequenz-Unterschiede von 10^{-3} können dabei mit mäßigem Aufwand erkannt werden.

Das Grundprinzip der Defruiter besteht darin, daß jede empfangene Antwort exakt mindestens eine Abfrageperiode lang gespeichert und mit der Antwort auf die nächste Abfrage auf Koinzidenz geprüft wird. Weil aber die zeitliche Lage der gesuchten Antwortimpulse unvermeidbaren Schwankungen (Jitter) unterworfen ist, wird auch ein gewisser Teil der gesuchten richtigen Antworten unterdrückt. Um den eigenen Jitter tolerieren zu können, werden die Impulse der gespeicherten Antwort zeitlich etwas verbreitert.

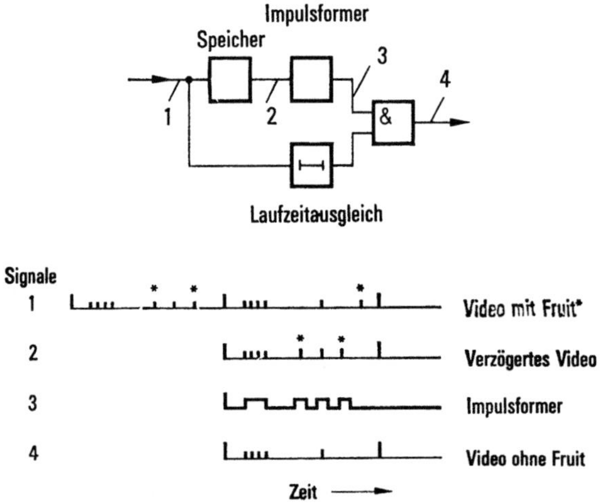

Bild 10.28. Defruiter.

In Bild 10.28 ist das Prinzip eines einfachen Defruiters schematisch dargestellt. Das Antwortsignal wird auf zwei Wege aufgespalten: Der eine Anteil wird im Speicher möglichst exakt um die Zeit, die zwischen zwei eigenen Abfragen verstreicht, verzögert, und seine einzelnen Impulse werden im Impulsformer auf die gewünschte Breite verlängert. Der bisher unverzögerte Anteil wird zum Laufzeitausgleich um die halbe Verarbeitungszeit des Impulsformers verzögert. Beide Anteile werden anschließend einer UND-Schaltung zur Feststellung der Koinzidenz zugeführt. Das ebenfalls in Bild 10.28 gezeigte Zeitdiagramm für ein Antwortbeispiel mit Fruitstörungen veranschaulicht die Wirkungsweise. Für höhere Fruitdichten sind Defruiter mit drei- oder mehrfacher Speicherung einsetzbar.

Befinden sich im Erfassungsbereich der Richtantenne der abfragenden Station zwei Flugzeuge, deren gegenseitiger Abstand so klein ist, daß sich ihre Antwortsignale zeitlich überlappen, so entsteht eine zweite typische Störung, das *Garbling.* Wenn die beiden Telegramme ein unterschiedliches Zeitraster haben, dann können die beiden Antworten im Rahmen des Auflösungsvermögens des Decoders getrennt und einzeln decodiert werden. Fallen jedoch die Zeitraster der beiden Antworten ganz oder teilweise übereinander, so ist eine Auswertung unmöglich; die Weitergabe von Signalen wird in diesen Fällen unterbunden.

10.4.4. Prinzip-Blockschaltbilder einer Abfrage- und einer Antwortstation

Anhand von Bild 10.29 soll abschließend die grundsätzliche Funktion eines Sekundärradarsystems erklärt werden. Das Hauptbediengerät der Abfragestation bestimmt den Abfragemodus, die Art der Darstellung der decodierten Antwort und bildet das Bindeglied zur Radar-Bildschirmanzeige. Der Codierer erhält den Startimpuls für die Abfrage vom Triggersignal des Primärradargeräts und erzeugt die beiden Abfrageimpulse mit ihrem vom Abfragemodus abhängigen zeitlichen Abstand. Für die weiter unten näher beschriebene Nebenkeulenunterdrückung wird außerdem noch ein weiterer Impuls erzeugt, der vom ersten einen konstanten Abstand von 2 μs hat. Mit diesem Signal wird der Modulator gesteuert, der den Sender im Takt des Abfragesignals auftastet. Die Sendestufe erhält ihr Hochfrequenz(HF)-Eingangssignal mit der Frequenz 1030 MHz von der Baugruppe HF-Generator. Ein kleiner Anteil dieser Schwingung wird auch zur Umsetzung des Empfangssignals in die Zwischenfrequenzebene von 60 MHz verwendet. Über eine Frequenzweiche gelangt das verstärkte Sendesignal zum HF-Schalter, weiter zur Richtantenne und wird dort abgestrahlt.

Durch eine synchrone Umschaltung im HF-Schalter wird der erwähnte Impuls für die Nebenkeulenunterdrückung über einen Zirkulator einer Rundstrahlantenne zugeführt. Die Leistungsdichte der Abstrahlung über die Rundstrahlantenne ist so gewählt, daß sie mit Sicherheit geringer als die Leistungsdichte des über die Hauptkeule der Richtantenne ausgestrahlten Signals ist, jedoch auch mit Sicherheit größer ist als die Leistungsdichte eines jeden über Nebenkeulen der Richtantenne abgestrahlten Signals.

Im Antwortgerät (Transponder) wird das von der Bodenstation empfangene Abfragesignal über die Bordantenne der Frequenzweiche und von dort dem Empfänger des Transponders zugeführt. Dieser setzt es in eine Zwischenfrequenzlage von 60 MHz um, verstärkt das Signal und überführt es durch eine Gleichrichtung in die Videolage. Im Decodierer wird je nach Einstellung am Bediengerät der Bordanlage die Gültigkeit der Abfrage untersucht und bei positivem Ergebnis ein Startimpuls an den Codierer weitergegeben. Im Decodierer des Antwortgeräts wird dabei auch untersucht, ob die Abfrage über die Haupt- oder über eine

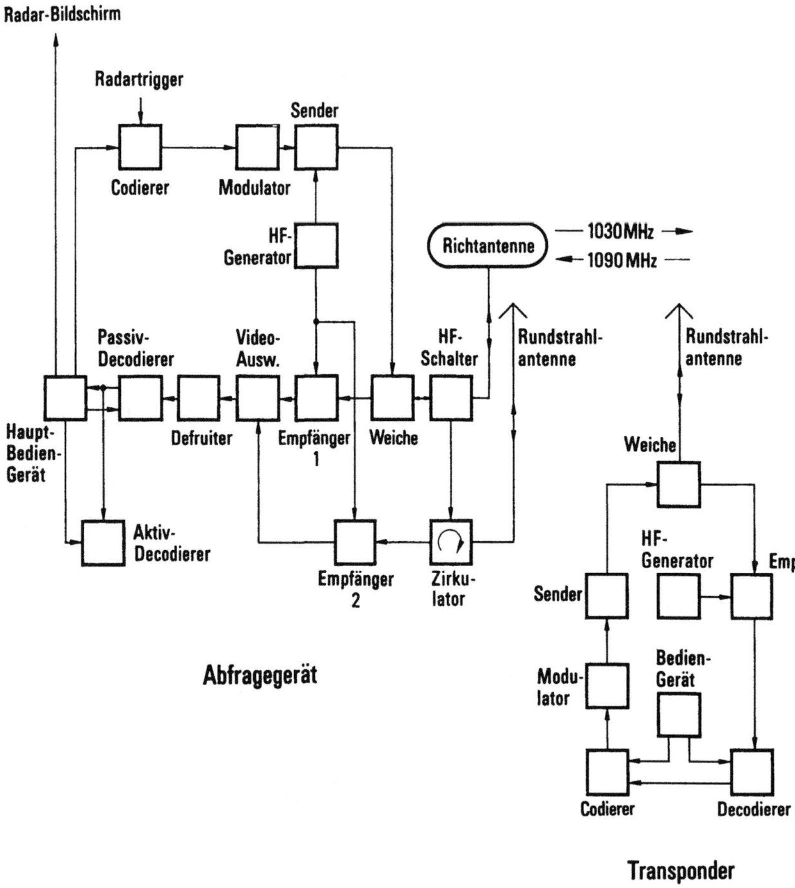

Bild 10.29. Blockschaltbild als Beispiel für eine Sekundärradar-Abfrage- und Antwortstation.

Nebenkeule der Richtantenne der abfragenden Station abgestrahlt wurde. Die Nebenkeulenunterdrückung ist für die Sekundärradartechnik sehr wesentlich, weil im Gegensatz zur Primärradartechnik die Nebenkeulendämpfung der Antenne für die Ermittlung der Dämpfung von Signalflüssen über Nebenkeulen nicht zweimal, sondern nur einmal zum Ansatz zu bringen ist. Antworten über Nebenkeulen liefern mehrdeutige Informationen und belasten das System durch unnötige Aktionen. Wenn die Amplitude des zweiten Impulses größer ist als die der Abfrageimpulse, so liegt eine Abfrage über eine Nebenkeule vor; der Decodierer gibt den Antwort-Auslöseimpuls nicht weiter.

Im Codierer wird das jeweils vom Bediengerät befohlene Antworttelegramm erzeugt, das über den Modulator den Sender des Transponders aktiviert; über die Frequenzweiche und die Bordantenne wird das Antwortsignal ausgesendet.

Es wird am Boden simultan von der Richtantenne wie auch von der Antenne mit Rundstrahlcharakteristik empfangen und gelangt über die Frequenzweiche an den Empfänger 1 und über den Zirkulator an den Empfänger 2. In beiden wird das Signal mit Hilfe der vom HF-Generator gelieferten Umsetzerschwingungen in die 60-MHz-Zwischenfrequenzlage umgesetzt, verstärkt und in der Videolage abgeliefert.

Auch in der Bodenstation werden Signale, die über Nebenkeulen empfangen werden, unterdrückt. Sie stammen von fruiterzeugenden Transpondern, die auf Abfragen anderer Stationen antworten, oder aber auch von Transpondern, die keine Nebenkeulenunterdrückung enthalten oder bei denen das Entscheidungskriterium für die Unterdrückung nicht ausreichend sicher war. Aus diesem Grund wird im Videoauswerter ein Amplitudenvergleich der beiden Signale vorgenommen. Die Verstärkung in den beiden Empfangskanälen ist für alle vorkommenden Feldstärken an den Antennen so ausgelegt, daß das im Empfänger 1 über die Hauptkeule der Richtantenne empfangene Signal am Eingang des Videoauswerters größer ist als das vom Empfänger 2 gelieferte, für alle über Nebenkeulen empfangene Signale jedoch kleiner als das vom Empfänger 2.

Mit Hilfe dieses Kriteriums schaltet der Videoauswerter nur Signale auf den Defruiter durch, die über die Hauptkeule empfangen wurden. Die am Ausgang des Defruiters von Fruitstörungen möglichst gereinigten Antwortsignale werden schließlich im Passiv-Decodierer in dem im Abschnitt 10.4.2 beschriebenen Sinne verarbeitet und über das Hauptbediengerät dem Radarbildschirm zugeführt. Der Passiv-Decodierer speist auch den Aktiv-Decodierer, der über die Lichtpistole des Hauptbediengeräts in Aktion gesetzt wird.

Beim Betrieb der hier beschriebenen Anlage stehen am Anfang und am Ende der Informationskette entscheidende Tätigkeiten, die von Menschen ausgeführt werden müssen. Der Einsatz von Menschen in einem derartigen Informations-Kreislauf ist aufwendig und führt gelegentlich zu Gefahrsituationen durch Ermüdung oder gar zu menschlichem Versagen.

Es besteht daher der Trend zur Automatisierung dieser Tätigkeiten. Ein Beispiel in dieser Hinsicht sei hier nur erwähnt: Der *Sekundärradar-Zielextraktor*, der alle Zieldaten so aufbereitet, daß nach Korrelation mit dem Primärradar-Signal eine umfassende Zielbeschreibung in digitaler Form vorliegt.

10.4.5. Vorausschau auf zukünftige Entwicklungen

Wie schon in den vorangegangenen Abschnitten gezeigt, wächst mit steigender Anzahl von Teilnehmern das Problem Fruit, Überabfrage und Garbling. Diese Störungen lassen sich auf eine gemeinsame Ursache zurückführen, nämlich auf die „Strategie der Abfrage von Allen", die bei der Entwicklung des Sekundärradars von der schon eingeführten Primärradar-Technik übernommen worden war.

Die erwähnten Störungen lassen sich vermeiden, wenn man jedes einzelne Flugzeug mit einer ihm eigenen Adresse anspricht. Versuche hierzu laufen in Großbritannien unter der Bezeichnung Adsel II und in den USA unter der Programm-Bezeichnung DABS (*D*iscrete *A*ddress *B*eacon *S*ystem); für die zunächst getrennt laufenden Programme hat man sich inzwischen auf ein gemeinsames Datenformat für Abfragen und Antworten geeinigt. Beiden gemeinsam ist ferner, daß jede Abfrage eine Adresse enthält und daß diese Abfrage nur von einem einzigen Transponder beantwortet wird.

Unterschiedliche Auffassungen herrschen noch darüber, welche zusätzlichen Daten neben der reinen Identifizierung ausgetauscht werden sollen und wie diese in den Flugsicherungs-Ablauf eingefügt werden. DABS wird evolutionär entwickelt werden und somit kompatibel sein mit dem bisherigen Sekundärradar-System (SSR, *S*econdary *S*urveillance *R*adar), welches in Gebieten mit geringerer Verkehrsdichte auch weiterhin beibehalten werden soll. Da beide Systeme SSR und DABS dieselben Trägerfrequenzen 1030 und 1090 MHz verwenden, wird die Unterscheidung durch die Modulationsart derart getroffen, daß die Geräte des einen Systems für Nachrichten des anderen Systems „taub" sind.

DABS verwendet in der Abfragerichtung ein Impulspaar, welches die SSR-Funktion sperrt und überträgt die eigentliche Abfrage mit DPSK-Modulation (*D*ifferential *P*hase *S*hift *K*eying). Die Antwort wird mit PPM-Telegrammen (*P*ulse *P*osition *M*odulation) gegeben. Neben der Kenninformation werden auch andere kurze Nachrichten der Flugsicherung übertragen. DABS wird inzwischen auch als SSR Modus S bezeichnet [10.16, 10.17].

Installiert man am Sende- und Zielort je eine Atomuhr als absoluten Zeitmaßstab, so ist die Laufzeitmessung zwischen Bodengerät und Luftziel mit der Wellenausbreitung in nur einer Richtung möglich. Dieses Prinzip der Einweg-Entfernungsmessung läßt sich im *Synchro-DABS*-System realisieren. Es eröffnet zusätzlich die Möglichkeit von Kollisions-Warneinrichtungen PWI (*P*roximity *W*arning *I*ndicator). Jedes Flugzeug überwacht laufend den gesamten DABS-Funkverkehr und wertet automatisch die Entfernung zwischen fremdadressierten Flugzeugen und dem eigenen aus. Unterschreitet diese Entfernung einen bestimmten Wert und ergibt die Auswertung der Höhenübertragung keinen ausreichend großen Vertikalabstand, so erhält der Pilot eine Warnung.

Literaturverzeichnis

Literatur zu Abschnitt 2

2.1 Band I, Abschnitte 9.1.2 und 9.1.3.

2.2 Christiansen, H.-M.: Impulsformung durch nichtlineare Schaltungen. Nachr.-techn. Z. 16 (1963) 418–421.

2.3 Band I, Abschnitt 5.1.

2.4. Kügler, E.: Eine Schwarzwerthaltung für Videosignale mit Halbleiterdioden. Nachr.-techn. Z. 16 (1963) 83–86.

2.5 Band I, Abschnitt 7.2.

2.6 Band I, Abschnitt 10.4.2.

2.7 Schmitt, O. H.: A Thermionic Trigger. Journal of Scientific Instruments (1938) 24–26.

2.8 Band I, Abschnitt 10.1.3.

2.9 Möhrmann, K.; Heinlein, W.: N-Pfad-Filter hoher Selektivität mit spulenlosen Schwingkreisen. Frequenz 21 (1967) 369–375.

2.10 Köthmann, W.: Ein Bausteinsystem zur Filterung von Abtastfolgewerten. Frequenz 24 (1970) 234–238.

2.11 Möhrmann, K. H.; Holmes, W. H.: Ein wechselstromgekoppeltes Analog-Schieberegister. Nachr.-techn. Fachber. 37 (1969) 353–356.
Goser, K.; Pfleiderer, H.-J.: Ladungsverschiebeschaltungen. Elektronik (1974) 3–8.

2.12 Sangster, F. L. J.: Der „Eimerkettenspeicher", ein Schieberegister für analoge Signale. Philips techn. Rdsch. 31 (1970/71) 97–111.

2.13 Boyle, W. S.; Smith, G. E.: Charge-Coupled Semiconductor Devices. Bell Syst. techn. J. 49 (1970) 587–593.
Altman, L.: Charge-coupled Devices Move in on Memories and Analog Signal Processing. Electronics 47 (1974) 91–101.

2.14 Gassmann, G. G.; Eckert, E.: Das COM-System, ein neues Vielton-Übertragungsverfahren. Funkschau 42 (1970) 689–692, 749–750.

2.15 Eccles, W. H.; Jordan, F. W.: A Trigger Relay Utilising Three-Electrode Thermionic Vacuum Tubes. Radio Rev. 1 (1919) 143–146.

Ferner:

Glasoe, G. N.; Lebacaz, J. V.: Pulse Generators. Radiation Laboratory Series, Vol. 5, New York: McGraw-Hill 1948.

Chance, B.; Hughes, V.; MacNickol, E. F.; Sayre, D.; Williams, F. C.: Waveforms. Radiation Laboratory Series, Vol. 19, New York: McGraw-Hill 1949.

Peters, J.: Grenzen der Realisierbarkeit differenzierender und integrierender Netzwerke. Elektron. Rdsch. 9 (1955) 226–227.

Mejerowitsch, L. A.; Selitschenko, L. G.: Impulstechnik, Stuttgart: Berliner Union 1960.

Speiser, A. P.: Impulsschaltungen, Berlin, Göttingen, Heidelberg: Springer 1963 (berichtigter Neudruck 1967).

Babb, D. S.: Pulse Circuits: Switching and Shaping, New York: Prentice-Hall 1964.

Schröder, H.; Feldmann, G.; Rommel, G.: Elektrische Nachrichtentechnik, III. Band, Grundlagen der Impulstechnik und ihre Anwendung beim Fernsehen, Berlin: Verlag für Radio-Foto-Kinotechnik 1972.

Šurina, T.; Klasche, G.: Angewandte Impulstechnik, München: Franzis 1974.

Schunk, H.; Engel, W.: Grundlagen der Impulstechnik, München, Heidelberg: Hüthig & Pflaum 1979.

Lacroix, A.: Digitale Filter, München: R. Oldenbourg 1980.

Lücker, R.: Grundlagen digitaler Filter, Berlin, Heidelberg, New York: Springer 1980.

Literatur zu Abschnitt 3

3.1 Boole, G.: The Mathematical Analysis of Logic Being an Essay towards a Calculus of Deductive Reasoning, Cambridge, England: MacMillan, Barclay & MacMillan 1847.
Boole, G.: An Investigation of the Laws of Thought on Which Are Founded the Mathematical Theories of Logic and Probabilities, New York: Dover Publ. 1854.

3.2 Shannon, C. E.: A Symbolic Analysis of Relay and Switching Circuits. Trans. AIEE 57 (1938) 713–723.

3.3 Chow, P. E. K.; Davies, A. C.: The Synthesis of Cyclic-code Generators. Electronic Engng. 36 (1964) 253.

3.4 Schweizer, L.: Eigenschaften und Anwendungen von binären Quasi-Zufallsfolgen. Frequenz 24 (1970) 230–234.

3.5 Müller, H.: Bit Sequence Independence Through Scramblers in Digital Communication Systems. Nachr.-techn. Z. 27 (1974) 475–479.

3.6 Šurina, T.; Klasche, G.: Angewandte Impulstechnik, München: Franzis 1974.

3.7 CCITT Yellow Book, Fascicle III. 3, Rec. G. 742. International Telecommunication Union. Genf 1981.

3.8 Quine, W. V.: The Problem of Simplifying Truth Functions. Am. Math. Monthly, Vol. 59, No. 8 (1952) 521–531.
Quine, W. V.: A Way to Simplify Truth Functions. Am. Math. Monthly, Vol. 62, No. 9 (1955) 627–631.

3.9 McCluskey, E. J. jr.: Minimization of Boolean Functions. Bell Syst.-techn. J. 35 (1956) 1417–1444.

3.10 Heim, K.: Schaltungsalgebra, 3. Aufl., Berlin, München: Siemens 1971.

3.11 Miller, R. E.: Switching Theory, New York: Wiley 1965.
Prather, R. E.: Introduction to Switching Theory, Boston, Mass.: Allyn and Bacon 1967.
Zemanek, H.: Logische Algebra und Theorie der Schaltnetzwerke; in Steinbuch, K.: Taschenbuch der Nachrichtenverarbeitung, 2. Aufl., Berlin, Heidelberg, New York: Springer 1967 (Taschenbuch der Informatik, Bd. 1–3, 1974).

Ferner:

Shannon, C. E.: The Synthesis of Two-Terminal Switching Circuits. Bell Syst. techn. J. 28 (1949) 59–98.

Keister, W.; Ritchie, A. E.; Washburn, S. H.: The Design of Switching Circuits, New York: Van Nostrand 1951.

Serreli, R.: Elements of Boolean Algebra for the Study of Information Handling Systems. Proc. IRE 41 (1953) 1366—1379.

Karnaugh, M.: The Map Method for Synthesis of Combinational Logic Circuits. Commun. and Electronics 9 (1953) 593—599.

Huffman, D. A.: The Synthesis of Sequential Switching Circuits. Journal of the Franklin Inst., Vol. 257, Nos. 3 and 4 (1954) 161—190 u. 275—303.

Shannon, C.E.; McCarthy, J.: Automata Studies. Ann. Math. Studies, No. 34, Princeton, N. J.: Princeton Univ. Press 1956.

Zemanek, H.: Die Lösung von Gleichungen in der Schaltalgebra. Arch. elektr. Übertr. 12 (1958) 35—44.

Weyh, U.: Elemente der Schaltungsalgebra — eine anschauliche, leicht faßliche Einführung, München: Oldenbourg 1960.

Peschl, E.; Unger, H.: Colloquium über Schaltkreis- und Schaltwerk-Theorie, Bonn 1960. Basel: Birkhäuser 1961.

McCluskey, E. J.; Bartee, T. C.: A Survey of Switching Theory, New York: McGraw-Hill 1962.

Stubbe, K.: Schaltungsalgebra, Berlin, München: Siemens & Halske 1963.

Caldwell, S. H.: Der logische Entwurf von Schaltkreisen, München, Wien: Oldenbourg 1964.

Whitesitt, J. E.: Boolesche Algebra und ihre Anwendungen, Braunschweig: Vieweg 1964.

Peschel, M.: Moderne Anwendungen algebraischer Methoden, Berlin: Verl. Technik 1967.

Hahn, R.: Digitale Schaltungstechnik, Theorie und Praxis in elementarer Darstellung, 3. Aufl., Stuttgart: Franckh 1969.

Heim, K.; Schöffel, K.: Binäre Schaltwerke, Aufgaben und Lösungen, Berlin, München: Siemens 1971.

Murago, S.: Logic Design and Switching Theory, New York, Chichester, Brisbane, Toronto: John Wiley & Sons 1979.

Literatur zu Abschnitt 4

4.1 Minsky, M.: Computation Finite and Infinite Machines. Prentice-Hall Inc., Englewood Cliffs 1967. Deutsche Übersetzung bei Berliner Union 1971.

4.2 Caldwell, S. H.: Der logische Entwurf von Schaltkreisen, München: Oldenbourg 1964.

4.3 Lewin, D.: Logical Design of Switching Circuits, London: Nelson 1968.

4.4 Schmid, D.; Senger, D.; Wojtkowiak, H.: Technische Informatik, Karlsruhe 1971.

4.5 Turing, A. M.: On Computable Numbers, with an Application to the Entscheidungsproblem. Proc. London Math. Soc. 42 (1936—1937) 230—265.

4.6 Steinbuch, K.: Endres, H.: Elektrische Zuordner. Nachr.-techn. Z. 10 (1957) 277—287.

4.7 CCITT Yellow Book, Fascicle VI.7, Rec. Z. 101—Z. 104. International Telecommunication Union, Genf 1981.

4.8 Ganzhorn, K. E.; Schulz, K. M.; Walter, W.: Datenverarbeitungssysteme, Aufbau und Arbeitsweise, Berlin, Heidelberg, New York: Springer 1981.

4.9 CCITT Yellow Book, Fascicle VI.8, Rec. Z. 200. International Telecommunication Union, Genf 1981.

4.10 Gries, D.: The Science of Programming. Springer Monographs in Computer Science, Berlin, Heidelberg, New York: Springer 1981.

Riddle, W. E.; Fairley, R. E.: Software Development Tools, Berlin, Heidelberg, New York: Springer 1980.

4.11 Gerke, P. R.: Neue Kommunikationsnetze, Berlin, Heidelberg, New York: Springer 1982.

4.12 Gerke, P. R.: Rechnergesteuerte Vermittlungssysteme, Berlin, Heidelberg, New York: Springer 1972.

4.13 Swoboda, J.: Codierung zur Fehlerkorrektur und Fehlererkennung, München, Wien: Oldenbourg 1973.

Literatur zu Abschnitt 5

5.1 Spenke, E.: Elektronische Halbleiter, Berlin, Heidelberg, New York: Springer 1956 (2. verbesserte und erweiterte Aufl. 1965).

5.2 Müller, R.: Halbleiter-Elektronik, Bd. 1, Grundlagen der Halbleiter-Elektronik, Berlin, Heidelberg, New York: Springer 1971 (2. Aufl. 1975).

5.3 Müller, R.: Halbleiter-Elektronik, Bd. 2, Bauelemente der Halbleiter-Elektronik, Berlin, Heidelberg, New York: Springer 1973.

5.4 Euler, K.: Schaltprinzipien für Analog-Digital-Umwandler hoher Bandbreite mit Tunneldioden. Frequenz 18 (1964) 325–331.

5.5 Giacoletto: The Study and Design of Alloyed-Junction Transistors. I.R.E. Convention record pt. 3 (1954) 99–103.

5.6 Eden, R. C.; Welch, B. M.; Zucca, R.; Long, S. I.: The Prospects for Ultrahigh-Speed VLSI GaAs Digital Logic. IEEE Journal of Solid-State Circuits, 14 (1979) 221–239.

5.7 Shockley, W.: Transistor Electronics: Imperfections, Unipolar and Analog Transistors. Proc. Inst. Radio Engineers 40 (1952) 1289–1313.

5.8 Shockley, W.: A Unipolar Field Effect Transistor. Proc. Inst. Radio Engineers 40 (1952) 1365–1376.

5.9 Paul, R.: Feldeffekttransistoren, Stuttgart: Berliner Union 1972.

5.10 Karnaugh, M.: Pulse Switching Circuits Using Magnetic Cores. Proc. Inst. Radio Engineers 43 (1955) 570–584.

5.11 Ganzhorn, K.: Magnetische logische Grundschaltungen, Nachrichtentechn. Fachber. 14 (1959) 1–4.

5.12 Steinbuch, K.: Taschenbuch der Nachrichtenverarbeitung, Berlin, Göttingen, Heidelberg: Springer 1962 (Taschenbuch der Informatik, Bd. 1–3, 1974).

5.13 Eder, H.; Uhden, W. P.: Die nachrichtentechnischen Relais. Feinwerktechnik 71 (1967) 249–261, 474–486; 72 (1968) 32–39.

5.14 Fischer, K.; Nitsch, R.; Eder, H.; Langsdorff, W.: Schaltelemente für elektronische Fernsprech-Vermittlungssysteme mit gespeicherten Steuerprogrammen. Siemens Informationen Fernsprech-Vermittlungstechnik 5 (1969) 175–185.

5.15 Radley, P. E.; Systems Application for Optical Fibre Transmission. Radio und Electr. Eng. 51 (1981) 377–384.

5.16 Goodwin, A. R.; Selway, P. R.: Heterostruktur-Injektionslaser. El. Nachrichtenwesen 47 (1972) 45–50.

5.17 Tien-Pei, Lee; Burrus jr., C. A.; Miller, B. I.: A Stripe-Geometry Double-Heterostructive Amplified-Spontaneous-Emission Diode. IEEE Journal of Quantum Electronics Qe 9 (1973) 820–828.

5.18 Miller, S. E.; Marcatili, E. A.; Li, T.: Research Toward Optical-Fiber Transmission Systems, Part 1: The Transmission Medium; Part II: Devices and Systems Considerations. Proc. IEEE 61 (1973) 1703–1751.

5.19 Hill, B.: Breitbandige Nachrichtenvermittlung mit Laserstrahl-Koppelfeldern. Nachr.-techn. Z. 25 (1972) 385—424.

5.20 Winstel, G.; Weyrich, C.: Halbleiter-Elektronik, Bd. 10, Optoelektronik I, Berlin, Heidelberg, New York: Springer 1980.

5.21 Newman, D. H.; Matthews, M. R.; Garret, I.: Sources for optical fibre communications. Telecommunication Journal 48 (1981) 673—680.

5.22 Smith, D. R.; Brain, M. C.; Hooper, R. C.: Receivers for optical fibre communication systems. Telecommunication Journal 48 (1981) 680—685.

5.23 Kressel, H.: Semiconductor Devices for Optical Communication, Berlin, Heidelberg, New York: Springer 1980.

5.24 Knoblauch, G.: Optische Steckverbinder. Nachr.-techn. Z. 36 (1983) 26—29.

5.25 Rosenberger, D.: Microoptic Passive Devices for Multimode Optical Fiber Communication Systems. Siemens Forsch.- und Entwickl.-Ber. 8 (1979) 125—129.

5.26 Stockmann, M.; Witte, H.-H.: Planar star coupler for multimode fibers. Applied Optics 19 (1980) 2584—2588.

5.27 Auracher, F.: Prinzipien und Eigenschaften von Abzweigen für Multimodefasern. Frequenz 34 (1980) 52—57.

5.28 Witte, H.-H.; Kulich, V.: Branching elements for optical data buses. Applied Optics 20 (1981) 715—718.

5.29 Stockmann, M.; Winzer, G.; Grassl, E.: Rigid Reed-Type Routing Switch for Multimode Optical Fibers. Fiber and Integrated Optics 3 (1979) 237 to 251.

5.30 Papuchon, M.: Recent Progresses in Electrooptic Modulation and Switching using $LiNbO_3$ Waveguides. Frequenz 32 (1978) 75—78.

5.31 Winzer, G.; Mahlein, H. F.; Reichelt, A.: Single-mode and multimode all-fibre directional couplers for WDM. Applied Optics 20 (1981) 3128—3134.

5.32 Mahlein, H. F.: Optische Nachrichtenübertragung im Wellenlängenmultiplex. Elektronik 12 (1982) 80—86.

5.33 Stern, L.: Fundamentals of Integrated Circuits, New York: Hayden Book Company Inc. 1968.

5.34 Lynn, D. K.: Meyer, C. S.; Hamilton. D. J.: Analysis and Design of Integrated Circuits, New York: McGraw-Hill 1967.

5.35 Reiß, K.: Integrierte Digitalbausteine, Berlin, München: Siemens 1972.

5.36 Morris, R. L.; Miller, J. J.: Designing with TTL Integrated Circuits, New York: McGraw-Hill 1972.

5.37 Hart, K.; Slob, A.: Integrated Injection Logic: An Approach to LSI. IEEE Journal of Solid-State-Circuits 7 (1972) 346—352.

5.38 Berger, H. H.; Wiedmann, S. K.: Merged-Transistor Logic — A Low-Cost Bipolar Logic Concept. IEEE Journal of Solid-State-Circuits 7 (1972) 340—346.

5.39 Carr, W. N.; Mize, J. P.: MOS/LSI Design and Application, New York: McGraw-Hill 1972.

5.40 Penney, W. M.; Lau, L.: MOS Integrated Circuits, New York: Van Nostrand 1972.

5.41 Cergel, L. et al.: McMOS Handbook, Phoenix Motorola Inc. 1973.

5.42 Karakotsios, K.; Wakeman, L.: C-MOS support logic helps build unified, high-speed systems. Electronics, 54 (1981) 137—140.

5.43 Euler, K.; Schlichte, M.; Pfrenger, E.: A PCM Single-Channel Codec in LSI Technology with a 13-Segment Characteristic. Proceedings of the 1974 International Zürich Seminar on Digital Communications 1974, S. B2(1) to (4).

5.44 Suzuki, M.; Horiguchi, S.; Sudo, T.: A 5000-Gate Bipolar Masterslice LSI with 500 ps Loaded Gate Delay. Digest of Technical Papers of the 1983 IEEE International Solid-State Circuits Conference (1983) 150—151.
5.45 Saigo, T. et al.: A 20 k-Gate CMOS Gate Array. Digest of Technical Papers of the 1983 IEEE International Solid-State Circuits Conference (1983) 156—157.
5.46 Loesch, W.: Custom ICS from Standard Cells: A Design Approach. Computer Design, 4 (1983) 227—234.
5.47 Garbrecht, K.: Semicustom-IS-Weg zur Wirtschaftlichkeit. Nachr.-techn. Z. 36 (1983) 156—160.
5.48 Kaufmann, H.: Daten-Speicher, München, Wien: Oldenbourg 1972.
5.49 Bobeck, A. H.; Fischer, R. F.; Perneski, A. J.: Remeika, J. P.; von Uitest, L. G.: Application of Orthoferrites to Domain Wall Devices. IEEE Trans. MAG — 5 (1969) 544—553.
5.50 George, P. K.; Reyling, Jr. G.: Bubble Memories come to the boil, Electronics (1979) 8, S. 90—108.
5.51 Washburn, H.; Nicolino, S.: Bubble Chip packs 4 Mbits inter 1-Mbit space. Electronic Design (1982) 11, S. 111—117.
5.52 Hoffman, E. J.; Moore, R. C.; McGovern, T. L.: Designing a Magnetic Bubble Data Recorder: Part 1 — The Component Level. Computer Design (1976) 3, S. 77—85.
5.53 Posa, J. G.: What to expect next: a special report (DRAMS). Electronics (1980) 5, S. 119—129.
5.54 Frohmann-Bentchkowsky, D.: A fully Decoded 2048 Bit Electrically Programmable FAMOS Read-Only Memory. IEEE J. SC-6 (1971) 301—306.
5.55 Hnatek, E. R.: Semiconductor Memory Update: EEPROMS. Computer Design (1981) 12, S. 137—144.
5.56 David, C. A.; Feldman, B.: High-speed Fixed Memories Using Large-scale Integrated Resistor Matrices. IEEE Trans. C-17 (1968) 721—768.
5.57 Haskell, J. E.: Design of Printed Card Capacitor Read-Only Store. IBM J. of Res. a. Dev. 10 (1966) 142—157.
5.58 Taub, D. M.; Kington, B. W.: The Design of Transformer (Diamond Ring) Read-Only Stores. IBM J. of Res. a. Dev. 8 (1964) 443—459.
5.59 Scharbert, J.: Änderbarer Mikroprogrammspeicher hoher Geschwindigkeit. Elektron. Rechenanl. 11 (1969) 16—20.
5.60 Stegmeier, H.: Prinzip eines neuartigen, mechanisch leicht änderbaren semipermanenten Speichers mit induktiver Kopplung. Entwicklungsber. Siemens-Halske-Werke 32 (1969) 41—45.

Ferner:

Dosse, J.: Der Transistor, München: Oldenbourg 1957 (4. verbesserte und erweiterte Auflage 1962).
Shea, R. F.: Transistortechnik, Stuttgart: Berliner Union 1960 (4. durchgesehene deutsche Auflage 1971).
Salow, H.; Beneking, H.; Krömer, H.: v. Münch, W.: Der Transistor, Berlin, Heidelberg, New York: Springer 1963.
Weber, S.: Large and Medium Scale Integration, New York: McGraw-Hill 1974.
Sze, S. M.: Physics of Semiconductor Devices, New York, Chichester, Brisbane, Toronto, Singapore: John Wiley and Sons 1981 (2nd Edition).
mehrere Autoren: Veröffentlichungen über LWL-Übertragungstechnik. telcom report 6 (1983) Beiheft „Nachrichtenübertragung mit Licht“.

Literatur zu Abschnitt 6

6.1 Forrester, J. W.: Digital Information Storage in Three Dimensions Using Magnetic Cores. J. Appl. Phys. 22 (1951) 44–48.
6.2 Rajchman, J. A.: Static Magnetic Matrix Memory and Switching Circuits. RCA Rev. 13 (1952) 183–201.
6.3 Schmitt, R.: Digitalspeicher mit Ferritkernen, Berlin, München: Siemens 1971.
6.4 Kaufmann, H.: Daten-Speicher, München, Wien: Oldenbourg 1972.
6.5 Stegmeier, H.: Maßnahmen zur Überwachung und Sicherung von Arbeitsspeichern. Nachr.-techn. Z. 24 (1971) 630–637.
6.6 Schmitt, G.: Einführung in die Vermittlungstechnik. München, Wien: Oldenbourg 1965.
6.7 Technische Zuverlässigkeit, Herausgeber: Messerschmidt-Bölkow-Blohm GmbH, München, Berlin, Heidelberg, New York: Springer 1971.
6.8 Swoboda, J.: Codierung zur Fehlerkorrektur und Fehlererkennung, München, Wien: Oldenbourg 1973.
6.9 Greenfield, S. E.: The Architecture of Microcomputers, Winthrop Publishers Inc. 1980.
6.10 Hall, D. V.: Microprocessors and Digital Systems, New York: McGraw-Hill 1980.
6.11 EDN's Ninth Annual µP/µC Chip Directory EDN (1982) 10, S. 99–204.
6.12 Annual Microprocessor Special. Electronic Design 30 (1982) 21, S. 101–155.

Literatur zu Abschnitt 7

7.1 Gerke, P. R.: Neue Kommunikationsnetze, Berlin, Heidelberg, New York: Springer 1982.
7.2 Siemens & Halske AG, Wernerwerk für Fernsprechtechnik: Gedanken und Gesichtspunkte zur Einführung der Tastenwahl.
7.3 Tabellenbuch Fernsprechverkehrstheorie Teil 1, Siemens 1970.
Herzog, U.; Lörcher, W.; Lotze, A.; Schehrer, R.: Dimensionierung von Fernsprechnetzen mit alternativer Leitweglenkung, Institut für Nachrichtenvermittlung und Datenverarbeitung, Universität Stuttgart 1973.
7.4 Gerke, P. R.: Rechnergesteuerte Vermittlungssysteme, Berlin, Heidelberg, New York: Springer 1972.
7.5 Bergmann, K.: Lehrbuch der Fernmeldetechnik, Berlin: Schiele & Schön. 1978.
7.6 Bocker, P.; Voss, H. H.; Grützmann, S.; Petersen, J.; Fick, H.: Datenübertragung – Nachrichtentechnik in Datenfernverarbeitungssystemen, Berlin, Heidelberg, New York: Springer 1976.
7.7 Schmitt, G.: Einführung in die Vermittlungstechnik, München, Wien: Oldenbourg 1965.
7.8 Schneider, G.: Einführung in die elektronische Vermittlungstechnik, Braunschweig: Damm 1972.

Ferner:

Führer, R.: Landesfernwahl, Bd. I: Grundprobleme, Bd. II: Gerätetechnik, München: Oldenbourg 1959 und 1962.
Führer, R.: Wählvermittlungstechnik, 5. Aufl., Berlin: Schiele & Schön 1961.
Hebel, M.: Handbuch für den Selbstwählferndienst, Stuttgart: Franckh 1962.
Seelmann-Eggebert, G.: Fernwahlsysteme in der Welt, München: Oldenbourg 1964.

Hettwig, E.: Fernsprech-Wählanlagen, München: Oldenbourg 1965.

Handwörterbuch des elektrischen Nachrichtenwesens. 3 Bände. Hrsg. v. Gerwig, H. u. a., Bundesministerium für das Post- und Fernmeldewesen 1970.

Besier, H.; Heuer, P.; Kettler, G.: Digitale Vermittlungstechnik, München, Wien: Oldenbourg 1981.

Literatur zu Abschnitt 8

8.1 Steinmaßl, J.: Neue und bewährte Frequenzmultiplexgeräte für TF-Systeme aller Bandbreiten — eine Übersicht. telcom report 3 (1980) 381—386.

8.2 Christiansen, H.-M.; Schlichte, M.: PPM 60 — ein transistoriertes Pulsphasen-Modulationsgerät für 60 Kanäle. Nachr.-techn. Z. 13 (1960) 392—399.

8.3 Hölzler, E.; Holzwarth, H.; Arens, W. u. a.: Ein Richtfunksystem mit Pulsphasenmodulation für 12 und 24 Fernsprechkanäle. Fernmeldetechn. Z. 5 (1952) 397—405 u. 456—467.

8.4 Mayer, H. F.; Bath, F.: Stereophoner Rundfunk mittels Puls-Amplituden-Modulation. Rundfunktechn. Mitt. 3 (1959) 219—224.

8.5 Poschenrieder, W.: Vergleich analoger und digitaler Übertragungstechnik. Nachr.-techn. Fachber. 42 (1972) 11—19.

8.6 Herz, R.: Stand und Entwicklungstendenzen der Digital-Übertragungstechnik. telcom report 2 (1979) Beiheft „Digital-Übertragungstechnik", S. 4—5.

8.7 Ringelhaan, O.: Zeitmultiplexsystem zur Zusammenfassung mehrerer Übertragungskanäle mit Pulscodemodulation. DBP Nr. 1919469, angemeldet am 19. 4. 1968.

8.8 Isphording, U.: Zur Theorie der Blocksynchronisation von Zeitmultiplexsystemen. Siemens Forsch.- u. Entwickl.-Ber. 3 (1974) 13—18.

8.9 Koerner, L. F.: A Variable-frequency Oscillator Stabilized to High Precision. Bell Labor. Rec. 28 (1950) 66—71.

8.10 Christiansen, H.-M.; Senft, R.: Modulationseinrichtung PPM 24 mit Kennton-Synchronisation. Frequenz 13 (1959) 44—52.

8.11 Shannon, C. E.: The Mathematical Theory of Communication, 9. Aufl., Urbana: Univ. of Illinois Press 1962.

8.12 Wozencraft, J. M.; Jacobs, I. M.: Principles of Communication Engineering, New York: Wiley 1965.

Sunde, E. D.: Communication Systems Engineering Theory, New York: Wiley 1969.

Bennett, W. R.; Davey, J. R.: Data Transmission, New York: McGraw-Hill 1965.

Lucky, R. W.; Salz, J.; Weldon, E. J.: Principles of Data Communication, New York: McGraw-Hill 1968.

Lee, Y. W.: Statistical Theory of Communication, New York: Wiley 1960.

8.13 Gohm, L.: Über den Entwurf und Aufbau eines PCM-Regenerativverstärkers für 10 Mbit/s. Nachr.-techn. Fachber. 42 (1972) 210—221.

Waldhauer, F. D.: Quantized Feedback in an Experimental 280-Mbit/s Digital Repeater for Coaxial Transmission. IEEE Trans. on Comm., COM-22 (1974) 1, S. 1—5.

8.14 Chang, R. W.; Freeny, S. L.: Hybrid Digital Transmission Systems. Bell Syst. techn. J. 47 (1968) 1663—1713.

8.15 Marko, H.; Binkert, G.; Weber, A.: Die aktive Impulsleitung, ein digitales Übertragungssystem für Koaxialkabel. Nachr.-techn. Fachber. 42 (1972) 170—188.

8.16 Marko, H.: Planungsprinzipien digitaler Weitverkehrssysteme. Nachr.-techn. Z. 27 (1974) 49—55.

8.17 Euler, K.; Schlichte, M.; Pfrenger, E.: A PCM Single-Channel Codec in LSI Technology with a 13-Segment Characteristic. International Zürich Seminar on Digital Communications 1974, Proc. IEEE, S. B2-1 bis B2-4.

8.18 Flanagan, J. L.: Digital Representation of Speech. International Zürich Seminar on Digital Communications 1974, Proc. IEEE, S. A1-1 bis A1-2.

8.19 Goodman, D. J.: The Application of Delta Modulation to Analog-to-PCM Encoding. Bell Syst. techn. J. 48 (1969) 321—343.

8.20 Cummiskey, P.; Jayant, N. S.; Flanagan, J. L.: Adaptive Quantization in Differential PCM Coding of Speech. Bell Syst. techn. J. 52 (1973) 1105—1118.

8.21 Block, R.: Adaptive Deltamodulationsverfahren für Sprachübertragung — eine Übersicht. Nachr.-techn. Z. 26 (1973) 499—502.
Greefkes, J. A.; Riemens, K.: Ein digital geregelter Delta-Codec für Sprachübertragung. Nachr.-techn. Fachber. 42 (1972) 116—125.

8.22 Melnick, M.: Intelligibility Performance of a Variable Slope Delta Modulation. Proc. IEEE Int. Conf. on Communications, Seattle (Wash.) (June 1973) S. 46-5 bis 46-7.

8.23 Deschênes, P. A.; Villeret, M.: A Continuous Delta Modulator and a Numerical Converter for an Integrated Telecommunication Network. Conf. Rec. IEEE Int. Conf. on Communications, (1970) S. 7-27 bis 7-32.

8.24 Jayant, N. S.: Digital Coding of Speech Waveforms: PCM, DPCM and DM Quantizers. Proc. IEEE 62 (1974) 611—632.

8.25 Endres, W.: Automatische Spracherkennung und synthetische Sprache; in Steinbuch, K., Weber, W.: Taschenbuch der Informatik, Band III, Abschnitt 13.2, Berlin, Heidelberg, New York: Springer 1974.

8.26 Dudley, H.: Remaking Speech. J. Acoust. Soc. Amer. 11 (1939) 169—177.

8.27 Schmidt, K. O.: Verfahren zur besseren Ausnutzung des Übertragungsweges. D. R. P. Nr. 594976 v. 27. 2. 1932 und D. R. P. Nr. 722607 v. 14. 1. 1939.

8.28 Lang, K.; Schweizer, L.: Digitaler Vocoder für Sprachausgabe aus Datenverarbeitungsanlagen. Siemens-Z. 47 (1973) 131—135.

8.29 Schweizer, L.: Problems in Realizing a Digital Vocoder and Novel Solutions. IEEE Trans. on Audio and Electroacoustics AU-19 (1971) 94—96.

8.30 Atal, B. S.; Hanauer, S.: Speech Analysis and Synthesis by Linear Prediction of the Speech Wave. J. Acoust. Soc. Amer. 50, Part 2 (1971) 637—655.

8.31 Schroeder, M. R.; David, E. E.: A Vocoder for Transmitting 10 kc/s Speech over a 3.5 kc/s Channel. Acustica 10 (1960) 35—43.

8.32 Arndt, G.; Schwärtzel, H.: Verfahren für den Computerdialog per Telefon. Nachr.-techn. Z. 24 (1971) 407—411.

8.33 Flanagan, J. L.: Voices of Men and Machines. J. Acoust. Soc. Amer. 51, Part 1 (1972) 1375—1387.

8.34 Coker, C. H.; Umeda, N.; Browman, C. P.: Automatic Synthesis from Text. IEEE Int. Cow. Digest, New York: Mauh 1971.

8.35 Bacher, W.; Schollmeier, G.: Datenübertragungseinrichtung Modem 9600 für fest geschaltete Fernsprechwege. Siemens-Z. 49 (1975) 287—292.

8.36 Bergmann, G.: Digital-Übertragungstechnik in Fernschreib- und Datennetzen. telcom report 2 (1979) Beiheft „Digital-Übertragungstechnik", S. 145—148.

8.37 CCITT Yellow Book, Fascicle VIII.2, Rec. X.1. International Telecommunication Union, Genf 1981.

8.38 Das Gupta, P. C.: Übertragung von binär frequenzmodulierten Signalen über die Analogklemmen eines PCM-Systems. Nachr.-techn. Z. 22 (1969) 424—428.

8.39 Wellhausen, H.-W.; Hessenmüller, H.: Grundparameter eines PCM-Nahverkehrssystems. Der Fernmelde-Ingenieur 23 (1969) 4, S. 1—18.

8.40 Travis, L. F.; Yaeger, R. E.: Wideband Data on T1 Carrier. Bell Syst. techn. J. 44 (1965) 1567—1604.

8.41 Bacher, W.; Reisinger, K.: Zeitmultiplex-Übertragungssysteme für Datennetze. telcom report 2 (1979) Beiheft „Digital-Übertragungstechnik", S. 149—154.

8.42 Hessenmüller, H.: Digitale Tonsignalübertragung. Der Fernmelde-Ingenieur 32 (1978) 11, S. 1—35.

8.43 Hochrath, H.; Pexa, G.; Thoma, W.: Tonprogrammübertragung mit dem PCM-Tonkanalsystem MStD. telcom report 2 (1979) Beiheft „Digital-Übertragungstechnik", S. 52—58.

8.44 CCIR Green Book, Vol. XII, Rec. 503-2. International Telecommunication Union, Genf 1982.

8.45 CCIR Green Book, Vol. X-1, Rep. 948 u. 949. International Telecommunication Union, Genf 1982.

8.46 Shorter, D. E. L. et al.: Pulse-Code Modulation for High-Quality Sound-Signal Distribution. BBC Engineering Division Monograph 75 (1968).

8.47 Dwuzet, H.: Kombinierte Bild-Ton-Übertragung nach dem SIS-Verfahren. Funkschau 46 (1974) 891—893.

8.48 Burkhardt, R.; Steudel, G.: Integrierte digitale Stereotonübertragung im Fernsehen. Rundfunktechn. Mitteilungen 24 (1980) 1, S. 26—30.

8.49 Panschar, H.; Ringelhaan, O.: Einfügungsmodem für die Digitalsignalübertragung oberhalb des Richtfunk-Basisbands. telcom report 2 (1979) Beiheft „Digital-Übertragungstechnik", S. 142—143.
Barth, H.; Thoma, W.: Digitaler Begleitton im Fernseh-Richtfunknetz. Nachr.-techn. Z. 33 (1980) 146—149.

8.50 Hautsch, F.; Kraft, H.-U.; Schlicht, U.: Beim ZDF gehört Stereo zum guten Ton. telcom report 4 (1981) 290—299.

8.51 CCITT Yellow Book, Fascicle III.4, Rec. H. 61. International Telecommunication Union, Genf 1981.

8.52 Netravali, A. N.; Limb, J. O.: Picture Coding — A Review. Proc. IEEE 68 (1980) 366—406.
Zedler, G.: Quellencodierung für digitale Fernsehübertragung. Nachr.-techn. Z. 35 (1982) 230—233.

8.53 Kummerow, Th.: Statistics for Efficient Linear and Nonlinear Picture Encoding. International Telemetering Conference, Proceedings 1972, Vol. 8, S. 149—161.

8.54 CCIR Green Book, Vol. IX-1, Rec. 555. International Telecommunication Union, Genf 1982.

8.55 Messerschmid, U.: Bandbreitenreduktion bei der Fernsehübertragung mit Pulscodemodulation durch Verringerung der Abtastfrequenz. Nachr.-techn. Z. 22 (1969) 515—521.

8.56 Stenger, L.; Wengenroth, G.: Experimente zur Codierung von Fernsehrundfunksignalen. Internationale Elektron. Rdsch. 27 (1973) 18—21.

8.57 Jaeschke, F.; Ost, J.: Nachrichtenreduktion beim Fernsehen. Der Fernmelde-Ingenieur 25 (1971) 4, S. 1—20.

8.58 Berger, E. R.: Nachrichtentheorie und Codierung. Aufsatz in Steinbuch, K.: Taschenbuch der Nachrichtenverarbeitung, 2. Aufl., Berlin, Heidelberg, New York: Springer 1967 (Taschenbuch der Informatik, Bd. 1—3, 1974).

8.59 Huffman, D. A.: A Method for the Construction of Minimum Redundancy Codes. Proc. IRE 40 (1952) 9, S. 1098–1101.
Fano, R. M.: The Transmission of Information. MIT-Report 65 (1949).

8.60 Tescher, A. G.: Transform Image Coding; in Pratt, W. K. (Hrsg.): Image Transmission Techniques, New York: Academic Press 1979.

8.61 Pratt, W. K.; Andrews, H. C.: Application of Fourier-Hadamard transformation to bandwidth compression. Symposium on Picture Bandwidth Compression, MIT, Cambridge, Mass., April 1969.

8.62 Robinson, A. H.; Cherry, C.: Results of a prototype television bandwidth compression scheme. Proc. IEEE 55 (1967) 356–364.

8.63 Kersten, R.; Dietz, W.: Experimente zur Nachrichtenreduktion bei Bildfernsprechsignalen. Internationale Elektron. Rdsch. 27 (1973) 8–12.

8.64 Kummerow, Th.: Ein DPCM-System mit zweidimensionalem Prädikator und gesteuertem Quantisierer. Tagungsberichte der NTG-Fachtagung „Signalverarbeitung", April 1973, S. 425–439.

8.65 Thoma, W.: Schätzwertrechner für die Differenz-PCM von Fernsehsignalen. Tagungsberichte der NTG-Fachtagung „Signalverarbeitung", April 1973, S. 417–424.

8.66 Wendland, B.; May, F.: Ein adaptiver Intraframe-Codierer für Fernsehsignale. Internationale Elektron. Rdsch. 27 (1973) 12–18.
Stenger, L.: Ein Verfahren zur effektiveren Intraframe DPCM-Codierung. Nachr.-techn. Fachber. 42 (1972) 61–71.
Cohen, F.: A Switched Quantizer for Nonlinear Coding of Video Signals. Nachr.-techn. Z. 25 (1972) 554–559.

8.67 Mounts, F. W.: Video Encoding System with Conditional Picture-element Replenishment. Bell Syst. techn. J. 48 (1969) 2545–2554.

8.68 Candy, J. C.; Franke, M. A.; Haskell, B. G.; Mounts, F. W.: Transmitting Television as Clusters of Frame-to-frame Differences. Bell Syst. techn. J. 50 (1971) 1889–1917.

8.69 Wendt, H.: Interframe-Codierung für Videosignale. Internationale Elektron. Rdsch. 27 (1973) 2–7.

8.70 Wendt, H.: Stand der Ergebnisse der Arbeiten des COST211-Ausschusses zu einer europäischen digitalen Bildfernsprechnorm. NTG-Fachberichte 74 (1980) 362–369.
Thompson, J. E.: Visual Services Trial — The British Telecom System for Teleconferencing and New Visual Services. British Telecomm. Eng. 1 (1982) 4, S. 28–34.

8.71 CCIR Green Book, Vol. XI-1, Rec. 601. International Telecommunication Union, Genf 1982.

8.72 Wengenroth, G.: Die Codierung von Farbfernseh- und Bildfernsprechsignalen in einem digitalen optischen Teilnehmeranschlußnetz. ntz Archiv 4 (1982) 103–107.

8.73 Kersten, R.: Digitalisierung von Bildfernsprechsignalen. Nachr.-techn. Fachber. 42 (1972) 82–91.

8.74 Jaeschke, F.; Ost, J.: Nachrichtenreduktion beim Fernsehen. Der Fernmelde-Ingenieur 25 (1971) 4, S. 1–20.

8.75 Chen, W. H.; Douglas, J. L.; Widergren, R. D.: Combined Symbol Matching — A New Approach to Facsimile Data Compression. SPIE 149 Applications of Digital Image Processing (1978).
Musmann, H.-G.; Preuss, D.: Comparison of Redundancy Reducing Codes for Facsimile Transmission of Documents. IEEE Trans. on Comm., COM-25 (1977) 1425–1433.

8.76 CCITT Yellow Book, Fascicle VII.2, Rec. T.4. International Telecommunication Union, Genf 1981.
8.77 Bosse, G.: Codemodulation für die Trägerfrequenztechnik. VDE-Fachber. 19 (1956) II/16–18.
8.78 CCITT Yellow Book, Fascicle III.2, Rec. G.223. International Telecommunication Union, Genf 1981.
8.79 Swientek, U.: Quantisierungs- und Begrenzungsgeräusch bei der Codierung von TF-Bündeln. Nachr.-techn. Z. 22 (1969) 399–402.
8.80 Kersten, R.: Der Signal-Geräusch-Abstand bei pulscodemodulierten Frequenzmultiplexsignalen. Arch. elektr. Übertrg. 21 (1967) 70–74.
8.81 CCITT-Dokument COM XV-No. R 22 E vom Januar 1983.
8.82 Fettweis, A.: Transmultiplexerkonzepte. ntz Archiv 2 (1980) 137 bis 149.
8.83 Anonym: Der Transmultiplexer TRM × 2 × 2/SG — ein Bindeglied zwischen Digital- und Analogtechnik. Druckschrift Nr. S42023-C525-A1-1-29, München: Siemens AG 1982.
8.84 Witt, F. J.: An Experimental 224 Mb/s Digital Multiplexer-Demultiplexer Using Pulse Stuffing Synchronization. Bell Syst. techn. J. 44 (1965) 1843 bis 1885.
8.85 Duttweiler, D. L.: Waiting Time Jitter. Bell Syst. techn. J. 51 (1972) 165 to 207.
8.86 Wobus, C.; Gurtler, J.: Geschwindigkeitsanpassung von Datenflüssen mit Hilfe von Stopfimpulsen. Fernmeldetechnik 11 (1971) 202–206.
8.87 Ey, K.; Stummer, B.: PCM 30F, Grundstufe der Digital-Übertragungssysteme. telcom report 2 (1979) Beiheft „Digital-Übertragungstechnik", S. 35–41.
Kühne, F.; Nossek, J.: Codec und Tiefpaß — angewandte moderne Technologie im Multiplexgerät PCM 30F. telcom report 2 (1979) Beiheft „Digital-Übertragungstechnik", S. 41–45.
8.88 Christiansen, H.-M.; Pospischil, R.: Supervision of Digital Communication Systems. Nachr.-techn. Z. 27 (1974) 471–474.
8.89 CCITT Yellow Book, Fascicle III.3, Rec. G.712. International Telecommunication Union, Genf 1981.
8.90 CCITT Yellow Book, Fascicle III.3, Rec. G.742. International Telecommunication Union, Genf 1981.
8.91 CCITT Yellow Book, Fascicle III.3, Rec. G.751. International Telecommunication Union, Genf 1981.
8.92 CCITT Yellow Book, Fascicle III.3, Rec. G.922. International Telecommunication Union, Genf 1981.
8.93 Arens, W.; Kersten, R.; Poschenrieder, W.: Die Pulscode-Modulation und ihre Anwendung im Fernmeldewesen. Jb. d. elektr. Fernmeldewes. 19 (1968) 184–242.
8.94 Kersten, R.: Signalarten und Signalformen bei der Übertragung von PCM-Signalen auf symmetrischen Fernsprechkabeln. Arch. elektr. Übertrg. 22 (1968) 461–471.
8.95 Christiansen, H.-M.: PPM und PCM — zwei Zeitmultiplexverfahren für den Fernsprechnahverkehr. Nachr.-techn. Z. 18 (1965) 181–186.
8.96 Pospischil, R.: 2 Mbit/s Long-Haul Data above Voice Transmission over Cable. 1975 International Conference on Communication IEEE Proc. S. 31-12 to 31-16.
8.97 Dömer, J.: Digitalsignalübertragung mit 2 Mbit/s auf Fernkabeln. telcom report 2 (1979) Beiheft „Digital-Übertragungstechnik", S. 90–93.

8.98 Drügh, P.; Senft, R.: Digitalsignalübertragung mit 2 Mbit/s auf Orts- und Bezirkskabeln. telcom report 2 (1979) Beiheft „Digital-Übertragungstechnik", S. 85–89.

8.99 Pospischil, R.; Dömer, J.: PCM-Übertragungsstrecken mit Kabelleitungen. Siemens-Z. 48 (1974) Beiheft „Nachrichten-Übertragungstechnik", S. 276–281.

8.100 Pospischil, R.; Schweizer, L.: 30-Kanal-PCM-Systeme für den Nahverkehr. Technische Rundschau (1971) 9, S. 9–13.

8.101 Kettel, E.: Die Übertragung von PCM-Impulsen über Koaxialkabel im Vergleich zur Trägerfrequenztechnik. Nachr.-techn. Z. 21 (1968) 24–27.

8.102 Aratani, T.; Fukinuki, H.: 800 Mb/s PCM Multilevel Transmission System over Coaxial Cables. Rev. Electr. Commun. Lab. 18 (1970) 740 to 753.

8.103 Bertelsmeier, M.: Blockcodes für digitale Basisbandübertragung – Vergleich einiger 4B3T-Blockcodes. NTG-Fachberichte 64 (1978) 123–127.

8.104 Pospischil, R.: Digitalsystem zur Übertragung von 34-Mbit/s-Signalen auf Koaxialpaaren. telcom report 2 (1979) Beiheft „Digital-Übertragungstechnik", S. 100–104.

8.105 Wellhausen, H.-W.: Beitrag zur Übertragung digitaler Basisband-Signale über Koaxialkabel. Der Fernmelde-Ingenieur 26 (1972) 1, S. 1–35.

8.106 Wellens, U.: Digitale Sprachübertragung in Funkfernsprechnetzen. REVUE OFFICIELLE DE LA FEDERATION FITCE, VINGTIEME ANNEE No. 1 – JANVIER – FEVRIER – 1981, S. 25–30.

8.107 Daumer, W. R.: Subjective Evaluation of Several Efficient Speech Coders. IEEE Trans. on Comm., COM-30 (1982) 655–662.

8.108 Henry, P. S.; Glance, B. S.: A New Approach to High-Capacity Digital Mobile Radio. Bell Syst. techn. J. 60 (1981) 1891–1904.

8.109 Panschar, H.: Übertragungsmedium Richtfunk – technischer Stand und Entwicklungstendenzen. telcom report 6 (1983) 253–257.

8.110 Noack, W.: Planungsgesichtspunkte für ein digitales 15-GHz-Richtfunksystem im Bezirksnetz. Vortrag auf der Diskussionstagung „Funksysteme für digitale Signale" der NTG, 17./18. 5. 1973, Stuttgart.

8.111 Butz, G.: Regionale Richtfunkplanung mit Digitalsignal-Richtfunksystemen. fernmeldepraxis 60 (1983) 27–38 und 66–77.

8.112 Kühne, F.: Digitalrichtfunksysteme für die Bitraten 2, 8 und 34 Mbit/s im 15-GHz-Bereich. telcom report 5 (1982) 165–170.

8.113 Simon, H.-O.; Vogel, K.: Systemfamilie DRS 140/... für die Übertragung von 140-Mbit/s-Signalen in Richtfunk-Weitverkehrsnetzen. telcom report 6 (1983) 264–270.

8.114 Kühne, F.: Modulation und Demodulation von QAM-Signalen in Digital-Richtfunksystemen. Frequenz 37 (1983) 117–122.

8.115 Barth, H.; Nossek, J. A.: 140-Mbit/s-Modem für Digital-Richtfunksysteme mit 16QAM. telcom report 6 (1983) 271–276.

8.116 Lampert, E.; Reidel, B.: Zugriffs- und Modulationsverfahren für Nachrichtenverbindungen über Satelliten. Siemens-Z. 48 (1974) Beiheft „Nachrichten-Übertragungstechnik", S. 218–221.

8.117 Schmidt, W. G.: Satellite Time-Division Multiple Access Systems: Past, Present and Future. Telecommunications (August 1973) 21–24.

8.118 mehrere Autoren: TDMA-Veröffentlichungen in Frequenz 25 (1971) H. 10–12.

8.119 Weidenfeller, H.: TDMA/DSI: Digitales Satellitenübertragungsverfahren im Zeitmultiplex. Nachr.-techn. Z. 34 (1981) 698–703.

8.120 Carter, Ch. R.: Survey of Synchronization Techniques for a TDMA Satellite-Switched System. IEEE Trans on Comm., COM-28 (1980) 1291 to 1301.

8.121 Thompson, P. T.; Johnston, E. C.: Intelsat VI — A New Satellite Generation for 1986—2000. Intern J. of Satellite Communications 1 (1983) 1, S. 3—14.

8.122 Puente, J. G.; Schmidt, W. G.; Werth, A. M.: Multiple-Access Techniques for Commercial Satellites. Proc. IEEE 59 (1971) 218—229.

8.123 Weidenfeller, H.: Frequenzmultiplexsystem für Satellitenübertragung. Nachr.-techn. Z. 34 (1981) 679—682.

8.124 Hautsch, F.; Voigt, K.: Zuführung digital kodierter Hörfunk-Programmsignale zum Betrieb des Hörfunk-Transponders beim deutschen TV-Satelliten. NTG-Fachberichte 81 (1982) 81—87.

8.125 mehrere Autoren: Veröffentlichungen zur LWL-Übertragungstechnik. telcom report 6 (1983) Beiheft „Nachrichtenübertragung mit Licht".

8.126 Geckeler, S.: Physikalische Grundlagen von Lichtwellenleitern. telcom report 6 (1983) Beiheft „Nachrichtenübertragung mit Licht", S. 9—13.
Gier, J.; Panzer, K.: Grundlagen der elektrooptischen Signalübertragung. telcom report 6 (1983) Beiheft „Nachrichtenübertragung mit Licht", S. 21—27.
Zeidler, G.: Planung von Lichtwellenleiter-Kabelanlagen. telcom report 6 (1983) Beiheft „Nachrichtenübertragung mit Licht", S. 44—48.

8.127 Auer, W.; Schweizer, L.: Hierarchie der Digital-Übertragungssysteme und CCITT-Normen. telcom report 2 (1979) Beiheft „Digital-Übertragungstechnik", S. 16—20.

8.128 CCITT Red Book, Vol. III, Rec. G. 70 X: Digital hierarchy bit rates. International Telecommunication Union, Genf 1985.

Ferner:

Pooch, H. (Hrsg.): Digitalsignal-Übertragungstechnik, Berlin: Fachverlag Schiele & Schön GmbH 1981.

Rosenberger, D., u. a.: Optische Informationsübertragung mit Lichtwellenleitern, Grafenau: expert verlag 1982.

Owen, F. F. E : PCM and Digital Transmission Systems, New York: McGraw-Hill 1982.

Kersten, R. Th : Einführung in die Optische Nachrichtentechnik — Physikalische Grundlagen, Einzelelemente und Systeme, Berlin, Heidelberg, New York: Springer 1983.

Herter, E.; Rupp, H.: Nachrichtenübertragung über Satelliten — Grundlagen und Systeme, Erdefunkstellen und Satelliten, 2. Aufl., Berlin, Heidelberg, New York, Tokyo: Springer 1983.

Geppert, R.; Kuhn, M.; Marcus, S.; Ney, H.; Sickert, K.: Automatische Spracheingabe und Sprachausgabe — Analyse, Synthese und Erkennung menschlicher Sprache mit digitalen Systemen, Haar b. München: Markt & Technik 1983.

Schönfelder, H.: Bildkommunikation — Grundlagen und Technik der analogen und digitalen Übertragung von Fest- und Bewegtbildern, Berlin, Heidelberg, New York, Tokyo: Springer 1983.

Gerdsen, P.: Digitale Übertragungstechnik, Stuttgart: B. G. Teubner 1983.

Literatur zu Abschnitt 9

9.1 CCITT Yellow Book, Fascicle III.3, Rec. G.702. International Telecommunication Union, Genf 1981.

9.2 Bocker, P.: Datenübertragung, Bd. II Einrichtungen und Systeme, Berlin, Heidelberg, New York: Springer 1977.

9.3 Gerke, P. R.: Neue Kommunikationsnetze, Berlin, Heidelberg, New York: Springer 1982.

9.4 Lotze, A.; Rothmaier, K.; Scheller, R.: PCM-charts for the design of economic PCM switching arrays operating in the point-to-point selection mode. Univers. Stuttgart: Inst. Nachr.-Vermittl. und Datenverarb. 1979.

9.5 NTG-Empfehlung 0902, 1982. Nachr.-techn. Z. 35 (1982) H. 7, S. 481–488, H. 8, S. 549–558.
NTG-Empfehlung 0903, Entwurf 1983. Nachr.-techn. Z. 36 (1983) H. 6, S. 411 bis 420, H. 7, S. 475–488.

9.6 Richards, P. C.: Kostengünstige Digital-Vermittlungsstelle für bis zu 100000 Teilnehmeranschlüsse. Elektr. Nachr.-Wes. 54 (1979) 227 bis 237.

9.7 Neufang, K. H.: Das Digitalkoppelnetz im System EWSD. telcom report 4 (1981), Beiheft „Digitalvermittlungssystem EWSD", S. 28–32.

9.8 Clos, C.: A study of non-blocking switching networks. Bell Syst. techn. J. 32 (1953) 406–424.

9.9 Gerke, P. R.: Rechnergesteuerte Vermittlungssysteme, Berlin, Heidelberg, New York: Springer 1972.

9.10 Fultz, K. E.; Penick, D. B.: T1 Carrier System. Bell Syst. techn. J. 44 (1965) 1405–1451.

9.11 Cirillo, A. J.; Thovson, D. K.: D2 Channel Bank: Digital Function. Bell Syst. techn. J. 51 (1972) 1701–1712.

9.12 CCITT Yellow Book, Fascicle III.3, Rec. G.732. International Telecommunication Union, Genf 1981.

9.13 Hlawa, F.; Stoll, A.: Der Zentrale Zeichenkanal nach dem CCITT-System No. 7. telcom report 2 (1979) 394–401.

9.14 CCITT: Empfehlungsentwürfe Q.910, Q.920, Q.930. CCITT Com. XI No. R 10/E, Juni 1982.

9.15 CCITT Yellow Book, Fascicle VIII.2, Rec. X.25. International Telecommunication Union, Genf 1981.

9.16 Swoboda, J.: Codierung zur Fehlerkorrektur und Fehlererkennung, München, Wien: Oldenbourg 1973.

9.17 Hartmann, H. L.; Lang, H.: Probleme der Zwischenspeicherung für asynchron oder synchron betriebene Multiplexeinrichtungen digitaler Signale. Nachr.-techn. Z. 23 (1970) 613–619.

9.18 CCITT Yellow Book, Fascicle III.3, Rec. G.811. International Telecommunication Union, Genf 1981.

9.19 Saltzberg, B. R.; Zidney, H. M.: Network synchronization. Bell. Syst. techn. J. 54 (1975) 875–892.

9.20 Steiner, E.: Netzsynchronisation. telcom report 2 (1979), Beiheft „Digital-Übertragungstechnik", S. 24–28.

9.21 Grüner, H.; Steiner, E.: Synchronisation der Vermittlungseinrichtungen in Digitalnetzen. telcom report 4 (1981) 43–48.

9.22 Hartmann, H. L.: Synchronisierung integrierter PCM-Netze durch digital gesteuerte Phasenmittelung. Nachr.-techn. Z. 21 (1968) 533–539.

9.23 Hartmann, H. L.: Synchronization methods for frequency- and time-division-multiplex networks. Proc. of the 31st Annual Frequency Control Symposium 1977, Atlantic City, New Jersey (USA).
9.24 Slabon, W. R.: Results of investigations for the clock frequency control and distribution system in the digital telephony and data networks of the Deutsche Bundespost and Future Plans. Proc. of the 31st Annual Frequency Control Symposium 1977, Atlantic City, New Jersey (USA)
9.25 Hartley, G. C.; Mornet, P.; Ralph, F.; Tarran, D. J.: Techniques of Pulse-Code Modulation in Communication Networks, Cambridge: University Press 1967.
9.26 CCITT Yellow Book, Fascicle VI.5, Rec. Q.504. International Telecommunication Union, Genf 1981.
9.27 Gabler, H.: Das öffentliche Fernschreib- und Datennetz der Deutschen Bundespost. Revue FITCE 2 (1975) 5–10.
9.28 CCITT Studienperiode 1973–1976. COM Sp. D – No. 103.
9.29 Report on the meeting of the group of experts on ISDN matters of study group XVIII (Munich, 17.–25. 2. 82) Com. XVIII R8 March 1982.
9.30 Bauch, H.: Künftige Kommunikationstechnik mit Lichtwellenleitern. Nachr.-techn. Z. 32 (1979) 150–153.
9.31 Dingeldey, R.: Die Fernmeldeübertragungstechnik wird digital. Fernmeldepraxis 57 (1980) 441–455.
9.32 Rosenbrock, K. H.: Mögliche Integration von Fernmeldediensten im digitalen Fernsprechnetz der Deutschen Bundespost – ISDN. ZPF (1982) 9, S. 3–10.
9.33 Besier, H.: Der Übergang zum digitalen Ortsnetz. Nachr.-techn. Z. 33 (1980) 646–652.
9.34 Zegers, L. E.: Moderne Signalverarbeitungsmethoden, ihre Realisierung durch Größtintegration und ihr Einfluß auf die Entwicklung der Telekommunikationsnetze. ntz-Archiv (1979) 165–176.
9.35 Hirschmann, P.; Wintzer, K.: Design concept and features of digital subscriber sets. Intern. Zürich Seminar 1978, S. D1.1–D1.4.
9.36 CCITT: Empfehlungsentwürfe I. xxx, I.xxy Com. XVIII R8, März 1982.
9.37 Ohmann, F.: Neue Kommunikationstechnik im diensteintegrierenden Netz. Nachr.-techn. Z. 36 (1983) 2, S. 76–77.
9.38 Hilz, O.; Klein, H.; Wegner, J.: Introduction of New Switching Systems into the Telephone Network of the Deutsche Bundespost. Proc. International Switching Symposium, Montreal, Sept. 21–25, 1981, S. 21C2 1–7.
9.39 Schweizer, L.: Niederfrequenz-Übertragungsplanung im Digital-Fernsprechnetz und im gemischten Analog-Digital-Netz. telcom report 2 (1979) 261–269.

Literatur zu Abschnitt 10

10.1 Braun, E.; Ziegler, A.: Fehlerortung in TF-Kabelstrecken mit Unterflurverstärkern. Siemens-Z. 48 (1974) Beiheft „Nachrichten-Übertragungstechnik“.
10.2 Kramar, W.: Funksysteme für Ortung und Navigation, Berliner Union, Stuttgart, Berlin, Köln: Kohlhammer 1973.
10.3 Urick, R. J.: Principles of Underwater Sound for Engineers, New York, London, Düsseldorf: McGraw-Hill 1967.
10.4 Kresse, H.; Kazzner, E.: Anwendungsmöglichkeiten der Ultraschalldiagnostik. Röntgenpraxis 26 (1973) H. 10 und 12; 27 (1974) H. 3.

10.5 Kerz, W.: Einführung in die Geophysik I, B I — Hochschultaschenbücher, Bd. 275/275a.
10.6 Mass, H. W.: Das VIBROSEIS-System als optimales Laufzeitverfahren. Erdöl und Kohle 17 (1964) H. 11.
10.7 Bachmann, C. G.: Radar Targets, Lexington Mass.: Lexington Books 1982.
10.8 Skolnik, M. I.: Introduction to Radar Systems, New York: McGraw-Hill 1962.
10.9 Skolnik, M. I.: Radar Handbook, New York: McGraw-Hill 1970.
10.10 Günther, G.; Kraus, G.: Die Verbesserung des Signal/Geräusch-Verhältnisses durch Wiederholung von Signalen. Frequenz 10 (1956) 169—177.
10.11 Gerard, H. M.: Surface Wave Filters, New York: Wiley 1977, S. 347—380.
10.12 Koffler, H.: Digital Filters and How to Derive their Block Diagram. Siemens Forsch.- u. Entwickl.-Ber. 2 (1972) 227—235.
10.13 Lücker, R.: Grundlagen digitaler Filter, Berlin, Heidelberg, New York: Springer 1980.
10.14 Fliege, N.: Digitale Filter mit dem Signalprozessor 2920. Elektronik (1981) H. 3, S. 81—85; H. 4, S. 89—94.
10.15 Honold, P.: Sekundär-Radar, Berlin, München: Siemens 1971.
10.16 Orlando, V. A.: Drouilhet, P. R.: Mode S Beacon System: Functional Description, DOT/FAA/PM-83/8, Springfield, Virginia 22151: National Information Service 1983.
10.17 RTCA-Documents DO-181, Minimum Operational Performance Standards for ATC RBS/Mode S Airborne Equipment, May 1983.

Ferner:

Barton, D.: Radar System Analysis, London: Prentice Hall 1979.

DiFranco, J.; Rubin, W.: Radar Detection, London: Prentice Hall 1964.

Cook, C.; Bernfeld, M.: Radar Signals, New York: Academic Press 1967.

International Standards and Recommended Practices, Aeronautical Telecommunications: Annex 10 to the convention on International Civil Aviation (ICAO). 3rd Edition of Volume I and II, July 1972.

Nathanson, F.: Radar Design Principles, New York: McGraw-Hill 1969.

Rihaczek, A.: Principles of High Resolution Radar, New York: McGraw-Hill 1969.

Honold, P.: Secondary Radar — Fundamentals and Instrumations, München: Siemens AG, London: Heydon & Son Ltd. 1976, Reprint 1981.

Sachverzeichnis

Die *kursiv* gesetzten Seitenzahlen bezeichnen die Stellen, an denen die Stichwörter ausführlicher behandelt werden.

P. R. Gerke

Neue Kommunikationsnetze

Prinzipien, Einrichtungen, Systeme

1982. 153 Abbildungen. X, 273 Seiten
Gebunden DM 98,–. ISBN 3-540-11304-5

Inhaltsübersicht: Einleitung. – Die Vielfalt der Telekommunikationssysteme. – Übermittlungsprinzipien. – Vermittlungsprinzipien. – Koppeleinrichtungen. – Signalisierung, Schnittstellen und Protokolle. – Steuerungsstrukturen. – Vermittlungssysteme. – Rechnergesteuerte Telekommunikationsnetze. – Nutzung, Standardisierung und Dienste der Telekommunikation. – Literaturverzeichnis. – Sachverzeichnis.

Der Autor beschreibt Technik und Anwendungen der Telekommunikation in ihrer gesamten Breite. Dabei wird eine Vollständigkeit, die zwangsläufig an der Oberfläche bleiben müßte, gar nicht erst angestrebt, sondern es werden anhand von repräsentativen Beispielen und Aspekten wichtige Details herausgearbeitet. Auf diese Weise wird auch der Leser, der keine in die Tiefe gehenden technischen Vorkenntnisse hat, mit Gegenwart und Zukunft dieses sich besonders schnell entwickelnden Technikgebietes vertraut gemacht.
Der Schwerpunkt der Darstellung liegt bei den Aufgaben und der Technik der sogenannten „Netzintelligenz" sowie bei den Strukturen der zugehörigen neuen Kommunikationsnetze. Dazu zählen auch die heute viel diskutierten Satelliten-und Mobil-Nachrichtennetze, das „Büro der Zukunft" und die Telekommunikation im Heim.

GPSR Compliance

The European Union's (EU) General Product Safety Regulation (GPSR) is a set of rules that requires consumer products to be safe and our obligations to ensure this.

If you have any concerns about our products, you can contact us on ProductSafety@springernature.com

In case Publisher is established outside the EU, the EU authorized representative is:

Springer Nature Customer Service Center GmbH
Europaplatz 3
69115 Heidelberg, Germany

Batch number: 10704711

Printed by Printforce, the Netherlands